Peter Rothe
Erdgeschichte

Peter Rothe

Erdgeschichte

Spurensuche im Gestein

Wissenschaftliche
Buchgesellschaft
Darmstadt

Umschlaggestaltung: Schreiber VIS, Seeheim

Die Fossilienabbildungen wurden übernommen aus
E. Kayser, Lehrbuch der Geologie, Bd. III (1923) und Bd. IV (1924).

Alle Fotos stammen von Peter Rothe, soweit nicht anders vermerkt.

Die Deutsche Bibliothek – CIP-Einheitsaufnahme
Ein Titeldatensatz für diese Publikation ist bei
Der Deutschen Bibliothek erhältlich.

Gedruck auf säurefreiem und alterungsbeständigem Papier
Layout & Prepress: Schreiber VIS, Seeheim
Printed in Germany

Besuchen Sie uns im Internet: www.wbg-darmstadt.de

ISBN 3-534-14688-3

Inhalt

Vorwort

Bücher zur Erdgeschichte sind zahlreich. Im deutschsprachigen Raum ist mit Emanuel Kayser's ›Lehrbuch der Geologie‹ (2 von 4 Bänden sind der Erdgeschichte gewidmet) um 1918 ein Standardwerk erschienen, das nach dem 2. Weltkrieg von Roland Brinkmann als ›Abriß der Geologie‹ (Band II) 1948 in gekürzter Form aktualisiert wurde; 1977 erfuhr das Werk durch Karl Krömmelbein eine Neubearbeitung, die nach dessen Tod durch Friedrich Strauch fortgesetzt wurde (letzte Auflage 1991). In der DDR erschien 1956 Serge von Bubnoffs umfangreiche ›Einführung in die Erdgeschichte‹ in dritter Auflage, die vom Staatssekretariat für Hochschulwesen zum Standardwerk für den Gebrauch an den Universitäten erklärt wurde. Zu den meist besser verständlichen angelsächsischen Darstellungen gehört Leigh W. Mintz' ›Historical Geology‹ (1981) (vergriffen), vor allem aber Steven Stanley's ›Earth and Life through Time‹ (1989), meiner Ansicht nach die auch didaktisch beste Einführung in das Thema; sie ist inzwischen unter dem Titel „Historische Geologie" auch ins Deutsche übertragen worden (1995), aber wesentlich auf die USA bezogen und nicht gerade billig.

Weitere deutschsprachige Erdgeschichte ist neben Georg Wagner's einst klassischer ›Erd- und Landschaftsgeschichte‹ (u.a. 1960), die vor allem Bezug auf Süddeutschland nimmt, in der von Rudolf Hohl herausgegebenen ›Entwicklungsgeschichte der Erde‹ (mehrere Ausgaben, zuletzt 1985) enthalten; daneben ist auch Karl-Armin Tröger (1984) zu nennen. Eine kurz gefasste Übersicht gibt das Göschen-Bändchen (Klaus Schmidt/Roland Walter), das zuletzt von Roland Walter (1990) auf den neuesten Stand gebracht wurde. Warum also noch ein Buch zum Thema?

Die vorliegende Darstellung ist das Ergebnis eines wiederholt gehaltenen mehrsemestrigen Vorlesungszyklus an der Universität Mannheim, in dem ich versucht habe, vor allem Nebenfach-Studierenden den komplexen Sachverhalt zu vermitteln. Daraus resultiert m. E. eine allgemein verständliche Zusammenfassung des Stoffes, die in dieser Form auch für einen breiteren Leserkreis geeignet ist. Dabei war die wohlwollende Aufnahme meines Buches ›Gesteine‹ (1994) ermutigend, auch die Erdgeschichte in vergleichbarer Form bei der Wissenschaftlichen Buchgesellschaft herauszubringen.

Die Einteilung des Buches erfolgt in Form zweier Themen-Blöcke. Im ersten Teil werden die Grundlagen behandelt, nach denen eine Rekonstruktion der zeitlichen Abläufe der Erdgeschichte überhaupt erst möglich wird. Der zweite Teil skizziert in der gebotenen Kürze die einzelnen Erdzeitalter; dabei wird soweit als möglich eine Gliederung beibehalten, die Begriff und Abgrenzung, Lebewelt, Fazies und Stratigraphie dieser Zeiträume nacheinander behandelt.

Die umfangreichen, neuen Erkenntnisse der Planetenforschung, die mit der Mondlandung erstmals Gesteine von einem anderen Himmelskörper unmittelbarer Beobachtung zugänglich gemacht hatten, haben auch einen Zugewinn an Erkenntnis über die frühe Entwicklung der Erde gebracht; das wird im Kapitel Präkambrium, das zugleich den längsten Abschnitt der Erdgeschichte umfasst, behandelt. Dem entspricht der Textumfang allerdings nicht, weil die frühe Erdgeschichte infolge mehrfacher Umprägungen ihrer Gesteine nur schwer zugänglich ist. Die folgenden Abschnitte werden dann in der Reihenfolge vom Älteren zum Jüngeren hin abgehandelt, wobei jedes entsprechende Kapitel mit dem Bild einer plattentektonischen Rekonstruktion der zugehörigen Kontinent-Konfiguration eingeleitet wird.

Weil der Forschungsstand für die einzelnen Abschnitte der Erdgeschichte unterschiedlich ist – eine Sicht, die sich aber möglicherweise auch durch meinen eigenen, unvollständigen Kenntnisstand ergibt –, habe ich versucht, den Stoff durch Komplexitätsreduktion anschaulich zu gestalten. Das führt notwendigerweise zu einer lückenhaften Darstellung, die vor allem die Fachkollegen bemängeln könnten, am ehesten die, die ihren Namen im Schriftenverzeichnis vermissen werden.

Die Stoffmenge gestattet heute jedem Autor immer nur eine eingeschränkte Sicht. Da dieses Buch von einem Europäer geschrieben ist, liegt auch der Schwerpunkt der Beschreibungen in dieser Region. Geologen neigen gelegentlich zu der Aussage „Bei mir im Gelände ist das sound so". Dennoch habe ich versucht, die weltweiten Aspekte im Einzelfall zu berücksichtigen und, wo möglich, entsprechend gute Beispiele für den Gang der Erdgeschichte heranzuziehen. Im vergleichsweise kleinen Mitteleuropa, wo seit etwa 200 Jahren Geologie mit wissenschaftlichen Methoden betrieben wird, ist deshalb noch lange nicht jede Epoche besonders gut dokumentiert.

Erdgeschichte wird an den Universitäten traditionsgemäß von Paläontologen gelehrt, nicht zuletzt deshalb, weil Fossilien die klassischen Zeitmarken der Erde bilden. Das vorliegende Buch nimmt darauf zwar Bezug, erweitert aber die traditionelle Erdgeschichtsschreibung um die physikalischen Altersbestimmungen, die es gestatten, den Gesteinen und Ereignissen Jahreszahlen zu geben. Zu den Fossilien, die in ihrer Bedeutung gewichtet, aber um ihre Lebensräume erweitert dargestellt werden, kommen die Krustenbewegungen, die früher als phasenhaft angesehen wurden, heute im Gefolge der Erkenntnisse der Plattentektonik aber eher als kontinuierliche Ereignisse begriffen werden. Der Motor, der die Krustenplatten antreibt, bewirkt deren Verschweißung zu größeren Einheiten ebenso wie deren Zerbrechen. Vielfache Wiederholung solcher Prozesse hat auch zu Gebirgen geführt, die wir durch analytische Erfassung der Fakten in ihrem dynamischen Ablauf zu rekonstruieren versuchen.

Abschließend noch einige Anmerkungen zu den Paläogeographischen Karten, Stratigraphischen Tabellen und Fossiltafeln:

Die Paläogeographischen Karten zeigen plattentektonische Rekonstruktionen der Lage der Kontinente bzw. Kontinentkerne zu bestimmten Zeitabschnitten der Erdgeschichte. Aus der jeweiligen Lage zu den Polen bzw. dem Äquator ergeben sich paläoklimatische Konsequenzen, z. B. Vereisungsgebiete oder Trockenzonen, die in den Kapiteln zur Fazies behandelt werden. Die stark vereinfachten Darstellungen sind umgezeichnet nach Mintz (1981); sie stimmen nur in Grundzügen mit neueren Daten überein, die im Internet abrufbar sind (Scotese 1997). Die wesentliche, hier nicht berücksichtigte Abweichung betrifft die Position von Nordchina, das bereits während des Altpaläozoikums nördlich des Äquators lag.

Soweit möglich, habe ich versucht, in den Stratigraphischen Tabellen neuere Schichtbezeichnungen und Altersdaten bei der Zusammenstellung zu berücksichtigen. Da der Bearbeitungsstand auch durch die ständig tätigen international zusammengesetzten Stratigraphischen Kommissionen für die einzelnen Systeme noch unterschiedlich ist, lassen sich solche Tabellen immer nur sehr bedingt miteinander vergleichen. Ich habe auch versucht, die unterschiedliche Fazies anhand wichtiger Gesteinsfolgen und deren Mächtigkeiten einzubeziehen, weil die reinen Zeitbegriffe für sich betrachtet kein Bild vermitteln. Der Absicht des Buches entsprechend, liegen die Schwerpunkte bei den Profilen in Deutschland; sie bilden gleichzeitig die Grundlage für die im Text diskutierten Abläufe der Erdgeschichte. (hellblauer Hintergrund = marine, rosa = kontinentale Fazies, dunkelblau bzw. „Eissterne" = Eiszeiten, senkrechte Schraffur = Schichtlücken, Schlangenlinien = Gebirgsbildungszeiten, kleine Kreise = Erosions-Diskordanzen).

Die Tabellen sind i. w. aus Krömmelbein (Brinkmann's Abriß der Geologie Bd. II), Schmidt-Walter (Erdgeschichte) und der neuen Tabelle des LGRB (Villinger 2000) zusammengestellt und vereinfacht worden. Für das britische Kambrium wurde Duff u. Smith (1992) herangezogen, Perm im Thüringer Wald nach Lützner u. Mädler (1994), im Saar-Nahe-Becken entsprechend der Arbeitsgruppe Rotliegend der Stratigraphischen Kommission (1995). Für das Quartär i. w. Ehlers (1994). Die Jahreszahlen, soweit verfügbar, entsprechend Berggren u. a. (1995).

Die auf Tafeln zusammengestellten Fossilien entstammen überwiegend dem mehrbändigen Werk von E. Kayser bzw. seinen Vorläufern. Die Abbildungen entsprechen weitgehend den natürlichen Größenverhältnissen und sind nur im Einzelfall aus Platzgründen verkleinert worden. Bei besonders großen Tieren oder Pflanzen ist ein Maßstab angegeben. Kursivschrift wurde nicht nur für die traditionelle Bezeichnung von Gattungen und Arten verwendet, sondern gelegentlich auch, um andere Begriffe hervorzuheben.

Schon einmal hatte ich an einer entsprechenden Stelle geschrieben, daß kein Autor ein Buch alleine schreibe. Für diese Erdgeschichte gilt das in besonderem Maße, weil die Komplexität des Buches mit seinen Karten, Tabellen, Abbildungen und anderen Besonderheiten eine Vielzahl technischer Verfahren erzwang, denen ein klassischer Bücherschreiber heute meist kaum noch gewachsen ist. Deshalb bin ich vielen meiner Mitarbeiter zu Dank verpflichtet, die mir mit ihren entsprechenden Kenntnissen und Fähigkeiten geholfen haben.

Allen voran danke ich meiner vorzüglichen Sekretärin Roswitha Osthoff, die niemals müde wurde, die immer wieder als solche bezeichneten „letzten" Änderungen in das Manuskript einzubauen, abgesehen davon, daß sie natürlich zuvor viele Grundversionen geschrieben hatte. Martin Schmitteckert und Christian Soffel haben die komplexen Stratigraphischen Tabellen nicht nur systematisch in einen PC „gehämmert", sondern sich aktiv an deren Gestaltung beteiligt. Susanne Topitsch hat das Schriftenverzeichnis zu schreiben begonnen und Constanze Blübaum hat es, ähnlich dem Fließtext, ständig erweitert und sorgfältig in die endgültige Form gebracht.

Die Zeichnungen für die Abbildungen wurden in bewährter Weise von Marianne Mitlehner ausgeführt, die auch die beträchtliche Anzahl der Fossiliendarstellungen aus der alten Literatur eingescannt hat. Monika Leray ist bei der Literaturrecherche, wo sie mir in einigen Fällen geholfen hat, bis zur Library of Congress gelangt. Für ihre stets freundliche Hilfsbereitschaft auch hier ein Dankeschön. Das in allen Fällen erforderliche Datenmanagement lag in den Händen von Ulrich Scheffler, dem Markus Eberl gelegentlich assistierte. Dank auch an dieser Stelle an Herrn Kollegen Anhuf, der mir allwöchentlich seine privaten Hefte von ›Nature‹ auf den Tisch legte.

Nicht zuletzt bedanke ich mich auch bei den vielen Studenten, die in den vergangenen Semestern erdgeschichtliche Vorlesungen gehört hatten, junge und „Senioren", die mich mit ihren interessierten Fragen aufgefordert hatten, verständliche Antworten zu formulieren. Ihnen und ihren Nachfolgern ist dieses Buch gewidmet.

Nach dem Erfolg des Buches ›Gesteine‹ war es mir eine Freude, auch für diese Erdgeschichte wieder mit Harald Vogel und Karl Ferger von der Wissenschaftlichen Buchgesellschaft einvernehmlich zusammenzuarbeiten. Joachim Schreiber hat Texte und Bilder zu einem sehr ansprechenden Ganzen zusammengefügt. Mögen die Leser unsere gemeinsamen Bemühungen anerkennen.

Einleitung

„It is my view that the emergence of geology as a science ... occurred when it came to be realized that the earth had a history that might be deciphered by examination of the rocks and fossils of the earth's crust".

David Oldroyd (1996), ›Thinking about the Earth‹

Lange vor der im heutigen Sinne wissenschaftlichen Tradition, die die Entwicklung unseres Planeten auch und vor allem in eine zeitliche Dimension stellt, gab es eine „organische" Tradition: die Erde als Organismus, als ein von Adern durchzogener Körper. Wenn wir von Erz-Adern sprechen, klingt das bis heute nach. Flüsse und Meere dachte sich Athanasius Kircher (17. Jh.) im Innern der Erde, bei Descartes stürzten solche Gewölbe in sich zusammen und die dabei entstehenden steilen Felsen bildeten die Gebirge zwischen den Ozeanen.

Erz-Adern sind aber relativ zu den Gesteinen, in denen sie vorkommen, jünger, während ein Körper nur gleichzeitig mit seinen Adern entstanden sein kann.

Auch das Feuer der Vulkane siedelte Kircher im Innern der Erde an. Wenn wir noch heute von „lebenden" und „toten" Vulkanen sprechen, besteht die Metaphorik aus dem Bereich der Biologie fort.

Vom 18. Jahrhundert an kamen dann eher mechanistische Vorstellungen auf, die Prozesse, die bei der Formung der Erde wirksam waren, mussten nun auch in einen zeitlichen Rahmen eingepasst werden. Dieser Rahmen war anfangs sehr eng, er umfasste die paar tausend Jahre, die durch den irischen Erzbischof James Ussher vorgegeben waren. Newton's Ansatz, die Welt als Uhrwerk eines „Designers" zu begreifen, war zutiefst theologisch; daraus einen weitergehenden zeitlichen Rahmen zu entwickeln, schien ein überflüssiges Unterfangen.

Mit der neueren „Gaia"-Hypothese (Lovelock 1979, 1982/1987) taucht so etwas wie eine Rückkehr zur Betrachtung der Erde als Organismus auf, allerdings in einer weiter gefassten Analogie, die unter anderem die Fähigkeit zur „Selbstheilung" einschließt. Wenn man pessimistisch ist und davon ausgeht, dass wir Gaia durch unsere Aktivitäten töten, dann ist dies jedenfalls in anthropomorphem Zeitmaßstab gemessen, ein langsamer Prozess (Oldroyd 1996).

Ob wir im Vergleich zu den während der vergangenen Erdgeschichte abgelaufenen Prozessen überhaupt einen Stellenwert besitzen, muss trotz der Diskussionen über Treibhaus-Effekt und Ozonloch noch offen bleiben. Erdbeben, Vulkanausbrüche und Überschwemmungskatastrophen haben die Oberfläche unseres Planeten jedenfalls schon immer betroffen. Klima-Änderungen scheinen ohne unser Zutun gelegentlich abrupt erfolgt zu sein, wie die Ergebnisse der jüngsten Quartärforschung nahe legen. Erdgeschichte zu rekonstuieren kann aber den Sinn haben, die wirksamen Prozesse in ihrem zeitlichen Rahmen allmählich besser zu verstehen.

Erdgeschichte zu „lesen" beruht auch auf einem metaphorischen Vergleich mit einem Buch; die übereinander gestapelten Gesteinspakete entsprechen den Seiten, die es zu entziffern gilt. Viele der noch immer offenen Fragen sind dadurch entstanden, dass jemand Seiten herausgerissen hat.
Dennoch: Lesen Sie weiter!

Vor mehr als 100 Jahren hatte Charles Darwin sein Buch ›On the origin of species by means of natural selection‹ veröffentlicht, dessen Denkansätze bis heute beunruhigend sind. Die gut begründete Theorie der Evolution wird allenfalls noch von Denkfaulen oder missionarisch empfindenden Fundamentalisten in Frage gestellt, wie erst jüngst wieder im amerikanischen Kansas, wo sich die Wissenschaftler der pseudowissenschaftlichen Argumente der Kreationisten zu erwehren haben. Dass sich Lebewesen im Verlaufe längerer Zeiträume aus einfachen zu komplexen Bauformen hin entwickeln, hatten auch Darwins Zeitgenossen erkannt. Die Theorie wird heute noch mit jedem neuen Dinosaurierknochen weiter untermauert, der von den abgelegenen Gegenden der mongolischen Wüsten, in China oder in den kreidezeitlichen Ablagerungen beider Amerika zutage gefördert wird. Aber die Zeitspanne, die diese Fossilfunde belegen, ist im Vergleich mit der Geschichte unseres Planeten außerordentlich kurz. Im vorliegenden Buch geht es um den Versuch einer verständlichen Zusammenfassung der Gesamtzeit der Erdgeschichte, soweit diese durch Gesteine und Fossilien zu belegen ist, d. h. dass die Darstellung auch den, oft eher verkürzt behandelten anorganischen Teil der Erdgeschichte mit einschließt.

Jahrzehnte nach Darwins Veröffentlichung erst wurden frühere spekulative Denkansätze über ein Erdalter von einigen Zehnern von Millionen Jahren obsolet, als Henri Bequerel die radioaktiven Strahlen entdeckte und das Ehepaar Curie seine Experimente mit Uran und Radium machte. Damals wurde deutlich, dass der Wärmehaushalt der Erde nicht durch kontinuierliche Abkühlung eines einst feuerflüssigen Balls berechnet werden konnte, sondern durch die zusätzliche Wärmeproduktion der instabilen Elemente mit gesteuert war. In der Folge dieser Überlegungen machten Boltwood und Rutherford am Anfang unseres Jahrhunderts erste realistisch klingende Altersbestimmungen an Gesteinen, die den Zerfall strahlender Substanzen zu stabilem Blei als Methode benutzten. Daraus ergab sich schon damals, dass die Erde einige Milliarden Jahre alt sein musste .

Zeitliche Dimensionen dieser Größenordnung entziehen sich im Allgemeinen dem menschlichen Vorstellungsvermögen. Es gibt Menschen, die sich Zeit linear entlang einer geraden Linie vorstellen, was einen Ursprung in der jüdisch-christlichen Tradition hat, der von der Schöpfung der Welt auf geradem Wege bis zur Wiederkunft des Messias führt, während andere eher in Kreisen oder Spiralen denken; eine zyklische Sicht war ein wichtiger Aspekt im Denken des Aristoteles. So hat man gelegentlich versucht, sich die ungeheure Dimension der Erdgeschichte in Form einer Uhr zu verdeutlichen. Dabei käme unserer eigenen Gattung eine Zeitspanne von wenigen Sekunden vor zwölf zu; dieses Denken impliziert freilich, dass um zwölf Uhr Schluss ist. Die für Katastrophenszenarien häufig verwendete Formulierung „Es ist fünf vor zwölf", scheint dem Rechnung zu tragen. Sie enthält eigentlich auch Gedankengut der Paläontologie, das ja neben der Entstehung neuer Arten immer auch schon deren Aussterben voraussieht. Gemessen an der Dauer der Erdgeschichte, ist der Mensch eine kurzlebige Art; wenn man die Baupläne von Organismen vergleicht, haben oft die einfachen Grundmuster die besten Überlebenschancen; es gibt eine Brachiopodengattung, *Lingula*, die seit dem Kambrium bis heute nahezu unverändert existiert. *Homo sapiens* ist möglicherweise zu kompliziert, um weitere hunderte von Millionen Jahre existieren zu können.

Die astronomische Geschichte unseres Planeten – so weit sie heute rekonstruierbar ist – lehrt uns, dass die Grundbedingung für das Leben möglicherweise einmalig ist, weil die „gerade richtige" Entfernung zur Sonne die Existenz von Wasser ermöglicht, bei einer „angenehmen" Temperatur von im Mittel + 15° C.

Die Vergleichsmöglichkeiten bieten uns die Nachbarplaneten Mars und Venus. Auf dem Mars herrschen – 50° C, auf der Venus + 462° C. Auf beiden Planeten steuert die mit etwa 95 % CO_2 beladene Atmosphäre diese Temperatur, nur ist sie auf dem Mars extrem verdünnt. Der natürliche irdische Treibhauseffekt bedingt also mit, dass sich auf der Erde überhaupt Leben entwickeln und bisher halten konnte.

In letzter Zeit werden vermehrt Ereignisse diskutiert, die zu massenhaftem Artenaussterben innerhalb bestimmter Abschnitte der Erdgeschichte geführt haben. Dabei versucht man, anhand der Häufigkeit der Fossilien, Periodizitäten zu ermitteln, dem Artensterben also eine Regelmäßigkeit zuzuordnen, wobei z. Zt. Zahlen von 32 und 26 Millionen Jahren gehandelt werden. Es wird versucht, solche Periodizitäten auf extraterrestische Ursachen zurückzuführen, wobei dann ein „Nemesis" genannter „Killerstern" seine verheerende Wirkung entfaltet hätte (Raup 1990). Die noch immer unzureichende Datierung von Schichtgrenzen und die in den aufeinander folgenden Ablagerungen beobachtbare, allmähliche Verminderung der Anzahl bestimmter Fossilgruppen lässt diese Hypothesen aber eher unwahrscheinlich erscheinen; auch das „plötzliche" Aussterben der Dinosaurier an der Kreide/Tertiär-Grenze scheint sich über einen längeren Zeitraum hingezogen zu haben: „Plötzlich" muss man etwa mit „einige Millionen Jahre" übersetzen.

Dennoch ist unverkennbar, dass die Geschichte der belebten Erde von einem ständigen Wechsel der Tier- und Pflanzenformen bestimmt wird. So kommen Begriffe wie Paläozoikum, Mesozoikum und Känozoikum überhaupt erst zustande. Ihre Grenzen markieren wesentliche Einschnitte in der fossilen Lebewelt. Dabei sind die markanten Grenzen innerhalb der Erdgeschichte meist durch Massenaussterben gekennzeichnet; das gilt in besonderem Maße für die Wende vom Paläozoikum zum Mesozoikum, wo etwa 90 % der bis dahin entwickelten Tierstämme ausgestorben sind. Wissenschaftler, die nüchterne Überlegungen über die Ursachen angestellt haben, kommen zu der Auffassung, dass i. w. Meeresspiegelschwankungen, die vor allem die reich besiedelten Flachmeere betroffen hatten und/oder klimatische Veränderungen dafür verantwortlich zu sein scheinen. Es wird zu zeigen sein, dass sich im Verlaufe der Erdgeschichte dramatische Klimaveränderungen ereignet haben, die mit dem heute diskutierten – und dem Menschen zugeordneten – Treibhauseffekt nichts zu tun haben. So lässt sich aus den Gesteinen, und oft im Zusammenhang mit den darin gefundenen Fossilien, auch das Klima der Vorzeit in gewissen Grenzen rekonstruieren.

Ich behaupte einmal, dass Menschen von Natur aus konservativ sind. Viele bedauern heute, dass sie die Sommer – oder die Winter – ihrer Kindheit vermissen, das Klima habe sich eben grundlegend verändert. Man könnte ihnen entgegnen, dass es in Mitteleuropa schon einmal ziemlich ungemütlich kalt und windig gewesen ist, oder tropisch heiß und feucht, oder wüstenhaft heiß und trocken. Man muss dazu nur weit genug zurückschauen in die Erdgeschichte – und auch davon will dieses Buch erzählen.

Grundlagen

Lagerungsgesetz und Aktualitätsprinzip – Voraussetzungen für die Rekonstruktion der Erdgeschichte

„Interessieren Sie sich für den Osservatore Romano?", so die Frage eines meiner Senioren-Studenten vor einiger Zeit. Auf meine Erwiderung, dass mir nichts ferner läge als das, meinte er lächelnd „Sie sollten aber" und händigte mir eine Nummer dieser Zeitung aus, in der zu lesen stand, dass der Papst den ehemaligen Priester und Bischof Nicolaus Steno „zur Ehre der Altäre" erhoben habe. Dieser Däne hieß ursprünglich Niels Stensen und hatte als Arzt und Biologe eine Laufbahn begonnen, die ihn später an den Hof der Medici in Florenz führte; das war im 17. Jahrhundert. Als Leibarzt und Prinzenerzieher des Regenten genoss Stensen Ansehen und Schutz, was ihm auch gestattete, seine als ketzerisch verfehmten Anatomiestudien zu betreiben. Daneben widmete er sich der Geologie, verglich fossile Haifischzähne in Ablagerungen der Toskana mit rezenten Exemplaren und schloss daraus, dass sie nicht Naturspiele sein konnten, wie man zu dieser Zeit Fossilien allgemein interpretierte. Steno – wie er sich dann nannte – verdanken wir ein fundamentales Gesetz, das als Lagerungsgesetz in die Geologie Eingang gefunden hat. (Steno wurde in seinem späteren Leben Geistlicher und noch heute gibt es eine Marmortafel in Florenz, die seine Vielseitigkeit preist und wo er auch als Mediziner und Geologe bezeichnet wird).

Das Lagerungsgesetz ist in seiner Aussage scheinbar trivial, denn es besagt, dass die Gesteine so übereinander lagern, wie sie nacheinander gebildet wurden. Das darin eingeschlossene Meeresgetier weist dabei auf den Bildungsraum der Gesteine hin, die sich damit als ehemalige Meeresablagerungen zu erkennen geben.

Damit ist ein zweites Prinzip angesprochen, das unter dem Namen Aktualitätsprinzip seit dem 19. Jh. leitend wurde für geologisches Arbeiten und Schließen. Der Engländer Charles Lyell (1797 – 1875) hat es mit den Worten formuliert: „The present is the key to the past", was bedeutet, dass es eine Kontinuität gibt in der Art, wie ganz allgemein geologische Körper gebildet werden. Man muss sich nur ansehen, wie sich das heute in dem uns zugänglichen Bereich der Erde abspielt. Der Schotte James Hutton (1726 – 97), der auf seinem Grabstein als Begründer der modernen Geologie genannt wird, hatte von „Uniformitarianism" gesprochen und damit ausdrücken wollen, dass sich das geologische Geschehen kontinuierlich vollzieht. Wir wissen heute, dass das nicht ohne Einschränkungen gilt.

Neben Lyell und Hutton gehörte auch der Deutsche Karl Ernst Adolf von Hoff (1771 – 1837) zu den Begründern des Aktualismus. Als Beamter am Gothaer Hof sah er unter anderem die Gesteine des Perms im Thüringer Wald vor allem unter dem Aspekt einer zeitlich langandauernden Bildungsgeschichte und nicht so sehr unter dem besonders starker Naturkräfte. Von Hoff hat mehrere Bände über die auf der gegenwärtigen Erde wirkenden Kräfte geschrieben, mit denen insbesondere die jüngeren, oberflächennahen Gesteinsbildungen erklärbar wurden.

Im Gegensatz zu rollenden Bachkieseln oder windverfrachteten Sandkörnern beobachten wir aber auch Erdbeben oder Vulkanausbrüche, die schlagartig Landschaften verändern können; das heißt dann „Katastrophismus". Die Menschheit scheint solche Ideen zu lieben, was möglicherweise an der Tradition des Sintflutgedankens festgemacht werden kann. Meteoriteneinschläge haben gelegentlich tiefgreifende geologische Auswirkungen gehabt; in der Frühzeit unseres Planeten sind sie auch quantitativ von außerordentlicher Bedeutung gewesen. Die Idee einer katastrophalen Auslöschung allen Lebens ist alt. So hatte der französische Baron Cuvier (1769 – 1832), von Haus aus Arzt und Anatom, in den Schichten des Pariser Beckens übereinander vorkommende und systematisch voneinander verschiedene Wirbeltierknochen nicht im Sinne von Evolution, also als kontinuierliche Entwicklung, sondern durch ‚Revolutionen' erklären wollen: Die Arten seien jeweils durch einzelne Sintflut-Ereignisse lokal ausgelöscht worden und die neuen Arten jedesmal wieder von außen zugewandert. Wir wissen heute, daß im Pariser Becken, wo er seine Beobachtungen machte, mehrfach innerhalb der jüngeren Erdgeschichte Meereseinbrüche stattgefunden hatten, die jedesmal neue Faunen mit sich brachten.

„Wir sagen es hier zum letzten Mal, denn wenn man mit noch mehr Sorgfalt die Bruchstücke dieser organischen Wesen untersucht, gelangt man dahin, inmitten selbst der ältesten marinen Schichten Ablagerungen zu entdecken, die von tierischen oder pflanzlichen Produkten des terrestrischen Bereiches oder dem des Süßwassers stammen; und unter den jüngsten Schichten, das heißt, den oberflächennächsten, findet man Landtiere begraben unter den Gesteinsstapeln der marinen Produkte.

So haben nicht nur die verschiedenen Katastrophen, die die Schichten umgewälzt haben, allmählich die verschiedenen Partien unserer Kontinente aus den Wellen aufsteigen lassen und das Becken der Meere verkleinert; sondern dieses Becken hat sich in mehrerer Hinsicht verlagert. Es ist wiederholt geschehen, daß die trockengefallenen Gegenden wieder von Wasser bedeckt wurden, sei es, daß sie ab-

gesunken sind oder daß die Wässer über dieselben getragen wurden; und was insbesondere den Boden betrifft, den das Meer bei seinem letzten Rückzug freigegeben hat, den nämlich, den der Mensch und die Tiere gegenwärtig bewohnen, so war er wenigstens einmal ausgetrocknet, vielleicht auch mehrmals, und hat seinerzeit Vierfüßler, Vögel, Pflanzen und terrestrische Produkte aller Arten ernährt".

Neben dem kontinuierlichen Korn-für-Korn-Aufeinanderschichten bei der Bildung von Sedimenten gibt es auch in diesem Bereich abrupt verlaufende Ereignisse. Dazu gehört etwa die Ablagerung von durch Sturmfluten bedingten Schichten oder die dichten Trübeströme (turbidity currents), die Material vom Kontinentalhang in die Tiefsee transportieren. Letzteres weiß man, seitdem Kuenen um 1950 beobachtet hatte, wie an der Ostküste der USA verlegte Tiefseetelefonkabel zeitlich nacheinander so zerrissen wurden, dass man auch die Geschwindigkeit solcher Ströme berechnen konnte. Die als Turbidite bezeichneten Sedimentpakete zeigen einen typischen Aufbau in Form gradierter Schichtung: die Korngrößen werden von unten nach oben hin feiner. Sie können ihren Untergrund erodieren und zeigen auch sonst eine Reihe von Merkmalen, die sich etwa zyklisch wiederholen. Fossil sind solche Bildungen seitdem massenhaft dokumentiert worden, sie bezeichnen z. B. im Ablauf einer Gebirgsbildung die Flyschphase, wo sich in verhältnismäßig kurzer Zeit große Sedimentmächtigkeiten am Meeresboden anhäufen. Das ergibt hohe Sedimentationsraten, die sich von denen normaler Meeressedimente deutlich unterscheiden. Gesteine dieser Bildungsräume sind vor allem die Grauwacken. Entsprechendes gilt für Sturmfluten, wo sich das aufgewirbelte Sediment nachfolgend wieder absetzt; auch dabei entsteht gradierte Schichtung. Die entsprechenden Gesteine nennt man heute Tempestite.

Fossilien

Auf Sammler übten „Versteinerungen" schon seit jeher eine besondere Anziehungskraft aus, denn es gibt sie sogar als Beigaben in prähistorischen Gräbern (Schindewolf 1948, Mortensen 1950). Während die Vorsokratiker darin schon richtig Zeugnisse vergangenen Lebens erkannt hatten, muss dieses Wissen später wieder verloren gegangen sein bis u. a. Steno seine Vergleiche zwischen rezenten Haifischzähnen und entsprechenden Fossilfunden anstellte. Die Fossildeutungen des Mittelalters waren vom Schöpfungsmythos bestimmt, die Formen dem Gestein von der Natur (ludus naturae) bzw. von Gottes Schöpferhand eingeprägt. Immer wieder wurde auch die biblische Sintflut bemüht, um Versteinerungen in den Schichten zu erklären. Zu den oft erwähnten Beispielen gehört hier das Skelett des fossilen Riesensalamanders aus Öhningen am Bodensee, das der Schweizer Arzt Johann Jakob Scheuchzer im 18. Jahrhundert als das „betrübte Beingerüst eines in der Sintflut ertrunkenen armen Sünders" gedeutet hatte (Abb. 3). Das Problem bestand darin, dass man – anders als bei den Haifischzähnen – für viele der gefundenen Fossilien keine entsprechenden lebenden Formen kannte; das gilt für manche Fossilgruppen bis in unsere Zeit.

Linné's ›Systema naturae‹ aus dem 18. Jahrhundert ordnete die Tier- und Pflanzenwelt und seine binäre Nomenklatur bestimmt bis heute deren systematische Zuordnung; Gattungs- und Artnamen werden meist durch Kursivschrift hervorgehoben, der Artname klein. Linné's Systematik galt für die lebenden Organismen, ist aber in gleicher Weise auch auf die Fossilwelt übertragen worden. Fossilien eignen sich prinzipiell auf zweierlei Weise für die Beantwortung geologischer Fragestellungen; so zunächst als Zeitmarken (Leitfossilien). Bei der Entwicklung von Darwin's Evolutionsgedanken hat die Paläontologie, d. h. die Lehre von den Lebewesen der Vorzeit, eine entscheidende Rolle gespielt. Prinzipiell entwickeln die Organismen im Verlaufe ihrer Stammesgeschichte von einfachen Bauplänen ausgehend zunehmend komplexere Formen. Wenn man diese in ungestörten Schichten übereinander antrifft, lassen sich die einzelnen Formen einem jeweiligen Entwicklungsstand zuordnen, der dann auch ein Maß für das relative Alter der Schicht in einem Schichtenverband sein kann. Das Prinzip wird in diesem Buch für die einzelnen Abschnitte der Erdgeschichte an den unterschiedlichsten Organismengruppen aufgezeigt werden, wobei jedes Zeitalter durch eine eigenständige Fauna und/oder Flora gekennzeichnet ist.

Fossilien repräsentieren aber auch ihren Bildungsraum, d. h. die Paläo-Umwelt, in der sie gelebt haben; prinzipiell wird das im Kapitel über die Fazies näher behandelt. Aus dem Vergleich mit rezenten Lebensbereichen, etwa Meerwasser oder Wüste, oder, enger gestuft, Küste, Flachmeer, Tiefsee, lassen sich die Bedingungen früherer Epochen rekonstruieren. Dazu ist es notwendig, die rezenten Lebensbereiche gut zu studieren, wie das z. B. Johannes Weigelt mit dem Buch über Wirbeltierleichen (1927) oder Wilhelm Schäfer mit seiner ›Aktuo-Paläontologie nach Studien in der Nordsee‹ (1962) beispielhaft gezeigt haben. Die Welt der Fossilien ist durch die Überlieferung von Pflanzen und Tieren bestimmt.

Es verbietet sich hier von selbst, die botanische und die zoologische Systematik auch nur zu skizzieren. Stattdessen werden nachfolgend die wichtigsten Organismengruppen kurz vorgestellt, soweit sie für die Erdgeschichte als Fossilien von Bedeutung sind. Selbst diese Darstellung ist außerordentlich verkürzt. Sie bringt vor allem da Probleme mit sich, wo es darum geht, Fossilien systematisch zuzuordnen, für die es keine rezenten Entsprechungen gibt. Problematische Gruppen werden nur dann behandelt, wenn sie gesteinsbildend sind wie die kambrischen Archaeocyathiden (Urbecher) oder die altpaläozoischen Graptolithen, die für diesen Zeitbereich die wichtigsten Leitfossilien stellen.

Pflanzen

Algen

Algen gehören mit zu den frühesten erhaltenen Fossilien der gesamten Erdgeschichte. Dabei erlaube ich mir eine gewisse Unschärfe in der Zuordnung, wenn ich auch die stromatolithischen Karbonatgesteine insgesamt auf Algen als Organismen zurückführe. Heute spricht man von *Cyanophyceen* bzw. *Cyanobakterien*, wo man früher Blaugrünalgen sagte, und ordnet diese eher den Bakterien zu; sie bauen aus dünnen Karbonatlagen schichtige und knollige Gesteine auf, die von ihrem ersten Vorkommen im Präkambrium an bis heute im Prinzip ähnlich aussehen. Entsprechend gebaute sphärische kugelige Gebilde sind früher sogar mit Gattungs- und Artnamen versehen worden (*Sphaerocodium bornemanni* z. B. bei Fraas (1910)). Stromatolithe haben vor allem als Faziesanzeiger Bedeutung (Flachwasser bis Auftauchbereich, Riffbildner, Licht).

Echte *Kalkalgen* können Leitfossilien bilden, wie z. B. in der Trias der Alpen. Für den Zeitraum vom Tertiär bis heute sind Rotalgen, die als Krusten, Astchen oder knollige Gebilde vorkommen, von Bedeutung (z. B. die Gattung *Lithothamnium*). Zu einer bestimmten Gruppe von Geißelalgen gehören die seit dem Jura belegten *Coccolithophoriden*, deren Kalkplättchen, die *Coccolithen*, zu den besten Leitfossilien des Nanno-Bereichs gehören; sie sind essentieller Bestandteil der Kreidegesteine. Die zu den Grünalgen (*Chlorophyceen*) zählenden Wirtelalgen (*Dasycladaceen*) in der Trias sind gesteinsbildend (Diploporenkalke in den Alpen). Armleuchteralgen (*Characeen*) sind als Fazieszeiger für Süßwasserbedingungen von Bedeutung; in Characeenkalken sind vor allem die Oogonien als gut erkennbare Fossilien erhalten.

Kieselalgen (*Diatomeen*) sind weit verbreitete Organismen, die vom Meeresbereich bis ins Süßwasser vorkommen. Heute sind die circumantarktischen Gewässer, der Zentralbereich im Pazifik und viele Auftriebsgebiete durch deren kieselige Opalskelette gekennzeichnet, als autotrophe Organismen bilden sie den Anfang einer Nahrungskette. Diatomeen leben planktisch oder benthisch oder sind auch auf anderen Pflanzen aufgewachsen. Diatomeen kommen oft massenhaft in Sedimenten vor; in gut geschichteten Seeablagerungen bilden sie vielfach Einzellagen, die wahrscheinlich jahreszeitlich gesteuerte Rhythmen abbilden. Massenvorkommen führen zu kieseligen Gesteinen, die man als Diatomeenerde, Kieselgur oder Diatomit bezeichnet. Diatomeen sind seit dem Jura belegt, haben aber erst in der jüngeren Erdgeschichte eine gewisse Bedeutung als Leitfossilien.

Höhere Pflanzen

Die ersten Landpflanzen *(Psilophyten)* besiedeln die Landgebiete seit dem Silur. Sie hatten Sporangien an den Enden der Sprossen, später entwickelten sich an Größe zunehmende Blättchen. *Psilophyten* hatten bereits Gefäßbündel, die ihnen den Weg aus dem Wasser auf's Land ermöglichten, weil dadurch die Versorgung mit Wasser und Nährstoffen gewährleistet war. Bereits aus dem Unterdevon sind zusammengeschwemmte Massen bekannt, die die ersten kleineren Kohleflöze gebildet haben.

Vom Mitteldevon an kamen *Farne* hinzu, die sich aus den *Psilophyten* entwickelt haben könnten. Pflanzen mit farnlaubähnlichen Wedeln und Blättern (*Pteridophyllae*), die vor allem in den ‚Steinkohlenwäldern' von Bedeutung waren, sind in ihrer systematischen Stellung unsicher, bilden aber anhand ihrer Blattaderung gut unterscheidbare Leitfossilien (z.B. *Neuropteris, Pecopteris, Sphenopteris,* siehe Karbon oder *Callipteris*, siehe Perm, oder die für Gondwanaland typischen Formen der Gattungen *Glossopteris* (Zungenfarn) oder *Gangamopteris*). Ebenfalls im jüngeren Paläozoikum sind die sog. Articulatae oder Gliederpflanzen von Bedeutung, die gegliederte Stämme mit Blattquirlen besaßen. Das waren baumartige Schachtelhalme, von denen der heute lebende krautige Ackerschachtelhalm (*Equisetum arvense*) ein später Nachfahre ist. Der Form nach überlieferte Stammstücke, die wie cannelierte griechische Säulen aussehen, werden mit dem Begriff *Calamites* bezeichnet, wobei oft die Ausfüllungen der früher markerfüllten Hohlformen in Form von Steinkernen überliefert sind. Aus der Geometrie der Blattnarbenverteilung lassen sich weitere Formen differenzieren.

Auch die heute krautigen *Bärlappgewächse* bildeten früher Bäume. Zu ihnen gehören vor allem die im Karbon wichtigen Formen, deren Stämme als *Sigillaria* (Siegelbaum) und *Lepidodendron* (Schuppenbaum) bezeichnet werden; sie lassen sich anhand ihrer geometrischen Muster unterscheiden ; dazu kommen auch die zapfenförmigen Organe, die die Sporen enthalten. Massenhaft Sporen führende Ablagerungen führten zur Bildung von Kännelkohlen. Zu den wichtigen Fossilgruppen höherer Pflanzen gehören auch die *Gymnospermen*, die mit den *Pteridospermae* (Farnsamer) schon aus dem Karbon bekannt sind.

Ginkgogewächse sind stammesgeschichtlich etwas jünger, unser heutiger *Ginkgo biloba*, von Goethe im West-östlichen Diwan besungen und als Nachbildung in Edelmetall ein häufiges Schmuckstück, unterscheidet sich von seinen stark zerschlitzten Vorfahren durch weitgehend ganzrandige Blätter.

Auch *Koniferen* gab es bereits im Paläozoikum. An ihrem Holz sind sekundäres Dickenwachstum und Harzbildung überliefert. Dazu gehören u. a. *Taxaceen* (Eiben) und *Taxodiaceen* (Sumpfzypressen), *Cupressaceen* (Zypressen) und *Araukariaceen* (Araukarien) und schließlich die *Pinaceen* (Tannengewächse). Die einzelnen Gruppen setzen nach der Fossilüberlieferung innerhalb der Erdgeschichte zu unterschiedlichen Zeiten ein, was jeweils in den entprechenden Kapiteln erwähnt wird. Nicht immer sind die stammesgeschichtlichen Linien belegt, man vergleicht aber die Formen oft mit heute lebenden Vorkommen und ordnet z.B. *Lebachia, Voltzia,* oder *Ullmannia* aus permo-triassischen Ablagerungen den *Pinaceen* zu, weil sie ähnlich aussehen.

In der mittleren Kreide setzt eine explosionsartige Entwicklung der *Angiospermen* (bedecktsamige Pflanzen) ein, die aber ältere Vorläufer hatten. Ihre Formen im fossilen Bereich entsprechen in den meisten Fällen den heute vorkommenden. Eine ausführlichere Darstellung erfolgt in den Kapiteln über die Kreide und das Tertiär.

Tiere

Die Fossilüberlieferung ist weitgehend von den Zeugnissen der Tierwelt dominiert, die nachstehend in Bezug auf wichtige Leit- oder Faziesfossilien behandelt wird. Dabei muss ich mich auf geologisch wichtige Gruppen beschränken und folge einer überwiegend der Evolution verpflichteten Darstellung, die mit primitiven einzelligen Organismen beginnt und über höher organisierte Mehrzeller schließlich zum Menschen führt. Provozierende Diskussionen der Fossilfunde, wie sie der amerikanische

Paläontologe Stephen Jay Gould in letzter Zeit angeregt hat (‚Zufall Mensch‘), beginnen unser weit verbreitetes Denken in Stammbäumen fraglich werden zu lassen, und die auch an vereinzelten Fossilproben jetzt möglichen gentechnischen Analysen werden in Zukunft wohl noch manche der konstruierten Stammeslinien zerreißen (Abb. 1). Die heute mögliche Erdgeschichtsschreibung wird sich aber noch immer auf das Material stützen müssen, das in den Sammlungen von Museen und Universitätsinstituten lagert bzw. beim Studium der Schichten ständig weiter ausgegraben wird. Dieses Material ist notwendig lückenhaft und es bleibt ein kompliziertes Puzzlespiel, die bestehenden Lücken wenigstens gedanklich zu schließen. Aus Einzellern (*Protozoa*) müssen schon früh mehrzellige Tiere (*Metazoa*) entstanden sein. Erst kürzlich ist über sensationelle Funde von Zellhaufen in präkambrischen Phosphatgesteinen Chinas berichtet worden, die heutigen Embryonen höherer Entwicklungsstufen der Tierwelt entsprechen (Xiao u. a. 1998).

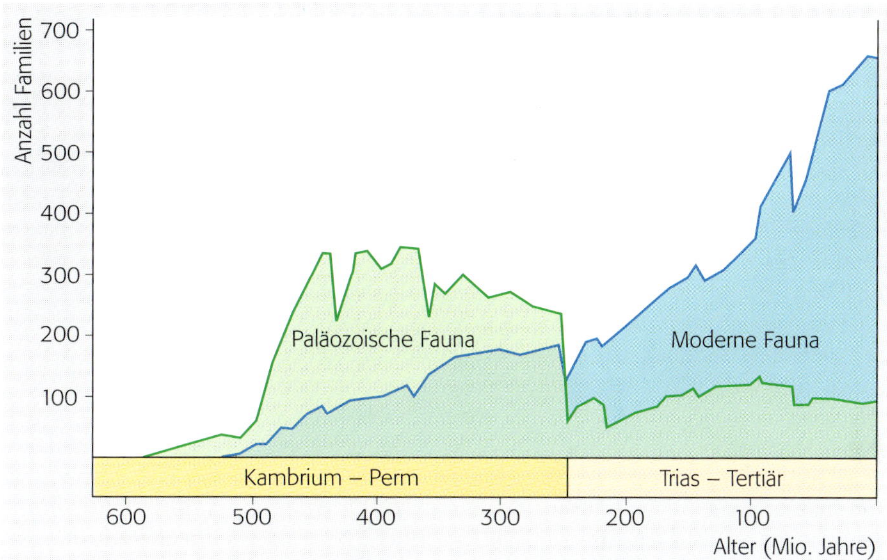

Abb. 1: Der Verlauf der Kurven zeigt zunächst den rasanten Anstieg der Anzahl der Familien zu Beginn des Kambriums, die sofort sämtliche ökologischen Nischen besetzten und die während des gesamten Paläozoikums auf einem Plateau verharrten, bis sie am Ende des Perms durch ein Massenaussterben drastisch reduziert wurden. Danach begannen neue Formen (Moderne Fauna) die zuvor durch die alten eingenommenen Lebensräume zu erobern. (Umgezeichnet nach Sepkoski 1990)

Einzeller

Unter den Einzellern liefern *Radiolarien* und *Foraminiferen* die mit Abstand wichtigsten Leitformen unter den Mikrofossilien, die im Falle von Massenvorkommen vielfach auch gesteinsbildend sind. Von ganz wenigen Ausnahmen bei den *Foraminiferen* abgesehen, leben beide zu den *Rhizopoda* (Wurzelfüßer) gehörenden Formengruppen im Meer; damit sind sie gleichzeitig Faziesanzeiger. Eine Aufzählung weiterer Gruppen von Einzellern, zu denen unter anderem *Dinoflagellaten, Hystrichosphären* und *Chitinozoen* gehören, soll hier unterbleiben; sie sind in ihrer systematischen Stellung noch unsicher und meist nur Fachleuten bekannt.

Radiolarien bilden 0,1 – >0,5 mm große, kieselige Skelette aus Opal, extreme Ausnahme sind solche aus Coelestin ($SrSO_4$); der Form nach unterscheidet man grob nach kugelförmigen *Spumellarien* und mützenförmigen *Nasselarien*. Als planktonische Organismen sind sie spätestens in den Meeren des Kambriums vertreten und sie bilden bis heute den Radiolarienschlamm in den Ozeanen. Gewisse Maxima (Radiolarienblüten) hat es im Paläozoikum, im Jura und im Tertiär gegeben. *Radiolarien* bilden dann das als Radiolarit bezeichnete Gestein, das durch Eisenverbindungen rot oder grün, auch braun gefärbt ist oder Lydit, dessen schwarze Farbe auf organischen Kohlenstoff zurückgeht. In allen Fällen kristallisiert der amorphe Opal der Skelette zu stabilem Quarz.

Foraminiferen (in der heutigen angelsächsischen Literatur gelegentlich zur bequemer aussprechbaren Kurzform ‚Forams‘ verballhornt) leben planktisch oder benthisch. Die Gehäuse zeigen mit 0,05 mm bis 150 mm beträchtliche Größenunterschiede, wobei man von etwa 5 mm an aufwärts von *Großforaminiferen* spricht (G. gab es gehäuft im Perm, in der Kreide und im Alttertiär). Die überwiegend kalkigen Gehäuse sind ein- oder mehrkammerig (Lochkammerlinge), einzelne Gruppen agglutinieren Sandkörner (Sandschaler), wobei es Spezialisten gibt, die nur spezifisches Fremdmaterial (Glimmer, Schwammnadeln, Schalenbruchstücke) verwenden. Die rezenten, planktisch lebenden *Globigerinen* sind wesentlicher Bestandteil des Globigerinenschlamms, der das auch mengenmäßig bedeutendste Kalksediment in den heutigen Weltmeeren bildet. Obwohl es *Foraminiferen* schon im Kambrium gab, spielen sie als Leitfossilien erst im Perm, vor allem aber seit der Kreide eine Rolle. Faziell werden die Massenvorkommen der komplexer gebauten Großforaminiferen als Bildungen in Warmwassergürteln interpretiert. Foraminiferenschalen sind beliebte Objekte für

Sauerstoff-Isotopen-Untersuchungen ozeanischer Sedimente, weil man daran Schwankungen der Paläotemperaturen ermitteln kann.

Vielzeller

Die an sich unüberschaubar große Gruppe der Vielzeller (*Metazoa*) – mit Ausnahme der oben behandelten Protozoa sind alle Tiere Vielzeller – lässt sich in Formen von unterschiedlicher Komplexität gliedern.

Porifera

Zu den einfacher gebauten Vielzellern gehören die *Schwämme (Porifera)*, die als Leitfossilien und/oder Gesteinsbildner eine Rolle spielen. Nach dem Baumaterial unterscheidet man vor allem Kalk- und Kieselschwämme, die Hornschwämme sind hier bedeutungslos. Fossil überlieferungsfähig ist nur das Stützskelett des Weichkörpers, das aus unterschiedlich geformten Nadeln bzw. deren Aggregaten besteht, die auch gesteinsbildend sein können (*Spiculite*). Infolge diagenetischer Prozesse sind Kieselschwämme oft kalkig und Kalkschwämme oft verkieselt erhalten. Schwämme sind festsitzend, überwiegend marin und bauen, meist in Gemeinschaft mit anderen Organismen, fossile Riffkörper auf; rezente Schwammriffe sind dagegen nicht bekannt, weil heutige Schwämme überwiegend in tieferem Wasser leben.

In die systematische Nähe zu den Schwämmen werden die zeitlich auf das Kambrium beschränkten *Archaeocyatha* gestellt. Ihr kalkiges Skelett zeigt nämlich sowohl die für Schwämme charakteristischen Poren, als auch Scheidewände (Septen), wie sie bei Korallen vorkommen. Aus dem Zusammenvorkommen mit Kalkalgen bzw. *Stromatolithen*, mit denen sie kalkige Riffkörper aufgebaut haben, schließt man, dass sie unter flachmarinen Bedingungen gelebt haben. Ihre weltweite Verbreitung macht sie neben dieser paläoökologischen Zuordnung zu guten Leitfossilien, die sich im Einzelnen auch anhand der Baupläne weiter differenzieren lassen.

Die früher als eine eigene Klasse der *Coelenteraten* unter dem Begriff *Hydrozoa* zusammengefassten Stromatoporen (korrekt: *Stromatopora*) stellt man heute zu den Schwämmen, seitdem man u.a. in der Karibik Schwämme entdeckt hat, die in tropischen Riffen wachsen und die die entsprechenden Strukturen aus Kalk aufbauen. Sie sind durch parallel-laminierte Lagen und senkrecht dazu angeordnete Säulchen gekennzeichnet (Stroma = geschichtet). *Stromatoporen* sind wesentlich am Aufbau silurischer und devonischer Riffe beteiligt.

Korallen

Die bunte Unterwasserwelt der heutigen tropischen Flachmeere wird wesentlich von Korallen mitgestaltet. Dabei wird gelegentlich nicht beachtet, dass am Aufbau von Korallenriffen eine Vielzahl anderer Organismen mitbeteiligt ist, vor allem Algen. Rezente Korallen bilden eine Symbiose mit Algen (*Zooxanthellen* bzw. *Dinoflagellaten*), die Licht benötigen um Nährstoffe zu synthetisieren. Der Form nach unterscheidet man riffbildende (hermatypische) von ahermatypischen Korallen bzw. nach den Fossilfunden koloniebildende von Einzelkorallen. Für die Geologie ist zunächst von Bedeutung, dass größere Riffkörper heute überwiegend im warmen Flachwasserbereich gebildet werden, wobei das Optimum der Bedingungen bis in einige Zehner Meter Wassertiefe, bei leicht erhöhter Salinität und einer Temperatur zwischen 25 und 29°C liegt; außerdem ist gute Durchlichtung, d.h. sauberes Wasser, eine weitere Voraussetzung. Diese Rahmenbedingungen werden entsprechend dem Aktualitätsprinzip immer auch angenommen, wenn man fossile Korallenriffe interpretiert, womit man sie sehr eng begrenzten Faziesbereichen zuordnet.

Korallen werden im Larvenstadium verbreitet, dadurch kommt ihnen auch Bedeutung als Leitfossilien zu. Die sog. Planulalarve benötigt in der Regel ein festes Substrat, auf dem sie sich anheften kann. Wenn man fossile Korallenkalke von einigen 100 m Mächtigkeit findet, so bedeutet das nach dem oben Gesagten, dass sich deren Untergrund ständig abgesenkt haben muss und dass diese Senkung durch Aufwuchs innerhalb des optimalen Tiefenbereiches kompensiert worden ist. Das klassische Beispiel hierfür sind die durch Darwin beschriebenen Atolle der Südsee, wo die Rifforganismen auf den kreisförmigen Rändern untermeerischer Vulkanbauten zu wachsen begonnen hatten; deren langsames Absinken haben die Korallen ausgeglichen und so die ringförmigen Strukturen der ursprünglich vulkanischen Anlage weitergeführt. Die dadurch vom offenen Meer abgetrennte Lagune bildet einen Stillwasserbereich mit feinkörnigen Kalkablagerungen, die sich von dem gröberen Riffschutt, der im Außenbereich der Atolle durch die Brandung entsteht, grundsätzlich unterscheidet.

Das Kalkskelett (Corallum) rezenter Korallen besteht immer aus Aragonit, es wächst ständig lichtwärts und ist jeweils im obersten Teil vom Polypen bewohnt. Durch die im Tag/Nachtrhythmus wechselnden Lichtverhältnisse kommt es zur Ausbildung von Anwachsringen, die sich auszählen lassen; für heutige Korallen werden etwa 350/Jahr gezählt, paläozoische dagegen hatten etwa 420/Jahr. Daraus ergibt sich der interessante Befund, dass sich die Erde vor ein paar hundert Millionen Jahren schneller gedreht haben muss als heute. Die Verlangsamung der Erdrotation wird mit der Gezeitenreibung, vor allem durch den nahen Mond, aber auch die Sonne und selbst durch Raumsonden zu interpretieren versucht.

Auch der Bauplan des Korallenskeletts hat sich im Verlaufe der Erdgeschichte verändert. Dabei scheint wesentlich, dass die moderneren Korallen mit weniger Material die gleiche Festigkeit erreichen wie die früheren. Man müsste, um die Baupläne im Detail zu erläutern, nun zunächst in die zoologische Systematik einsteigen, was für die Zwecke dieses Buches zu weit führte. Ich beschränke mich daher auf ein paar grundsätzliche Dinge und nehme dabei gewisse Ungenauigkeiten bewusst in Kauf.

Für die Erdgeschichte sind drei Typen von Korallen wichtig: *Tabulata, Rugosa* (*Tetrakorallen*) und *Scleractinia* (*Hexakorallen*). *Tabulata* sind Korallen, deren Skelett durch horizontale Böden (daher der Name) gekennzeichnet sind, Septen sind nur ansatzweise vorhanden. *Rugosa* sind aufgrund der Anordnung ihrer Septen bilateral-symmetrisch gebaut, *Scleractinia* dagegen etwa radial-symmetrisch, was durch eine zyklische Einschaltung zusätzlicher Septen zustande kommt; so wird das Skelett im Prinzip ständig weiter versteift. Entscheidend ist, dass *Tabulata* und *Tetrakorallen* auf das Paläozoikum beschränkt sind, während die *Hexakorallen* erstmals im Mesozoikum gefunden werden und bis heute das Bild bestimmen. Bezüglich der Ökologie bleibt anzumerken, dass es rezent auch Korallen gibt – und fossil sicherlich auch gab – die nicht mit Zooxanthellen assoziiert lebten und dadurch auch in größeren Wassertiefen angetroffen werden, wo sie gelegentlich sogar Riffe bilden können. Hier liegt eine der Unschärfen des Aktualitätsprinzips.

Bryozoen

Bryozoa (Moostierchen) bilden eine eigene Gruppe koloniebildender Tiere, die meist marin leben und überwiegend kalkige Skelette in Form feiner Ästchen von Millimeter- bis Zentimeterlänge ausbilden. Zoologen unterscheiden entsprechend der Arbeitsteilung innerhalb der Kolonie unterschiedliche Skelette, die aber nicht alle kalkig ausgebildet sein müssen. Alle fossilen *Bryozoen* gehören in den marinen Bereich und lebten i. w. im flachen Wasser. Sie sind schon im Ordovizischen Brandschiefer des Baltikums anzutreffen und auch am Aufbau von Riffstrukturen, vor allem im Perm, beteiligt. *Bryozoen* sind vielfach auf einem festen Substrat, das auch aus Organismenhartteilen bestehen kann, aufgewachsen. In der Oberkreide sind Bryozoen-Kolonien häufig und ihre feinverästelten Skelette lassen sich vielfach auch noch in den Feuersteinen entsprechenden Alters beobachten.

Würmer

Es scheint widersinnig, Tiere hier unter den Fossilien aufzuführen, die keine erhaltungsfähigen Hartteile ausbilden; Letzteres gilt jedoch für die verschiedenen Wurmgruppen bei näherem Hinsehen nur eingeschränkt, weil zumindest die Serpeln kalkige Röhren entwickeln, die im Extremfall sogar gesteinsbildend werden können; oft sind Serpeln auf andere Hartteile aufgewachsen. Unter Ausnahmebedingungen, wie im Falle des Kambrischen Burgess-Shale, können sogar noch die Borsten von Würmern erhalten sein. Meist sind aber nur die Bauten dieser Tiere fossil überliefert, die die normale Sedimentstruktur stören: U-förmige Röhren im Sandstein, wie beim rezenten Sandröhrenwurm *Arenicola* im Wattenmeer.

Brachiopoden

Brachiopoden (Armkiemer) gehören zu den wichtigsten und am weitesten verbreiteten Fossilien überhaupt. Ihre Schalen sind in der Frühzeit der Erdgeschichte eher hornig-phosphatisch, später zunehmend kalkig ausgebildet. Obwohl sie ähnlich aussehen wie Muscheln, haben sie zoologisch mit diesen nichts zu tun. *Brachiopoden* haben eine Arm- und eine Stielklappe, die Symmetrieebene verläuft quer durch beide Klappen. Diese sind durch Muskelstränge verbunden, meist auch durch ein sog. Schloss, wobei ‚Zähne' und ‚Zahngruben' gelenkartig ineinander greifen. Dadurch unterscheiden sich die schlosstragenden *Articulata* von den *Inartikulata* (*Brachiopoden* ohne Schloss), (beachte, dass es den Begriff Articulata auch bei den Pflanzen gibt, s. o.). Ein wesentliches systematisches Merkmal ist das verkalkte Armgerüst, das die fleischigen Arme stützt; es reicht von einfachen Fortsätzen der Schale oder Schleifen bis zu spiralig aufgerollten Formen, die man an den Fossilien meist durch aufeinander folgende Parallelschliffe rekonstruieren kann. Daneben sind Bau und Verzierung der Schale von Bedeutung.

Eine Besonderheit bilden stachelartige Außenfortsätze der Schale, die bei der Gruppe der *Productiden* im späten Paläozoikum besonders ausgeprägt sind: *Productus horridus* (heute: *Horridonia horrida*, was das Schreckenselement nun auch im Gattungsnamen betont) wirkt wie ein von Lanzen starrender Krieger, die Stacheln dienten aber wohl eher der besseren Verankerung auf dem Sediment. *Brachiopoden* sind sessile Tiere, die im Allgemeinen durch einen fleischigen Stiel mit ihrer Unterlage verbunden sind. Wichtige Ordnungen sind die *Orthida, Strophomenida, Pentamerida, Rhynchonellida, Spiriferida* und *Terebratulida*. Alle bilden Leitfossilien seit dem Kambrium. Eine Ausnahme bildet die einem Fingernagel ähnlich sehende Gattung *Lingula*, die fast 600 Millionen Jahre lang ihre Gestalt nicht verändert hat und damit ein Paradebeispiel für einen ‚Durchläufer' darstellt; in den kambrischen *Lingula*-Flags ist sie gesteinsbildend.

Mollusken

Der Stamm der *Mollusken* (Weichtiere) umfasst eine Reihe von Tierklassen, die in der Paläontologie eine wichtige Rolle spielen, weil an ihnen Evolutionslinien deutlich werden, außerdem liefern sie – mit dadurch bedingt – vielfach gute Leitfossilien. Zoologisch systematischer ist es, von *Cephalopoda* (Kopffüßern), mit den Gruppen der

Ammonoidea, *Belemnoidea* und *Nautiloidea*, von *Lamellibranchiata* (Muscheln) und *Gastropoda* (Schnecken) zu sprechen.

Cephalopoda, also Kopffüßer, erhielten ihren Namen, weil frühere Bearbeiter ihre Tentakeln für Füße hielten, mit denen die Tiere gelaufen seien. Ihre Lebensweise ist auch heute noch schwierig zu interpretieren, weil man dabei ausschließlich auf den in der Südsee lebenden rezenten *Nautilus* angewiesen ist. Aufgrund einer besonders stabilen Schale kann das Tier dem Wasserdruck bis in 900 m Tiefe standhalten. Die Kammern des Gehäuses sind durch ein röhrenförmiges Organ, den Sipho, miteinander verbunden; nach neueren Erkenntnissen dient er der Absaugung von Flüssigkeit in den jeweils neugebildeten Kammern, die dann ein luftgefülltes System bilden. Die Entwicklung dieses Tauchapparates führte zur Befreiung vom Bodenleben, der rezente *Nautilus* kann damit in höhere nahrungsreichere Wasserschichten auftauchen.

Von geologischer Bedeutung sind auch Tankexperimente an gefangenen Exemplaren, die zeigen, dass die Tiere den Sauerstoffgehalt im Blut regulieren können (Boutilier u.a. 1996); sie können sich durch Verlangsamung ihres Metabolismus so auch durch Bereiche mit verringertem Sauerstoffangebot bewegen.

Die zoologische Zuordnung anhand der Kiemenzahl ist fossil nur spekulativ nachvollziehbar. Dagegen lassen sich aber Formen mit Außenskelett bzw. -gehäuse (*Nautiloidea* und *Ammonoidea*) von solchen mit Innenskelett (*Belemnoidea*) unterscheiden; deren heutige Nachfahren sind noch Kraken (*Octopus*) und Tintenfische (*Sepia*). Die Evolution scheint mit den *Nautiloideen* im Kambrium begonnen zu haben und führte im Unterdevon zu den ersten *Ammonoideen*, während es frühe *Belemnoideen* vom Unterkarbon an gab.

Die Entwicklung der Cephalopodengehäuse verlief von den glatten, die Kammern trennenden Scheidewänden und relativ dicken Schalen zu immer komplexer gefalteten Kammerscheidewänden, die als Anwachsnaht auf der inneren Gehäusewand erkennbar sind (Lobenlinie). Das Prinzip ist dabei eine Versteifung des Gehäuses (wie bei Sicken im Blech von Autokarosserien z.B.) bei gleichzeitiger Reduktion der Menge des Baustoffs; dadurch wurde auch ein schnelleres Wachstum erreicht. So ergibt sich, dass mit der Entwicklung der *Ammonoideen* im Devon die zuvor die Meere beherrschenden *Nautiloideen* allmählich verdrängt wurden.

Nautiloidea sind als eigene Oberordnung der *Cephalopoden* von den *Ammonoidea* verschieden. Sie haben wie diese ein gekammertes Gehäuse, dessen Kammern über einen Sipho miteinander in Verbindung stehen, sind bilateral-symmetrisch und schwimmen nach dem Rückstoß-Prinzip, was man am rezenten *Nautilus* beobachten kann. Die Gehäuse sind gerade gestreckt oder in unterschiedlichem Ausmaß eingerollt. Die Kammern sind nach vorne konkav gewölbt. Wichtig ist auch die Lage des die einzelnen Kammern verbindenden Schlauchsystems (Sipho), das bei den *Orthoceren* (*Orthoceras*, das 'Geradhorn') zentral, bei primitiven Formen (*Ellesmeroceras*, *Endoceras*) dagegen randständig verläuft. *Nautiloideen* gab es schon im Kambrium, im Ordovizium bilden Massenvorkommen ‚Orthocerenkalke' bzw. ‚Orthoceren-Schlachtfelder', wo die leicht konischen Gehäuse oftmals Strömungsregelung zeigen.

Ammonoidea, den Fossiliensammlern oft auch als ‚Ammonshörner' geläufige Organismen, haben eine lange und bewegte Forschungsgeschichte erfahren. Die Schichten des süddeutschen Jura z.B. sind voll von Ammoniten und den Geologen war schon frühzeitig aufgefallen, dass sich die Baupläne in den jeweils höher liegenden – und damit jüngeren – Schichten verändern; so kam man schon im 19. Jahrhundert zu einer Zonengliederung. Wesentliche Merkmale für die Unterscheidung bilden die Geometrie der Lobenlinie, die Art der Einrollung und die äußere Skulptur. Außerdem sind die Lage des Sipho sowie dessen Geometrie von Bedeutung.

Die Evolution der eingerollten *Paläoammonoidea* (wie man die älteren, paläozoischen *Ammoniten* nennt) erfolgte aus gestreckten Formen des Siluriums über locker spiralig gerollte Formen des Unterdevons bis zur vollständigen Einrollung im Mitteldevon. Diese Formen sind durch einfach gewinkelte Lobenlinien gekennzeichnet, die man goniatitisch nennt (von griech. gonion = Winkel), die Fossilien heißen dementsprechend *Goniatiten*. Deren Schalen sind meist glatt, d.h. ohne Verzierungen. Die Lobenlinie differenziert sich im Verlaufe der Erdgeschichte zunehmend, indem sich die zunächst einfachen Loben und Sättel weiter aufgliedern in Sekundär-, Tertiär-(etc.) Loben.

Die *Ammoniten* der Trias werden als *Ceratiten* (mit einer ceratitischen Lobenlinie) oder *Mesoammonoidea* bezeichnet. Neben der komplexen Lobenlinie sind nun auch Schalenskulpturen in Form von Rippen, Stacheln und Knoten wichtige Bestimmungsmerkmale.

Ein weiterer Evolutionsschritt erfolgte im Jura, wo viele der hochdifferenzierten Triasformen ausstarben und allmählich durch die jüngste Gruppe der *Neoammonoidea* ersetzt wurden.

Die unterschiedlichen Bauformen existierten aber durchaus auch nebeneinander. Die neuen Formen sind vor allem für die enge stratigraphische Zonengliederung des Jura von Bedeutung; eine kleine Auswahl wird im entsprechenden Kapitel gegeben. Die Differenzierung geht heute so weit, dass allein über die Ammoniten des süddeutschen Lias Bücher geschrieben werden können. In der jüngeren Erdgeschichte vollzieht sich dann, ‚kurz' vor dem Aussterben in der oberen Kreide eine rückwärts verlaufende Entwicklung der Merkmale: der Abbau betrifft die Gestalt, die Lobenlinie und die Skulptur. Die Formen entrollen sich wieder, die bisher übliche planspirale Einrollung macht einer sekundären Aufrollung Platz, die z. T. bizarre, turmförmige oder unregelmäßige Formen zur Folge hat. Die Lobenlinien werden wieder ceratitisch (*Kreideceratiten*) oder gar goniatitisch (*Kreidegoniatiten*) und die Gehäuse verlieren zunehmend die Skulptur, so dass auch wieder glattschalige Formen entstehen.

Das rezente Vergleichsobjekt für die ausgestorbenen *Ammoniten* bildet der *Nautilus*, dessen Schale aus Aragonit besteht. Es ist anzunehmen, dass auch die fossilen Formen aragonitische Schalen hatten, denn es sind solche mit Perlmuttglanz überliefert, im Einzelfall auch durch Naturasphalt vor der diagenetischen Umwandlung in Calcit geschützte Exemplare. Daneben liefern die gelegentlich massenhaft im Gestein vorkommenden *Aptychen* Hinweise: sie bestehen aus Calcit, die zugehörigen aragonitischen Gehäuse sind im Tiefseebereich aufgelöst worden. Über die Funktion der Aptychen gibt es Diskussionen, die von der Deutung als Deckel für die Wohnkammer bis zu Zähnen bzw. Grabschaufeln reichen. Jedenfalls sind auch die Aptychen in manchen Zeitabschnitten der Erdgeschichte für die Einordnung von Schichten geeignet.

Belemnoidea, die wie ein Geschoss (von griech. belemnon = Blitz, Geschoss) aussehenden ‚Donnerkeile', gehörten mit zu den frühen Rätseln der Fossilüberlieferung, weil keine ähnlichen rezenten Formen bekannt sind. Diese *Rostren* (Einzahl *Rostrum*) genannten kalkigen, durch organische Substanz meist dunkel gefärbten Überreste sind vor allem im Jura häufig, in der Kreide bilden sie sogar wichtige Leitfossilien. Das Rostrum bildet aber nur ein Teilorgan eines *Belemniten*, zu dem außerdem noch die kegelförmige, gekammerte Schale (*Phragmokon*) sowie ein sog. blattförmiges *Proostracum* gehören. Das Phragmokon ist gelegentlich mit erhalten, durch Kammerscheidewände gegliedert und mit einem Sipho versehen, der den Luftaustausch zwischen den Kammern ermöglicht hat. Der blätterige Wulst der rezenten *Sepia* entspricht dem Phragmocon der *Belemniten*. Tintenfische haben einen Tintenbeutel, der den auch von Kunstmalern geschätzten Farbstoff enthält, mit dem sich das flüchtende Tier den Verfolgern durch Einnebeln entziehen konnte.

Die massiven Belemnitenrostren sind fossil besonders gut erhaltungsfähig und gelegentlich auf Gesteinsplatten massenhaft – und oft durch die Strömung eingeregelt – vorhanden. Wie alle anderen *Cephalopoden*, sind sie auf marine Ablagerungen beschränkt.

Lamellibranchiata (Muscheln) werden durch den Begriff Zweiklapper (*Bivalvia*) zwar in die Nähe der ebenfalls zweiklappigen *Brachiopoden* gerückt, zoologisch-systematisch sind beide jedoch grundsätzlich verschieden. So werden bei Muscheln rechte und linke Klappen unterschieden, bei *Brachiopoden* dagegen Arm- und Stielklappe. Muschelschalen bestehen aus Kalk, wobei man calcitisch und kombiniert calcitisch-aragonitisch aufgebaute Schalen unterscheiden kann. Calcitkristalle bilden Prismen, Aragonit bildet in Form dünner Lagen eine oft glänzende Perlmuttschicht, die auch kennzeichnend für die Perlen der Muscheln selbst ist. Vielfach sind in Muschelschalen calcitische Prismenschicht und aragonitische Perlmuttschicht kombiniert, was u. a. auch für die diagenetische Umwandlung bei der Bildung von Kalksteinen von Bedeutung ist. Anstelle der aufgelösten Aragonitschicht sind dann mosaikartige, sekundäre Calcitkristalle erkennbar, während die biogen bei der Anlage gesteuerte, regelmäßige Prismenanordnung der Calcitschicht so erhalten bleibt. Außen sind Muscheln von einem aus organischer Substanz bestehenden sog. Periostracum überzogen, dessen Material auch netzartig zwischen die kalkigen Bestandteile eingreift. Muscheln leben in allen aquatischen Bereichen. Aus dem Vergleich mit der rezenten Ökologie lassen sich auch fossil marine Muscheln, Brackwasser- und Süßwassermuscheln unterscheiden, so dass sie neben ihrer Bedeutung als Leitfossilien auch als Faziesanzeiger verwendbar sind.

Muschelklappen sind durch eine Art ‚Gummiband', das Ligament, miteinander verbunden, das nach dem Tod des Tieres seine Funktion verliert, wodurch die Schalen getrennt werden. Doppelklappige Erhaltung von Muscheln im Gestein bedeutet daher eine Einbettung in Lebensstellung.

Neben den typischen Muschelformen kennt die Paläontologie auch eine Reihe von aberranten Typen, zu denen z. B. gewisse Austern gehören, vor allem aber die *Rudisten*, bei denen eine Klappe zu einer Turmform wächst, auf der die andere eine Art Deckel bildet. Sie sind Leit- und Faziesfossilien in der Kreide; außerdem können sie spektakuläre Riffe aufbauen. Der Darmstädter Paläontologe Schumann hat in den letzten Jahren solche Rudistenriffe aus dem Nahen Osten erforscht und außerordentlich schöne Bilder dazu gezeichnet (1995); eine umfangreiche Bibliographie geben Steuber u. Löser (1996).

Systematisch sind bei den Muscheln die Eindrücke von Schließmuskeln auf der Schaleninnenseite sowie die Anheftungsnaht des Mantels (Weichkörperrand), die Mantellinie, von Bedeutung, vor allem aber der Bau des als Scharnier für die Klappen wirkenden Schlosses mit seinen Zähnen und komplementären Zahngruben. Muscheln leben festgeheftet am Untergrund (durch einen bartartigen sog. Byssus oder mit einer Klappe aufgewachsen, z. B. Austern) oder sind auf und im Sediment frei beweglich oder als Bohrmuscheln in Festgesteinen oder Holz anzutreffen. Für die Erdgeschichte sind sie seit dem Kambrium nachgewiesen, gewinnen aber erst während des Mesozoikums größere Bedeutung (Muschelkalk), als Leitfossilien besonders in der Kreide und vor allem im Tertiär.

Gastropoda (Schnecken) lassen sich nur anhand ihrer kalkigen Gehäuse bestimmen, wobei man grob ebene, planispirale von turmartig hochgewundenen trochospiralen Formen unterscheidet. Daneben spielen Drehsinn und der Bau der Mündung eine Rolle.

Schneckenschalen bestehen aus dem leicht löslichen Aragonit, deshalb sind vor allem bei den geologisch älteren Vorkommen vielfach nur die Steinkerne erhalten. Schneckenschalen der jüngeren Erdgeschichte, vor allem des Tertiärs, bestehen oft noch aus Aragonit und zeigen gelegentlich sogar auch die ursprüngliche Farbstreifung. Die meisten Schnecken haben marin gelebt, es gibt aber Brack- und Süßwasserformen sowie Landschnecken, womit eine breite Palette von Faziesanzeigern gegeben ist. Sie sind auch in stratigraphisch konnotierten Gesteinsbezeichnungen enthalten (Bellerophonkalk, Landschneckenkalk, Hydrobienschichten). Der Schneckenkalk des tertiären Steinheimer Beckens galt mit der systematischen Abwandlung der Gehäuseformen von *Gyraulus* in übereinander liegenden Gesteinsbänken als ein Paradebeispiel der Evolution. Neben den gewohnten Formen der gerollten Gehäuse gibt es auch die altertümlichen Napfschnecken oder die Schlitzbandschnecken wie das Seeohr (*Haliotis*), das aussieht wie eine Muschel, außerdem das längliche, zu den *Scaphoden* zählende *Dentalium*.

Planktonisch lebende *Gastropoden* sind die Flügelschnecken (*Pteropoden*), deren dünnschalige Gehäuse den rezenten aragonitischen Pteropodenschlamm bilden.

Tentakuliten bilden kleine spitzkonische kalkige Gehäuse von bis zu 30 mm Länge, die durch einen gekammerten Anfangsteil und eine geringelte äußere Skulptur gekennzeichnet sind. Sie sind vor allem in devonischen Gesteinen gelegentlich massenhaft (Tentakulitenschiefer); in eisenhaltigen Sandsteinen sind oft nur die Abdrücke erhalten, die dann aussehen wie verrostete Holzschrauben.

Zur gleichen Gruppe gehören die *Styliolinen*, die glattschalige Gehäuse haben. Ihre zoologische Zuordnung ist unsicher, möglicherweise bilden sie sogar eine eigene Klasse innerhalb der *Mollusken*. Ihre Lebensweise dürfte der von *Pteropoden* ähnlich gewesen sein, womit sie auch als Leitfossilien infrage kommen.

Arthropoden

Innerhalb der Gruppe der *Arthropoden* (Gliederfüßler) soll nur auf die *Crustaceen*, *Trilobiten* (Dreilapperkrebse) und Insekten ausführlicher eingegangen werden. Dagegen bleibt es bei einem kurzen Hinweis auf die *Eurypteriden* oder *Gigantostraken*. Diese bis zu 1,8 m langen Verwandten des heute lebenden Schwertschwanz *Limulus* (Molukkenkrebs) lebten vorzugsweise in brackischen und limnischen Bereichen und haben lediglich vom Silurium bis zum Karbon Bedeutung.

Zu den *Crustaceen* gehören eine Reihe weiterer systematischer Ordnungen, wobei an dieser Stelle nur auf die *Ostrakoden* (Muschelkrebse) und *Balaniden* (Seepocken) ausführlicher eingegangen werden soll; weitere wichtige Einzelbeispiele werden in den entsprechenden stratigraphischen Kapiteln aufgeführt.

Ostrakoden gehören neben *Foraminiferen* und *Radiolarien* zu den wichtigen Mikrofossilien, deren aus Calcit bestehende Schalen meist gut erhalten sind; sie sind im Prinzip funktional ähnlich gebaut wie Muschelschalen, d. h. sie haben ein elastisches Ligament, das die beiden Klappen am Rand zusammenhält und oft auch ein Schloss, das mit seinen Zähnen diagnostisch wichtige Merkmale liefert. Die älteren paläozoischen Formen sind etwa 1 – > 20 mm groß, die jüngeren meist < 1 mm. Die Schalen sind entweder glatt oder durch unterschiedliche Skulpturelemente geprägt, unter denen sogar längere Stacheln beobachtet werden, denen wohl eine ähnliche Funktion zukommt, wie den entsprechenden Schalenfortsätzen bei den *Brachiopoden*, d. h. eine Verankerung beim Aufliegen auf dem Sediment. *Ostrakoden* leben in Meer-, Brack- und Süßwasser, sind aber oft massenhaft besonders in Brackwassersedimenten anzutreffen, wofür sie gute Faziesanzeiger sind. Stratigraphisch sind sie schon im Kambrium vertreten, bilden aber vor allem im Oberdevon und in der Trias wichtige Leitfossilien (Cypridinenschiefer).

Rezent wie fossil findet man die kalkigen Schalen der ebenfalls zur Klasse der *Crustaceen* zählenden *Balaniden* (Seepocken) meist auf festem Untergrund oder auf Geröllen angeheftet. Ihr Lebensraum sind Küsten- und Gezeitenbereiche, so dass sie vor allem als Faziesanzeiger von Bedeutung sind. Die kegelförmigen Bauten sind meist Millimeter bis Zentimeter groß und bilden vielfach ganze Kolonien. Fossil sind sie sicher seit dem Silurium bekannt, sofern kalkige Hartteile ausgebildet waren (nicht alle rezenten Arten haben erhaltungsfähige Hartteile).

Trilobiten haben ihren Namen durch eine Dreiteilung im doppelten Sinne: der Körper ist in Kopf-, Rumpf- und Schwanzschild (Cephalon, Thorax, Pygidium) gegliedert, in der Längsrichtung außerdem in einen Zentralbereich (Spindel) dem seitlich die Pleuren genannten Körperteile anschließen. *Trilobiten* haben eine phosphatische Gehäusesubstanz, die Körperteile sind – vor allem der Rumpfschild – stark segmentiert und viele konnten sich zu kugelähnlichen Formen zusammenrollen wie die heutigen Asseln; so werden sie gelegentlich auch fossil gefunden. Vom Kopfschild sind der Zentralteil, die Glabella (Glatze, weil meist glatt) und die Augenhügel mit den Facettenaugen zu erwähnen. Infolge ihrer Häutungsfähigkeit findet man oft nur getrennte Kopf- oder Schwanzschilde. Augenlosen Kleinformen, die man vor allem in dunklen Tongesteinen finden kann, schreibt man eine Lebensweise unter lichtarmen Verhältnissen zu (Tiefsee?) während die normalen *Trilobiten* im Zusammenhang mit ihren Begleitfaunen eher im Flachmeerbereich zuhause waren (Abb. 2).

Trilobiten haben an jedem Segment Füße und hinterließen damit charakteristische Spuren in den Sedimenten (*Cruziana*). Ihre Lebensweise war ausschließlich marin und sie sind stratigraphisch auf das Paläozoikum beschränkt. Ihre Systematik beruht auf den Einzelelementen von Kopf- und Schwanzschild, der Anzahl der Segmente und einer Vielzahl von stacheligen Fortsätzen, die vor allem an Kopf- und Schwanzschild entwickelt sind. Die Größe der Tiere reicht von < 15 mm bis zu etwa 70 cm. Einzelne Gattungen haben stratigraphisch definierte Gesteinsbezeichnungen bedingt (Paradoxidesschiefer, Olenelluskalk u. a.). Erstaunlich bleibt, dass schon im Kambrium derart hoch entwickelte Organismen praktisch 'schlagartig' die Meere bevölkerten.

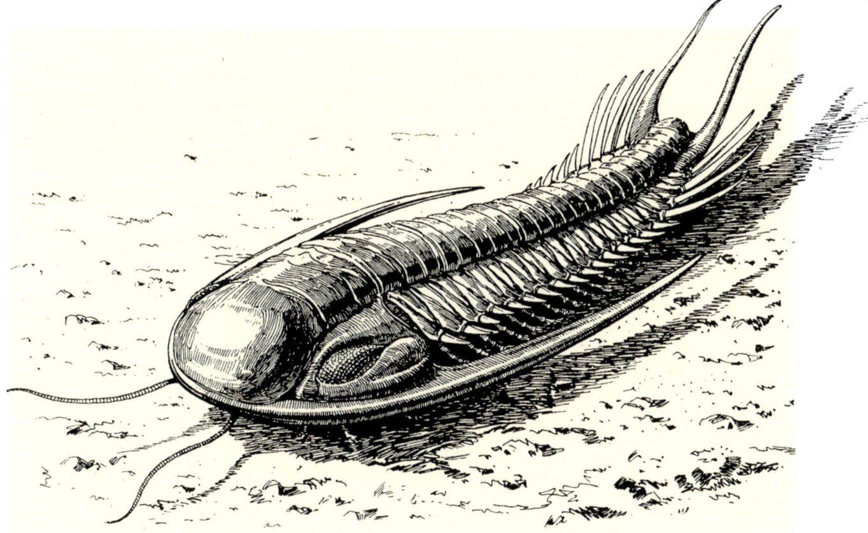

Abb. 2: *Paradoxides bohemicus*, ein mittelkambrischer Trilobit (3/4). Rekonstruktion von Johannes Walther (1921).

Die Diorama-Darstellungen der karbonischen Steinkohlenwälder in naturkundlichen Museen enthalten fast immer auch große fliegende *Insekten*. Das hängt damit zusammen, dass Kohlen und die sie begleitenden Tonsteine offensichtlich geeignete Gesteine sind, in denen die zarten Strukturen der Flügel erhalten werden konnten; in gleicher Weise gilt das für feinstkörnige Plattenkalke wie die des Oberjura von Solnhofen, Eichstätt und Nusplingen (Lithographenkalk) und natürlich für den Bernstein, wo das umschließende Harz noch die feinsten Strukturen bewahrt hat. Ausnahmsweise sind auch Insektenfährten überliefert. Insekten sind stratigraphisch nur von geringer Bedeutung, als Landtiere sind sie zwar Faziesanzeiger, können aber in Seen und marine Bereiche eingespült und eingeweht werden.

Echinodermen

Die bekanntesten *Echinodermen* (Stachelhäuter) sind wahrscheinlich die Seeigel; man kann sie essen, sich die Stacheln in die Fußsohlen treten oder ihre schön gemusterten Panzerverzierungen anschauen. Wenn jemand genauer hinsieht, wird ihm sicherlich auch der Apparat auffallen, der aus dem Bodenloch herausragt und der dem Schrottgreifer eines Müllkrans ähnlich sieht: die ‚Laterne des Aristoteles'. Fossiliensammler kennen außerdem mindestens noch die versteinerten Seelilien und die als *Trochiten* bezeichneten einzelnen Stielglieder dieser Tiere (die im Fossilienhandel gelegentlich als Pflanzen (!) geführt werden).

Kalksteine, die viele Echinodermenreste enthalten (Echinodermenkalk, Trochitenkalk), glitzern an Bruchflächen in sehr charakteristischer Weise; das hängt damit zusammen, dass die Skelettelemente Einkristalle von Calcit (rezent: Mg-Calcit) bilden, die bei der Diagenese orientiert weiterwachsen, die Bruchflächen bilden also Spaltflächen dieser Kristalle. *Echinodermen* haben überwiegend fünfstrahlige Symmetrie. Alle rezenten Klassen leben marin, so dass man auch für die ausgestorbenen eine entsprechende Lebensweise annimmt. Die Fossilfunde verweisen aufgrund der Begleitfaunen auf Flachwasser, rezent sind Seelilien und Schlangensterne aber eher in tieferen Bereichen anzutreffen.

Fossil sind die Klassen *Cystoidea* (Beutelstrahler) und *Blastoidea* (Knospenstrahler) auf das Paläozoikum beschränkt, die *Crinoidea* (Seelilien) sind wie die *Stelleroidea* (Seesterne und Schlangensterne) und die *Echinoidea* (Seeigel) seit dem Ordovizium bekannt. Während diese sämtlich zusammenhängende Skelette ausbilden, hat die Klasse der *Holothuroidea* (Seegurken, Seewalzen) nur in den Weichkörper eingelagerte, winzige, verschieden geformte Kalkteilchen (Sklerite), die fossil erhaltungsfähig sind und so praktisch Mikrofossilien darstellen; die rezenten bestehen, wie alle anderen Echinodermen-Karbonate, aus Mg-Calcit. Fossile *Echinodermen* sind in großer ästhetischer Schönheit vor allem aus den devonischen Bundenbacher Schiefern (dort vor allem Seesterne in Pyriterhaltung), aus dem Muschelkalk (Seelilien als Leitfossilien), dem Lias (Seelilien, gelegentlich an Treibholz festgewachsen) und dem Malm (Schlangensterne im Solnhofener Plattenkalk) bekannt geworden. Darüber hinaus ist auch das Perm von Timor für seine Echinodermenfauna berühmt (Blastoidea, Crinoidea, Echinoidea).

Graptolithen
Der Name bedeutet ‚Schriftsteine' und leitet sich aus dem Erscheinungsbild ab. Dunkle Abdrücke auf dunklen und helleren Gesteinen oder hellere auf dunklen ähneln Schriftzeichen. Ich selbst ziehe gelegentlich den Vergleich zu Laubsägeblättern, weil die *Graptolithen* in ähnlicher Weise gezähnt erscheinen. Sie sind lang gestreckt, gegabelt oder auch spiralig gerollt und werden meistens in dunklen, sehr feinkörnigen Sedimenten gefunden (Graptolithenschiefer). Das hängt wahrscheinlich vor allem mit den Erhaltungsbedingungen in diesen Gesteinen zusammen. Das Skelett der *Graptolithen* ist aus einer chitinartigen Substanz aufgebaut.

Die Forschungen haben ergeben, dass *Graptolithen* systematisch zum Stamm der *Hemichordata* zu gehören scheinen, dass sie koloniebildende Tiere waren und marin gelebt haben. Graptolithen haben offenbar nur im Paläozoikum existiert und bilden für Ordovizium und Silurium die wesentlichen Leitfossilien. Grundsätzlich werden zwei Ordnungen unterschieden: die überwiegend sessilen, d. h. am Substrat festgehefteten *Dendroidea* und die wohl überwiegend planktischen *Graptoloidea*, die aufgrund ihrer Lebensweise weltweit verbreitet waren und dadurch ausgezeichnete Leitfossilien bilden. Dendroidea sind vom Kambrium bis in das Karbon nachzuweisen, die planktisch lebenden Graptoloidea vom Ordovizium bis ins Devon.

Conodonten
Auf einer Exkursion, an der ich als Anfängerstudent etwas verfrüht teilgenommen hatte, schrieb ich in's Feldbuch ‚Cronodonten' als von *Conodonten* die Rede war. Übersetzt als ‚Zeitzähne' wäre der Begriff gar nicht einmal so falsch, da *Conodonten* sich in der Tat ausgezeichnet dazu eignen, das Alter vorwiegend paläozoischer Schichten zu bestimmen. In den sechziger Jahren wusste niemand, was *Conodonten* eigentlich sind und von welcher Art Tier sie stammen könnten, obwohl sie schon seit der Mitte des 19. Jahrhunderts bekannt waren und damals mutmaßlich primitiven Fischen zugeordnet worden waren (Jemand deutete sie, später, zum Gelächter der gesamten Innung, sogar als Teile von Algen oder Gefäßpflanzen). Dennoch waren sie in hohem Maße geeignet, relative Datierungen durchzuführen. In der Praxis zählen sie zu den Mikrofossilien, denn sie sind nur zwischen < 1 und ca. 3 mm groß. Sie kommen häufig in Kalksteinen vor, aus denen man sie mit Säure herauslösen kann, aber auch auf den Schichtflächen der feinkörnigen Tongesteine. *Conodonten* bestehen aus Calciumphosphat, haben ein hohes spezifisches Gewicht, sind lamellar aufgebaut und zeigen keinerlei Abnutzungserscheinungen, wie man sie von Zähnen erwarten könnte. Kürzlich ist Dentin als Bestandteil in *Conodonten* entdeckt worden (Sansom u.a. 1994), wodurch das Conodontentier nun zu den Wirbeltieren gehört. Da es *Conodonten* schon in kambrischen Schichten gibt, muss deren Ursprung entsprechend weit zurückdatiert werden. Solche conodonten-tragenden Tiere werden als *Conodontophorida* bezeichnet; heute ist bekannt, dass es sich um bilateral-symmetrische, wenige cm große, etwa aalähnliche Organismen handelte. Ihre wesentliche Bedeutung als Leitfossilien haben *Conodonten* im Devon und Karbon, sie sind aber mindestens bis in die Trias bekannt.

Vertebraten
Vertebrata (Wirbeltiere) sind oft relativ große Fossilien; gelegentlich denkt man dabei sofort an Dinosaurier, Urpferdchen oder eiszeitliche Mammuts. Die Rekonstruktion von Entwicklungslinien geschieht jedoch in den seltensten Fällen anhand vollständiger Skelette; meist ist es ein mühsames Puzzlespiel mit einzelnen Knochen und Zähnen. Die Überlieferung von Wirbeltieren in der Erdgeschichte ließ man bis zur Umdeutung der *Conodonten* mit den sog. kieferlosen *Agnatha* beginnen, denen die *Knorpelfische, Knochenfische, Amphibien, Reptilien, Vögel* und *Säugetiere* gegenübergestellt werden.

Wie der Name *Agnatha* sagt, handelt es sich um kieferlose Urfische, die auch als *Ostracodermen* bezeichnet werden und die ein verknöchertes Außenskelett haben. Die Entwicklung führte weiter zu den *Panzerfischen* (*Placodermen*), deren Außenskelett Knochengewebe enthält. Mit ihnen ist vom Silurium bis zum Perm die frühe Entwicklungsstufe der Fische belegt. Die etwas später folgenden *Knorpelfische* (*Chondrichthyes*), zu denen schon frühe Haie gehören, sind vor allem durch Zahnfunde überliefert. Die entwicklungsgeschichtlich am weitesten fortgeschrittene Klasse bilden die *Knochenfische* (*Osteichthyes*). Alle Klassen existierten bereits im Paläozoikum. Die systematische Zuordnung erfolgt anhand von Schädelbau, Geometrie der Schwanzflosse und der Art der Schuppen, auch die kalkigen *Otolithen* (Gehörsteine) werden dafür herangezogen.

Man diskutiert, dass die *Fische* i. w. S. zunächst im marinen Milieu gelebt, dieses aber während des späten Siluriums und vor allem im Devon in Richtung Süßwasser verlassen hätten, wo sie in Sedimenten des Old-Red-Kontinents von Schottland über Grönland bis Nordamerika gefunden werden. Dort lag vermutlich auch der Ursprung der vierfüßigen Landwirbeltiere. Da die Binnengewässer dieses Bereiches episodisch austrockneten, wurden die Tiere allmählich dazu gezwungen, von der Kiemen- zur Lungenatmung überzugehen, wobei sich die devonischen Fische schon des Prinzips einer Art Doppelatmung mit ihren zusätzlichen lungenähnlichen Luftsäcken bedienten, aus denen sich dann die Schwimmblase entwickelte. Die aus dieser Zeit ebenfalls bekannten Quastenflosser (*Crossopterygii*) sind 1938 rezent im Indischen Ozean quasi wieder entdeckt worden und stellen damit lebende Fossilien dar, weil man sie bis dahin für ausgestorben hielt. Die devonischen Crossopterygier sind also aus ihren Tümpeln in die heutige Tiefsee abgewandert, um als Fische zu überleben. Ein entscheidendes Merkmal sind ihre Flossen, die den Extremitäten der *Tetrapoden* ähnlich sind. Die Vorstellung ist, dass sich im Devon mit zunehmender Anpassung an das Landleben daraus das erste Landwirbeltier entwickelt haben könnte. Neben den Crossopterygiern gab es auch schon Lungenfische (*Dipnoi*), die mit der Gattung *Ceratodus* bis in die Trias existiert haben.

Fische sind in z. T. phantastischer Erhaltung aus vielen Epochen der Erdgeschichte überliefert, von den pyritisch erhaltenen Exemplaren aus dem devonischen Hunsrückschiefer über die metallisierten Exemplare im Kupferschiefer des Zechsteinmeeres bis zu denen des Tertiärs, wo sie dann sogar für Schichtnamen Pate standen, wie beim Fischschiefer oder den Melettaschichten.

Mit einer bestimmten entwicklungsgeschichtlichen Argumentationsweise lassen sich die *Amphibien* als eine Übergangsklasse zwischen den Fischen und den Reptilien auffassen. *Ichthyostega* mit seinen vier Extremitäten, einem Fischschwanz und charakteristischem Zahnbau, bei dem der Schmelz labyrinthartig gefaltet ist (*Labyrinthodonten*) gilt als das älteste Amphibium, in dem Fisch- und Lurchmerkmale vereint vorkommen. Die Gruppe der *Stegocephalen*, zu denen *Ichthyostega* gehört, hat einen Schädel, der noch ohne Schläfenöffnungen ist. Amphibien sind paläontologisch für die Erdgeschichtsschreibung nicht sonderlich bedeutend, wenn man vom evolutionistischen Ansatz einmal absieht – oder vom jungtertiären Riesensalamander *Andrias scheuchzeri*, dessen Skelett einmal als das eines reuigen Sünders angesehen wurde, der bei der Sintflut ertrunken war (Abb. 3).

Die ‚Erfindung' des amniotischen Eies, mit Dotter, Haut und schützender Schale, ermöglichte es den *Reptilien*, das aquatische Element zu verlassen, weil es dieses für die embryonale Entwicklung innerhalb der Schale gewährleistete. Damit konnten die Wirbeltiere endgültig das Land erobern. Reptilien dominierten vor allem das Mesozoikum, wo sie sich seit dem Jura und vor allem innerhalb der Kreide zu den erdbeherrschenden Dinosauriern entwickelten. Für die systematische Zuordnung ist vor allem die Evolution des Schädeldachs maßgebend. Aus den Primitivformen ohne Schläfendurchbrüche entwickelten sich zunehmend differenzierte Schädelformen, deren Schläfenfenster die Anheftung zusätzlicher Muskeln im Kopfbereich gestattete (Abb. 4). Daraus resultierte eine höhere Beweglichkeit des Kopfes, die diesen Tieren Vorteile gegenüber primitiveren Formen verschaffte.

Die frühen Stammreptilien (*Cotylosaurier*) sind ohne Schläfenöffnungen (anapsid), wie heute noch die Schildkröten. Später entwickelten sich Formen mit einem Schlä-

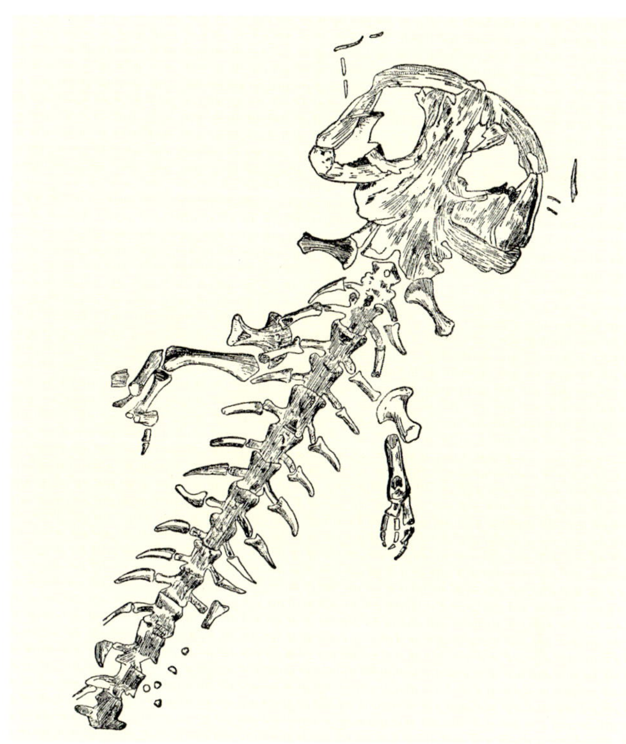

Abb. 3: *Andrias scheuchzeri* (>1 m lang)

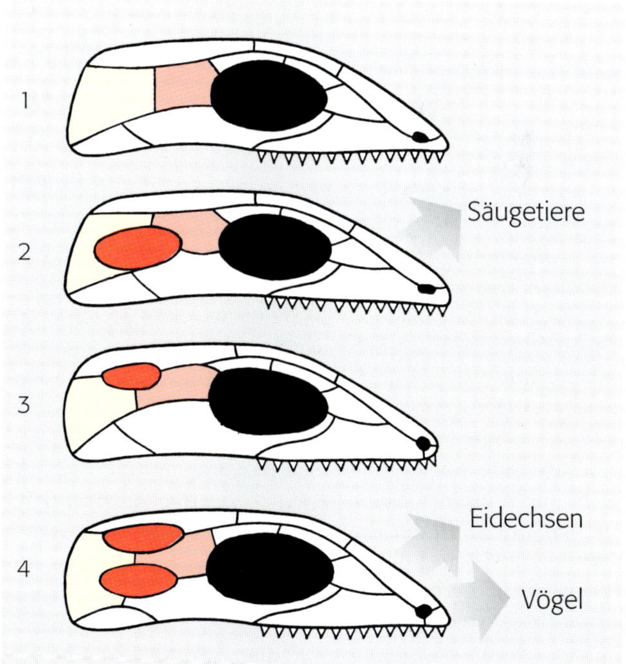

Abb. 4: Entwicklung der Lage der Schläfenöffnungen bei den Reptilien (nach Romer, aus Krumbiegel & Krumbiegel). (1) kein Schläfenfenster (anapsid), (2) ein Schläfenfenster (synapsid), (3) ein oberes Schläfenfenster (euryapsid) und (4) zwei Schläfenfenster (diapsid).

fenfenster (synapsid), von denen aus die Evolution zu den Säugetieren verlief und solche mit zwei Öffnungen (diapsid), aus denen sich Eidechsen und Vögel ableiten. Besonders die diapsiden Reptilien dominierten mit den *Dino-* und *Pterosauriern* die Erde während des Mesozoikums. Die *Ichthyosaurier* dagegen stammen von sog. euryapsiden Formen ab, bei denen ein oberes Schläfenfenster entwickelt ist.

Aus diesen Gegebenheiten wird deutlich, dass man am besten gleich ganze Schädel ausgraben sollte, um Reptilien richtig einzuordnen. Nun sind in letzter Zeit zunehmend spektakuläre Neufunde gemacht worden, die z. T. bereits weltweit auf Ausstellungen gezeigt werden. Nicht immer haben diese Funde und Neubewertungen die bisher aufgestellten stammesgeschichtlichen Linien bestätigt und oft sind auch die palökologischen Interpretationen revisionsbedürftig geworden. Ein bekannter Wirbeltierpaläontologe hat einmal gesagt, dass die Fundpunkte sich überwiegend nicht allzu weit von Universitätsinstituten und Museen befänden; das erhellt, dass sich das meiste noch unter der Erde befindet und dass bei unserer heutigen verkehrstechnischen Mobilität noch vieles an Neufunden zu erwarten ist.

Wo man keine vollständigen Schädel oder gar Skelette zur Verfügung hat, müssen die verwitterungsbeständigen Zähne oder einzelne Knochen für die Bestimmung genügen. In einmaliger Weise sind allerdings die Ichthyosaurier des süddeutschen Jura erhalten geblieben und präpariert worden (Museum Hauff in Nähe der Autobahn Stuttgart–München: ‚Urweltfunde' als Hinweisschild).

Der Dinosaurierboom der letzten Jahre hat dazu geführt, dass schon Schulkinder Gattungen und Arten zu nennen wissen. Sie werden in den Kapiteln Jura und Kreide spezifischer vorgestellt. Hier soll nur darauf hingewiesen werden, dass sich nach der Anordnung der Beckenknochen zwei große Gruppen unterscheiden lassen, nämlich die *Saurischia* (Echsenbeckensaurier) und die *Ornithischier* (Vogelbeckensaurier).

Aus dem Oberen Jura ist der berühmte Urvogel *Archaeopteryx lithographica* beschrieben worden, der zunächst anhand des erhaltenen Federabdrucks in den feinkörnigen Kalken (Lithographenkalk, daher auch der Artname) als Vogel erkannt wurde. Sein Gebiss entspricht nämlich noch dem von Reptilien, außerdem hat er mit einem verknöcherten Augenring ein weiteres Merkmal dieser Vorfahren. Von diesem stammesgeschichtlich bedeutsamen Fund einmal abgesehen, sind Vögel (Aves) erst vom Tertiär an häufiger in den Schichten anzutreffen.

Säugetiere (*Mammalia*) sind mit Kleinformen erstmals aus der Oberen Trias belegt. Diese Gruppen sind aber ausgestorben, und man kennt zwischen den mesozoischen Formen bisher keine stammesgeschichtlichen Übergänge. Als Vorfahren gelten die *Theromorpha* (Reptilien). Von spektakulären Einzelfunden abgesehen, werden die Evolutionslinien meist aus einzelnen Zahn- und Knochenfunden rekonstruiert. Aus dem Aufbau der Zähne ergeben sich Bezeichnungen wie Multituberculata (Zähne mit vielen Höckern), Triconodonta (Zähne mit drei Höckern, wie sie für primitive Säugetiere kennzeichnend sind) oder Symmetrodonta. Kennzeichnend ist auch eine Differenzierung der Zähne in Schneide-, Backen-, Vorbacken- und Eckzähne, aus deren jeweiliger Dominanz man später Raubtiere (Carnivora) von Pflanzenfressern auch fossil unterscheiden kann. Die durch besonders gefältelte Zahnlamellen gekennzeichneten Backenzähne der Elefanten sind ein ebenso untrügliches Bestimmungsmerkmal wie ihre zu Stoßzähnen weiterentwickelten Eckzähne.

Neben den Zähnen ist die Entwicklung der Extremitäten von Bedeutung, die es auch gestatten, schwimmende, laufende, grabende, kletternde oder fliegende Gruppen zu unterscheiden. Säugetierfossilien sind im Tertiär und Quartär oft ausgezeichnete Zeitmarken, sie werden in den entsprechenden Kapiteln ausführlicher diskutiert. Zu den Paradebeispielen gehört dabei die bereits auf Lyell zurückgehende Diskussion der sog. ‚Pferdereihe', die eine Reduktion der Zehen im Verlaufe der Evolution während des Tertiärs erkennen lässt . Und schließlich gehört auch unsere eigene Entwicklung, die der Primaten, in diesen Kontext.

Spurenfossilien

Daß Tiere außer ihren körpereigenen Bestandteilen auch sonst Spuren in Sedimenten hinterlassen können, haben nicht nur die viel gezeigten Abdrücke der Astronautenschuhsohlen im Mondstaub deutlich gemacht. Menschliche Fußspuren in der jungtertiären Vulkanasche von Laetoli in Tanzania gelten als Beweis für den aufrechten Gang unserer Vorfahren. *Chirotherium* (das ‚Handtier') im Buntsandstein ist überhaupt nur in Form seiner Fußabdrücke überliefert, während man bei Fährten aus festlandsnahen Schlickablagerungen von Oberjura und Kreide gelegentlich auch die Verursacher, etwa Dinosaurier, dingfest machen konnte (Abb. 5).

Auf den ersten Blick weniger spektakulär sind die Spuren von wirbellosen Tieren (*Invertebrata*). Sie sind aber wesentlich zahlreicher und in vielen Fällen für die Rekonstruktion der Lebensräume von Bedeutung. Einer, der sie zu lesen versteht und das in den letzten Jahrzehnten konsequent getan hat, ist der Tübinger Paläontologe Seilacher, den man deshalb durchaus auch einen Paläo-Biologen nennen kann. Wurmspuren im rezenten Wattenmeer haben Entsprechungen schon in den vorkambrischen Ablagerungen. Schwieriger zu erklären waren aber die Spuren bzw. Fährten von *Trilobiten*, von denen es keine rezenten Vertreter mehr gibt.

Inzwischen gibt es eine umfangreiche Literatur zu dieser als Paläo-Ichnologie (Spurenfossilien heißen auch Ichnofossilien) bezeichneten Wissenschaft; sie ist erst kürzlich von Bromley (1999) zu einem Buch zusammengefaßt worden. Im Text werden gelegentlich wichtige Spurenfossilien genannt, die wie die Tiere selbst auch mit Gattungs- und Artnamen versehen sein können.

Abb. 5: Saurierfährten in Sedimenten des Oberjura, Barkhausen/Teutoburger Wald. Die heute infolge junger Tektonik steilgestellten Schichtpakete zeigen außerdem Rippelmarken. Die ehemaligen Schlammwülste geben Hinweise auf die Richtung, in der diese Tiere gelaufen waren. Die Fährten stammen von zwei unterschiedlichen Tieren, die in entgegengesetzten Richtungen gelaufen waren (*Elephantopoides barkhausenensis*, ein Pflanzenfresser und *Megalosaurus teutonicus*, ein dreizehiger Raubdinosaurier), (Foto Klaus Rittner 1995).

Fazies, das ‚Gesicht' von Ablagerungen

Wenn man die Knochen toter Kamele in feinkörnigem Sandstein findet, dessen Schichtung so aussieht wie die heutiger Dünen, und wenn die Sandkörner zudem noch rötlich gefärbt sind, dann hat man schon eine ganze Reihe von Kriterien, aus denen sich die Bildungsbedingungen dieses Gesteins rekonstruieren lassen: Da die heutigen Kamele Landbewohner sind, liegt es nahe anzunehmen, dass dieser Sand eine terrestrische Bildung ist. Sanddünen werden vor allem da entstehen, wo nur geringe Vegetation den äolischen Sandtransport behindert, also z. B. in ariden Klimabereichen – schon passen Kamel und Wüste zusammen. Die rote Farbe der Sandkörner ist auf dünne Hämatithäutchen zurückführen, die die Quarzkörner umschließen und Hämatit (Fe_2O_3) bildet sich unter den Bedingungen der Erdoberfläche nur in warmem Klima, unter dem das Wasser von eisenhaltigen Verwitterungslösungen verdunsten kann (im Falle feuchten Klimas entstünde statt Hämatit Goethit, die Farbe wäre dann gelblich oder braun).

Das Gesagte verdeutlicht näherungsweise, was unter dem Begriff Fazies zu verstehen ist. Aus der Summe der analytischen Beobachtungen ergeben sich Anhaltspunkte über die Bedingungen, die zur Entstehung dieser Ablagerung geführt haben.

Der wie das Lagerungsgesetz auf Steno zurückgehende Begriff ‚Fazies' wurde 1838 erneut durch Gressly in die Literatur eingeführt und seitdem mit einer Fülle von Definitionen näher gekennzeichnet, die von ‚Mikrofazies' bei Kalksteinen (die mit dem Mikroskop studiert wird) bis zum Begriff ‚Geosynklinalfazies' (gemeint waren relativ schnell absinkende Großbereiche der Erde, die dann von tiefen Meeren eingenommen wurden) reicht, oder sogar ‚Metamorphe Fazies', die im Prinzip den unterschiedlichen Grad der Metamorphose bezeichnet, die man an bestimmten Mineralassoziationen festmachen kann. Damit ergibt sich ein weites Spektrum, Gesteinskomplexe näher zu kennzeichnen und ihre Bildungsbedingungen zu rekonstruieren; zu den wichtigsten Fazieskriterien gehören nach wie vor die Fossilien. Die Interpretation erfolgt aktualistisch im Sinne Lyells, wie das oben am Beispiel vom Kamel und den Wüstensandablagerungen deutlich gemacht wurde.

Es gibt umfangreiche Literatur zum Faziesbegriff (sehr gut zusammengefasst bei Geyer 1977), die auch nur ansatzweise zu wiederholen sich hier verbietet. Statt die Vielzahl von Interpretationen zu diskutieren, versuche ich eine vereinfachte Darstellung, soweit sie für das Verständnis von Erdgeschichte wichtig ist.

Geyer gibt u. a. eine Definition, die sinngemäß auf Gressly (1814 – 1865, die entsprechenden Arbeiten sind 1836 und 1838 publiziert) zurückgeht: Fazies ist der sedimentologische und paläontologische Aspekt eines Gesteinskörpers; der Begriff erfasst die aus Sediment und Fossilinhalt erkennbaren Bildungsbedingungen des Gesteinskörpers und seinen Sedimentationsraum. Sie bezieht sich also nur auf Sedimentgesteine und in diesem Sinne liegt auch ihre größte Bedeutung; sie wird in diesem Buch entsprechend verwendet. Neben dem vorher skizzierten Fall der Kamelknochen im roten Wüstensand mit Dünenschichtung sollen das im Folgenden einige weitere Beispiele verdeutlichen:

Die Lebensgemeinschaft eines rezenten Korallenriffs besteht u.a. aus Korallen, die mit Algen eine Symbiose bilden. Algen benötigen Licht, können also nur in Wassertiefen existieren, in die noch Sonnenstrahlen eindringen. Dazu muss das Wasser klar sein, außerdem müssen genügend Nährstoffe vorhanden sein. Die heutige regionale Verbreitung von Korallenriffen bildet einen Gürtel, der von der 24°C-Isotherme begrenzt ist, d.h. sie wachsen, von Ausnahmen abgesehen, praktisch nur im tropischen Bereich. Die daraus ableitbaren Fazieskriterien, die man damit auf fossile Korallenriffe anwenden kann, sind:

- Es handelt sich um marine Fazies normaler Salinität.
- Die Wassertiefe beträgt kaum je mehr als einige Zehner Meter.
- Die Wassertemperaturen sind hoch.

Kurz gefasst : Korallenriffe repräsentieren auch fossil eine Fazies von Flachwasserkarbonaten warmer Meere.

Die marine Lebensgemeinschaft der Ostsee unterscheidet sich von der der Nordsee durch eine wesentlich geringere Anzahl von Arten. Der Salzgehalt des Ostseewassers ist geringer als der von normalem Meerwasser, wie er in der Nordsee gegeben ist. In diesem Brackwassermilieu gedeihen nur wenige Tierarten gut, sie haben folglich weniger Konkurrenten und entwickeln eine entsprechend höhere Individuenzahl. Die resultierende Brackwasserfazies ist also aus der Zusammensetzung der Fauna heraus interpretierbar (Salinitätsfazies).

Die Interpretationen aquatischer Milieus lassen sich heute durch geochemische Parameter zusätzlich abstützen. Ein Kriterium ist dabei das Verhältnis zwischen den leichten und schweren stabilen Isotopen des Sauerstoffs: dieses $\delta^{18}O$-Verhältnis, das man an Kalkschalen ermitteln kann, ist u.a. von der Salinität des Bildungsraumes abhängig, gibt aber auch Temperaturhinweise, wie später an Beispielen gezeigt wird.

Die einführenden drei Beispiele geben eine erste Annäherung an Faziesbereiche, die sich mit den Begriffen terrestrisch, marin oder brackisch bezeichnen lassen, wobei die Faziesinterpretation von aktualistischen Vergleichen ausgeht. Im fossilen Bereich erfolgen zunächst Beobachtung und Beschreibung der Fazieskriterien, und die Interpretation kann nicht in jedem Fall auf rezente Vergleichsmöglichkeiten zurückgreifen. Hierzu ein weiteres Beispiel:

In der Erdgeschichte gibt es eine Vielzahl von kalkigen Riffgesteinskörpern, bei denen die wesentlich am Aufbau beteiligten Organismen ausgestorbenen Organismengruppen angehören, wie z. B. die auf das Kambrium begrenzten *Archaeocyathiden* oder die i. w. devonischen *Stromatoporen*. Meistens sind zusätzlich noch andere Organismen am Aufbau von Riffen beteiligt, vor allem Kalkalgen. Jedenfalls bilden solche Bioherme, d.h. hügelartig über den Meeresboden sich erhebenden Strukturen, massige Anhäufungen von Kalk. Da der meiste dementsprechende Kalk auch heute noch in den warmen Meeren tropischer und subtropischer Klimazonen gebildet wird, ordnet man auch solche fossilen Riffe einer warmen Flachmeerfazies zu. Oft lassen sich dadurch frühere Klimagürtel rekonstruieren.

Zeitgleich mit den wachsenden Rifforganismen werden in den benachbarten Bereichen andere marine Sedimente gebildet, zu denen beispielsweise planktonisch lebende Organismen, Trübstoffe wie Tonpartikel, aber auch der durch Brandung erzeugte Riffschutt beitragen. Diese Sedimente bilden im Gegensatz zum massigen Riffkörper eine geschichtete oder bankige Fazies; beide können sich in einem Übergangsbereich miteinander verzahnen.

Viele Riffe sind in sich faziell gegliedert, d.h. sie lassen anhand ihrer Sedimente einen zonaren Aufbau in einen Kernbereich, eine Zone stärkerer Wasserbewegung im Außenbereich und eine Stillwasserzone hinter dem Riff erkennen. Diese oft kleinräumige Fazieszonierung wird bei fossilen Riffen heute meist anhand der sog. Mikrofaziesanalyse der Karbonatgesteine ermittelt. Der Außenbereich ist durch grobkörnigen Riffschutt, der Zentralbereich durch Riffbildner in Lebensstellung und der Rückriffbereich durch feingeschichtete Lagunenablagerungen charakterisiert. Diese Gesteinsverteilung wird durch eine Änderung der Fauna begleitet: im Außenbereich dickschalige, d. h. eher wellenresistente Organismen, im geschützen Rückriffbereich der Lagune dagegen dünnschalige Formen, oft auch artenarme, aber individuenreiche Gesellschaften, was mit der meist ungewöhnlichen Salinität des Lagunenwassers zusammenhängt; die entsprechenden Sedimente sind oft laminiert und dolomitisch.

Schon vor über 100 Jahren hat Renevier (1884) von Fazies als der ‚Physiognomie' eines Gesteins gesprochen, die durch viele Faktoren bestimmt wird; dazu zählen Milieu (wir sagen heute dazu meist environment), geographische Position, Tier- und Pflanzengemeinschaften, Klima, mineralogische und chemische Zusammensetzung des Gesteins, Höhe über dem Meeresspiegel und Wassertiefe. Davon sind einige in den o.a. Beispielen enthalten.

Wenn man weder tierische noch pflanzliche Fossilien in den Gesteinen findet (fossilleere Schichten, ein Begriff, der gelegentlich nur durch mangelnden Suchfleiß zustande kommt) liefern nur die Gesteine selbst die Fazieskriterien. Grauwacken oder Rotsandsteine, Kalk-Mergel-Wechselfolgen oder Anhydrit und Steinsalz im Verband wären Beispiele. In Letzteren wird, von extremen Ausnahmen abgesehen, niemand Fossilien erwarten, weil solche übersalzenen Ablagerungsbereiche lebensfeindlich sind.

Wie die Korallenkalke sind aber auch Salzgesteine ein Abbild ihrer Bildungsbedingungen, die sich anhand rezenter Vorkommen interpretieren lassen. Sie sind Anzeiger für arides Klima und kennzeichnen damit wiederum bestimmte paläogeographische Positionen, außerdem Flachwassergebiete – oder gar Sebkhas –, weil die eindampfenden Wasserkörper nicht zu groß sein dürfen, um eine effiziente Salzbildung zu gewährleisten.

Anhand klastischer Sedimentgesteinsfolgen lässt sich diskutieren, warum der Faziesbegriff in der Literatur so unterschiedlich verwendet wird. In unmittelbarer Nähe eines Liefergebietes wird bei Sedimenttransport und nachfolgender Ablagerung Material mit groben Korngrößen (Blöcke, Gerölle) abgesetzt, in weiterer Entfernung davon immer kleinere Korngrößen, was über Kies und Sand bis zum Ton gehen kann. So entstehen Gesteinskörper, die eine je eigene Korngrößenzusammensetzung aufweisen und die sich dadurch als Formationen im ursprünglichen Sinne dieser Definition erfassen lassen; sie werden sich meist miteinander verzahnen, so dass auch fließende Übergangsbereiche entstehen. Daraus lassen sich Transportrichtung, Herkunftsgebiet und Ablagerungsmilieu rekonstruieren, also etwa eine Küstenfazies mit den groben und eine uferferne Beckenfazies mit den feinkörnigen Komponenten. Voraussetzung für derlei Interpretationen ist die Gleichzeitigkeit der Ablagerung, die man – wenn die Gesteine nicht im Gelände kontinuierlich verfolgt werden können – im Allgemeinen nur durch Leitfossilien feststellen kann (Leitfossilien sollten also tolerant gegenüber sich ändernden Faziesbedingungen sein).

Feinkörnige, dunkle Ablagerungen, die durch hohe Anteile organischer Substanzen und/oder feinverteilten Pyrit schwarz gefärbt sind, werden als Bildungen eines sauerstoffarmen oder -freien Milieus interpretiert; man spricht hier von Schwarzschieferfazies oder euxinischer Fazies, die im Prinzip durch den Sauerstoffgehalt im Wasser des Ablagerungsraumes begründet ist. Auch solche Sedimente ließen sich zunächst als Formation begreifen. Entscheidender Faktor ist hier der Durchlüftungsgrad des Wassers. Die Schwarzschieferfazies bezeichnet entweder fossile Auftriebsgebiete mit einer entsprechend hohen organischen Produktion oder eine mangelnde Ozeanzirkulation oder vom offenen Meer abgetrennte Teilbecken (wie an Einzelfällen im systematischen Teil diskutiert wird). Schließlich gehören auch fossile Ablagerungen eutropher Seen zu dieser Fazies.

Solche Situationen lassen sich für viele, oft eng begrenzte Zeitabschnitte der Erdgeschichte belegen. Man könnte diesen Teilbereich als Sauerstoffazies jeweils gesondert behandeln. Dabei ist allerdings zu beachten, dass auch helle Kalksteine durchaus in sauerstoffarmem Milieu gebildet sein können, wie manche rezenten, nach H_2S stinkenden Schlämme nahe legen ; die Farbe allein genügt als Kriterium nicht immer.

In vielen Fällen lässt sich aus den Gesteinen, in Verbindung mit den Fossilien, auch die Wassertiefe rekonstruieren. Tiefes Wasser ist oft durch planktonisch lebende Organismen und feinkörnige, kalkarme Ablagerungen gekennzeichnet, die fossil dann als Tonsteine oder Tonschiefer vorliegen. Die Kalkarmut kommt dadurch zustande, dass das infolge von höherem Druck und niedriger Temperatur meist CO_2-reiche Tiefenwasser den Kalk der im höheren, wärmeren Bereich gebildeten Organismenschalen (*Foraminiferen*, kalkiges Nannoplankton) auflöst; die Tiefe, bei der das geschieht, nennt man Karbonatkompensationstiefe (CCD). Sie liegt im heutigen Ozean bei etwa 3700 m, kann aber beträchtlichen Schwankungen unterworfen sein. Da sich der CO_2-Gehalt im Verlaufe der Erdgeschichte verändert hat, können die rezenten Verhältnisse kaum direkt auf die fossilen Beispiele übertragen werden. Da kalkige Ablagerungen meist weiß sind, hat man die Lage der CCD gelegentlich auch mit einer Art ‚Schneegrenze' im Meer verglichen: die höher aufragenden submarinen Berge, wie z. B. die Mittelozeanischen Rücken, sind von kalkigen Sedimenten überlagert, die mit zunehmender Wassertiefe aufgelöst werden. Im rezenten Atlantik ist dafür vor allem das kalte, antarktische Bodenwasser (AABW) verantwortlich, das sich bis weit in den äquatorialen Bereich nach Norden unter die warmen, leichteren Wassermassen einschichtet.

Ein fossiles Beispiel für eine sehr differenzierte CCD sind die sog. Aptychenkalke (siehe bei *Ammoniten*), deren Calcit in den Gesteinen noch erhalten ist, während der Aragonit der Ammonitengehäuse bereits aufgelöst ist; hier könnte man von einer Aragonit-Kompensationstiefe sprechen.

Vielfach sprechen auch Turbidite für tiefes Wasser. Der rezente Vergleich entstammt den Beobachtungen von Trübeströmen, die meist vom Kontinentalhang ausgehen und mit ihren gradiert geschichteten Sedimenten die riesigen Areale der Tiefseeebenen bedecken. Sie sind meist arm an Fossilien und oft nur durch deren Weide- oder Fluchtspuren gekennzeichnet. Im zeitlichen Ablauf bei der Entstehung von Faltengebirgen spricht man von Flyschfazies, die ein Tiefwasserstadium anzeigt.

Flachwasserfazies lässt sich am besten rekonstruieren, wenn Karbonatgesteine vorliegen. Zunächst einmal lässt sich das an den Organismen ablesen, die diese Gesteine mit aufbauen bzw. an deren Bruchstücken, die sich manchmal noch im Größenbereich von Sandkörnern identifizieren lassen. Die Rekonstruktion erfolgt aktualistisch, und man hat inzwischen viele rezente Ablagerungsbereiche so detailliert untersucht, dass sich die meisten der Fazieskriterien quer durch die gesamte Erdgeschichte wieder finden lassen. Dazu gehören die Ooidsande der Karibik ebenso wie die dolomitisierten Karbonatbänke, die Trockenrisse, die im Auftauchbereich entstehen und fossil erhaltungsfähig sind, und die Bruchstücke von Intraklasten in Kalken (der Leser sei hier auf die verständliche Darstellung in meinem Buch ›Gesteine‹ hingewiesen, 1994).

Natürlich geben fossile Trockenrisse auch in Tongesteinen Hinweise auf ein Auftauchstadium. Im klastischen Bereich wird man sehr gut sortierte und gerundete Quarzsande immer eher dem Flachwasser zuordnen, weil hier die Körner ständig in Bewegung sind. Zu diesen Bereichen zählen Strände, aber auch Plattformbereiche, wie z. B. die der Friesischen Inseln und natürlich deren Lebensgemeinschaften. Dazu sei besonders auf die Arbeiten des Forschungsinstituts Senckenberg am Meer hingewiesen, das sich lange Zeit hindurch fast ausschließlich der Erforschung des Wattenmeers verschrieben hatte (z. B. Reineck u. Singh 1973). Danach können auch manche der beim Sedimenttransport entstandenen Strukturen als Fazieskriterien verwendet werden. Fossil sind solche Wattenablagerungen gar nicht selten: Priele in Form sandiger Rinnenfüllungen in tonigen, feinschichtigen Sedimenten sind durch zahlreiche Beispiele belegt (u. a. Wunderlich 1966 für das Unterdevon bei Koblenz am Mittelrhein).

Neben den stofflich begründeten Faziesbezeichnungen gibt es zahlreiche Begriffe, die Fazies in einem regionalen Kontext verstehen. Dazu gehören z. B. im Devon die ‚rheinische' Fazies, die i. w. grobsandige, küstennahe Sedimente mit entsprechend angepassten Fossilien meint, oder die ‚böhmische' oder ‚herzynische' Fazies mit feinerkörnigen Tongesteinen und zartschaligen Fossilien. Heute spricht man eher von neritischer (Flachmeer, 0 – 200 m Wassertiefe) bzw. pelagischer (landferner Hochseebereich) Fazies. Dazu gäbe es eine Vielzahl weiterer Beispiele, die jeweils in den systematischen Kapiteln besprochen werden, soweit das sinnvoll erscheint.

Terrestrische Fazies ist früher eher wenig beachtet worden. Dazu zählen u.a. die schon erwähnten Dünenablagerungen. Da man aber rezent auch submarine Dünen beobachten kann, ist die Zuordnung aufgrund der Geometrie der Schichtung allein meist nicht hinreichend: um sie wirklich dem terrestrischen Bereich zuzuordnen, braucht man eben auch noch das tote Kamel.

Wichtig sind aber fossile Böden, weil sie zusätzlich zur Aussage über die Fazies sehr geeignete Zeitmarken bilden können. Zu Kriterien fossiler Böden gehören neben Wurzelhorizonten (wobei das Holz natürlich durch andersfarbiges Sediment ersetzt ist und nur die Strukturen den Hinweis geben) auch eine Reihe von mineralogischen und chemischen Befunden. So sind die bei der Verwitterung und Bodenbildung besonders resistenten Minerale relativ angereichert, wie auch das Element Titan. Feldspäte dagegen sind meist zerstört bzw. in Tonminerale umgewandelt. Im Profil zeigt sich eine Auslöschung der normalen Schichtung. Wie bei rezenten Bodenprofilen, ist auch das Profil der fossilen Böden durch eine scharfe Obergrenze gekennzeichnet, die nach unten allmählich in einen Bereich übergeht, in dem Schichtung nicht mehr erkennbar ist.

Fossile Böden waren bisher vor allem aus den Lössprofilen des Quartärs bekannt, wo sie die warmen Epochen der Zwischeneiszeiten dokumentieren, in denen chemische und biologische Verwitterung aus dem Gestein Löss den Boden Lösslehm gebildet hatten. Inzwischen kennt man eine Vielzahl fossiler Böden aus nahezu allen Epochen der Erdgeschichte; sie werden in den entsprechenden Kapiteln zur Stratigraphie jeweils näher vorgestellt.

Geologische Zeitbestimmung

Das Rechnen mit Jahrmillionen ist zwar Bestandteil geologischer Forschung, aber nicht jedem – auch nicht jedem Geologen! – leicht verständlich. Die Zeit, die wir auch täglich messend erfahren können, nehmen wir aus dem Ablauf von Ereignissen wahr, und sie ist nicht vorstellbar ohne Raumbezug. In der Erdgeschichte findet sie stofflichen Niederschlag in Fossilien, Gesteinen, Gebirgen, so jedenfalls die simple Vorstellung! Bis jemand herausfand, dass möglicherweise mehr Zeit in den Schichtlücken steckt als in den Schichten selbst – und nur die sind überliefert.

Während eines Teils der Zeit wird Material gebildet, das in Form von Ablagerungen erhalten bleibt: Schichten, Baumringe oder Anwachsstreifen bei Korallenskeletten. Die Zeit bildet sich hier gewissermaßen selbst ab. Dagegen wird aber Material auch wieder abgetragen. Man hat, nicht immer mit Erfolg, versucht, diese Prozesse zu quantifizieren oder sogar gegeneinander aufzurechnen. Heute kommt man, vor allem bei den Meeressedimenten, zu ganz brauchbaren Resultaten, indem man die Sedimentationsraten direkt misst.

Im menschlichen Zeitmaßstab erschien die Erde lange Zeit stabil, nur plötzliche Ereignisse mit katastrophalen Folgen, wie Erdbeben und Vulkanausbrüche, erinnerten von Zeit zu Zeit an ihre innere Dynamik. Die allmähliche Veränderung durch die abtragenden Kräfte geschieht so langsam, dass sie kaum jemand wahrnimmt. Daher bekommt auch unsere Wunschvorstellung, die Erde möge sich nicht verändern, ihre Nahrung. Sie ist letztlich wohl vor allem in einer immanenten Furcht vor unserer Zukunft begründet. Wenigstens 'Mutter Erde' sollte, wenn wir selbst altern und sterben, ewig sein.

Relatives Alter von Gesteinsfolgen

Petrographisch ähnliche Schichtfolgen und Fossilien
Aus England stammte zunächst die Erkenntnis, dass sich eine Aufeinanderfolge von Schichten, die aus unterschiedlichen Gesteinen bestehen, über große Entfernungen miteinander parallelisieren lässt , weil die in ihnen gefundenen Fossilien ebenfalls regelhaft übereinander vorkommen. Dies hat der Ingenieur William Smith (1769 – 1839) um 1800 beim Bau von Schifffahrtskanälen in Mittelengland beobachtet und damit das Prinzip der Biostratigraphie begründet; man nennt ihn deshalb heute den ‚Schichten-Smith'.

Die Arbeitsweise gestattet es, von Steinbruch zu Steinbruch oder von Bohrung zu Bohrung Profile zu korrelieren, wobei in erster Näherung davon ausgegangen wird, dass die sich entsprechenden Schichtabschnitte auch gleiches Alter haben. Das funktioniert allenfalls über kurze Entfernungen, weil Sedimentkörper dreidimensionale Gebilde von sehr unterschiedlicher Geometrie sein können. Wenn man solche Korrelationen in einem weltweiten Maßstab durchführen will, braucht man Indizien dafür, die über sehr weite Entfernungen die Gleichaltrigkeit der Schichten garantieren. Schon Smith hatte erkannt, dass bestimmte Fossilien nur in einzelnen, spezifischen Schichten zu finden waren, und Darwin, der eng mit dem Geologen Charles Lyell zusammenarbeitete und bei der Entwicklung seiner Abstammungslehre auch auf fossile Lebewesen zurückgriff, hatte dazu später auch die Begründung geliefert, nach der sich die Baupläne der Organismen im Verlaufe der in den Schichten dokumentierten Zeit, verändern.

Das an einem bestimmten Ort beobachtbare Übereinander von Gesteinsschichten unterschiedlicher Ausprägung (etwa eine Folge aus Sandstein – Kalkstein – Tonstein) muss also mit den Fossilien zusätzliche Zeitmarken erhalten. Damit man Schichtfolgen möglichst fein gliedern kann, sollte sich der Artwechsel bei den Organismen entsprechend schnell vollziehen. Aus dem Gesagten ergeben sich besondere Anforderungen an die biologischen Zeitmarken: Die Organismen sollten durch schnelle Evolution gekennzeichnet sein, sich aber auch möglichst kurzfristig weltweit verbreiten können. Daraus folgt ziemlich deutlich, dass dafür vor allem Lebewesen aus dem marinen Bereich infrage kommen, die auch hohe Individuenzahlen erreichen und die vor allem als Plankton (bzw. in Larvenstadien) verbreitet werden; Einzeller mit erhaltungsfähigen Hartteilen sind dafür besonders geeignet. Solche relativen Zeitzeugen nennt man Leitfossilien. Ihnen stehen die als Faziesfossilien bezeichneten Organismen gegenüber, die ein bestimmtes Milieu kennzeichnen, also etwa einen terrestrischen oder aquatischen Bereich, in dem sich dann noch Temperatur, Sauerstoffgehalt oder Salinität näher eingrenzen lassen.

Die Lebensdauer eines Leitfossils während der Erdgeschichte wurde schon früh als Zone bezeichnet, die nach einer gängigen Definition mit dem ersten Einsetzen einer Art beginnt und mit dem einer stammesgeschichtlich darauf folgenden Art endet. Solche Zonenfossilien lieferten früher zusätzliche Schichtbezeichnungen wie z.B. die Zone des *Amaltheus margaritatus* im Lias ε des schwäbischen Jura alter Gliederung. Heute sind vor allem Mikro- und Nannofossilien für die zeitliche Einordnung von Bedeutung, so dass man Zonen mittlerweile sogar mit Kürzeln wie NN 23 versieht. Mikrofossilien sind solche, deren Größe sich im Millimeterbereich bewegt, Nannofossilien im µm-Bereich. Erstere werden meist mikroskopisch bzw. mit stärker vergrößernden Lupen bestimmt, Letztere lassen sich lichtmikroskopisch nur mit sehr starken Objektiven, vor allem aber durch das Rasterelektronenmikroskop bestimmen. Demgegenüber reichen die als Makro- (bzw. Mega-)fossilien bezeichneten Exemplare von Zentimetern bis zur Größe ausgewachsener Dinosaurier.

In allen Fällen ist die Überlieferung von Fossilien, d.h. deren in den Schichten erhaltene Substanz, von Bedeutung. In der Mehrzahl der Fälle sind das Hartteile, also die Schalen von Muscheln, Schnecken, Ammoniten oder die Knochen von Wirbeltieren. Zähne sind aufgrund ihrer Substanz besonders gut erhaltungsfähig und werden deshalb nach ihrer Zuordnung zu bestimmten Tiergruppen für die Einstufung von Schichten verwendet. Fossilien können aber auch nur in Form von Abdrücken im Sediment erhalten sein, meistens weil die Hartteile (etwa Kalk) später aufgelöst wurden oder weil die Organismen gar keine Hartteile ausgebildet haben. So sind gelegentlich selbst Quallen fossil erhalten. Eine Sonderstellung nehmen die Spurenfossilien ein, die im Prinzip vom Abdruck der Fußspuren größerer land- oder sumpfbewohnender Wirbeltiere über Insektenfährten bis zu den Grab- und Wühlspuren von Würmern, Trilobiten oder anderen Organismen reichen. Es ist das Verdienst von Adolf Seilacher aus Tübingen, eine ganze Systematik und Deutung von Ichnofossilien (= Spurenfossilien) entwickelt zu haben, die in vielen Fällen auch Aussagen zur Fazies gestattet (Näheres bei Geyer 1973 und in vielen einschlägigen Lehrbüchern).

Diskordanzen

Schon Steno hatte beobachtet, dass es außer horizontal lagernden Schichten – wie man sie in einem ehemaligen Meer erwarten kann – auch Schichten mit geneigter Lagerung gibt. Den Vorstellungen seiner Zeit entsprechend, konnten solche nur durch Einbrüche in Höhlungen entstanden sein; ein entsprechendes Erdbild findet sich übrigens auch bei Descartes. Wenn geneigt lagernde Schichten von horizontalen überlagert werden, entsteht eine winklig-abstoßende Lagerung, die als Diskordanz bezeichnet wird.

Sie unterscheidet sich von der ungestört fortgesetzten, konkordanten Lagerung (dem ‚Bretterstapel' der Schichtpakete) durch eine Unterbrechung des Ablagerungsprozesses, die verschiedene Ursachen haben kann. Die einfachste ist ein Wechsel der Schüttungsrichtung bei Sedimenten (Anlagerungsdiskordanz): Schräggeschichtete Sandlagen (z.B. im Querschnitt von Rippelmarken am Strand) können von der Strömung gekappt und mit weiteren Sandlagen zugedeckt werden. Dabei entstehen Diskordanzen im Miniformat. Aus vielen Schichten sind ähnlich aussehende Lagerungsphänomene bekannt, Deltasedimente liefern gute Beispiele oder Dünen (Kreuzschichtung). Solche Diskordanzen sind für die hier erfolgende Diskussion ohne Belang, weil die Zeit, die zwischen der Ablagerung der verschiedenen geneigten Schichten liegt, praktisch bedeutungslos ist.

Für die Erdgeschichte wichtiger sind weitreichende Erosionsdiskordanzen, die oftmals schon verfestigte Gesteinskomplexe betreffen können: der Untergrund wird aufgearbeitet, meist durch ein auf Landgebiete vordringendes Meer (Transgression), das sehr viel jünger sein kann als der erodierte Untergrund. Solche Erosionsdiskordanzen bilden manchmal wichtige Zeitmarken.

Die am weitesten reichenden Diskordanzen aber entstehen tektonisch: Schichten werden im Verlaufe einer Gebirgsbildung (Orogenese) gefaltet und dadurch schräg gestellt. Später kann das gefaltete Gebirge erodiert und wieder von neuen, zunächst horizontal lagernden Schichten überdeckt werden. Eine klassische Lokalität, an der man das beobachten kann, ist Siccar Point in Schottland, wo vertikal stehende Gesteinsserien des Siluriums fast rechtwinkelig von jüngeren Rotsandsteinen überlagert werden (Abb. 6). Hier kommt nur eine Gebirgsbildung als Erklärung für die Lagerung infrage, was an diesem Punkt bereits Hutton im ausgehenden 18. Jahrhundert erkannt hatte. Tektonische Diskordanzen bilden also Zeitmarken intensiver Bewegungen der Erdkruste ab, die man im All-

Abb. 6: Eine klassische Diskordanz (Siccar Point, Schottland): Durch die Kaledonische Gebirgsbildung gefaltete und steilgestellte Schichten des Siluriums (Schiefer und Grauwacken, A) werden mit winklig abstoßender Lagerung von Rotsedimenten des Devons (Old Red, B) überlagert.

gemeinen mit Phasen der Gebirgsbildung gleichsetzt. Seitdem der deutsche Geologe Hans Stille (1876–1966) in den zwanziger Jahren die These aufgestellt hatte, dass sich Gebirgsbildung weltweit gleichzeitig abspielt, begann – vor allem durch seine Schüler – eine intensive Suche nach entsprechenden Anzeichen. Neben Diskordanzen reichten da oftmals Gerölle als Hinweise auf Bodenbewegungen, die dann mit Phasen gleichgesetzt wurden. Um die postulierte Gleichzeitigkeit nachweisen zu können, bedarf es aber einer genaueren zeitlichen Einordnung der Diskordanzen, was bisher noch immer nur sehr unzureichend gelöst ist.

Die Befunde der Plattentektonik zeigen im Übrigen, dass sich die Bewegungen eher kontinuierlich vollziehen. Dennoch liefern großräumige Diskordanzen eine erste, zumindest annähernde Möglichkeit, die meist fossilleeren Schichtkomplexe des Präkambriums wenigstens grob zu gliedern.

Paläoböden

Paläoböden sind innerhalb einer Schichtfolge von anderen Schichten zugedeckte fossile Böden, die sich durch diese Bedeckung von fossilen Reliktböden unterscheiden. Der klassische Fall sind die Lösslehme in den Lössprofilen der quartären Eiszeiten, die während warmzeitlicher Abschnitte (Zwischeneiszeiten) unter veränderten Klimabedingungen entstanden waren. Wenn man weiß, dass für eine nennenswerte Bodenentwicklung Zehner bis Hunderttausende Jahre als Zeitfaktor nötig sind, wird schnell deutlich, dass hier viel Zeit in den Bodenprofilen steckt, während der die Ablagerung unterbrochen war. Die Bodenbildung führt zu einer Veränderung des Ausgangsgesteins, die ursprüngliche Schichtung wird durch die Entwicklung des Bodenprofils zumindest verändert, meist sogar zerstört, und es kommt zur Bildung von Tonmineralen und Humussubstanzen, die beide in ähnlicher Weise einen Abbau vormals komplexer Verbindungen dokumentieren. Darüber hinaus werden Stoffe in gelöster Form oder als Partikel im Profil transportiert, die sich chemisch und/oder mineralogisch kennzeichnen lassen. Am deutlichsten ist eine fossile Bodenbildung jedoch dann zu erkennen, wenn sich Wurzelsysteme nachweisen lassen. Aus diesen Gesetzmäßigkeiten ist ein umfangreicher Kriterienkatalog für Paläoböden entwickelt worden, mit dessen Hilfe sich nun auch geologisch ältere Bodenbildungen diagnostizieren lassen. So kennt man Paläoböden inzwischen aus dem Buntsandstein, Perm, Karbon und neuerdings sogar aus dem Präkambrium. Im Buntsandstein besonders spielen die in Schichttabellen VH^S (Violette Horizonte) genannten Paläoböden eine Rolle, weil sie gute, über weite Strecken verfolgbare Zeitmarken bilden, die z. T. quer durch Schichtenstapel verlaufen, deren einzelne Lagen man früher aufgrund ihrer unterschiedlichen Korngrößen für zeitgleich hielt.

Vulkanische Aschenlagen

Die vulkanische Aschenlage (Tephra), die Pompeji beim Ausbruch des Vesuv 79 n. Chr. verschüttet hat, ist durch die Briefe Plinius des Jüngeren auf den Tag genau datierbar; das gilt zumindest für den Beginn, denn die später ausgegrabenen Profile zeigen viele Einzellagen mit unterschiedlichen Komponenten, die es heute gestatten, das Ereignis auch vulkanologisch ziemlich genau zu rekonstruieren. Im Maßstab der Erdgeschichte war dieser Vulkanausbruch ein sehr kurzfristiges Ereignis und die Reichweite der Förderprodukte gering. Beim Ausbruch des Mt. St. Helens im Jahre 1980 sind dagegen Aschen über einem Areal niedergegangen, das mehrere US-amerikanische Bundesstaaten umfasst. Tephra vom Laacher See ist nach Skandinavien, bis Berlin und an den Bodensee vertragen worden. Die Datierung (vor 12 900 Jahren) ist mit anderen Methoden erfolgt, die mineralogische und geochemische Zusammensetzung der Produkte gestattet die Unterscheidung einzelner Lagen und die Rekonstruktion von Wurffächern. Tephralagen sind damit als Zeitmarken zu verwenden, die meist innerhalb anderer Ablagerungen eingelagert vorkommen, die Laacher-See-Tephra z. B. im Löss der Würmeiszeit. Ein weiteres bekanntes Beispiel sind Tephralagen des minoischen Ausbruchs der Insel Santorin, die man als Einlagerungen in Mittelmeersedimenten gefunden hat und neuerdings sogar im Schwarzen Meer (Guichard et al. 1993). Weil Tephra oft aus glasigen Bestandteilen (Bimsstein und dessen Fragmente) aufgebaut ist, die extrem schnell verwittern, sind solche Lagen in geologisch alten Schichten meist nicht einfach zu diagnostizieren. Ein Paradebeispiel für eine gelungene Rekonstruktion sind in dieser Hinsicht die von J. Winter im Devon der Eifel nachgewiesenen Bentonitlagen, die man früher schlicht für ‚Letten' gehalten hatte.

Andere Kriterien für die relative Zeitbestimmung

Die bisher erwähnten Methoden relativer Zeitbestimmung gelten im Wesentlichen für Sedimentgesteine. Betrachtet man jedoch die Gesteine, die die uns zugängliche Erdkruste aufbauen, so ergibt sich, dass es überwiegend Metamorphite sind, Gesteine also, die unter meist hohen Drücken und Temperaturen umgewandelt wurden. Falls sie Fossilien enthalten haben, sind diese unter den veränderten Bedingungen fast immer zerstört worden. Dazu kommen die vielfältigen magmatischen Gesteine, die aus Schmelzen innerhalb der Erdkruste zu Plutoniten erstarrt oder als Vulkanite an der Oberfläche ausgetreten sind. Deren zeitliche Einordnung geschieht aufgrund der Lagerungsverhältnisse, die sie zueinander und/oder im Verband mit – eventuell fossilführenden – Sedimentgesteinen einnehmen.

Ein Granit kann das Gestein, in das seine Schmelze eingedrungen ist, verändern, indem die Wärmefront und/

oder Lösungen Strukturen und Mineralogie des Wirtsgesteins beeinflussen. Ein bekanntes Beispiel für diese Kontaktmetamorphose ist der Brocken im Harz, der seine älteren Nebengesteine kilometerweit umgewandelt hat; die umgewandelten Gesteinsserien des Devons und Unterkarbons waren durch Fossilien datiert, das Intrusionsalter musste also mindestens oberkarbonisch sein.

Fast selbstverständlich erkennt man das relativ jüngere Alter von Gängen vulkanischer Gesteine, die andere Gesteine unter mehr oder weniger steilen Winkeln kreuzen. Etwas komplizierter ist es gelegentlich, die Altersabfolge zu rekonstruieren, wenn vulkanische Gesteinslagen mit Sedimentschichten alternieren. Es kann eine Folge sein, in der Bildung von Sedimenten mit vulkanischer Tätigkeit in Form von Lavaströmen alterniert hat, oder aber die vulkanischen Schmelzen sind als Lagergänge (Sills) parallel zwischen die Schichten eingedrungen; dabei wäre der Vulkanismus dann jünger als der gesamte Sedimentstapel.

In Graniten sind oftmals Einschlüsse des von ihnen durchschlagenen Untergrundes zu beobachten; dieser muss also älter sein. Beispiele sind Fetzen von Gneis oder Glimmerschiefer, die vom Zentimeterbereich bis zu hausgroßen Schollen reichen. Ähnliches gilt für Xenolithe, die meist bei explosiven Vulkanausbrüchen mitgefördert werden und die dann Aussagen über die Gesteine des durchschlagenen Untergrundes gestatten.

Tektonische Beanspruchungen, z.B. Störungen, lassen sich zeitlich oft einfach dadurch eingrenzen, dass die jüngste noch gestörte Schicht das Höchstalter der Störung bezeichnet; das gilt auch für Gänge, die oft mit Störungen assoziiert sind. Natürlich können Gänge und Störungen auch wesentlich jünger sein als die von ihnen gestörten Gesteinskomplexe. Ebenso gilt, dass ältere Störungen in wesentlich jüngeren Epochen der Erdgeschichte wieder belebt werden können.

Das Alter von Terrassen leitet man oft aus ihrer Höhenlage ab. Das klassische Beispiel sind die pleistozänen Flussterrassen , die treppenförmige Absätze in den Tälern unserer Mittelgebirge bilden, wobei sich die ältesten oben, die jüngsten nahe der heutigen Talsohle befinden. Einer Theorie zufolge werden die meist durch Aufschotterung während Kaltzeiten gebildeten Talsohlenfüllungen in Warmzeiten durch vermehrte Wasserführung erodiert, wobei Tiefenerosion überwiegt. Diese ist neben vermehrter Wasserführung oder tieferliegender Erosionsbasis vor allem durch Hebung der Gebirge zu erklären. Wenn die tiefere Erosionsbasis dagegen durch Meeresspiegelabsenkung zustande kommt, müsste man Kaltzeiten als Erklärung für verstärkte Tiefenerosion annehmen. In jedem Falle aber bleibt die relative Alterszuordnung aus der Höhenlage der Terrassen bestehen.

Auch Meeresterrassen lassen eine relative zeitliche Zuordnung aus ihrer Höhenlage erkennen; gelegentlich gelingt ihre zeitliche Einstufung auch zusätzlich anhand von Fossilien. Die klassischen Versuche dieser Terrassengliederung sind im Mittelmeerraum erfolgt; gerade hier aber ist mit einer Überlagerung durch lokale Hebungen und Senkungen von Landgebieten zu rechnen, die mit den Meeresspiegelschwankungen interferieren können.

Sinngemäß leiten die durch Meerestransgressionen entstandenen Terrassenablagerungen über in die neuesten Ansätze der Sequenzstratigraphie.

Jahreszahlen aus Schichten – Zeit, die sich selbst abbildet

'The search for cycles' ist in den vergangenen 30 Jahren ein großes Thema in der geologischen Forschung geworden. Das hatte zunächst mit einer Fragestellung zur Entstehung von Eiszeiten begonnen, als Milankovitch (1941) einen grundlegenden Aufsatz dazu veröffentlichte, der die Überschrift trug: "Kanon der Erdbestrahlung und seine Anwendung auf das Eiszeitenproblem". Die quartären Eiszeiten zeigen einen zyklischen Ablauf, der durch Änderungen der Erdbahnparameter gesteuert zu sein scheint. Zyklen innerhalb des Milankovitch-Bandes liegen in der Größenordnung von $10^4 - 10^6$ Jahren und werden durch regelmäßige Änderungen der Exzentrizität und Neigung der Erdbahn beim Umlauf um die Sonne sowie die Präzessionsbewegung der Erdachse erklärbar. Die damit verbundenen Strahlungsunterschiede sollten sich auch in den Sedimenten an einem gegebenen Ort im Profil abbilden. Die Größenordnungen solcher Milankovitch-Zyklen zeigen Perioden von 19 000 – 23 000 Jahren (Präzession), 41 000 Jahre (Schiefe), 100 000 und 400 000 Jahre (Excentrizität). Die Anfänge solcher Überlegungen liegen am Anfang unseres Jahrhunderts (1895 – 1900), als sich der Amerikaner Gilbert darum bemühte, rhythmisch geschichtete Sedimente in Beziehung zur geologischen Zeit zu setzen. Eine zusammenfassende Darstellung neuerer Ergebnisse zum Einfluss der Erdbahnparameter auf die Abfolgen von Sedimenten verschiedener Erdzeitalter gibt ein Sonderheft der Zeitschrift J. Sed. Petrol. von 1991 (Fischer u. Bottjer) – das zeigt die Bedeutung, die man diesem Forschungsfeld zumisst .

Grundsätzlich davon verschieden sind die Ansätze, jahreszeitlich bedingte Schichtung zu ermitteln. Am Anfang unseres Jahrhunderts hatte der Schwede De Geer (1912) die Sedimentfolgen schwedischer Eisrandseen gezählt, die eine auffällige Hell-Dunkel-Bänderung zeigen. Mit dem Rückzug des Eises wurden diese Ablagerungen direkter Beobachtung zugänglich. Ihre Lage am Rand von Gletschern führte dazu, dass in der wärmeren Jahreszeit Schmelzwässer mit gröberen Mineralkörnern zugeführt wurden, die als helle Lagen erscheinen. Im Sommer wuchsen dann Algen an der durchlichteten Oberfläche, deren organische Substanz zusammen mit feinerer Tontrübe im Herbst auf den Seeboden sank. So entstanden im jahreszeitlichen Rhythmus abwechselnd helle, grobkörnige und dunkle, feinkörnige Lagen, die sich auszählen ließen. Nach dem Schwedischen werden sie als Warven bezeichnet, was periodische Wiederkehr bedeutet. Daraus ergaben sich allein für solche – geologisch sehr jungen, eiszeitlichen – Sedimente damals schon etwa 12 000 Jahre; es war praktisch die erste absolute Zeitangabe in der Geologie. Heute ist der zeitliche Bereich, den man an Warven ermitteln kann, auf 16 000 Jahre erweitert worden. Die Zeit bildet sich in den Ablagerungen dieses Bänderton-Kalenders selbst ab, ähnlich, wie wir das beim Abzählen von unterschiedlich dicken Baumringen beobachten können (Chronographie). Auch diese Methode, bekannt als Dendrochronologie, ist damals entwickelt worden, und sie führte schon in der Frühzeit zu Altersbestimmungen an Hölzern, die einige tausend Jahre erreichten (Douglass 1919 ff.). Damit waren die 6000 Jahre der biblischen Schöpfungsgeschichte schon anhand von geologisch ganz jungen Ablagerungen widerlegt worden.

Zeiterfassung anhand von Jahreslagen ist seitdem an einer Vielzahl von Beispielen versucht worden. Im jahreszeitlich bedingten Rhythmus geschichtete Sedimente sind vor allem da erhalten, wo Wasserbewegung bzw. Strömungen fehlen, wie am Boden von Seen, aber auch im Schwarzen Meer, das man ja als riesigen See auffassen kann, oder in Salzablagerungen. Für das Schwarze Meer sind durch die Auszählung von tausenden von dünnen Sedimentlagen an Bohrkernen Jahreszahlen ermittelt worden (Degens u. a. 1976). Später hat man daraus auch Aussagen zur Vegetationsentwicklung auf den angrenzenden Landgebieten gewinnen können, wo sich während des Pleistozäns Wald- und Steppenvegetation abgewechselt hatten. Die Denudationsrate, und damit die Dicke einer detritischen Warvenlage, ist in Steppenzeiten etwa doppelt so hoch (Degens u. a. 1978). In ähnlicher Weise hatte schon früher Richter-Bernburg (1959) Profile im niedersächsischen Zechstein durch Auszählung von Anhydritwarven auf eine Distanz von 300 km miteinander korrelieren können. Neuerdings werden mit dieser Methode auch die Sedimente von Maarseen untersucht; dabei liefern die Schichtfolgen nicht nur Altersdaten, sondern, wie die Baumringe, auch zusätzliche Informationen über Klimaentwicklungen (Negendank & Zolitschka 1993). Allen Verfahren fehlt aber die Zuordnung zur ‚absoluten' Zeit, d.h. es stellt sich die Frage, welches die ‚Null-Warve' ist, die man im Falle von Baumringen ja feststellen kann.

Das Alter der Erde – frühe Bestimmungsansätze

In der Literatur von Sekten taucht immer wieder eine Altersangabe auf, nach der die Erde vor 6000 Jahren geschaffen wurde. Die Sekten befinden sich da sogar in guter Gesellschaft, denn dieses Alter erwähnt auch Goethe, was allerdings nicht besagt, dass es dadurch richtiger wird. Diese Altersangabe geht auf einen irischen Bischof Ussher zurück, der 1664 behauptet hat, die Erde sei am 23. Oktober 4004 v. Chr. um 9 Uhr morgens geschaffen worden (wobei ich in Vorlesungen immer hinzufüge „Greenwich Mean Time, nota bene"). Das vermeintliche Alter wurde aus der Bibel abgeleitet, indem man die Genealogie der Urväter zurückverfolgte (dazu Bahners 1997).

Demgegenüber nimmt sich die indische Mythologie geradezu modern aus, denn dort wird das Alter der Erde mit 4 Milliarden Jahren angegeben, ein Wert, der fast mit den heutigen Angaben übereinstimmt. Zwischen diesen beiden Extremen liegen die Altersangaben, die durch frühe Beobachtungen oder Experimente ermittelt wurden. Dazu zählt z.B. die Erkenntnis des jährlichen Vorbaus der Ablagerungen im Nildelta durch Herodot (5. Jh. v. Chr.). Versuche, das Alter der Ozeane aus deren Salzgehalt im Vergleich zu dem der Flüsse zu berechnen, ergaben etwa 360 Millionen Jahre. Aus Sedimentationsraten im Vergleich mit Schichtmächtigkeiten aller Ablagerungen seit dem Kambrium wurden etwa 700 Millionen Jahre abgeleitet. Solche Versuche sind, wenn man moderne Erkenntnisse zugrunde legt, von vornherein zum Scheitern verurteilt. Vom Meerwasser lässt sich schon aufgrund der Lebewesen sagen, dass sein Salzgehalt mindestens seit dem Kambrium dem heutigen entsprochen haben muss, und die Ablagerung von Sedimenten erfolgt keinesfalls kontinuierlich, so dass es unstatthaft ist, Sedimentationsraten einfach linear hochzurechnen.

Modellexperimente mit glühenden Eisenkugeln führten den Grafen Buffon (1707–1788) zu einem Erdalter von 75 000 Jahren und Lord Kelvin kam im 19. Jahrhundert durch Berechnungen einer Abkühlung der Erde aus einem glutflüssigen Ausgangszustand auf eine Größenordnung von 20–40 Millionen Jahren. Diese einander widersprechenden Altersangaben standen im Raum, als gegen Ende des 19. Jahrhunderts Henri Becquerel mit der Radioaktivität eine zusätzliche Wärmequelle entdeckt hatte, die den vorangegangenen thermischen Berechnungen den Boden entzog. Sie lieferte aber mit der bald erkannten Gesetzmäßigkeit des Atomzerfalls zugleich die Voraussetzung für die physikalischen Altersbestimmungen, die wenig später durch Rutherford begonnen wurden und erstmals wahrscheinlich machten, dass die Erde älter als 2 Milliarden Jahre sein muss .

Physikalische und chemische Altersbestimmungen

Man kann nachlesen, dass das Kambrium von 590–505 Millionen Jahre gedauert habe; einige Jahre später haben sich diese Zahlen wieder geändert: man liest neue Werte und fragt sich, wie die doch mit naturwissenschaftlichen Messmethoden gewonnenen Daten so weiten Schwankungen unterworfen sein können. Das hat mehrere Gründe. Einer davon ist, dass es heute stratigraphische Kommissionen gibt, die solche Grenzen durch internationale Vereinbarungen festlegen; wenn man neue Erkenntnisse hat, wie jüngst zur Perm/Trias-Grenze, dann werden Schichten innerhalb der bestehenden Systeme neu zugeordnet. Ein zweiter Grund ist, dass solche Altersbestimmungen – die gelegentlich ‚absolut' genannt werden – kaum je absolute Werte liefern. Richtiger wäre es, von ‚physikalischen' oder ‚chemischen' Altersbestimmungen zu sprechen, oder gleich die spezifische Methode mit anzugeben. Die Messungen liefern immer Werte und die Methoden gestatten es, diesen Werten Fehlergrenzen zuzuordnen. Damit ist aber noch nicht gesagt, dass der Messwert das Alter des Gesteins angibt.

Ein Beispiel soll das verdeutlichen: Es gibt Bestimmungsmethoden, die auf dem Zerfall des radioaktiven Kalium-Isotops in den Gesteinen beruhen (Kalium-Argon-Methode). Dabei zerfällt innerhalb einer bestimmten Zeit die Hälfte dieses Isotops in andere Substanzen, u. a. Argon. Die Menge dieses Edelgases kann man messen und grob sagen, dass mit zunehmendem Alter eines Gesteins auch der Argongehalt darin zunimmt. Wenn man die Halbwertszeit, d.h. die Spanne, in der ein radioaktives Isotop zur Hälfte in seine Tochterprodukte zerfallen ist, kennt, lässt sich daraus eine Alterszahl gewinnen.

Kalium kommt als Baustein in mehreren gesteinsbildenden Mineralen, z.B. im Kalifeldspat oder im Glimmer, vor. Beide sind auch Bestandteile von Granit. Wenn Granit aus einer Gesteinsschmelze erstarrt, so bilden sich die einzelnen Minerale bei deren Abkühlung nacheinander, man sagt, dass sich ihre Kristallgitter ‚schließen'. Dabei bilden sie gewissermaßen Käfige für das beim radioaktiven Zerfall freigesetzte Edelgas. Solange diese Käfige dicht sind, lässt sich das Alter aus dem Verhältnis von Kalium zu Argon ableiten (Mutter-vs Tochter-Isotop).

Da Feldspat und Glimmer unterschiedliche Kristallisationstemperaturen – d. h. Schließalter – haben, ergibt sich bei der Untersuchung des Gesamtgesteins ein Mischalter. Viele Angaben in der älteren Literatur sind Gesamtgesteinsalter. Die Methode lässt sich verfeinern, indem man die einzelnen Mineralphasen untersucht; man bekommt dann z.B. ein Biotit-Schließalter und im selben Gestein auch ein Hornblende-Schließalter.

In den Käfigen beginnt mit dem Zeitpunkt der Kristallisation (der Stunde Null), ‚die Uhr zu laufen'. Gesteine unterliegen aber in ihrer Geschichte vielfältigen Einflüssen: sie können verwittern, durch Gebirgsdruck Risse bekommen oder durch erneute Versenkung im Rahmen einer jüngeren Gebirgsbildung aufgeheizt werden. In jedem dieser Fälle kann das schon gebildete Edelgas teilweise oder ganz aus dem Kristallgitter entweichen: die ‚Uhr' wird dadurch ‚zurückgestellt'. Im Falle einer solchen Aufheizung datiert man also nicht das Geburtsalter, sondern das letzte thermische Ereignis, das dieses Gestein betroffen hat. Wenn man berücksichtigt, dass viele der alten Gebirge mehrfach durch Metamorphoseereignisse umgeprägt worden sind, wird die Problematik solcher Datierungen deutlich.

Inzwischen gibt es eine Ausnahme, die unter dem Titel ›Zircon can take the heat‹ in der Zeitschrift Nature diskutiert wurde. Darin geht es um Altersbestimmungen von Gesteinen aus dem Chicxulub-Meteoriten-Krater (der mit dem Massenaussterben am Ende der Kreidezeit in Verbindung gebracht wird), die trotz der extremen Hitzeeinwirkung eines Asteroideneinschlags noch vernünftige Werte geliefert haben (Krogh u.a. 1993). Mit der Verfeinerung der Messmethoden ist es mittlerweile möglich geworden, einzelne Anwachssäume von Kristallen zu datieren; auch diese Untersuchungen werden an Zirkonen gemacht. Diese Kristalle sind oft schichtig gebaut, was man mikroskopisch beobachten kann. Ein neues Verfahren gestattet es nun, diese Schichten getrennt zu datieren, indem man mit einem Ionenstrahl punktuell Material herausschießt, das dann mit der Uran-Blei-Methode analysiert wird.

Zirkon ist ein außerordentlich verwitterungsbeständiges Mineral, das zunächst aus einer Gesteinsschmelze kristallisiert. Die Kristalle können durch spätere Verwitterung Bestandteile von Sedimenten werden, wo sie abgerollt werden und teilweise ihre Kanten verlieren. Wenn solche Sedimente zu metamorphen Gesteinen umgebildet werden, können die Kristalle nachwachsen, eine neue Schicht ansetzen usw. Wenn man die Kernzone datiert, hat man das ursprüngliche Alter, d.h. das Geburtsalter des Zirkons. So lässt sich an einem einzelnen Mineralkorn die oft sehr komplexe geologische Geschichte einer ganzen Region rekonstruieren. Mit dieser Methode hat man inzwischen sehr wahrscheinlich auch die früheste Erdkruste datieren können, deren Zirkone >4 Milliarden Jahre alt sind.

Die radiometrischen Altersbestimmungsmethoden, zu denen auch die schon erwähnte Kalium-Argon-Methode gehört, basieren auf dem natürlichen radioaktiven Zerfall von Elementen; gängig sind dabei Uran, Thorium, Rubidium, Kalium oder Kohlenstoff, deren Halbwertszeiten so unterschiedlich sind, dass damit eine sehr große Zeitspanne der Erdgeschichte erfasst werden kann. Im Folgenden wird der methodische Ansatz nur grundsätzlich behandelt, auch um Probleme und Altersbereiche anzusprechen. Die neuere Literatur dazu ist außerordentlich umfangreich, die beste Zusammenfassung geben Geyh u. Schleicher (1990).

Das älteste Verfahren sind Uran-Thorium-Blei-Methoden, die schon von Boltwood (1907) und dem britischen Geologen Holmes (seit 1911) entwickelt und seitdem ständig verfeinert wurden. Bedeutende Fortschritte hatte dabei die Erfindung des Massenspektrometers durch Mattauch u. Nier in den dreißiger Jahren gebracht, die es gestattete, Isotope zu trennen.

^{238}U zerfällt zu ^{206}Pb, ^{235}U zu ^{207}Pb und ^{232}Th zu ^{208}Pb. Die Datierung setzt voraus, dass Uran in den Mineralen bzw. Gesteinen vorhanden ist und man das durch den radioaktiven Zerfall gebildete Blei auch in messbarer Menge findet. Da die Halbwertszeiten (= die Zeit, in der ein radioaktives Element die Hälfte seiner Masse verliert) für ^{238}U über 4 Milliarden, für ^{235}U ca. 70 Millionen Jahre beträgt, ergibt sich, dass man nur in sehr alten Proben genügend Blei vorfindet, um eine entsprechend genaue quantitative Analyse durchführen zu können. Diese Methoden sind also eher für sehr alte Gesteine geeignet. Das Mengenverhältnis zwischen dem radioaktiven Element (Mutterisotop) und seinem stabilen Zerfallsprodukt (Tochterisotop) ergibt so ein Maß für das Alter; dabei sind allerdings eine Vielzahl anderer Voraussetzungen zu berücksichtigen, auf die hier nicht näher eingegangen werden soll.

Die seit 1938 gebräuchliche Rubidium-Strontium-Methode hat zur Grundlage, dass das Alkalimetall Rb in allen Mineralen gefunden werden kann, die Kalium enthalten, also z. B. in Feldspäten und Glimmern, die zu den häufigsten Komponenten magmatischer Gesteine gehören. Rubidium kann aufgrund seines Ionenradius einen Teil des Kaliums in den Kristallgittern ersetzen; es hat zwei natürliche Isotope, von denen das ^{87}Rb zu stabilem ^{87}Sr mit einer Halbwertszeit von etwa 5×10^{10} Jahren zerfällt. Daraus ergibt sich, dass diese Methode ebenfalls sinnvoll nur für Altersbestimmungen an sehr alten Gesteinen verwendet werden kann.

Am anderen Ende der Zeitskala stehen Methoden, die die beim radioaktiven Zerfall entstehenden Edelgase messen; dazu gehört die weiter oben schon diskutierte Kalium-Argon-Methode; die konventionelle Version benutzt den Zerfall von ^{40}K zu ^{40}Ar. Die Methode ist schon allein deswegen eine der meistangewandten, weil das Element Kalium zu den häufigsten Stoffen der Erdkruste gehört und in einer Vielzahl von Gesteinen und Mineralen vorkommt. Damit lassen sich Alter von mindestens 3 bis 5 Millionen Jahren bis zurück zum Präkambrium bestimmen, der Schwerpunkt liegt aber im Zehner-Millionen-Jahre-Bereich, also im Tertiär, und lässt sich mit Spezialverfahren bis auf einige 1000 Jahre an die Gegenwart heran ausweiten. Bei sehr jungen Proben ergibt sich das Problem der Verunreinigung durch das Argon der Atmosphäre.

In diesen Bereich gehört auch die Uran-Helium-Methode, die im Ansatz schon auf Rutherford (1906) zurückgeht. Weil beim Uranzerfall neben Blei auch radiogenes Helium entsteht, lassen sich auch hier entsprechende Verhältnisse zwischen Ausgangsstoffen und Zerfallsprodukten bilden.

Im Unterschied zu den Mutter-Tochter-Verfahren beruht die Radiokarbon-Methode (auch ^{14}C-Methode, Radiokohlenstoff-Methode u. ä..) auf dem Zerfall kosmisch gebildeter Radionuklide. Von den drei Kohlenstoffisotopen ^{12}C, ^{13}C und ^{14}C ist das Letzte instabil; es zerfällt mit einer Halbwertszeit von knapp 6000 Jahren in stabilen Stickstoff (genau 5730 ± 40 a, konventionell wird aber mit 5568a gerechnet, was man beim Vergleich heutiger mit früheren Analysen beachten muss). Das Verfahren wurde 1946 von Libby entwickelt, der die 5568 a eingeführt hatte; daraus wird deutlich, dass man nur relativ junge Proben mit dieser Methode analysieren kann, die oberste Grenze liegt bei etwa 70 000 Jahren.

^{14}C wird durch kosmische Höhenstrahlung aus ^{14}N gebildet. Durch Oxidation zu CO_2 gelangt es über die Atmosphäre in die Hydrosphäre und auf beiden Wegen auch in die Biosphäre, d.h. in Pflanzen oder Kalkschalen von Organismen. Mit deren Absterben beginnt der Zerfall, in dessen Verlauf sich das Verhältnis von ^{12}C zu ^{14}C ständig zugunsten des leichteren Isotops verändert. Die Analyse erfolgt durch eine Ermittlung von Zählraten mit Proportionalzählrohren an dem aus den Proben entwickelten CO_2. Eine Grundannahme der Methode ist, dass die ständige Neubildung von ^{14}C mit einer konstanten Rate erfolgt, die damit auch eine langfristig konstante Höhenstrahlung voraussetzt (was wahrscheinlich so nicht stimmt). Auf fehlerhafte Ergebnisse der ^{14}C-Methode ist man aufmerksam geworden, als man am Holz einzelner Baumringe gefundene Werte mit den dendrochronologischen Daten verglich. So kam man zu kalibrierten ^{14}C-Altern und erkannte auch längerfristige Fluktuationen in den Alterskurven, die z.B. die Sonnenfleckenaktivität widerspiegeln. Inzwischen gibt es Tabellenwerke, mit denen sich die Auswertung optimieren lässt. Auf keinen Fall aber sind ^{14}C-Alter auf das Jahr genau anzugeben, wie gelegentlich geglaubt wird. Man muss auch wissen, dass das Referenzjahr für diese Angaben 1950 ist; wenn 2000 BP (before present) angegeben ist, bedeutet das 2000 Jahre vor 1950, mit einer Fehlergrenze wie überall bei Analysen. Auch insofern sind Jahreszählungen von Baumringen oder Warven verlässlicher .

Zur Kategorie radiometrischer Methoden im weiteren Sinne gehört auch die sog. Fission-Track-(Spaltspuren-) Methode, bei der man mikroskopisch kleinräumige Zerstörungen in Kristallgittern ausmisst, die durch Strahlung der darin eingebauten radioaktiven Elemente zustandekommen. Deren Ausmaß in Beziehung zur Konzentration des Elements ergibt einen Hinweis auf die Zeit, die seit der Bildung des Kristalls vergangen ist. Das Verfahren ist vor allem für die Datierung junger vulkanischer Gläser (Tephra), Tektite (Glasmeteorite) und für archäologisches Material geeignet. Es wird über die Datierung selbst hinaus auch benutzt, um die thermische Geschichte von Gesteinen zu entschlüsseln.

Weitere Methoden zur Altersbestimmung

Neben den genannten Methoden gibt es inzwischen eine Fülle weiterer Verfahren zur Altersbestimmung geologischer Objekte, die oft zunächst nur von einzelnen Forschergruppen entwickelt und betrieben werden. Dazu gehören Verfahren, die auf chemischer Umwandlung organischer Substanzen beruhen, wobei vor allem Aminosäuren durch Razemisierung zeitabhängig verändert werden. Schon von den Substanzen her ergibt sich eine Einschränkung auf junge Alter, etwa Mumiengewebe. Zudem sind die Verfahren von einer Vielzahl von Voraussetzungen abhängig, die hier nicht näher diskutiert werden können.

In die Reihe aber paßt ein Verfahren, das als FUN-Test bezeichnet wird, und es muss Spaß (= Fun) gemacht haben, damit eine der spektakulärsten Fälschungen der Paläoanthropologie zu entlarven. Der Begriff steht für die Fluor-Uran-Stickstoff-Elementsymbole, deren Konzentration in Knochen gemessen wird. Knochen enthalten organische Substanzen, die als Stickstoffträger mit zunehmendem Alter abgebaut werden. Dagegen nehmen die Knochen im Laufe der Zeit Fluor aus dem Grundwasser auf und bauen so den ursprünglichen Hydroxyl-Apatit in Fluor-Apatit um, in dessen Kristallgitter statt des Kalziums auch Uran eingebaut werden kann, weil es einen vergleichbaren Ionenradius hat. Alte Knochen enthalten also vergleichsweise wenig Stickstoff, aber viel Fluor und Uran. Diese Erkenntnisse reichen zwar nicht aus um Alterszahlen zu ermitteln, sie gestatten aber Vergleiche zwischen Knochen, die in einer ihnen gemeinsamen Schicht gefunden werden.

Solche Knochen waren zwischen 1908 und 1912 in einer Art Kiesgrube in Südengland gefunden worden, in der frühеiszeitliche Schotter abgebaut wurden; die genauere Lokalität hieß Piltdown. Die Funde schienen eine Art von ‚Missinglink' zwischen Affe und Mensch zu belegen: ein vergleichsweise moderner Hirnschädel (von den ausgrabenden Arbeitern als Kokosnuss bezeichnet) und ein erst 1912 an der gleichen Lokalität gefundener Unterkiefer, der ein äffisches Entwicklungsstadium belegte. Beide passten zusammen, und beide lagerten in der Schotterschicht zusammen mit Knochen von u.a. frühеiszeitlichen Mammuts.

Für Jahrzehnte hatte man diesen ‚Piltdown-Schädel' im Museum ausgestellt, bis 1953 ein FUN-Test ergab, dass es sich um eine Fälschung handelte. Die Kalotte stammte von einem etwa 50 000 Jahre alten *Homo sapiens*, der Unterkiefer von einem rezenten Orang-Utan und nur die Tierknochen waren tatsächlich so alt, wie der Fund in seiner Gesamtheit nahe legen sollte.

Über diese Geschichte ist ein Buch geschrieben worden, das sich liest wie ein Kriminalroman. Als mutmaßliche Fälscher werden darin unter anderen auch Arthur Conan Doyle (der Erfinder von Sherlock Holmes) und Teilhard de Chardin aufgeführt; aber das sollte man besser selbst nachlesen bei Spencer (1990). Inzwischen scheint man den Fälscher tatsächlich gefunden zu haben.

Paläomagnetismus

Die Entdeckung eines magnetischen Streifenmusters auf dem Ozeanboden des Reikjanes-Rückens südlich von Island, die anfangs der sechziger Jahre von einem Forschungsschiff aus erfolgte, das quer zu diesem Rücken fuhr, hat zusammen mit Beobachtungen zur Morphologie der Ozeanböden eine Revolution in der Geologie eingeleitet, die manche Wissenschaftler mit der kopernikanischen Wende vergleichen. Sie hatte zunächst das sea-floor-spreading (Spreizung der Ozeanböden) und in der Folge die Plattentektonik begründet. Der Sachverhalt ist mittlerweile in vielen Lehrbüchern dargestellt, sodass ich mich hier auf die für erdgeschichtliche Fragestellungen wichtige Datierung beschränken kann; eine verständliche deutschsprachige Zusammenfassung zur Plattentektonik und ihren Wurzeln geben u.a. Frisch u. Loeschke (1986) sowie Miller (1992), instruktive Abbildungen z.B. Wilson (1976).

Die Ozeanbodenbasalte, die dieses zur Achse von untermeerischen Rücken symmetrische Streifenmuster verursachen, sind mit radiometrischen Methoden datiert worden, wobei sich gezeigt hat, dass ihr Alter vom Rücken aus nach beiden Seiten zunimmt. Aus dieser gesetzmäßigen Zunahme ließ sich eine Zeitskala entwickeln, die sich als Muster abwechselnder, unterschiedlich magnetisierter und unterschiedlich breiter Streifen darstellen lässt, ähnlich dem Muster heutiger Registrierkassen. Die Grundlage ist eine Einregelung magnetisierbarer Minerale im Erdmagnetfeld, solange die Temperatur der Basaltlava noch nicht unter den sog. Curie-Punkt abgesunken ist (der für verschiedene Minerale unterschiedlich ist; für den Magnetit im Basalt liegt er bei etwa 580° C). Danach wird das herrschende Erdmagnetfeld in den Gesteinen quasi eingefroren (Abb. 7).

Die Datierungen haben gezeigt, dass sich das Magnetfeld in Größenordnungen von zehntausenden bis zu mehreren Millionen Jahren jeweils umgekehrt hat. Über die Ursachen wird weiterhin spekuliert, man geht aber davon aus, dass Ströme im flüssigen äußeren Erdkern

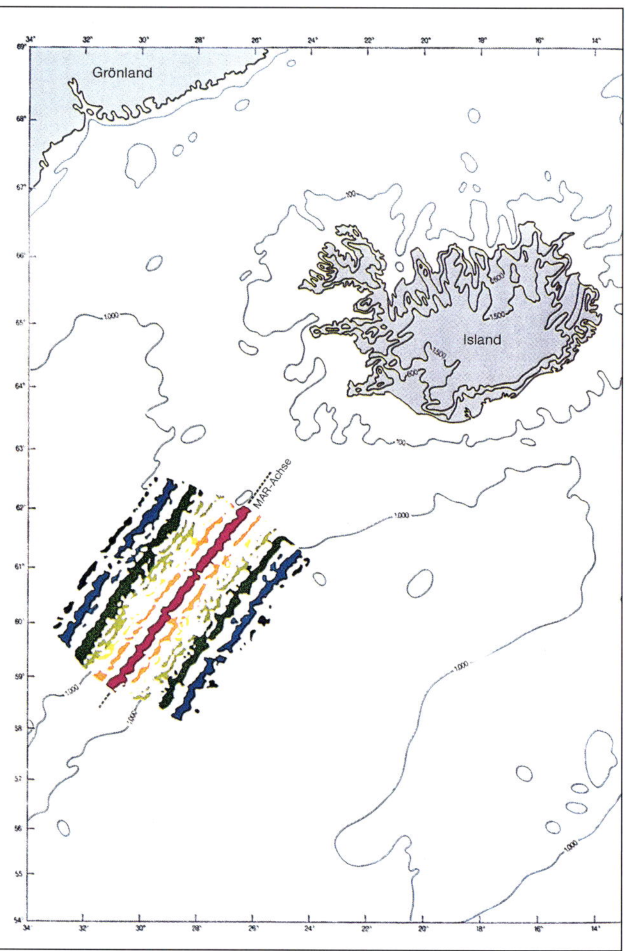

Abb. 7: Südwestlich von Island ist durch magnetische Messungen erstmals das hier gezeigte Streifenmuster am Ozeanboden entdeckt worden. Aufgrund von Datierungen an den Gesteinen weiß man, dass sie, vom Mittelatlantischen Rücken (MAR), dessen Achse in der Fortsetzung quer durch Island verläuft, ausgehend, immer älter werden. Daraus resultierte die Theorie vom „sea-floor-spreading" und in deren Folge die Plattentektonik.

dafür maßgebend sind. Neueste Untersuchungen deuten an, dass der unmittelbare Wechsel von einer Süd- zur Nordorientierung in außerordentlich kurzer Zeit, d.h. innerhalb von Tagen bis Monaten erfolgen könnte; die Folgen für unser Tagesgeschehen wären verheerend.

So bilden normal (d.h. der heutigen Orientierung folgende) und invers magnetisierte Gesteine einen zeitlichen Wechsel, dessen Alter durch radiometrische Bestimmungen ermittelt worden werden kann. Eine Gesteinsfolge, in deren Übereinander unterschiedliche Magnetisierungen beobachtet werden, lässt sich anhand des bekannten Musters dann in die magnetische Zeitskala einhängen. Das Verfahren funktioniert nicht nur bei Basalten, sondern lässt sich auch auf Sedimente anwenden, wenn diese geeignete, d.h. magnetisierbare Minerale enthalten.

Für die erdgeschichtlichen Rekonstruktionen sind solche, aus dem Paläomagnetismus (Deklination und Inklination) ableitbaren Richtungsweiser nicht nur für die Datierung von Bedeutung. Sie sind darüberhinaus auch geeignet, die paläogeographische Situation von Gesteinsblöcken, Kontinentsplittern (Terrane) oder ganzen Erdteilen festzustellen. Daraus lässt sich schließlich, im Zusammenhang mit der altersmäßigen Zuordnung, der Ablauf erdgeschichtlicher Ereignisse verfolgen.

Sequenz – Stratigraphie

Die Beobachtung von Pegelständen zeigt, dass der Meeresspiegel etwa seit 100 Jahren stetig ansteigt. Während der quartären Eiszeiten aber lag er erheblich tiefer als heute, Landtiere konnten über die Beringstraße wandern oder über die Landenge von Panama, wo das Wasser heute Zehner bis über 100 m tief ist. Auch die Schelfe waren zu dieser Zeit breiter. Dass das Meer zeitweise auf das Festland übergreift, ist allen Küstenbewohnern bewusst, die sich mit Deichen dagegen zu wehren versuchen. Man bezeichnet die großmaßstäblichen, sämtliche Ozeane betreffenden Meeresspiegelschwankungen als eustatische Schwankungen. Geologisch sind mit ihnen Ablagerung und Erosion von Sedimenten verknüpft, von denen schon 1906 Eduard Suess bemerkte, dass sie weltweit ziemlich synchron zu verlaufen scheinen. Bei der Kohlenwasserstoffexploration hatte man später mit seismischen Methoden herausgefunden, dass Schichtflächen und erosionsbedingte Flächen Reflektoren bilden, die sich über weite Strecken verfolgen lassen, und dass sie als jeweils etwa gleichalte Zeitlinien auch chronostratigraphische Bedeutung haben. In den nachfolgenden Bohrungen war man dann in der Lage, diese Sedimente mit biostratigraphischen und magnetostratigraphischen Methoden zu eichen und so allmählich eine weltweite Korrelation zu versuchen.

Die Ergebnisse gestatten es heute, die Transgressionen und Regressionen in Form von Kurven darzustellen, die die Verschiebungen des Sedimentationsgeschehens auf die Festländer bzw. zum Meer hin direkt dokumentieren. Sie sind aus den Gesteinsfolgen ablesbar, in denen man das flacher oder tiefer werdende Wasser ihres Ablagerungsraumes an faziellen Kriterien erkennen kann.

So ergeben sich genetische, zyklisch aufgebaute Sequenzen, die der Methode ihren Namen gegeben haben (grundlegende Literatur bei Vail u.a. [1977], van Wagoner u.a.[1995]). Neben den eustatischen Meeresspiegelschwankungen werden diese natürlich auch durch lokale tektonische Veränderungen oder die Masse der eingetragenen Sedimente gesteuert. Zunehmend wird aber deutlich, dass diese noch relativ neue Methode geeignet ist, bei entsprechend kritischer Anwendung, Schichtpakete weltweit miteinander zu korrelieren. Die für das Mesozoikum und Känozoikum entwickelte Kurve (Haq u.a. 1987) wird heute an vielen Schichtfolgen überprüft und die Ergebnisse finden zunehmend Eingang in die regionalgeologische Literatur. Für Deutschland sollen wenigstens die grundlegenden Arbeiten von Aigner (1986) oder Aigner u. Bachmann (1992) genannt sein.

Der Katalog der Verfahren geologischer Altersbestimmungen ist damit keineswegs erschöpft – eher wird es der Leser sein. Anstelle einer weiteren Aufzählung von Methoden soll deshalb von jetzt an versucht werden, die vielen Hunderte von Millionen Jahren lebendig werden zu lassen.

Zeitabschnitte der Erdgeschichte

Präkambrium

Während des Präkambriums sind auch Gesteine gebildet worden, die es in dieser Form in der jüngeren Erdgeschichte nicht mehr gegeben hat; dazu gehören die hier gezeigten gebänderten Kieseleisenerze oder Itabirite. Es handelt sich um schichtige Gesteine, bei denen Lagen von Eisenoxiden mit solchen von Kieselsäure alternieren, sodaß die charakteristische Rot-weiß-Bänderung zustande kommt. Diese, auch wirtschaftlich wichtigen Erze sind chemische Fällungsprodukte. Die Lösung großer Mengen von Kieselsäure war möglicherweise durch stark alkalische pH-Werte bedingt, was mit der Modellvorstellung eines präkambrischen Soda-Ozeans zusammenpaßt, der sich erst allmählich zum Kochsalz-Ozean entwickelt haben könnte.

Das Eisen muß in zweiwertiger Oxidationsstufe transportiert worden sein, was Rückschlüsse auf eine zumindest sauerstoffarme Atmosphäre zuläßt.

(Foto von H. L. James, übernommen aus Schidlowski & Wiggering (1988).

Der älteste, als Präkambrium bezeichnete Abschnitt der Erdgeschichte umfasst etwa 7/8 der gesamten, durch Gesteine überlieferten Zeit unseres Planeten. Über die Anfänge sind wir heute durch die Forschung der letzten Jahrzehnte einigermaßen gut unterrichtet. Die durch Kant und Laplace schon im 18. Jahrhundert formulierte ‚Nebular-Hypothese' ist unter dem Begriff ‚Neo-Laplace' wieder aufgenommen und verfeinert worden. Danach begann sich unser Planetensystem, mit der Sonne als Zentrum, aus einem kalten Solarnebel zu entwickeln, der zunächst zu Ringen strukturiert wurde. In der Folge entstanden daraus eine Vielzahl von Körpern unterschiedlicher Größe (sog. Planetesimale), die sich im weiteren Verlauf zu größeren Aggregaten zusammenballten; diese kollidierten infolge ihrer sich kreuzenden Bahnen vielfach miteinander und gewannen dabei ständig mehr an Masse. Infolge der Auftreffwucht dieser Impaktereignisse erhitzten sich die größeren Körper und es kam zu Schmelzprozessen, die eine stoffliche Schweresonderung einleiteten, so dass schließlich in bestimmten Fällen ein schalenförmiger Aufbau resultierte. Die Erde ist im Frühstadium wahrscheinlich durch einen etwa Mars-großen Impaktor getroffen worden, der bereits entsprechend differenziert war und hat sich dessen schwere Anteile einverleibt, während gleichzeitig der Erdmond aus den leichteren Mantelkomponenten dieses Impaktors gebildet wurde (Abb. 8).

Diese Kollisionen stehen im Gegensatz zu der früheren Auffassung, dass unser Planetensystem mit einem geordneten Uhrwerk vergleichbar sei: Kant nannte das im Gefolge von Newton und Kepler ‚Himmelsmechanik' und Voltaire stand vor dem Dilemma, dass diese Ordnung sich kaum ohne einen Schöpfer vorstellen ließe.

Hinweise auf die Karambolagen sind auf vielen der Himmelskörper u.a. in Form von Kratern und Ringstrukturen erhalten, die man auf dem Erdmond besonders gut erkennen kann. Datierungen haben ergeben, dass die Strukturen überwiegend älter als 3800 Millionen Jahre sind; zu dieser Zeit war die Materie also schon weitgehend auf die uns heute bekannten Großkörper unseres Planetensystems verteilt. Dessen Ordnung erscheint schon dadurch gestört, dass die Bahnenebenen voneinander abweichen, die Umlaufzeiten sich unterscheiden und Venus, Uranus und Pluto ‚verkehrtherum' rotieren.

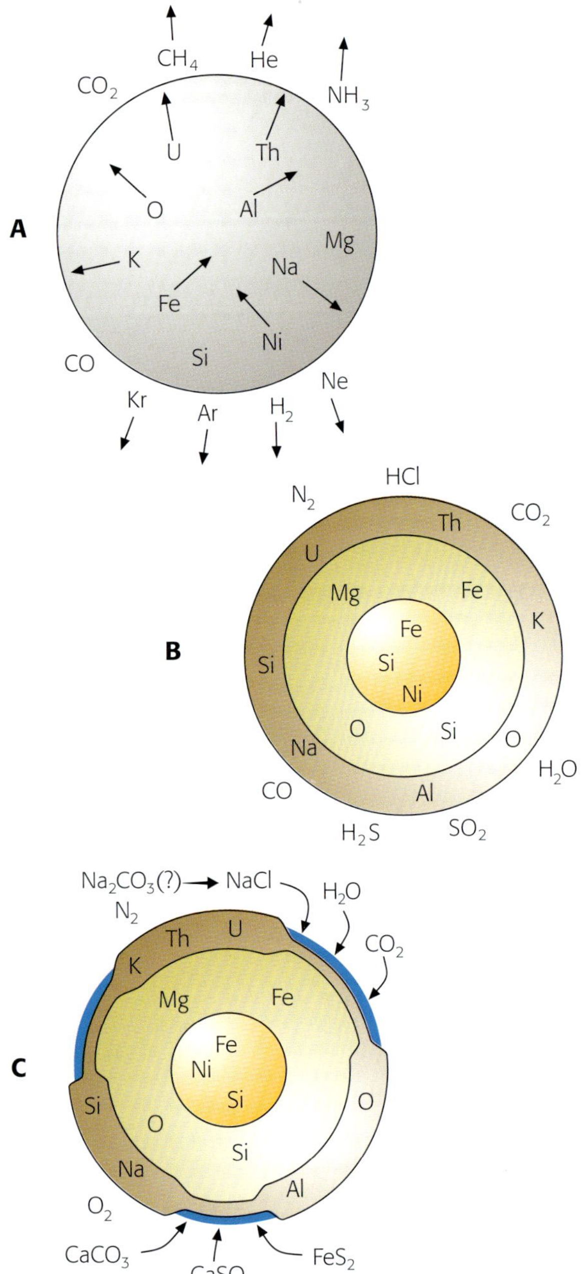

Abb. 8: Die Entwicklung des Planeten Erde aus einem undifferenzierten Anfangsstadium, in dem die eigentliche Uratmosphäre („primordiale" Atmosphäre) mit der überwiegenden Menge der Edelgase verlorenging (A). In einem zweiten Stadium wurden Kruste, Mantel und Kern gebildet, wobei eine Stoffsonderung nach der Schwere der Elemente erfolgte (B). Im letzten Stadium, das im wesentlichen die heutige Situation wiedergibt, ist eine Differentiation in ozeanische und kontinentale Kruste erfolgt und die Ozeane haben sich mit Wasser gefüllt. Die Atmosphäre enthält neben Stickstoff nun auch freien Sauerstoff (C). Umgezeichnet nach Garrels & Mackenzie (1971).

Im Folgenden werde ich mich auf den Planeten Erde beschränken und zu erläutern versuchen, wie sich entsprechend dem heutigen Forschungsstand, Lithosphäre, Hydrosphäre, Atmosphäre und Biosphäre allmählich entwickelt haben könnten. Die frühe Erdgeschichte, die einige Milliarden Jahre umfasst, ist sicherlich die spannendste Epoche unseres Planeten, an der gemessen alle weiteren mehr oder weniger folgerichtige Weiterentwicklungen von minder originellem Reiz sind.

Entwicklung der Lithosphäre

Erdgeschichte sollte man an ihren wesentlichen Zeugnissen, den Gesteinen festmachen können; ihren Anfang also an einem Urgestein. Aber das Urgestein im Wortsinne gibt es nicht mehr. Es wäre die erste, erstarrte Haut unseres Planeten, nachdem dieser die Schmelzphase durchlaufen hatte. Die Suche nach den ältesten Gesteinen haben die Geologen in den vergangenen Jahren mit gezielten Forschungsprogrammen betrieben, wobei ihnen jetzt verbesserte physikalische Datierungsmethoden zu Gebote stehen. Nur: die ältesten Gesteine sind in allen Fällen Metamorphite, d. h. sie sind selbst schon aus anderen Gesteinen gebildet worden. „... that we find no vestige of a beginning" hatte der Schotte Hutton im ausgehenden 18. Jahrhundert beklagt und damit das Dilemma um den Anfang in einem prägnanten Diktum zusammengefasst.

Zwischen dem Alter unseres Planetensystems, das mit 4,6 Milliarden Jahren aus den übereinstimmenden Datierungen an Meteoritenmaterial abgeleitet wird und den ältesten irdischen Gesteinen, die anhand von Zirkonbestimmungen vom westaustralischen Mt. Narrayer Alter von 4,2 Milliarden Jahren ergeben haben, klaffen ein paar hundert Millionen Jahre, von denen wir keinerlei Überlieferung besitzen. Wenn man statt der Ergebnisse an einzelnen Zirkonen die gegenwärtig bekannten, höchsten Gesteinsalter (3,96 Milliarden Jahre) heranzieht, wird diese Spanne noch etwas größer. Es ist unwahrscheinlich, dass noch ältere Gesteine gefunden werden, weil die in dieser frühen Phase gebildete erste Kruste unseres Planeten durch das damals noch sehr intensive Meteoritenbombardement wahrscheinlich weitgehend wieder zerstört wurde. Dieses scheint erst vor 3,8 Milliarden Jahren auf ein geringeres Ausmaß zurückgegangen zu sein, denn aus der Zeit danach gibt es umfangreichere Vorkommen von solchen sehr alten Gesteinen. Darin ähneln sich Erde und Mond, mit dem Unterschied, dass die frühen Einschlagskrater auf der Erde seitdem weitgehend durch die Verwitterung und zahlreiche plattentektonische Prozesse zerstört wurden, während sie auf dem Mond noch immer sichtbar sind.

Wahrscheinlich bestand die früheste Erdkruste aus Basalt und entsprach möglicherweise der heute auf der Venus existierenden Kruste. Sie wurde aus einem frühen Magmaozean abgeschieden. Kennzeichnend sind die magnesiumreichen Komatiite; das sind Lavaströme, die ganz eigene basaltähnliche Gesteine darstellen, bei denen skelettförmiger Olivin, aber auch andere Minerale in einem sog. Spinifex-Gefüge (benannt nach einer Grasart in Australien, die ähnlich aussieht) in einer Glasmatrix kristallisierte. Ihre Austrittstemperatur wird mit 1650° C wesentlich höher abgeschätzt als die normaler Basalte (etwa 1200° C), so dass sich daraus auch ein wesentlich höherer Wärmefluss für die Frühzeit der Erde ableiten lässt . Die Herkunft der entsprechenden Magmen wird im Bereich der Grenze zwischen Erdmantel und Kern vermutet, von wo aus sie dann in Form heißer Plumes aufgestiegen sind. Mit dieser Annahme umgeht man das Problem, das ein insgesamt wesentlich heißerer Erdmantel mit sich brächte, was zu einer nahezu chaotischen Bewegung im oberflächennahen Bereich geführt haben müsste (u. a. Goodwin 1991).

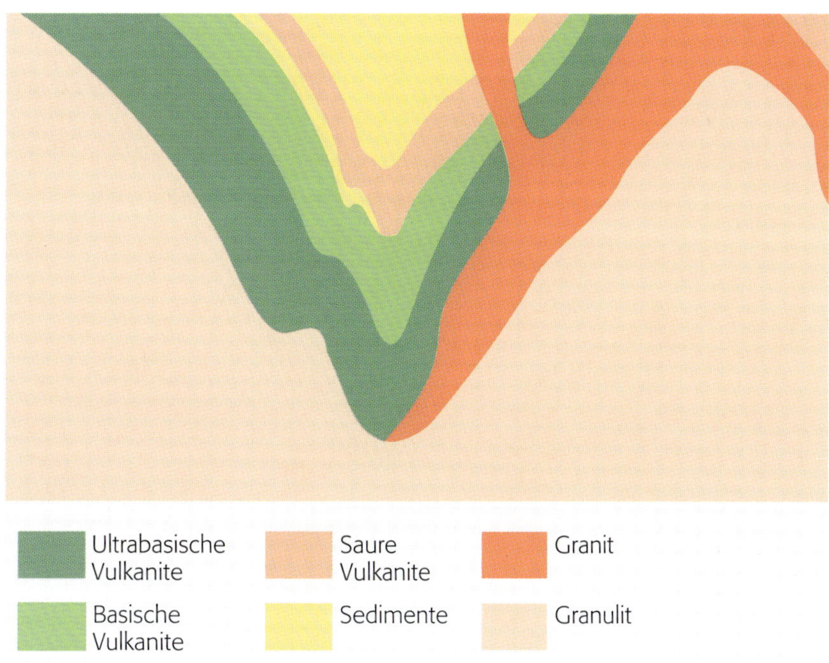

Abb. 9: In den Bereichen Archaischer Kruste sind vielfach Grünstein-Mulden im Zusammenhang mit hochmetamorphen Granuliten entwickelt. Sie zeigen eine Differenzierung, die von ultrabasischen bis zu sauren Gesteinen reicht, am Ende sind dann zunehmend Sedimente entstanden. Die hier gezeigten Granite, die die gesamte Schichtfolge durchschlagen, sind möglicherweise aus wiederaufgeschmolzenen Sedimenten gebildet worden. Umgezeichnet nach Stanley (1989).

Komatiite sind typische vulkanische Gesteine des ältesten Präkambriums; sie kommen vor allem in den Grünsteingürteln des Archaikums vor, die metamorph überprägte basaltische Gesteine darstellen. Sie sind meist in Form von Mulden strukturiert, deren Kern aus Sedimenten besteht (Abb. 9). Die vulkanische Abfolge zeigt das Bild einer differenzierten Zonierung.

In den ältesten Grünsteinmulden reicht die Abfolge von ultrabasischen bis zu sauren Gesteinen, und am Top folgen dann Sedimente. Diese Sedimente müssen durch frühe Verwitterungsprozesse gebildet worden sein, wobei i.w. Grauwacken und Tonsteine entstanden sind, wahrscheinlich in einem Tiefwassermilieu. Daneben sind, allerdings weniger häufig, auch Konglomerate bekannt, die wahrscheinlich ufernahe Ablagerungen waren. Granitgerölle darin weisen darauf hin, dass schon irgendwo entsprechende Krustenteile vorhanden waren.

Die frühesten Erstarrungsgesteine der Erde sind wahrscheinlich mehrfach umgeschmolzen worden. Die durch Verwitterung entstandenen, frühen Sedimente sind dabei mit in den Aufschmelzbereich versenkt worden, wobei sich eine Entwicklung zu zunehmend saureren Gesteinen vollzog.

So bildeten sich die ersten Kernbereiche mit kontinentaler Kruste, die im Laufe der Erdgeschichte ständig erweitert wurden; man findet sie überall in den als Kratone oder Alte Schilde bezeichneten Gebieten. In den entsprechenden Modellüberlegungen waren das Bereiche, die im Sinne einer Frühform der Plattentektonik allseitig von Subduktionszonen umgeben waren. Durch die infolge hoher Temperaturen auch hohe Turbulenz der Schmelzen herrschte vermutlich schnelle Konvektion, die mit dem aktuellen Verlauf heutiger Plattenbewegungen nicht direkt vergleichbar scheint.

Umfangreiche Berechnungen haben ergeben, dass über 70 % der kontinentalen Kruste im Präkambrium gebildet wurde. Der Vorgang scheint episodisch abgelaufen zu sein. Die wesentlichen Anteile sind dabei zwischen 2,8 und 2,5 Milliarden Jahren entstanden, die übrigen Höhepunkte liegen zwischen 3,8 und 3,5, 3,2 und 3,0, 2,0 und 1,7, 1,2 und 1,0 und schließlich zwischen 0,6 Milliarden Jahren und heute. Solange der Wärmehaushalt unseres Planeten dafür ausreicht, ist, wie auch die gegenwärtig noch aktive Plattentektonik zeigt, mit der Bildung weiterer kontinentaler Kruste durch laterale Akkretion und ‚underplating', d. h. anschweißen von unten, zu rechnen. In späteren Stadien wurden solche Kernbereiche wieder

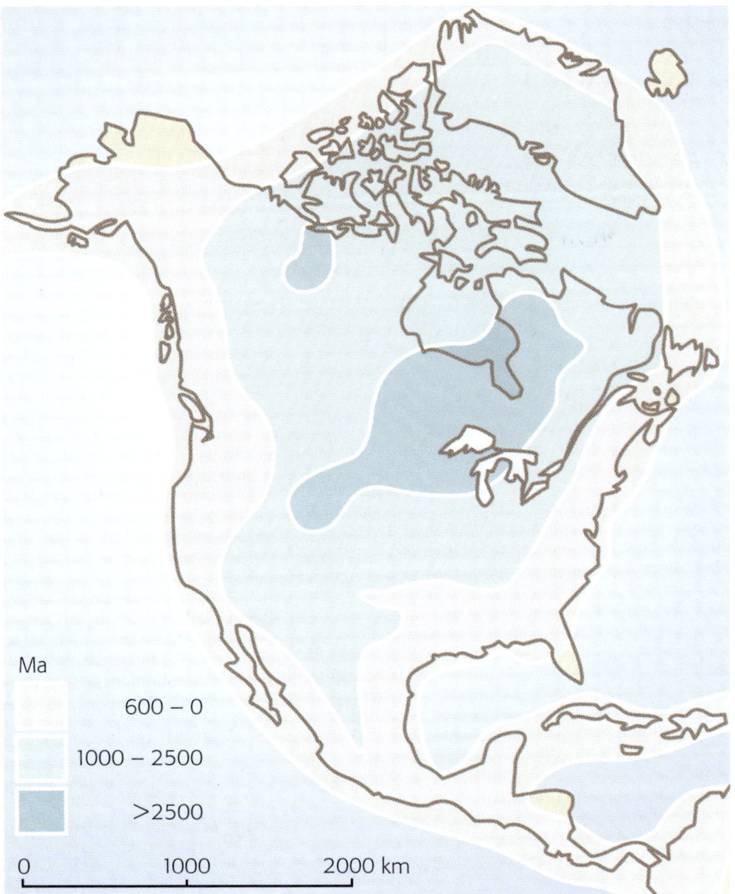

Abb. 10: Die vereinfachte Skizze zeigt den Anbau von Kruste an einen archaischen, d.h. über 2500 Millionen Jahre alten Kern für den Kontinent Nordamerika; nach außen schließen sich zunehmend jüngere Krustenteile an. Umgezeichnet nach Engel (1963).

auseinander gerissen und als Krustensplitter (Terrane) an andere, schon bestehende Krustenteile angeschweißt (Abb. 10).

Die Grünsteingürtel sind durch Bereiche mit Granuliten voneinander isoliert; diese bilden den zweiten, wesentlichen Typus archaischer Gesteine; sie weisen einen hohen Metamorphosegrad auf. Ihre Gegenwart in diesen alten Komplexen weist daraufhin, dass die Kruste damals schon mindestens 25 km dick gewesen sein muss, was den für die Bildung von Granuliten erforderlichen, relativ hohen Druck ermöglichte.

Zu den auf das Präkambrium beschränkten Gesteinen gehören die sog. gebänderten Kieseleisenerze (Banded Iron Formations, BIF^{S}), deren Bildungsbedingungen an besondere Voraussetzungen gebunden scheinen. Die BIF^{S} sind auch wirtschaftlich wichtige Eisenerze. Ihre Bänderung kommt durch einen Wechsel von Eisenerz und Hornstein (Chert) zustande. Für diese Gesteine gibt es vielerlei Bezeichnungen: Itabirite (nach der brasilianischen Provinz Itabira), Lake-Superior-Erze (im Bereich zwischen Kanada und den USA, wo sie ebenfalls bergmännisch gewonnen werden), Eisen-Jaspilite (wegen der jaspisartigen Chert-Komponente) u.a.m.

Ihre Entstehung lässt sich mit aktualistischen Prozessen nicht erklären, hier begegnen wir geologischen Gegebenheiten, die uns die Grenzen des Hutton-Lyell'schen Arbeitsprinzips aufzeigen. BIF^{S} gehören mit zu den ältesten Gesteinen überhaupt (Isua, Grönland z.B. mit 3,8 Milliarden Jahren), die meisten wurden aber in einem Zeitraum zwischen 2,5 und 1,8 Milliarden Jahren gebildet und danach praktisch nicht mehr.

Die Ausgangsstoffe Eisen und Silizium stammen mit größter Wahrscheinlichkeit aus der Verwitterung von Basalten, und der rhythmische Wechsel zwischen Eisenerzen und Kieselsäure (ursprünglich wohl Opal oder Chalcedon, heute vielfach Quarz) legt chemische Fällungsprozesse in einem Gebiet nahe, in das kaum detritische Komponenten gelangt sind. Es gibt darin aber auch Eisenerzkörner, die zu kleineren Sedimentkörpern mit Schrägschichtung zusammengeschwemmt wurden. Das Erz kommt in einer Vielfalt von Eisenverbindungen vor, als Oxid (Magnetit), Karbonat (Siderit), Silikat oder Sulfid; das muss aber nicht notwendigerweise die Ablagerungsbedingungen reflektieren, da spätere Umwandlungen das Mineralspektrum verändert haben können.

Der Transport des Eisens kann nur in Form von Fe^{2+} erfolgt sein, was am ehesten mit einer zumindest sehr sauerstoffarmen Atmosphäre bzw. Hydrosphäre erklärt werden kann; die Fällung in Form Fe^{3+} führender Verbindungen könnte rhythmische Schwankungen im Sauerstoffgehalt dokumentieren. Damit legen die BIF^{S} ein gewisses Minimum an Sauerstoff in der damaligen Atmosphäre nahe. Die Hornsteinlagen in den BIF^{S} haben mikroskopisch kleine Fossilstrukturen geliefert, die als Bakterien angesehen werden; auch deren Beteiligung an der Fällung der Erze wird diskutiert.

Die Erdkruste hat sich im Verlaufe ihrer Entwicklung flächenmäßig erweitert und auch verdickt. Für die Frühphase der Erdgeschichte wird ein episodisches Anwachsen mit einzelnen Schwerpunkten für wahrscheinlich gehalten, während seit dem jüngeren Präkambrium ein eher kontinuierliches Wachstum angenommen wird. Jedenfalls sind alle Alten Schilde durch besonders dicke Kruste gekennzeichnet. Das hat in diesen Gebieten u.a. eine große geothermische Tiefenstufe zur Folge, die in Südafrika z.B. noch Bergbau in 3000 m tiefen Minen gestattet. Außerdem bildet diese Krustendicke die notwendige Voraussetzung für die Drücke, unter denen Diamanten entstehen.

Entwicklung der Hydrosphäre

Als vor kurzem die Sensationsmeldung durch die Presse ging, dass amerikanische Wissenschaftler Wasser auf dem Mond gefunden hätten, der bis dahin als ‚knochentrocken' galt, hatte ich in der Vorlesung gerade über die Entstehung der irdischen Hydrosphäre gesprochen. Die neuen Befunde paßten ganz gut in den skizzierten Rahmen; dieser ließ einerseits eine Entstehung der Wasserhülle durch Entgasung des Erdmantels zu, andererseits war aber durch die Beobachtung an Kometen die Möglichkeit eröffnet worden, dass diese ‚schmutzigen Schneebälle' das Wasser auf die Erde transportiert haben könnten. Ähnliches könnte nun auch für den Mond gelten. Man hat berechnet, dass schon 10 % der Kometenkollisionen mit der Erde ausgereicht haben müssten , um sämtliches Wasser in den Ozeanen zu erklären. Was bleibt, ist die Schwierigkeit, dass solches Eis beim Aufprall möglicherweise gleich wieder verdampft sein könnte. Der jüngste Nachweis von Wasser betrifft den Kometen Hyakutake, der bei uns 1996 zu beobachten war; dieser lässt trotz der Aufprallprobleme die Kometen-Hypothese ziemlich wahrscheinlich werden (Irvine u.a. 1996).

Dass sich das Wasser erhalten kann, ist dadurch bedingt, dass die Erde ‚gerade den richtigen Abstand' zur Sonne hat; damit bewegt sich der Temperaturbereich an der Oberfläche in einem ‚Wasserfenster'. Bei höheren Temperaturen wären die Ozeane längst verdampft.

Die Diskussion um die Bildung der Wasserhülle durch Mantelentgasung geht von der Tatsache aus, dass jedes Magma Wasser enthält, was z.T. auch durch OH-haltige Minerale wie Hornblende oder Glimmer bestätigt wird. Dieses Wasser könnte in den meisten Fällen allerdings meteorischen Ursprungs und durch Subduktion in den Mantel geraten sein. So bleibt auch bei dieser Annahme die Frage nach dem Ursprung noch weiterhin offen.

Der frühe Ozean – Süßwasser-, Salzwasser- oder Sodameer?

Aus der Tierwelt, die vor über 500 Millionen Jahren, d.h. in nachpräkambrischer Zeit, in großen Zügen schon ähnlich ausgesehen hat wie die unserer heutigen Meere, leiten wir – aktualistisch – ab, dass die damaligen Meere einen ähnlichen Salzgehalt gehabt haben müssen wie die heutigen. Da es aber im vorausgegangenen Präkambrium noch keine entsprechenden Lebensformen gegeben hat, ist der Weg zu Spekulationen offen; eine davon führt zu der Frage, ob diese frühen Meere überhaupt salzig im heutigen Sinne waren, also eine Chlorinität von 35 ‰ besaßen. Eine Schlüsselrolle kommt dabei den *Stromatolithen* zu, die es rezent auch im Süß- und im Brackwasser gibt. So hat man zeitweise vermutet, dass die präkambrischen Meere vom Süßwasser dominiert gewesen sein könnten – bis in den achtziger Jahren die Geologen Kempe und Degens (1985) von der Universität Hamburg eine geniale Hypothese aufstellten, die viele der präkambrischen Phänomene zu erklären vermag: Danach wäre der erste Ozean ein Soda-Ozean gewesen, der sich erst allmählich zu einem Kochsalz-Ozean weiterentwickelt hätte (Abb. 11).

Die Idee gründet auf der Tatsache, dass die frühe Erdatmosphäre – ähnlich der der heutigen Venusatmosphäre

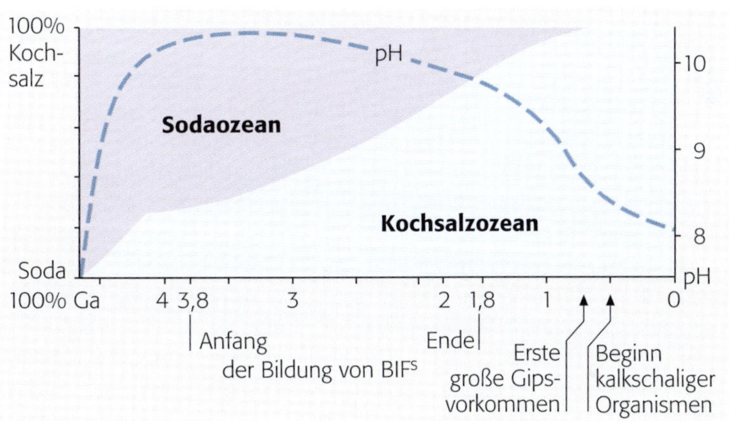

Abb. 11: Entwicklung der chemischen Zusammensetzung des Ozeanwassers nach dem Modell von Kempe & Degens (1985). Der hohe pH-Wert in der Frühzeit, könnte die Bildung präkambrischer Kieseleisenerze (BIF^S) begünstigt haben. Bis zum Beginn des Phanerozoikums hatte sich der heutige Kochsalz-Ozean herausgebildet und die Organismen entwickelten zunehmend Kalkschalen bzw. -gerüste.

– durch erhebliche Mengen an CO_2 gekennzeichnet war und dass die frühen Verwitterungsprozesse Natrium und Calcium in großen Mengen aus den Gesteinen freigesetzt hatten. Hinzu kam das Cl, das aus dem Vulkanismus abgeleitet werden kann. So könnte leicht Na_2CO_3 (Soda) entstanden sein, das den Chemismus dieser frühen Gewässer bestimmt hätte. Der Umschwung vom Soda- zum Kochsalz-Ozean lässt sich dann nach der einfachen chemischen Reaktionsgleichung $CaCl_2 + Na_2CO_3 \rightarrow CaCO_3 + 2\,NaCl$ formulieren. Das so entstandene $CaCO_3$ konnte durch Bildung von Karbonatgesteinen und/oder den Einbau in Organismenschalen und Knochen bis zu einem gewissen Grade aus dem Wasser entfernt werden. Der mit dem Soda verbundene alkalische pH-Wert des Wassers ist auch geeignet, die kieseligen Gesteine der BIF[S] zu erklären, weil SiO_2 unter solchen Bedingungen besonders gut löslich ist.

Praktisch alle rezenten Soda-Seen liegen in Vulkangebieten der Riftzonen und von dort sind auch geologisch junge, chemisch gefällte kieselige Gesteine bekannt geworden, wie z.B. Kenyait oder Magadiit in den ostafrikanischen Grabenseen (Eugster 1967).

Dieses Modell nimmt auch an, dass die Entwicklung zum Kochsalz-Ozean vor etwa einer Milliarde Jahre abgeschlossen war. Seitdem wurden auch keine gebänderten Kieseleisenerze mehr gebildet. Etwa gleichzeitig entstanden die ersten größeren Mengen von Gips und anderen evaporitischen Gesteinen, und Karbonatgesteine wurden häufig; diese alle haben in der Folge zum Entzug von Ca aus den frühen Ozeanen beigetragen.

Entwicklung der Erdatmosphäre

Wenn man die heutige Erdatmosphäre auf ihre chemische Zusammensetzung hin untersucht, so findet man im Vergleich mit den kosmischen Häufigkeiten, dass sie bezüglich der Edelgase ein Defizit hat. Wahrscheinlich hat die Erde ihre Ur-Atmosphäre, in der angelsächsischen Literatur meist primordial genannt, die neben CO_2 auch Wasserstoff, Stickstoff und sämtliche Edelgase enthielt, noch vor der Differenzierung in Kruste, Mantel und Kern verloren. Die heutige Atmosphäre hat sich erst im Laufe von etwa 4 Milliarden Jahren allmählich entwickelt und die entscheidenden Stadien fallen in die Zeit des Präkambriums.

Für die präkambrische Atmosphäre, die sich wahrscheinlich allmählich durch Entgasung des Mantels gebildet hatte, wird oft ebenfalls der Begriff Uratmosphäre verwendet; sie darf aber nicht mit der primordialen Atmosphäre verwechselt werden.

Die Atmosphäre des frühen Präkambriums enthielt aller Wahrscheinlichkeit nach keinen freien Sauerstoff. Der erste Sauerstoff könnte durch photochemische Reaktion aus der Spaltung von Wasser gebildet worden sein, man hat aber anhand von Modellrechnungen bezweifelt, dass dieser Prozess die vorhandene Menge erklären kann. Heute wird allgemein angenommen, dass die Sauerstoffatmosphäre im Wesentlichen durch Photosynthese gebildet wurde.

Hinweise auf eine anoxische, reduzierende, d.h. sauerstofffreie Atmosphäre glaubte man zumindest für das frühe Präkambrium aus abgerollt erscheinenden Körnern von Pyrit (FeS_2) und Uraninit (UO_2) ableiten zu können. Sie kommen in grobklastischen Flusssedimenten, u.a. des Witwatersrand-Systems in Südafrika vor, wo auch das geförderte Gold gefunden wird. Unter heutigen Sauerstoffverhältnissen wären weder Pyrit noch Uraninit in solch oberflächennahen Bildungen turbulent fließender Gewässer erhaltungsfähig.

Inzwischen wird diese Interpretation jedoch mit guten Gründen wieder angezweifelt, weil der mit den Konglomeraten zusammen vorkommende Kohlenstoff wahrscheinlich das Produkt einer Alterung von Kohlenwasserstoffen ist und nicht als biogen strukturiert angesehen werden kann. Auch hat sich gezeigt, dass das Gold später, und zwar hydrothermal gebildet worden sein muss und zur Zeit der Ablagerung der klastischen Sedimente noch gar nicht vorhanden war (Barnicoat u.a. 1997, Parnell 1999).

Im Zusammenhang mit der Diskussion um eine weitgehend sauerstofffreie Atmosphäre im frühen Präkambrium werden wiederum die gebänderten Kieseleisenerze angeführt, die einen Transport des Eisens in zweiwertiger Oxidationsstufe wahrscheinlich machen, zumal so früh in der Erdgeschichte noch kaum mit Humuskolloiden gerechnet werden kann, die in späteren Phasen, beispielsweise bei der Bildung der Eisenerze im Braunjura, wirksam waren.

Die Ausfällung in Form von Fe^{3+}-Verbindungen in den angrenzenden Gewässern war nur möglich, wenn dort Sauerstoff zur Verfügung stand; dessen Quelle war mit großer Wahrscheinlichkeit biologisch. Es gibt Hinweise auf die Existenz von Photosynthese betreibenden Organismen, zu denen die Cyanobakterien zählen, die am Aufbau der Stromatolithe beteiligt waren; sie existierten bereits vor 3,5 Milliarden Jahren. Die allerneuesten Daten scheinen den Beginn dieser Prozesse noch weiter vorzuverlegen.

Die zeitliche Abfolge bestimmter Gesteinsserien im Präkambrium lässt den Schluss zu, dass sich allmählich auch die Atmosphäre mit Sauerstoff angereichert hatte. Die BIF[S] wurden nämlich zunehmend durch kontinentale Rotsandsteine abgelöst, deren Hämatit (Fe_2O_3) erst infolge der Oxidation zweiwertigen Eisens entstehen konnte. Der in der Luft vorhandene Sauerstoff wurde also unmittelbar nach seiner Bildung zunächst durch die festländischen Verwitterungsprozesse abgefangen und in Form von Hämatit gespeichert. Erst danach ist mit einer Zunahme freien Sauerstoffs in der Atmosphäre zu rechnen; das könnte vor etwa 1 – 2 Milliarden Jahren begonnen haben.

Entstehung des Lebens

Zu Luther soll einmal ein spitzfindiger Mann mit der Frage gekommen sein, was denn Gott vor der Weltschöpfung getan habe, denn da, alltätig, müsse doch Gott auch etwas getan haben. Luther: „Er saß da und schnitzte Ruten für Leute, die einmal solche Fragen stellen sollten.“

Die Kapitelüberschrift wurde bewusst so gewählt. ‚Die' Entstehung wäre dezidierter gewesen als es unserem Kenntnisstand entspricht, und 'auf der Erde' hätte gleichzeitig festgestellt, dass das Leben auf der Erde und nur hier entstanden ist. Es gibt aber geeignete Grundbausteine auch anderswo, nicht zuletzt in Meteoriten, von denen besonders die sog. kohligen Chondrite zu nennen sind und schließlich haben vor einiger Zeit Spuren in Marsgestein, die primitive Organismen gewesen sein könnten, die Medien in Aufruhr versetzt.

Hypothetische Ideen zur Entstehung des Lebens gibt es viele und manche sind nicht weit von den Phantasmen der Science Fiction entfernt. Der berühmte schwedische Physikochemiker Svante Arrhenius (1859–1927) hatte vom Lichtdruck gesprochen, der Sporen von einem Planetensystem zum anderen geschubst haben sollte. Diese, als ‚Panspermie' bezeichnete Hypothese hatte schon Anaxagoras vertreten, nach der ‚Ätherkeime' die unbelebte Materie, etwa Schlamm, befruchtet haben sollen, die mit dem Regen auf die Erde kamen.

Der Astronom Fred Hoyle nahm einen interstellaren Raum voller Sporen an, die die Erde infiziert hätten, oder es wurde die Entwicklung des Lebens in Kometen oder Meteoriten selbst diskutiert. Schließlich könnten Meteoriten auch nur als Transportmedium gedient haben, weil darin die komplexen organischen Moleküle vor der zerstörerischen Strahlung im Weltraum abgeschirmt waren. Und schließlich äußerten Crick u. Orgel (1973) die Idee einer ‚gerichteten Panspermie': Wir selbst wären danach das Ergebnis eines Forschungsprojektes anderer intelligenter Wesen – was allerdings neben dem Science-Fictionhaften die Frage offen lässt, wie dann diese zustande gekommen sind.

Organische Verbindungen in Steinmeteoriten sind bereits seit der Mitte des 19. Jahrhunderts bekannt. Dieses Material wird seitdem, vor allem seit den sechziger Jahren unseres Jahrhunderts eingehend analysiert, wobei man sich der Problematik bewusst ist, dass es sich dabei prinzipiell auch um irdische Verunreinigungen handeln könnte; diese lassen sich jedoch durch entsprechend sorgfältige Analytik von den außerirdischen Komponenten trennen. Die organischen Verbindungen in den untersuchten Meteoriten ließen schon früh den Schluss zu, dass es sich dabei um durch chemische Prozesse gebildete Stoffe handelt, die den experimentell gewonnenen Materialien entsprechen (z. B. Miller 1953, Kaplan u. a. 1963).

Die organische Materie, die man in Meteoriten findet, könnte nach neueren Überlegungen noch vor diesen entstanden sein. Sie könnte sogar älter sein als der solare Nebel, aus dem sich unser Planetensystem gebildet hat (Wright u. Gilmour 1990). Der amerikanische Chemiker Harold Urey hatte nämlich schon früher Parallelen zwischen dem technischen Fischer-Tropsch-Verfahren, bei dem aus CO und H_2 mittels Katalysatoren organische Verbindungen synthetisiert werden können und den organischen Substanzen in Meteoriten gezogen.

Zur Entstehung des Lebens auf der Erde hatte sich auch der russische Biochemiker Oparin in den dreißiger Jahren unseres Jahrhunderts Gedanken gemacht. Er ging bereits von einer reduzierenden Uratmosphäre aus und betrachtete den frühen Ozean als eine ‚Ursuppe' voller organischer Moleküle, in der sich durch chemische Reaktionen allmählich zellenähnliche Aggregate herausgebildet hätten, die schließlich zu sich selbst reproduzierenden Substanzen und damit zum Leben geführt hätten. Sein Buch ‹Die Entstehung des Lebens auf der Erde› ist auch heute noch lesenswert (Oparin 1947).

Um 1950 hatte sich Harold Urey der Frage durch einen experimentellen Ansatz genähert. Er ging dabei von Überlegungen zu den möglichen Bedingungen auf der frühen Erde aus, die durch hohe Temperaturen, eine an einfachen Molekülen reiche Atmosphäre und heftige Gewitter gekennzeichnet gewesen sein könnte, und beauftragte seinen Doktoranden S. L. Miller, ein entsprechendes Experiment auszuführen. Die Frage von Kollegen, was er sich davon verspreche, soll er lakonisch mit ‚Beilstein' beantwortet haben (Der ‚Beilstein' ist das Handbuch der organischen Verbindungen).

Miller baute eine entsprechende Glasapparatur zusammen, mit der er elektrische Entladungen auf ein Gasgemisch aus Ammoniak (NH_3), Methan (CH_4), Wasserstoff und Wasser einwirken lassen konnte. Dabei bildeten sich tatsächlich Aminosäuren, die in der wassergefüllten Vorlage nachgewiesen wurden; sie galt als Äquivalent der ‚Ursuppe'. Aminosäuren sind die Grundbausteine für Eiweiß. Die Elemente C, H, O, N, S und P, die in aller lebenden Materie zu finden sind, sind chemisch auch besonders geeignete Elemente für die Bildung von Molekülen.

Die neueren Aufsätze zum Thema gehen allerdings von einer anderen Zusammensetzung der primitiven Atmosphäre aus, die i. w. aus CO_2, Wasserdampf und Stickstoff bestanden haben dürfte und die allenfalls Spuren von molekularem Wasserstoff enthielt. Das bedeutet nach Meinung kämpferischer Forschernaturen das ‚Aus' für die Ursuppen-Hypothese. Derselbe Miller hat kürzlich jedoch komplexe Moleküle wie Cytosin und Uracil, also Bestandteile von RNA, synthetisieren können, die er auf hohe Harnstoffkonzentrationen zurückführt, die in episodisch austrocknenden, flachen Wasserbecken der frühen Erde angereichert wurden. Auf alle Fälle dürften präbiotische Verbindungen solange für die Entwicklung von Bedeutung gewesen sein, bis autokatalytische Prozesse eingeleitet waren, die sie dann überflüssig machten.

Eine wesentlich von der ‚Ursuppen'-Hypothese abweichende Vorstellung entwickelt seit über 10 Jahren der Münchener Patentanwalt Günter Wächtershäuser. Dabei geht es um einen chemoautotrophen Ursprung des Lebens (Wächtershäuser 1988 ff.). Sein Modell geht davon aus, dass bei der Bildung von Pyrit (FeS_2) aus FeS + H_2S Energie freigesetzt wird; der dabei entstehende Wasserstoff geht mit dem in der Umgebung verfügbaren CO_2 erste organische Verbindungen ein, die negativ geladene Säuregruppen enthalten. Solche Verbindungen können an die positiv geladene Oberfläche der bei der Reaktion entstehenden Pyritkristalle angelagert werden und sich von dort aus durch Anlagerung weiterer Komponenten zu höherer Komplexität weiterentwickeln. Im Gegensatz zur Ursuppen-Hypothese, in der bereits relativ komplexe Moleküle angenommen werden, beginnen die Prozesse hier mit sehr einfach gebauten Ausgangsstoffen. Diese Theory of Surface Metabolism (TSM) genannte Vorstellung wird zurzeit experimentell weiterverfolgt.

Dabei hat sich gezeigt, dass die einfachen Substanzen CO und CH_3SH in Gegenwart von gleichzeitig gefällten Nickel- und Eisensulfiden bei Temperaturen um 100 °C in einen aktivierten Thioester (CH_3–CO–SCH_3) umgewandelt werden können (Huber u. Wächtershäuser 1997). Frühere Autoren hatten angenommen, dass solche Thioester in der präbiotischen Ursuppe entstehen und als Energiequelle für die Entstehung des Lebens dienen (de Duve 1991).

Zuvor war es lediglich gelungen, die Reduktion bereits existierender Moleküle durch das Pyrit-System experimentell zu demonstrieren, was zunächst noch mit der Ursuppe in Einklang stand, in der diese Moleküle gebildet worden sein konnten. Nun ist aber die Wahrscheinlichkeit größer geworden, dass einfachste chemische Komponenten wie CO durch TSM-Prozesse zu komplexen organischen Molekülen aufgebaut und gleich am Ort ihrer Entstehung auch fixiert werden können.

Die oberflächenfixierten Metabolisten seien dann durch ständig komplexer werdende Verbindungen (Lipide) überzogen worden, die einen ersten Schritt in Richtung auf die Entwicklung von Zellmembranen darstellen. Deren Differentiation in anionische und ungeladene Bereiche könnte eine Trennung in Verbindungen, die an die Pyritoberflächen angebunden werden von solchen, die davon abgelöst werden, bewirkt haben; die abgelösten Bereiche könnten dann Bläschen gebildet haben, die sich zu ersten Zellen mit eigenem Metabolismus entwickelten.

Die Forschung dazu ist gegenwärtig im vollen Fluss, und sie beinhaltet für die oben angedeuteten Prozesse eine Vielzahl organisch-chemischer Reaktionen, auf die hier nicht näher eingegangen wird. Neben Schwefel und Eisen scheint auch Nickel beteiligt zu sein, außerdem ist natürlich Phosphor zum Aufbau des Energiespeicherstoffs Adenosintriphosphat (ATP) nötig. Stickstoff könnte durch Blitzentladungen aus der Atmosphäre in den Ozean gelangt und dort zu Ammoniak reduziert worden sein, der dann in Form von Aminosäuren an den auf den Pyritoberflächen haftenden Substanzen gebunden wurde, wie die Arbeitsgruppe um Wächtershäuser und Stetter kürzlich wahrscheinlich gemacht haben (Hafenbradl u.a. 1995).

Sucht man nach Milieus, in denen entsprechende Prozesse abgelaufen sein könnten, so bieten sich die rezenten Hydrothermalsysteme an, die im ozeanischen Bereich durch die Tiefseeforschung der vergangenen 30 Jahre entdeckt wurden. Im Milieu der Black smokers spielt Schwefelwasserstoff eine bedeutende Rolle. Neben ihrer Bedeutung für die Interpretation von sulfidischen Metalllagerstätten sind sie vor allem durch ihre Biologie interessant, weil darin letztlich wahrscheinlich chemoautotrophe Prozesse stattfinden, die den Beginn einer ohne Sauerstoff auskommenden Nahrungskette aufzeigen.

Die Experimente von Huber u. Wächtershäuser (1997) belegen, dass die Prozesse, die zu frühen Formen der Selbstorganisation von Materie und letztlich zur Entstehung des Lebens geführt haben, ihren Ort in solchen Hydrothermalsystemen haben könnten. Zu deren chemischen Komponenten gehören neben Schwefel und Eisen auch Nickel, CO und CO_2 sowie H_2S. CH_3SH sollte sich durch Reduktion von CO oder CO_2 mit FeS und H_2S gebildet haben.

Inzwischen ist es den Autoren in einem weiteren Schritt gelungen, Peptide in einem entsprechenden System experimentell durch Aktivierung von Aminosäuren an (Ni, Fe) S-Oberflächen darzustellen (Huber u. Wächtershäuser 1998); damit gewinnt ein thermophiler Ursprung des Lebens weiter an Wahrscheinlichkeit.

Dieses Milieu ist auch der Lebensbereich der nur unter reduzierenden Bedingungen und sehr hohen Temperaturen existierenden *Archaea*, die man neuerdings einem eigenen Reich zuordnet, das neben das der Bakterien und der Eukarya gestellt wird. Archaea werden heute im Labor kultiviert, um ihre Lebensbedingungen zu studieren. Einer der Pioniere ist der Regensburger Biologe K.O. Stetter, und es kommt nicht von ungefähr, dass er eng mit G. Wächtershäuser zusammenarbeitet. Die Archaea, die Stetter in seinem Labor kultiviert (wo es beträchtlich nach faulen Eiern stinken dürfte), haben z.T. bizarre Gattungs- und Artnamen bekommen, die darauf hindeuten, dass sie unter sehr hohen Temperaturen leben; Das besagt schon der Überbegriff Hyperthermophile: Es gibt Arten, die Temperaturen von weit über 100° C tolerieren können und die unterhalb von 60° C nicht mehr weiterwachsen (Stetter 1992). Namen wie *Thermococcus*, *Thermotoga*, *Thermoproteus* oder *Pyrodictyum*, *Pyrobaculum* sind nur ein paar Beispiele, die für sich sprechen.

In diese Welt gehören auch Schwefel- und Methanbakterien mit jeweils entsprechenden Gattungs- und Artbezeichnungen wie *Sulfolobus* oder *Methanopyrus* (Stetter in vielen Arbeiten 1991 ff.). Es ist jedenfalls auffällig, dass das Milieu, in dem sich nach der TSM-Hypothese die Anfänge des Lebens entwickelt haben könnten, auch das Milieu ist, in dem noch heute die Archaea existieren.

Wissenschaftler neigen dazu, sich durch extreme Gegenpositionen von ihren Kollegen zu distanzieren und sich damit zu profilieren. So hat Stanley Miller, der die ersten Ursuppen-Experimente 1953 noch als Student ausgeführt hatte, kürzlich in weiteren Laborversuchen herausgefunden, dass die Bausteine der RNA, mit Ausnahme von Uracil, wenn man sie bei etwa 100° C aufbewahrt, innerhalb mehrerer Monate zerfallen, während sie bei etwa 0° C intakt bleiben. Daraus ziehen die Autoren (Levy u. Miller 1998) den Schluss , dass die ersten Formen des Lebens eher im Eis als an heißen Quellen beheimatet gewesen sein müssten. Derlei Wechselbäder sind in diesem hochspekulativen Bereich unserer Wissenschaft nicht außergewöhnlich.

Einen gänzlich anderen Weg für die Erklärung selbstreplizierender Systeme, wie sie das durch DNA-Stränge gekennzeichnete Leben ausmacht, geht der Biochemiker Cairns-Smith. Er hat ein Büchlein mit dem Titel ›Seven Clues to the Origin of Life‹ verfasst, das im Muster von Sherlock Holmes'scher Argumentationsweise vorgeht, weil der Autor der Meinung ist, dass die Entstehung des Lebens kein cartesisches Problem sei. Er argumentiert von der chemischen Zusammensetzung der hypothetischen Ursuppe, mit ihren bereits komplexen Molekülen her und sagt, dass diese 'zu teuer' seien für einen Anfang. So geht er – über die späteren Ansätze in der Hypothese von Wächtershäuser hinaus – zunächst vom Kristallwachstum aus übersättigten Lösungen aus, das ein Prinzip der Selbstordnung von Materie abbildet; die Anfänge sollten danach anorganisch gewesen sein. Als aussichtsreichste Kandidaten erscheinen dabei die Tonminerale mit ihren großen Oberflächen, vor allem die quellfähigen wie Montmorillonit, die z.B. durch die Verwitterung basaltischer Gesteine in großen Mengen zur Verfügung standen. Sie könnten sich geteilt und die Teilstücke wieder zu vollständigen Mineralen ergänzt haben.

Tonminerale sind komplexe Schichtsilikate, die, wie z.B. Kaolinit, polar aufgebaut sind, mit unterschiedlichen Ladungen an den Flächen und Kanten. Sie bilden eine Art von Matten, die mehr oder weniger regelmäßig aufeinander gestapelt sind. Ohne hier auf Details einzugehen sei angefügt, dass sie eine entscheidende Funktion für die Fruchtbarkeit von Böden haben, weil sie u.a. Kationen, Wasser und auch organische Moleküle einbauen und auch wieder abgeben können. Bei einer Betrachtung im Elektronenmikroskop zeigt sich eine Vielfalt von inneren Hohlräumen. Tonminerale ähneln in ihrem Aufbau eher Membranen als regelmäßig gebauten, festen Kristallen. Cairns-Smith misst ihnen Modellcharakter als erste Replikationssysteme zu, bei denen auch Fehler im Gitterbau der Kristalle auf die nachwachsenden Generationen übertragen werden können. Des weiteren ist vorstellbar, dass sie, ganz im Sinne der Wächtershäuserschen Pyrite, später organische Molekülstränge in orientierter Form angelagert haben. So könnten als eine Art von Zwischenstadium Ton-organische Organismen entstanden sein. Die organische Welt hätte dann in der Folge Bauprinzipien der anorganischen übernommen.

Die chemoautotrophen Organismen waren bezüglich ihrer Energiebilanz noch keine sonderlich effizienten Systeme. Das änderte sich erst, als Pigmente die Funktion von Katalysatoren bei der Synthese von Nährstoffen übernahmen. Das wichtigste wurde irgendwann in dieser Kette von möglichen Prozessen das Chlorophyll, mit dessen Hilfe ganz einfache Substanzen wie $CO_2 + H_2O$ zu $(CH_2O)n + O_2$ umgewandelt werden können. Damit war die Photosynthese entstanden. Darauf weisen vor allem die mächtigen Karbonatgesteinskomplexe hin, die in Form der Stromatolithe seit etwa 3,5 Milliarden Jahren in den präkambrischen Schichtfolgen entwickelt sind.

Diese kalkigen Stromatolithe sind feinschichtig aufgebaute Knollen, Säulen oder wellige Schichten, die auch die ersten Riffstrukturen der Erdgeschichte bilden. Ihr Ursprung sind Mikrobenmatten, aus Cyanobakterien (früher sprach man von Blaugrünalgen), die die Fähigkeit besaßen, ihre Produkte durch Photosynthese herzustellen; der dabei anfallende Sauerstoff veränderte allmählich auch die präkambrische Atmosphäre.

Mit zunehmendem Sauerstoffgehalt, der anfangs durch Verwitterungsprozesse, vor allem durch die Umwandlung von Fe^{2+} in Fe^{3+} abgefangen wurde, konnte sich auch die erste Ozonhülle ausbilden. Dadurch wurden die komplexen organischen Moleküle vor der intensiven UV-Strahlung geschützt und mindestens partiell vor Zerstörung bewahrt. Ein höherer Sauerstoffgehalt in der Atmosphäre begann sich wahrscheinlich erst zur Zeit der Bildung mächtiger terrestrischer Rotsandsteine zu entwickeln, wie sie für das jüngere Präkambrium nachweisbar sind.

Die weitere Entwicklung der Organismen vollzog sich von zunächst kernlosen Einzellern über solche mit Zellkern schließlich zu vielzelligen Formen. Die kernlosen *Prokaryonta* (oder *Monera*) mögen als kugelige Gebilde erstmals Membranen entwickelt haben, die *Eukaryonta* enthielten DNA und damit Erbinformation bereits in strukturierter Form im Zellkern.

In einem weiteren Schritt ist eine Zusammenballung zu Zellhaufen vorstellbar, von denen nur die außen gelegenen Nahrung aufnehmen konnten, während die inneren vielleicht die Stoffwechselprodukte beseitigt haben; hier konnte ein Ansatz zur Ausbildung unterschiedlicher Organe gesehen werden. So sind aus den *Protozoen* allmählich die *Metazoen*, d. h. die vielzelligen Organismen hervorgegangen.

Aminosäuresequenzen deuten auf einen gemeinsamen Vorläufer für *Prokaryonta* und *Eukaryonta* vor etwa 2 Milliarden Jahren und auf eine Aufspaltung zwischen *Archaea* und *Eukaryonta* erst vor 1,8 Milliarden Jahren (Doolittle u. a. 1996), was mit den Befunden aus den Gesteinen nur schwer in Einklang zu bringen ist. Man muss dann nämlich annehmen, dass die letzte, auch für die Weiterentwicklung notwendige gemeinsame Population hyperthermophil gewesen ist; vor 2 Milliarden Jahren aber war die heiße Ur-Erde schon weitgehend abgekühlt.

So bleibt eine Spekulation über eine zusätzliche spätere Erwärmung infolge eines großen Impaktereignisses, die nur den thermophilen Archaea das Überleben gestattet hätte. Diese sind dann ihrerseits die Vorläufer ‚moderner' Lebensformen, d.h. der Eukaryota geworden. Das lässt die Möglichkeit offen, vorangegangene frühere Formen des Lebens auch in kühlerem Wasser existieren zu lassen (Nisbet u. Fowler 1996); entsprechende Ansätze dazu bietet die neue Hypothese von Levy u. Miller (1998).

Vielzellige, etwa sandkorngroße Gebilde, die vor kurzem in jungpräkambrischen Phosphoriten Südchinas gefunden wurden und als Embryonen gedeutet werden, haben die Diskussion um die frühe Evolution der Organismen neu belebt. Elektronenmikroskopische Aufnahmen zeigen kugelige Zellhaufen, die sich in verschiedenen Stadien der Zellteilung befinden, aber keine dazu passenden, ausgewachsenen Organismen (Xiao u.a. 1998, Li u. a. 1998). Die kühne Deutung dieser Funde läuft auf einen Gedanken hinaus, den schon Haeckel (1868) geäußert hatte: Danach müssten die frühesten Metazoen mikroskopisch kleine Organismen gewesen sein, die in ihrer Entwicklung und Morphologie den Embryonen oder Larven heute lebender Tiere glichen.

Diese vielzelligen Organismen, die nur aufgrund ihrer phosphatischen Mineralisation so gut erhalten sind, belegen, dass bereits unmittelbar vor dem Erscheinen der *Vendobionten* differenzierte Organismen auf der Erde existierten.

Die Vorgänge, die zur Entstehung des Lebens geführt haben, dürften in der zukünftigen Forschung von zwei Seiten her weiterverfolgt werden. Einmal, wie schon beschrieben, durch Experimente und zum Zweiten durch das in vielen Bereichen der Bio- und Geowissenschaften jetzt aktuelle Modellieren. Für die Erdgeschichte, die ja Vergangenes betrachtet, allerdings auch Vorgänge zu rekonstruieren versucht, ist das zunächst eher nachrangig. Uns interessieren hier die Spuren, die vergangenes Leben in den Gesteinen hinterlassen hat. Diese lassen sich in zweifacher Hinsicht untersuchen, nämlich einerseits vom stofflichen Aspekt und andererseits von den Strukturen her, soweit solche gefunden werden.

Unter den Stoffen ist vor allem der Kohlenstoff von Interesse. Die frühen Lehrbücher nennen da meist den sog. Schungit aus Karelien, der sogar als Kohle abgebaut wurde, außerdem gehört dazu die kohlige Substanz, die in der Matrix präkambrischer Gerölle in Zusammenhang mit Pyrit und Uranerzen in Südafrika vorkommt. Sie wird als Th-U-C-H-O-lith bezeichnet, was ein Gestein meint, das aus den hier getrennt geschriebenen Elementen zusammengesetzt ist. Da präkambrische Gesteine meist metamorph überprägt sind, ist der Kohlenstoff darin oft Graphit; es sind aber vielfach auch hochmolekulare Kohlenstoff-Verbindungen analysiert worden.

Zum stofflichen Aspekt dieses Kohlenstoffs gehört auch dessen Isotopenzusammensetzung. Ohne hier auf die vielfältigen Prozesse einzugehen, die die Fraktionierung zwischen isotopisch leichtem (^{12}C) und isotopisch schwerem Kohlenstoff (^{13}C) steuern, sei darauf hingewiesen, dass alle Organismen bevorzugt leichten Kohlenstoff in ihre komplexen Verbindungen einbauen, mit anderen Worten: leichte $\delta^{13}C$-Werte weisen auf einen organischen Ursprung des analysierten Materials hin.

So hat man kürzlich Kohlenstoffeinschlüsse in Apatitkörnern der BIF[S] von Isua (Grönland) und einer benachbarten Insel untersucht und dabei isotopisch leichten Kohlenstoff gefunden, der anders als durch biogene Entstehung kaum erklärbar ist. Die entsprechenden Gesteine sind 3,8 bzw. >3,85 Milliarden Jahre alt (Mojzsis u.a. 1996) und verlegen damit den Anfang des Lebens auf der Erde in die Zeit vor etwa 4 Milliarden Jahren.

Mit dem aus den Kohlenstoffisotopen ableitbaren Leben kommt man aber in Erklärungsschwierigkeiten, weil die Temperaturen dieser frühen Erde infolge des intensiveren Vulkanismus und/oder des Meteoritenbombardements noch ziemlich hoch gewesen sein dürften.

Strukturen, die auf Organismen (Mikrofossilien) als Erzeuger hinweisen, sind aus etwa 3,5 Milliarden Jahre alten Gesteinen bekannt. Da diese an sich schon komplexe Gebilde sind, ist zu vermuten, dass die Anfänge des Lebens noch älter sein müssen.

Über die Formen dieses Lebens kann man spekulieren und heute lebende Organismen zu Vergleichen heranziehen. Die äußerst primitiven, gelegentlich als Halborganismen bezeichneten Viren sind keine geeigneten Kandidaten für die Anfangsstadien, da sie parasitisch leben und damit bereits andere Organismen voraussetzen. So blieben zunächst die Bakterien. Entsprechende Zellstrukturen gibt es fossil in über 3 Milliarden Jahre alten Gesteinen Südafrikas; außerdem weisen die aus Mikrobenmatten und Photosynthese betreibenden Cyanobakterien aufgebauten kalkigen Stromatolithe, deren älteste Vertreter aus etwa 3,5 Milliarden Jahre alten Gesteinen Australiens bekannt sind, auf Bakterien als frühe Lebensformen hin, die insgesamt eine beträchtliche Biomasse bildeten (Abb. 12).

Zu den erhaltenen Strukturen gehören auch winzige kugelige Gebilde und zellenartig gegliederte Fäden, die man meist Bakterien bzw. da, wo sie im Zusammenhang mit *Stromatolithen* gefunden wurden, spezifischer den Cyanobakterien zuordnet; im Einzelfall hat man ihnen sogar differenzierte paläontologische Namen gegeben wie dem *Corycium enigmaticum*, einem kohlig erhaltenen sackartig unregelmäßigen Gebilde, das zuerst Sederholm aus Finnland beschrieben hatte. Im Prinzip sind ähnliche Fossilien aus den präkambrischen Serien aller Erdteile bekannt. Die in der gängigen Literatur angegebenen Beispiele stammen aus Skandinavien, Kanada, Südafrika und Australien. Manche der Formen aus den jüngeren Gesteinsserien des Präkambriums werden heute versuchsweise der Gruppe der *Acritarchen* zugeschrieben, deren systematische Zuordnung aber völlig offen ist. Sie bilden eine sog. Formgruppe und waren bis in das Paläozoikum hinein Bestandteil des marinen Nannoplanktons. Die cystenartig geformten Gebilde hatten eine Wandsubstanz aus sehr widerstandsfähigen organischen Verbindungen.

Mit der Annäherung an die Grenze zum Kambrium tauchen zusätzlich eigenartige Fossilien auf, die zunächst nur aus den Ediacara-Bergen Australiens beschrieben worden waren. Der Paläontologe Glaessner hat sie für Tiere gehalten und sprach von der Ediacara-Fauna. Die Organismen sind nur in Form von Abdrücken im Sediment erhalten und hatten keine Hartteile. Inzwischen sind sie weltweit in jungpräkambrischen Ablagerungen gefunden worden und der Tübinger Paläontologe Seilacher, der sich in den letzten Jahren intensiv damit beschäftigt hat und für seine Arbeiten mit einem hochangesehenen Wissenschaftspreis ausgezeichnet worden ist, nennt sie nach dem Vendium, dem jüngsten Zeitabschnitt des Präkambriums, *Vendobionten*. Damit ist auch angedeutet, dass sie eine besondere Form von Organismen darstellen könnten, die weder Tiere noch Pflanzen waren.

Die inzwischen in großer Anzahl gefundenen Formen, die schon mit vielen Gattungsbezeichnungen beschrieben werden, lassen radiale, bilateral-symmetrische und seriale Baupläne erkennen; die einzelnen Kammern waren nach Art von Luftmatrazen abgesteppt und vermutlich mit Protoplasma gefüllt. Die Rekonstruktion ihrer Lebensweise deutet darauf hin, dass diese frühen Organismen entweder auf dem Sediment lagen, in oberflächennahen Schichten eingegraben waren oder sich auch auf einer Art Stiel darüber erhoben hatten. Sie lebten vermutlich heterotroph. Die Bezeichnung ‚Garten von Ediacara' signalisiert eine paradiesische Welt, die frei von bedrohlichen Räubern war. Das muss sich im nachfolgenden Kambrium dann geändert haben, was zum Aussterben der Vendobionten geführt hat.

Seilacher spricht von einer Agronomischen Revolution. Während die Schichten zur Zeit der Vendobionten noch weitgehend ungestört waren, sind sie dann durch wühlende Organismen, d. h. durch die Bioturbation der räuberischen Nachfolger zunehmend zerstört worden. Dass dieser Übergang nicht plötzlich, sondern allmählich erfolgte, zeigen erst kürzlich gemachte Funde von Vendobionten aus Schichten des Kambriums (Jensen u.a. 1998). Daraus folgt, dass sie zumindest noch eine Zeit lang weiterexistieren konnten, ehe die Räuber sie gänzlich ausgerottet haben.

Abb. 12: Stromatolithen, wie sie die ersten mächtigen Karbonatkomplexe der Erdgeschichte aufgebaut hatten. Hier rezente Vorkommen aus der Shark Bay an der Küste von Westaustralien, wo sie im Gezeitenbereich wachsen. Der Kalk wird in millimeterdicken Lagen durch Cyanobakterien ausgefällt. (Foto von Roman Koch).

In diesen Zusammenhang lassen sich auch frühere Funde von Fossilien ohne Hartteile einordnen, die man ursprünglich für Quallen und damit für sehr primitive Lebensformen gehalten hatte. Das als *Kimberella* bezeichnete Fossil ist aufgrund zahlreicher Neufunde aus Nord-

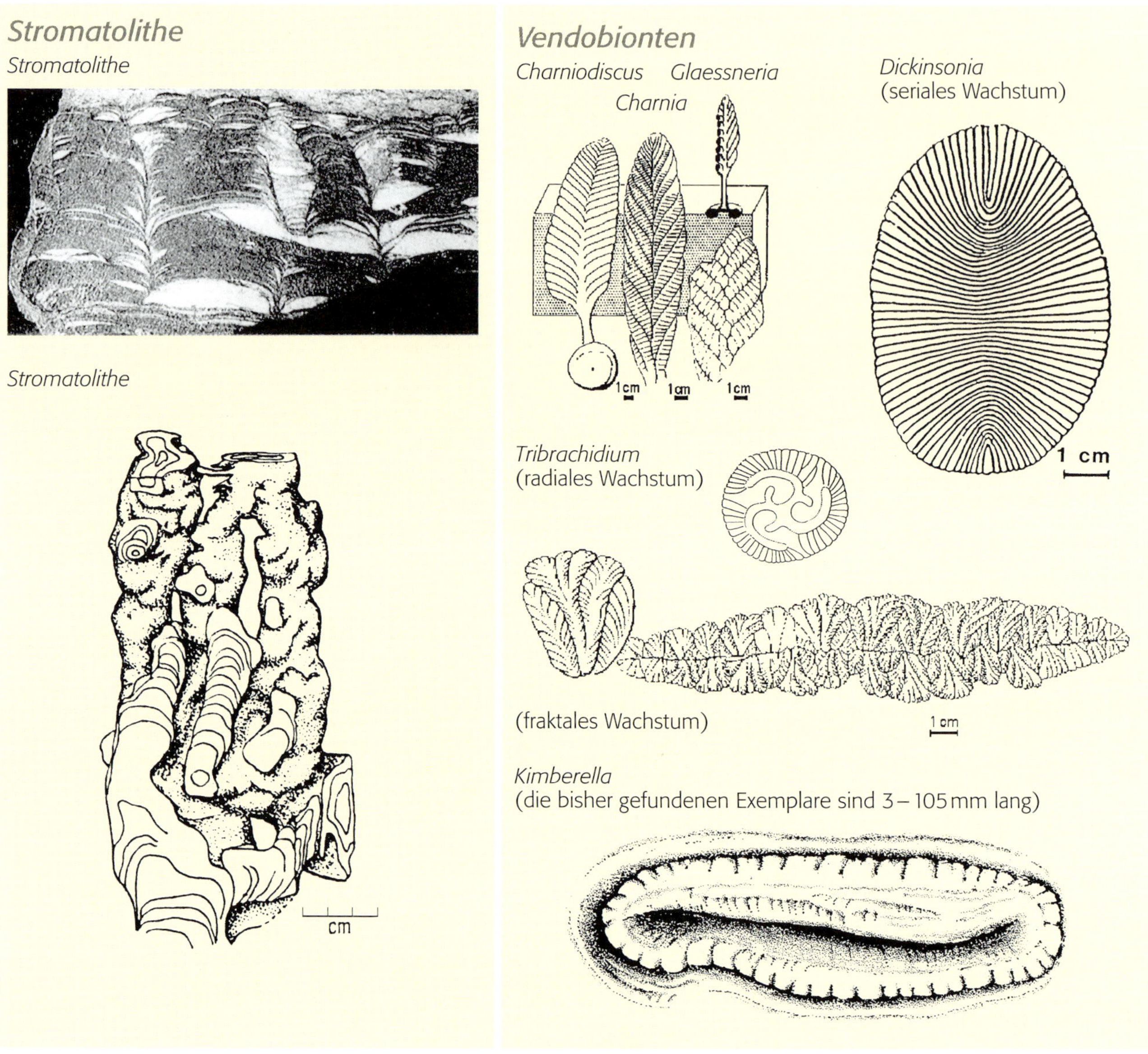

russland jetzt neu interpretiert und den Mollusken zugeordnet worden, mit bilateraler Symmetrie und benthonischer Lebensweise (Fedonkin u. Waggoner 1997). Wahrscheinlich haben diese Tiere Algenmatten abgegrast.

Dass Tiere mit entsprechenden Bauplänen im Kambrium Schalen entwickelten, lässt sich mit sehr unterschiedlichen Argumenten begründen. Zunächst boten Schalen keine Vorteile, weil die Tiere dadurch schwerer und unbeweglicher wurden; sie boten aber Schutz vor den sich neu entwickelnden Räubern und vor der UV-Strahlung. Dass sich kalkige Schalen entwickelten, könnte mit der Hypothese vom ursprünglichen Soda-Ozean begründet werden, weil beim Übergang zum Kochsalz-Ozean Kalk in großer Menge zur Verfügung stand.

Fazies

Schon eingangs ist betont worden, dass sich vor allem das Alt-Präkambrium durch besondere Gesteine auszeichnet, zumindest, was deren Ausmaß betrifft. Dazu gehören im Bereich der vulkanischen Fazies die Komatiite und die enormen Massen von Basalten, die meist als Grünsteine überliefert sind. Die Sedimentgesteine sind durch eine Übermacht an Grauwacken gekennzeichnet, die ich gelegentlich als ‚dreckige Sandsteine' bezeichne. Sie bilden wahrscheinlich eine Fazies tiefen Wassers ab. Es sind unreife klastische Ablagerungen, die sich erst im Laufe der weiteren Erdgeschichte zunehmend zu ‚sauberen' Sandsteinen entwickelt haben. Quantitativ haben das bereits frühere Studien von Ronov (1964) und vor allem Garrels u. Mackenzie (1971) belegt.

Es ist letztlich ein gigantischer Reinigungsprozess, der die Sandsteine im Verlauf der Erdgeschichte immer sauberer werden lässt, d. h. dass fast alle Komponenten außer dem stabilen Quarz aufgelöst oder weggeführt werden. Neben Grauwacken und Sandsteinen sind präkambrische Sedimente vor allem durch eine Übermacht an Silt- und Tonsteinen gekennzeichnet, für die ebenfalls Tiefwasserbereiche als Ablagerungsraum diskutiert werden.

Flachwasserablagerungen, wie gut sortierte Sandsteine oder Karbonate, werden erst im jüngeren Präkambrium häufiger. Man kann das darauf zurückführen, dass sich erst mit zunehmender Konsolidierung von Kontinentalkernen auch Schelfbereiche ausbilden konnten. Dennoch gab es auch schon vor 3 Milliarden Jahren unseren heutigen Wattenmeeren vergleichbare Ablagerungen, mit Rippelmarken, Prielfüllungen und Trockenrissen in tonigen Partien, die für Auftauchbereiche kennzeichnend sind. Entsprechendes ist auch in karbonatischen Schichtfolgen zu beobachten, wo Oolithe für bewegtes Wasser von < 2 m Tiefe sprechen (wenn man aktualistisch, mit den heutigen Verhältnissen u. a. auf den Bahamas argumentiert) und Intraklastenkalke für episodisches Austrocknen im Auftauchbereich. Die schon vielfach angesprochenen gebänderten Kieseleisenerze sind als chemische Sedimente aufzufassen, die wahrscheinlich in küstennahen Meeresbecken ausgefällt wurden.

Die Interpretation von Salzablagerungen, die erst vom mittleren Präkambrium an häufiger werden, hängt unter anderem davon ab, ob man bereit ist, dem Modell der Entwicklung vom Soda-Ozean zum Kochsalz-Ozean zu folgen; jedenfalls belegen Evaporite, dass auch im jüngeren Präkambrium schon isolierte Becken vorhanden waren, in denen sich sedimentäre Salzfolgen ausbilden konnten.

Zu den auf den ersten Blick erstaunlichen Faziesindikatoren innerhalb präkambrischer Schichtfolgen gehören Tillite, d. h. Moränenablagerungen, die Eiszeiten in einem sehr frühen Stadium der Erdgeschichte belegen. Hinweise geben auch Kritzerscheinungen des Untergrundes, gekritzte Geschiebe und dropstones in Sedimenten mit Warvenschichtung. Die ältesten erhaltenen Indizien dieser Art sind etwa 2,3 Milliarden Jahre alt und werden einer Huronischen Eiszeit zugeordnet (Tarling 1978). Für die folgende Zeit werden noch drei weitere präkambrische Eiszeiten diskutiert, von denen vor allem die sog. jungpräkambrische Vereisung (auch Varanger-Vereisung) praktisch weltweit belegt ist. Das Erstaunliche sind auch die Mächtigkeiten der Tillitablagerungen, die von einigen 100 m in Ostgrönland bis zu 6000 m in Australien reichen.

Neuere Studien haben nun gezeigt, dass mindestens zwei der Vereisungsepochen, nämlich am Beginn und gegen Ende des Proterozoikums, sogar in äquatornahen geographischen Paläobreiten ihre Sedimente hinterlassen haben. Der Nachweis gelang durch paläomagnetische Messungen an ausgedehnten Lavaströmen in Südafrika, die unmittelbar über eiszeitlichen Ablagerungen liegen (Evans u. a. 1997).

Noch einen Schritt weiter gehen die Autoren einer Studie, die sich mit Kohlenstoffisotopen in Bahama-ähnlichen Flachwasserkarbonaten im Bereich des Kongokratons beschäftigt hat. Die Karbonate grenzen dort glaziale Ablagerungen ein und ihre $\delta^{13}C$-Werte machen es wahrscheinlich, dass damals die Photosynthese im Ozean für etwa 10 Millionen Jahre weitgehend zum Erliegen gekommen war: Die Erde war relativ abrupt zu einem gigantischen Schneeball geworden und der zugefrorene Ozean verhinderte den Zutritt von Sonnenlicht.

Diese Eishaus-Erde, deren Ursache noch weitgehend ungeklärt ist, wandelte sich aber schnell wieder in ein Treibhaus; das dafür nötige CO_2 stammte aus dem dann folgenden subaerischen Vulkanismus, der etwa das 350-fache der heutigen CO_2-Konzentration in der Atmosphäre bewirkt haben muss. Die Folge war eine extrem schnelle Erwärmung, die mit der Fällung von Kalken im Hangenden der eiszeitlichen Bildungen inzwischen weltweit belegt ist. Sie könnte sich innerhalb von nur einigen 1000 Jahren vollzogen haben (Hoffman u.a. 1998).

Auch die Schneeball-Hypothese ist inzwischen relativiert bzw. durch eine weitere ersetzt worden. Danach ist die Erdachse in der Zeit vor 750 – 550 Millionen Jahren so weit gekippt gewesen, dass die äquatorialen Gegenden kälter als die Pole waren. Die um 20 – 30° von der uns bekannten abweichende Neigung wäre durch große Eismassen verursacht worden, die sich gebildet hatten, als die Kontinentalmassen um die Polregionen herum verteilt waren. Diese Hypothese kommt ohne vollständige Vergletscherung des Planeten aus (Williams u. a. 1998). Danach aber müsste sich die Erdachse in weniger als 100 Millionen Jahren auf etwa die heutige Neigung eingependelt haben.

Es mag etwas weit hergeholt erscheinen, eine terrestrische Fazies im Präkambrium bereits an Bodenbildungen belegen zu wollen. Böden sind nach landläufiger Auffassung fast immer durch Humusbildung definiert und dafür ist pflanzliche Ausgangssubstanz erforderlich. Gelegentlich werden allerdings auch Krustenbildungen aus Karbonaten, Kieselsäure oder Eisen- und Manganverbindungen dazu gezählt. Ein entscheidendes strukturelles Merkmal sind außerdem Spuren von Wurzeln, die Landpflanzen voraussetzen, wie es sie erst seit dem Silurium gab.

Dennoch gibt es Ansätze, Bodenbildungen praktisch bis zum Beginn der Erdgeschichte zurückzuverfolgen (Retallack 1990), und die Anzeichen dafür mehren sich, wie man an fortlaufend erscheinenden Veröffentlichungen in Fachzeitschriften feststellen kann. Mit zu den ältesten, als Bodenbildungen interpretierten Schichten gehören grüne Tone, die aus der Verwitterung von Basalten hervorgegangen sind; die grüne Farbe beruht auf zweiwertigem Eisen, das nur in der sauerstoff-defizitären frühen Atmosphäre erhaltungsfähig war. Spätere Böden auf Basalten sind dagegen rot und enthalten das Eisen in der dreiwertigen Form. Man kann diese grünen Tone des Präkambriums in Analogie zu den Fossilien als ‚ausgestorben' betrachten, weil ihre Bildung in nach-präkambrischer Zeit wegen der Sauerstoffatmosphäre nicht mehr möglich war.

Stratigraphie

Da das Präkambrium etwa 7/8 der gesamten Erdgeschichte umfasst, lässt sich die vergleichsweise grobe Unterteilung im Vergleich zur jüngeren Erdgeschichte nur dann richtig einschätzen, wenn man sich bewusst macht, dass es praktisch keine Leitfossilien gibt und dass im Falle konventioneller physikalischer Altersbestimmungen die ‚Uhren' in den Gesteinen infolge der späteren mehrfachen Metamorphoseereignisse zunächst keine verlässlichen Daten liefern, weil sie durch die damit meist verbundene thermische Beeinflussung mehrfach ‚zurückgestellt' worden sind. Eine relative Gliederung des Präkambriums beruht daher auf Diskordanzen und deren Zuordnung zu möglicherweise weltweit wirksamen Gebirgsbildungsphasen. Der Gedanke einer solchen Synchronizität von Orogenesen war seinerzeit durch den deutschen Geologen Stille zum orogenen Zeit-Gesetz erhoben worden, erweist sich aber mit zunehmender Genauigkeit der physikalischen Altersdaten inzwischen als unhaltbar: ‚Gleichzeitig' bedeutet heute die Möglichkeit einer Fehlergrenze von etwa 100 Millionen Jahren! Auch die seinerzeit postulierte weltweite Gleichzeitigkeit von Gebirgsbildungen muss aufgrund der plattentektonischen Abläufe und deren Ursachen stark in Zweifel gezogen werden.

Eine gängige Unterteilung der gesamten Erdgeschichte nennt drei Äonen: Archaikum, Proterozoikum und Phanerozoikum; dabei wird die Grenze zwischen Präkambrium und Kambrium üblicherweise mit der Untergrenze des Phanerozoikums gleichgesetzt. Es ist aber nicht auszuschließen, dass sich diese begrifflich definierte Einteilung einmal ändern könnte, weil Phanerozoikum als ‚Zeit des erschienenen Lebens' durch die Masse an Fossilien geprägt ist. Mit der Lebewelt des *Ediacariums* bzw. *Vendiums* (Ediacara-‚Fauna', Vendobionten), die in letzter Zeit von vielen Orten der Erde bekannt geworden ist, wird die fossile Überlieferung auch größerer Lebewesen nämlich in den jungpräkambrischen Zeitabschnitt des Proterozoikums zurückdatiert.

Die stratigraphischen Tabellen listen gelegentlich Fossilien auf, die nur aus einzelnen, sehr isolierten Vorkommen bekannt geworden sind; dazu gehören bakterienähnliche Formen, die vor allem aus Hornsteinen (Gunflint-Mikroflora) stammen, *Corycium* oder die anhand von Kohlenstoffisotopen als biogen einzuordnende Substanz *Thucholith*. Das alles zusammen ist aber noch völlig ungeeignet, um präkambrische Gesteine auch biostratigraphisch zu unterteilen. In Kanada ist versucht worden, die Wuchsformen von *Stromatolithen* für relative zeitliche Zuordnungen zu verwenden. Solche Formen haben aber wahrscheinlich eher mit einem Wachstum unter den lokalen faziellen Bedingungen zu tun und sind für weitergehende Korrelationen ungeeignet.

Der Begriff Präkambrium, der alle Zeit vor dem Kambrium meint, wird eher informell verwendet. Eine einfache Gliederung unterscheidet das ältere Archaikum und das jüngere Proterozoikum; letzterer Begriff weist auf die Existenz von Lebewesen hin, was sich auch in einer weiteren Untergliederung in Paläoproterozoikum, Mesoproterozoikum und Neoproterozoikum ausdrückt. Obwohl man über die weltweite Parallelisierung dieser Grenzen streiten kann, geben die Jahreszahlen (Stratigraphische Tabelle im Anhang) wenigstens einen ungefähren Zeitrahmen.

Zusammenfassung

Die Erde als Planet innerhalb unseres Sonnensystems ist durch Akkretion von kleineren Körpern, den Planetesimalen entstanden. Dieser Anfang war kalt, bis durch ständige Impaktprozesse ein glutflüssiges Stadium mit einer Art von Magmaozean entstand, in dessen Folge sich der Erdkörper in Kruste, Mantel und Kern differenzierte.

Aus einem frühen Magmaozean hat sich die erste Kruste gebildet, die wohl infolge weiterer Impaktereignisse und ständig wiederholter Aufschmelzprozesse einem intensiven Recycling unterlag; deshalb ist davon nichts mehr erhalten. Die ältesten bekannten Gesteine sind 3,8 – > 3,9 Milliarden Jahre alte Metamorphite, die bereits aus Sedimenten hervorgegangen waren; die ersten Krustenbildungen müssen also wesentlich älter sein.

Über 4 Milliarden Jahre alte Zirkone sprechen für eine so früh schon bestehende kontinentale Kruste. Die frühen Kontinentkerne waren wahrscheinlich kleinräumig und sind als Inseln in einem hochmobilen Magmaozean aufzufassen, die lateral Kruste ansetzten und allmählich durch underplating auch von unten her verdickt wurden. Zusammenschieben solcher Kruseninseln im Sinne von Terranes wird zu ersten größeren Landmassen geführt haben, die dann wiederum zerrissen. Im Frühstadium werden die kleineren Kontinentkerne noch allseitig von Subduktionszonen umgeben gewesen sein. Die ersten Gebirgssysteme im Sinne der heute diskutierten plattentektonischen Prozesse entstanden wahrscheinlich vor über 2 Milliarden Jahren.

Besondere präkambrische Gesteine sind die Banded Iron Formations (Itabirite), die rhythmische Fällungen von Eisen und Kieselsäure unter nicht aktualistischen Bedingungen darstellen. Dazu kommen Mg-reiche Basalte (Komatiite), die ausgedehnte Grünsteingürtel (d.h. metamorph umgewandelte Basalte) um domförmige Granitkuppeln bilden. In den Grünsteingürteln ist oft eine Differentiation von basischen bis sauren Laven ausgeprägt, außerdem sind im Zusammenhang damit stehende Sedimente entwickelt, überwiegend Grauwacken und Tongesteine, die man als unreif bezeichnen kann, weil ihnen die ständige Wiederaufarbeitung fehlt, der alle jüngeren Bildungen der Erdgeschichte unterworfen waren.

Weiterhin gehören dazu die durch photosynthetische bakterielle Tätigkeit aufgebauten Stromatolithen, die die ersten großen kalkigen Riffkörper der Erdgeschichte bilden, sowie mächtige Rotsandsteine im jüngeren Präkambrium und Tillite, die mehrfache Eiszeiten belegen.

Präkambrische Gesteinskomplexe sind meist reicher an Metallagerstätten als die der jüngeren Erdgeschichte. Zwei solcher auch wirtschaftlich wichtigen Regionen, Sudbury in Kanada und der Bushveld-Komplex im südlichen Afrika, sind im Zusammenhang mit Meteoriteneinschlägen entstanden.

Das Wasser kann wahrscheinlich auf Akkretion von Kometenmaterial aus dem Asteroidengürtel zurückgeführt werden. Die frühen Ozeane waren möglicherweise chemisch stark alkalisch geprägte Soda-Ozeane, die sich erst mit Annäherung an das Kambrium zu den heutigen Kochsalz-Ozeanen entwickelten.

Die heutige Erdatmosphäre hat sich aus einem wahrscheinlich Sauerstoff-freien Anfangszustand erst allmählich entwickelt, wobei der Sauerstoffgehalt wesentlich auf die photosynthetischen Prozesse im Zusammenhang mit der Entwicklung von Pflanzen zurückgeführt wird. Der frühe Sauerstoff der präkambrischen Erde wurde zunächst im Hämatit kontinentaler Rotsandsteine gespeichert. Erst mit Annäherung an das Kambrium dürfte der heutigen Verhältnissen entsprechende Pegel auch in der Lufthülle erreicht worden sein.

Hinweise auf eine sehr frühe Entstehung des Lebens ergeben sich aus isotopisch leichtem Kohlenstoff in den Itabiriten; die Anfänge könnten schon 4 Milliarden Jahre zurückliegen. Die Erklärungsversuche konzentrieren sich gegenwärtig auf zwei wesentlich voneinander unterschiedene Hypothesen; beide stützen sich auf Experimente. Die Ursuppen-Hypothese nimmt die Bildung von Aminosäuren durch energiereiche Strahlung und Blitzentladungen in einer aus Ammoniak, Methan, Wasserstoff und Wasser bestehenden frühen Atmosphäre an, wobei die Grundbausteine für Eiweiß in einer eher kalten Ursuppe im weiteren Verlauf zu immer komplexeren organischen Molekülen geführt haben.

Die neueren Ansätze machen dagegen einen heißen Ursprung des Lebens wahrscheinlich, der von sehr einfachen Ausgangssubstanzen wie Kohlenmonoxid, Eisensulfid und Schwefelwasserstoff ausgeht und sich bei Temperaturen oberhalb von 100° C abgespielt hat. Bei den Laborexperimenten, die das Milieu im Bereich des untermeerischen Vulkanismus simulieren, entsteht aktivierte Essigsäure, die die Vorstufe zu Aminosäuren und Proteinen darstellt. Inzwischen sind sogar Peptide in diesem Milieu synthetisiert worden, die sich mit Hilfe des Kohlenmonoxids als Energielieferanten an die Oberfläche der wachsenden Pyritkristalle oder entsprechender Nickelsulfide angeheftet haben.

Eine gänzlich andere Hypothese geht davon aus, dass das Verfahren einer Selbstreproduktion zunächst anorganische Moleküle betraf und dass diese Fähigkeit später von organischen Molekülen übernommen worden ist.

Nachdem man komplexe organische Verbindungen inzwischen auch aus Meteoriten kennt, ist nicht auszuschließen, dass das Leben auch außerirdischen Ursprungs sein könnte. Die neuerdings eingehender studierten Archaea (Ur-Bakterien, die jetzt neben den Bakterien und höheren Lebewesen als ein eigenes Reich aufgefasst werden) leben in z.T. über 100° C heißen Wässern vulkanischer Gegenden und sind damit potenzielle Kandidaten für eine Besiedlung frühpräkambrischer Lebensräume.

Mit Annäherung an das Kambrium bildet die jetzt als Vendobionten bezeichnete Organismengruppe weltweit Lebensformen höherer Organisation; sie ist aber in ihrer systematischen Zuordnung noch völlig ungewiss und mangels fehlender Hartteile nur in Form von Abdrücken in den Gesteinen erhalten.

Die Gliederung der präkambrischen Gesteinsserien erfolgt im Wesentlichen anhand von Diskordanzen, die mehrere, aber nicht notwendig weltweit gleichzeitige Gebirgsbildungen belegen. Man unterscheidet als älteste Einheit das Archaikum vom Proterozoikum, die Grenze liegt etwa bei 2,5 Milliarden Jahren.

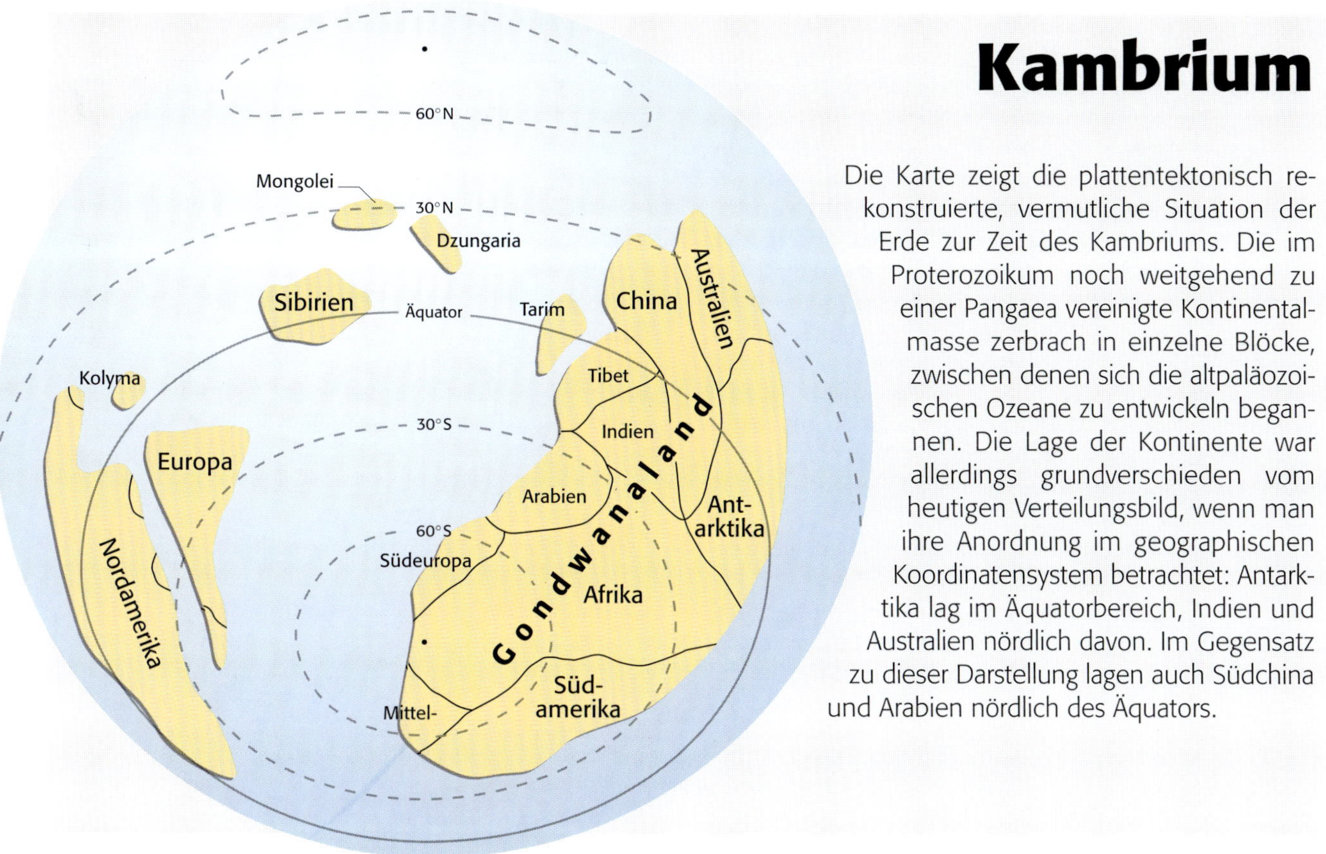

Kambrium

Die Karte zeigt die plattentektonisch rekonstruierte, vermutliche Situation der Erde zur Zeit des Kambriums. Die im Proterozoikum noch weitgehend zu einer Pangaea vereinigte Kontinentalmasse zerbrach in einzelne Blöcke, zwischen denen sich die altpaläozoischen Ozeane zu entwickeln begannen. Die Lage der Kontinente war allerdings grundverschieden vom heutigen Verteilungsbild, wenn man ihre Anordnung im geographischen Koordinatensystem betrachtet: Antarktika lag im Äquatorbereich, Indien und Australien nördlich davon. Im Gegensatz zu dieser Darstellung lagen auch Südchina und Arabien nördlich des Äquators.

Begriff und Abgrenzung

Nord-Wales hieß bei den Römern Cambria; danach hatte Adam Sedgwick 1835 das Kambrium als System benannt. Die Schichten sind dort am besten an der Küste zu beobachten, wo sie in Form steilgestellter Pakete Teile des Kaledonischen Gebirges bilden.

In einer ersten Annäherung lässt sich sagen, dass die Grenze Präkambrium/Kambrium durch erstmals in der Erdgeschichte massenhaft vorkommende Fossilien mit Hartteilen bestimmt wird, mit denen die Ära des Phanerozoikums einsetzt; die Untergrenze wurde zunächst durch Leitfossilien, vor allem Trilobiten näher definiert. Weil Trilobiten meist relativ große und interessant aussehende Fossilien sind, hatte man sie in den kambrischen Schichten bald überall erkannt. Die ältesten Organismen, von denen Hartteile überliefert sind, sind jedoch weniger auffällig, meist viel kleiner und waren schon vor den Trilobiten entwickelt. Man hatte sie einfach übersehen, bis in den Profilen, die die fragliche stratigraphische Grenze betreffen, unterhalb trilobitenführender Schichten in Sibirien eine Zwergfauna zutage kam, die seither eine als *Tommotium* bezeichnete, eigene Zeitstufe kennzeichnet. Diese Fossilien sind meist nur einige Millimeter groß und als Überreste von primitiven Mollusken, Würmern und Schwämmen zu interpretieren.

In den Profilen des Grenzbereichs sind aber auch Schichtlücken und/oder Diskordanzen zu beobachten, die zwischen den überwiegend fossilleeren Ablagerungen des Präkambriums und dem fossilführenden Kambrium bestehen. Die ersten kambrischen Schichten wurden durch eine weltweite Transgression abgelagert, die auf die Zeit der jungpräkambrischen Vereisung gefolgt war; sie sind damit sämtlich Meeressedimente.

Diese Grenze ist eine der bedeutendsten der gesamten Erdgeschichte, weil mit dem Kambrium praktisch ‚schlagartig' die Vielfalt der Lebewesen in Form von Fossilien erscheint, die die folgenden > 500 Millionen Jahre bestimmen; sie werden dann zwar durch die Evolution modifiziert, ändern aber die anfänglichen Baupläne nur allmählich. Über die Ursachen dieser explosiven Entfaltung wird viel spekuliert.

Unabhängig von der Entwicklung der Lebewesen ist der Grenzbereich Präkambrium/Kambrium auch durch eine Reihe geologischer Besonderheiten gekennzeichnet; deren genauere zeitliche Zuordnung steht aber erst in den Anfängen.

Dazu gehören zunächst thermische Ereignisse, d.h. Metamorphose von Gesteinskomplexen, im Zusammenhang mit der sog. Pan-afrikanischen Orogenese. Zuvor hatte es eine präkambrische Pangaea in Form einer großen zusammenhängenden Landmasse gegeben, die gegen Ende des Präkambriums zunehmend zerbrach. Die zwischen den Landmassen entstehenden Ozeane griffen allmählich auf diese Festländer über und hinterließen dort zunächst Flachwasserablagerungen. Man kann diese Transgressionen entweder mit dem Abschmelzen der jungpräkambrischen Eisdecken oder mit einer relativ schnellen Bildung von ozeanischen Rücken erklären; dadurch wurde das Wasser in den Ozeanen verdrängt und schwappte auf die Festländer über. Dass dabei ausgesprochen viel Karbonat gebildet wurde, liegt vermutlich daran, dass sich die Kontinente überwiegend in äquatornahen Positionen befanden.

Der im obersten Präkambrium äußerst niedrige Meeresspiegelstand hat vermutlich mit der weltweiten jungpräkambrischen Vereisung zu tun. Das Kambrium ist dagegen durch einen ziemlich stetigen Meeresspiegelanstieg gekennzeichnet, durch den die Landgebiete zunehmend überflutet wurden; das Maximum wurde am Ende des Kambriums erreicht.

Die Zeit des Übergangs vom Präkambrium zum Kambrium ist paläontologisch durch die rasche Zunahme von erhaltungsfähigen Hartteilen gekennzeichnet; diese ist möglicherweise durch eine Veränderung im Meerwasserchemismus erklärbar. Zu den Besonderheiten gehören auch die häufigen Phosphoritablagerungen, für die es unterschiedliche Erklärungen gibt. Die plausibelste geht davon aus, dass eine anoxische Wassermasse an Auftriebsgebieten verstärkt Phosphor geliefert hat, was eine Nahrungskette in Gang gesetzt hatte, die sich dann auch in den Flachwassergebieten in Form phosphatischen Schalenmaterials bemerkbar machte.

Die Auftriebsgebiete scheinen in den Randbereichen eines Paläotethysmeeres situiert, das sich von China und Indien bis Kasachstan und in den Iran erstreckte. Im Zusammenhang mit dem Phosphoritpeak scheint auch eine Zunahme an leichtem Kohlenstoff (^{12}C) zu stehen, der im Verlaufe der Auftriebsprozesse in die Flachwasserbereiche gelangte, wo gleichzeitig die Respiration der nun explosiv sich entwickelnden Fauna eine weitere Zunahme an ^{12}C bewirkt haben könnte (dazu gibt es eine Vielzahl von Publikationen, die u. a. bei Cowie & Brasier (1989) diskutiert werden).

Die für die Grenzziehung wichtige, vielzitierte kambrische Explosion bei der Entwicklung der Organismen hat umso weniger stattgefunden, je vollständiger die Profile im Übergangsbereich untersucht werden. Dazu kommen in letzter Zeit zunehmend auch Aufschlüsse aus China, wo im Bereich altkonsolidierter Plattformen auch gering- bzw. nichtmetamorphe Serien erschlossen sind, in denen neuerdings zunehmend Fossilien gefunden werden. So sind kürzlich Vendobionten auch aus kambrischen Schichten berichtet worden (Jensen u. a. 1998), die bezeugen, dass diese urtümlich gebauten Organismen ohne entwickelte Hartteile über die vermeintlich scharfe Grenze hinweg weiterexistiert haben.

Ein grundsätzliches Argument für das Aussterben von Organismengruppen ohne Hartteile zielt darauf, dass diese von weiter entwickelten Tieren gefressen werden konnten. So bietet die Entwicklung von harten Schalen auch Schutz vor dem Gefressenwerden und/oder der UV-Strahlung bzw. führte zur Evolution von Skeletten. Deren Entwicklung scheint von anfänglich chitiniger bzw. phosphatischer Zusammensetzung ziemlich bald zu kalkigen Schalen verlaufen zu sein. Wenn man der Hypothese vom ursprünglichen Soda-Ozean folgt, dann steht die Entwicklung des seit dem Phanerozoikum wahrscheinlichen Kochsalz-Ozeans, wie wir ihn heute kennen, auch im Zusammenhang mit der Evolution von kalkigen Schalen.

Damit dürften sich auch die Chancen für die Besiedlung von Flachmeerbereichen verbessert haben, weil dort noch immer eine hohe UV-Belastung geherrscht haben muss. Die Sauerstoffhülle der Erde war möglicherweise noch nicht in dem Maße entwickelt, dass sich ein entsprechender Ozonschirm ausbilden konnte. Sie wird in Bezug auf PAL (= present atmospheric level) für das Untere Kambrium mit ~10 % angegeben (Cloud 1989).

Die Hangendgrenze zum Ordovizium ist durch Leitfossilien definiert, unter denen *Graptolithen* und *Conodonten*, aber auch neue Formen von *Trilobiten* und *Brachiopoden* eine Rolle spielen. Die Leitfossilien sind nicht weltweit gleichartig: Da einer großen Landmasse im Süden, die weitgehend die heutigen Südkontinente unter dem Begriff Gondwanaland zusammenfasste, im Norden einzelne, durch Ozeane getrennte Kontinentalkerne gegenüber standen, hatten sich bereits Faunenprovinzen mit eigenständiger Entwicklung herausgebildet.

Flora und Fauna

Die Lehrbücher sprechen von der kambrischen Explosion, nach der die differenzierte Organismenwelt ‚plötzlich' auf der Erde erschienen sei. Diese Vorstellung muss zwar anhand neuer Befunde relativiert werden, wonach sich die Entwicklung der Bauformen über einen Zeitraum von etwa 5–10 Millionen Jahren vollzogen hat, dennoch muss diese Zeitspanne als außerordentlich kurz angesehen werden. Als wesentlicher Faktor dafür wird heute eine Veränderung des Meerwasserchemismus diskutiert, die die Ausbildung von den Weichkörper schützenden Hartschalen, aber auch die Vorläufer von Knochensubstanz ermöglicht haben soll. Innerhalb des Kambriums werden statistisch zunehmend kalkige anstelle von chitinig-phosphatischen Schalen gebildet.

Die ersten skeletttragenden Organismen der Erdgeschichte wurden zunächst in Sibirien gefunden; erst vor etwa 25 Jahren hat man die als Tommotium bezeichnete Stufe, in der sie vorkommen, in das stratigraphische System aufgenommen. Diese Organismenwelt ist aber inzwischen weltweit nachgewiesen worden. Sie besteht aus außerordentlich kleinwüchsigen Fossilien (die wahrscheinlich wegen ihrer geringen Größe früher übersehen worden waren), von denen keine Form größer war als wenige Millimeter. Manche sehen aus wie *Mollusken* (kleine, gewundene Schnecken), andere ähneln *Schwammnadeln* oder Wurmbauten. Es besteht kein Zweifel daran, dass diese Fauna einen wesentlichen Evolutionsschritt nach der präkambrischen Vendobionten-Welt repräsentiert.

Zur Thematik der kambrischen Explosion gehört auch die seit etwa 100 Jahren bekannte Fauna vom Burgess-Paß in British Columbia, die in letzter Zeit mehrfach für Aufregung gesorgt hat. Die Fossilien waren schon zu Beginn unseres Jahrhunderts von dem einflussreichen amerikanischen Geologen Walcott gesammelt worden, und schon damals fiel auf, dass sich in den sehr feinkörnigen dunklen Tongesteinen selbst feinste Strukturen erhalten hatten. Das Material, etwa achtzigtausend (!) Proben, ruhte, weil Walcott wegen anderer Verpflichtungen im Wissenschaftsmanagement keine weitere Bearbeitung vornehmen konnte, viele Jahrzehnte in den Schubladen der Smithsonian Institution in Washington, bis es vor einigen Jahren einer erneuten Begutachtung durch andere Forscher unterzogen wurde. Zu ihnen gehören u.a. Whittington (1971), Whittington u. Briggs (1985), Conway Morris (1985) und Briggs u. Collins (1988).

Der britische Geologe Harry Whittington aus Cambridge hatte zudem in den späten 1960er-Jahren eine neue Grabungskampagne eingeleitet. Die entscheidende Erkenntnis durch eine entsprechend aufwendige Präparation der Fossilien war, dass sie als Weichkörperfossilien dreidimensional zu rekonstruieren waren und dass daraus eine Reihe ungewöhnlich anmutender Baupläne bekannt wurde. Die von Walcott ursprünglich frühen Würmern und Arthropoden zugeordneten Baupläne wurden plötzlich als bisher gänzlich unbekannte Organismen angesehen und durch den Harvard-Paläontologen Stephen Jay Gould publizistisch im Sinne einer völlig neuen Evolutionslehre interpretiert. Die von ihm gelegentlich ‚irre Wundertiere' genannten Fossilien sollten partiell komplexere Baupläne als ihre rezenten, nur noch der Form nach Verwandten gehabt haben, die Natur habe damals eine Fülle von Formen ‚ausprobiert', von denen zufällig einige wenige überlebt hätten; so wurde dieser Hypothese zufolge auch der Mensch als Zufallsprodukt dargestellt, wie ein entsprechender Buchtitel belegt (Gould 1991).

Zu diesen kambrischen Fossilien aus dem Burgess-Shale gehören polychaete Würmer, Arthropoden und Formen, die zwischen beiden Gruppen eine primitive Mittelstellung einnehmen könnten. Einige waren schon durch Walcott benannt worden, z.B. *Marrella*, *Yohoia* oder *Opabinia*, die neuen Rekonstruktionen Whittingtons zeigten aber ihre völlig eigenständigen Bauformen, nach denen sie nicht recht in ein allgemeines System primitiver Vorläuferformen zu passen schienen. *Opabinia* z.B. fehlten charakteristische Arthropodenmerkmale, die man bei den beiden anderen noch erkennen konnte, sie hatte aber fünf (!) Augen, außerdem einen Rüssel mit einer Art Zange, der biegsam und beweglich gewesen sein musste ; das ganze Tier war etwa 7 cm lang.

Weitere Formen wurden bekannt, als Whittington seine Studenten in die Forschungen einbezog. Zu den Fossilien gehörte u.a. die bizarre *Hallucigenia*, die sich auf sieben Paar Stelzen über den Meeresboden bewegt haben könnte, und die mit 60 cm geschätzter Länge und einer kreisförmigen Mundöffnung geradezu bedrohlich aussehende *Anomalocaris*, die eines der größten kambrischen Raubtiere darstellt.

Die Deutung der Burgess-Fossilien ist nicht unwidersprochen geblieben (Briggs u. a. 1992). Man könnte heute ein Buch allein über die kontroversen Diskussionen verfassen, und es wäre ein Stück Wissenschaftsgeschichte, das – wie alle Wissenschaft – auch nicht auskäme, ohne die Eitelkeiten der handelnden Personen zu beleuchten. Für einen Europäer lesen sich viele dieser Darstellungen wie nach einem Erfolgsmuster für Bestseller gestrickt, wie sie heute auch aus den Bereichen der Physik, Mathematik oder Kosmologie bekannt sind. Inzwischen sind auch die meisten dieser Formen wieder in das Evolutionsgeschehen im Sinne Darwins eingeordnet worden.

Ihrer geologischen Situation nach ist die Burgess-Fauna mit einer Art Schlammstrom in ihren Ablagerungsbereich gelangt; dadurch ist es leider nicht möglich, die Lebensvorgänge, zu denen auch Spuren oder Grabgänge gehören, näher zu beleuchten.

Für die praktische Gliederung der kambrischen Schichtenfolge ist die Burgess-Fauna indes, als Sonderfall der Erhaltung, nicht von großer Bedeutung. Die wichtigste Fossilgruppe bilden die wahrscheinlich erstmals nach dem Tommotium erscheinenden *Trilobiten*, die gelegentlich auch als Dreilapperkrebse bezeichnet werden. Die Bezeichnung kommt von der Gliederung in Kopf- (Cephalon), Rumpf- und Schwanzschild (Pygidium), außerdem sind Trilobiten auch in der Längsrichtung dreigegliedert. Sie ähneln großen Kellerasseln, die kambrischen Formen konnten sich aber im Gegensatz zu späteren Trilobiten noch nicht einrollen.

Der Rumpf ist in zahlreiche Segmente gegliedert, die vielen Füße haben sich gelegentlich durch die Produktion von Fährten im Sediment bemerkbar gemacht (*Cruziana*). Die große Zahl erhaltener Trilobiten ist wahrscheinlich darauf zurückzuführen, dass sich die Gehäuse dieser Arthropoden durch mehrfache Häutung dem Körperwachstum angepasst haben, sie stellen also Exuvien dar.

Eine Besonderheit bilden blinde bzw. augenlose Formen wie *Agnostus pisiformis*, die immer in dunklen Schiefern gefunden werden; man schließt daraus, dass sie an trübes Wasser – oder lichtlose Tiefsee – angepasst waren. Demgegenüber haben alle anderen Trilobiten hoch entwickelte Facettenaugen nach Art der Insekten.

Trilobiten bilden die klassischen Leitfossilien für das Kambrium, in Europa werden eine unterkambrische *Olenellus*-Stufe, eine mittelkambrische *Paradoxides*-Stufe und eine oberkambrische *Olenus*-Stufe unterschieden. Eine außerordentlich schnelle Entwicklung macht sie zu den wichtigsten Leitfossilien im Kambrium, wobei einzelne Arten eine Lebensspanne von weniger als eine Million Jahre hatten. Erstmals sind auch räumlich unterschiedliche Provinzen auszumachen: Für Europa, Nordafrika und das östliche Nordamerika eine atlantische Faunengemeinschaft (acado-baltische Provinz), für große Teile des übrigen Nordamerika, Nordschottland und die Arktis eine nordamerikanische, daneben eine sibirische und schließlich eine südasiatisch-australische Provinz mit jeweils eigenen Gattungen und Arten.

Neben den Trilobiten sind die suspensionsfressenden *Brachiopoden* wichtige Leitfossilien. Ihre Schalen sind im Vergleich mit den Muscheln unterschiedlich groß, man unterscheidet Arm- und Stielklappen, die zunächst noch lose miteinander (Inartikulata), in einem späteren Entwicklungsstadium durch ineinander greifende Zähne und Zahngruben miteinander verbunden waren (Articulata). Anfangs hatten sie noch überwiegend hornig-kalkige bzw. phosphatische Schalen, später entwickelten sie zunehmend Kalkschalen. Brachiopodengattungen haben Schichtbezeichnungen wie Lingulidensandstein in Schweden oder '*Lingula*-Flags' in Wales geprägt; auch der *Mickwitzia*sandstein ist hier zu nennen.

An dritter Stelle sollen hier die *Archaeocyathiden* stehen, kalkige, den Schwämmen nahe stehende Organismen, die man ihrer Form wegen auch Urbecher genannt hat. Sie waren zusammen mit Kalkalgen die ersten Riffbildner der Erdgeschichte (wenn man von den präkambrischen *Stromatolithen* absieht) und haben über dem Meeresboden aufragende Strukturen aufgebaut wie in späteren Zeiten dann viele andere Organismen mit kalkigen Skeletten, von denen die Korallen die bekanntesten sind. In Analogie zur ökologischen Stellung der Korallen werden auch die Archaeocyathiden als Bewohner warmer Flachmeere angesehen, die als Suspensionsfresser das nährstoffreiche Wasser durch ihr schwammähnliches Filtersystem gestrudelt haben müssen. Für geringe Wassertiefe ihres Lebensraumes spricht u.a., dass sie mit Kalkalgen zusammen vorkommen, die Licht benötigen. So bildeten Archaeocyathiden zur Zeit des Unterkambriums einen weltweiten Riffgürtel, der von Nordamerika bis zum heutigen Mittelmeerraum reichte, sowie Mittelasien und Sibirien, aber auch noch Australien umfasste. Für uns sind mitteleuropäische Vorkommen u. a. in der Lausitz von Bedeutung, aber auch der Marmor von Wunsiedel im Fichtelgebirge wird als metamorpher Archaeocyathidenkalk interpretiert, ohne dass man darin allerdings entsprechende Strukturen gefunden hat. Die Archaeocyathiden waren bereits im Mittelkambrium wieder ausgestorben.

Zu den kalkschaligen Tieren gehörten erstmals auch primitive *Echinodermen*, die zumeist noch am Meeresboden festgeheftet gelebt haben. Ihre in späteren Stadien der Erdgeschichte so ausgeprägte fünfstrahlige, radiale oder auch die bilaterale Symmetrie war aber erst ansatzweise entwickelt.

Mollusken sind mit den sog. Käferschnecken (*Amphineura*) und primitiven Napfschnecken, unbedeutenden Muscheln und den ersten *Cephalopoden* vertreten. Eine kleine konische, gekammerte Form (*Volborthella tenuis*) von maximal 2 cm Länge wurde früher als Cephalopodenstammform in den Lehrbüchern aufgeführt, bis man kürzlich erkannt hat, dass sie nur einen Modellversuch der Natur darstellt, der nicht weiter verfolgt wurde. Jünger ist eine Form mit engständigen Kammern und einem randständigen Sipho, die leicht gekrümmten spitzen Tütchen ähnelt; es handelt sich um *Nautiloideen*, die erstmals im Oberkambrium vorkommen.

Wenig spezifisch sind noch *Protozoen* (*Foraminiferen* und *Radiolarien*). Von Würmern sind vor allem die Bauten im Sediment erhalten, die oft senkrecht, wie Orgelpfeifen (*Skolithos*) oder U-förmig (*Diplocraterion*), nebeneinander angeordnet sind.

In den letzten Jahren haben sich die Nachrichten in den bedeutenden wissenschaftlichen Zeitschriften ›Science‹ und ›Nature‹ fast überschlagen, die von der Möglichkeit berichten, dass es auch im Kambrium bereits Wirbeltiere gegeben hat. Dazu werden nun die *Conodonten* gezählt, von denen man über Jahrzehnte hinweg nicht wusste, welcher Tier- (oder gar Pflanzen-)gruppe sie zugehören, mit denen sich aber ausgezeichnet Schichten zeitlich zuordnen ließen. Das Conodontentier, ein wurmähnlicher Organismus, enthielt in der Kopfregion die allenfalls Millimeter-großen skulpturierten zähnchenähnlichen Conodonten, die zu einem symmetrisch aufgebauten Conodontenapparat gehörten. Conodonten bestehen aus Apatit. Vor kurzem ist darin nun Dentin nachgewiesen worden, was die zugehörigen Tiere eindeutig zu

Würmer

Diplocraterion- und *Skolithos*-Röhren

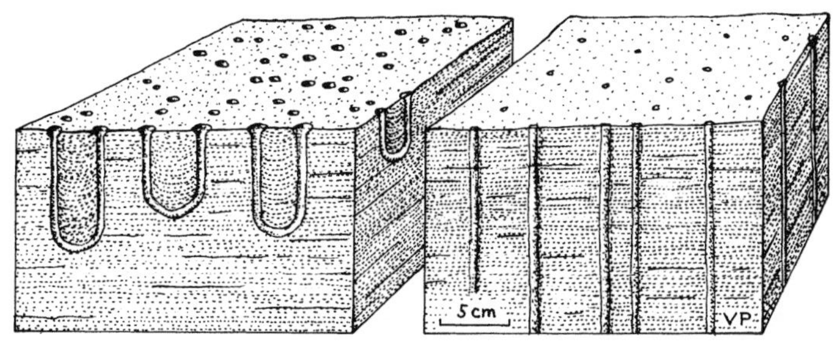

Archaeocyathiden

Archaeocyathiden (Bauplan)

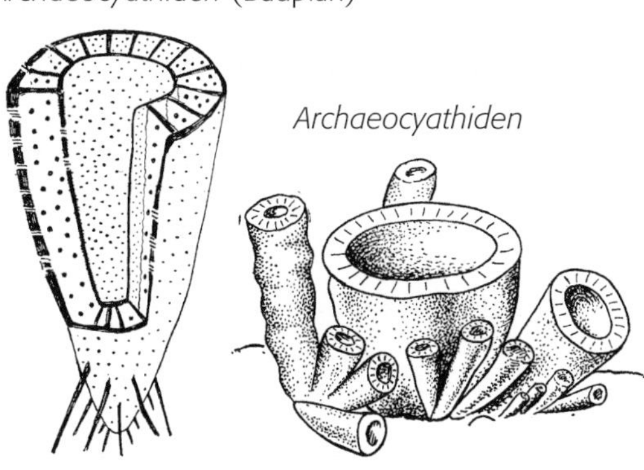

Brachiopoden

Lingulella davisii

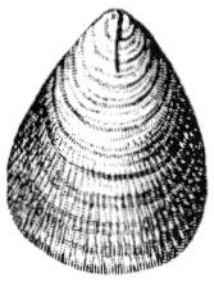

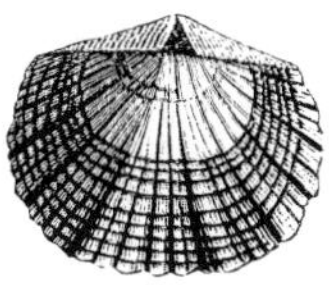

Orusia lenticularis

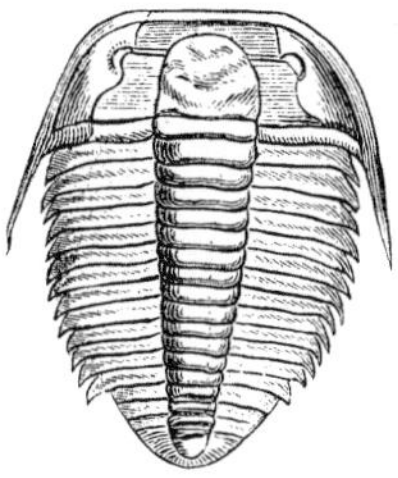

Olenus truncatus
(Ober-Kambrium)

Trilobiten

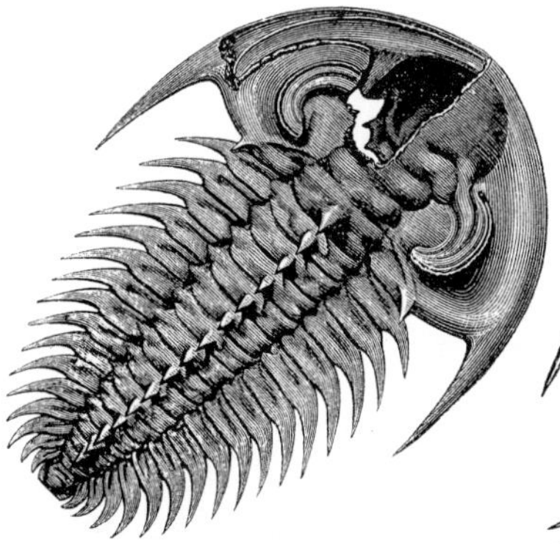

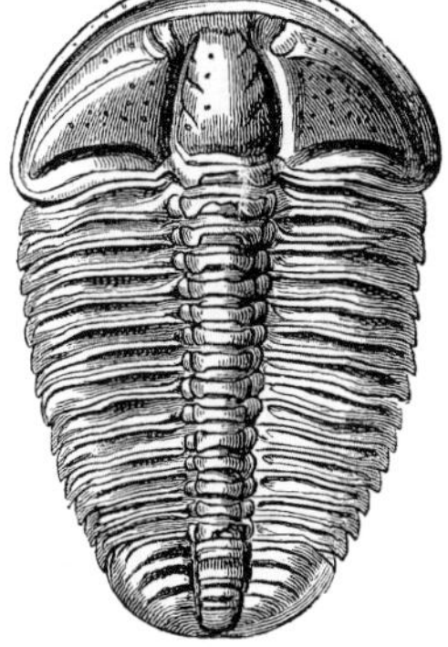

Conocoryphe sulzeri
(Mittel-Kambrium)

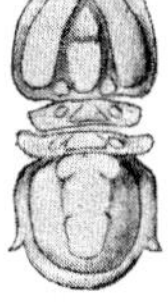

Olenellus gilberti

Agnostus pisiformis

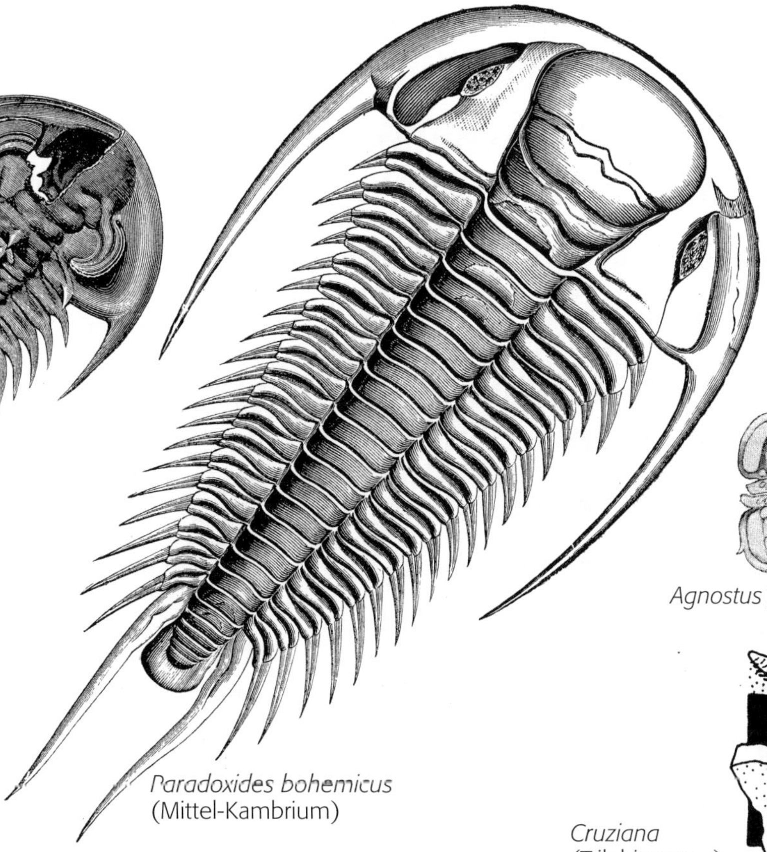

Paradoxides bohemicus
(Mittel-Kambrium)

Cruziana
(Trilobitenspur)

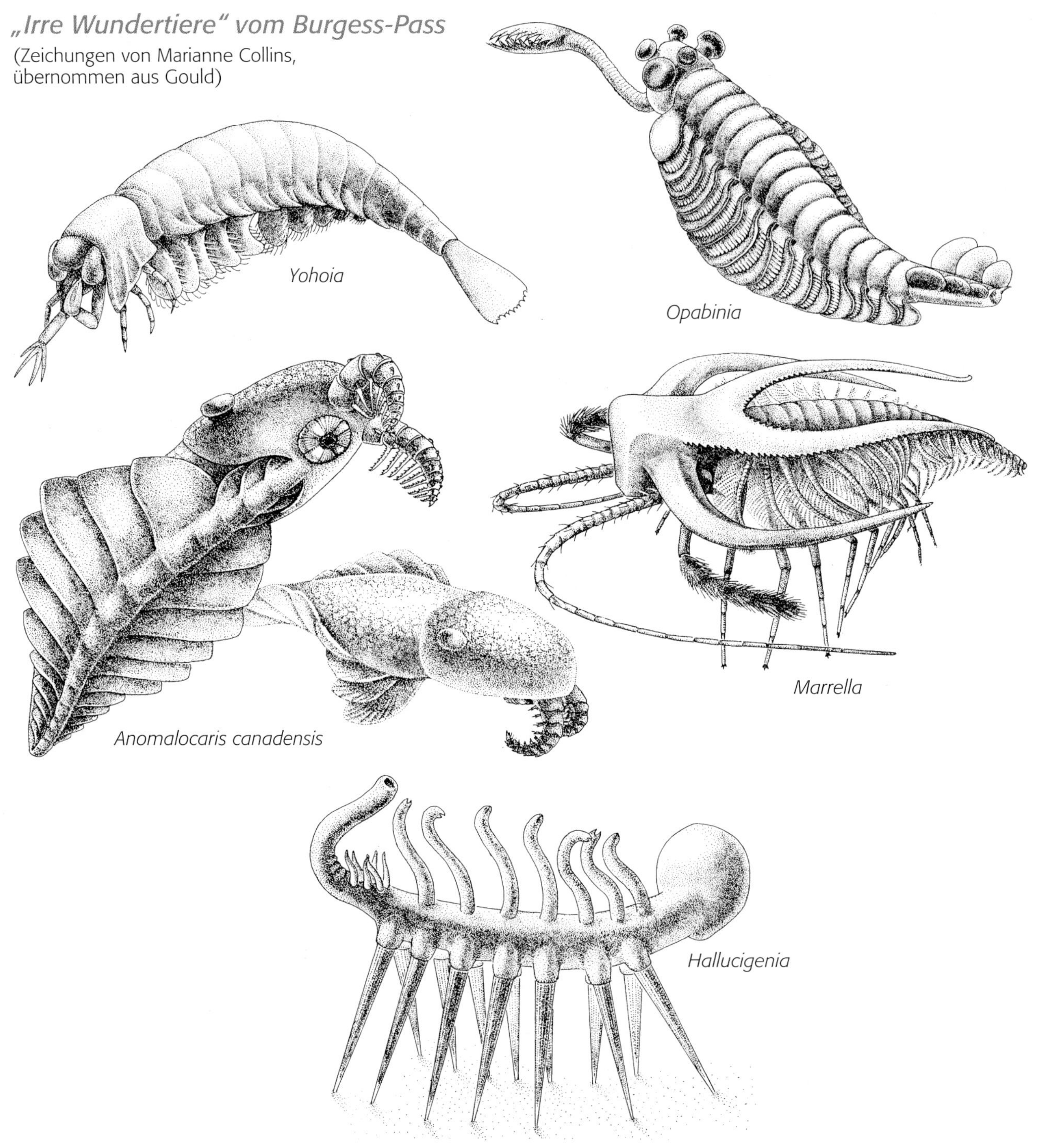

Wirbeltieren macht. Wahrscheinlich waren sie mit die ersten räuberisch lebenden Tiere der Erdgeschichte. Aus Australien werden Reste phosphatischer Skelettplättchen beschrieben, die wahrscheinlich auch Wirbeltieren zuzuordnen sind und aus China kommen Nachrichten über ein der Burgess-Shale-Gattung *Pikaia* ähnliches Tier, das den *Chordatieren* zugerechnet wird und ungefähr 10 Millionen Jahre älter ist. Inzwischen hat man im Unter-Kambrium Südchinas auch fischähnliche *Agnathen* entdeckt (Shu u.a. 1999). Damit wird ziemlich deutlich, dass entgegen früherer Lehrbuchmeinung, im Kambrium bereits sämtliche Tierstämme erstmals auf den Plan getreten sind.

Fazies

Die gesamte kambrische Organismenwelt hat sich im Meerwasser entwickelt. Faziell lassen sich dabei zumindest ufernahe Flachwasserbereiche von solchen des offenen Meeres unterscheiden. Man kann aus der regionalen Verteilung der Faunen eine weltweite Transgression ableiten, die im Unterkambrium begonnen hatte und während des Altpaläozoikums auf einem hohen Stand verblieb. Ausgehend von der offensichtlich weltweiten jungpräkambrischen Vereisung griff mit der Abschmelzphase das Meer auf die präkambrisch konsolidierten Kontinentalbereiche über. Die dabei zurückbleibenden Ablagerungen sind noch heute oft in einem wenig verfestigten Zustand, weil ihr Untergrund seitdem stabil geblieben ist; so erklärt sich z. B. der unterkambrische ‚Blaue Ton' der Ostseeländer, in dem *Volborthella* vorkommt. Er ist trotz seines hohen geologischen Alters noch immer plastisch und bildet damit ein besonders gutes Beispiel dafür, dass Diagenese (Verfestigung) von Sedimenten nicht wesentlich von der Zeit abhängt. Faziesindikatoren für sehr flaches Wasser und Auftauchbereiche sind die aus dem Präkambrium schon bekannten *Stromatolithen*, die im Kambrium noch weit verbreitet waren, danach aber an Bedeutung verloren. Man spekuliert, dass sie von der sich nun entwickelnden Tierwelt in zunehmendem Maße bohrend zerstört und gefressen wurden und deshalb nur bei Salinitäten wuchsen, die der Fauna nicht zusagte. Im Kambrium waren z. B. große Bereiche Nordamerikas von *Stromatolithen*kalken bedeckt. Auch im sandigen Bereich deuten die oft dicht nebeneinander stehenden Wurmröhren Flachwasserbedingungen an (*Skolithos*-Quarzit). Die in ihrer Konfiguration völlig von den heutigen abweichenden Kontinente waren weitgehend Flachländer, die von großräumigen Flachmeerbereichen gesäumt wurden.

Tiefwasserbereiche sind durch dunkle, vorwiegend tonige Sedimente gekennzeichnet, die gelegentlich besonders kleine *Trilobiten* ohne entwickelte Augen enthalten (*Agnostus pisiformis*). In der älteren Literatur werden diese Bereiche als Geosynklinalen bezeichnet, die die Sedimente aufnahmen, aus denen sich in der Folge dann die kaledonischen Gebirge entwickelt haben. Gute Profile in diesen Sedimenten kann man vor allem an den Küsten von Wales studieren (das römische Cambria!), wo sie oft steilstehende Schichtpakete bilden. Für diesen Teil Europas reichte die Tiefwasserfazies bis nach Norwegen, und daran schlossen sich die baltischen Flachmeerbereiche mit ihren geringmächtigen und wenig konsolidierten kambrischen Ablagerungen an. Eine klassische Lokalität, mit ungestörten, flachlagernden Schichten bildet der Kinekulle in Schweden. Die Sedimente enthalten lokal auch Alaunschiefer, die aus der Verwitterung des darin fein verteilten Pyrits hervorgegangen sind.

Die Mächtigkeiten kambrischer Schichtfolgen sind durch extreme Unterschiede gekennzeichnet. In Schottland werden über 8000 m diskutiert, und in Wales ungefähr 4000 m. Diesen Werten in der Geosynklinale stehen in den Schelfrandgebieten des Baltischen Schildes bzw. in Schonen zwischen 200 und 300 m gegenüber, wobei manche Schichtglieder nur 1 – 3 m erreichen. Böhmen hat dagegen wieder Mächtigkeiten, die dem Geosynklinalbereich ähnlich sind; allerdings sind hier nur die mittelkambrischen Schiefer von Jince und Skryje mit 400 m marin ausgebildet, das Liegende bildet eine bis zu 2500 m mächtige Serie aus Konglomeraten, Grauwacken und Sandsteinen in nichtmariner Fazies, und das Oberkambrium besteht aus 500 m mächtigen vulkanischen Serien. Erstmals in der Erdgeschichte gewinnen evaporitische Fazies größere Bedeutung: aus dem mittleren und oberen Kambrium der Sibirischen Tafel sind Kalke, Gips und Steinsalz bekannt.

Kambrische Vulkanite sind ausgesprochen selten, was auch die Schwierigkeiten erklärt, die man mit physikalischen Altersbestimmungen kambrischer Serien hat.

Stratigraphie

Nach den neuen geochronologischen Daten umfasst das Kambrium den Zeitraum von 544 – 505 Millionen Jahren (Bowring u. a. 1993) bzw. 495 Ma. Anhand der Trilobiten, die im Kambrium eine ausgesprochen schnelle Evolution durchlaufen, ist eine stratigraphische Einteilung in Unter-, Mittel- und Oberkambrium durchführbar. Zum Unterkambrium gehört noch eine Stufe ohne Trilobiten, die dem Tommotium mit seiner eigentümlichen Zwergfauna an der Basis des Kambriums entspricht. Darüber folgt die Olenelliden-Stufe, in der die Gattung *Olenellus* aber nur eine von mehreren möglichen Leitformen bildet. Entsprechend der schon vorher erwähnten Ausbildung von Faunenprovinzen bilden jeweils unterschiedliche Trilobiten die Leitformen. Das Mittelkambrium ist durch die sehr charakteristischen *Paradoxides*-Arten gekennzeichnet und das Oberkambrium neben *Olenus* in seinem basisnahen Bereich durch eine ganze Reihe anderer Gattungen. Die Faunenprovinzen erschweren eine weltweite Parallelisierung kambrischer Schichtfolgen. Für das Oberkambrium werden neuerdings Trilobiten-Massenaussterbeereignisse diskutiert, die allerdings nur in Nordamerika und Australien dokumentiert sind. Da vor allem Warmwasserformen betroffen sind, könnten klimatische Ursachen (Abkühlung) dafür verantwortlich sein.

Böhmen bildet für das europäische Mittelkambrium einen ‚Leckerbissen': In der Mulde von Prag sind über einer mächtigen unterkambrischen klastischen Schichtfolge mit Konglomeraten, Grauwacken und Sandsteinen die etwa 400 m mächtigen Schiefer von Jince und Skryje entwickelt, aus denen Joachim Barrande (1799–1883) prächtig erhaltene Faunen mit Trilobiten dokumentiert hat. Die Schichten lagern auf konsolidiertem Präkambrium und sind deshalb nur geringfügig durch tektonische Prozesse beeinflusst worden; das gilt in gleicher Weise auch für die hangenden paläozoischen Ablagerungen. Nach ihm wird die gesamte paläozoische Schichtenfolge dieser Gegend als Barrandium bezeichnet.

Joachim Barrande war ein Mitréfugié des Grafen Chambord. Dieser stattete ihn finanziell so großzügig aus, dass er sich ausschließlich seiner wissenschaftlichen Arbeit widmen konnte. Ein Glücksfall, wie die innerhalb von über 40 Jahren von ihm selbst zum Thema publizierten 23 Bände belegen, die durch Fossilabbildungen von außerordentlicher Schönheit geprägt sind.

Zusammenfassung

Mit dem nach der römischen Provinz Cambria (Wales) benannten Kambrium begann die durch Fossilien praktisch aller Tierstämme belegbare Epoche des Phanerozoikums; von > 500 Millionen Jahren nimmt das Kambrium etwa 50 Millionen Jahre ein (544–495 Ma).

Die Festlandsgebiete waren vor allem die Großkontinente Gondwanaland und Laurentia, neben Baltica, China, Sibiria und Kasachstania (diese Bezeichnungen entsprechen näherungsweise den heutigen Landgebieten). Sie lagen überwiegend in niederen Breiten und waren von breiten Flachwasserarealen umgeben. Nach der jungpräkambrischen, weltweit wirksamen Eiszeit eroberte das Meer die weitgehend eingeebneten Kontinente, die Transgressionen erreichten ihr Maximum im mittleren Kambrium. Die Tierwelt bildete am Anfang noch kümmerliche Formen unsicherer systematischer Zuordnung, dann folgten Brachiopoden (anfangs mit hornig-phosphatischen, später zunehmend kalkigen Schalen), Echinodermen, primitive Cephalopoden, vor allem aber Trilobiten, die die wichtigsten Leitfossilien bilden. Trilobiten bilden erstmals in der Erdgeschichte Faunenprovinzen. Mit den Conodonten sind nun auch, entgegen früheren Auffassungen, die Wirbeltierte bereits im Kambrium vertreten. Die auf das Unterkambrium begrenzten schwammähnlichen Archaeocyathiden waren nach den Stromatolithen des Präkambriums die ersten Bildner von Kalkriffen in der Erdgeschichte. Im tieferen Wasser lebten kleine Trilobiten ohne Augen. Diese Areale, die Geosynklinalen des späteren Kaledonischen Gebirges, sind vor allem durch dunkle Tongesteine gekennzeichnet, während im Flachmeer Karbonate, Sandsteine und erstmals auch Salzgesteine in nennenswerten Mengen gebildet wurden. Kambrische Schichten lagern überwiegend diskordant auf tektonisch deformiertem Präkambrium. In den nicht von der späteren Gebirgsbildung betroffenen Gebieten sind sie noch heute kaum verfestigt. Das Kambrium ist eine Zeit relativer Ruhe im endogenen Bereich gewesen: es gab kaum Bodenbewegungen und nur sehr eingeschränkten Vulkanismus.

Ordovizium

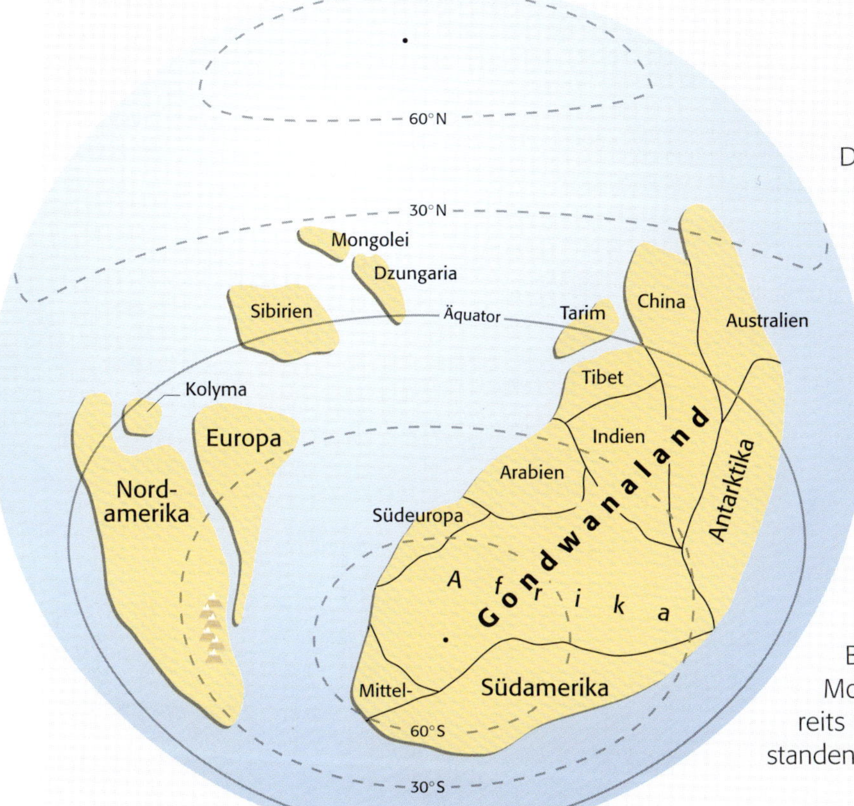

Die Karte zeigt die plattentektonisch rekonstruierte, vermutliche Situation der Erde zur Zeit des Ordoviziums. Die Südkontinente bilden einschließlich von Teilen Südeuropas die große zusammenhängende Landmasse von Gondwanaland. Das nördliche Afrika lag damals im Bereich des Südpols, was eine Vereisung u. a. des Saharagebietes zur Folge hatte. Nordamerika war vom größeren Teil Europas durch den Iapetus-Ozean getrennt, der später geschlossen wurde; in der Folge entstand zwischen den Kontinentblöcken das Kaledonische Gebirge. Die Berge in Nordamerika sind die Taconic Mountains, die als Teil der Appalachen bereits zwischen Ordovizium und Silurium entstanden.

Begriff und Abgrenzung

Wie das Kambrium ist auch das Ordovizium aus Wales abgeleitet, wo die Ordovicer einen keltischen Volksstamm bildeten. Das Ordovizium als System hat Charles Lapworth (1879) in die Geologie eingeführt. Dem war allerdings ein jahrzehntelanger Streit zwischen Murchison und Sedgwick vorausgegangen, in dem Ersterer eine Serie von Gesteinen im Hangenden des Kambriums zusammenfassend Silur genannnt hatte, die sich teilweise mit kambrischen Schichten altersmäßig überschnitt. Lapworth trennte den unteren Teil dieses Silurs ab und erhob ihn zum eigenständigen System des Ordoviziums.

Nicht ohne Grund sind die Schichten an der walisischen Küste neben den kambrischen und silurischen Ablagerungen zu finden: Alle drei Systeme lassen sich als Altpaläozoikum zusammenfassen, das das Baumaterial für das spätere Kaledonische Gebirge geliefert hat.

Weil Leitfossilien des Ordovizium in ausreichendem Maße zur Verfügung stehen, ist eine faunistische Abgrenzung zum Liegenden ebenso möglich wie zum Hangenden. In vielen Profilen ist die Grenze zum Kambrium durch eine offenbar kurzzeitige Regression gekennzeichnet, die sich in verstärktem Maße zwischen Ordovizium und Silurium wiederholt. Neben einer Veränderung bei *Brachiopoden*- und *Trilobiten*gattungen spielen heute vor allem *Conodonten* und *Graptolithen* eine Rolle für die Abgrenzung und Gliederung.

Flora und Fauna

Gloeocapsomorpha prisca mussten wir im Diplomexamen herbeten können; das ist eine ordovizische Grünalge, die für den Bitumengehalt des estländischen Kukkersits, eines Bitumenmergels (Ölschiefer), maßgeblich war. Dieses bräunliche Gestein enthält aber auch gut erhaltene größere Fossilien, unter anderem Bryozoen, und man kann es mit einem Streichholz direkt anbrennen (Brandschiefer). Damit ist auch gesagt, dass Algen, neben Cyanophyceen und Chlorophyceen vor allem Kalkalgen, häufiger werden. Neben diesen Thallophyten gab es in Flachwassergebieten aber auch schon Gefäßsporenpflanzen, die im nachfolgenden Silurium dann das Festland zu erobern begannen.

Für die ordovizische Tierwelt gilt zunächst, dass sie gegenüber der kambrischen und der nachfolgenden siluri-

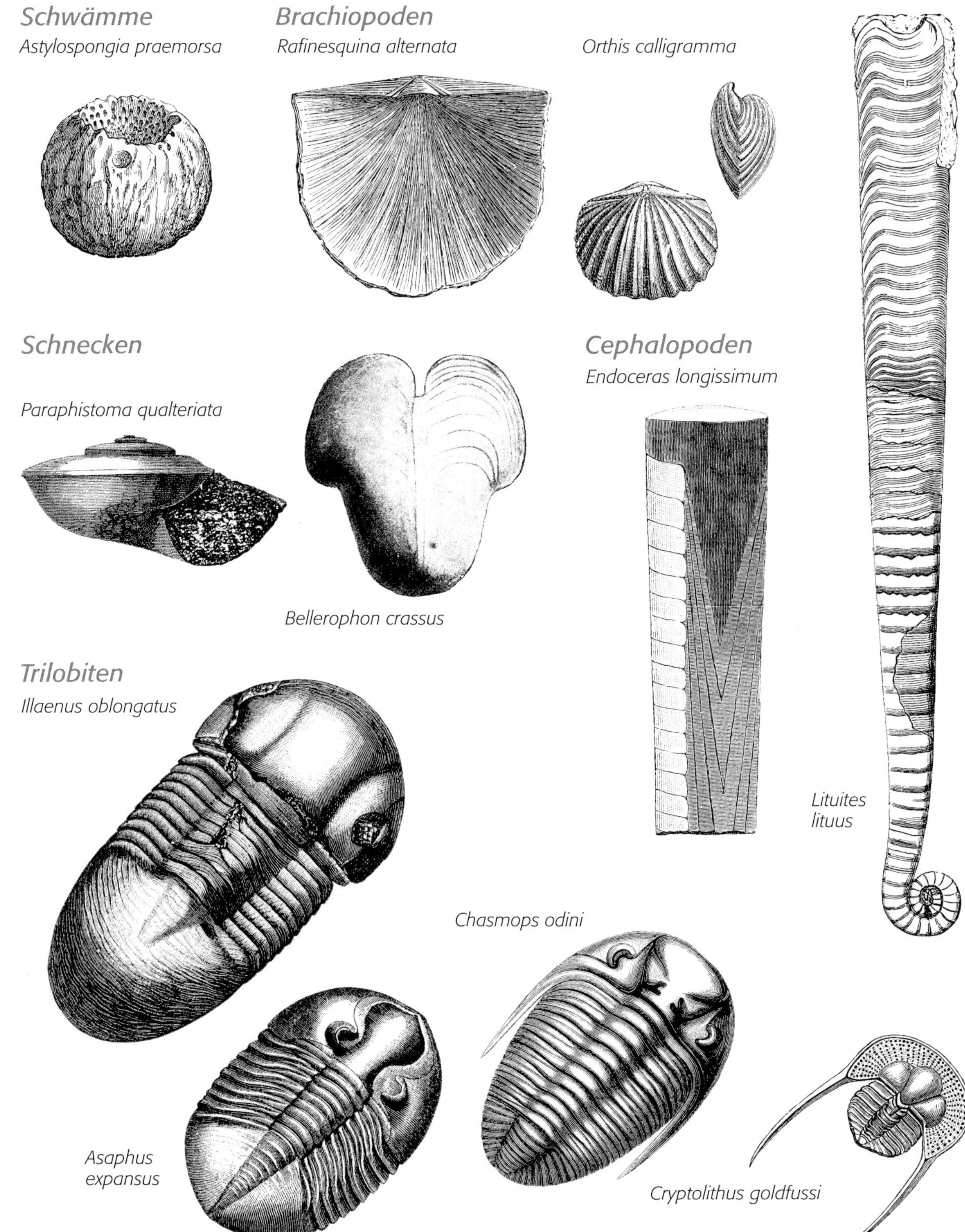
Schwämme
Astylospongia praemorsa
Brachiopoden
Rafinesquina alternata
Orthis calligramma
Schnecken
Paraphistoma qualteriata
Bellerophon crassus
Cephalopoden
Endoceras longissimum
Lituites lituus
Trilobiten
Illaenus oblongatus
Chasmops odini
Asaphus expansus
Cryptolithus goldfussi

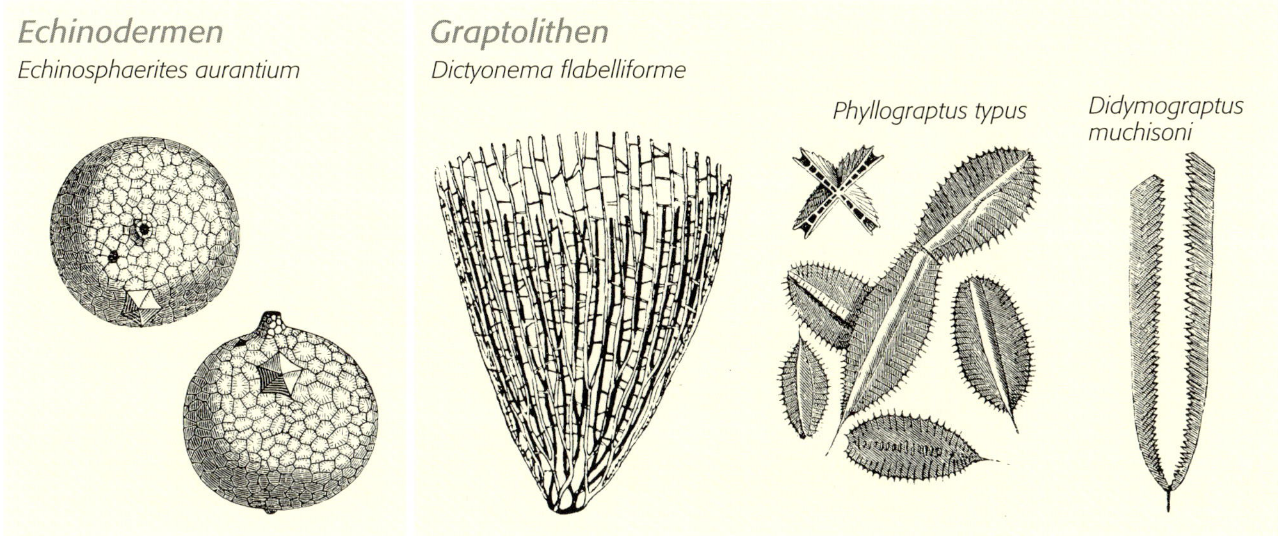

schen, eine eigenständige Formenwelt ausbildet, die auch für die Abtrennung des Ordoviziums als erdgeschichtliches System von Bedeutung ist.

Die wichtigsten Gruppen sind dabei, neben weiterentwickelten Trilobiten, Brachiopoden und Conodonten, vor allem die Graptolithen. Außerdem entstanden neue Formen bei den Kieselschwämmen, Stromatoporen, Rugosen und Tabulaten (beides Korallen), Muscheln, Nautiloideen, Echinodermen und Ostrakoden sowie den Wirbeltieren, wo nun zum ersten Male die fischähnlichen Skelette der *Agnathen* (Kieferlose) auftauchen. Vor der Deutung der Conodonten als Wirbeltiere, waren die Agnathen deren erste Repräsentanten, weshalb die Lehrbücher diese bisher mit dem Ordovizium beginnen lassen.

Die Faunen sind vielfach durch die Fazies kontrolliert, wobei man die Graptolithen überwiegend in einer durch dunkle feinkörnige Sedimente gekennzeichneten Stillwasserfazies, die uferfernen Tiefseebereich charakterisiert, alle anderen Formen dagegen vor allem im Flachwasser angesiedelt findet.

Die *Trilobiten* zeigen eine rasante Entwicklung und erreichen im Ordovizium ihren Höhepunkt bezüglich Formenvielfalt und Körpergröße (im Extremfall 70 cm Länge). Sie konnten sich jetzt nach Art von Kellerasseln einrollen, der Schwanzschild wuchs auf Kosten von Rumpfsegmenten, so dass sich Kopf- und Schwanzschild ähnlicher wurden. Die Facettenaugen waren höher entwickelt; daraus schließt man, dass diese Tiere sich am Boden frei bewegt haben oder geschwommen sind. Gleichzeitig waren, ähnlich wie schon im Kambrium, Faunenprovinzen entwickelt, die wahrscheinlich wesentlich durch die klimatischen Bedingungen bestimmt wurden. Im Bereich der damaligen Nordhalbkugel gehörten dazu: eine Plattform, die Nordamerika und Sibirien umfasste (mit *Asaphus, Illaenus* und *Calymene*), die Randgebiete des Baltischen Schildes (mit *Asaphiden* i.w.S.), und auf der damaligen Süderde eine von Florida über Großbritannien, Spanien und den Tethysbereich bis zum Himalaya reichende Provinz (mit *Calymene, Cryptolithus, Dalmanites* u.a.) und schließlich die südlichen Gebiete (Australien, Südamerika und Südchina, bis zum Himalaya), in der den nordamerikanisch-sibirischen Trilobiten ähnliche Formen vorkommen.

Die *Brachiopoden* bilden nun überwiegend kalkige Schalen aus, ihre schnelle Entwicklung macht sie zu geeigneten Leitformen, wobei vor allem die Orthiden, Strophomeniden und Pentameriden von Bedeutung sind.

Ordovizische Schwämme sind vor allem Kieselschwämme, die oft in verkieseltem Zustand erhalten sind; das macht sie beständig gegen Verwitterung und Transportschäden und erklärt auch, warum man sie in eiszeitlichen Geschieben der nordeuropäischen Flachländer finden kann. Die kugelähnlichen, einige Zentimeter großen Formen werden auch als Steinschwämme (*Lithistida*) bezeichnet und waren Bewohner der Flachwassergebiete, während die heutigen Kieselschwämme eher im Tiefseebereich vorkommen.

Hohltiere oder *Coelenteraten* steuern erstmals sichere *Tabulata* (Bödenkorallen) im älteren und *Rugosa* im mittleren Ordovizium zur Tierwelt bei. Die Moostierchen (*Bryozoen*), die oben schon aus dem estländischen Kukkersit erwähnt wurden, bilden in Nordamerika erstmals Riffstrukturen, meist zusammen mit anderen Organismen wie *Stromatoporen* und Algen. Die *Mollusken* sind durch viele neue Schneckenarten vertreten, wobei neben ordovizisch-eigenständigen auch noch kambrische Formen vorkommen. Auch die Muscheln werden häufiger und differenzierter.

Bedeutender als diese beiden Vertreter der Molluskenfauna sind nun allerdings die *Cephalopoden*, unter denen vor allem die Nautiloideen eine Fülle von Formen entwickeln und in einigen Fällen Riesenexemplare von bis zu 9 m Länge ausgebildet hatten. Sie sind durch dicke Kalkschalen und uhrglasförmig gewölbte Kammerscheidewände gekennzeichnet. Nach der Lage des die Kammern verbindenden Siphos lassen sich *Orthoceren* (*Orthoceras*, das Geradhorn) mit zentralem von solchen mit randständigem (= ventralem) Sipho, z. B. *Endoceras*, unterscheiden. *Actinoceras* ist durch einen perlschnurartigen Sipho gekennzeichnet. Entscheidend für den späteren Evolutionsverlauf der Cephalopoden sind Formen, die sich an der Spitze einzurollen beginnen und damit einem Bischofsstab ähnlich werden; daher rührt auch der Gattungsname *Lituites*. Solche Gehäuse können gelegentlich massenhaft vorkommen (Orthoceren-Schlachtfelder) und damit gesteinsbildend sein (*Lituites*kalk auf der schwedischen Insel Öland).

Echinodermen sind vor allem aus dem Baltikum in Form der sog. Kristalläpfel bekannt geworden; das sind kugelige Körper, die aus vielen polygonalen Plättchen aufgebaut sind. Sie lebten am Boden festgeheftet (*Echinosphaerites*) und gehören zur Gruppe der Cystoideen. Später kamen auch die ersten Seesterne und Schlangensterne hinzu; von den primitiven Seesternen hat man 1962 lebende Vertreter an der pazifischen Küste von Mexiko entdeckt (wir werden im Laufe der Erdgeschichte noch weitere ‚lebende Fossilien' kennen lernen).

Die weitaus wichtigsten ordovizischen Fossilien aber sind die meist an pelagische Sedimente gebundenen *Graptolithen* (Schriftsteine); ihre Abdrücke im Gestein ähneln in ihrem Aufbau Laubsägeblättern. Sie gehören zu den Chordatieren und damit zu einer ziemlich hoch entwickelten Organismengruppe. Graptolithen sind in dunklen tonigen Gesteinen meist ‚kohlig' erhalten, d. h. die Abdrücke sind schwarz glänzend auf den Schichtflächen zu sehen. Die Tiere bilden verästelte Kolonien, die zu Beginn ihrer Entwicklungsgeschichte noch am Boden oder an treibendem Tang festgeheftet gelebt hatten und im Verlaufe der Evolution zu freischwimmenden Formen wurden. Danach unterscheidet man *Dendroidea* (die buschartig verzweigt waren) von den späteren *Graptoloidea*, die an eigenen Blasen schweben konnten.

Fast alle Gattungsnamen enden auf *-graptus*, woran man sofort ihre Zugehörigkeit in Fossillisten erkennen kann. Sie bilden einzeilig-vielästige (mit Namen wie *Tetragraptus*, *Phyllograptus*, *Didymograptus*) oder zweizeilige Kombinationen eines bis mehrerer Äste (*Diplograptus*, *Climacograptus*, *Orthograptus*) und finden erst im Silurium wieder zu einfachen Bauplänen zurück (Monograptiden).

Wichtig ist ihre schnelle Evolution, die im Ordovizium eine Gliederung in 16 Zonen ermöglicht, was sie zu ausgezeichneten Leitfossilien macht.

Zu den ordovizischen Wirbeltieren gehören neben den eher unauffälligen Conodonten nun *Agnathen;* von ihnen sind Schuppen überliefert und es ist bekannt, dass sie weder ein knöchernes Innenskelett noch Flossen hatten. Sie werden als Verwandte der rezenten Rundmäuler angesehen.

Insgesamt lässt sich die Evolution innerhalb des Ordoviziums als eine auch gegenüber der kambrischen Entwicklung noch gesteigerte adaptive Radiation begreifen: 150 kambrischen standen nun etwa 400 ordovizische Familien gegenüber, und innerhalb des Paläozoikums änderte sich daran praktisch nichts mehr; der Lebensraum war vermutlich ausgefüllt, so dass sich neue Formen kaum noch durchsetzen konnten.

Fazies

Die räumliche Verteilung der ordovizischen Organismenwelt ist wesentlich durch die Fazies kontrolliert. Man unterscheidet im marinen Bereich grundsätzlich eine Stillwasser- oder Graptolithenfazies von einer Flachwasserfazies, die durch eine wesentlich vielfältigere Tierwelt geprägt ist.

Die Stillwasserfazies kennzeichnen dunkle Shales, die als feinstkörnige Ablagerungen des pelagischen Bereiches angesehen werden, wobei man überwiegend auch von ruhigem Wasser ohne wesentliche Strömungen ausgeht. Die Shales sind meist auch reich an organischem Kohlenstoff, und die diesen Faziesbereich kennzeichnenden Graptolithen sind darin meist kohlig erhalten.

Die Flachwasserfazies ist durch Karbonate oder Sandsteine gekennzeichnet, mit Trilobiten und Brachiopoden sowie in den besonders kalkreichen Arealen durch Echinodermen, Stromatoporen, Bryozoen und Stromatolithen, die gelegentlich Riffstrukturen aufbauen. Oolithische Kalksteine kennzeichnen bewegtes Flachwasser unter Verhältnissen, wie sie rezent auf der großen Bahama-Bank gegeben sind. Unter den ordovizischen Sandsteinen genießt der St. Peter-Sandstone, der große Areale in Nordamerika einnimmt (u. a. Illinois), eine gewisse Berühmtheit, weil er aus außerordentlich gut sortierten und gut gerundeten Quarzkörnern aufgebaut ist, die eine vielfache Wiederaufarbeitung nahe legen. Dieser Sandstein steht stellvertretend für sehr flache Schelfbereiche, auf denen ältere Sedimente im Gefolge einer großräumigen Transgression aufgearbeitet wurden. In Europa ist diese Transgression durch den so genannten Armorikanischen Quarzit belegt, der nach Armorica (= Bretagne) benannt ist und auch auf der Iberischen Halbinsel, in Sardinien, der Montagne Noire und den Ostalpen entwickelt ist. Für die gesamte Faziesverteilung im Ordovizium ist wichtig anzumerken, dass im Mittelordovizium der Weltmeeresspiegel einen ausgesprochenen Hochstand hatte.

In Deutschland sind Ablagerungen des Ordoviziums vor allem aus den Gebieten Frankenwald und Thüringer Schiefergebirge beschrieben worden. Die Gesteine umfassen hauptsächlich dunkle Tonschiefer und Quarzite mariner Fazies, von denen die nach dem Spurenfossil *Phycodes circinatum* benannten Phycodenschiefer viele hundert Meter Mächtigkeit erreichen, was auf einen absinkenden Meeresbereich hindeutet. Demgegenüber stehen einige der heute als Quarzite vorliegenden Sedimente, die wahrscheinlich als Sandbarren in einem küstennahen Flachmeer aufgehäuft wurden. Im höheren Ordovizium folgt dann eine Fazies, die durch Schichten mit oolithischen, silikatischen Eisenerzen geprägt ist, die in sehr flachem Wasser gebildet wurden.

Diese Eisenerze haben die Waffenschmieden Thüringens begründet und Ortsnamen wie Schmiedefeld verursacht. Im Verband damit kommen Griffelschiefer und Quarzite vor, im jüngsten Abschnitt auch sog. Lederschiefer. Griffelschiefer und Lederschiefer sind hier stratigraphische Begriffe; sie sagen allerdings gleichzeitig auch etwas über die Beschaffenheit der Gesteine aus. Im übrigen Deutschland sind Ablagerungen des Ordoviziums unter den devonischen Schichten des Rheinischen Schiefergebirges zu erwarten. Sie tauchen fensterartig in Form von Bänderschiefern im Sauerland auf oder als Bestandteile einer wahrscheinlichen Deckenüberschiebung innerhalb des Variskischen Gebirges bei Gießen.

Der im Zusammenhang mit den fossilen Algen schon erwähnte Kukkersit Estlands kennzeichnet die besondere Situation im baltischen Raum, wo auf einer stabilen Plattform nur sehr geringmächtige Sedimente abgelagert wurden. Diese Flachmeerfazies ist durch glaukonitische Sande und Kalke gekennzeichnet, wobei in den Zwischenlagen dünnbankiger Kalke die Algengyttjen eingeschaltet sind, die aufgrund ihres Bitumengehaltes brennbar sind.

Die extremen Unterschiede zwischen diesen Plattformsedimenten und den pelagischen Bildungen, etwa den black shales der Kaledonischen Geosynklinale lassen sich am besten durch einen Vergleich der Mächtigkeiten aufzeigen: In Estland sind es nur einige Zehner Meter, in der Kaledonischen Geosynklinale etwa 3000 m und in Thüringen immerhin noch um 2000 m.

Die durch mächtigere Sedimente gekennzeichneten Senkungszonen sind auch Bereiche vulkanischer Tätigkeit, die durch basaltische, andesitische und rhyolithische Gesteine dokumentiert ist. Der Vulkanismus wird meist im Zusammenhang mit der Kaledonischen Gebirgsbildung gesehen, die damals begonnen hatte und die die fazielle Differenzierung der Ablagerungsräume bewirkt hat.

Die klassischen Lokalitäten dafür sind Schottland und Wales, wo es viele Kilometer mächtige Serien mit magmatischen Gesteinen gibt, die heute im Sinne plattentektonischer Prozesse interpretierbar sind. Ozeanbodenbasalte in Form obduzierter Ophiolithkomplexe gehören ebenso dazu wie Inselbogensuiten mit Andesiten und Rhyolithen; diese Aktivität stand im Zusammenhang mit dem Iapetus-Ozean genannten Protoatlantik, der gegen Ende des Ordoviziums mit zunehmender Geschwindigkeit weiter geschlossen wurde. In der Folge entstand aus seinen Gesteinen das Kaledonische Gebirge.

In diesem Zusammenhang steht auch die nach den Taconic Mountains benannte Takonische Faltung, die vor allem den Nordteil der Appalachen strukturiert hat; zeitlich ist sie zwischen Ordovizium und Silurium einzuordnen.

Im terrestrischen Bereich gibt es Hinweise auf eine ordovizische Eiszeit. Da sie ausgerechnet in der heutigen Sahara und auf der Arabischen Halbinsel gut ausgebildet sind, und dort in eher abgelegenen Gebieten, hat man sie erst in den 1970er-Jahren entsprechend interpretiert. Dazu gehören Gletscherschrammen auf dem Untergrund, deren Richtungen anzeigen, dass das Landgebiet NW-Afrikas damals unter dem Südpol lag (gewöhnlich sagt man: ‚der Südpol lag in der Sahara', was aber die Sachverhalte m. E. verkehrt wiedergibt); daneben gibt es eine Reihe weiterer Indizien, vor allem Moränenmaterial mit riesigen Blöcken. Inzwischen sind auch in den entsprechenden Meeresablagerungen die dazugehörigen dropstones nachgewiesen worden.

Stratigraphie

Um ordovizische Schichtnamen richtig aussprechen zu lernen, ist zunächst ein Aufenthalt an einer walisischen Universität empfehlenswert: das doppelte L von Llandeilium mit Zunge und Rachen zu artikulieren wird nicht jedem auf Anhieb gelingen.

Tröstlich ist, dass von den sechs unterschiedlichen Stufen nicht alle Namen so schwierig auszusprechen sind. Vom Liegenden zum Hangenden: Tremadocium, Arenigium, Llanvirnium, Llandeilium, Caradocium und Ashgillium. Diese Bezeichnungen stammen von Ortsnamen, die Orte liegen in Wales.

Die stratigraphische Gliederung erfolgt überwiegend nach Graptolithen, wobei sich insgesamt 16 Zonen unterscheiden lassen. Daneben spielen Trilobiten und Brachiopoden, zunehmend aber auch Conodonten eine Rolle. Infolge der weitgehend planktischen Lebensweise der Graptolithen ist es erklärbar, dass vor allem die entsprechenden Schichten eine annähernd weltweite Gliederung gestatten. Es gibt allerdings auch dort unterschiedliche Formen, nach denen sich anfangs eine pazifische von einer atlantischen Provinz unterscheiden lässt, was sich dann im Oberordovizium verwischt. Die Organismenwelt der Flachwasserfazies zeigt dagegen naturgemäß eine Differenzierung in viele voneinander getrennte Provinzen.

Nach physikalischen Altersdaten umfasst das Ordovizium einen Zeitraum von etwa 50 Millionen Jahren (495–443 Millionen Jahre).

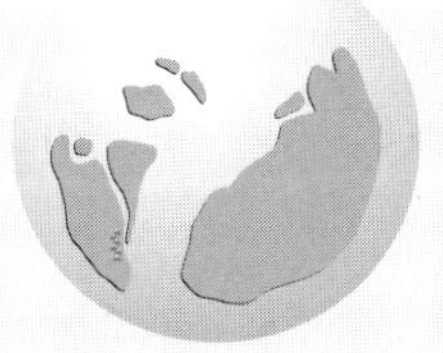

Zusammenfassung

Das nach dem keltischen Volksstamm der Ordovicer benannte Ordovizium ist durch eine eigenständige Entwicklung seiner Tierwelt als eigenes System sowohl dem Kambrium als auch dem Silurium gegenüber abgrenzbar.

Die Verteilung von Land und Meer entsprach noch weitgehend den Gegebenheiten im Kambrium. Gondwana driftete nach Süden, und so gerieten festländische Bereiche des heutigen NW-Afrika gegen Ende des Ordoviziums in den Südpolbereich, was eine Eiszeit zur Folge hatte. Diese bewirkte eine weltweite Regression, die auch die Grenze zum Silurium geprägt hat. Zuvor waren durch weltweiten Meeresspiegelhochstand viele Areale großräumig überflutet. In pelagischem Stillwasserbereichen entwickelten sich die Graptolithen zu großer Formenvielfalt und bildeten damit die wesentlichen Leitfossilien. Die Flachwassergebiete sind durch eine Organismenwelt mit Trilobiten, Brachiopoden, Cephalopoden, Echinodermen, Bryozoen, Stromatoporen und – noch – Stromatolithen gekennzeichnet. Die Evolution erreichte mit 400 Familien das Maximum innerhalb des gesamten Paläozoikums.

Die Räume der späteren Kaledonischen Geosynklinale füllten sich weiter mit Sedimenten, gegen Ende wurde mit submarinem Vulkanismus die spätere Gebirgsbildung eingeleitet, die von Spitzbergen bis nach Nordwestafrika dokumentiert ist.

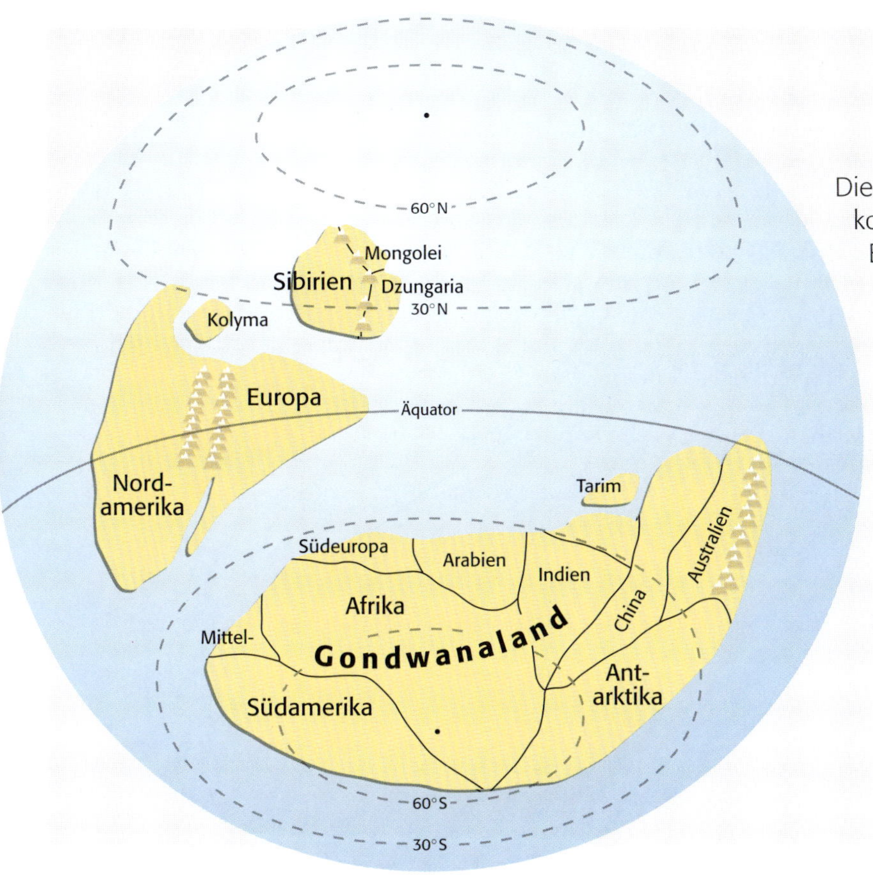

Silurium

Die Karte zeigt die plattentektonisch rekonstruierte, vermutliche Situation der Erde zur Zeit des Siluriums. Gegenüber der entsprechenden Darstellung des Ordoviziums stehen sich außer dem kleineren sibirischen zwei große Kontinentalblöcke gegenüber: Gondwanaland und das durch das Kaledonische Gebirge zusammengeschweißte Europa mit Nordamerika. Nordchina lag nach neueren Erkenntnissen weiter nördlich des Äquators (das gilt im Prinzip für das gesamte Paläozoikum).

Begriff und Abgrenzung

Wie schon das Ordovizium, geht auch der Begriff Silurium (oder Silur) auf einen keltischen Volksstamm zurück; wieder England, Kaledonische Geosynklinale, diesmal Shropshire. Das Silurian System hat Roderick Murchison 1835 in die geologische Literatur eingeführt.

Die schon vorher erwähnte ordovizische Eiszeit bedingte eine weltweite Regression, die auch für die Grenzziehung zwischen Ordovizium und Silurium von Bedeutung ist, denn mit Beginn des Siluriums setzte wieder eine Transgression ein, mit der auch neue Faunengemeinschaften weltweit verbreitet wurden. Für das Ende des Ordoviziums wird auch – wieder einmal – ein Massenaussterbeereignis diskutiert. So lässt sich die Untergrenze faunistisch definieren, wobei vor allem die Graptolithen noch eine wesentliche Rolle spielten. Die silurischen Schichten lagern meist konkordant auf den entsprechenden ordovizischen Sedimenten. Die Hangendgrenze zum Devon ist schwieriger zu ziehen, weil hier regional wieder großräumige Regressionstendenzen beobachtet werden können, und örtlich sogar kontinentale Rotsedimente und Evaporite entwickelt sind. Die lokalen Regressionserscheinungen hängen auch mit der Kaledonischen Gebirgsbildung zusammen, während der die gesamte Schichtenfolge des Altpaläozoikums gefaltet wurde.

Flora und Fauna

Das Silurium nimmt in der Entwicklung der Pflanzenwelt eine ganz besondere Stellung ein, weil hier vor über 400 Millionen Jahren zum ersten mal in der Erdgeschichte Pflanzen das Festland erobert hatten. Möglicherweise geschah das sogar bereits im Ordovizium, weil man schon aus dieser Zeit Sporenfunde kennt.

Die bisherigen Meeresalgen brauchten weder ein Stützskelett noch Wasserleitungssysteme. Es ist anzunehmen, dass diese Pflanzenteile zusammen mit den verankernden Wurzeln im Verlaufe von Regressionen sich allmählich entwickelt hatten, wobei die Urformen sicherlich noch im Wasser wurzelten und erst im Laufe der Evolution Leitbündelysteme für die im Trockenen notwendige Wasserleitung ausbildeten. Sie werden sich also im gelegentlich überfluteten Küstenbereich entwickelt haben.

Pflanzen
Cooksonia caledonica

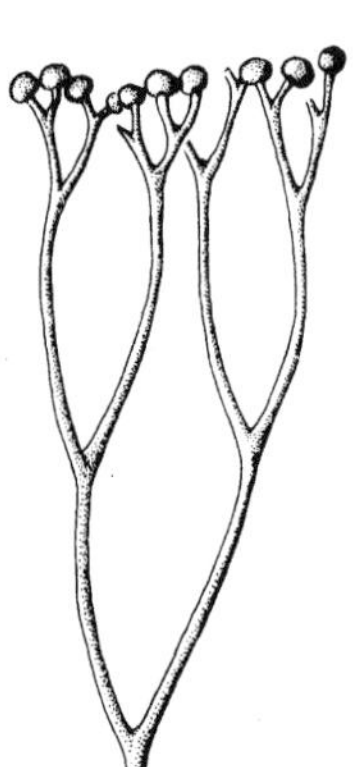

Brachiopoden
Ferganella borealis

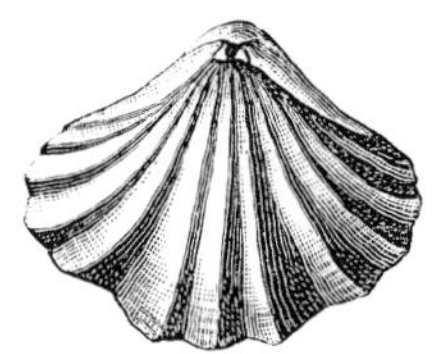

Resserella elegantula

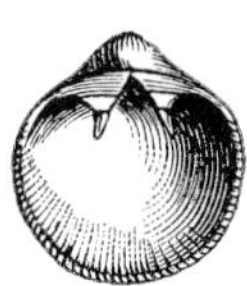

Sowerbyella transversalis

Protochonetes striatellus

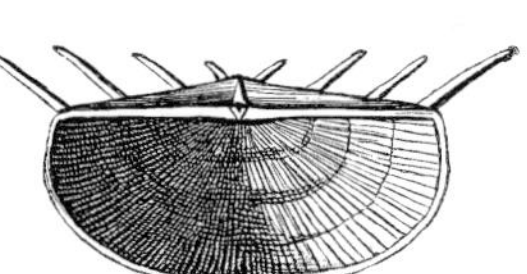

Leptaena rhomboidalis

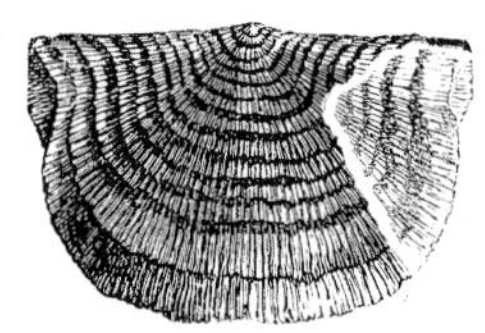

Muscheln
Cardiola interrupta

Cephalopoden
Dawsonoceras annulatum

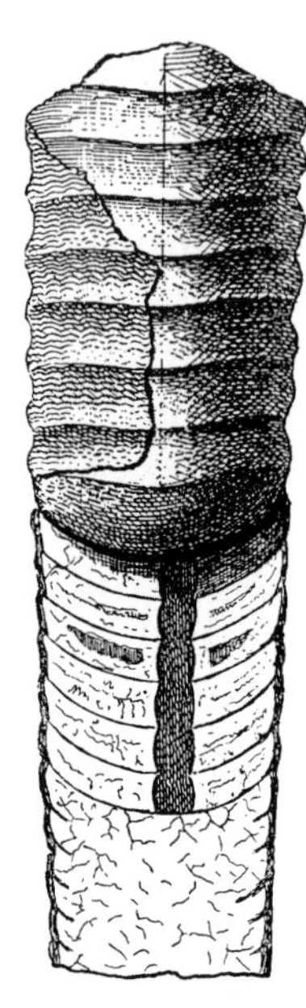

Korallen

Omphyma subturbinata

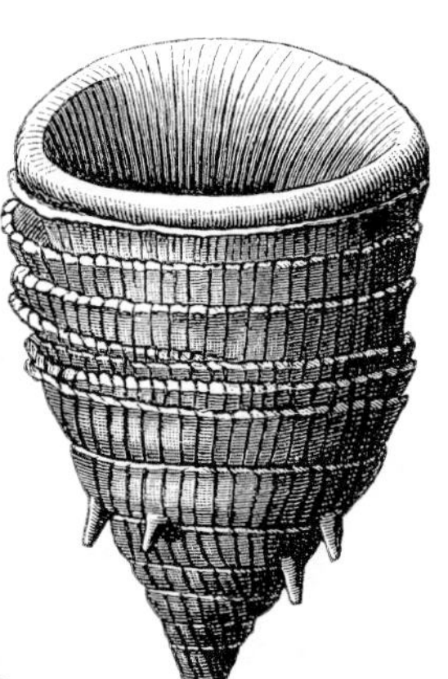

Favosites gothlandicus

Halysites catenularia

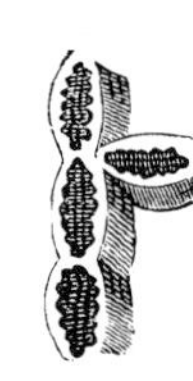

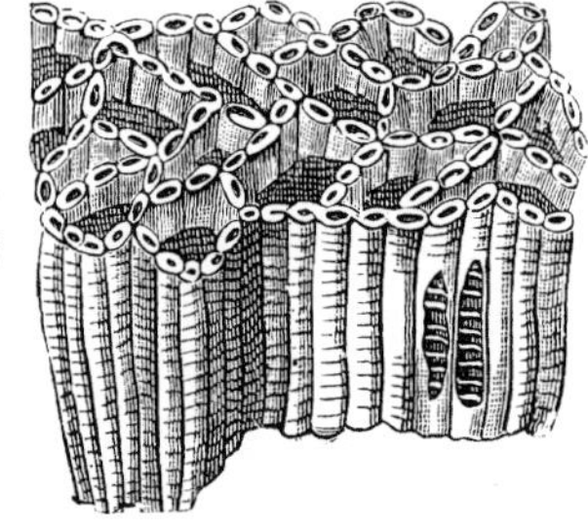

Ostrakoden
Leperditia hisingeri

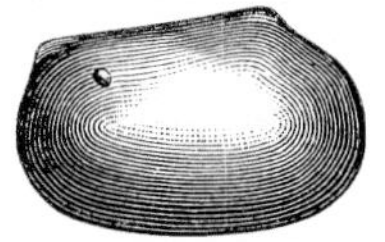

Neobeyrichia tuberculata

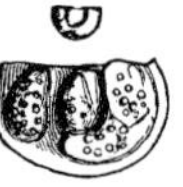

Echinodermen
Cyanocrinites longimanus

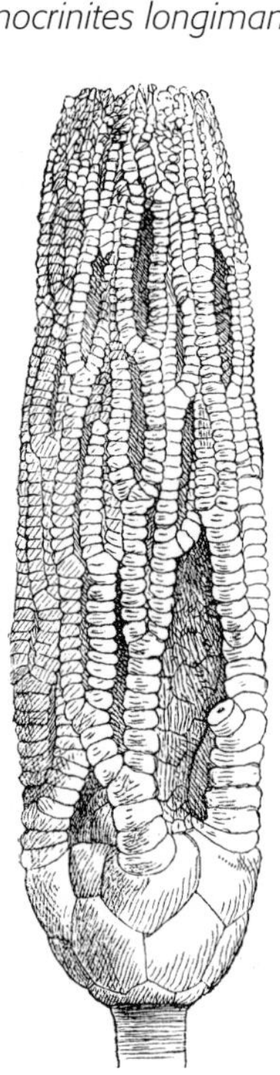

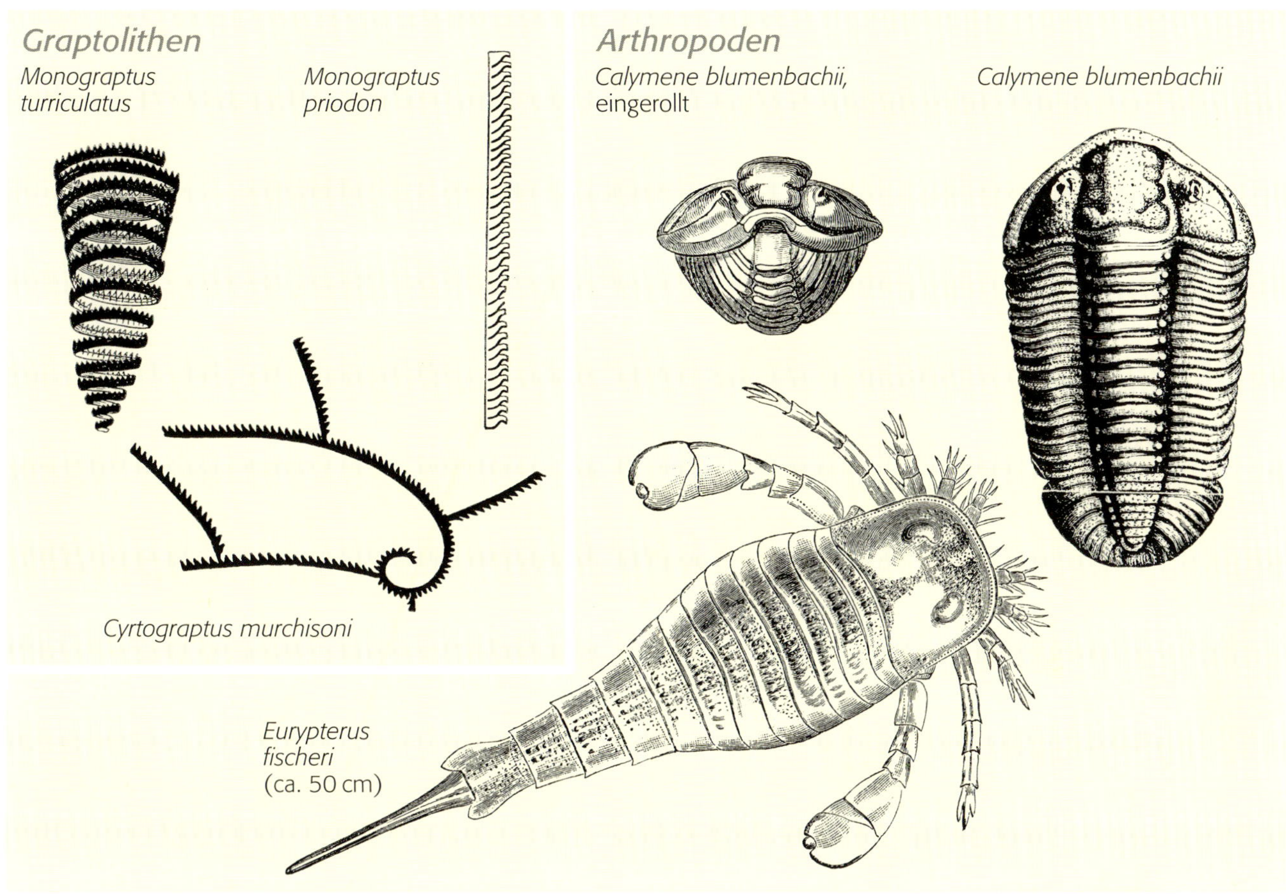

Die Anfangsformen sind durch ausgesprochen kleine dornenähnliche Anhänge gekennzeichnet, weshalb man diese ersten Landpflanzen auch Nacktpflanzen (Psilophytales) nennt; die kleine Oberfläche dieser Anhänge schränkte die Verdunstung ein. Nach ersten untersilurischen Sporenfunden in Ölbohrungen Libyens, die von solchen *Psilophyten* stammen könnten, sind aus dem mittleren Silurium Irlands, Englands und der früheren ČSSR Abdrücke kleiner Pflanzen bekannt geworden, die nur wenige Zentimeter hoch waren, dichotom gegabelt und mit endständigen Sporangien; diese als *Cooksonia caledonica* bezeichnete Art wuchs im Bereich des Old-Red-Kontinents.

In der Tierwelt sind weiterhin die Gruppen von Bedeutung, von denen schon im Kapitel über das Ordovizium die Rede war. Sie bilden aber eigenständige Gattungen und Arten, nach denen das Silurium klar von den älteren Schichten unterschieden und auch in sich gegliedert werden kann. Auch die silurischen Faunen sind durch die Fazies kontrolliert: Graptolithen waren überwiegend im pelagischen Bereich, Trilobiten und Brachiopoden eher im Flachwasser beheimatet.

Dazu kommen nun Bereiche, die durch gut entwickelte Riffbauten gekennzeichnet sind. Ein klassisches Gebiet bildet dabei die schwedische Insel Gotland, deren silurische Riffe besonders eingehend studiert wurden.

Die *Graptolithen* sind durch die pseudoplanktischen *Graptoloidea* vertreten, deren Entwicklung sich zu zunehmend einfacheren Rhabdosomenformen vollzog. Statistisch betrachtet, nimmt auch die Anzahl der Familien weiter ab. Viele Arten gehören zu einer *Monograptus* genannten Gattung, die mit zu einer Stufengliederung im Silurium beiträgt. Dazu kommen solche mit zusammengesetzten Rhabdosomen (*Cyrtograptus*, *Abiesgraptus*) oder zweizeilige, schon im Ordovizium bekannte Gattungen, wie *Diplograptus* oder *Climacograptus*, und schließlich Formen, die ein zartschaliges Maschensystem ausgebildet hatten (*Retiolites*).

Bei den *Trilobiten* beginnt sich der spätere Untergang schon abzuzeichnen, weil die vormals vielfältigen Stammlinien auf einige wenige begrenzt werden; diese bilden allerdings eine reiche Fauna, die auch stratigraphisch von großer Bedeutung ist. Wesentliche Merkmale sind vermehrte Stacheln und eine ausgeprägte Körnelung der Oberfläche des Panzers. Die wichtigsten Familien sind die *Phacopida* (mit den Gattungen *Cheirurus*, *Encrinurus*, *Homalonotus*, *Phacops*, *Dalmanites* und *Acaste*), die *Lichi-*

da (mit *Lichas* und *Terataspis*) sowie die *Odontopleurida* (mit *Odontopleura* und *Leonaspis*).

Die zweite wichtige Arthropodengruppe bilden die *Ostrakoden*, die lokal ganze Gesteinsbänke des Flachmeerbereiches kennzeichnen. Dazu gehören die glattschaligen *Leperditien* und die ausgeprägt skulpturierten *Beyrichien*, die mehrere Zentimeter groß werden können und die z.B. den Leperditienkalk bzw. Beyrichienkalk von Gotland als Leitfossilien kennzeichnen.

In das festländische, aquatische Milieu gehören auch riesenhafte, bis über 2 m lange Krebstiere, die *Gigantostraken* und *Eurypteriden*, die die größten bekannten Arthropoden darstellen und die in den silurischen Meeren sicherlich räuberisch gelebt hatten.

Nachdem die Pflanzen das Festland zu erobern begonnen hatten, sind ihnen vermutlich auch bestimmte Tiergruppen gefolgt, zu denen vor allem eine Faunengemeinschaft aus Eurypteriden, Ostrakoden und den ältesten Fischen gehörte; dazu kamen die ersten Skorpione und Tausendfüßler, die auf Luftatmung angewiesen waren.

Bei den *Brachiopoden* ist ein Wechsel zu beobachten, mit aussterbenden ordovizischen Familien und neu hinzukommenden, wie sie auch für das spätere Devon noch von Bedeutung sind. Dazu gehören vor allem *Pentameraceen* (*Pentamerus*) und *Spiriferen*, die ihre Bezeichnung vom spiralig aufgerollten, kalkigen Armgerüst haben, das die Kiemen stützte; beide Familien bilden Leitfossilien. Die glattschaligen *Terebratuliden* und die *Rhynchonelliden* erscheinen erstmals neben den feinberippten und bestachelten *Productiden*.

Muscheln und Schnecken zeigen keine nennenswerten Veränderungen. Die *Cephalopoden* dagegen setzten die Entwicklung von den überwiegend gerade gestreckten Formen des Ordoviziums in Richtung auf eingerollte Formen fort, die mit *Lituites* ihren Anfang genommen hatten. Es gibt zwar weiterhin *Orthoceren*, daneben aber nun auch gekrümmte Formen (*Cyrtoceras*) bis hin zum völlig eingerollten *Nautilus*.

Die silurischen Riffgemeinschaften sind durch *Stromatoporen*, *Bryozoen*, *Brachiopoden* und *Echinodermen*, vor allem aber durch *Korallen* geprägt; bei letzteren spielten sowohl die *Rugosa* (Septenkorallen) als auch die *Tabulata* (Bödenkorallen) eine Rolle, die beide wichtige Leitfossilien stellen (*Favosites gothlandicus*!, oder die Kettenkoralle *Halysites*).

Die *Echinodermen* sind vor allem durch *Crinoidea* (Seelilien) mit sehr langen Stielen vertreten, deren Einzelelemente (*Trochiten*) meist 5-strahlige Symmetrie haben. Trochitenkalke als Gesteinstyp deuten an, dass sie lokal massenhaft vorgekommen sein müssen.

Die Wirbeltiere schließlich waren weiterhin durch die Agnathen vertreten, es entwickelten sich nun aber zunehmend auch kiefertragende Gruppen, zu denen die sog. Stachelhaie (*Acanthodii*) und erste Strahlenflosser (*Actinoperygii*) gehörten. Es ist interessant, dass sich die Entwicklung dieser Formen offenbar in Lagunen bzw. limnischen Milieus vollzog, denn entsprechende Fossilien werden vor allem im Grenzbereich zwischen Silurium und Devon gefunden, der in vielen Gebieten durch Regression gekennzeichnet ist. *Conodonten* waren im Vergleich mit den ordovizischen und devonischen Faunen offenbar weniger bedeutend.

Fazies

Die klassischen Regionen mit den mächtigen Ablagerungen des Ordoviziums – die Kaledonische Geosynklinale alter Lesart – sind zumeist während des höheren Siluriums überwiegend zu Schwellenbereichen bzw. Festländern geworden. Wo noch marine Sedimentation stattfand, entspricht die Verteilung silurischer Faziesräume i.w. dem bereits für das Ordovizium skizzierten Bild: Der durch dunkle Shales gekennzeichneten pelagischen Stillwasserfazies stand eine sandige und/oder karbonatische Flachwasserfazies gegenüber. Letztere erfuhr nun aber mit der Entwicklung ausgedehnter Riffstrukturen und den zugehörigen Lagunen- und Riff-Frontbereichen eine weitere Differenzierung.

Man kann sich diesen Riffbereich als Barriereriffe am Westrand der Osteuropäischen Plattform vorstellen, die vom Festland durch einen Lagunenbereich getrennt waren. Die silurischen Riffe Gotlands sind bereits in einer Frühphase moderner Forschungen zu diesem Thema paradigmatisch beschrieben worden (Manten 1971).

Die Festlandsbildung ist durch die Kollision der Osteuropäischen Plattform (Fennosarmatia) mit der Nordamerikanischen Plattform (Laurentia) zustande gekommen, wobei der Iapetus genannte Protoatlantik geschlossen wurde. So verwundert es nicht, dass weiter östlich, vor allem im Bereich der Chinesischen Plattform, marine silurische Ablagerungen gar nicht vorhanden sind.

In Nordamerika bestand zu dieser Zeit eine weitreichende Karbonatplattform mit Riffen. Das dort als Niagarian bezeichnete mittlere Silurium deutet eine wichtige Lokalität an; die Kante der Niagara-Wasserfälle wird von einem festen dolomitischen Kalkstein gebildet. Danach, d. h. im oberen Silurium, entwickelte sich von New York bis zu den Great Lakes eine evaporitische Fazies, die in Michigan durch größere Salzlagerstätten dokumentiert ist. Das riesige Michigan-Becken war von einem entsprechend dimensionierten Barriereriff umrahmt.

Die Entwicklung festländischer Bedingungen in vielen Bereichen der Erde gegen Ende des Siluriums lässt sich außerhalb der Gebiete der Kaledonischen Gebirgsbildung (Wales, Schottland, Norwegen) auch durch eine allgemeine Regression erklären. In England folgen auf Flachwasserkarbonate mit Riffen, die zur Zeit des Wenlockium noch marine Fazies belegen, bereits im Pridolium kontinentale Rotsedimente, die sich dann in das Devon hinauf fortsetzen und als Downtonium-Fazies bekannt sind. Diese nichtmarine Ausbildung ist auch für die problematische Grenzziehung zwischen Silurium und Devon verantwortlich.

Stratigraphie

Die Schichtenfolge des Silurium wird zunächst einmal grob in Unter-, Mittel- und Obersilurium gegliedert, die nach Typuslokalitäten in England auch Llandoverium, Wenlockium und Ludlowium heißen; neuerdings wird eine zusätzliche Serie, das Pridolium (nach einem Ort in Böhmen) als jüngster Anteil hinzugerechnet. Die Gliederung beruht vor allem auf den Graptolithen, die aufgrund ihrer immer noch schnellen Evolution 21 Zonen zu unterscheiden gestatten.

Ähnlich wie schon im Kambrium und Ordovizium besteht vor allem im Bereich der Kaledonischen Geosynklinale eine weitgehend konkordante Abfolge der altpaläozoischen Schichten, die mit dem Silurium nun beendet ist. Dessen oberster Anteil ist in England durch nicht-marine Schichten vertreten, die mit roten Farben die Verlandung der Geosynklinale anzeigen, also wesentlich eine terrestrische Fazies bilden (Downtonium). In Böhmen aber ging die Ablagerung mariner Schichten noch eine Zeit lang weiter, so dass man später gezwungen war, die aus England stammende Dreigliederung um das Pridolium zu erweitern. In der Fazies des Downtoniums erfolgt die stratigraphische Gliederung anhand von Fischen und den großen Arthropoden, die im Brack- und Süßwasser zuhause waren.

Eine gesonderte Schichtengliederung gilt für den Riffbereich, wo zeitlich nacheinander mehrfach Riffe und die sie umgebenden Sedimentationsbereiche entstanden waren; dabei erfolgt die stratigraphische Gliederung vielfach anhand von Ostrakoden. Nach physikalischen Altersdaten umfasst das Silurium einen Zeitraum von etwa 26 Millionen Jahren, der von 443–417Ma reichte.

Die Kaledonische Gebirgsbildung

Namengebend für die Kaledonische Gebirgsbildung war der nördliche Teil Schottlands, den die Römer Caledonia nannten, Kaledonische Gebirge (Kaledoniden) sind aber wesentlich weiter verbreitet. Gemeinsam ist allen, dass sie in altpaläozoischer Zeit entstanden sind, die gebirgsbildenden Vorgänge endeten im Silurium. Während die zeitlichen Abläufe in allen älteren Gebirgen der Erdgeschichte aus Mangel an Fossilien schwierig zu entschlüsseln sind, lassen sie sich in den Kaledonischen Gebirgen zeitlich erstmals recht gut belegen. Probleme bereitet allerdings die Tatsache, dass ein großer Teil der Gesteinskomplexe intensiver Metamorphose unterworfen war, sodass selbst Deckenstapel, die über hunderte von Kilometern transportiert worden sein müssen, in Form hochgradig veränderter Gneise vorliegen.

Die Entstehung der Gebirge, die von Spitzbergen über Ostgrönland und Skandinavien, die Britischen Inseln, die Bretagne, Teile von Spanien bis nach Nordwestafrika reichen und weiter im Westen Neufundland und Teile der Appalachen umfassen, lässt sich heute auch plattentekto-

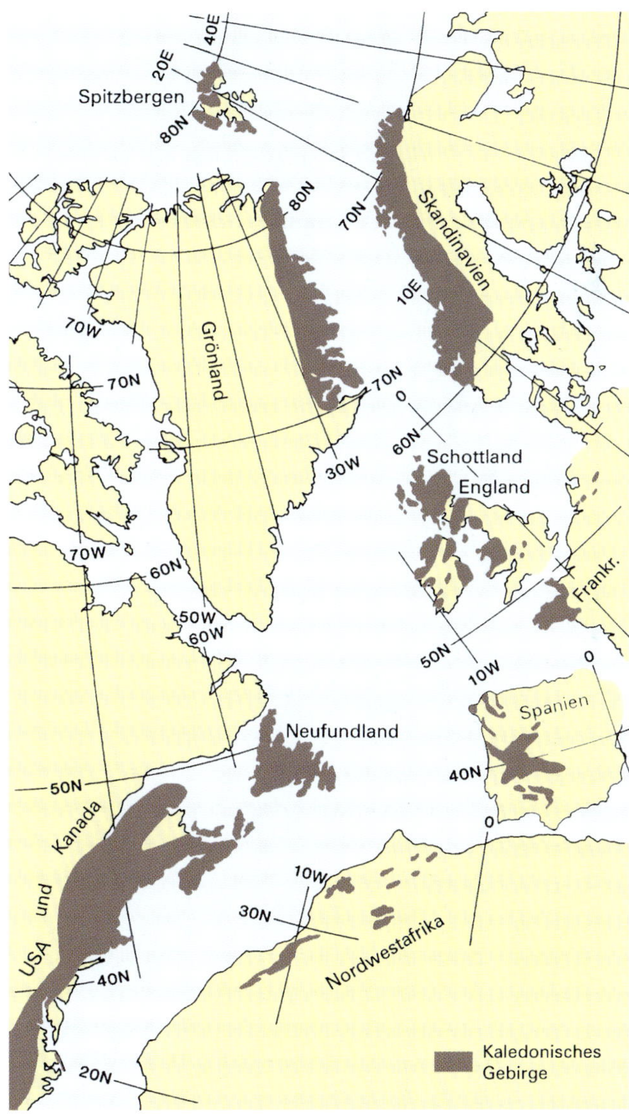

Abb. 13: Verbreitung der Kaledonischen Gebirge. Ihr Ursprung war der altpaläozoische Iapetus-Ozean, eine Art Proto-Atlantik, der am Ende des Siluriums wieder geschlossen war. Umgezeichnet nach Harris (1991).

nisch interpretieren (Abb. 13). Der entsprechende Ozean, der in der älteren Literatur die Kaledonische Geosynklinale hieß, ist eine Art von Protoatlantik (Wilson 1966), der später die Bezeichnung Iapetus-Ozean bekam (Iapetus war eine Gestalt der griechischen Mythologie, ein Bruder des Oceanos und der Tethys, womit weitere Meeresbezüge hergestellt wären).

Dieser Ozean nahm vom Kambrium an die altpaläozoische Sedimentfolge auf, außerdem wurde basaltische Kruste darin gebildet, die beim späteren Zusammenschub obduziert wurde. Bei seiner Öffnung kam es im Anfangsstadium, während der Riftphase im Jungpräkambrium, zur Bildung von Grabenstrukturen. Damals war ein größerer Urkontinent auseinander gebrochen, dessen Teile nun Laurentia (der nordamerikanisch-grönländische Teil) und Fennosarmatia (der präkambrische Kern Europas) bildeten.

Der Iapetus-Ozean erreichte seine größte Breite während des Kambriums und begann, sich an der Wende zum Ordovizium bereits wieder zu schließen. Seine anfangs passiven Kontinentalränder wandelten sich in Subduktionszonen um, außerdem ist ein entsprechender Inselbogenvulkanismus nachweisbar. Der wesentliche Zusammenschub, der nun Laurentia und Fennosarmatia miteinander kollidieren ließ, und bei dem die Sedimente gefaltet, verschuppt und metamorphisiert wurden, erfolgte während Ordovizium und Silurium, bis an der Zeitgrenze Silurium/Devon der Ozean geschlossen war; die Naht verläuft u.a. von Irland quer durch Schottland, von Südwesten nach Nordosten. So haben sich im Bereich der Britischen Inseln zwei ehemals voneinander getrennte Ozeanränder wieder vereint. Erkennbar waren die vorherigen Verhältnisse an den Faunen: Bis zum Oberordovizium hatten Schottland und Nordirland noch Faunen, die in gleicher Weise in den Appalachen vorkamen, in Wales dagegen waren, entsprechend der alten Südostküste, eigenständige Faunen entwickelt. Vom oberen Ordovizium an sind dann keine Unterschiede mehr feststellbar, weil sich die Küsten- bzw. Flachmeerbereiche schon weit angenähert hatten.

Die Spätphasen der Kollision führten auch zu verstärkter Metamorphose und zur Bildung von dioritischen Schmelzen, die in den skandinavischen Kaledoniden als Trondhjemite bezeichnet werden. Wie in den jüngeren Gebirgssystemen der Erdgeschichte, sind auch in den Kaledoniden stärker metamorphe Zentralbereiche und weniger bis gar nicht metamorphe Außenzonen unterscheidbar. Die unter kilometerdicker Auflast entstandenen Gneise sind später durch Hebung wieder an die Oberfläche gekommen; die orogenetisch bedingte Krustenverdickung führte zu isostatischem Ausgleich, mit der Folge, dass die aufsteigenden Gebirge in die Molassephase kamen. So entstanden in der Spätphase die mächtigen kontinentalen Rotsedimente des Old-Red, die silurisches bis unterdevonisches Alter haben. Sie kennzeichnen die zusammenhängende Landmasse des Old-Red-Kontinents, dessen Abtragung in der dann beginnenden Variskischen Ära Rotsedimente bis in das Rheinische Schiefergebirge geliefert hat.

Zusammenfassung

Das nach den keltischen Silurern benannte Silurium ist ein System mit eigenständiger faunistischer Entwicklung. Land und Meer waren noch immer ähnlich verteilt wie im Ordovizium, gegen Ende erfolgte aber eine partiell regressionsbedingte Verlandung vieler früherer Geosynklinalbereiche, wo die Meeresablagerungen durch Brack- und Süßwassertümpel abgelöst wurden. Sie steht örtlich auch mit der Kaledonischen Gebirgsbildung im Zusammenhang, die nun den Iapetus-Ozean, eine Art Protoatlantik, geschlossen hatte.

Die Organismenwelt wird weiterhin von Graptolithen, Trilobiten und Brachiopoden bestimmt, die mit neuen Gattungen wichtige Leitfossilien bilden. Dazu kommen nun weiter verbreitete riffbildende Organismen; die Riffe sind aus Stromatoporen, Korallen, Algen, Bryozoen und Echinodermen aufgebaut, unter denen erstmals Seelilien dominieren; dazu kommen die auch stratigraphisch bedeutenden Ostrakoden. Die Süß- und Brackwasserbereiche, die im höheren Silurium mehr Raum einnehmen, beherbergen Riesenkrebse und Fische, neben den Agnathen auch solche mit Kieferapparat. Die schon für das Ordovizium angedeutete Entwicklung von Gefäßpflanzen führte erstmals zur Eroberung festländischer Gebiete. England wuchs mit Nordschottland zusammen, bzw. die Laurentia genannte nordamerikanische Plattform kollidierte mit der osteuropäischen; dabei kam es auch zu Metamorphose und Deckenüberschiebungen, sowohl in Schottland als auch im Grenzbereich zwischen Norwegen und Schweden. Dort wurden die Plattformbereiche großräumig durch mächtige Decken überfahren, die neben Tiefwassersedimenten auch Ophiolithe enthielten. Im Gefolge der Gebirgsbildung entstanden subduktionsbedingte granitische Gesteinsmassen. Entsprechende Vorgänge ereigneten sich auch in den kaledonischen Anteilen der Appalachen, sie reichen dort aber auch teilweise schon bis in das Ordovizium zurück (Takonische Faltung).

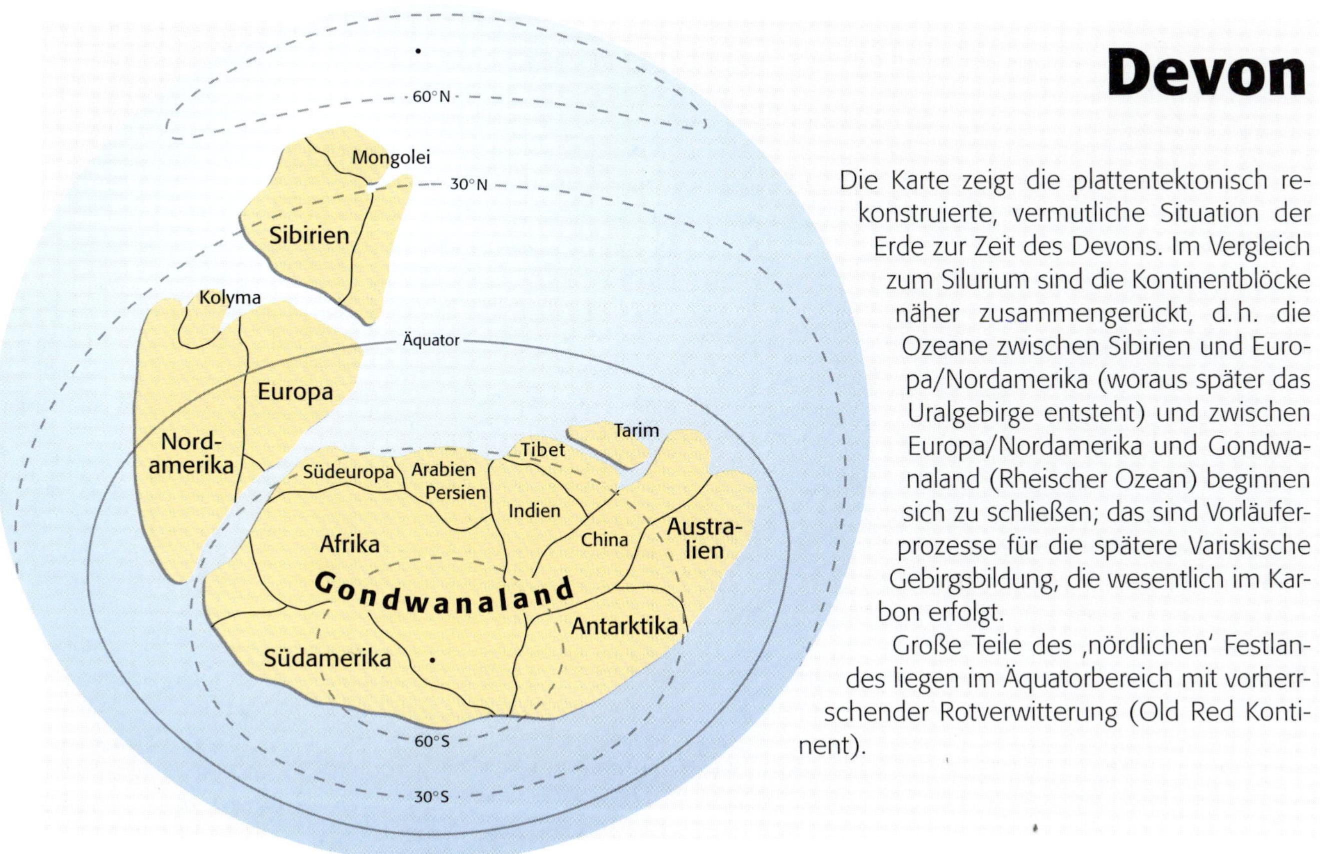

Devon

Die Karte zeigt die plattentektonisch rekonstruierte, vermutliche Situation der Erde zur Zeit des Devons. Im Vergleich zum Silurium sind die Kontinentblöcke näher zusammengerückt, d. h. die Ozeane zwischen Sibirien und Europa/Nordamerika (woraus später das Uralgebirge entsteht) und zwischen Europa/Nordamerika und Gondwanaland (Rheischer Ozean) beginnen sich zu schließen; das sind Vorläuferprozesse für die spätere Variskische Gebirgsbildung, die wesentlich im Karbon erfolgt.

Große Teile des ‚nördlichen' Festlandes liegen im Äquatorbereich mit vorherrschender Rotverwitterung (Old Red Kontinent).

Begriff und Abgrenzung

Die Grafschaft Devonshire im Südwesten Englands stand Pate für das Devonsystem. Der britische Geologe Derek Ager hat einmal behauptet, dass man kaum eine schlechtere Typuslokalität hätte wählen können, weil die Gesteine dort stark deformiert und metamorph, die Fossilien entsprechend schlecht erhalten und die Schichtfolgen nicht klar seien. ‚Rheinlandium', ‚Newyorkium' oder ‚Antiatlasium' wären bessere Begriffe gewesen, womit gleich etwas über das Vorkommen besonders gut ausgebildeter devonischer Schichtfolgen gesagt ist. Heute gelten die Ardennen als Typusregion. Der Begriff Devonian System wurde 1839 durch Murchison u. Sedgwick eingeführt.

Das Gebiet der heutigen Britischen Inseln lag zur Devonzeit überwiegend in einem Festlandsbereich, der aus dem Zusammenschluss von Nordamerika, Grönland und einem Teil Osteuropas in der Spätphase der Kaledonischen Gebirgsbildung entstanden war. Dieser wurde unter dem Begriff Old-Red-Kontinent bestimmend für faunistische und sedimentologische Entwicklungen, die bis weit nach Mitteleuropa ausstrahlten. Sedimente dieses Old-Red-Kontinents sind auch wichtig für die Abgrenzung devonischer gegen die liegenden silurischen Schichten.

Am deutlichsten ist die Grenze zwischen Silurium und Devon durch eine klassische Diskordanz belegt, die an der Küste von Berwickshire schon seit den Zeiten Hutton's berühmt ist: Am Siccar Point (Abb. 6) lagern silurische Schiefer und Grauwacken, die durch die voraufgegangene Gebirgsbildung nahezu senkrecht gestellt sind; sie werden diskordant von Schichten des höheren Old-Red überlagert. Das Old-Red ist eher als Fazies aufzufassen, die dort zeitlich das gesamte Devon umspannt, aber auch noch Anteile von Silurium und Karbon enthält. Weniger deutlich ist die Grenze dort erkennbar, wo statt der Diskordanzen weitgehend kontinuierliche Übergange von silurischen in devonische Meeresablagerungen entwickelt sind, wie z. B. in Böhmen.

Die Problematik der Abgrenzung zum liegenden Silurium erhellt auch aus den faziellen Verhältnissen im Obersilur Englands, wo mit dem Downtonium brackische bzw. limnische Verhältnisse eine klassische Grenzziehung mit Leitfossilien behindern. Allein die Tatsache, dass es einer internationalen Übereinkunft bedurfte, die Silur/Devon-Grenze festzulegen, was auf dem Geologen-Kongress in Montreal erst 1972 erfolgt ist, deutet die Schwierigkeiten an. Die Grenzziehung erfolgt heute in marinen Ablagerungen paläontologisch an Graptolithen, Conodonten und Trilobiten. Die Hangendgrenze des Devons ist ebenfalls durch internationale Übereinkunft festgelegt worden, wobei die entsprechenden Kongresse (in Heerlen 1928 und 1937) dem Karbon galten. Hier lieferte die Entwicklung der karbonischen Flora die Kriterien.

Flora und Fauna

Die Flora im marinen Bereich ist durch Kalkalgen i.w.S. vertreten, die vor allem für den Aufbau von Riffen von Bedeutung waren. Außerdem gab es aber tangartige, marin lebende Pflanzen, zu denen die Gattungen *Taeniocrada* oder *Zosterophyllum* gehören. Dazu zählt auch treibender Tang, wie der riesenhafte *Prototaxites* mit einem Stamm-Durchmesser von einem halben Meter. *Taeniocrada* bildet im Unterdevon der Eifel erstmals kleine Kohleflöze. Entscheidende Entwicklungsfortschritte sind aber vor allem bei den Gefäßpflanzen zu beobachten, die ja schon im Silurium erstmals mit den *Psilophyten* (Nacktpflanzen) vertreten waren. Die Standorte wechselten vom Küstenbereich auf das Festland, das damals erstmals besiedelt werden konnte, weil die Pflanzen Leitbündel für den internen Transport von Wasser und Nährstoffen entwickelt hatten, die sie von ihrem bisher ausschließlich aquatischen Milieu unabhängig machten.

Diese Entwicklung war sicherlich auch nicht ohne Einfluss auf die Entwicklung der Erdatmosphäre. Es gibt Hinweise darauf, dass diese noch im frühen Devon möglicherweise zehnmal so viel CO_2 enthalten hatte wie heute, mit einem entsprechenden Treibhauseffekt, der auch das überwiegend tropische Klima gesteuert haben dürfte. Vor Kurzem sind aus einem mächtigen roten, mitteldevonischen Paläoboden in der Antarktis große Wurzelsysteme von Gefäßpflanzen entdeckt worden, die als bedeutende Senke für CO_2 interpretiert werden (Retallack 1997). Die weitreichende Diskussion schließt auch die von den biogenen Säuren verursachte intensive chemische Verwitterung mit ein, die nun in den Landgebieten um sich greifen konnte. Der im Silurium einsetzenden Entwicklung und der Besiedelung der Festlandsgebiete durch die Gefäßpflanzen wird damit eine Hauptrolle in der allmählichen Angleichung an die heutigen CO_2-Gehalte der Erdatmosphäre zugeschrieben.

Zu den frühen Festlandspflanzen gehören *Psilophyton* und *Rhynia*. *Rhynia* ist nach einem berühmten Fundort in Schottland benannt (Rhynie bei Aberdeen), wo Pflanzenreste infolge ihrer Verkieselung (Rhynie-cherts) in einem unterdevonischen Süßwassermoor ausgezeichnet erhalten sind. Sie hatten noch keine Wurzeln ausgebildet. An den Enden dichotomer Sprosse trugen diese Pflanzen Sporenkapseln. Die Sporen sind außerordentlich widerstandsfähig, und man hat in jüngerer Zeit herausgefunden, dass sie ausnahmsweise sogar noch in metamorphen Gesteinen erhalten sein können. Dadurch lassen sich nun entsprechende Schichten, z.B. am Südrand von Taunus und Hunsrück oder im Spessart, als unterdevonisch einstufen, die man zuvor für wesentlich älter gehalten hatte (z.B. Reitz 1987, 1989).

Wahrscheinlich haben sich auch die Bärlappgewächse aus solchen Psilophyten entwickelt, wobei die Gattung *Asteroxylon* als Bindeglied angesehen wird, das bereits schuppenförmige kleine Blätter besaß, im Gegensatz zu den nur bedornten Psilophyten.

Die anfangs sehr kleinwüchsigen Gefäßpflanzen erreichten schon im Mitteldevon meterhohe Baumgestalt. Die gleichzeitig erscheinende Gattung *Hyenia* bildet eine zwischen Psilophyten und Schachtelhalmen vermittelnde Übergangsform. Auch die Farne sind erstmals im Mitteldevon nachgewiesen. Im Oberdevon kommen auch sie schon als Baumformen vor und begründen mit der Gattung *Archaeopteris* die im Karbon dann sehr bedeutende Waldflora. Die bedeutendsten Vorkommen von *Archaeopteris* sind kürzlich aus Marokko beschrieben und als die frühesten modernen Bäume bezeichnet worden, weil sie die meisten Merkmale mit den Samenpflanzen gemein haben (Meyer-Berthaud u.a. 1999).

Die devonischen Faunen sind zwar von einer Vielzahl unterschiedlichster Tiergruppen geprägt, als Leitfossilien haben sich aber in der Frühzeit der Erforschungsgeschichte vor allem die Goniatiten, Trilobiten und Brachiopoden als geeignet erwiesen; später kamen auch Ostrakoden und vor allem Conodonten hinzu, wobei Letztere heute die wichtigsten devonischen Leitfossilien überhaupt bilden. Man hat in den 1960er-Jahren mit diesen gelegentlich weniger als 1 mm großen Fossilien gearbeitet, ohne zu wissen, welchem Tier sie eigentlich entstammten (vgl. die Diskussion beim Kambrium). Ihr Vorkommen in Kalken, aus denen man sie mit ätzenden Säuren isolieren kann, oder auf den Schichtflächen feinkörniger Schiefer machte eine Alterseinstufung faziell sehr unterschiedlicher Gesteine möglich. So steht heute neben der biostratigraphischen Gliederung mittels Trilobiten und Goniatiten (Orthochronologie) die der Conodonten (Parachronologie), die z.T. wesentlich detaillierter ist. Dabei erfolgt eine Zonengliederung, die bis zu doIα reichen kann (siehe Stratigraphie).

Schon mit den Goniatiten (primitive Ammoniten mit einer einfachen, gewinkelten [gonion = Winkel] Lobenlinie) lässt sich eine Zonengliederung aufstellen. So gibt es in den Schichtbezeichnungen für das Devon Begriffe wie *Manticoceras*-Stufe und Fossilnamen wie *Gyroceratites* oder *Maenioceras*, die Endung ‚*-ceras*' bedeutet – horn, worauf die deutsche Bezeichnung Ammonshörner beruht. Die morphologische Entwicklung ging zunächst von gerade gestreckten Formen (*Orthoceras*, das Geradhorn) aus, die sich dann zunehmend einrollten.

Die Kammerscheidewände dieser frühen Formen (der sog. Alt-Ammoneen) waren in einfacher Weise gefaltet, so dass sich die gewinkelten Lobenlinien ergeben. Diese Tiere hatten auch meist nur kleine Gehäuse (einige Zentimeter Durchmesser), die zunächst glattschalig waren und erst später durch Rippen und Knoten skulpturiert wurden.

Eine Sonderentwicklung zeigt die Gruppe der sog. *Clymenien*, deren Sipho nicht wie bei den *Goniatiten* ventral (d. h. auf der Außenseite), sondern dorsal positioniert war. Diese Gruppe ist auf das Oberdevon beschränkt und liefert dort wichtige Leitformen.

Die devonischen Muscheln sind durch dickschalige Formen, die in Riffen lebten (*Megalodon*), dünnschalige Posidonien im pelagischen Milieu (*Posidonia venusta* als Leitform im Oberdevon) und durch die ersten Süßwasserformen vertreten. Zu den *Mollusken* gehören auch die den rezenten Flügelschnecken (Pteropoden) wahrscheinlich verwandten *Styliolinen* und *Tentakuliten*, kleine spitzkonische Gehäuse, die entweder glatt, geringelt oder sonst wie skulpturiert erscheinen; in Sandsteinen ähneln sie manchmal kleinen verrosteten Holzschrauben. Danach nennt man bestimmte Gesteine, in denen sie massenhaft vorkommen, Tentakuliten-, bzw. Styliolinenschiefer.

Die zu den *Arthropoden* gehörenden *Trilobiten* sind vielfältig und auch in sehr unterschiedlichen Gesteinen erhalten: das reicht von Sandsteinen über Kalke bis zu den schwarzen Tonschiefern, in denen die Skelett-Elemente auch vieler anderen Formen in Pyriterhaltung vorliegen und entsprechend schöne Platten mit goldglänzenden Fossilien auf schwarzem Untergrund bilden.

Die Untersuchung devonischer Trilobiten gehört zum umfangreichen Lebenswerk von Rudolf und Emma Richter, einem Forscherehepaar, das in enger Beziehung zur Senckenbergischen Naturforschenden Gesellschaft stand. Rudolf Richter war Senckenberg-Direktor und gleichzeitig Ordinarius für Geologie an der Universität Frankfurt. Vielleicht rührt daher die Bedeutung, die man dieser Fossilgruppe im deutschen Sprachraum beimisst, wenn vom Devon die Rede ist. Im Vergleich zum Silurium waren Trilobiten während des Devons aber in ihrer Entwicklung bereits rückläufig. Dennoch gibt es viele bedeutende Leitfossilien, von denen die meisten erst mit Beginn des Karbons ausstarben, bestimmte Gruppen waren bereits vor dem Oberdevon erloschen. Die Gattungen *Homalonotus*, *Phacops* oder *Dechenella* z.B. bilden wichtige Leitformen.

Ostrakoden (Muschelkrebse) zählen wie die Trilobiten zu den Arthropoden. Sie kommen oft massenhaft in tonigen oder kalkigen Gesteinen vor und bilden einerseits wichtige Leitfossilien, vor allem im Oberdevon. Andererseits können sie mit Massenvorkommen nur einer Art auch als Faziesanzeiger interpretiert werden, die allein vielleicht ungewöhnlich hohe oder niedrige Salzgehalte tolerieren konnten, wie sie vor allem für Lagunenbereiche diskutiert werden. Gelegentlich sind sie namengebend für Schichtbezeichnungen, wie z. B. bei den oberdevonischen Cypridinenschiefern. Zu den wichtigen devonischen Arthropoden gehören auch die *Eurypteriden*, große, vielfach mit Scheren bewehrte krebsartige Verwandte der Skorpione, die in den Tümpeln des Old-Red-Kontinents unter Brack- oder Süßwasserverhältnissen gelebt hatten (*Eurypterus*, *Pterygotus*).

Insekten waren durch flügellose Formen (*Rhyniella*) vertreten, aus oberdevonischen Schichten wird auch das erste geflügelte Tier berichtet (*Eopteron*).

Die Verbreitung marin lebender Arthropoden, wie der Trilobiten, ist durch Meeresströmungen erklärbar. So kommen auch die z.T. ausgeprägten Faunenprovinzen zustande und es ist nicht überraschend, dass ‚rheinische' Faunenelemente z. B. auch in Marokko gefunden werden.

Schwieriger ist die Verbreitung landbewohnender Arthropoden zu erklären. So sind jetzt Verwandte der rezenten Myriapoden (Hundertfüßler bzw. Tausendfüßler) aus devonischen Schichten Australiens bekannt geworden, sie sind damit wahrscheinlich die ältesten Landbewohner dieses Kontinents gewesen. Entsprechende Tiere waren bisher aus dem zu Laurasia zählenden Kasachstan bekannt; nun sinnt man über eine Landbrücke nach, die über das nördliche China geführt haben könnte (Edgecombe 1998).

Die *Brachiopoden* sind im Devon zunehmend zur Ausbildung kalkiger Schalen übergegangen, die die früheren, oft hornschaligen Formen allmählich verdrängten. Brachiopoden sind auf Schichtflächen devonischer Gesteine gelegentlich massenhaft angereichert, vor allem in Kalksteinen und Sandsteinen. In den Sandsteinen liegt meist Steinkernerhaltung vor, bei der dann auch die Armgerüste erkennbar sind. Die stratigraphisch wichtigste Familie ist die der Spiriferida, die so nach ihrem spiralartig gebauten Armgerüst heißen. Die ursprüngliche Gattung *Spirifer* ist heute in eine Vielzahl von Gattungen, Arten und Unterarten aufgesplittert worden, von denen *Arduspirifer arduennensis arduennensis* nur eine Kostprobe aus den Fossillisten geben soll. Die meisten Spiriferen haben einen langen, geraden Schlossrand und kräftig berippte Schalen.

Die Familie der Spiriferida hatte Zeitgenossen in den Familien der Pentamerida, Orthida, Strophomenida, Rhynchonellida und Terebratulida. Letztere sind glattschalig und haben das wesentliche Leitfossil für das obere Mitteldevon, *Stringocephalus burtini* geliefert, der vor allem in der Riffazies vorkommt. Er hat seine Bezeichnung ‚Eulenköpfchen' nicht zu unrecht, wenn man Arm- und Stielklappe von der Seite betrachtet. Die Gattung ist namengegend für den sog. Stringocephalenkalk.

Pflanzen

Horneophyton lignieri

Rhynia gwynne-vaughani

Prototaxites psygmophylloides

Baragwanathia

Archaeopteris roemeriana

Trilobiten

Phacops schlotheimi

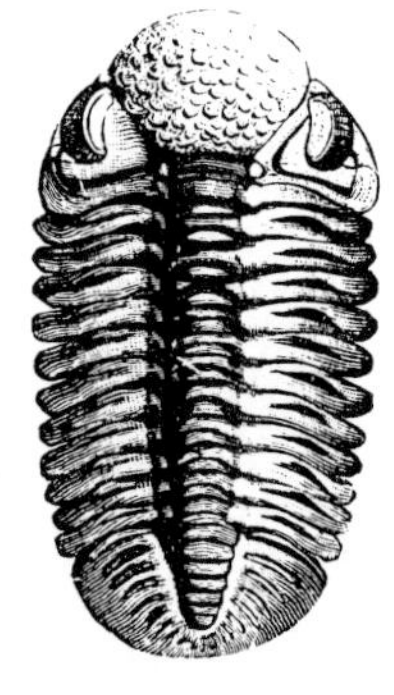

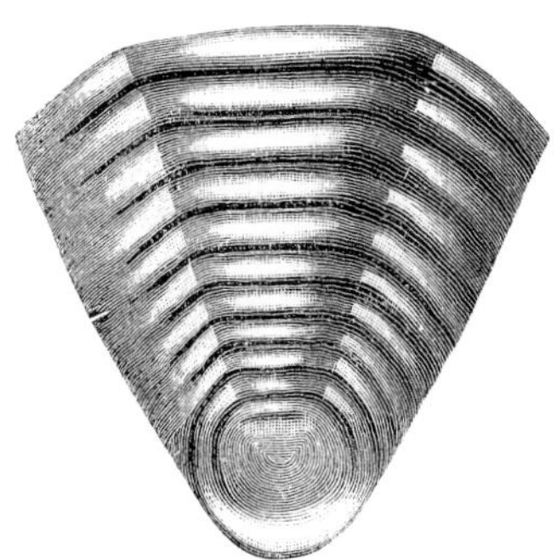

Burmeisteria crassicauda

Phacops schlotheimi, eingerollt

Brachiopoden

Acrospirifer primaevus

Uncites gryphus

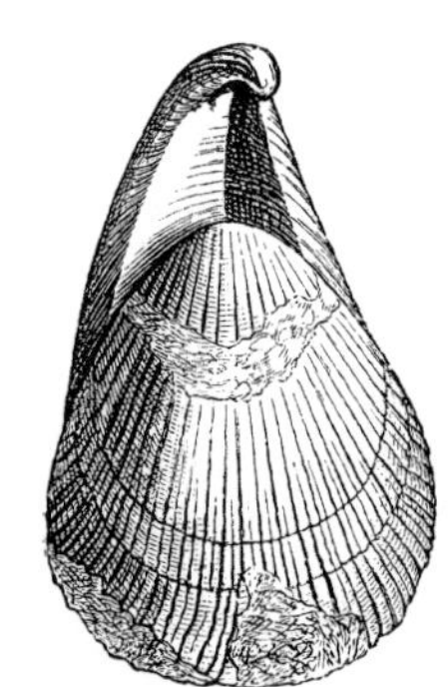

Cyrtospirifer verneuili

Brachiopoden

Stringocephalus burtini

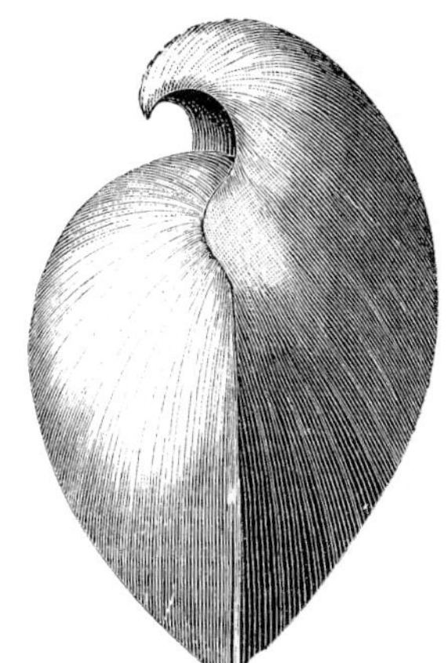

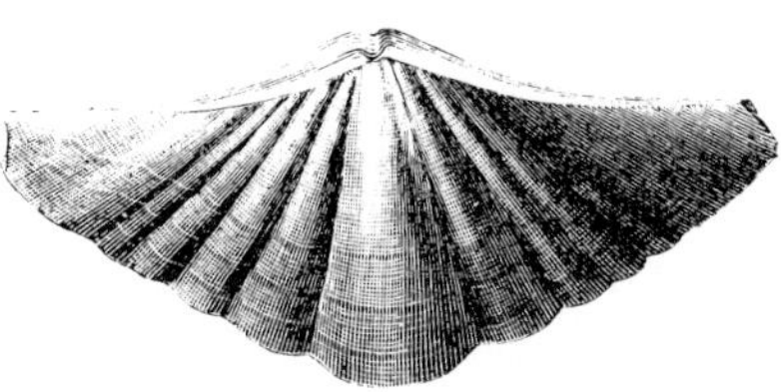

Arduspirifer intermedius

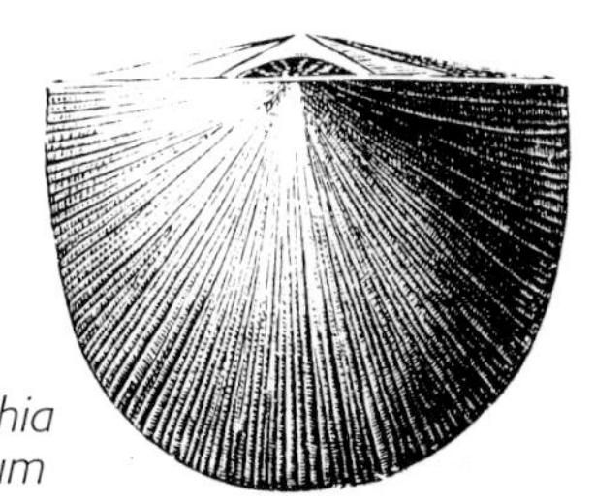

Xystostrophia umbraculum

Anarcestes lateseptatus

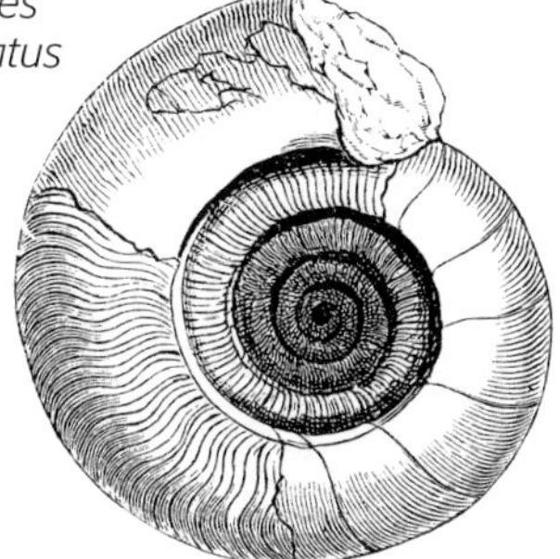

Muscheln

Pterinea lineata

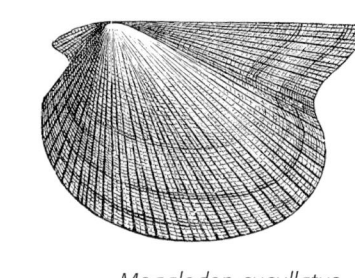

Cephalopoden

Manticoceras intumescens

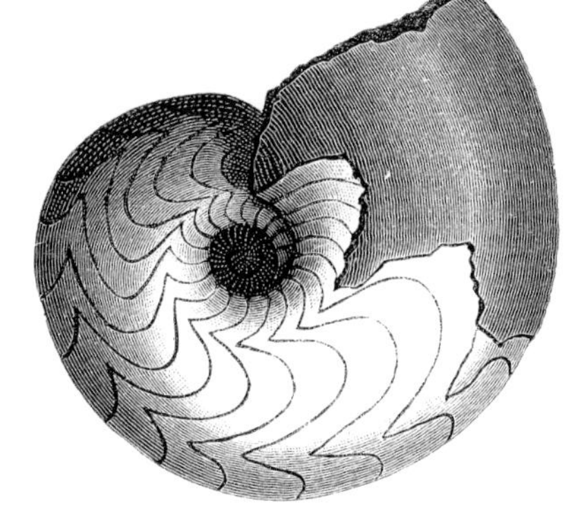

Kosmoclymenia undulata

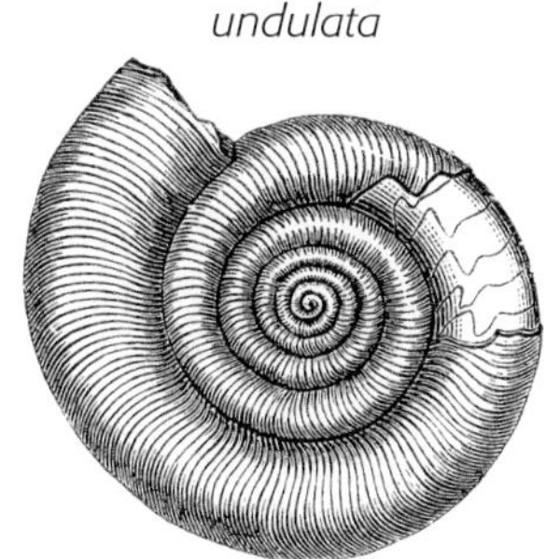

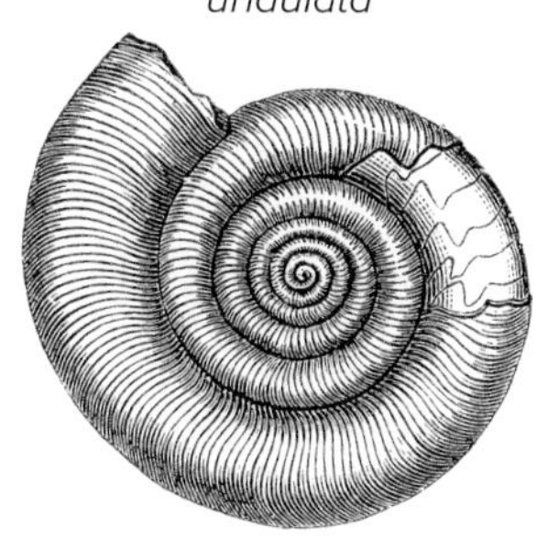

Megalodon cucullatus

Korallen

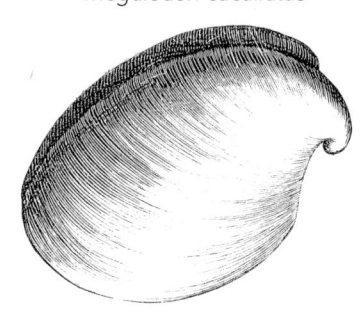

Hexagonaria hexagona

Cystiphyllum vesiculosum

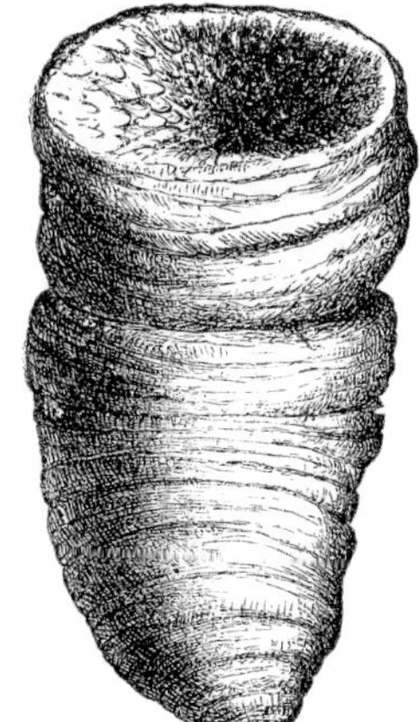

Calceola sandalina

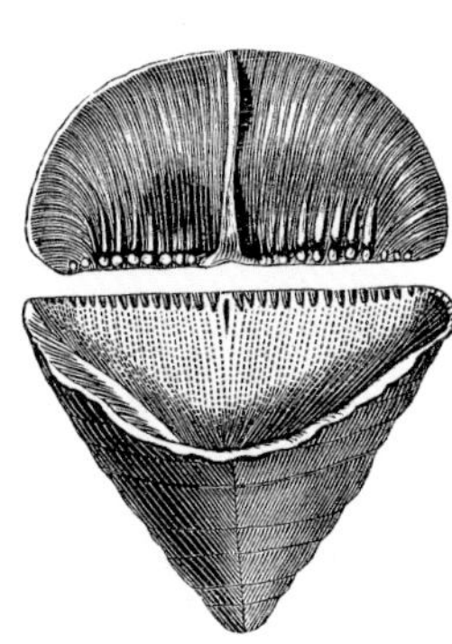

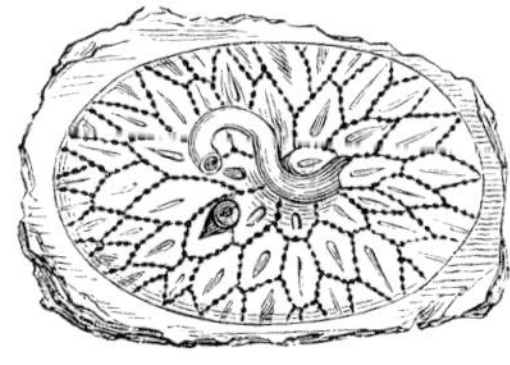

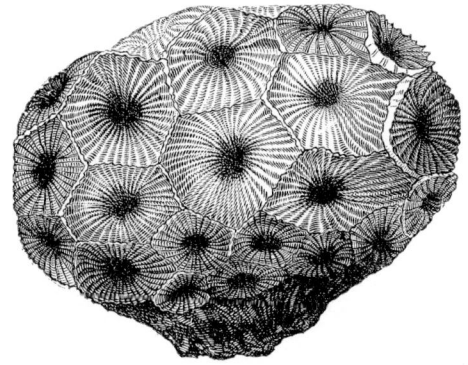

Pleurodictyum problematicum

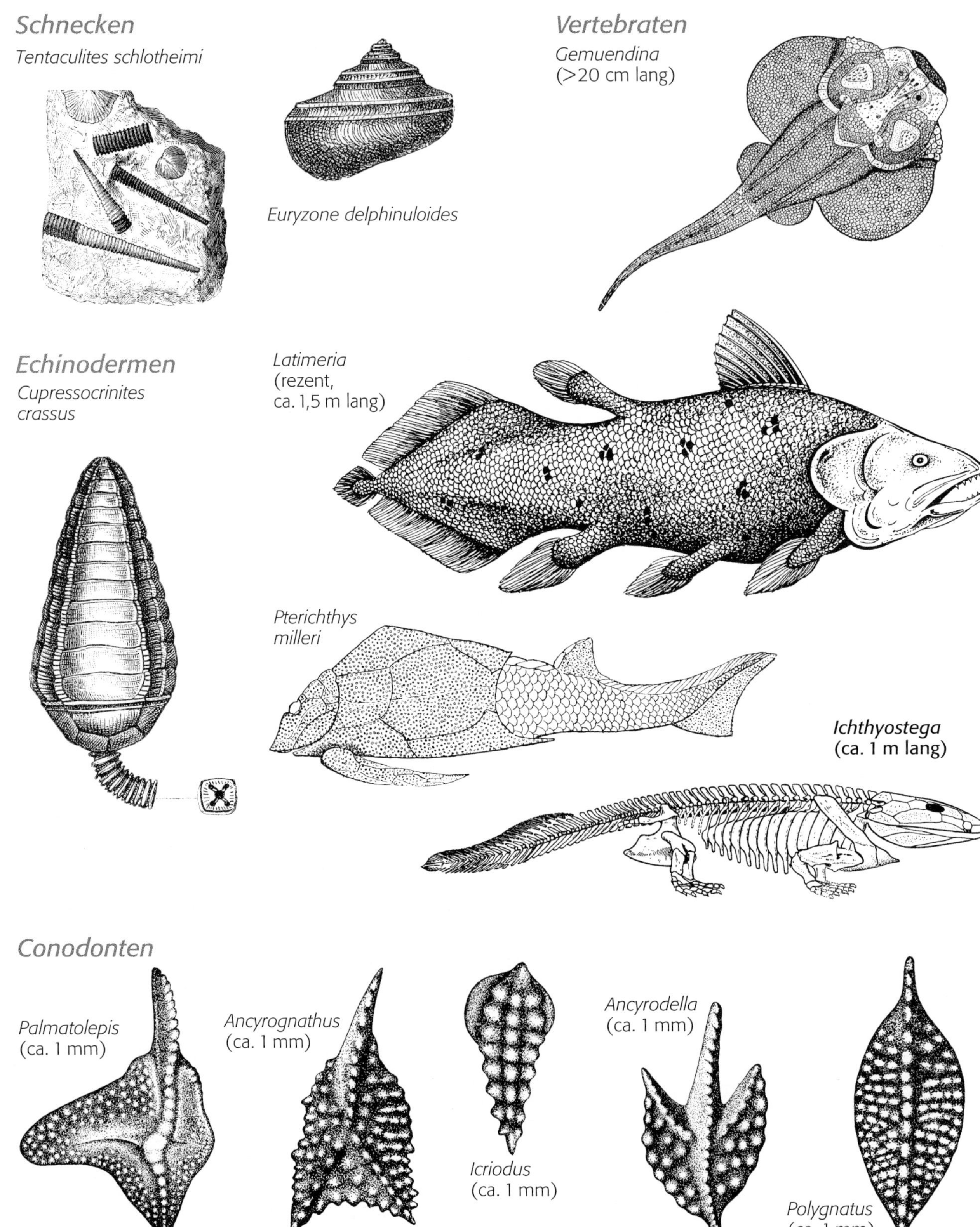
Schnecken
Tentaculites schlotheimi
Euryzone delphinuloides
Vertebraten
Gemuendina
(>20 cm lang)
Echinodermen
Cupressocrinites
crassus
Latimeria
(rezent,
ca. 1,5 m lang)
Pterichthys
milleri
Ichthyostega
(ca. 1 m lang)
Conodonten
Palmatolepis
(ca. 1 mm)
Ancyrognathus
(ca. 1 mm)
Icriodus
(ca. 1 mm)
Ancyrodella
(ca. 1 mm)
Polygnatus
(ca. 1 mm)

Echinodermen haben eine gewisse Bedeutung, es gibt Seelilien, See- und Schlangensterne in den Riffkalken, aber auch in den gelegentlich als Tiefseesedimente interpretierten Schwarzschiefern.

In den Riffbereichen wuchsen *Korallen* und *Stromatoporen* oft gemeinsam. Letztere zählt man nach einer langen Zeit einer völlig unsicheren systematischen Zuordnung heute zu den Schwämmen, mit denen sie auch ein entsprechendes Porensystem gemeinsam haben. Korallen-Stromatoporen-Riffe, an deren Aufbau auch Algen, Brachiopoden und Echinodermen beteiligt waren, bilden die mächtigen Komplexe der mittel- bis oberdevonischen Massenkalke, die bei uns vor allem im Rheinischen Schiefergebirge entwickelt sind. Korallen konnten aber auch andere Meeresbereiche in Form von rasenartigen Vorkommen besiedeln. Zu den Gattungen gehören die stockbildenden *Hexagonaria*, *Phillipsastrea* oder *Cyathophyllum* neben Einzelkorallen wie *Favosites* (eine bödenbildende ‚tabulate' Form) oder *Thamnopora*. *Calceola sandalina*, eine mitteldevonische Leitform, die in ihrer Form einem zierlichen Pantoffel ähnelt, ist eine Einzelkoralle mit einem scharnierartig funktionierenden Deckel, der wahrscheinlich die Funktion hatte, das Tier vor trüben Strömungen zu schützen. Diese Koralle hat der früheren Calceolastufe (Unteres Mitteldevon) ihren Namen gegeben. Etwas seltsam mutet dagegen *Pleurodictyum problematicum* an, eine Koralle, die offenbar mit einem Wurm in Symbiose gelebt hat.

Devonische Wirbeltiere sind vor allem die Fische, die in vielerlei Gesteinen erhalten sind, bei uns besonders gut aber im Hunsrückschiefer. Dazu zählen rochenähnliche Formen wie die nach Gemünden im Hunsrück benannte *Gemuendina*. Zu den kieferlosen Urformen gehören die *Agnatha*, die im Gegensatz zu den modernen Fischen ein panzerförmiges Außenskelett hatten; die Gattungen heißen *Drepanaspis*, *Cephalaspis* oder *Pteraspis*. Eine weiter entwickelte Gruppe waren die Panzerfische (*Placodermi*) und die Arthrodira, die schon ein bewegliches Nackengelenk hatten, was ihnen eine räuberische Lebensweise ermöglichte. Neben sog. Stachelhaien (*Acanthodii*), deren Nahrung eine Mikrofauna war, gab es auch schon echte Haie mit einem Knochenskelett, wie es alle späteren, modernen Knochenfische (Osteichthyes) aufweisen. Deshalb kann man sagen, dass die echten Fische aller späteren aquatischen Bereiche ihren Ursprung im Devon haben.

Die bedeutendste Entwicklung im Wirbeltierbereich vollzog sich aber wohl in den episodisch austrocknenden Tümpeln des Old-Red Festlandes. Die dort lebenden Fische mussten parallel zur Kiemenatmung Luftsäcke entwickeln, die eine Vorstufe der Lungen darstellen, eine Entwicklung, die bereits im Silurium begann und die den Tieren gestattete, kurze Trockenzeiten zu überwinden. Da sich im Laufe des Devons in den nördlichen Gebieten das Klima zu verstärkter Trockenheit entwickelte, blieben im Prinzip nur der Rückzug in das Meer oder eine weitere Anpassung an die festländischen Verhältnisse, wo mit der zuvor erfolgten Besiedlung durch die Gefäßpflanzen erstmals auch ein geeignetes Nahrungspotential vorhanden war. Danach hätten die Meeresfische ihren Ursprung im Süßwasser.

Zu diesen Fischen gehören die Quastenflosser (*Crossopterygia*), die man erstmals schon 1938 als ‚lebende Fossilien' im Indischen Ozean vor der südafrikanischen Küste als deren heutige Nachfahren entdeckt hatte. Heute können Zoologen sogar die Lebensweise dieser Fische studieren, von denen vielleicht die Weiterentwicklung zu den Amphibien erfolgt ist; als Fische aber waren sie in den rezenten Tiefseebereich (der Komoren) abgewandert.

1939 wurde die Gattung *Latimeria* beschrieben, die einen Zufallsfund darstellte: ein gut 1,5 m langer hellblauer Fisch mit silbernen Schuppen. Die daraufhin eingeleitete Suche, die sich einer Steckbrieffahndung bei den Fischern bediente, war erst 1952 erfolgreich. Inzwischen sind, bis 1985, über 200 Exemplare gefangen worden, und es stand zu befürchten, dass diese rezenten Quastenflosser nun durch Überfischung endgültig aussterben. Die Population lebt in Wassertiefen von etwa 180 m in einem Milieu, das durch submarine Höhlen in Basalten gekennzeichnet ist. Die Geschichte der Funde ist anschaulich beschrieben worden (Smith 1956, Ward 1993). Eine wissenschaftliche Bestandsaufnahme zum 50-jährigen Jubiläum des Erstfundes gibt Forey (1988).

Im Sommer 1998 ist *Latimeria* der Wissenschaft nun auch aus indonesischen Gewässern bekannt geworden (Erdmann u.a. 1998, Forey 1998), wo die Tiere in ähnlichen Wassertiefen und in einem vergleichbaren Milieu zu leben scheinen. DNA-Analysen sollen nun zeigen, inwieweit diese und die etwa zehntausend Kilometer davon entfernt lebende Population der Komoren miteinander verwandt sind. Erstaunlich bleibt, dass die Tiere aus Sulawesi den dortigen Fischern so bekannt sind, dass sie einen eigenen Namen für den Fisch haben.

Die auch als Coelacantha bezeichnete Tiergruppe, zu der *Latimeria* gehört, ist für die Entwicklung der landlebenden *Tetrapoden* (Vierfüßer) von außerordentlicher Bedeutung, weil sie ihre paarigen Flossen in gleicher Weise bewegen wie wir unsere Extremitäten, was sie von den normalen Fischen unterscheidet. Man erhofft sich deshalb auch, durch das Studium ihres Nervensystems Hinweise auf die Lokomotion. Ihre Ohren liefern Hinweise auf ein System, das für das Hören in der Luft geeignet scheint.

Die Brücke zwischen Fischen und den ersten Landwirbeltieren, den *Amphibien*, bildet die im Oberdevon des Old-Red-Sandsteins von Ostgrönland gefundene Gattung *Ichthyostega*. Das Tier hatte einen Fischschwanz, einen den Crossopterygiern ähnlichen Schädelbau und Zähne mit vergleichbaren Bauformen. Die Anordnung der einzelnen Knochen der Fischflosse und die vier Extremitäten von *Ichthyostega* zeigen ebenfalls verwandte Baupläne, so dass man die stammesgeschichtliche Entwicklung auch daran belegen kann.

Graptolithen waren nur noch im Unterdevon von Bedeutung (wichtig für die Abgrenzung zum Silurium); mit ihrem Aussterben, das die Lehrbücher auf das Emsium terminieren, verhält es sich ähnlich wie mit vielen anderen Fossilgruppen: seitdem man auch hier mögliche rezente Verwandte entdeckt hat, die aufgrund ihrer Veränderungen (keine Skelettbildung mehr) nicht mehr als Graptolithen erkennbar sind, sondern als Nacktformen im marinen Plankton mittreiben (Kirk 1978), könnten sie überlebt haben.

Conodonten zählen heute zu den wichtigsten Leitfossilien des Devons; sie gestatten neben den klassischen Goniatiten- und Graptolithenzonen eine relative Chronologie nach Conodontenzonen. Der Form nach lassen sich auf den ersten Blick mehr dolchartige Zahnformen von solchen unterscheiden, bei denen vielgestaltige Plättchen mit Dornen besetzt sind. Die Gattungs- und Artnamen sind für Nichtspezialisten mittlerweile unübersehbar geworden.

Fazies

Eine großräumige Faziesdiskussion ist immer an die paläogeographischen Verhältnisse gekoppelt. Im Devon Europas kann man danach zunächst drei Faziesprovinzen unterscheiden:

- Eine kontinentale Fazies im Norden, die den Bereich des Old-Red-Kontinents kennzeichnet; deren Gesteine trifft man heute vor allem in Grönland und in Großbritannien an (Abb. 14).
- Eine marine Fazies, die vor allem in den Ardennen, im Rheinischen Schiefergebirge, im Harz, in der Eifel und in Böhmen, aber auch in Teilbereichen der Alpen, in Portugal und in NW-Afrika entwickelt ist; sie entspricht dem Ablagerungsraum, den man in der älteren Literatur die ‚Variskische Geosynklinale' nannte. Die entsprechenden Meeresgebiete sind durch eine Vielzahl unterschiedlicher Subfazies gekennzeichnet, die sich in jeweils eigenständigen Becken- und Schwellenbereichen entwickelt hatten.

Schließlich eine Fazies, die durch Übergänge zwischen kontinentalen Ablagerungen und solchen des Flachwassers gekennzeichnet ist; sie ist vor allem in Osteuropa entwickelt, wo devonische Meere auf die stabile ältere Plattform transgrediert waren. Auf die nichteuropäischen Faziesentwicklungen wird anhand einiger Besonderheiten später noch eingegangen.

Die kontinentale Old-Red-Fazies ist vor allem durch rote, überwiegend gröber-klastische Sedimente gekennzeichnet, die praktisch den festländischen Abtragungsschutt, die Molassen, des Kaledonischen Gebirges darstellen. Sie erreichen bis zu 7000 m Mächtigkeit und belegen damit auch ein aktives Einsinken großer Tröge, z. B. in Schottland. Die Sedimente sind meist durch Flüsse verfrachtet worden, deren Transportenergie anfangs noch vom akzentuierten Relief der Kaledonischen Bergketten gesteuert war. Die Rotsedimente, die dort noch bis in das Silurium zurückreichen, sind teilweise auch in Tümpeln oder Seen abgelagert worden.

Abb. 14: Steilstehende festländische Ablagerungen des Old-Red (Devon) an der Küste von Wales.

Im Devon Irlands gibt es fossile Dünen, die den Südrand des Old-Red-Kontinents begleiten. Hier haben auch mit den Stegocephalen die ersten Wirbeltiere landfesten Boden betreten. Gelegentlich eingeschaltete Karbonatlagen werden als Kalkkrusten (Caliche), also Bodenbildungen unter semiariden bis ariden Klimaverhältnissen gedeutet.

Im Süden von Gondwanaland herrschten möglicherweise Bedingungen wie heute im Oberlauf des Ganges, jedenfalls mit Bodenbildungen, die eine intensive chemische Verwitterung unter entsprechendem tropischen Klima nahe legen (Retallack 1997).

Die marinen Ablagerungen des Devons in Mitteleuropa werden traditionell in zwei Faziestypen aufgegliedert, die man als rheinisch und böhmisch oder herzynisch bezeichnet; dabei spielt es keine Rolle, dass die sog. ‚rheinische' Fazies in gleicher Ausbildung auch in Marokko anzutreffen ist. Gemeint sind im Grunde einerseits gröber-klastische Flachwassersedimente, oft durch Eisenhydroxide braun gefärbte Sandsteine (= rheinisch), andererseits feinkörnige, überwiegend tonige Ablagerungen, aber auch Kalke, die uferferne Bereiche des offenen Meeres dokumentieren. Die Faziesinterpretation erfolgt neben den Korngrößenverhältnissen vor allem durch die Fauna: In der rheinischen Fazies überwiegen z.B. grobschalige und grobberippte Brachiopoden, in der böhmischen z.B. Tentakuliten und Styliolinen, die man mit den rezenten Flügelschnecken (Pteropoden) vergleicht. Heute werden für diese Faziestypen die neutralen Begriffe neritische (für die rheinische) bzw. pelagische (für die böhmische) Fazies verwendet, um küstennahe von Ablagerungen des tieferen Meeres zu unterscheiden.

Neben dieser groben, durch die Paläogeographie gesteuerten Faziesunterscheidung gibt es eine Fülle von Detailbeobachtungen, die sich – aktualistisch interpretiert – zu sehr anschaulichen Bildern der devonischen Landschaften zusammenfügen lassen. Dazu gehören Riff- und Riffschuttbildungen, Lagunen, Tiefseerinnen und untermeerische Vulkanbauten unterschiedlicher Zusammensetzung, die teilweise über den Meeresspiegel hinaus gewachsen waren und in der Folge erodiert wurden.

Der Meeresraum, der dem Old-Red-Festland südlich vorgelagert war, entwickelte sich während des Devons zur sog. Variskischen Geosynklinale. Hier wurden die Gesteinsfolgen gebildet, die wesentlich das Aussehen und den inneren Aufbau vieler europäischer Mittelgebirge bestimmen (Ardennen, Eifel, Harz, Rheinisches Schiefergebirge). Dieses Meer differenzierte sich zunehmend in kleinere Teilbecken, die durch Schwellen und vulkanische Inselbögen voneinander getrennt waren.

Vom Festland wurde während des Unterdevons von Norden her klastisches Material, vor allem Rotsedimente, eingetragen, und lokal sind dabei großflächige Deltas ausgebildet worden. Später erfolgte auch ein Eintrag klastischer Sedimente aus südlichen Gebieten. Vom oberen Mitteldevon an wuchsen auf dem nördlichen Schelfrand Riffe, die im Wesentlichen aus Stromatoporen und tabulaten Korallen aufgebaut wurden; sie bilden die Basis für einen Großteil der rheinisch-westfälischen Kalkindustrie (Brilon, Dornap, Warstein, Attendorn, Paffrath). Ihre heutige Lage entspricht nicht mehr der ursprünglichen paläogeographischen Situation, da die Schichten durch die spätere Gebirgsbildung zusammengeschoben worden sind; außerdem lagen die devonischen Meeresbereiche damals relativ nahe am Äquator. Es hat den Anschein, dass die Riffbildung in unterschiedlichen Gebieten auch zeitlich unterschiedliche Reichweiten hatte (Krebs 1971).

Welcher Besucher der Stadt Limburg an der Lahn weiß schon, dass der Dom, der unsere Tausendmarkscheine ziert, auf einem devonischen Riffkalk steht? Aus diesem Gestein ist auch der Heilige auf der alten Brücke unten am Fluss geschlagen, und auch die Brücke selbst besteht überwiegend daraus. Erkennbar sind die angeschnittenen Strukturen von Stromatoporen und Korallen, die den Riffkalk wesentlich zusammensetzen. Seine Farbe ist weißgrau bis grau, oft aber geben rötliche Streifen von Eisenoxid darin dem Gestein eine charakteristische Marmorierung, die den Begriff ‚Lahnmarmor' hat entstehen lassen, obwohl das (wie viele andere sog. Marmore auch) in petrographischem Sinne gar kein Marmor (d.h. kein metamorphes Gestein) ist (Abb. 15).

Solche Riffkalke sind bezeichnende Gesteine im Devon, die in zwei wesentlich verschiedenen Positionen entstanden waren. Da Riffe ausreichend Licht und Wärme benötigen – wie uns die rezenten Verhältnisse lehren – ist ihr Bildungsbereich warmes Flachwasser, wobei die gute Durchlichtung wegen der Symbiose der Korallen mit Zooxanthellen einen ganz wesentlichen Faktor bildet. Wenn die Mächtigkeit devonischer Riffkalke viele hundert, gelegentlich sogar bis über 1000 m erreicht, so bedeutet das, dass die riffbildenden Organismen über eine lange Zeit hinweg im gleichen Tiefenbereich, d.h. in flachem Wasser, wachsen konnten. Diese Mächtigkeiten konnten nur aufgetürmt werden, wenn sich der Untergrund ständig absenkte und diese Absenkung durch den Aufwuchs der Riffkomponenten kompensiert wurde.

Geologisch ist das entweder in einer Schelfrandlage möglich, wie sie ähnlich heute am Großen Barriere-Riff vor der Ostküste Australiens gegeben ist, oder aber, wenn Riffe untermeerischen Vulkanbauten aufsitzen, wie in der Südsee; beide Fälle sind im Devon verwirklicht gewesen.

Die Schelfrandriffe wuchsen am südlichen Rand des Old-Red-Kontinents. Die entsprechenden Massenkalke sind infolge ihrer langanhaltenden nach-devonischen Festlandsgeschichte heute vielfach verkarstet und prägen die Landschaft mit einem entsprechenden morphologischen Inventar (z.B. Dolinen um Brilon oder Tropfsteinhöhlen im Harz).

In den schelffernen Bereichen mit tieferem Wasser mussten die Bedingungen für das Riffwachstum erst geschaffen werden. Aktualistisch interpretiert, brauchen die Organismen Licht und warmes sauberes Wasser; die am Riffbau beteiligten Algen und die Korallen wachsen nur in der photischen Zone, meist beträgt die Wassertiefe nur Zehnermeter. Im Großraum des schelffernen Devonmee-

Abb. 15: Kalksteinbruch in mittel- bis oberdevonischen Riffkalken des Elbingeröder Komplexes, Harz.

res haben Vulkane diese Voraussetzungen geschaffen. Die Riffkomplexe sind dort mit den Bauten submariner Vulkane assoziiert, die oft durch Pillowlaven gekennzeichnet sind. An den meist steilen Flanken dieser Vulkanbauten vermischte sich deren eigener Schutt mit dem der Riffe. Viele der früher an Lahn, Dill, im Sauerland und im Harz global Schalstein genannten und als vulkanische Tuffe (Diabas-Tuffe) interpretierten Ablagerungen dürften überwiegend als Schuttströme solcher Vulkan-Riff-Komplexe entstanden sein. Seit man anhand von kondensierten Conodontenfaunen zeigen konnte, dass das Riffwachstum gelegentlich unterbrochen war, und dass es schon eine paläozoische Verkarstung dieser Komplexe gegeben hat, die durch zeitweises Auftauchen bedingt war, ist die beträchtliche Mächtigkeit der Kalke (und Dolomite) von z.T. vielen 100 m noch beachtenswerter. Man muss aber davon ausgehen, dass sich die Vulkanbauten zusammen mit den Riffkörpern ständig abgesenkt hatten, wobei die Absenkung durch das Riffwachstum immer wieder kompensiert wurde. So etwas hatte Darwin seinerzeit für die rezenten Atolle in der Südsee aufgezeigt, und tatsächlich sind zumindest kleinere Riffbereiche im Devon auch solchen Atollen vergleichbar.

Wir wissen heute, dass sich die ozeanische Kruste unter der Auflast der großen Massen relativ schnell geförderter vulkanischer Produkte allmählich eindellt und dass das zur langsamen Absenkung von Vulkaninseln führen kann; das ist u.a. für die Kette der Hawaii-Inseln wahrscheinlich gemacht worden. Wie bei rezenten Riffen, lassen sich auch im Devon des Rheinischen Schiefergebirges Bereiche stillen (Lagunen) und bewegten Wassers unterscheiden und daraus die jeweilige paläogeographische Situation rekonstruieren.

Die devonischen Riffe im Rheinischen Schiefergebirge habe ich ausführlicher dargestellt, weil sie leicht erreichbar sind und weil ihre Gesteine, als ‚Lahnmarmor' in Deutschland vergleichsweise weit verbreitet wurden; außer ihrer Verwendung als Schmuckstein (Wandverkleidungen, Säulen u.a. in Sakralbauten) sind sie vor allem als Hochofenzuschläge bei der Eisenverhüttung genutzt worden. Dabei bildete oft die Nähe zu den devonischen Roteisensteinlagerstätten einen entscheidenden Standortvorteil. Die Dimensionen der Riffe sind jedoch winzig, wenn man sie mit entsprechenden Bildungen in Nordamerika oder Australien vergleicht. Beide heutigen Kontinente waren auch im Devon zunächst große Festländer, der nordamerikanische wurde vom Mitteldevon an durch ein Flachmeer überflutet, indem durch gleichzeitige tektonische Hebungen und Senkungen einzelner Areale allmählich eine differenzierte Topographie mit riffgesäumten

Karbonatplattformen entstand. Diese Riffe umrandeten Flachmeerbereiche, in denen während des oberen Mitteldevons mehrere 100 m mächtige Evaporitfolgen mit Kalisalzen entstanden. Sie werden heute von der kanadischen Potash Corporation of Saskatchewan (PCS) abgebaut. Die Ausmaße sind im Vergleich zu den mitteleuropäischen Salzlagerstätten des Perms gigantisch, die Evaporite erstrecken sich mit etwa 2000 km über drei Bundesstaaten. Devonische Salz- und Gipsvorkommen sind auch von der Russischen Tafel und aus der Tunguska bekannt.

Die Riffkalke sind heute meist unter jüngeren Ablagerungen begraben. Mit ihrer hohen Speicherkapazität bilden diese durch dichte Gesteine im Hangenden versiegelten Karbonatkomplexe auch wesentliche Erdöllagerstätten.

Australien, dessen rezentes Großes Barriere-Riff für Tauchtouristen und Geologen gleichermaßen faszinierend ist, hatte schon einmal im Devon ein ähnlich gewaltiges Barriere-Riff; es säumte auf einer Länge von etwa 350 km den nördlichen Rand eines in das Festland eingreifenden Meeresbeckens im heutigen Nordwesten des Kontinents und war, wie die Riffe im Rheinischen Schiefergebirge, im Wesentlichen aus Korallen und Stromatoporen aufgebaut.

In den devonischen Meeren war eine vom Vulkanismus geprägte Fazies entwickelt, die auch sonst von beträchtlicher Bedeutung ist; nicht alle submarinen Vulkanbauten sind von Riffkalken überwachsen worden. Der Vulkanismus ist seinem Chemismus nach bimodal, d. h. es kommen basische und saure Gesteine zeitlich und räumlich eng benachbart vor. Die entsprechenden Gesteine werden in der Literatur meist als Diabase und Keratophyre bezeichnet.

Die Diabase sind grüne Basalte, deren Farbe auf sekundäre Umwandlungsprodukte wie Chlorit und Epidot zurückzuführen ist. So kommen auch Begriffe wie Grünstein oder ‚Hauptgrünsteinzug' (im Sauerland) zustande. Es ist bis heute nicht eindeutig geklärt, ob diese Umwandlung durch eine schwache Regionalmetamorphose während der Variskischen Gebirgsbildung oder durch Autometasomatose im unmittelbaren Anschluss an die vulkanische Förderung verursacht wurde. Letzteres haben Hentschel (1966) und Meisl (1970) diskutiert, und es ist auch aus rezenten Basaltvorkommen im Golf von Kalifornien beobachtet worden (Gieskes u. a. 1982).

Diese Umwandlungen, bei denen auch das Mineral Albit entsteht, werden als Spilitisierung bezeichnet und die entstehenden Na-reichen Gesteine als Spilite; das Na weist auf eine Zufuhr aus dem Meerwasser. Im Lahngebiet hießen solche Gesteine früher ‚Weilburgite' (nach der Stadt Weilburg), heute wird meist der übergeordnete Begriff Metabasalt verwendet.

Das strukturelle Inventar dieser Metabasalte umfasst Pillowlaven, Schichtlaven, Gänge, Lagergänge und pyroklastisches Material. Auf geologischen Karten werden gelegentlich Effusiv- von Intrusivdiabasen unterschieden. Pillowlaven sind oft in Form von Diabasmandelstein entwickelt, d.h. sie enthalten viele Gasblasen, die durch meist weiße Sekundärminerale (oft Calcit) ausgefüllt sind; die ursprünglich runden Blasenhohlräume wurden durch den späteren Gebirgsdruck zusammengedrückt und erscheinen deshalb im Querschnitt mandelförmig. Da das am Meeresboden austretende Magma die gelösten Gase entbinden konnte, gibt das einen Hinweis auf eine nicht allzu große Wassertiefe.

Besondere Aufmerksamkeit verdienen die als Schalstein bezeichneten Gesteine, die praktisch immer im Verband mit den Diabasen vorkommen. Die ältere Literatur hat diesen Begriff synonym mit Diabastuff verwendet und damit zugleich die genetische Konnotation nahe gelegt, die sich bei genauerer Betrachtung heute allerdings nicht mehr ohne Einschränkung aufrechterhalten lässt. Unter diesem ‚Sacknamen' lassen sich sehr unterschiedliche Gesteine zusammenfassen, von echten Pyroklastika bis zu submarinen Schuttströmen, die von den Hängen der Vulkanbauten abgerutscht und zusammen mit Sedimenten abgelagert wurden; viele davon müssen als Brekzien bezeichnet werden. Es gibt darunter aber auch echte Tuffe, deren blasenreiche Lapilli zu flachen Partikeln breitgequetscht sind, außerdem sog. Bombenschalstein, wo mehr massige vulkanische Bomben innerhalb von Lapillituffen vorkommen (u. a. Hentschel 1961).

Die Bezeichnung Schalstein stammt aus dem Bergbau, das Gestein bricht schalig und lässt sich gut zu Bänken spalten; daher wurde es früher auch als Baustein für Treppenstufen, Tür- und Fenstergewände und als Bodenbelag verwendet; in großem Maßstab sind viele der mittelalterlichen Burgen (z. B. Runkel an der Lahn), aber auch größere Häuser oder alte Mühlen aus solchen Bruchsteinen gebaut worden. Der rötlich-violette ‚edle Schalstein' der Bergleute ist im Gegensatz zum meist grünlich gefärbten normalen Schalstein durch Roteisen imprägniert; er zeigt damit die Nähe der Erzlager an.

Die zweite Komponente im devonischen Vulkanismus bilden die als Keratophyr bzw. Quarzkeratophyr bezeichneten sauren Gesteine, die heute eher als Trachyt bzw. Rhyolith bezeichnet werden. Sie bilden gelegentlich massige Gesteinskomplexe, die wegen des besonders verwitterungsbeständigen Materials als Härtlinge in der Landschaft erhalten sind.

Entsprechend der im Vergleich mit Basalt hohen Viskosität der Magmen war der Keratophyrvulkanismus häufig explosiv: Keratophyrtuffe sind infolgedessen wesentliche Zeitmarken für die Devonstratigraphie. Während der Diabasvulkanismus im Wesentlichen auf das obere Mitteldevon und das tiefe Oberdevon beschränkt war, sind Keratophyre auch schon im Unterdevon gefördert worden.

Für einen Teil der basaltischen Gesteine lässt sich eine Inselbogensituation rekonstruieren, die Keratophyre sind dagegen im Bereich kontinentaler Kruste entstanden.

Förderzentren der Keratophyre waren zunächst im Bergischen Land und im Sauerland ermittelt worden (Rippel 1953, Heykendorf 1985). Zu diesen Keratophyrtuffen i.w.S. gehören aber auch Vorkommen im Taunus und am Mittelrhein, die als Porphyroide auf den geologischen Karten eingetragen sind. Die Porphyroide gestatten es, die ziemlich monotonen klastischen Ablagerungen des dortigen Unterdevons im Sinne einer Tephrochronologie zu unterteilen. Die genaue Zuordnung befindet sich aber noch im Anfangsstadium, nachdem neuere Untersuchungen eine sehr komplexe Zusammensetzung solcher Porphyroide erwiesen haben; nicht alle sind nämlich Tuffe, sondern es kommen auch mit normalen Sedimenten vermischte pyroklastische Komponenten vor (Kirnbauer 1991).

Devonische Vulkanite, z.T. in Form von in Bentonit umgewandelten Aschen bzw. Tephralagen, haben außerordentliche Bedeutung für die Stratigraphie. Nach den oben erwähnten, schon länger bekannten Keratophyrtuffen aus dem Sauerland hatte das für die devonische Eifel zuerst J. Winter (1965) aufgezeigt, indem er als Letten in die Schichtpakete eingeschaltete Lagen als Bentonithorizonte diagnostiziert und in den Profilen weiterverfolgt hatte. Die vulkanischen Aschen sind äolisch transportiert und im marinen Ablagerungsraum sedimentiert worden. Sie bilden damit sehr exakte Zeitmarken, die den Charakter von kurzfristigen ‚events' haben. Die vielen, zu spezifischen Gruppen zusammengefassten Bentonitlagen sind inzwischen anhand der Morphologie ihrer Zirkonpopulationen individuell gekennzeichnet und von den Ardennen über die Eifel bis in das Bergische Land verfolgt worden. Die von Westen nach Osten abnehmende Korngröße beweist, dass diese Aschen nichts mit denen des Sauerlandes zu tun haben, sondern von Westen gekommen sein müssen, wobei die Liefergebiete heute unter den jüngeren Ablagerungen des Pariser Beckens vermutet werden (Winter 1997). Devonischer Bentonit ist z.B. auch aus dem nordamerikanischen Chattanooga-Shale bekannt.

Im Zusammenhang mit dem ober/mitteldevonischen bis oberdevonischen submarinen Vulkanismus stehen die Roteisensteine, die als Eisenerze bis in die sechziger Jahre unseres Jahrhunderts von Bedeutung waren und die u.a. im Lahn- und Dillgebiet, im Sauerland und im Harz abgebaut wurden. Heute gibt es mehrere Besucherbergwerke, in denen Geologie und Abbautechniken dieser Erze anschaulich vermittelt werden, so z.B. die Grube Fortuna bei Wetzlar oder Büchenberg bei Wernigerode im Harz. Einen als Naturdenkmal unter Schutz stehenden Übertageaufschluss zeigt die Rote Klippe am Martenberg bei Adorf, die auch das Typusprofil für die Adorf-Stufe bildet. Die enge Bindung der Erze an die Vulkanite, vor allem an Schalsteinkomplexe, hatte dazu geführt, dass sie direkt als vulkanische Bildungen interpretiert wurden, die in untermeerischen Exhalationen von $FeCl_2$ ihren Ursprung haben sollen; diese seien dann im oxidierenden Milieu, unmittelbar nach dem Austritt auf den Meeresboden, zu Fe_2O_3 umgebildet worden.

Nachdem man aber durch die Tiefseebohrungen gelernt hatte, dass die ozeanische Kruste von tiefreichender Meerwasserzirkulation erreicht wird, die zu Lösungsprozessen in den Gesteinen führt, werden auch die devonischen Roteisensteine, die ja eine eigene Fazies bilden, mit entsprechenden Mechanismen interpretiert. Danach liefert der Vulkanismus nur noch die Wärmequelle, die ein hydrothermales Konvektionssystem verursacht und in Gang hält. Im Gegensatz zu den sulfidischen Erzen der Black smokers, die man mit Tauchbooten direkt beobachtet hat und die bei Temperaturen um 300°C entstehen, gilt für die Roteisensteine eine Temperatur von weniger als 150°C als wahrscheinlich. Entscheidend ist vor allem die Durchlässigkeit der Gesteine, die im Falle der meisten Schalsteinvorkommen besonders hoch ist. Die Erzlager hatten sich in solchen Vulkankomplexen vor allem an den Flanken gebildet, während deren Zentren infolge relativ dichter Diabase weniger geeignet waren. Die Erze sind also diagenetische Bildungen im unmittelbaren zeitlichen Anschluss an den Vulkanismus selbst (Flick u.a. 1990; die älteren Auffassungen siehe u.a. Bottke 1981, Hentschel 1960).

Die klastischen Gesteinsserien des Devons in Deutschland enthalten eine Anzahl faziell begründbarer Schichtglieder, von denen wenigstens Taunusquarzit und Hunsrückschiefer genannt sein sollen. Beide lassen sich grob vereinfacht als Fazies innerhalb der Siegen-Stufe des Unterdevons interpretieren, die z.T. noch bis in das Emsium reichen; bezüglich der genauen Alterszuordnung bestehen aber noch erhebliche Probleme. Der Taunusquarzit lässt sich dabei mit seinen oft sehr gut sortierten Sandkomponenten als eine Schwellenbildung im Flachwasser interpretieren, während der Hunsrückschiefer, wie viele der dunklen devonischen Tonschiefer als Bildung tieferen bzw. ruhigeren Wassers angesehen wird. Dafür sprechen nicht zuletzt die vielen, in Pyriterhaltung vorliegenden Fossilien, zu denen neben Cephalopoden auch Trilobiten und Echinodermen gehören; die goldglänzenden Exemplare auf dem schwarzen Schiefergrund sind als begehrte Sammelobjekte im Handel. Pyrit und höhere Anteile an organischer, vor allem pflanzlicher Substanz, die auch für die schwarze Farbe verantwortlich ist, sprechen für reduzierende Bedingungen in einem eher tieferen Ablagerungsraum, eingesteuerte Arme von Seesternen legen Bodenströmungen nahe.

Die beiden hier beispielhaft erwähnten Gesteine haben vor allem vom Unterdevon bis in das untere Mitteldevon hinein fazielle Entsprechungen, so im Ems-Quarzit, den

Wissenbachschiefern oder auch noch im Mittel- und Oberdevon des Lahngebietes. Die tonigen Partien enthalten vielfach abbauwürdige Dachschiefer (Mittelrhein, Taunus etc.), in den Wissenbachschiefern ist z. B. die weltberühmte Erzlagerstätte des Rammelsberges im Harz mit ihren silber- und goldhaltigen Sulfiden angelegt. Auch die durch hohe Anteile von organischem Kohlenstoff ausgezeichneten sog. Alaunschiefer gehören im weiteren Sinne in diesen Faziesbereich.

In die Schiefer können Kalkbänke eingelagert sein, die ihren Ursprung teilweise in den Riffkalken hatten. Solche in tonige Schichtfolgen eingelagerten Kalkbänke, werden als Flinz bezeichnet. Sie sind meist durch Turbidite aus dem Flachwasserbereich in die Tiefsee transportiert worden.

Vor allem innerhalb der oberdevonischen Schichtfolgen ist im Rheinischen Schiefergebirge und im Harz die Fazies der sog. Kramenzelkalke entwickelt. Kramenzeln ist ein volkstümlicher Ausdruck für Ameisen und die Kalke sollen so heißen, weil in den Löchern, die durch Herauswittern der kalkigen Bestandteile entstehen, oft Ameisen anzutreffen sind. Genau genommen handelt es sich um Gesteine, die aus einer ursprünglichen Kalk-Ton-Wechsellagerung entstanden sind; die Kalklagen sind infolge von Lösungsprozessen am Meeresboden in mehr oder weniger voneinander isolierte Knollen aufgelöst. Ein anderer Ausdruck für diese Gesteine ist Kalkknotenschiefer. Die aktualistische Faziesinterpretation vermutet, dass diese Sedimente durch eine frühdiagenetische Auflösung von Kalk nahe der CCD (Carbonate Compensation Depth, die im Atlantik heute bei etwa 3700 m liegt) erfolgt ist, wonach die Kramenzelkalke Bildungen auf Tiefschwellen wären; die devonische CCD lag aber wahrscheinlich in einer geringeren Wassertiefe.

Allgemein lässt sich aus den devonischen Sedimenten Mitteleuropas eine anfänglich noch fluviatil geprägte Fazies erkennen, die zunehmend mariner und allmählich auch feinkörniger wurde. Die klastischen Schüttungen erfolgten zunächst überwiegend von Norden. Der Ablagerungsraum, den man als das nördliche Randbecken der Variskischen Geosynklinale bezeichnen kann, wurde später durch einen Schwellenbereich grob zweigeteilt. Die klastische Sedimentation erfolgte dann auch von Bereichen aus, die nach der Zeit des Unterdevons als große Inseln aufgetaucht sein müssen und die ihrerseits Randbereiche hatten, auf denen Riffe wachsen konnten (z. B. Taunus-Insel).

Die Schichtmächtigkeiten vor allem des Unterdevons im Rheinischen Schiefergebirge erreichen einige 1000 m, die Schätzungen gehen aber weit auseinander. Ein Gebiet, das besonders viel sandige Sedimente aufgenommen hat, ist das Siegerland, wo gelegentlich Zahlen um 10 000 m genannt wurden; das ist aber möglicherweise darauf zurückzuführen, dass man in den oft fossilarmen Gesteinen tektonische Schichtverdoppelungen nicht erkennen kann; 5000 m erscheinen heute als relativ realistischer Wert. Im Mittel- und Oberdevon dagegen sind die Schichtmächtigkeiten meist wesentlich geringer, was sich mit einem geringeren Eintrag klastischer Komponenten begründen lässt.

Sämtliche, hier am Beispiel des Rheinischen Schiefergebirges aufgezeigten Faziesmuster sind in mehr oder weniger ähnlicher Ausprägung auch in den anderen, von Devonablagerungen mitgeprägten Gebieten der Erde entwickelt. Wenige Beispiele sollen genügen:

Wenn Ager schreibt, dass man das Devon z.B. besser als Newyorkium bezeichnet hätte, so weist das auf den Staat New York hin, wo etwa 3000 m mächtiges Devon, vor allem Oberdevon entwickelt ist. Nach den Catskill Mountains benannt, ist aus diesen Ablagerungen ein Catskill-Delta rekonstruiert worden. Stanley (1989) weist aber darauf hin, dass es sich eher um einen komplexen Schüttungskörper handelt, dessen Fracht aus Osten kam und die nach Westen, d. h. bis Pennsylvania, ausdünnt; die Ablagerungen wurden durch Zopfmusterflüsse transportiert, deren Fazies nach Westen über ein Wattenmeer und Düneninseln schließlich in das Meer überging.

Wer mit Glenn Miller's Musik etwas anzufangen weiß, hat auch vom Chattanooga-Choochoo gehört, der schnaufenden Eisenbahn in Tennessee, die da besungen wird. Geologen kennen eher den Chattanooga-Shale, einen dunklen Tonstein des Oberdevons, der riesige Areale im Osten der USA einnimmt. Ähnlich wie beim unterdevonischen Hunsrückschiefer werden auch für dessen Entstehung reduzierende Verhältnisse und ruhiges Wasser angenommen; die Shales haben hohe Gehalte an organischem Kohlenstoff. Wahrscheinlich waren diese Gebiete durch die Gebirge im Osten vor starker Wellenbewegung geschützt.

Für die regional-klimatischen Bedingungen werden immer die oberdevonischen Kohleflöze der Bären-Insel erwähnt. Diese heute im arktischen Bereich liegenden Vorkommen sind nun mit der plattentektonischen Konfiguration plausibel zu erklären: Der devonische Äquator verlief über den Old-Red-Kontinent etwa von Mittelengland zu den erwähnten Catskills, und die Kohlen wurden am NE-Rand der Landmasse in Küstensümpfen gebildet.

Ein kleiner Fluss im Harz hat dem Kellwasserkalk seinen Namen gegeben. Besonders gut sind die Schichten oberhalb der Touristenattraktion Romkerhalle im Okertal aufgeschlossen, man muss aber bis zum oberen Punkt des Wasserfalls aufsteigen. Dort sind an einer Felsnase helle Kalksteine zu sehen, die von schwarzen Bändern durchzogen werden; sie gehören dem tiefsten Oberdevon an. In dieser Zeit kam es zu einem massenhaften Artensterben, für das man sogar extraterrestrische Ursachen – etwa einen ‚Killerstern' – als Erklärungsmöglichkeit herangezogen hat. Weniger sensationslüsterne Autoren sehen heute den Grund eher in einer großräumigen Abkühlung der damaligen Meere.

Die Verarmung der Fauna während dieser Zeit vollzog sich fast weltweit und entsprechende Sedimente sind unter anderem auch aus Marokko bekannt. Was zunächst auffällt, ist die relativ kurze Epoche, während der die an organischem Kohlenstoff reichen, schwarzen Schichten entstanden sind. Für die Klimahypothese spricht, dass vor allem die Organismen der Riffgemeinschaften, die tabulaten Korallen und die Stromatoporen – also die weitgehend tropischen Formen – dezimiert wurden, daneben aber auch die planktisch lebenden Acritarchen und die Placodermen (Panzerfische). Tiefe Einschnitte lassen sich auch bei fast allen anderen Tiergruppen beobachten.

Stratigraphie

Die für die Stufengliederung gebräuchlichen Schichtnamen des Devons stammen überwiegend von Lokalitäten im Rheinischen Schiefergebirge und in Belgien bzw. Frankreich. Gedinne und Frasne oder Famenne sind belgische Ortschaften, Givet eine nordfranzösische, und die nach deutschen Lokalitäten benannten Schichten erklären sich fast von selbst (siehe Tabelle im Anhang). Bei der feineren Gliederung des Oberdevons standen meist Dörfer im Sauerland Pate.

Unabhängig von den Stufennamen existiert eine Fülle von Begriffen, die sich meist eng an Fossilien oder Gesteine anlehnen: Tentaculitenschiefer, Cypridinenschiefer, Schwärzschiefer, Rotschiefer, Kieselschiefer, Kalkknollenschiefer oder der schon erwähnte Kramenzelkalk sind einige Beispiele; sie sind aber vorwiegend als Faziesbezeichnungen aufzufassen. Von einer Darstellung der Feingliederung, wie sie mit lokalen Schichtbezeichnungen jeweils nur in bestimmten regional eng begrenzten Bereichen existiert, wird hier bewusst abgesehen. Meist genügt es für eine erste Annäherung an die Stratigraphie, von Unter-, Mittel- und Oberdevon zu sprechen.

Beispiele für die weitergehende Stufengliederung und deren Typuslokalitäten sind: Gedinnium (nach der Ortschaft Gedinne in den Ardennen), Siegenium (nach Siegen im Siegerland), Emsium (nach Bad Ems an der unteren Lahn;früher: Koblenz-Stufe), Eifelium, Givetium (nach der Ortschaft Givet in Nordfrankreich), Frasnium (nach dem Ort Frasne bei Givet in Belgien) und Famennium (nach dem Famène-Gebirge). Die oberdevonischen Stufen Frasnium und Famennium werden auch nach Lokalitäten im Rheinischen Schiefergebirge weiter untergliedert: Frasnium ist gleichbedeutend mit dem bei uns allgemein verwendeten Begriff Adorf-Stufe (Adorf in Waldeck), das Famennium unterteilt man weiter in Nehden-, Hemberg- (der Hemberg liegt bei Iserlohn), Dasberg- und Wocklum-Stufe (Nehden und Dasberg sind Dörfer im Sauerland).

Statt dieser Namen sind wegen der außerordentlich feinen stratigraphischen Auflösung der Schichtenfolge heute auch Kürzel gebräuchlich, so dass das Adorfium auch ‚do I' genannt wird, Nehdenium ‚do II' usw. Wenn man geeignete Leitfossilien zur Verfügung hat, ergeben sich gelegentlich noch weiterreichende Unterteilungsmöglichkeiten, die dann bis zu ‚doIα' (= Zone des *Pharciceras lunulicosta*) gehen können.

Die Devongliederung in den marinen Ablagerungen erfolgt anhand von Goniatiten und Conodonten neben Trilobiten, Ostrakoden und Brachiopoden, im ältesten Bereich sind auch noch Graptolithen von Bedeutung. In Deutschland liegen die klassischen Regionen für die Gliederung mariner devonischer Schichten im Rheinischen Schiefergebirge und im Harz. Heute gelten aber die Ardennen als Typusregion, in denen gute Profile entwickelt sind. Die grundlegende Gliederung anhand von Makrofossilien wurde im 19. Jahrhundert erarbeitet; sie spiegelt sich in einer großen Anzahl von Goniatiten- und Graptolithenzonen. Seit den fünfziger Jahren kommt, parallel zu dieser Gliederung, eine conodonten-stratigraphische Zonengliederung. Sie hat den Vorteil, dass diese Mikrofossilien in Kalksteinen oder auf Schichtflächen von Tonschiefern außerordentlich viel häufiger sind als die Makrofossilien. In den sechziger Jahren gab es einen regelrechten Boom conodontenfeinstratigraphischer Untersuchungen, wobei man zunächst die an Makrofossilien ermittelte stratigraphische Abfolge der klassischen Lokalitäten mit den dort gewonnenen Conodontenfaunen verglich, diese also in die schon bekannte Schichtfolge ‚einhängte'.

Die stratigraphische Feingliederung hat ein solches Maß an Auflösungsvermögen, dass man damit auch Kondensationshorizonte ermitteln kann, in denen infolge früher Auflösung der Begleitsedimente mehrere Fossilzonen innerhalb einer einzigen Schicht nachweisbar sind. In der Old-Red-Fazies mit ihren Wasserläufen und Tümpeln dagegen sind Agnathen und Fische wichtige Leitfossilien; daraus ergibt sich eine völlig eigenständige Stratigraphie dieser überwiegend terrestrischen Bereiche.

Wenn man sich stratigraphische Tabellen ansieht, die das deutsche Devon in den einzelnen Regionen gliedern, so fällt zunächst eine Fülle weiterer Lokalnamen auf, die nicht nur Anfängerstudenten verwirren. Man kann die Schichtbezeichnungen zu lernen und miteinander zu korrelieren versuchen. Die Schwierigkeit besteht darin, dass die Korrelation gelegentlich durch kleinräumige Faziesänderungen erschwert wird, oder dass man Gesteinskomplexe mit gleicher Lithologie auch zeitlich gleichsetzt. Aus der Tradition ergibt sich auch, dass man z.B. rechts- und linksrheinische Ablagerungen grundsätzlich getrennt betrachtet hatte (obwohl der Rhein im Devon noch gar nicht vorhanden war). Die verdienstvolle Detailarbeit bei der Aufnahme und Zusammenstellung von Devonprofilen (oder Teilprofilen) ist dennoch nicht umsonst gewesen, nur die Zeitflächen werden sich im Einzelfall verschieben.

In dieser Beziehung kommt der außerordentlich exakten Bearbeitung vulkanischer Aschenlagen im Devon der Eifel eine ganz besondere Bedeutung zu. Sie sind von Winter erstmals 1965 beschrieben und dann beinahe ein Forscherleben lang weiterverfolgt worden (zuletzt Winter 1997). Danach ist es heute möglich, individuelle Aschenlagen anhand der Kristallmorphologie ihrer Zirkone zu erkennen und von den Ardennen über die Eifel bis in das Bergische Land zu verfolgen. Dieser Vulkanismus kennzeichnet den stratigraphischen Bereich vom Oberen Unterdevon bis in das Untere Mitteldevon.

Im rechtsrheinischen Unterdevon spielten sog. Porphyroide schon früh eine Rolle für die relative Gliederung der meist sandigen Schichten, die oft keine Fossilien enthalten. Die Porphyroide enthalten, wie schon der Name andeutet, vulkanische Komponenten. Eine Neubearbeitung hat jedoch gezeigt, dass sich dahinter eine Vielzahl unterschiedlicher Bildungen verbirgt, die erst dann Zeitmarken liefern, wenn man sie genauer kennzeichnen kann (Kirnbauer 1991); hier steht die Forschung wieder einmal an einem Anfang.

Das klassische Beispiel für eine Schichtengliederung mit Vulkaniten (Keratophyren) im rheinischen Devon hat für das Sauerland Rippel (1953) gegeben; es ist später verfeinert worden (Heyckendorf 1985), so dass man unterschiedliche Vulkanite auch auf entsprechende Ausbruchspunkte zurückführen kann. Winter (1997) hat jedoch klar gezeigt, dass die sauerländischen Vorkommen nichts mit denen in der Eifel zu tun haben und dass die Ausbruchszentren dieser vulkanischen Aschen noch weiter im Westen gelegen haben müssen.

Die Devon/Karbon-Grenze wird heute mit 353,7 ± 4,2 Millionen Jahren angegeben (Claoué-Long u.a. 1995) d.h., das Devon umfasst einen Zeitraum von über 60 Millionen Jahren.

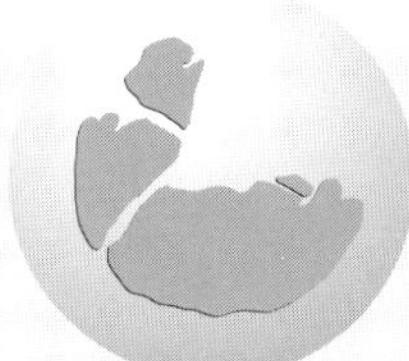

Zusammenfassung

Das Devon war eine wesentliche Zeit für die Vorbereitung bzw. Bildung der meisten europäischen Mittelgebirge; die entsprechenden Bildungen sind von Böhmen bis in die Bretagne, in Wales und Südwestengland und bis nach Portugal anzutreffen. In einem Meeresgebiet, das sich zunehmend in kleinräumige Becken und Schwellen differenzierte, wurden Sedimente und Vulkanite gebildet, die während der nachfolgenden Variskischen Gebirgsbildung i.w. während des Karbons gefaltet, zusammengeschoben und zerbrochen wurden; dabei kam es auch zu Deckenüberschiebungen, wie sie aus den erheblich jüngeren Alpen bekannt sind.

Im Unterdevon erfolgte der von klastischen Sedimenten geprägte Eintrag vom nördlich gelegenen Old-Red-Kontinent, dessen weitgehend festländische Ablagerungen zuvor in Grönland und Schottland entstanden waren. Am Südrand dieses Festlandes entstanden Schelfrand-Riffe, die die Absenkung des Untergrundes durch Aufwuchs kompensierten. Vulkanische Ereignisse scheinen zunächst zeitlich eng begrenzt und überwiegend explosiv gewesen zu sein; deren Produkte bilden lokal wichtige Zeitmarken. Vom Mitteldevon an verstärkte sich die vulkanische Tätigkeit, die vor allem untermeerisch erfolgte und zur Bildung von Inseln und Schwellen führte. Die überwiegend in flacherem Wasser tätigen Eruptionen schufen auch den Lebensraum für riffbildende Organismen, die in der Folge mächtige Karbonatkomplexe aufbauten.

Insgesamt bestand ein in Becken- und Schwellenbereiche gegliederter Meeresraum, mit aktiven Vulkanen, die lokal auch über den Wasserspiegel aufragten und von der Brandung erodiert wurden. Neben Inseln lieferten die fernen Festlandsbereiche weiterhin klastischen Schutt in Form von Silt und Ton. Letztere wurden durch die spätere Gebirgsbildung zu den Tonschiefern umgeprägt, die namengebend für das Rheinische Schiefergebirge geworden sind. Auf Schwellen wurden dagegen besonders gut sortierte Sande gebildet (Taunusquarzit).

Im Kontrast dazu entwickelten sich in schlecht durchlüfteten Bereichen tieferen Wassers dunkle Schiefer (Hunsrückschiefer). Nach Osten zu reduzieren sich die Mächtigkeiten und belegen die Annäherung an den stabilen Krustenblock der Böhmischen Masse. Hier wurden Kalke gebildet, in Thüringen noch in Form von Knollenkalken, die in der Gegend von Prag aber in zusammenhängende Karbonatkomplexe übergehen. In der Prager Mulde ist das Barrandium entwickelt, wo sich ein nicht gestörter Übergang von silurischen in devonische Schichtfolgen beobachten lässt.

Die im Silurium begonnene Eroberung des Festlandes durch die Pflanzen setzte sich verstärkt fort. Der marine Bereich ist noch durch Trilobiten, vor allem aber Goniatiten, Brachiopoden, Korallen, Stromatoporen, Ostrakoden und Conodonten geprägt, die wichtige Leitfossilien bilden. Neben altertümlichen Fischen sind die amphibisch lebenden Tetrapoden von Bedeutung, die in Tümpeln des Old-Red-Festlandes lebten.

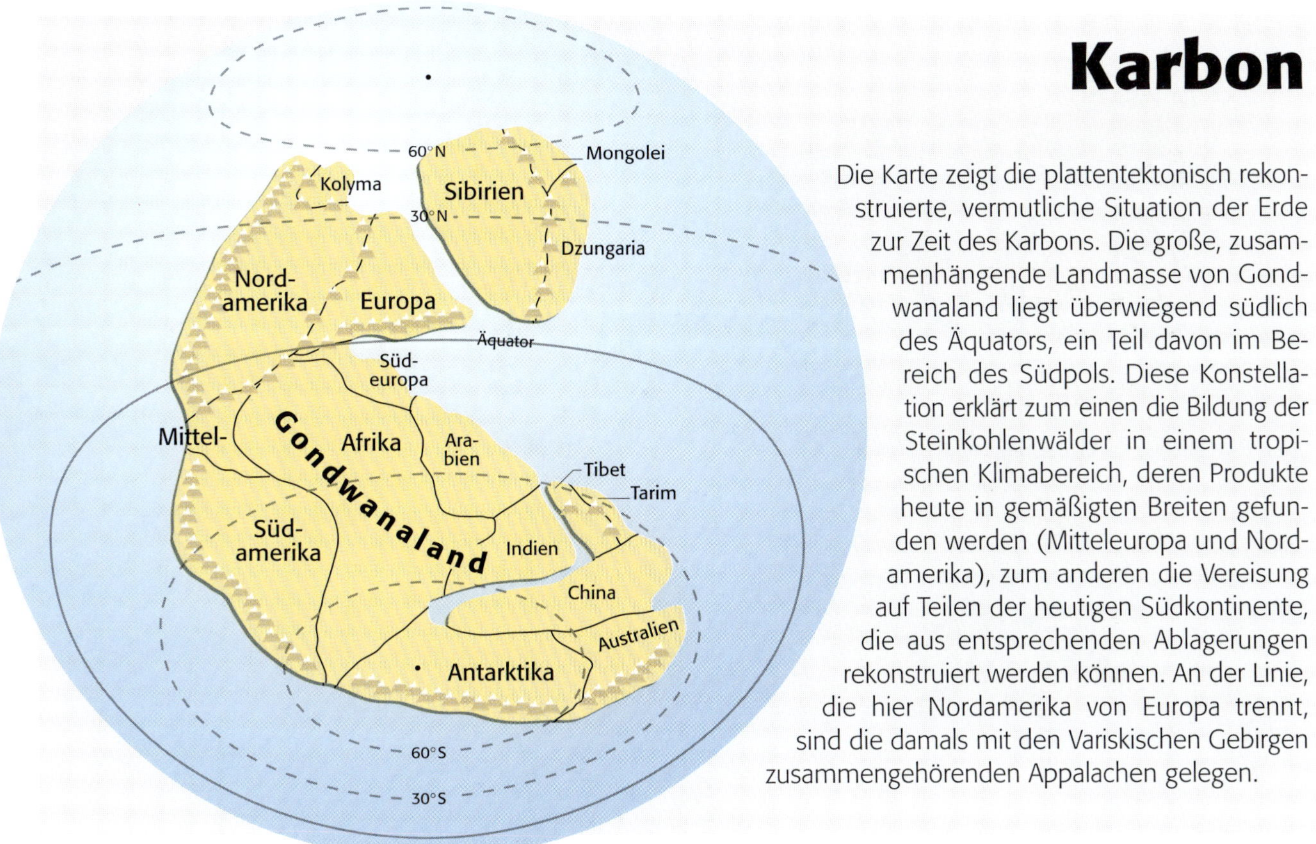

Karbon

Die Karte zeigt die plattentektonisch rekonstruierte, vermutliche Situation der Erde zur Zeit des Karbons. Die große, zusammenhängende Landmasse von Gondwanaland liegt überwiegend südlich des Äquators, ein Teil davon im Bereich des Südpols. Diese Konstellation erklärt zum einen die Bildung der Steinkohlenwälder in einem tropischen Klimabereich, deren Produkte heute in gemäßigten Breiten gefunden werden (Mitteleuropa und Nordamerika), zum anderen die Vereisung auf Teilen der heutigen Südkontinente, die aus entsprechenden Ablagerungen rekonstruiert werden können. An der Linie, die hier Nordamerika von Europa trennt, sind die damals mit den Variskischen Gebirgen zusammengehörenden Appalachen gelegen.

Begriff und Abgrenzung

Das Karbon, das Steinkohlenzeitalter, leitet sich von der lateinischen Bezeichnung Carbo = Kohle ab; hier sind also Gesteine maßgebend und nicht Volksstämme oder Landschaften die, mehr oder weniger glücklich gewählt, Typuslokalitäten für erdgeschichtliche Zeitabschnitte bezeichnen. Nur ist nicht alles im Karbon Kohle und in den USA stehen mit Zeitbegriffen wie Mississippium (für Unterkarbon) und Pennsylvanium (für Oberkarbon) wiederum Landschaften Pate; beide haben dort den gleichen Rang wie das Karbon in Europa, werden also als eigenständige Systeme behandelt. Das Karbon wurde als Carboniferous durch Conybeare u. Phillips (1822) eingeführt, nachdem schon 1808 D'Halloy von einem terrain houiller gesprochen hatte.

Das in Europa vorwiegend marin entwickelte Unterkarbon ist anhand seiner eigenständigen Fauna deutlich vom liegenden Devon unterscheidbar. Die Hangendgrenze zum Perm ist dagegen fließend und wesentlich schwieriger zu bestimmen, weil hier beide Systeme meist durch kontinentale Ablagerungen geprägt sind. Der Begriff Permokarbon weist auf die entsprechende Verlegenheit hin. Die Festlegung der Grenze erfolgte durch internationale Absprache; mit dem Farn *Callipteris conferta* als Leitfossil beginnt das untere Perm. Die Situation ist heute mit einer plattentektonisch bedingten Verschiebung erklärbar, die die während des Oberkarbons im feuchtheißen Bereich liegenden Festlandsgebiete mit ihren Steinkohlenwäldern allmählich in eine nördlichere, trockene Zone transportiert hatte. Der damit verbundene Klimawechsel vollzog sich allmählich und ist in den Gesteinen auch durch einen entsprechenden Übergang von schwarzen und grauen zu rötlichen Farben erkennbar. Aus der devonischen Pflanzenwelt entwickelten sich später die Leitfossilien, die wesentlich zur Gliederung, vor allem des Oberkarbons, beitragen.

Flora und Fauna

Der Karbonflora, die sich aus den eher noch artenarmen Festlandspflanzen des Devons zu üppiger und vielgestaltiger Vegetation entwickelt hatte, sind eigene Monographien gewidmet worden; hier kann nur ein stark verkürzter Abriss skizziert werden. Voraussetzungen für die auch quantitativ bedeutende Entwicklung und Erhaltung der

Pflanzen

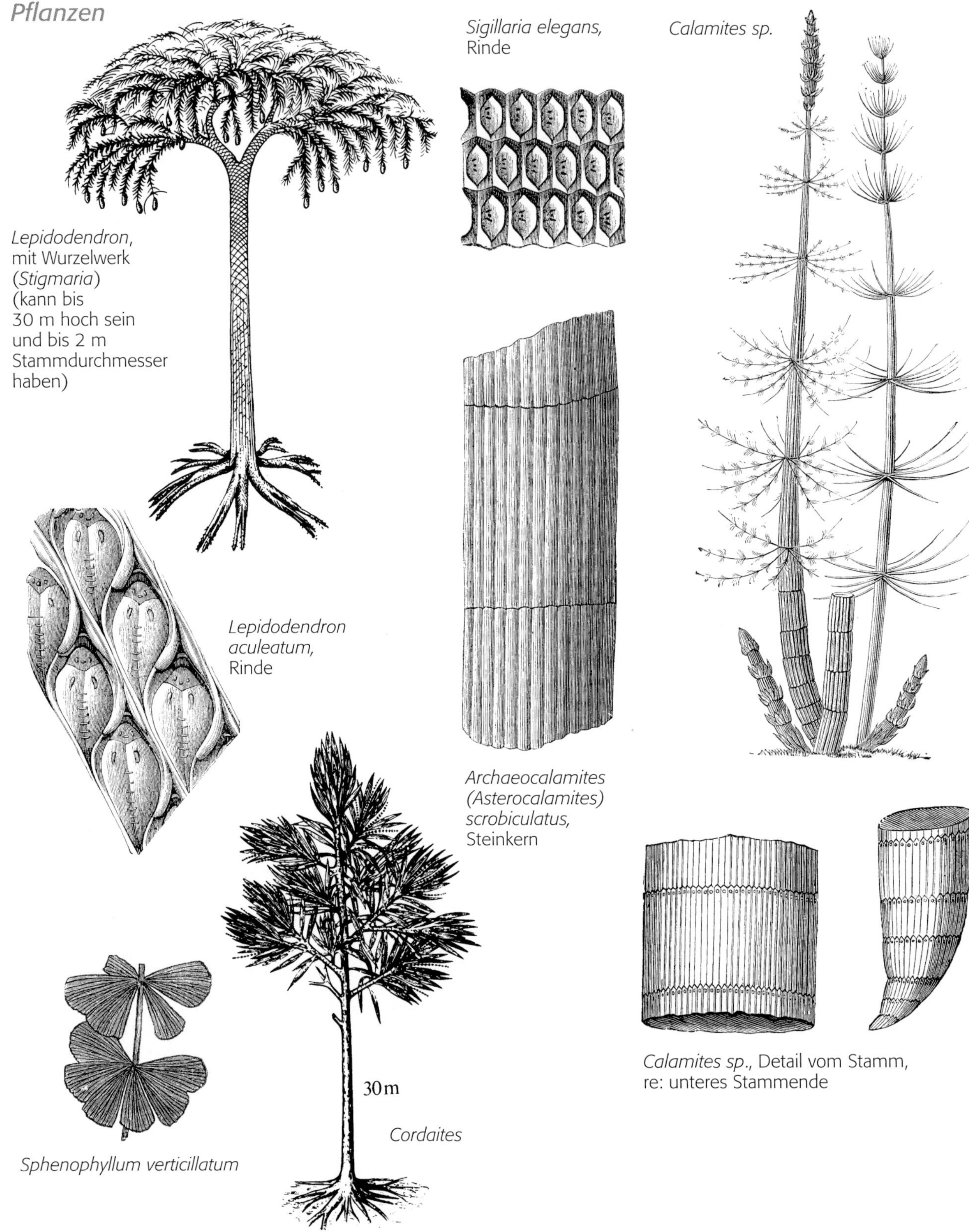

Lepidodendron, mit Wurzelwerk (*Stigmaria*) (kann bis 30 m hoch sein und bis 2 m Stammdurchmesser haben)

Sigillaria elegans, Rinde

Calamites sp.

Lepidodendron aculeatum, Rinde

Archaeocalamites (Asterocalamites) scrobiculatus, Steinkern

Calamites sp., Detail vom Stamm, re: unteres Stammende

Cordaites

Sphenophyllum verticillatum

Pflanzen

Annularia sphenophylloides

Neuropteris attenuata

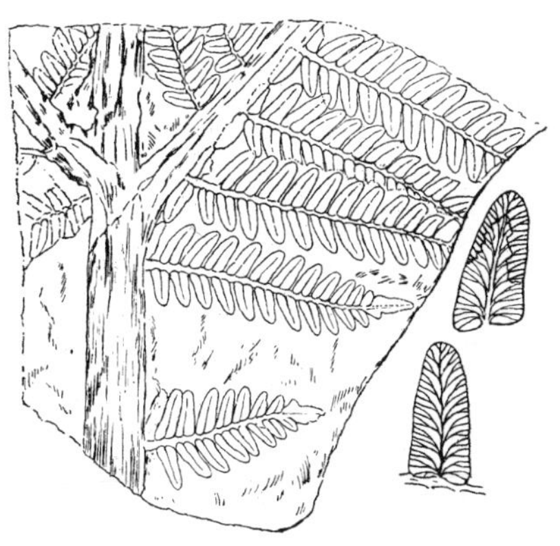

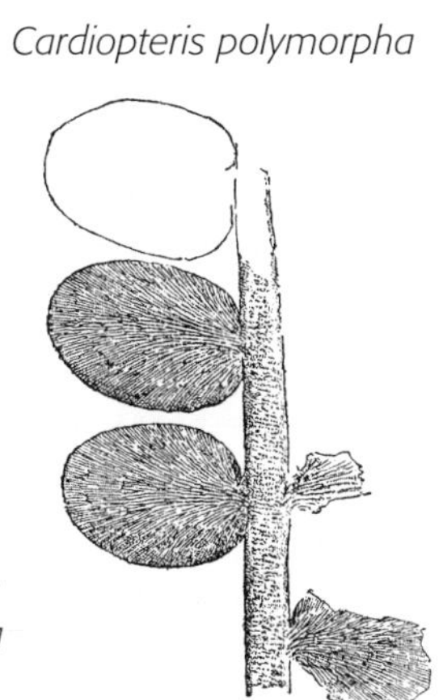
Lonchopteris rugosa

Cardiopteris polymorpha

Muscheln

Posidonia becheri

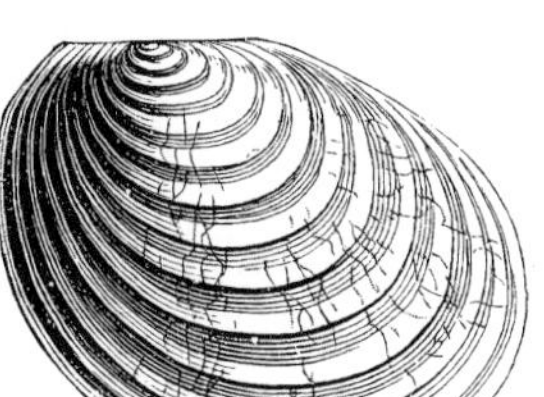

Schnecken

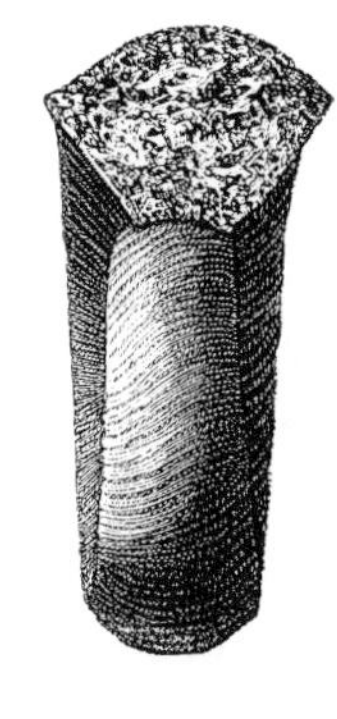

Straparollus (Euomphalus) pentangulatus

Bellerophon bicarenus

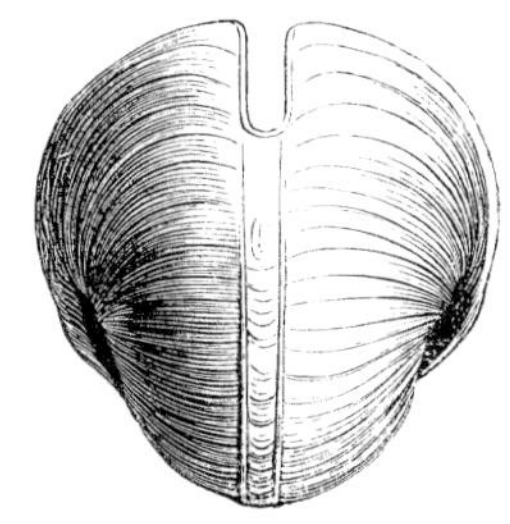

Bellerophon bicarenus

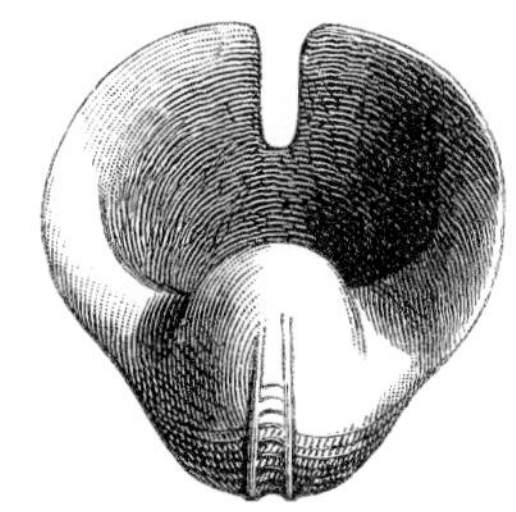

Cephalopoden

Goniatites crenistria

Mollusken

Helminthochiton priscus

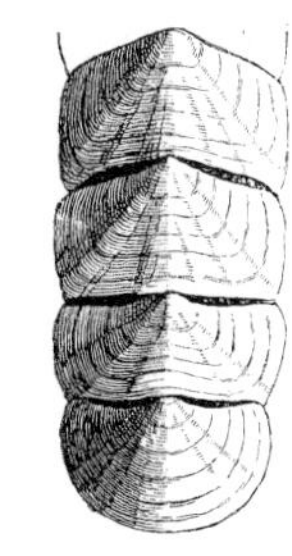

Brachiopoden

Productus longispinus

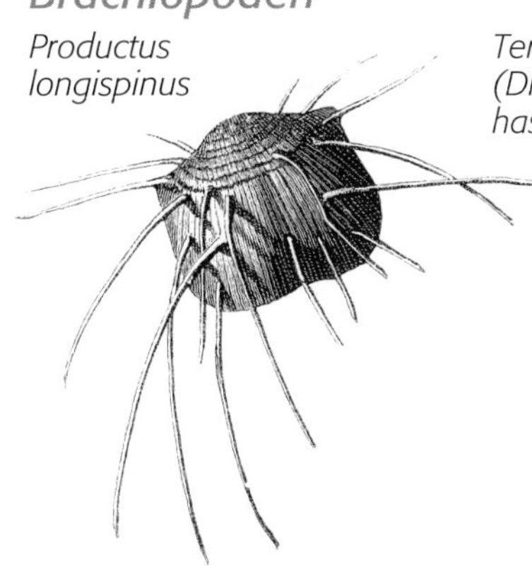

Terebratula (Dielasma) hastata

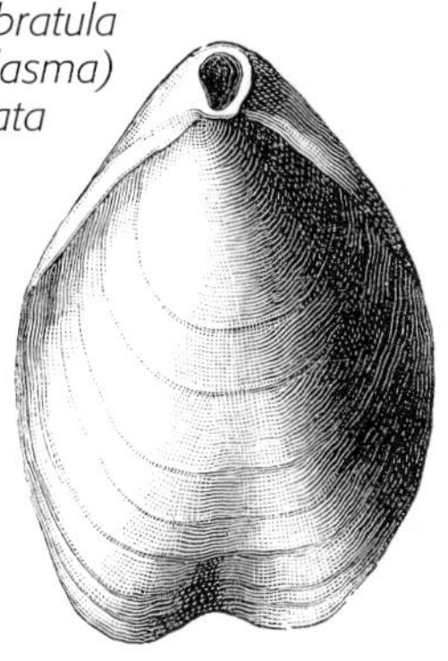

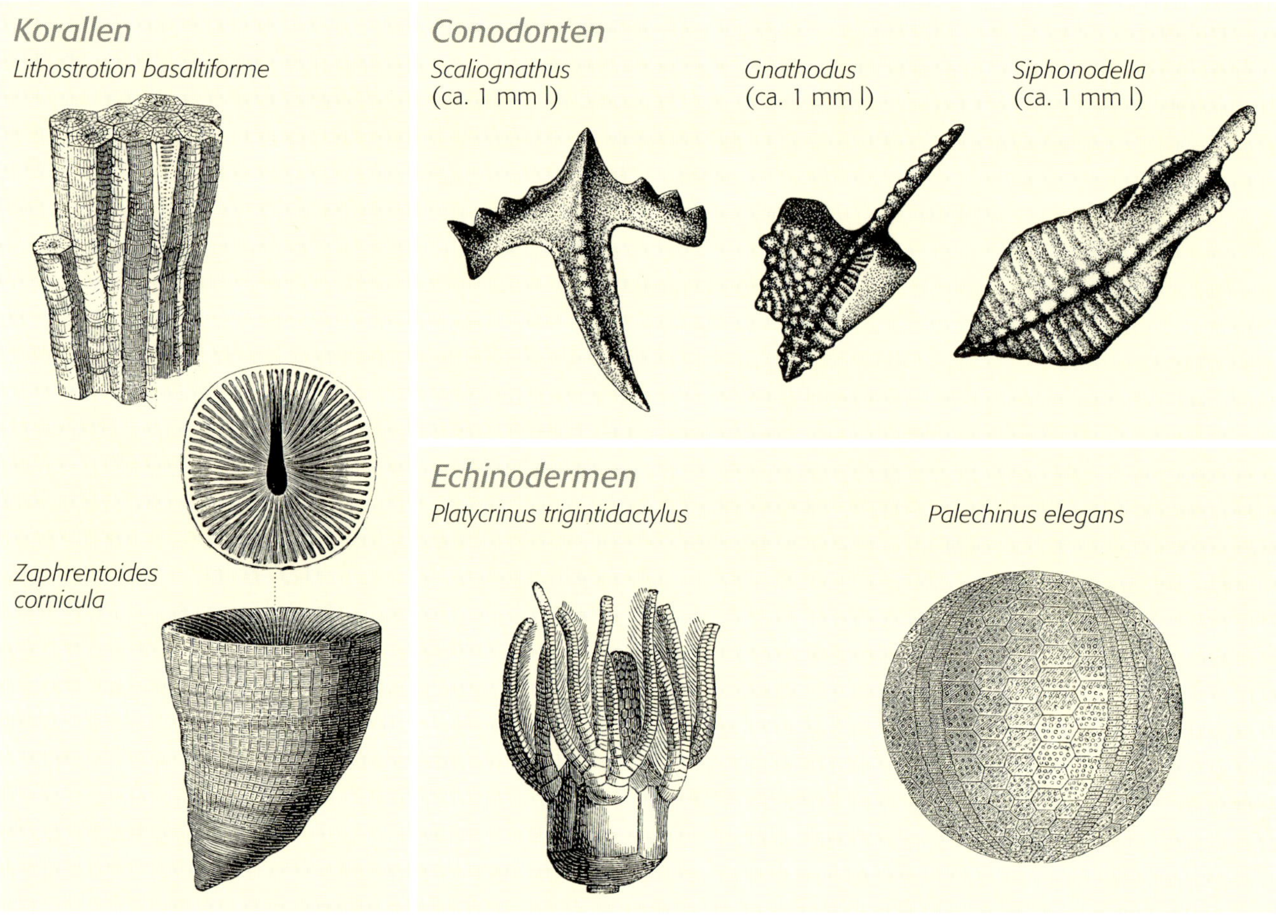

Pflanzenwelt waren die während der etwa gleichzeitig ablaufenden Variskischen Gebirgsbildung in Europa (die ihre Entsprechung in den nordamerikanischen Appalachen hatte; beide Gebirgssysteme hingen damals zusammen, den Atlantik gab es noch nicht) entstehenden Senkungsgebiete. Während des Oberkarbons prägten sich erstmals Florenprovinzen aus, wobei die aus den Pflanzen rekonstruierten wärmeren Gebiete nördlich des Äquators lagen, während die Südkontinente durch kühles Klima geprägt waren. Devon und Karbon werden gelegentlich auch als Palaeophytikum zu einem Zeitalter der altertümlichen Pflanzen zusammengefasst.

Die wesentliche Pflanzengruppe waren die meist baumförmigen *Pteridophyten* (Gefäßsporenpflanzen), aus denen überwiegend die Steinkohlen entstanden. Dazu zählen Bärlappgewächse (*Lycophyten*), Schachtelhalme (*Equiseten*) und Baumfarne, wobei praktisch alle Gruppen große Bäume bildeten, die z. T. mit bis zu 2 m Stammdurchmessern >30 m hoch werden konnten. Bestimmungsmerkmale sind vor allem Blätter und die äußeren Strukturen der Rinde. Am bekanntesten sind die Siegelbäume oder *Sigillarien*, deren Stammoberfläche durch eine Siegeln ähnliche Struktur geprägt ist, die durch die Blattnarben zustande kommt (Gattung: *Sigillaria*) und die Schuppenbäume oder *Lepidodendren* (Gattung: *Lepidodendron*), deren rhombenähnliche Blattnarben in Schrägzeilen angeordnet sind. Zum Vokabular der Beschreibung der Karbonflora gehören auch die Wurzelstöcke, die bei den flachwurzelnden Lepidodendren oft als Steinkerne erhalten sind und als Stigmarien bezeichnet werden, sowie deren Zapfen (*Lepidostrobus*). Von den ebenfalls baumförmigen Schachtelhalmen, die ihren Namen von den durch die Sprossansätze gegliederten Stämmen haben (Articulatae) sind auch Riesenformen überliefert, gegen deren Stammhöhen sich die heutigen Nachfahren, etwa unser krautiger Ackerschachtelhalm (*Equisetum arvense*), ausgesprochen ärmlich ausnehmen. Die Hohlräume karbonischer Schachtelhalme sind oft als Steinkerne erhalten. Wichtig für die Unterscheidung von Gattungen wie *Archaeocalamites* oder *Asterocalamites*, *Calamites* oder *Equisetum* ist die geometrische Anordnung der Knoten (Sprossansätze). Die Längsrillen auf den Steinkernen bilden die Leit- bzw. Gefäßbündel der Pflanzen ab. Neben den Stämmen sind auch die Blätter erhalten, die meist rosettenförmig an-

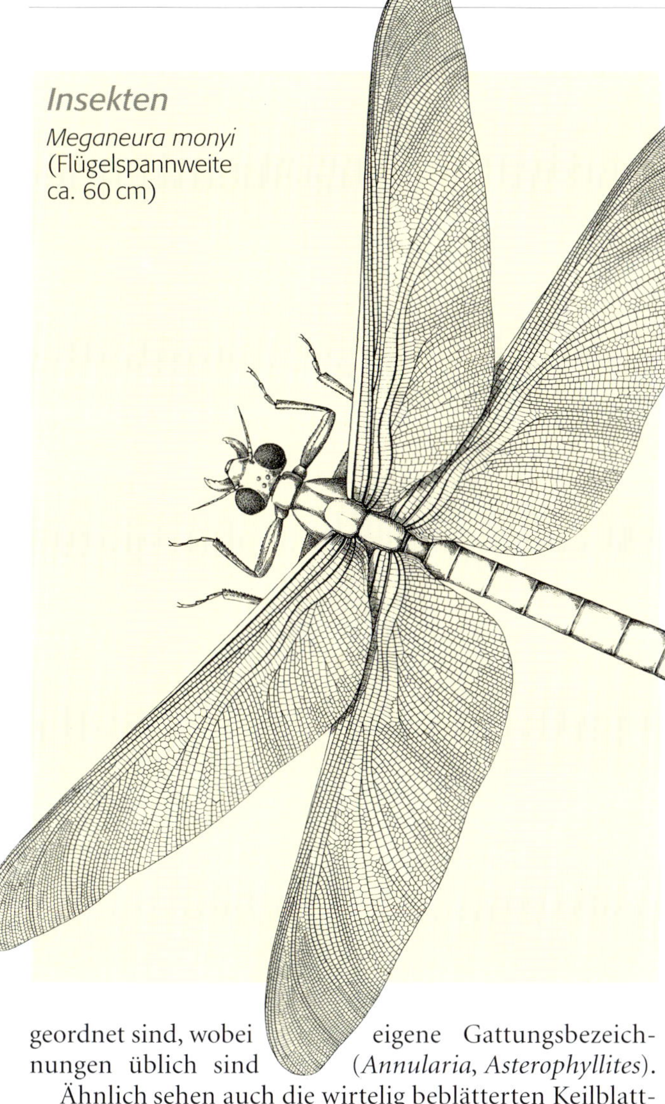

Insekten
Meganeura monyi (Flügelspannweite ca. 60 cm)

geordnet sind, wobei eigene Gattungsbezeichnungen üblich sind (*Annularia, Asterophyllites*).

Ähnlich sehen auch die wirtelig beblätterten Keilblattgewächse aus; sie werden als eigene Ordnung der Articulatae aufgefasst, die wahrscheinlich eher Schling- als Wasserpflanzen waren.

Dazu kommen die am häufigsten überlieferten Farne und die im Laub ähnlich aussehenden Farnsamer oder Samenfarne (Pteridospermae), die systematisch eher zu den Gymnospermen gehören. Die Unterscheidung der Blätter erfolgt nach deren Form, dem Blattansatz und vor allem der Nervatur; viele dieser Pflanzennamen enden auf *-opteris* (*Archaeopteris* – nicht mit dem Urvogel *Archaeopteryx* zu verwechseln! – *Neuropteris, Lonchopteris, Pecopteris, Odontopteris* etc.). Zur weiteren Unterscheidung wird auch der Aufbau bzw. die Verzweigung der Wedel herangezogen. Entsprechend den eingangs erwähnten Florenprovinzen sind die Samenfarne der Südhalbkugel durch die Gattungen *Glossopteris* (Zungenfarn) und *Gangamopteris* gekennzeichnet.

Echte Gymnospermen sind selten und mit ersten Koniferen auf das oberste Karbon beschränkt. Zu diesen i.w.S. höheren terrestrischen Pflanzen kommen auch im Karbon Algen, die im Falle von Massenvorkommen zu spezifischen Kohlen (Bogheads) führen können. In Algengyttien des Süßwasserbereichs sind auch die ölführenden Botryococcaceen (Ölalgen) nachgewiesen worden. Zusammenschwemmungen von großen Massen von Sporen ergaben Sporenkohlen (Cannelkohle). Die überwiegende Masse der Steinkohlen sind aber sog. Humuskohlen, deren Substanzen von den vorher erwähnten höheren Pflanzen stammen.

Die Mikrofauna des Karbons enthält vier stratigraphisch wichtige Organismengruppen, nämlich Foraminiferen, Radiolarien, Ostrakoden und Conodonten.

Die *Foraminiferen* bilden erstmals in der Erdgeschichte Großformen, die einige Zentimeter lang werden können. Die Entwicklung verlief von scheiben- über kugelförmige zu spindel- bzw. getreidekornähnlichen Formen und setzte sich bis in das Perm hinein fort. Kennzeichnend ist ein komplex gegliedertes Kammersystem, dessen ‚Wellblechfaltung' als mechanische Verstärkung des Gehäuses interpretiert werden kann. Der Gattungsname *Fusulina* ist namengebend für den Fusulinenkalk, auch *Fusulinella* ist eine bezeichnende Gattung. Foraminiferen sind maßgeblich am Aufbau des Kohlenkalks beteiligt.

Karbonische *Radiolarien* sind vorwiegend kugelförmig (Spumellarien) und bilden wesentliche Bestandteile der Lydite bzw. Kieselschiefer, wo man sie mit speziellen Ätzverfahren auf angeschliffenen Gesteinsoberflächen sichtbar machen kann. *Ostrakoden* sind mit ihren kalkigen Schalen ebenfalls oft Bestandteile des Kohlenkalks.

Conodonten sind heute wesentliche Leitfossilien zur stratigraphischen Abgrenzung, die die klassische Gliederung mit Ammonoideen, nämlich den altertümlich gebauten *Goniatiten* weitgehend ergänzen bzw. ersetzen. Der Vorteil ist, dass sie sowohl in der klastischen Kulmfazies als auch im Kohlenkalk vorkommen und damit eine zeitliche Parallelisierung faziell unterschiedlicher Bereiche gestatten.

Korallen bildeten zwar keine Riffe, sind aber wesentliche Bestandteile im Kohlenkalk von Belgien und England und dort auch für die stratigraphische Gliederung verwendbar; ihre charakteristischen Querschnitte lassen sich besonders gut an geschliffenen Kalkplatten studieren, die vielfach als Baumaterial verwendet werden (‚Marmor'-Tische z.B.). Die Rolle von Riffbildnern wurde im Karbon (und im Perm) vor allem von den *Bryozoen* eingenommen (die netzförmige *Fenestella* oder die schraubenartig gebaute *Archimedes*).

Die kalkigen Faziesbereiche sind auch durch eine Reihe von *Brachiopoden*familien gekennzeichnet, deren Mitglieder Leitfossilien bilden und mit der Gruppe der Productiden gelegentlich auch Riesenformen; dazu gehört *Gigantoproductus giganteus*. Die Schalen waren mit Stacheln versehen, so dass die Tiere wie lanzenstarrende Krieger aussahen; beim Abbrechen der Stacheln blieb eine Punktierung auf der Schale zurück. Durch diese Bewehrung waren die Tiere imstande, auch stärkerer Wasserbewegung auf dem Sediment standzuhalten. Daneben gab es auch die flachgewölbten feinstreifigen Strophomeniden und die schon aus dem Devon bekannten Spiriferen, die auch im Karbon Leitformen ausbilden.

Bei den Muscheln ist neben einer Vielfalt von Formen mit devonischen Vorläufern vor allem die Leitform *Posidonia becheri* zu nennen, die man in geeigneten Gesteinen (Schiefern) im Rheinischen Schiefergebirge massenhaft sammeln kann. Zu den marinen Muscheln kommen Süß- und Brackwasserformen im Oberkarbon, deren Namen auf die Nähe zu den Kohlen hinweist (*Carbonicola* bzw. *Anthracosia*).

Die Mollusken sind auch durch altertümliche Schnecken (*Bellerophon*, *Euomphalus* z.B.) im Meeresbereich des Kohlenkalks, vertreten. Erstmals in der Erdgeschichte sind neben Landschnecken in den Festlandsbereichen des Oberkarbons auch Süßwasserschnecken nachgewiesen (*Dendropupa*).

Die wichtigsten Mollusken sind aber die *Cephalopoden*, die schon früh zu einer stratigraphischen Gliederung mariner Karbonschichten beigetragen haben; davon zeugen Stufenbezeichnungen wie *Gattendorfia*-Stufe, *Pericyclus*-Stufe, *Goniatites*-Stufe etc.) Die Lobenlinien sind goniatitisch, die Entwicklung der Gehäuse verlief von glatten, stark eingerollten Formen im Unterkarbon über berippte und schließlich mit Knoten versehene, stark aufgeblähte Gehäuse im Oberkarbon. Ähnlich wie die Conodonten kommen die *Goniatiten* in sehr unterschiedlichen Gesteinen vor und sind auch deshalb für die Gliederung der Schichtfolgen besonders gut geeignet.

Unter den *Echinodermen* zeigen die Seelilien eine Tendenz zu leichteren und einfacher gebauten Kelchen; parallel dazu wanderten sie aus dem Riffbereich in Lebensräume tieferen Wassers. Manche karbonischen Seeigel ähneln den heutigen Formen mit ihren dicken Warzen auf dem Panzer, die den Ansatz der Stacheln bilden (*Archaeocidaris*).

Karbonische *Trilobiten* sind selten, viele der im älteren Paläozoikum auch als Leitfossilien wichtigen Familien sind ausgestorben. Dagegen haben Krebse, Eurypteriden und die dem rezenten Pfeilschwanzkrebs *Limulus* verwandten *Xiphosuren* einige Bedeutung in den brackisch-limnischen oberkarbonischen, Kohle führenden Schichten.

Kein Diorama einer karbonischen Lebewelt in den naturkundlichen Museen kommt ohne eine Darstellung von *Insekten* aus, die zu dieser Zeit eine erste Blüte erlebten; das reduzierende Milieu der Sedimente in den Kohlensümpfen hat in besonderen Fällen sogar zur Erhaltung von Farbmustern der Flügel beigetragen, von denen meistens das Netzwerk überliefert ist. Die dargestellten, zwischen den Bäumen herumfliegenden Ur-Libellen belegen die erstmalige Eroberung des Luftraumes, erwecken aber auch die falsche Vorstellung, dass alle karbonischen Insekten riesig gewesen seien; die Gattung *Meganeura* erreichte bis zu 75 cm Spannweite, scheint aber ein Sonderfall, denn die meisten anderen Insekten waren, gemessen am heutigen Maßstab, normal groß. Es gab schon Eintagsfliegen (mit dem gleichen starren Flügelmechanismus, der auch die Libellen kennzeichnet), Schaben, aber auch Tausendfüßler, Skorpione und Spinnentiere.

Bei den *Wirbeltieren* ist zunächst das Aussterben der meisten Panzerfische (Placodermen) erwähnenswert, die im Devon Seen und Küstengewässer besiedelt hatten und die klassischen Leitfossilien für den Old-Red-Kontinent bilden. Die Nischen wurden im Karbon von Knorpel- und Knochenfischen eingenommen; zu letzteren gehören Lungenfische (die den Crossopterygiern ähneln) und Schmelzschupper. Von Haien und Rochen sind infolge ihres knorpeligen Skeletts nur Zähne, Schuppen und Stacheln überliefert.

In den ausgedehnten Sumpflandschaften und Seen lebten *Amphibien*, die mit ihrem geschlossenen Schädeldach ohne Schläfenfenster aus den devonischen Stegocephalen abzuleiten sind und die noch immer an ihre wahrscheinlichen Ur-Ahnen, die Crossopterygier erinnern.

Amphibien, die heute eher unauffällige und kleinwüchsige Formen haben, waren damals ziemlich vielfältig, und gelegentlich sind Körpergrößen von >5 m erreicht worden; man interpretiert das damit, dass sie keine Konkurrenten hatten und dadurch sehr unterschiedliche Bereiche besiedeln konnten. Das war das Bild im Unterkarbon, das sich innerhalb des Oberkarbons durch die Entwicklung der ersten *Reptilien* zu ändern begann. Diese waren infolge fehlender Schläfendurchbrüche, an denen die Kopfmuskeln ansetzen konnten, noch Primitivformen. Entscheidend war die Entwicklung des Amnioneies, das die Reptilien unabhängig vom Lebensraum Wasser gemacht hatte. Darin sind Embryo und Stoffwechselprodukte in zwei getrennten Säcken durch die umhüllende Schale auch vor Austrocknung geschützt.

Fazies

Im weltweiten Maßstab sind die Faziesbereiche vor allem durch die großräumige Verteilung von Land und Meer bestimmt: Im Süden bildeten die heutigen Südkontinente zusammen mit Antarktica die gewaltige Landmasse von Gondwanaland, im Norden standen dem die Kontinentalblöcke von Laurentia, eine davon getrennte Sibirische Plattform, Kasachstan und China gegenüber. Die aus den Faziesindikatoren rekonstruierte plattentektonische Situation auf der damaligen Erde zeigt, dass viele der heute in gemäßigten Breiten liegenden Bereiche damals nahe am Äquator lagen. Durch die Variskische Gebirgsbildung war im Oberkarbon Gondwana auch noch mit Laurentia zusammengeschweißt worden. Dies führte im Perm zu einem außerordentlichen Trockenklima in den betroffenen Gebieten und gleichzeitig zu enormen klimatischen Gegensätzen auf der Erde, mit den Zeugen von Inlandsvereisungen auf der Südhalbkugel, denen die tropischen Steinkohlenwälder unserer heutigen Nordhalbkugel gegenüberstanden.

Geht man von den Vorkommen karbonischer Gesteine in Deutschland aus, so ergibt sich eine weitgehend von klastischen Gesteinen dominierte Fazies für das Unterkarbon, die unter dem Begriff Kulm früher Fazies und stratigraphische Zuordnung gleichermaßen umschrieb; daher stammen Bezeichnungen wie Kulmgrauwacke, Kulmtonschiefer oder Kulmkieselschiefer. Diese Ablagerungen kennzeichnen die Flyschfazies der Variskischen Gebirgsbildung, die durch Turbidite eines Tiefseebereiches dokumentiert ist. Sehr oft sind mit diesen Gesteinsfolgen auch Pillowbasalte (Diabase) assoziiert, die einen untermeerischen Vulkanismus anzeigen. Dem Kulm stand die durch die Steinkohlenvorkommen geprägte Fazies des Oberkarbons gegenüber, die wesentlich die Küstensäume und den festländischen Bereich feuchter Binnensenken umfasst.

Die Kohlebildung hatte man nicht immer im Sinne heutiger Erklärungen – dass es sich nämlich um fossile Wälder handelt – verstanden. Eine frühere Theorie führte die Kohleflöze auf große Tang-Inseln zurück, wie sie rezent in der Sargasso-See schwimmen. Diese Interpretation änderte sich schlagartig, als man beim Abbau auf die Wurzelstöcke der Lepidodendren-Stämme stieß, die als *Stigmarien* bezeichnet werden. Sie zeigen eindeutig, dass man es hier mit autochthonen, fossilen Wäldern zu tun hatte; die Rekonstruktionen der fossilen ‚Steinkohlenwälder' etwa in Form von Dioramen in manchen Museen machen das deutlich.

Die Wälder wuchsen unter tropischem Klima entweder in Küstensümpfen oder in Binnensenken des Festlandes, die durch die Variskische Gebirgsbildung entstanden waren. Danach wird eine Unterscheidung in paralische und limnische Kohlen getroffen.

Die Kohle führenden Ablagerungen sind Bestandteile sedimentärer Zyklen, die als *Zyklotheme* bezeichnet werden. Sie zeigen eine regelhafte Entwicklung von einer erosiven Basis über die Kohle führenden limnischen Ablagerungen bis hin zu marinen Sedimenten am Top. Die Regelhaftigkeit wird heute mit Meeresspiegelschwankungen durch Abschmelzen von Gletschereis im südlichen Gondwanaland interpretiert, wobei die Transgressionen auf eine sehr flache Küstenebene übergegriffen hatten.

Ein vollständig entwickeltes Zyklothem beginnt mit der durch die einsetzende Transgression bedingten Erosion des Untergrundes, dem nichtmarine, sandige und tonige Sedimente folgen, über denen sich dann die Biomasse der Küstensümpfe ausbreitet (die später in Kohlen umgewandelt wird). Darüber folgen Ablagerungen mit marinen Fossilien, die den Höhepunkt der Transgression anzeigen und die im Laufe der Regression wieder über brackische in nichtmarine Schichten übergehen.

Für die rein limnische Kohlebildung nimmt man an, dass die Sumpfwälder in Flusstälern durch das Mäandrieren dieser Flüsse wuchsen und immer wieder durch klastische Sedimente verschüttet wurden.

Insgesamt lassen sich die mächtigen, Kohle führenden klastischen Ablagerungen als variskische Molassen auffassen, die auch die Zerstörung der ‚Karbonischen Alpen' belegen. Sie reichen von groben Konglomeraten bis zu feinkörnigen Sandsteinen.

Beispiele für paralische Kohlen sind die Vorkommen in den Appalachen, in England, Belgien, der Normandie, die Ruhrkohlen und die des oberschlesischen Reviers sowie des Donez-Beckens, für limnische die in Zentralfrankreich, im Saarland, Mitteldeutschland und Niederschlesien. Ihre beträchtlichen Mächtigkeiten von mehreren 1000 m – von denen die reinen Kohleflöze allerdings nur einen geringen Prozentsatz ausmachen – deuten darauf hin, dass sich der Bildungsbereich ständig abgesenkt hatte und diese Senkung gerade so schnell verlief, dass sie durch den Aufwuchs der Wälder kompensiert wurde. Die organische Substanz musste schnell von der Luft abgeschlossen werden, da sie sonst oxidiert worden wäre. Hier haben wir eine gewisse Parallele zur Bildung von mächtigen Riffkalken, deren Bildungsraum ebenfalls ständig absinken musste, um hunderte von Metern mächtige Flachwasserkarbonate aufzubauen. Limnische und paralische Kohlen erkennt man u. a. an der Fossilführung der klastischen Sedimente, die heute meist als Sandsteine zwischen den Flözen anzutreffen sind.

Karbonische Steinkohlen sind in vielen Gebieten der Erde anzutreffen, von denen hier nur eine kleine Auswahl gegeben werden kann. Die nordamerikanischen Vorkommen mit ihren zahlreichen Flözen in Pennsylvania haben dort den Begriff Pennsylvanium für das Oberkarbon veranlasst. Während die meisten Kohlen in Europa, soweit sie nicht in Binnensenken entstanden, dem Variskischen Gebirge vorgelagert sind, lagern sie in Nordamerika im Vorland der Appalachen, die ja im weltweiten Maßstab ebenfalls ein zeitliches Äquivalent dieser Gebirge darstellen. Demgegenüber sind in einem flachen Schelfmeer im Moskauer Becken nur wenige Flöze von Algen- und Sporenkohlen entwickelt, die sich noch im Braunkohlenstadium befinden.

Die Kohlen im südrussischen Donbass-Becken dagegen sind in einer über 10 000 m mächtigen Karbonfolge entwickelt. Die mehr als 300 Flöze enthalten riesige Vorräte an Steinkohlen, die teilweise bis zum Anthrazitstadium inkohlt sind.

Schließlich sollen noch die limnischen Vorkommen vom Ostrand des französischen Zentralmassivs erwähnt werden, wo mit dem Becken von St. Etienne die Stufe des höchsten Oberkarbons, das Stephanium, seine Typuslokalität hat. Sehr oft setzte sich die Kohlebildung in diesen Binnensenken noch bis in die Rotliegendzeit hinein fort. Die Kohlen im heutigen Bereich von Großbritannien haben dagegen Westfalalter, sie entsprechen also den Steinkohlebildungen des Ruhrgebietes.

Ein britischer Politiker der Labour-Party hat einmal im Rahmen eines Bergarbeiterstreiks davon gesprochen, dass die Insel letztlich auf Kohle gegründet sei. Die als Coal Measures bezeichnete Schichtenfolge ist dort etwa 2500 m mächtig. Vereinzelt streichen Kohleflöze sogar in das Meer aus.

Wenn man die zeitlichen Abläufe großräumig betrachtet, so lässt sich eine während des Paläozoikums plattentektonisch bedingte Wanderung der Kohlebildung von Norden nach Süden rekonstruieren. Sie begann im Norden schon im Oberdevon auf der Bäreninsel und wanderte allmählich nach Süden. Den in Spitzbergen und Schottland entwickelten Unterkarbon-Kohlen folgen weiter südlich die Ruhrkohlen und deren zeitliche Äquivalente, die im Oberkarbon gebildet wurden, und dann die in das höchste Oberkarbon reichenden Vorkommen am Rande des französischen Zentralmassivs.

Schon im europäischen Maßstab ergeben sich neben den Kohlen weitere Faziesbereiche, im Unterkarbon z.B. in Form des sog. Kohlenkalks, der gelegentlich auch als ‚Belgischer Marmor' gehandelt wurde (er wird als Fußbodenbelag, Fassadenverkleidung und für Tischplatten verwendet). Die Oberfläche Irlands besteht zum größten Teil aus Kohlenkalk, der später oft verkarstet wurde. Paläogeographisch gesehen, stellt dieser Kohlenkalk lokal auch an organischem Kohlenstoff reiche, und dadurch dunkel gefärbte Ablagerungen einer großräumigen Karbonatplattform dar, die von den Ardennen bis nach England reichte. Entsprechende Verhältnisse herrschten auch im Mississippian Nordamerikas. Der Kohlenkalk ist durch eine Vielzahl von Korallen gekennzeichnet, Bryozoen bildeten kleinere Riffkomplexe und Echinodermen sind wesentliche Bestandteile neben Ooiden, die lokal sehr flaches Wasser anzeigen. Über dem Kohlenkalk folgen oft klastische Delta-Schüttungen, die in die Bereiche der späteren Kohlenbildung überleiteten (Abb. 16).

Im Gegensatz zu diesen küstennahen bzw. kontinentalen Bildungen stehen die älteren, überwiegend klastischen Faziesbereiche der mit der Variskischen Gebirgsbildung assoziierten Flyschphase, in der die Komponenten der Grauwacken geschüttet wurden; ihr Ablagerungsbereich war überwiegend tieferes Wasser. Grauwacken (das Wort stammt aus dem Harzer Bergbau) sind heute vor allem lokal definiert und mit entsprechenden Namen versehen worden (Tanne-, Siebergrauwacke). Für die regionale Geologie und die Entschlüsselung der tektonischen Prozesse ist es von Bedeutung, die Liefergebiete und die Schüttungsrichtungen zu rekonstruieren. Darüber hinaus hat man eine zeitliche Abfolge variskischer Grauwackenschüttungen ermittelt, die auch die fortschreitende Gebirgsbildung begleiten und abbilden.

Mit in den Tiefseebereich gehört die Fazies der Kieselschiefer, Lydite und Alaunschiefer, die vor allem in den unterkarbonischen Ablagerungen der mitteleuropäischen Gebirge eingelagert sind. Ihre oft schwarzen Farben sind auf organischen Kohlenstoff zurückzuführen, der in abgeschlossenen Becken offensichtlich nicht oxidiert wurde.

Eine fazielle Besonderheit bilden die aus dem Rheinischen Schiefergebirge beschriebenen Kalksteinturbidite (Allodapische Kalke, Meischner 1964), die Material enthalten, das von den teilweise noch devonischen Karbonatplattformen des stabilen Schelfbereichs stammt, in dem Flachwasserorganismen heimisch waren. Gleiches gilt für die Erosion lokaler Riffbereiche in diesen Meeren.

Auf sämtlichen heutigen Südkontinenten, die damals die zusammenhängende riesige Landmasse Gondwanaland bildeten, sind Tillite, d.h. zu Blocklehmen verfestigte Moränen, als Zeugen einer *Inlandsvereisung* entwickelt. Außerdem sind vielfach Gletscherschrammen auf felsigem Untergrund beobachtet, die mehr als nur ein Vereisungszentrum wahrscheinlich machen. Dies geht z.B. aus dem in unterschiedlichen Richtungen geschrammten felsigen Untergrund Südafrikas hervor, wo die sog. Dwyka-Tillite bis zu 400 m Mächtigkeit erreichen. Die Faziesmerkmale der marinen Randbereiche dieser Vereisung sind paläontologisch durch Kaltwassermuscheln (*Eurydesma*) belegt. Dass in den nördlichen und südlichen Breiten Jahreszeiten ausgeprägt gewesen sein müssen, deuten Bäume an, die im Gegensatz zu den tropischen erstmals in der Erdgeschichte einen Wechsel zwischen dichten und weniger dichten Holzpartien, also Jahresringe, zeigen.

Die Vereisungsspuren deuten darauf hin, dass sich die südlichen Bereiche von Gondwanaland zur Karbonzeit im Bereich des Südpols befunden haben müssen. Dieser Zustand hielt auch noch während des Perms an, so dass man von der *permokarbonen Vereisung* spricht, deren Spuren auf sämtlichen heutigen Südkontinenten nachweisbar sind, da diese ja erst später aus dem Zerbrechen von Gondwanaland hervorgegangen sind.

In bestimmten Gebieten, z.B. dem mittleren Nordamerika, war eine evaporitische Fazies entwickelt: Im Osten des Antler-Orogens – das im Gegensatz zur Variskischen Gebirgsbildung schon während des frühen Unterkarbons

Abb. 16: Fossilreicher Kohlenkalk (Carboniferous Limestone). Gower-Halbinsel westlich Swansea (Wales). Bildungen einer Karbonatplattform, die während des Unterkarbons von Südengland über Belgien bis in den Aachener Raum reichte. Die dunklen Kalksteine enthalten u. a. massenhaft Korallen.

entstanden war – bestand ein flaches Meer, in dem neben Karbonaten auch Salze gebildet wurden.

Im Zuge der plattentektonischen Prozesse ist aus dem Karbon auch ein intensiver, vor allem submariner Vulkanismus belegt, der i. w. auf Dehnungsprozesse in der Kruste zurückgeführt wird.

Vulkanische Gesteine sind vielfach mit den Sedimenten landferner Ablagerungsbereiche assoziiert. Es sind überwiegend Basalte, die im Rheinischen Schiefergebirge und im Harz meist als Diabas bzw. Spilit bezeichnet werden. Sie kommen in Form von Pillowlaven, Schichtlaven, Tuffen und Intrusivkörpern vor und bilden z.B. den sehr mächtigen unterkarbonischen Deckdiabas. Gegenüber den devonischen Vulkaniten scheinen sie weniger differenziert, was auf einen schnelleren Transport aus dem Mantelbereich hindeutet bzw. auf eine kürzere Verweilzeit in Magmakammern. Zu den bekannteren Vorkommen karbonischer Vulkanite zählen auch Basalte in Schottland wie ‚Arthur's Seat' in der Nähe von Edinburgh.

Stratigraphie

Die grobe Gliederung in Unter- und Oberkarbon, die in Europa heute mit Dinantium (nach der Ortschaft in Belgien) und Silesium (nach Schlesien) Entsprechungen haben und in USA Mississippium und Pennsylvanium heißen, wird durch eine Stufengliederung weiter differenziert, deren Bezeichnungen aus Belgien, dem Ruhrgebiet und Frankreich stammen; das sind vom Liegenden zum Hangenden: Tournaisium, Viséum, Namurium (jeweils nach belgischen Ortschaften), Westfalium und Stephanium (nach St. Etienne, Loire, Frankreich). Diese Gliederung ist für das Unterkarbon faunistisch vor allem durch Goniatiten und Conodonten und im Oberkarbon des marinen Bereichs durch Goniatiten, im terrestrischen durch Pflanzen erheblich verfeinert worden.

Dadurch ergeben sich Bezeichnungen wie z.B. ‚Westfal A'. Eine markante Grenze liegt zwischen Namur A und B, die in vielen Tabellen als *Florensprung* markiert ist, weil sich dort der Wechsel von der Unter- zur Oberkarbonflora vollzog, die sich in ihrer Zusammensetzung erheblich voneinander unterscheiden.

Der Unterschied in den Bezeichnungen (im Unterkarbon z.B. ‚cu I' und im Oberkarbon ‚Westfalium A') sind etwas inkonsistent, aber so gewachsen.

In England kennt man eine an der Petrographie orientierte, einfache Gliederung in Carboniferous Limestone (also Kohlenkalk = Unterkarbon) und darüber Millstone Grit (aus diesem Sandstein wurden Mühlsteine gemacht), der von den flözführenden Coal Measures überlagert wird; im Kohlenkalk erfolgt dort eine stratigraphische Feingliederung durch Korallen.

Bei den Tabellen für die Karbongliederung ist allgemein auffällig, dass sie für viele Gebiete während des Oberkarbons, vor allem aber vom höheren Oberkarbon an, durch Schichtlücken gekennzeichnet sind; damit sind die damaligen Abtragungsbereiche gekennzeichnet, die durch Hebungen im Rahmen der Variskischen Gebirgsbildung entstanden waren (die wesentliche Phase lag zwischen Unter- und Oberkarbon). In Europa reichen solche Gebiete mit Schichtlücken von England über Belgien und das Aachener Revier bis zum Ruhrgebiet, ins Sauerland, das Rheinische Schiefergebirge und den Harz. Die Abtragung setzte in den beiden zuletzt genannten Gebieten schon im Oberkarbon ein (d.h. es gibt dort, mit Ausnahme von Graniten keine oberkarbonischen Gesteine), in den übrigen zu verschiedenen Zeiten innerhalb des Oberkarbons; auch daraus hatte man einzelne variskische Phasen rekonstruiert.

Die physikalischen Altersbestimmungen sind in den letzten Jahren weiter verfeinert worden, wobei vor allem den Zirkondatierungen aus Gesteinen vulkanischen Ursprungs Bedeutung zukommt. Danach liegt die Devon-Karbon-Grenze jetzt bei etwas über 353 Millionen Jahren, während nach Ar/Ar-Datierungen im Obersten Stephanium (zwischen Stephanium B und C) ziemlich genau 300 Millionen Jahren angegeben werden (Claoué-Long z.B. in Berggren u. a. 1995); damit endete das Karbon vor etwas weniger als 300 Ma.

Die Variskische Gebirgsbildung

Mitteleuropa und Teile von Nordamerika waren im Karbon der Schauplatz der Variskischen Gebirgsbildung, die durch den plattentektonischen Zusammenschub von Gondwanaland mit der nördlichen Landmasse von Laurussia gesteuert wurde; dabei schloss sich u.a. der im Devon vorherrschende Meeresbereich zwischen dem Old-Red-Kontinent, der den nördlichen Küstensaum bildete, und dem von devonischen Ablagerungen geprägten Gebiet im nördlichen Afrika. Die entstehenden Gebirge haben Lokalbezeichnungen: Teile der Appalachen und das Ouachita-Gebirge, die Mauretaniden in NW-Afrika und die Varisziden in Mitteleuropa; Letztere hat man gelegentlich auch die Karbonischen Alpen genannt.

Schon 1915 hatte Alfred Wegener die Kontinente beiderseits des Atlantik in einer Zeichnung miteinander vereinigt. Ein internationales Symposium, das 1990 in Göttingen und Gießen stattgefunden hat (Franke 1990), hatte die Bildung circum-atlantischer Orogene durch Akkretion von Terranen zum Thema. Im Titelbild der zugehörigen Publikationen ist der zusammenhängende Verlauf der Gebirgsstränge von den europäischen Varisziden zu den Appalachen einmontiert.

Die Variskische Orogenese hat aber noch wesentlich mehr als die aufgezählten Gebirgssysteme gebildet. Sie hat praktisch die gesamte Erde umspannt und eine große zusammenhängende Landmasse, Pangaea (die ‚All-Erde'), aus vielen Einzelbruchstücken zusammengeschweißt. Eine moderne tektonische Auffassung nennt diese einstmals isolierten Krustensplitter Terrane.

Der Versuch, die gebirgsbildenden Vorgänge, zu denen Faltung, Erosion und Diskordanzbildung ebenso gehören wie vulkanische und plutonische Bildungen, in eine zeitliche Abfolge zu bringen, hat zu einem systematischen Schema geführt, an dessen starren Rahmen sich die meisten Geologen noch heute orientieren (Stille 1924). Mit zunehmender Kenntnis der plattentektonischen Vorgänge ist dies jedoch stark relativiert worden. Nicht jede lokale Diskordanz und nicht jeder Geröllhorizont entspricht gleich einer Bewegungsphase, und mit zunehmender Präzision der physikalischen Altersbestimmungen zeigt sich, dass die Vorgänge über einen breiten zeitlichen Rahmen hinweg wohl eher kontinuierlich abgelaufen sein dürften; jedenfalls sind sie nicht weltweit auch völlig gleichzeitig gewesen. Der Rahmen der Bewegungen reicht zeitlich vom Devon bis in das Perm, zweifellos liegt aber ein Höhepunkt innerhalb des Karbons, und zwar zwischen Unter- und Oberkarbon (Sudetische Phase).

Der Rahmen dieses Buches gebietet nachfolgend eine Beschränkung auf ausgewählte Sachverhalte für Europa.

Die variskisch deformierten Gebiete werden unterschiedlichen Zonen zugeordnet, die 1929 durch den österreichischen Geologen Kossmat definiert wurden. Sie verlaufen quer durch Deutschland, etwa von Südwesten nach Nordosten, und unterscheiden sich vor allem durch den Beanspruchungsgrad ihrer Gesteine. Man unterscheidet die Moldanubische, Saxothuringische, Rhenoherzynische Zone und eine sog. Subvariszische Saumsenke. Zusätzlich wurde später noch die Mitteldeutsche Kristallinschwelle eingeführt (Brinkmann 1948), die den nördlichen Bereich der Saxothuringischen Zone umfasst. Hinzu kommt noch ein schmaler Streifen am Südrand der Rhenoherzynischen Zone, der heute als Nördliche

Phyllitzone bezeichnet wird. Die Namen stehen für die Bereiche, in denen Kossmat sein Schema aufgestellt hatte, also Moldau und Donau für den böhmischen Bereich und dessen Randgebiete, Sachsen und Thüringen für den nördlich anschließenden und Rheinisches Schiefergebirge und Harz für den nächstfolgenden. Sie reichen aber in der Anwendung weit darüber hinaus.

Der unterschiedlichen Beanspruchung und partiellen Metamorphose der Gesteinskomplexe entspricht auch ein räumliches Wandern der Bewegungen von einer Innenzone (Moldanubikum und noch ältere Kernbereiche) über eine weniger tiefgreifend beanspruchte Zone (Saxothuringikum) in einen Bereich, der schließlich gar keine bzw. nur noch sehr schwach metamorphe Gesteine enthält (Rhenoherzynikum) zur Außenzone des Gebirges, die durch die oberkarbonischen Molassen geprägt ist (Subvariszische Saumsenke); auch hier ‚wandert' die Beanspruchung zum Außenrand des Gebirges weiter, so dass nacheinander auch immer jüngere Gesteine gefaltet werden. Dieses Wandern der orogenen Welle – in Deutschland von Südosten nach Nordwesten – lässt sich entweder durch Schub von Südosten oder Subduktion nach Südosten erklären.

Der Erklärungsansatz, die Variskischen Gebirge in ein plattentektonisches Modell zu zwängen, ist bisher aber nur sehr unvollkommen gelungen. Gelegentlich wird dabei auch ein allmählicher Anbau von Krustensplittern im Sinne von Terranes diskutiert, wie er für das nordamerikanische Felsengebirge zur Zeit der wesentlich jüngeren Laramischen Orogenese gut belegt scheint (Jones u. a. 1984).

Die noch unzulänglichen plattentektonischen Erklärungsversuche scheitern vor allem daran, dass man sich schwer tut, einen entsprechenden Ozean zu finden, in dem ozeanische Kruste in größerem Ausmaß vorhanden gewesen sein müsste; auch großmaßstäbliche Subduktionszonen sind nur schwierig zu rekonstruieren. Bisher ist für die Zeit des Karbons aber im Wesentlichen die Schließung solcher eventuell kleineren ozeanischen Bereiche belegt, die zu Faltung – bei tieferer Versenkung –, Metamorphose und Aufschmelzung der Gesteinskomplexe führte. In diesen Rahmen gehört auch die Bildung der variskischen Granite, die durchwegs oberkarbonisches Alter haben; allerdings sind die Alter sehr breit über einen Zeitraum von > 360 bis < 280 Ma gestreut. Diese variskischen, karbonischen Granite sind kennzeichnend für fast alle europäischen Mittelgebirge.

Zusammenfassung

Das nach den Steinkohlevorkommen benannte Karbon war eine Zeit, in der große zusammenhängende Landmassen das Bild der Erde prägten. In küstennahen Bereichen und in Binnensenken wurden Kohlen gebildet, sie sind aber wesentlich auf das Oberkarbon beschränkt. Im Flachwasserbereich entstanden ausgedehnte Karbonatkomplexe. Zur Flyschphase der variskischen Gebirgsbildung gehören große Mengen klastischer Sedimente, vor allem Grauwacken, Ton- und Kieselschiefer. Überwiegend submarine Basalte kennzeichnen einen Vulkanismus, der an Dehnungsprozesse der Erdkruste gekoppelt scheint.

Der plattentektonische Zusammenschub des großen Südkontinents Gondwanaland mit den Nordkontinenten bzw. größeren Terranes führte zu einer Pangaea, in den Einengungsbereichen dazwischen vollzog sich die Variskische Orogenese, während der u. a. viele der europäischen Mittelgebirge, aber auch der Ural und die Appalachen strukturiert wurden. Im Zuge dieser Vorgänge bildeten sich auch Gneise und Granite.

Während die Steinkohlenwälder in einem tropischen Klima wuchsen, waren die südlichen Bereiche dieser Pangaea durch kaltes Klima geprägt. Gletscherspuren auf den heutigen Südkontinenten weisen auf eine großräumige Inlandsvereisung hin, die sich auch in den kühleren Florenelementen benachbarter Gebiete (erstmals mit Jahresringen) andeutet. Die Fauna war noch entschieden paläozoisch, mit entsprechenden Trilobiten und Brachiopoden. Bei den Riffgemeinschaften zeigten sich aber bereits Veränderungen, indem die devonischen Stromatoporen und Tabulaten zugunsten anderer Kalkbildner allmählich zurücktraten; zu diesen gehörten Großforaminiferen, Crinoiden und Bryozoen. Die Gemeinschaft der höheren Pflanzen, die die Steinkohlenwälder mit ihren riesigen Bäumen geprägt hat, ist vor allem durch Gefäßsporenpflanzen gekennzeichnet. Im späten Oberkarbon entwickelte sich bereits die mesozoische Pflanzenwelt mit ersten Koniferen, die ein allmählich trockener werdendes Klima anzeigen.

Aus den Landablagerungen sind die ersten Insekten und Reptilien bekannt geworden.

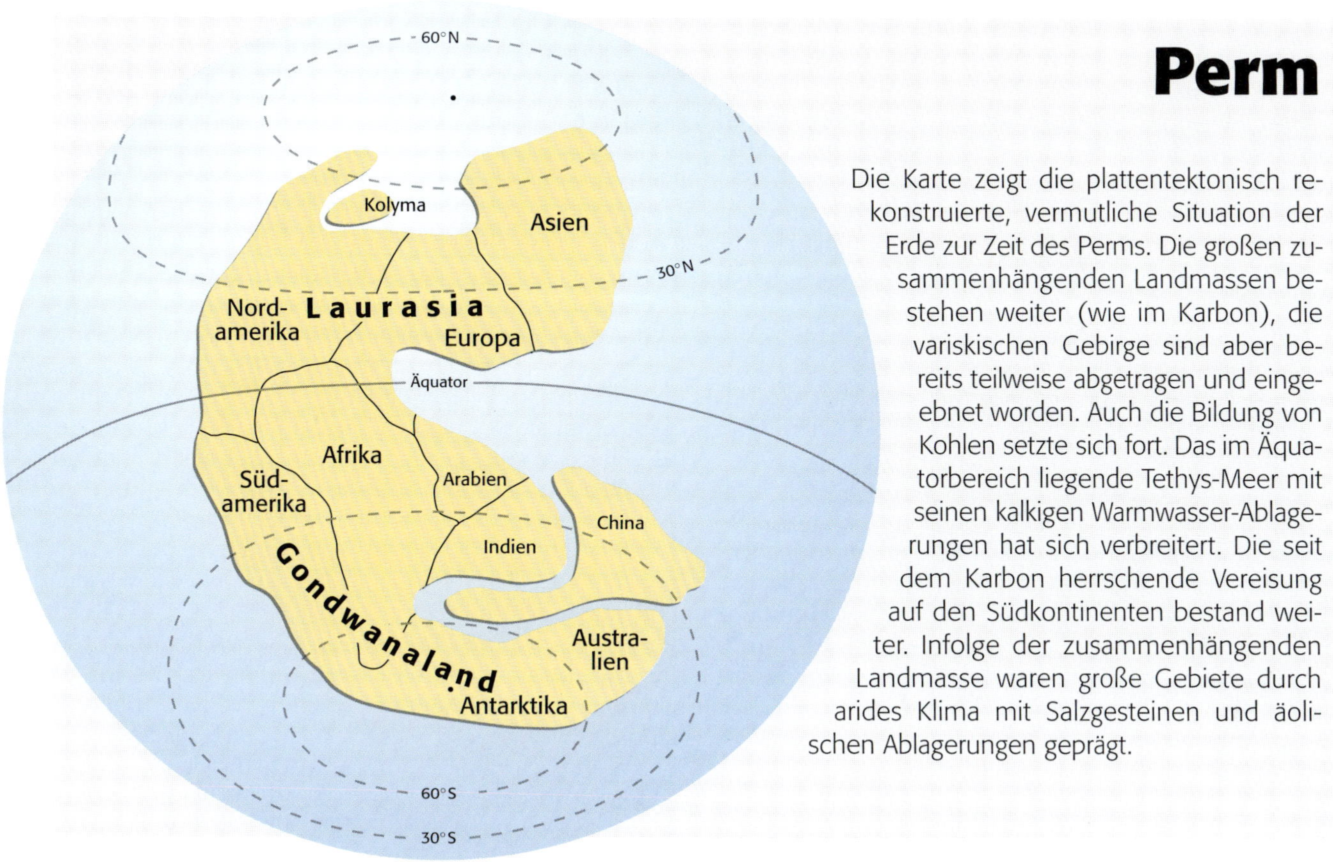

Perm

Die Karte zeigt die plattentektonisch rekonstruierte, vermutliche Situation der Erde zur Zeit des Perms. Die großen zusammenhängenden Landmassen bestehen weiter (wie im Karbon), die variskischen Gebirge sind aber bereits teilweise abgetragen und eingeebnet worden. Auch die Bildung von Kohlen setzte sich fort. Das im Äquatorbereich liegende Tethys-Meer mit seinen kalkigen Warmwasser-Ablagerungen hat sich verbreitert. Die seit dem Karbon herrschende Vereisung auf den Südkontinenten bestand weiter. Infolge der zusammenhängenden Landmasse waren große Gebiete durch arides Klima mit Salzgesteinen und äolischen Ablagerungen geprägt.

Begriff und Abgrenzung

Permia war ein altes Königreich; ein Teil davon wurde später zum russischen Gouvernement Perm, wo der Engländer Roderick Murchison 1841 im westlichen Uralvorland rote Gesteinsserien untersucht und das Perm als geologisches System begründet hatte. Der Begriff ist wesentlich jünger als seine beiden Abteilungen Rotliegendes (heute: Rotliegend) und Zechstein, die aus der Bergmannssprache kommen und damit unmittelbaren Bezug zur Praxis haben. Das ‚rothe todte Liegende' ist durch Farbe und Fehlen von Erz gekennzeichnet und auf dem Gestein im Hangenden standen die Zechenhäuser. Dazwischen lag das Flöz des Kupferschiefers, im Mittel nur einen halben Meter mächtig, das die Bergleute im Mansfeldischen nur liegend mit der Spitzhacke gewinnen konnten. Sehr anschaulich wird das im Mansfeld-Museum in Hettstedt am östlichen Rand des Harzes gezeigt.

Von prominenten Permforschern des 19. Jahrhunderts wie Geinitz und Marcou ist später versucht worden, die beiden so unterschiedlich aufgebauten Gesteinsfolgen als Dyas (Zweiheit) zusammenzufassen, um sie der darauf folgenden Trias gegenüberzustellen. Der Begriff hat sich aber nicht durchgesetzt, weil eine entsprechende Gliederung nur in Teilen Mitteleuropas durchführbar ist.

Während die Grenze permischer Ablagerungen zu ihren liegenden und hangenden Schichten im marinen Bereich problemlos anhand der unterschiedlichen Faunen möglich ist, bleibt die Abgrenzung kontinental geprägter Schichtfolgen oft schwierig, weil meist kein Gesteinswechsel zu beobachten ist. In den mitteleuropäischen Binnensenken des Variskischen Gebirges gehen die oberkarbonischen, grau gefärbten klastischen Sedimente oft ganz allmählich in die roten Ablagerungen des unteren Perms über. Der Wechsel zu einem trockenen Klima, der sich darin ausdrückt, vollzieht sich langsam und die Pflanzenwelt verhält sich entsprechend. Vielfach wird der Unsicherheit bei der Abgrenzung durch den Begriff Permo-Karbon Rechnung getragen. Weltweite Ereignisse werden ähnlich benannt, wie z. B. die permo-karbonische Vereisung.

Die terrestrischen Ablagerungen werden aufgrund von Absprachen durch die gegenüber der karbonischen etwas veränderte Flora der Farne eingestuft, wobei *Callipteris conferta* als Leitfossil für das Perm gilt; daneben sind auch Reptilien für die Abgrenzung verwendbar. Im marinen

Faziesbereich erfolgt die Grenzziehung mit Großforaminiferen, Ammoniten, Brachiopoden und Conodonten.

Die Hangendgrenze zur Trias ist in Mitteleuropa meist ähnlich schwierig festzulegen, weil auch hier überwiegend terrestrische Fazies herrscht, wenn man von den salinar geprägten Schichten des Zechsteins einmal absieht. In den Randbereichen des Zechsteinmeeres wird in letzter Zeit zunehmend eine noch immer salinar beeinflusste Sedimentfolge erkannt, die man bisher allgemein der Unteren Trias, also dem Buntsandstein, zugeordnet hatte. So wird neben dem Permo-Karbon auch der Begriff Permo-Trias gelegentlich verwendet und damit dem Perm an seinen Grenzen nur eine etwas eingeschränkte Eigenständigkeit zuerkannt. Man muss sich aber darüber im Klaren sein, dass letztlich sämtliche derartigen Grenzen durch Absprachen unter Geologen begründet werden.

Die lokal etwas unsichere Grenzziehung darf aber nicht darüber hinwegtäuschen, dass mit dem Perm eine bedeutende Ära der Erdgeschichte, das Paläozoikum, geendet hat. An dessen Obergrenze sind besonders viele Tiergruppen ausgestorben und nachfolgend durch neue ersetzt worden (Abb. 1). Das Ausmaß ist so beträchtlich, dass man neuerdings von einem der ganz großen Massensterben innerhalb der gesamten Erdgeschichte spricht; dabei sollen etwa 75–90 % aller Tiergattungen ausgestorben sein (Stanley 1989).

Flora und Fauna

Etwa an der Grenze zwischen Rotliegend und Zechstein liegt ein entscheidender Einschnitt in der Entwicklung der Pflanzenwelt. Die bis dahin vorherrschenden Sporenpflanzen verloren an Bedeutung und machten zunehmend den Gymnospermen Platz. Die Grenze markiert den Übergang vom Paläophytikum zum Mesophytikum. Im Rotliegend sind noch Schachtelhalmgewächse (*Calamites*), die man wegen ihrer gegliederten Stämme Articulatae nennt, von Bedeutung, und von den Farnlaubgewächsen gilt *Callipteris conferta* als Leitform in Europa. Auf den Südkontinenten wuchsen dagegen großblättrige Formen wie *Glossopteris* (Zungenfarn) und *Gangamopteris* (die Blätter von *Gangamopteris* haben im Gegensatz zu *Glossopteris* keine Mittelader); sie sind dort Bestandteile der Permkohlen, wie *Gigantopteris* in Ostasien. Damit zeigt die Verteilung der Pflanzengesellschaften, wie schon im Oberkarbon, eine Anordnung in Florenprovinzen, die zweifellos Klimagürtel abbilden.

Die Veränderung der Pflanzenwelt vom Karbon zum Perm lässt sich durch eine Klimaänderung begründen; Pflanzen reagieren darauf sehr empfindlich: die an warmhumide Verhältnisse angepasste Karbon-Flora machte zunehmend einer an trockenes Klima angepassten Flora Platz, die beispielhaft durch Koniferen, wie die Gattung *Walchia* (heute *Lebachia*), *Pseudovoltzia* oder *Ullmannia* im Zechstein belegt ist. Zweige der kurzblättrigen *Ullmannia bronni*, sind als ‚Frankenberger‘ oder ‚Ilmenauer Kornähren‘ bekannt, die gelegentlich metallisiert (Kupfer oder sogar Silber) erhalten sind. Erstmals erscheinen auch Ginkgogewächse.

Landpflanzen wie *Ullmannia* in den marinen Schichten des Frankenberger Zechsteins lassen sich durch die paläogeographische Situation erklären: dort bestand eine Meeresbucht, in die die Pflanzen eingeschwemmt wurden. Auch Algenbildungen sind aus dem Perm bekannt, sie werden im Faziesabschnitt näher diskutiert.

Die permische Tierwelt ist vor allem in den marinen Ablagerungen zu studieren, die dann auch meist eindeutig abgegrenzt und gegliedert werden können. Unter den Einzellern ist die Entwicklung von Großforaminiferen von Bedeutung; deren Gattungsnamen (*Fusulina*, *Schwagerina*) finden sich auch in Bezeichnungen wie Fusulinenkalk oder Schwagerinenkalk wieder, wo sie massenhaft zur Gesteinsbildung beigetragen haben; sie lebten im Bereich des warmen Tethysmeeres, dessen Nordufer z.B. im Alpenraum dadurch dokumentiert ist (Karnische Alpen). Weitere Vorkommen sind aus Sizilien, Griechenland, und weiter nach Osten z.B. bis Timor bekannt. Korallen und Schwämme, vor allem aber *Bryozoen* sind am Aufbau permischer Riffe beteiligt, die sowohl in Randbereichen, als auch auf variskischen Hochstrukturen innerhalb des Zechsteinmeeres wuchsen, also allgemein flaches Wasser anzeigen (*Fenestella retiformis*). Die Art *Fenestella geinitzi* bewahrt das Andenken an einen der großen Erforscher des Perms.

Echinodermen sind in Form der gestielten Blastoideen aus dem Perm von Timor bekannt, außerdem erlebten Seelilien und Seeigel eine Blüte.

Die *Brachiopoden* sind mit altertümlichen Familien wie den *Spiriferen*, *Productiden* und *Strophomeniden* vertreten, bilden aber auch aberrante Gehäuseformen aus wie die korallenähnlich hoch gewachsene *Richthofenia*. *Productus horridus* (heute: *Horridonia horrida*) sieht zwar Furcht erregend aus, seine Stacheln hatten aber wohl die Funktion, dem Tier eine Verankerung im Sediment zu geben. Muscheln (*Liebea*, *Schizodus*) und Schnecken (*Bellerophon*) sind im Perm zwar verbreitet, als Leitfossilien aber eher von nachrangiger Bedeutung; nach der altertümlichen Schnecke ist der Bellerophonkalk z.B. in den Südalpen benannt.

Im marinen Perm sind *Ammoniten* wichtige Leitfossilien, weil sie sich durch eine gegenüber den Karbonformen eigenständige Ausbildung (Lobenlinie) unterscheiden und an den überwiegend glatten Gehäuseschalen auch von den meist reich verzierten der Triasformen. Nach den Ammonitenfaunen ist das Perm am ehesten als eigenständiges System aufzufassen.

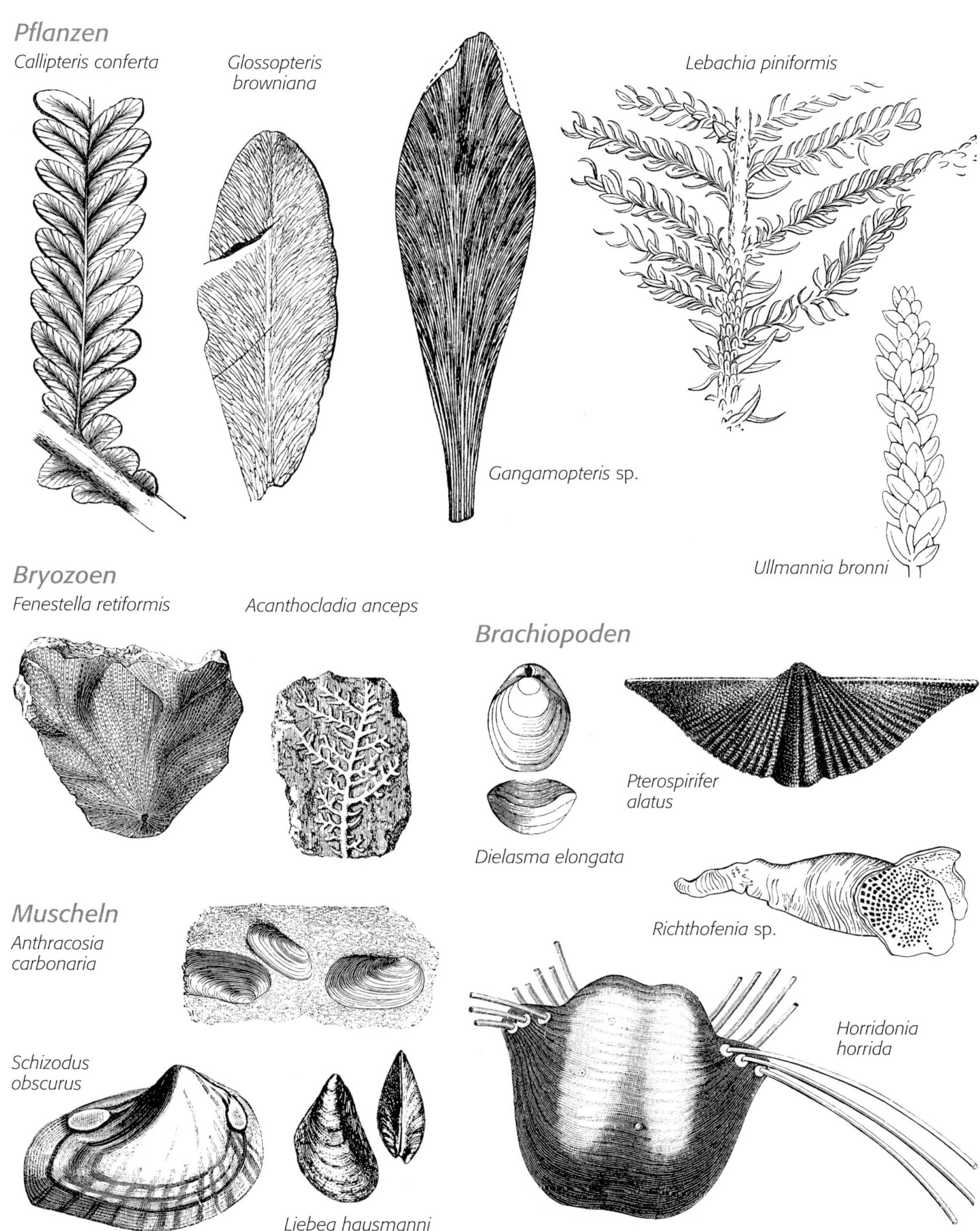
Pflanzen
Callipteris conferta
Glossopteris browniana
Lebachia piniformis
Gangamopteris sp.
Ullmannia bronni
Bryozoen
Fenestella retiformis
Acanthocladia anceps
Brachiopoden
Pterospirifer alatus
Dielasma elongata
Richthofenia sp.
Muscheln
Anthracosia carbonaria
Horridonia horrida
Schizodus obscurus
Liebea hausmanni

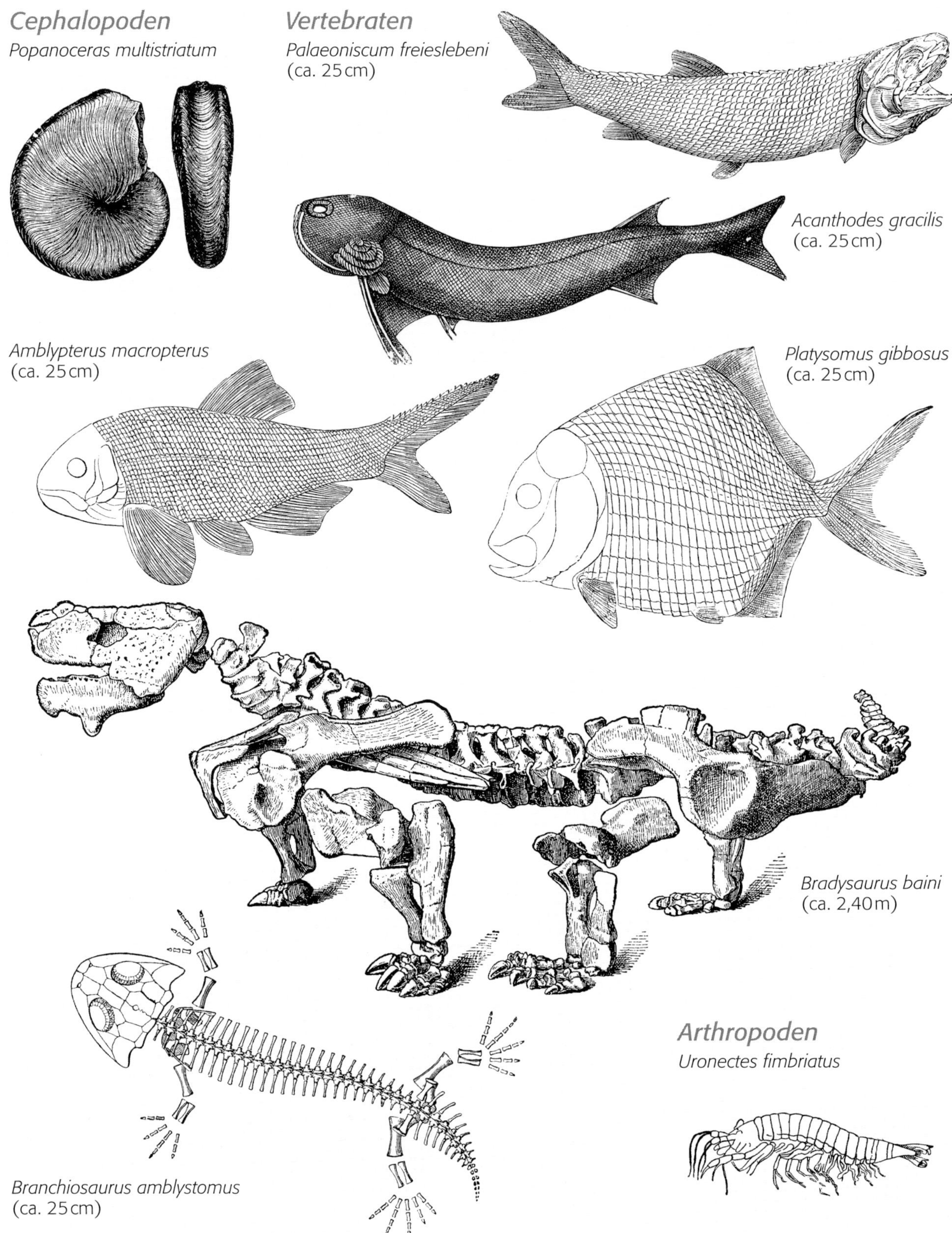
Cephalopoden
Popanoceras multistriatum
Vertebraten
Palaeoniscum freieslebeni
(ca. 25 cm)
Acanthodes gracilis
(ca. 25 cm)
Amblypterus macropterus
(ca. 25 cm)
Platysomus gibbosus
(ca. 25 cm)
Bradysaurus baini
(ca. 2,40 m)
Arthropoden
Uronectes fimbriatus
Branchiosaurus amblystomus
(ca. 25 cm)

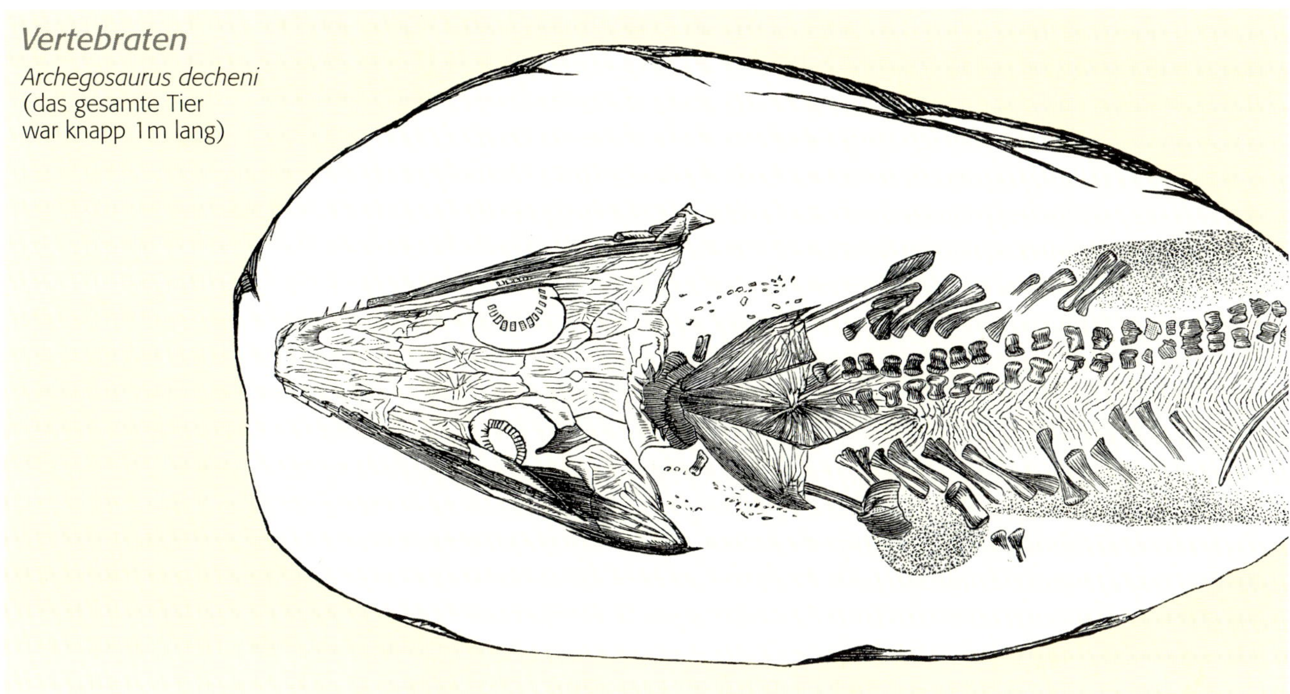

Vertebraten

Archegosaurus decheni (das gesamte Tier war knapp 1 m lang)

Von den Fischen muss wenigstens der zu den Knochenfischen zählende, wohl im Brackwasser lebende, *Palaeoniscum freieslebeni* erwähnt werden, von dem es prächtig erhaltene Exemplare (aufgrund der Redoxverhältnisse gelegentlich sogar vererzte Ganoidschuppen: Silber!) im Kupferschiefer gibt; *Palaeoniscum*, den man auch den Kupferschieferhering genannt hat, ist ein Leitfossil, charakteristisch sind die asymmetrische Schwanzflosse, ein knorpeliges Skelett und meist rhombische Ganoidschuppen. Dieser Fisch war weltweit verbreitet und schon den Geognosten des 16. Jahrhunderts bekannt. Eine zweite, bekanntere Gattung, die einer Scholle ähnlich sieht, ist *Platysomus*.

Landwirbeltiere des Perms sind in Europa wenig spektakulär, es gibt aber natürlich Funde von Knochen und vor allem *Fährten von Reptilien* in den kontinentalen Rotsedimenten. Berühmt sind die Tetrapodenfährten von Tambach-Dietharz im Rotliegend des Thüringer Waldes. Neben den *Ichnotherium*, einem Pelycosaurier zugeschriebenen Fährten, gibt es dort auch Insektenbauten (*Tambia spiralis*) (Seilacher 1997). In tonigen Gesteinen des Rotliegend sind aus Rheinhessen auch Insektenfährten erhalten.

Bedeutsamer sind in dieser Hinsicht aber die etwa 2 m großen Raubechsen in Nordamerika, von denen *Dimetrodon* mit seinem ‚Rückensegel' ein Organ hatte, das wahrscheinlich dem Temperaturausgleich in einem überwiegend heißen Trockenklima diente; Schädel und Zähne sind schon denen der späteren Säugetiere vergleichbar. Aus dem Unterperm von Texas stammt das älteste bekannte Reptil-Ei. Die ‚Erfindung' des amniotischen Eis ermöglichte es, den Lebensraum Wasser zu verlassen, weil es diesen damit quasi in sich trug. Mit dem Perm begannen infolgedessen die erstmals im Oberkarbon erscheinenden Reptilien in größerem Ausmaß das Land zu erobern. Ihre Entwicklung ist derzeit am besten in den Schichten des Karru-Beckens zu studieren (Beaufort-Serie), das damals im Zentrum des Gondwana-Kontinents lag. Dort setzen sich kontinentale Ablagerungen des Karbons über das Perm kontinuierlich in die ebenfalls kontinentale Trias fort.

Sensationell ist der Neufund eines fliegenden Reptils aus dem Oberen Perm von Thüringen, das im Prinzip schon seit 1910 bekannt war, nur waren die früher gefundenen Reste nicht zur Rekonstruktion geeignet. Es handelt sich um ein eidechsenähnliches Tier von etwa 15 cm Länge, das wenigstens 22 Knochenspangen auf jeder Seite besaß, mit denen es eine Flughaut am Körper ausspannen konnte. Der Paläontologe O. Jaekel hatte diese schmalen Spangen seinerzeit für die Schwanzflosse eines Fisches gehalten und bei der Präparation entfernt. Entwicklungsgeschichtlich besonders interessant ist die Ableitung dieser Knochenspangen aus den Hornschuppen der Haut, sie sind nicht aus dem eigentlichen Skelett herzuleiten. Das *Coelurosauravus jaekeli* genannte Fossil ist als ältestes fliegendes Reptil der Erdgeschichte im März 1997 in dem renommierten Wissenschaftsorgan ›Science‹ richtig beschrieben und gedeutet worden (Frey u. a. 1997). Wie viele berühmte Fossilien, war auch dieses Exemplar von einem Privatsammler entdeckt worden.

Fazies

Zu den auffälligen Gesteinen des Perms, die auch mit zu der sehr früh erfolgten Gliederung seiner Schichten beigetragen haben, gehören in Mitteleuropa Rotsedimente und Salze, die dunklen Tone und Mergel des Kupferschiefers sowie massige und bankige Karbonate, die vielfach dolomitisiert sind. Im Osten, in Teilbereichen von Angaraland, aber auch auf den Südkontinenten von Gondwanaland, sind Steinkohlen entstanden; dazu gehören die Lagerstätten von Kusnezk, Minussinsk, der Tunguska im heutigen Sibirien, in Nord- und Süd-China sowie in Südafrika, Vorderindien und Australien.

Die damals zusammenhängenden Kontinentalmassen machen es im Verein mit überwiegend aridem Klima verständlich, dass auch Windablagerungen im Perm besonders weit verbreitet sind; dazu gehören vor allem die fossilen Dünenablagerungen des Coconinosandsteins im Profil des Grand Canyon. Das südliche Gondwanaland war auch im Unteren Perm noch durch Inlandeisfelder gekennzeichnet (Permokarbonische Vereisung).

Mitteleuropa war zur Rotliegendzeit wesentlich durch kontinentale Ablagerungen geprägt, die sich auch im Landschaftsbild bemerkbar machen; nicht jeder rote Boden ist dort auf den Buntsandstein zurückzuführen.

Diese Sedimente sind in Binnensenken als Molassen des Variskischen Gebirges abgelagert worden. Die Gesteine sind oft schlecht sortiert und ihre Komponenten schlecht gerundet, die Feldspäte nicht vollständig verwittert, so dass man viele als Arkosen bezeichnen muss. Das meiste davon sind Fanglomerate, wie sie bei Ruckregen in semiariden oder ariden Gebieten heute noch gebildet werden (wenn an einer Stelle in 20 Minuten der Jahresniederschlag fällt). Zum Trockenklima paßt auch die rote Farbe, die von Hämatithäutchen um die Quarzkörner herrührt.

Von den Randgebirgen her sind auf diese Weise großräumige Schuttfächer in das Vorland hinein aufgebaut worden, die allmählich da in Sand- und Schlammebenen übergingen, wo die Transportenergie für die groben klastischen Komponenten nachließ. In solchen Ebenen kam es lokal auch zur Entwicklung von Playaseen, in die deltaartig sogar kleinräumig turbiditische Sedimentschüttungen eingetragen wurden (Rast u. Schäfer 1978). Die Seesedimente sind teilweise außerordentlich feinschichtig (Papierschiefer) und können lagenweise auch hohe Gehalte an organischer Substanz führen (Schwarzpelite). In sehr flachem Wasser sind im Rotliegend des Saar-Nahe-Beckens auch limnische Stromatolithen in Form kleiner Riffe gewachsen (Stapf 1973).

Die Binnensenken bilden lang gestreckte, oft SW-NE-verlaufende Tröge, die mit lokalen Namen bezeichnet werden. Der größte unter ihnen ist die Saar-Saale-Senke, die wie der Name andeutet vom Saarland bis nach Thüringen reicht. Ihre gelegentlich bis zu einige Kilometer mächtigen Ablagerungen legen es nahe, dass nicht nur der Schutt der umliegenden Gebirge passiv darin gesammelt wurde, sondern dass sich die Tröge während der Schuttzufuhr in diesem Molassestadium auch durch tektonische Vorgänge während der ausgehenden variskischen Gebirgsbildung abgesenkt hatten; Bruchtektonik ist auch an Störungen in den Rotliegendsedimenten nachweisbar.

Die Tröge waren durch Schwellen voneinander getrennt, die im Einzelnen als Liefergebiete fungierten, wie man aus der Rekonstruktion lokaler Schüttungsrichtungen ableiten kann. Im Süden reichen solche Sedimente bis Burgund bzw. in den Alpenraum, wo sie auch als Verrucano bezeichnet werden.

In weltweitem Maßstab betrachtet, ist das Perm durch die größten Konzentrationen von Salzgesteinen während der gesamten Erdgeschichte gekennzeichnet, außerdem auch durch eine ungewöhnliche Häufung äolischer Sedimente. Die Salzablagerungen im kontinentalen Bereich haben zu einer entsprechenden Fraktionierung der Schwefelisotope im damaligen Meerwasser geführt, was permische Ablagerungen geochemisch gut von denen anderer Epochen unterscheiden lässt.

Im Gegensatz zu den Bildungen des Rotliegend gibt es für die Zechsteinablagerungen nur vergleichsweise kleinräumige Oberflächenaufschlüsse, an denen sich diese Fazies studieren lässt. Dennoch haben Salz und Kupferschiefer das Landschaftsbild nördlich der variskischen Mittelgebirge entscheidend mitgeprägt.

Durch diapirartiges Aufdringen von Zechsteinsalz während jüngerer geologischer Epochen sind die Schichten des Hangenden verstellt, zerbrochen und gefaltet worden und gelegentlich spießten die Evaporitgesteine bis zur Oberfläche durch: Lüneburg mit seinem ‚Kalk'-berg (der aus Gips besteht) und die Landschaft der Karl-May-Festspiele von Bad Segeberg verdanken ihre Entstehung solchen Salzdiapiren ebenso wie die Insel Helgoland. Die Gebirge in Niedersachsen wie z. B. der Teutoburger Wald, sind durch das Zechsteinsalz im Untergrund strukturell mitgeprägt worden, ihre mesozoischen Schichten sind teilweise steilgestellt, überkippt oder sogar deckenartig überschoben worden.

Die Halden des Salzbergbaus und die des Kupferschiefers fallen auch dem geologisch Ungeübten auf. Die Nutzanwendung in Form von Kavernenspeichern in Salzstöcken zur Erdölbevorratung und die Diskussionen um die Endlagerung radioaktiver Abfälle darin beherrschen seit Jahren die Medien. Weniger bekannt ist, dass die Zechsteinsalze im Untergrund Nordwestdeutschlands bis weit in den Bereich der Nordsee hinein geologische Strukturen mitbedingt haben, die vor allem als Erdölfallen von Bedeutung sind. Klastische Sedimente der Rotliegendzeit bilden auch wichtige Speichergesteine für Erdgas.

Die als ‚Zechstein-Salinar' bezeichnete Schichtfolge hat sich in einem großräumigen Becken zwischen der Nordsee und Polen abgelagert, das seinen Zufluss aus der Arktis bekam. Neben einer Vielzahl von Salzgesteinen sind dabei auch Karbonate und klastische Ablagerungen gebildet worden; die Salze allein sind fast 1000 m mächtig.

In der älteren Literatur sind die klassischen vier Zechsteinzyklen als Werra-, Staßfurt-, Leine- und Aller-Folge beschrieben, die inzwischen auf acht (Ohre-, Friesland-, Mölln-, Bröckelschiefer-Folge) erweitert wurden. Die neuen Erkenntnisse entstammen der Kohlenwasserstoffexploration in der Nordsee, sind aber nur in sehr geringem Umfang veröffentlicht. Immerhin wird daraus deutlich, dass sich das Zechsteinmeer allmählich nach Norden zurückzog und dabei in immer jünger werdenden Schichten seine Eindampfungsprodukte hinterließ. Dazu gehören neben Steinsalz vor allem die wertvollen Kalisalze, die nur bei extremer Eindampfung entstehen. Naturgemäß sind die Salzgesteine bis auf wenige Ausnahmen nur anhand von Bohrungen und Bergwerken direkter Beobachtung zugänglich. Die Karbonate dagegen lassen sich auch in Steinbrüchen studieren, die vom Harzrand bis in den Odenwald reichen.

In der marinen Fazies des Zechsteins spielen auch Algen eine Rolle; sie sind zusammen mit anderen Organismen am Aufbau von Riffen beteiligt, bilden aber auch onkolithische und stromatolithische Ablagerungen von z. T. beträchtlicher Mächtigkeit, die im flachen Wasser auf Plattformen entstanden sind, die auch Lagunen einschlossen. Diese Algen- (bzw. Cyanobakterien-)Kalke sind oft frühdiagenetisch dolomitisiert worden und zählen wahrscheinlich aufgrund von Süßwasserdiagenese im temporären Auftauchbereich zu den guten Erdgas-Speichergesteinen im norddeutschen Untergrund, wo sie praktisch nur aus Bohrungen bekannt sind.

Karbonate kennzeichnen vor allem die ehemaligen ufernahen Bereiche bzw. Schwellen des Zechsteinmeeres. Eine stark vereinfachte Zechstein-Salinar-Folge ist durch ein Übereinander von Karbonaten, Sulfaten, Steinsalz, Kalisalz und Ton aufgebaut. Generell beginnt der Zechstein aber mit einem Konglomerat an der Basis, das Gesteine des durch die Transgression aufgearbeiteten Untergrundes enthält. Eine berühmte Lokalität ist die sog. Fuchshalle im Stadtgebiet von Osterode, wo die gefalteten, steilgestellten Kieselschiefer des Harz-Unterkarbons durch das Zechsteinmeer eingeebnet wurden und diskordant von dessen Gesteinen überlagert sind. Hier herrschte zunächst starke Wasserbewegung und die sehr harten Kieselschiefer sind als Komponenten im Zechsteinkonglomerat übrig geblieben. Darauf folgt dort direkt die Stillwasserfazies des Kupferschiefers (Abb. 17).

Das Kupferschiefermeer war zeitweise ein stagnierendes Becken, in dem die verwitterungsbedingten Erzlösungen aus den umgebenden kontinentalen Rotliegendgebieten als Sulfide gefällt wurden (heute wird allerdings auch eine diagenetische Zufuhr der Erze, nach der Ablagerung der Sedimente diskutiert); in randnahen Bereichen tritt an die Stelle des Tones, der den Shale des Kupferschiefers (der kein Schiefer i. e. S. ist) ausmacht, Mergel (Kupfermergel). Zwischen Zechsteinkonglomerat und Kupferschiefer sind lokal helle Sande bzw. Sandsteine eingeschaltet, die als Weißliegendes bezeichnet werden (Cornberger Sandstein, Walkenrieder Sande). Man hatte sie früher für Dünen im Randbereich des Zechsteinmeeres gehalten; genaueren petrologischen Untersuchungen zufolge handelt es sich aber um Flachwasserbildungen, die aus der Aufbereitung von Rotliegendschutt entstanden sind (Pryor 1971).

Am südlichen Harzrand sind auch die im Hangenden folgenden Zechsteinkarbonate der untersten (= Werra-) Folge gut aufgeschlossen. Bei Bartolfelde lässt sich ein Zechsteinriff beobachten, das auf schräggestellten Sandsteinen der karbonzeitlichen Tanner Grauwacke aufgewachsen ist, deren grobe Gerölle dort eine ehemalige Brandungsküste anzeigen. In den dolomitischen Riffgesteinen sind zwar Bryozoen häufig, nach neueren Studien werden sie aber überwiegend durch Algenstromatolithe aufgebaut (Paul 1980). Aus Bohrungen ist bekannt, dass der Schutt dieser Riffe in ein eher tiefes Becken geschüttet wurde.

Gemessen an den Verhältnissen in Nordamerika nehmen sich diese Riffchen aber sehr bescheiden aus. Im Perm von West-Texas ist in den Guadalupe Mountains ein permischer Riffkomplex durch die Erosion freipräpariert worden; man kann dort praktisch auf dem ehemaligen Meeresboden stehend die alte submarine Topographie nachempfinden. Dieses Capitan-Riff geht lateral in die Gesteinsfolge des Delaware-Beckens über, das von den Riffkomplexen umsäumt war. Entsprechende Konfigurationen gab es damals überall in Texas; die Analogie zur europäischen Faziesentwicklung zeigt sich darin, dass auch hier über 1000 m mächtige Sulfat- und Steinsalzfolgen mit Kaliflözen gebildet wurden.

Die Randfazies des europäischen Zechsteins in Süddeutschland ist bisher noch nicht gut studiert. Es ist aber wahrscheinlich, dass der Karneoldolomit, der im Schwarzwald zwischen den roten Fanglomeraten des Oberrotliegend und dem Buntsandstein lagert, ein terrestrisches Zechsteinäquivalent darstellt. Darin sind vier Dolomithorizonte mit Karneol und Wurzelböden nachgewiesen worden, die jeweils durch klastische Sedimente voneinander getrennt sind (Röper 1980). Nachdem nun auch die tieferen Partien des süddeutschen Buntsandsteins stratigraphisch neuerdings dem Zechstein zugeschlagen werden, weil sie noch Andeutungen salinarer Fazies zeigen, deutet sich auch im linksrheinischen Bereich (Pfalz, Saar) eine Randfazies für das Zechsteinmeer an (Dittrich 1996), wie sie für den hessischen Raum bereits seit längerem dis-

Abb. 17: Die klassische Lokalität Fuchshalle in Osterode/Harz zeigt spitz gefaltete Kieselschiefer des Unter-Karbons, die diskordant von horizontal lagernden dunklen Shales des permischen Kupferschiefers überlagert werden (dunkles Band links oben). Die Diskordanz belegt die Variskische Gebirgsbildung während des Ober-Karbons, durch die die Schichten verfaltet und steilgestellt wurden. Während des Perms war der Harz Abtragungsgebiet, bis er vom Zechsteinmeer randlich überflutet wurde.

kutiert wird (Kulick zuletzt 1991). Schließlich bleibt zu erwähnen, dass auch im westlichen Uralvorland, also der Typusregion für das Perm, Steinsalz, Gips und Anhydrit gebildet wurden.

Das Perm war auch eine Zeit großer magmatischer Ereignisse in Europa. Vor allem aufgeschmolzenes Krustenmaterial hat zur Förderung saurer Gesteine in Form von Intrusionen, Lavaströmen, Tuffen und Ignimbriten geführt, die in vielen Fällen das Landschaftsbild prägen; dazu gehören z. B. die Gesteine im Oslo-Graben mit ihren großen Feldspatkristallen (Rhombenporphyr), die die Gletscher der quartären Eiszeit bis nach Norddeutschland verfrachtet haben, der Donnersberg und – auf der anderen Seite des Oberrheingrabens – die Vorkommen von Quarzporphyr (heute: Rhyolith) zwischen Weinheim und Heidelberg, in deren Steinbrüchen schon über 100 Jahre lang dieses harte Material ausgebeutet wird, weiter im Süden die Kletterfelsen des Battert bei Baden-Baden und burgengekrönte Berge, wie Hohengeroldseck bei Lahr im Schwarzwald. Im Nahe-Bergland sind neben zahlreichen rhyolithischen Einzelkomplexen vor allem die steilaufragenden Wände des Rotenfels von Bad Münster am Stein bekannt, daneben sind aber auch basische Gesteine (Melaphyr-Mandelsteine) entstanden, die früher aufgrund ihrer Amethyst-Drusen und Achate die Edelsteinindustrie von Idar-Oberstein begründet haben. Ähnliches gibt es im Vogtland und im Thüringer Wald (wo Goethe sein „Über allen Gipfeln ist Ruh" auf dem Porphyr des Kickelhahn schrieb). Riesige, bis 1000 m mächtige Vorkommen bildet der Bozener Quarzporphyr in den Dolomiten. Auch die metallführenden Granite im Erzgebirge sind, als spätvariskische Nachzügler, im Perm entstanden. Die Aufzählung ist weit davon entfernt, vollständig zu sein. Sie lässt aber den Schluss zu, dass dieser Magmatismus möglicherweise an weitreichende Bruchsysteme in der Erdkruste gebunden war, die im weiteren Sinne mit dem Zerbrechen von Gondwanaland in Zusammenhang standen. In Mitteleuropa, wo man seit Stille (1924) gewohnt war, in phasenhaft ablaufenden gebirgsbildenden Ereignissen zu denken, sind während des Perms eine Saalische Phase innerhalb des Rotliegend und eine schwächere Pfälzische Phase zwischen Perm und Trias postuliert worden.

Gemessen an diesen vergleichsweise kleinräumigen Vorkommen bildet der Sibirische Trapp, der im Grenzbereich zwischen Oberem Perm und Unterer Trias gefördert wurde, eine riesige Vulkanprovinz, die wahrscheinlich in sehr kurzer Zeit, d. h. weniger als 1 Million Jahre, aufgebaut wurde. Dieses Ereignis wird auch im Zusammenhang mit dem großen Artensterben diskutiert.

Stratigraphie

Die stratigraphische Gliederung permischer Schichtfolgen stützt sich im marinen Faziesbereich auf Cephalopoden, Fusulinen und Conodonten. In kontinentalen Ablagerungen spielen Landpflanzen und, gelegentlich, Wirbeltiere eine Rolle, die Gliederung erfolgt aber überwiegend anhand der Gesteine.

Nach Typuslokalitäten im Nahebergland wurden zunächst Schichten voneinander unterschieden, die in der älteren Literatur, vom Liegenden zum Hangenden als Kuseler, Lebacher, Tholeyer, Söterner, Waderner und Kreuznacher Schichten aneinander gereiht wurden (studentischer Merkvers: „Kein Lebemann trägt seine Wadenstrümpfe kreuzweis!"). In Thüringen besteht auch heute noch eine lithostratigraphische Gliederung des Rotliegend in Gehren-, Manebach-, Goldlauter-, Oberhof-, Rotterode-, Tambach- und Eisenach-Schichten, die von Zechstein überlagert werden (Lützner u. Mädler 1994). Schon in diesen vergleichsweise nahe benachbarten Gebieten gibt es Probleme, die Schichtfolgen miteinander zu parallelisieren, für eine internationale Permgliederung sind diese lokalen Systeme praktisch unbrauchbar. Die Schwierigkeiten ergeben sich aus der sehr unterschiedlichen Fazies und der spärlichen Fossilführung. In letzter Zeit ist man verstärkt dazu übergegangen, Formationen auszukartieren und diese zu Gruppen zusammenzufassen. Sie sind nach Lokalnamen benannt, die sich von selbst erklären (Stapf 1990, Hofmeister u. Haneke 1996); damit lassen sich wenigstens die Gesteinskomplexe sinnvoll erfassen (vgl. Tabelle im Anhang).

Neuerdings unterscheidet man im saarpfälzischen Rotliegend nur noch in Glan-Gruppe und Nahe-Gruppe, die weiter in einzelne Formationen untergliedert werden. Die hangende Kreuznach-Gruppe gehört in den Zechstein.

Im küstennahen Bereich, wie er etwa in Südtirol entwickelt ist, deuten Begriffe wie Pseudoschwagerinenkalk auf den marinen Einfluss, der Grödensandstein ist eine eher terrestrische Rotschichtenfazies und der hangende Bellerophonkalk spiegelt mit seinen Schnecken wieder marine Verhältnisse (Tethysrand).

Die Großgliederung des europäischen Perms erfolgt in Unterperm (= Rotliegend, früher Rotliegendes), das man noch in Autunium (nach Autun, dem Ort der berühmten Kathedrale) und Saxonium (weil in Niedersachsen entsprechende Schichtfolgen studiert werden können) aufteilt, und Oberperm (= Zechstein) oder Thuringium.

Die Salinarfolgen des Zechsteins sind vergleichsweise gut zu gliedern; ihre Korrelation in den Bergwerken war auch von eminent wirtschaftlicher Bedeutung. Grundprinzip ist hier die Zyklizität der Abfolgen, die entsprechend den Gesetzmäßigkeiten der Bildung evaporitischer Gesteine entsteht. Man unterscheidet heute, die schon erwähnten acht Folgen, die auch das sich nach Norden zurückziehende Zechsteinmeer dokumentieren.

Gänzlich anders stellt sich die Situation dar, die durch die langanhaltende Festlandszeit der großen Landmasse von Gondwana bestimmt wurde. Dort reichen terrestrische Ablagerungen vom Oberkarbon bis in die Kreide. In Südafrika etwa werden die oberkarbonischen Dwyka-Tillite von Kohle führenden Schichten der permischen Ecca-Gruppe überlagert, die ihrerseits von terrestrischen Schichten der Beaufort-Gruppe mit einer die Gliederung bestimmenden Reptilienwelt gefolgt werden; die Beaufort-Gruppe setzt sich in gleicher Fazies noch in die Trias fort.

Die Perm/Trias-Grenze wird heute mit 251,1 ± 3,6 Millionen Jahren angegeben (Claoué-Long u. a. 1995).

Artensterben am Ende des Perms

Bei der Analyse der Pflanzen- und Tierwelt des Perms ergeben sich grundsätzliche Unterschiede. Die Evolution der Pflanzen führte innerhalb des Perms allmählich zu neuen Formen, während unter den Tieren, die noch ein weitgehend paläozoisches Gepräge hatten, am Ende ein Massenaussterben stattgefunden zu haben scheint. Für beides lassen sich klimatische Veränderungen als Ursache diskutieren, obwohl bis heute nicht klar ist, was diese Änderungen letztenendes bewirkt hat.

Auffällig ist, dass bei den Wirbeltieren die größeren Reptilien zugunsten kleinwüchsiger Formen zurückgehen; das ließe sich mit einem Rückgang der Vegetation (trockener werdendes Klima) erklären. Im marinen Bereich starben zunächst tropische Organismen aus, was sich, wie mehrfach in der Erdgeschichte, am besten mit einem Rückgang der Wassertemperatur interpretieren ließe. Dass die von Flachmeeren überfluteten Kontinentalschelfe allmählich trockenfielen, legt eine vermehrte Bindung des Ozeanwassers in Form von Eis an den Polen nahe; dafür gibt es Hinweise aus dropstones, die in marinen Sedimenten des Obersten Perms gefunden wurden;

damals trugen vermutlich beide Pole Eiskappen. Während für die Festlandsgebiete von Gondwanaland die Inlandsvereisung außer Zweifel steht, ist dies für den Norden noch Spekulation. Infolge der plattentektonischen Norddrift könnten sich aber auch dort Gletscher entwickelt haben, was zunächst eine Landmasse voraussetzt.

Am Ende des Perms starben Trilobiten und tabulate Korallen aus. Viele andere Tiergruppen überlebten nur mit wenigen Arten, die in der darauf folgenden Trias eine neue Evolution erfuhren.

Zusammenfassung

Das Perm ist nach einer alten Lokalbezeichnung im westlichen Uralvorland benannt, seine Schichtbezeichnungen Rotliegend und Zechstein waren aber schon früher gebräuchlich. In Mitteleuropa lässt sich oft ein kontinuierlicher Übergang von den Kohle führenden grauen Schichten des Oberkarbons in die roten Schichten des Unteren Perms beobachten, die ein trockener werdendes Klima anzeigen. Sie bestehen zumeist aus dem Abtragungsschutt der Variskischen Gebirge, der in großen Binnensenken abgelagert wurde. In der darauf folgenden, marin geprägten Zechsteinzeit wurden mehr Salze gebildet als in jeder anderen Epoche der Erdgeschichte. Das Ende des Perms markiert das ausgeprägteste Massenaussterben in der Erdgeschichte: Trilobiten und die durch ältere Baupläne gekennzeichneten Tetrakorallen starben aus und viele andere Gruppen überlebten nur mit wenigen Arten. Auf den Festlandsmassen von Angaraland wurden bedeutende Kohlevorkommen gebildet, während südlich davon Kalke mit Großforaminiferen und Riffbildnern in einem warmen Meer entstanden. Das von der permokarbonen Eiszeit bestimmte Klima führte erstmals zur Ausbildung von Floren-Provinzen. Möglicherweise trugen beide Pole Eiskappen. Das Innere der großen Landmassen war vielfach durch Dünenablagerungen gekennzeichnet. Spätvariskische Tektonik hat örtlich auch noch die Rotliegendablagerungen betroffen. Produkte des permischen Vulkanismus in Europa reichen vom Oslograben bis zum Bozener Quarzporphyr und sind auch an den Rändern des späteren Oberrheingrabens entwickelt. Im Erzgebirge entstanden viele der metallführenden Granite.

Trias

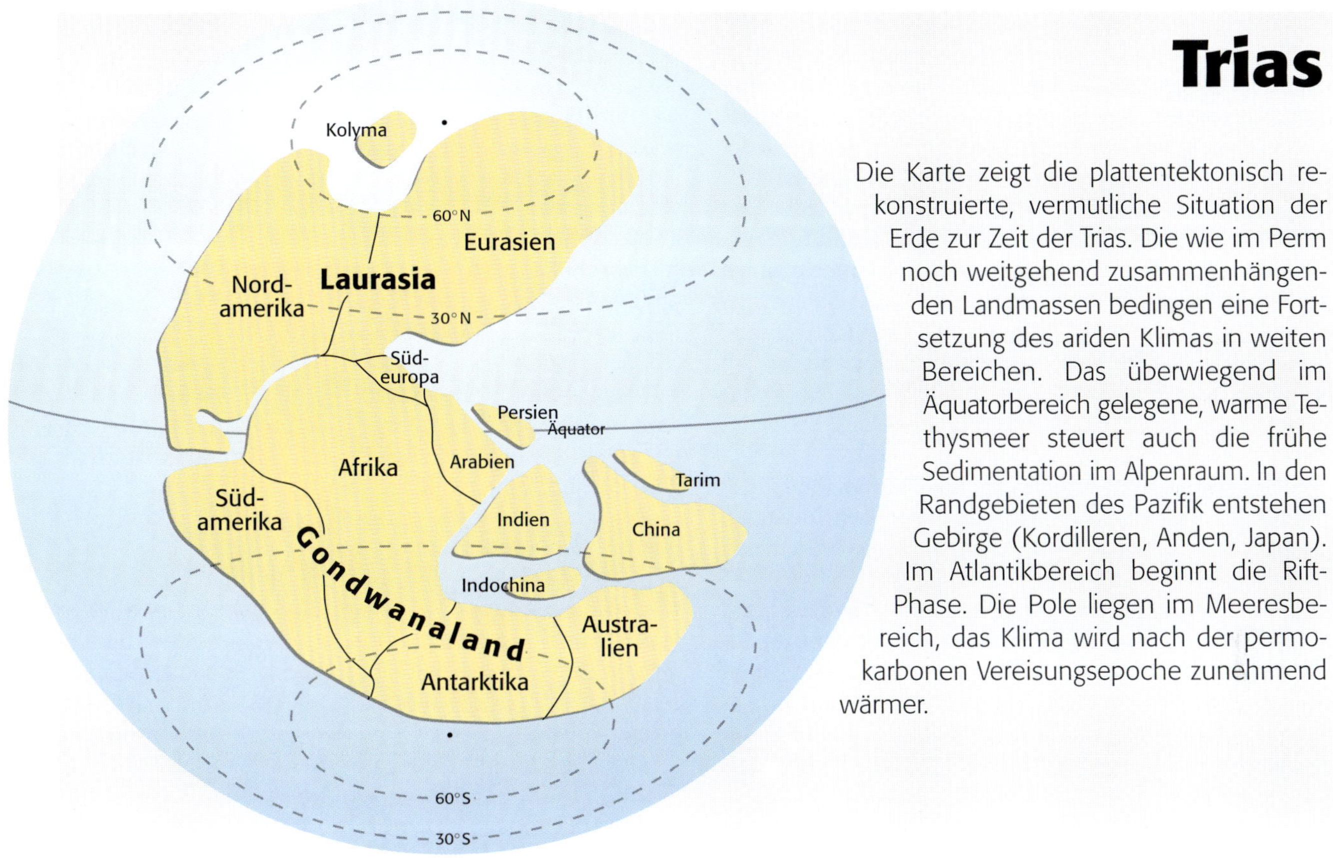

Die Karte zeigt die plattentektonisch rekonstruierte, vermutliche Situation der Erde zur Zeit der Trias. Die wie im Perm noch weitgehend zusammenhängenden Landmassen bedingen eine Fortsetzung des ariden Klimas in weiten Bereichen. Das überwiegend im Äquatorbereich gelegene, warme Tethysmeer steuert auch die frühe Sedimentation im Alpenraum. In den Randgebieten des Pazifik entstehen Gebirge (Kordilleren, Anden, Japan). Im Atlantikbereich beginnt die Rift-Phase. Die Pole liegen im Meeresbereich, das Klima wird nach der permokarbonen Vereisungsepoche zunehmend wärmer.

Begriff und Abgrenzung

Auf dem alten Friedhof von Heilbronn steht noch heute das Grabmal des Geologen, der in der Mitte des 19. Jahrhunderts das System der Trias begründet hat: Dieser F. von Alberti hatte beruflich vor allem mit Salzlagern und Salinenbetrieben zu tun. Von ihm stammt die Zusammenfassung der auch farblich in der süddeutschen Landschaft unterscheidbaren Schichten von Buntsandstein, Muschelkalk und Keuper zum System der Trias (von Alberti 1834).

Die Kenntnisse darüber gehen aber schon auf das 18. Jahrhundert zurück, als Lehmann und Füchsel, die zu dieser Zeit in Mitteldeutschland noch von Flötzgebirge sprachen, schon Buntsandstein und Muschelkalk als Formationen benannt hatten. Etwas später kam durch L. von Buch der Keuper hinzu. Diese Dreiheit wird als germanische Trias bezeichnet.

In den Alpen dagegen spricht man von alpiner oder pelagischer Trias, obwohl deren Gliederung über die Dreizahl hinausgeht. Dort ist eine weitgehend marine Fazies entwickelt, deren Ablagerungen sich stark von denen der meist binnenländischen germanischen Trias unterscheiden.

Mit der Trias beginnt eine grundsätzlich neue Zeit der Erdgeschichte, die den Rang einer Ära hat: das Mesozoikum. Wie der Name sagt, ist diese durch Tiere geprägt, die sich mit ihren nun moderneren Bauplänen wesentlich von denen des Paläozoikums unterscheiden.

Schon im Kapitel über das Perm war die Schwierigkeit der Grenzziehung zwischen den meist kontinentalen Ablagerungen aufgezeigt worden, die beide geologischen Systeme in vielen Bereichen der Erde kennzeichnen; sie äußert sich, auf den Punkt gebracht, in dem etwas hilflosen Begriff ‚Permotrias' in vielen geologischen Karten. Hinzu kommt, dass man erst vor kurzem herausgefunden hat, dass zur marinen Fazies des Oberperms, also z. B. des mitteleuropäischen Zechsteinmeeres, auch eine nicht vollständig marin entwickelte Randfazies gehören müsste. Die Mainzer Landesgeologin Dittrich hat in der Pfalz mittlerweile entsprechende Hinweise gefunden und 1996 auf einer Exkursion des ‚Oberrheinischen geologischen Vereins' eindrucksvoll demonstriert; danach müssen altersmäßig große Teile der bisher zum Unteren Buntsandstein gezählten Schichten künftig dem Perm zugeordnet werden.

Grundsätzlich muss man zwischen der von Alberti begründeten Trias (also: Dreiheit) im kontinentalen und epikontinentalen Bereich und der sog. alpinen Trias unterscheiden, die ihrerseits in sechs Stufen gegliedert wird und danach eigentlich ‚Sextas' o. Ä. genannt werden müsste. Im Alpenraum wusste man oft auch nicht, ob man die roten, vielfach Salz führenden Schichten an der Basis der alpinen Trias dem Perm oder der Trias zuschlagen sollte. Je nach Autor wurde dort das sog. ‚Haselgebirge' entweder dem Perm oder der Trias zugeordnet, während es heute vor allem anhand von Schwefelisotopenmessungen (Holser u. Kaplan 1966) ausschließlich in das Perm gestellt wird. Der Begriff geht wohl auf ‚Hallgebirge' (= Salzgebirge) zurück und hängt mit dem wirtschaftlich wichtigen Salz zusammen, das u. a. auch die Blüte der prähistorischen Hallstätter Kultur bedingt hat (Tollmann 1976).

Einfacher ist die Abgrenzung zum hangenden Jura, weil bereits die oberste Trias auch im epikontinentalen Faziesbereich marine Fossilien enthält, die sich von denen des Jura grundsätzlich unterscheiden.

Im marinen Bereich ist die Grenze zwischen Perm und Trias durch einen der markantesten Faunenschnitte der Erdgeschichte gekennzeichnet, der das Zeitalter des Paläozoikums von dem des Mesozoikums trennt; mit der Trias beginnt eine wesentlich veränderte Organismenwelt oder gar „Eine ganz andere Welt", wie ein kürzlich erschienenes Buch im Untertitel sagt (Hauschke u. Wilde 1999).

Flora und Fauna

Je nach Standort werden Fossiliensammler in den Schichten der Trias sehr unterschiedliche Gruppen für wichtig halten; dabei meine ich zunächst den in Deutschland weit verbreiteten Schichtenstapel aus Buntsandstein, Muschelkalk und Keuper, der infolge seiner Erforschungsgeschichte als germanische Trias zusammengefasst wird, obwohl die gleiche Ausbildung z. B. auch auf der Iberischen Halbinsel entwickelt ist.

Im Alpenraum mit seiner durch den nördlichen Bereich des Tethysmeeres gekennzeichneten pelagischen Entwicklung sind vor allem marine Fossilien von Bedeutung, von denen nur während der Muschelkalkzeit gelegentlich Formen in den germanischen Bereich eingewandert waren, wo sie dann entsprechend der eigenständigen Faziesentwicklung auch eigenständige Formen ausgebildet haben. Die Darstellung von Flora und Fauna folgt nachstehend einem Schema, bei dem germanische und alpine Trias getrennt behandelt werden.

Flora und Fauna der germanischen Trias

Im weitgehend kontinentalen Buntsandstein und im Keuper sind Landpflanzen nicht so selten wie die gelegentlich geäußerte Deutung als Wüste (für den Buntsandstein) glauben machen könnte. Es ist aber eine Trockenvegetation mit Schachtelhalmen (*Equisetites*) und eher spärlichen Farnen. Eine Besonderheit bildet *Pleuromeia*, ein den Siegelbäumen verwandtes Bärlappgewächs, das in seinem nicht verholzten Stamm ein zentrales Leitbündel hatte und Wasser speichern konnte; diese Sukkulente wuchs in der Nähe von Tümpeln und war imstande, Trockenphasen zu überdauern.

Pleuromeia bildet ein stammesgeschichtliches Zwischenglied zwischen *Sigillaria* im Karbon, ähnlichen Formen in der Kreide und den rezenten Bärlappgewächsen (Mader 1990, 1992). Dazu kommen *Ginkgo*gewächse und *Cycadeen*, die Angiospermen-ähnliche Blüten hatten, sowie Koniferen, wie die einem Tannenzweig ähnlich sehende *Voltzia heterophylla*, die dem Voltziensandstein im Oberen Buntsandstein den Namen gegeben hat.

Zu diesen Landpflanzen gesellen sich in den kontinentalen Ablagerungen noch Reste und Spuren von Wirbeltieren. Zu Letzteren gehören die berühmten Fährten von *Chirotherium*, dem ‚Handtier', die einer menschlichen Hand ähnlich sehen. Sie stammen von einem etwa hundsgroßen *Pelycosaurier*. Seitdem man gelernt hat, auf die Fazies zu achten, in der diese Fährten vorkommen, ist eine große Anzahl weiterer Exemplare gefunden worden, so dass man heute von Fährtensandsteinen spricht, die auch fast immer mit Netzleisten, nämlich fossilen Trockenrissausfüllungen assoziiert sind. Die Fährten hatte man bisher immer als sandige Ausfüllungen der Abdrücke in noch feuchtem Tonschlamm gedeutet.

Bei genauerer Betrachtung hat sich gezeigt, dass die Netzleisten vor den Fährten entstanden sein müssen, weil diese immer darüber eingedrückt sind. Die Neuinterpretation dieser schon von Lyell diskutierten fossilen Fußspuren geht davon aus, dass der weiche Tonschlamm bereits zum Zeitpunkt, an dem das Tier darüberlief, von Sand bedeckt war. Damit sind es keine Abdrücke auf der Oberfläche, sondern Unterfährten (Seilacher 1997).

Zu den Spurenfossilien im Buntsandstein gehören auch Wurmbauten (*Diplocraterion luniforma*), früher *Corophioides*, die flächenhaft weit verbreitet sind, oder *Arenicoloides silvestris*; beide zeigen marine Verhältnisse an.

Die Fossilien des germanischen Muschelkalks sind überwiegend Zeugen eines Meereseinbruchs, der aus dem südlichen Tethysraum auf die weitgehend eingeebneten Landgebiete der Nachbuntsandsteinzeit übergriff. Die Faunengemeinschaften spiegeln die Salzgehalte, die im Vergleich zum normalen Meerwasser wohl immer wieder unter- oder überschritten wurden. Fossiliensammler kennen die Anhäufungen von einzelnen Brachiopodenarten zu ganzen Gesteinsbänken wie im Falle der Terebratelzonen des Unteren oder die Cycloidesbank (nach *Coenothyris cycloides*) bzw. *Coenothyris vulgaris* im Oberen Muschelkalk. Die ebenfalls eine stratigraphische Bezeichnung bedingende *Spiriferina* (heute *Punctospirella fragilis*) (Spiriferinabank im Unteren Muschelkalk) ist noch eine Spätform der paläozoischen *Spiriferida*, im Übrigen sind aber die glattschaligen *Terebrateln* und die *Rhynchonelliden* die vorherrschenden *Brachiopoden*familien.

Daneben zeigen auch die Muscheln vergleichbare Anhäufungen in einzelnen Schichten, was sich z.B. bei *Hoernesia socialis* bis in den Artnamen spiegelt. Von den über 2000 (!) Arten sehen viele bereits den heutigen sehr ähnlich, und manche sind Leitfossilien, wie die früher *Lima* (heute *Plagiostoma*) genannte *Plagiostoma striatum* oder *P. lineatum*, *Hoernesia* (*Gervilleia*) (nach der die Gervillienbänke heißen) und *Modiolus* gehören zur Familie der *Mytilacea*, also unserer heutigen Miesmuscheln. Dazu kommen *Costatoria* (*Myophoria*) *goldfussi* und *Placunopsis ostracina*, die lokal sogar kleine Muschelriffe aufbauen kann. Und es gab erstmals auch schon Austern (*Liostrea*)!

Das Meer muss wenigstens episodisch auch normalen Salzgehalt gehabt haben, denn es gibt Seelilien (*Encrinus liliiformis*, *Holocrinus doreckae*), deren Stielglieder ganze Gesteinsbänke aufbauen (Trochitenkalk) und Schlangensterne, außerdem *Cephalopoden*, die im Muschelkalk Leitfossilien werden wie die *Ceratiten* (*Beneckeia buchi*, *Ceratites nodosus*, *C. semipartitus*, *C. dorsoplanus* u.a.).

Die Ceratiten nehmen in der Evolution eine mittlere Position zwischen den eher primitiven Goniatiten des Paläozoikums und den eigentlichen Ammoniten ein, die mit dem Jura beginnen.

Solche oft zusammen vorkommenden Tiere des germanischen Muschelkalks sind vielfach als Lebensgemeinschaften anschaulich dargestellt worden (z.B. Hagdorn u. Simon 1985). Neben den Organismen selbst wird auch eine Fülle von Wühl-, Grab- und Fressgängen beobachtet.

Daneben sind Wirbeltierfunde nicht selten, zu denen neben eingeschwemmten Resten von Reptilien (*Nothosaurus*) vor allem Fische gehören, mit schwarzglänzenden Schuppen und Zähnen, wobei die der Glanzschuppenfische (*Ganoiden*) in den hellen Kalksteinen auffallen (*Ceratodus*). Daneben gab es Haie und Rochen sowie die Knorpelfische (*Elasmobranchier*: *Hybodus*, *Acrodus*), von denen hauptsächlich die spitzen Zähne überliefert sind.

Die Keupervegetation deutet auf ein zeitweise humides Klima hin; lokal wurden die Pflanzen sogar zu kleinen Kohleflözen angereichert. Die Flora war entsprechend reichhaltig, neben Schachtelhalmen (*Equisetites* auch hier) gab es vor allem Farne und *Cycadeen* (baumartige Palmfarne), während Koniferen und Trockenpflanzen eher selten waren. Die Kohleflözchen führten zu der Schichtbezeichnung Lettenkohlenkeuper oder Kohlenkeuper und die ursprünglich als Schilfstängel angesehenen Schachtelhalme haben die Bezeichnung Schilfsandstein begründet.

Die bis auf die jüngsten Keuperschichten weitgehend festländische bzw. limnische, gelegentlich auch brackische Fazies hat dazu geführt, dass die Fauna vergleichsweise spärlich ist, wenn man von Wirbeltierfunden absieht. Dazu gehören Muscheln, wie *Costatoria* (*Myophoria*), (die sogar marine Verhältnisse anzeigt), *Bakevellia* (*Gervilleia*) oder *Unionites* (die heute *Anoplophora* heißt und Sandstein- bzw. Dolomitbänke bezeichnet) oder *Conchostraken*, wie *Estheria* (heute *Palaeestheria*), die Schichtbezeichnungen geprägt haben (Myophorienschichten, Estherienschichten). Auch der Brachiopode *Lingula* kommt im Keuper vor und ist namengebend für den Linguladolomit als Schichtbezeichnung.

Unter den *Vertebraten* muss auch aus dem Keuper wenigstens der *Mastodonsaurus* erwähnt werden, dessen Artname *M. giganteus* für sich spricht; ein Fischfresser mit flachem Schädel (der allein > 1 m lang war), dessen Zahnschmelz mit dem Zahnbein so fein verfältelt ist, dass man diese Amphibiengruppe als *Labyrinthodonten* bezeichnet.

Bei den Fischen ist wenigstens *Semionotus* zu nennen, dessen Name mit einem Sandstein im Mittleren Keuper verknüpft ist.

Die Fauna des oberen Keupers (Rhät) gestattet einen direkten Vergleich zwischen dem Germanischen Becken und der Tethys. Die Leitmuschel *Rhaetavicula contorta* mag als Beispiel gelten.

Flora und Fauna der alpinen Trias

Die alpine oder pelagische Trias ist infolge ihrer überwiegend marinen Entwicklung durch eine wesentlich größere Artenvielfalt gekennzeichnet; diese gestattet dann auch eine entsprechend differenziertere Gliederung der Schichten.

Kalkalgen sind wichtig, weil sie als Gesteinsbildner mächtige Karbonatkomplexe in den Alpen mit aufbauen, u.a. den Wettersteinkalk. Aus der Gruppe der *Dasycladaceen* (Wirtelalgen) sind vor allem die Gattungen *Diplopora* oder *Physoporella* zu nennen (*Diplopora annulata*, *Diplopora annulatissima*). Manche Kalkalgen sind neben ihrer faziellen Bedeutung auch als Leitfossilien geeignet.

Aus dem Uferbereich des Tethys-Nordrandes sind Pflanzenfossilien bekannt, die die Kohleflöze der Lunz-Schichten mit aufbauen. Sie ähneln in ihrer Zusammensetzung den aus der germanischen Trias bekannten Gattungen mit *Equisetites*, *Calamites*, *Ginkgoites* oder *Cycadophyten*, *Pteridospermen* und *Koniferen*. Dazu kommt eine lokal außerordentlich reiche Pollenflora.

Unter den Einzellern sind die *Foraminiferen* zunehmend als Leitfossilien erkannt worden, wobei sie in vielen Fällen vor allem an angeschliffenen Kalken oder Dünnschliffen mit Hilfe verschiedener Schnittlagen bestimmt werden müssen. Auf eine Nennung von Gattungen wird hier aus Platzgründen verzichtet, Beispiele und stratigraphische Zuordnungen gibt u.a. Tollmann (1976).

Bei den Korallen vollzog sich eine entscheidende Veränderung im Bauplan: Die Septenanordnung der Hexa-

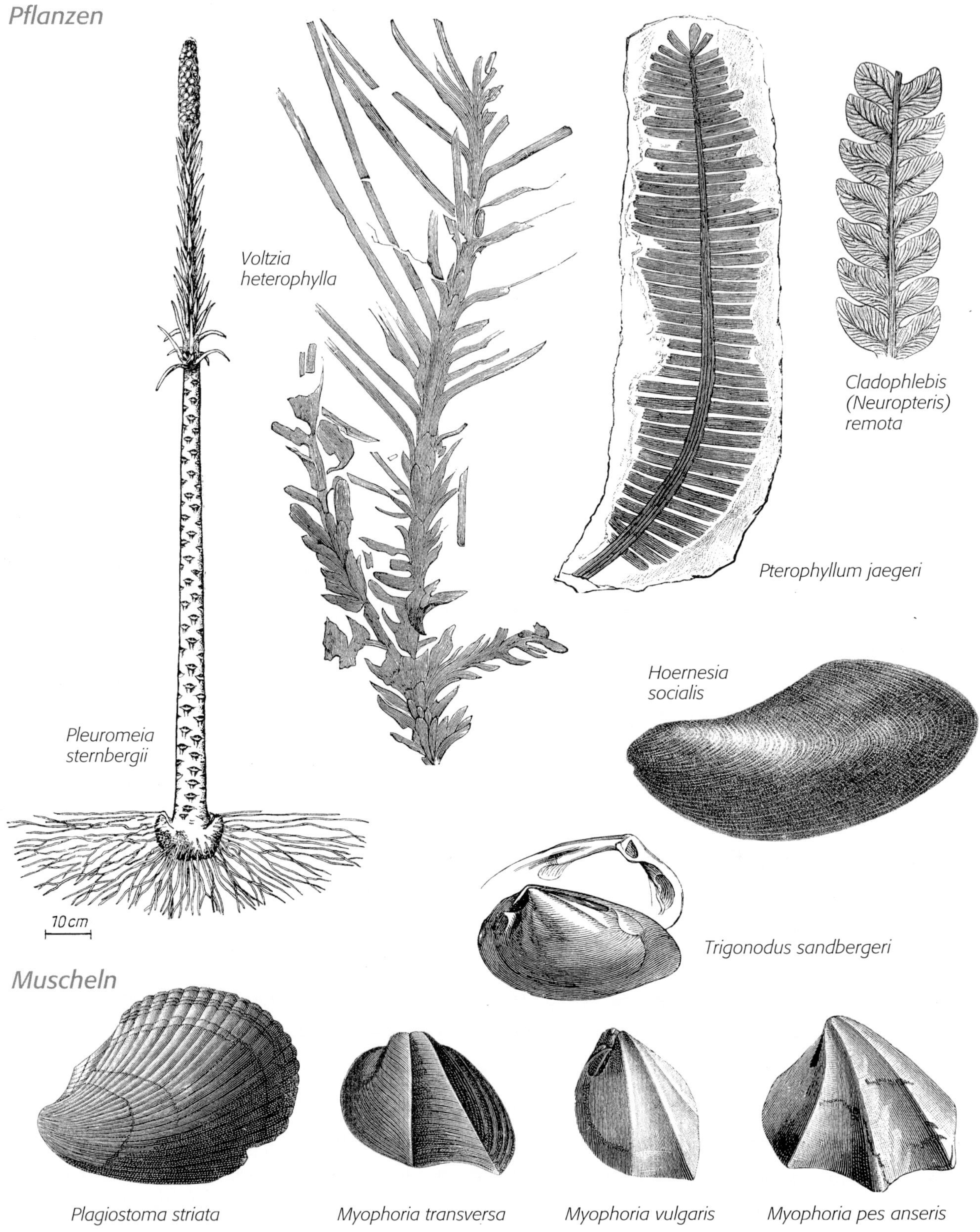
Pflanzen
Voltzia heterophylla
Cladophlebis (Neuropteris) remota
Pterophyllum jaegeri
Pleuromeia sternbergii
10 cm
Hoernesia socialis
Trigonodus sandbergeri
Muscheln
Plagiostoma striata
Myophoria transversa
Myophoria vulgaris
Myophoria pes anseris

Muscheln

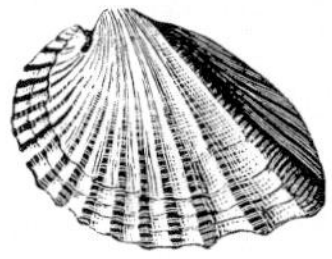

Megalodon scutatus

Costatoria (Myophoria) goldfussi

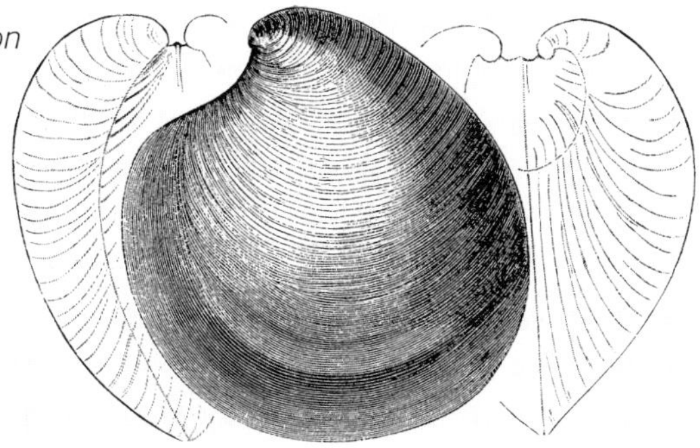

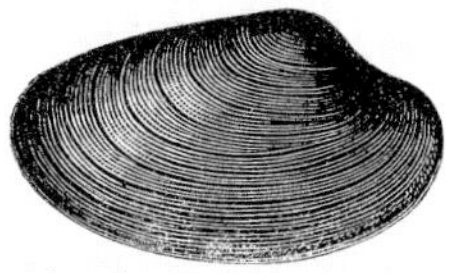

Unionites (Anoplophora) letticus

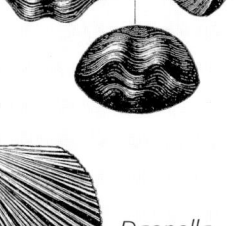

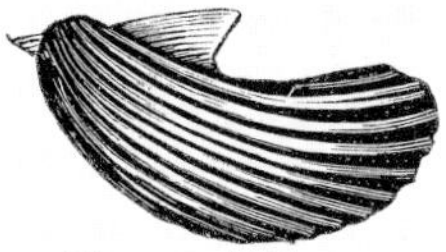

Rhaetavicula contorta

Cephalopoden

Germanonautilus bidorsatus

Conchostraken

Cyzicus (Euestheria) minuta

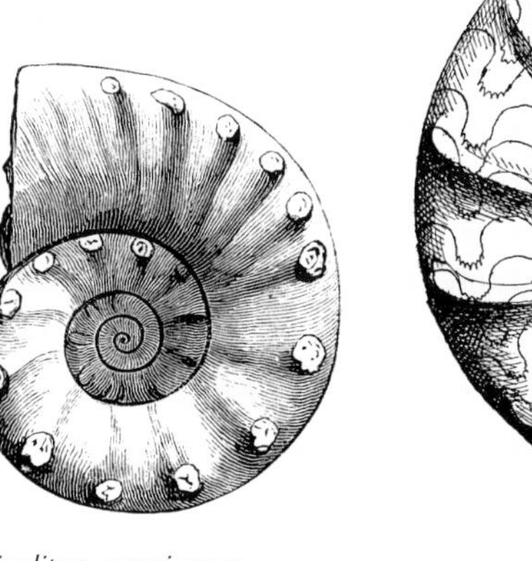

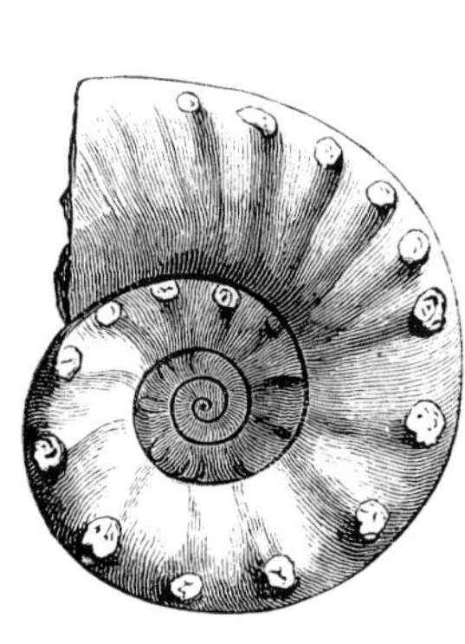

Tirolites cassianus

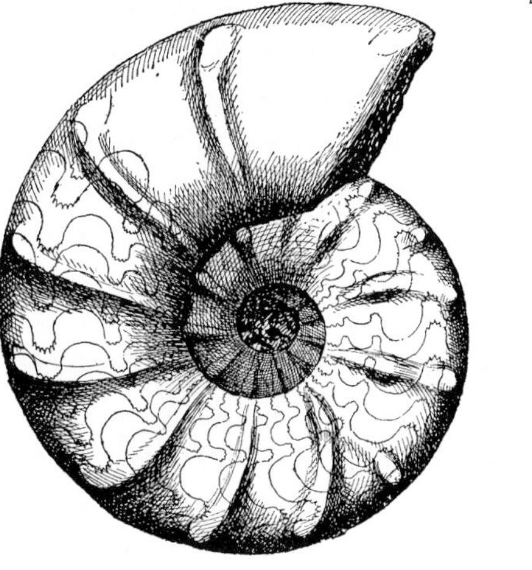

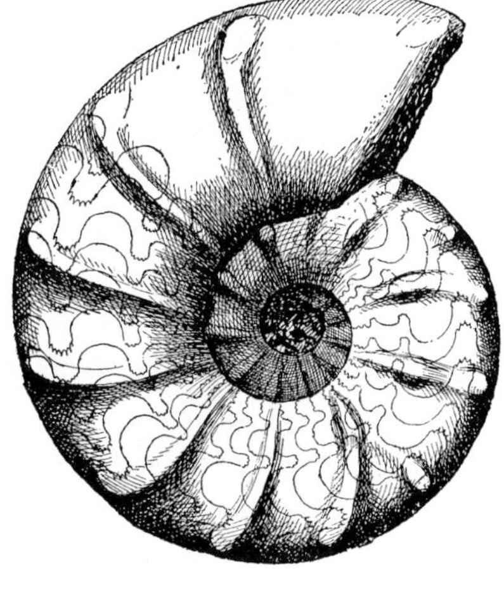

Ceratites nodosus

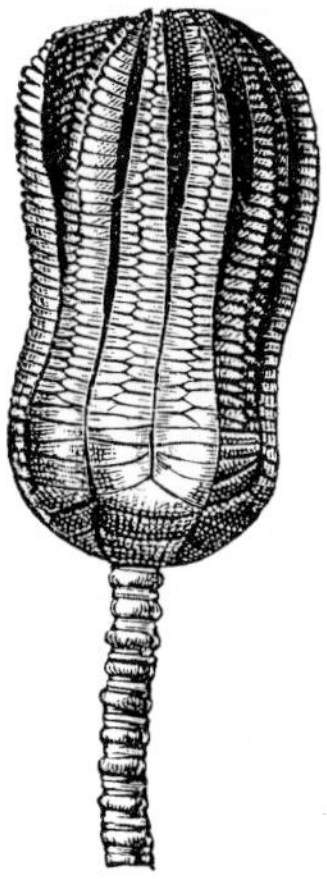

Brachiopoden

Rhaetina gregaria

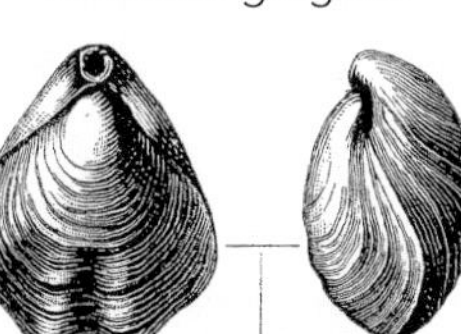

Coenothyris vulgaris

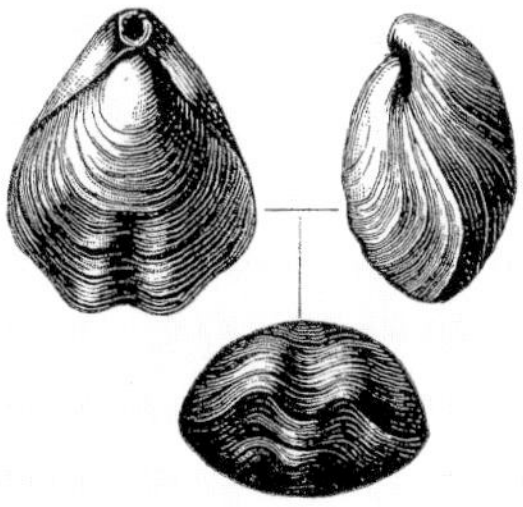

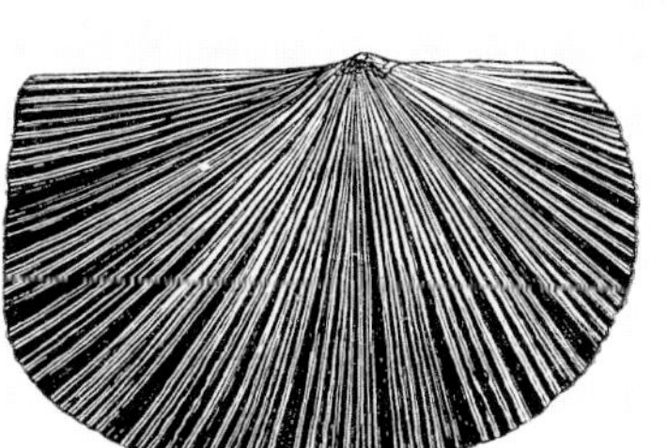

Daonella lommeli

Echinodermen

Trochitenkalk

Encrinus liliiformis

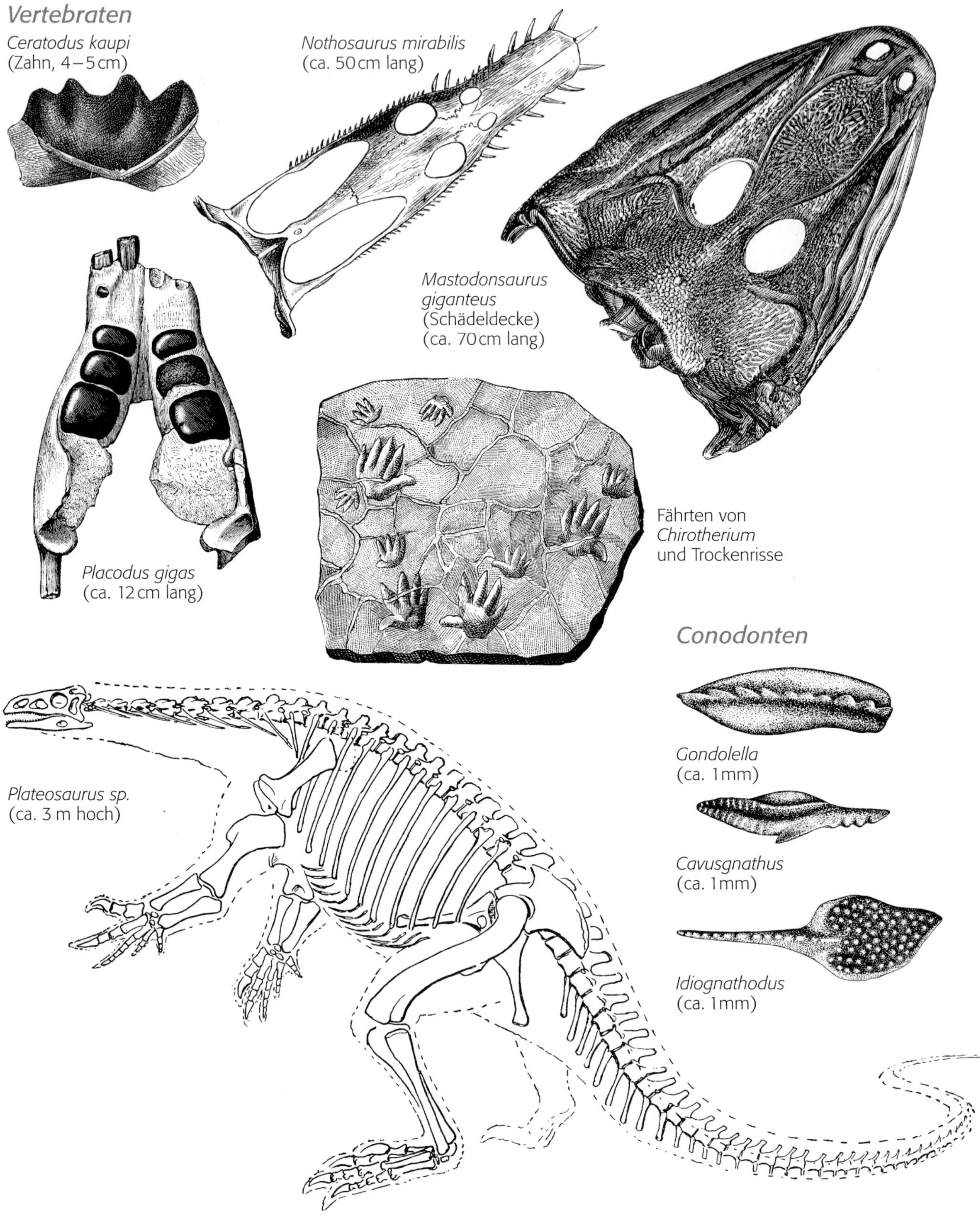
Vertebraten
Ceratodus kaupi
(Zahn, 4–5 cm)
Nothosaurus mirabilis
(ca. 50 cm lang)
Mastodonsaurus
giganteus
(Schädeldecke)
(ca. 70 cm lang)
Placodus gigas
(ca. 12 cm lang)
Fährten von
Chirotherium
und Trockenrisse
Conodonten
Gondolella
(ca. 1 mm)
Cavusgnathus
(ca. 1 mm)
Idiognathodus
(ca. 1 mm)
Plateosaurus sp.
(ca. 3 m hoch)

korallen änderte sich gegenüber der der paläozoischen *Rugosa*, die bilateral gewesen war, zu einer nun sechsstrahligen, radialsymmetrischen Bauweise, die gleichzeitig mit weniger Material auskam. Diese, als *Scleractinia* bezeichneten Korallen stellen mit den Gattungen *Montlivaltia, Isastrea* oder *Thecosmilia* auch Leitfossilien.

Brachiopoden sind mit dem eher primitiven ‚Durchläufer' *Lingula* vor allem durch die *Terebratulida* vertreten, deren Gattungen *Coenothyris* auch in der germanischen Trias von Bedeutung ist; dazu kommen *Rhaetina* und *Juvavella*. Die *Spiriferida* sind noch mit *Spiriferina* oder *Tetractinella* vorhanden und die *Rhynchonellida* tragen weiterhin dazu bei, dass die Brachiopoden nach den Muscheln die häufigsten marinen Triasfossilien stellen.

Abb. 18: Die Schalen der großen Muschel der Gattung *Megalodon* heißen im Volksmund „Kuhtritte". Alpine Trias. Foto von Richard Höfling.

Der Stamm der *Mollusken* entwickelt bei Schnecken, Muscheln und Cephalopoden gegenüber den paläozoischen Vorläufern eine Fülle neuer Gattungen, die vielfach auch wichtige Leitfossilien sind.

Die *Gastropoden* unterscheiden sich beträchtlich von den paläozoischen Formen und entwickelten ein großes Spektrum, auch bei den zunehmenden Verzierungen ihrer Schalen; Gattungen wie *Worthenia*, *Natica* oder die Familie der *Littorinaceen* mögen als Beispiele genügen.

Muscheln aufzuzählen würde viel Platz erfordern, weil die nun einsetzende mesozoische Formenvielfalt nicht nur in den Meeren Raum beansprucht. *Monotis*, *Avicula* bzw. *Rhaetavicula*, *Hoernesia*, *Bakevellia* (*Gervilleia*), *Plagiostoma* (*Lima*), *Modiolus*, *Trigonodus*, *Myophoria*, *Costatoria*, *Palaeocardita*, *Pholadomya* und *Megalodon* mögen ausreichen; Letztere werden wegen ihrer Querschnitte, die man auf Schichtflächen von Kalksteinen gelegentlich beobachten kann, und einer entsprechenden Größe im Alpenraum volkstümlich als ‚Kuhtritte' bezeichnet (Abb. 18).

Die *Cephalopoden* entwickelten, ähnlich wie die Korallen, im Mesozoikum grundsätzlich neue Bauformen. Der Übergang ist allerdings fließend, weil Ammoniten mit ceratitischen Lobenlinien schon im Perm gelebt hatten. Nautiloidea mit gerade gestrecktem Gehäuse starben in der Trias aus, während eingerollte Formen mit reicher verzierten Gehäusen eine Art Blüte erlebten. Wichtiger waren die Ammonoidea, die mit den *Ceratiten* Leitfossilien bilden. Zu ihnen gehören die Gattungen *Otoceras* (Vorsicht, nicht mit *Orthoceras* verwechseln!), *Tirolites*, *Ophiceras*, *Paraceratites*, *Protrachyceras*, *Trachyceras*, *Tropites* oder *Pinacoceras*. Sie sind maßgeblich für die Schichtengliederung im Alpenraum, wobei die meisten Gattungen bereits gegen Ende der Trias wieder ausstarben.

Echinodermen der pelagischen Trias sind vor allem durch Seelilien und Seeigel überliefert, deren Skelettelemente Bestandteile in Kalken bilden; örtlich ist sogar ein an Seeigelstacheln besonders reiches Gestein im Hallstätter Bereich als Cidariskalk ausgeschieden worden, mit Seeigelarten wie *Cidaris dorsata*, die durch große keulenförmige Stacheln auffallen. Daneben enthalten solche Kalke auch *Trochiten* (also Seelilienstielglieder) von *Encrinus cassianus* und anderen Seelilienarten. Schließlich scheinen auch die Sklerite von *Holothurien* (Seegurken) von stratigraphischer Bedeutung (Mostler 1973).

Aus der Gruppe der Arthropoden sind nur die *Ostrakoden* nennenswert, die vor allem in der Obertrias gelegentlich faziell an Sedimente mit abweichender Salinität gebunden sind.

Fazies

Ähnlich wie die Flora und Fauna soll auch die Fazies nach germanischer und alpiner Trias getrennt behandelt werden, weil die eine weitgehend von kontinentalen Bedingungen, die andere durch ihre Entwicklung am nördlichen Saum des weltweiten Tethysmeeres durch marine Verhältnisse geprägt ist.

Fazies der germanischen Trias

Die klassische Dreiteilung beruht auf der unterschiedlichen Lithologie: Der Buntsandstein ist wesentlich von klastischen Rotsedimenten geprägt, die überwiegend durch Flüsse transportiert und abgelagert wurden; deren Einzugsgebiet lag im Südwesten. Der Abtrag erfolgte wesentlich im Französischen Zentralmassiv bzw. im Bereich, der heute vom Pariser Becken eingenommen wird, schloss aber auch Schwarzwald und Vogesen teilweise mit ein. Der Hauptstrom der Sedimente war also wesentlich nach Norden bzw. Nordosten gerichtet, was sich auch in einer generellen Abnahme der Korngröße in diese Richtung zeigt. Wesentliche Gesteinskomplexe des Buntsandsteins sind als Ablagerungen von Zopfmusterflüssen (braided rivers) erklärbar, wobei oft Sand- und Kiesbänke neben flächenhaft verbreiteten Sandvorkommen beobachtet werden. Zwischen den Flutrinnen gab es Tümpel und Lagunen, deren Organismenwelt höhere Salzgehalte anzeigt. Im Bereich von Niedersachsen etwa mündeten diese Flüsse in ein Flachmeer, das durch bewegtes Wasser gekennzeichnet war; hier entstanden u.a. die früher als ‚Rogenstein' bezeichneten Kalkoolithe. Während des Oberen Buntsandsteins war die Verbindung zum Nordmeer unterbrochen und es kam in den tieferen Beckenbereichen zur Bildung einer Salinarfazies mit etwa 100 m mächtigem Steinsalz.

Neben den von stärkerer Strömung beherrschten Flussbereichen im engeren Sinne, gab es auch Playaseen und Tümpel, in denen Tonsedimentation überwog; die Organismenwelt dieser Bereiche weist gelegentlich auf höhere Salzgehalte hin. Die Tone haben häufig Trockenrisse, die später durch Sand verfüllt wurden, so dass sie im Aufschluss heute als polygonale Netzleisten herauswittern. Eingetrockneter Tonschlamm wurde bei nachfolgend stärkerer Strömung aufgearbeitet und die flachen scherbenförmigen, oft schon verfestigten Sedimente zusammen mit dem Sand transportiert, dabei verrundet und zusammen mit diesem wieder abgelagert; diese ‚Tongal-

Abb. 19: Buntsandsteinfelsen mit Studentenexkursion auf Helgoland. Hier sind geologische Vorgänge dokumentiert, die mit Perm und Trias gleichermaßen zu tun haben. Der Mittlere Buntsandstein verdankt diese Position hier den Salzgesteinen des Zechsteins, die in Form eines Diapirs aufgedrungen sind und ihr mesozoisches Deckgebirge (auch Muschelkalk und Kreide) huckepack mitgenommen haben. Solche Salzstöcke, denen Helgoland seine Entstehung verdankt, sind im Untergrund Norddeutschlands und in der südlichen Nordsee häufig; sie sind auch wichtig für die Bildung von Kohlenwasserstoff-Lagerstätten.

len' wittern heute gelegentlich wieder aus den Sandsteinen heraus. In Tonen sind sehr selten auch fossile Regentropfeneindrücke und würfelförmige Steinsalz-Pseudomorphosen erhalten.

Man muss sich die Landschaft also nicht vollständig wüstenhaft vorstellen, wie frühere Interpretationsversuche glauben machen wollten. Die Flüsse mit ihren Kiesbänken und weiten Sandebenen, die man teilweise als Überbank-Ablagerungen ansehen kann, waren von randlichen Tümpeln begleitet, und es gab lokal begrenzten Baumbewuchs, wie an den in situ gefundenen *Pleuromeia*-stämmen deutlich wird. Über größere Bereiche hinweg ist feinkörniger Sand auch zu Dünen aufgehäuft worden, die sich dann mit den Flusssedimenten verzahnen. Gelegentliche Windkanter weisen darauf hin, dass die äolische Aktivität in vegetationsarmen Bereichen dieser weiten Flussebenen beträchtlich gewesen sein muss.

Besondere Bedeutung, vor allem für die Stratigraphie, hat die Fazies, die durch fossile Böden gekennzeichnet ist. Die grundlegende Erkenntnis dazu ist zwar schon über 100 Jahre alt, aber erst die neueren Arbeiten haben die ganze Tragweite dieser Fazies deutlich werden lassen (Ortlam 1967 und vor allem 1974).

Zu den Kriterien der durchschnittlich 2 m mächtigen Lagen, die heute aufgrund ihrer graublauen bis rotvioletten Farben als Violette Horizonte bezeichnet werden, ist ein Katalog erstellt worden (Ortlam 1974). Danach sind diese Horizonte durch ein bodenkundliches A-B-C-Profil gegliedert, in dem die Feldspäte in A und B verwittert und die Schwerminerale dezimiert sind; gleichzeitig ist vor allem der Tonanteil in den verwitterten Bereichen erhöht worden. Die Profile zeigen einen kontinuierlichen Übergang vom Hangenden zum Liegenden und eine scharfe Obergrenze. Gelegentlich enthalten sie auch Karbonatkrusten und -konkretionen oder Karneol. Dazu kommen noch Neubildungen von Titanmineralen und authigene Quarze. Besonders charakteristisch ist eine starke Durchwurzelung, die auf Koniferen und Equiseten zurückgeführt werden kann; Letztere haben auch Opalphytolithen beigesteuert. Die Summe der Kriterien spricht für subtropisch-humide bis semiaride Klimaverhältnisse, unter denen diese Böden gebildet wurden.

Zu den diagenetischen Bildungen im Buntsandstein gehören die bei Sammlern beliebten Pseudomorphosensandsteine; darin sind morgensternförmige Sandkristalle entwickelt, die ursprünglich Kristallaggregate von Calcit waren, der aus dem karbonatischen Bindemittel stammt. Die Karbonatkristalle haben bei ihrem Wachstum die Sandkörner eingeschlossen, ähnlich wie bei der Entstehung von Wüstenrosen der Gips. Nach Auflösung des Bindemittels wittert der dann lockere Sand heraus, und es bleiben mit Eisen- oder Manganmulm gefüllte kugelige Hohlräume zurück, die oft horizontbeständig sind.

Ähnlich ist auch der schwarz- bis braunfleckige Tigersandstein zu erklären, der ursprünglich karbonatisches Bindemittel in wechselnder Zusammensetzung enthielt. Der Name ist allerdings irreführend, weil Tiger kein geflecktes sondern ein gestreiftes Fell haben. In den Bereich der Diagenese gehören auch die so genannten Kristallsandsteine. Auch diese Bezeichnung ist wenig glücklich gewählt, weil schon die Quarzkörner im Sandstein eigentlich kristalline Materie sind. Kristallsandsteine entstehen durch gelöste Kieselsäure, die die Quarzkörner besonders stark zementiert hat; beim Zerbrechen glitzern die Bruchflächen ähnlich wie bei Quarziten.

Die primär klastischen Folgen des Buntsandsteins werden zum Hangenden hin feinkörniger. Der Obere Buntsandstein, der faziell praktisch schon den Muschelkalk einleitet, ist durch ein Überwiegen von Tonsteinen gekennzeichnet, die weitgehend in Playaseen entstanden sind. Das hat dazu geführt, dass die Gegenden, in denen er ansteht, vielfach landwirtschaftlich genutzt werden, während auf dem unfruchtbaren Mittleren Buntsandstein mit seinen nährstoffarmen Quarzsandsteinen praktisch nur Nadelwälder gedeihen.

Die überwiegend durch Kalksteine, Mergel und Tone gekennzeichnete Fazies des Muschelkalks charakterisiert ein flaches Gewässer, das sich in dem zuvor kontinental geprägten Bereich entwickelt hatte. Das aus dem südlich gelegenen Tethysbereich einströmende Wasser brachte Faunenelemente mit, die in der Folge eigenständige Gesellschaften ausbildeten. Dieser Einstrom erfolgte zur Zeit des Unteren Muschelkalks überwiegend von Südosten her (Oberschlesische Pforte), im Oberen Muschelkalk dagegen von Südwesten (Burgundische Pforte). Während des Mittleren Muschelkalks war das Becken vom offenen Meer weitgehend abgetrennt und es kam im Gefolge der Eindampfung zur Bildung von Dolomit, Gips und Steinsalz.

Die Fazies der Karbonate wird durch Eintrag von klastischen Anteilen aus dem Rand des Beckens mit beeinflusst, wo auch Sandsteine entwickelt sind (Muschelsandstein). Ebenfalls in den Bereich der Randfazies gehören die oolithischen Bildungen der sog. Schaumkalkbänke; darin sind die ursprünglich aragonitischen Ooide aus der calcitischen Matrix herausgewittert und verleihen so den Gesteinen ein porös-schaumiges Aussehen. In diesem Faziesbereich sind die Karbonate oft dolomitisiert, was in Analogie zu rezenten Vorkommen ein Anhaltspunkt für warme Flachmeerbedingungen ist.

Die Fazies des Unteren Muschelkalks ist durch dünnschichtige, fossilarme Mikrite gekennzeichnet, deren unebene Oberflächen im Übereinander der Gesteinsbänke zu einem Erscheinungsbild führt, das durch den alten Begriff Wellengebirge gut wiedergegeben wird. Zusätzlich kommen einzelne verfaltete Schichten darin vor, die als

Rutschungserscheinungen am Meeresboden aufzufassen sind und die möglicherweise durch seismische Ereignisse ausgelöst wurden; ähnlich scheinen die sog. Sigmoidalklüfte darin erklärbar.

Die Schichtenfolge ist vielfach durch die Organismen verwühlt worden (Bioturbation); die entsprechenden Grabgänge mit ovalen Querschnitten, die durch die Abplattung infolge der Auflast zustande kommen, sind in manchen Schichten massenhaft zu finden. Hinzu kommen intraklastenreiche Karbonate, die episodisches Auftauchen belegen.

Der Ablagerungsraum ähnelte weitgehend einem Wattenmeer, mit flächenhaft verbreiteten Karbonatschlickebenen, in die Priele eingetieft waren; die entsprechenden Rinnenfüllungen heben sich durch gröberen Schill von den feinkörnigen Mikriten ihrer Umgebung ab (Schwarz 1970).

Die Fazies des Mittleren Muschelkalks ist salinar; zu den Gesteinen gehören neben Steinsalz auch Anhydrit, Gips, Dolomit, Kalksteine und Mergel. Im Falle von späterer Auslaugung der leichtlöslichen Komponenten sind auch Rauhwacken bzw. Zellendolomite entstanden.

Die ungestörte Salinarfolge ist nur in Bohrungen und Bergwerken zu beobachten. Von besonderem Interesse sind sog. Napfstrukturen, weil sie interne Lösungserscheinungen belegen. Im Zusammenhang damit sind senkrecht stehende Palisaden im Steinsalz zu erkennen, die erst vor kurzem näherungsweise zu deuten versucht wurden. Was frühere Bearbeiter (Richter-Bernburg 1980) noch kaum deutlich auszusprechen gewagt hatten, ist, dass es sich dabei um Schrumpfungserscheinungen infolge einer drastischen Abkühlung handeln könnte. Die Beweiskette, die kürzlich Kühn u. Mötzing (1997) vorgelegt haben, beginnt mit der aktualistischen Beobachtung des russischen Forschers Waljaschko (zit. in Kühn u. Mötzing 1997), der solche Erscheinungen an rezenten Salzseen in kühlen Klimabereichen beobachtet hatte. Kühn u. Mötzing haben nun durch den Nachweis von schemenhaftem Hydrohalit im Steinsalz wahrscheinlich machen können, dass es sich bei der Bildung dieser Palisaden um einen Schrumpfungsprozess ähnlich dem der Bildung von Basaltsäulen handelt. Damit ist für die Muschelkalkzeit zwar noch keine Eiszeit belegt, man muss aber mit einer mindestens kurzzeitigen empfindlichen Abkühlung des Klimas rechnen. Das Steinsalz des Mittleren Muschelkalks wird in Stetten bei Haigerloch und bei Heilbronn (Kochendorf) abgebaut. Im (Besucher-)Bergwerk lässt sich auch ein Teil der Schichtfolge mit feingeschichtetem Bändersalz und Anhydritlagen beobachten.

Die salinare Fazies des Mittleren Muschelkalks ist u.a. für den Mittleren Neckarraum landschaftsbestimmend, weil die leichtlöslichen Salze Hohlräume verursachen, in die die Hangendpartien an den steilen Böschungen nachbrechen.

Die Fazies des Oberen Muschelkalks ist durch eine Wechsellagerung von Karbonatbänken und Mergeln geprägt, die schon aufgrund ihrer Fossilführung als marine Sedimente erkennbar sind: Hier kommen die meisten *Ceratiten* vor, die vom südlich gelegenen Tethysbereich eingewandert waren und im germanischen Muschelkalk dann eigene Arten herausgebildet hatten.

Die Kalkbänke sind meist Biomikrite oder Biosparite; manche der gröber körnigen Partien sind durch Anhäufung von Seelilienstielgliedern gekennzeichnet (Trochitenkalke) oder bestehen aus den Schalen von Muscheln, Schnecken und Brachiopoden (Schalentrümmerkalke). Dazu kommen Intraklasten und Ooide, die insgesamt eine Fazies sehr flachen Wassers mit Auftauchphasen belegen. Gradierte Schichtung in vielen dieser Karbonatbänke zeigt an, dass sie durch Sturmereignisse geprägt wurden; seitdem werden sie als Tempestite bezeichnet (Aigner 1985).

Die Fazies insgesamt ist weitgehend durch Flachwasserkarbonate einer Karbonatrampe bestimmt, die mit Annäherung an den hangenden Keuper zunehmend Anzeichen für Auftauchbereiche enthalten; der oberste Bereich ist durch mächtige Dolomite geprägt (Trigonodusdolomit), die Kriterien für mehrfach wiederholtes Auftauchen enthalten und in Zyklen gegliedert werden, die die Regression des Muschelkalkmeeres belegen. Das sehr flache Wasser ist auch hier durch Ooide, frühdiagenetische Dolomite und Gips dokumentiert (Schauer u. Aigner 1997, Aigner u. Etzold 1999).

Die Fazies des Keupers ist, ähnlich der des Buntsandsteins, überwiegend durch festländische Ablagerungen geprägt; fluviatile Sedimente und großflächige Playasee-Ablagerungen sind wesentlich am Aufbau der Schichtfolgen beteiligt. Die meist klastischen Ablagerungen sind im Vergleich mit denen des Buntsandsteins aber wesentlich feinkörniger, was sich mit einem allgemeinen Rückgang der Reliefenergie durch die Abtragung in den Einzugsgebieten erklären lässt. Es sind Sandsteine, Siltsteine, Ton- und Mergelsteine, zu denen Dolomite, Anhydrit und Gips, lokal aber auch bauwürdiges Steinsalz kommen. In Süddeutschland ist die Bezeichnung Mergel für die feinkörnigen klastischen Sedimente und Steinmergel für die meist dolomitischen, dünnen Karbonatbänke gebräuchlich.

Der Transport der klastischen Komponenten erfolgte durch Flüsse und Wind, teilweise auch durch Schichtfluten in das Keuperbecken, dessen Zentrum in Norddeutschland lag. Darin herrschten zeitweise auch Flachmeerbedingungen. Durch Austrocknung kam es über die Bildung von übersalzenen Playaseen schließlich zu festländischen Böden, in denen sich auch Kalk- und Gipskrusten entwickelten.

Während der unterste Keuper noch eine verarmte Muschelkalkfauna enthält, sind die darauf folgenden Ablagerungen außerordentlich fossilarm. Die älteren Keupersandsteine sind, im Gegensatz zum Buntsandstein, überwiegend aus Norden oder Nordosten, aus einem skandinavischen bzw. baltischen Liefergebiet abzuleiten. Vom Mittleren Keuper an kommt ein östlich gelegener Festlandsbereich hinzu, das Vindelizische Land, das dort im Zuge der Variskischen Gebirgsbildung entstanden war. Damit lässt sich innerhalb der fluviatil geprägten Fazies Nordischer von Vindelizischem Keuper unterscheiden; Letzterer ist wegen der geringeren Transportweiten meist auch wesentlich schlechter sortiert. Die von der östlich gelegenen Böhmischen Masse stammenden Sandsteine sind überwiegend Arkosen mit hohem Feldspatanteil; sie geben Hinweise auf Trockenklima mit geringer chemischer Verwitterung (Stubensandstein).

Die eher spärliche Fossilführung hat zu einer Gliederung der Ablagerungen nach lithologischen Kriterien geführt, die letztlich faziell bedingt sind. Diese Fazies wird nachfolgend in der hauptsächlich für Süddeutschland charakteristischen Abfolge der Schichten diskutiert. Lettenkohle für den untersten Keuper, ist auf die Zusammenschwemmung von Landpflanzen zurückzuführen, die lokal sogar kleine Kohleflöze aufgebaut hatten. Fluviatiler Transport, auch der klastischen Komponenten (Sandsteine) ist an Rinnenfüllungen erkennbar. Der alte Ausdruck Gipskeuper weist auf die in den tonig-siltigen Sedimenten enthaltenen evaporitischen Komponenten hin; die Sedimente sind überwiegend rot gefärbt.

Der auf den Gipskeuper folgende Schilfsandstein hat seine Bezeichnung aufgrund gelegentlich eingestreuter Pflanzenreste (meist Schachtelhalme u. Ä.) erhalten. Die Sandsteine sind gut sortiert, die Farbe ist meist grünlichgelblich, kann lokal aber auch intensiv rot sein. Um die fazielle Interpretation rankt sich ein jahrzehntelanger Gelehrtenstreit, der vor allem an die Namen zweier erbitterter Streithähne geknüpft ist: Als im Jahre 1964 Paul Wurster seine Habilitationsschrift mit dem Deutungsversuch, der die Ablagerungen des Schilfsandsteins mit denen des rezenten Mississippideltas verglich, veröffentlichte, ging der in Güglingen im Zabergäu lebende Forstmann Linck ‚auf die Barrikaden'. Linck hatte über viele Jahre hinweg Fossilien gesammelt und den Schilfsandstein als flachmarine Bildung erklärt, weil vereinzelt Fossilien darin vorkommen, die lange Zeit als marin angesehen wurden, was aber heute nicht mehr gilt. Wurster stützte seine These auf Messungen von Strömungsmarken in einem weitreichenden Gefüge von Sandsträngen, die meist als lang gestreckte Bergzüge in der Landschaft erscheinen, weil sie die Erosion aus den begleitenden, weicheren Tonschichten herauspräpariert hat. Oft sind diese Sandstränge aber nur Konstruktionen, die Einzelvorkommen in voneinander getrennten Steinbrüchen kombinieren. Unstrittig ist, dass diese Sandsteine stärkere Strömungen widerspiegeln als die sie seitlich begleitenden, zeitgleichen Tonablagerungen; gelegentlich enthalten sie sogar aufgearbeitete Gerölle aus feinschichtigen Tonsteinen. Schon v. Thürach (1888/89) hatte eine Flutfazies von einer Normalfazies unterschieden.

Nach Wurster's Auffassung bilden die Sandstränge Analogien zu den bar finger sands im Mississippi-Delta, das dadurch, aus der Luft betrachtet, seinen vogelfußähnlichen Aufbau bekommt. Die Sandstränge hätten sich unmittelbar nach der Ablagerung in den weichen, tonigen Untergrund eingedrückt. Dem widerspricht allerdings, dass der Kontakt zwischen Sandstein und unterlagerndem Tonstein oft erosiv ausgeprägt ist.

Es ist hier nicht der Platz, sämtliche Pro- und Contra-Argumente zu wiederholen, es gibt aber Hinweise, die die Extrempositionen einander annähern können. So haben Heling u. Beyer (1992) in einer Bohrung Glaukonitkörner im Schilfsandstein nachweisen können, die zumindest marines Material in bestimmten Bereichen wahrscheinlich machen, das dann nachträglich fluviatil umgelagert wurde.

Heute wird allgemein angenommen, dass der Schilfsandstein die Fazies eines sehr großräumig verbreiteten Flusssystems ist, das sich lateral vielfach verlagert hat. Es gibt Hinweise darauf, dass die Strömungsmuster tektonisch vorgezeichnet waren, so dass die Sandrinnen entsprechend verlaufenden Senkungszonen gefolgt waren (Dittrich 1989).

Kürzlich sind aus der Umgebung von Tübingen über Zehnermeter verfolgbare Sandsteinbänke studiert worden, die sich als Dammdurchbruchssedimente interpretieren lassen, die schubweise erfolgte Ablagerungen belegen; sie entstanden, als bei Hochwasserführung die Uferdämme brachen (Jacobsen 1994, Aigner u. Etzold 1999).

Die im höheren Keuper gebildeten Sandsteine (Kieselsandstein und Stubensandstein) sind von der im Osten gelegenen Böhmischen Masse bzw. vom südöstlichen Vindelizischen Land her in das Becken eingetragen worden. Wahrscheinlich waren für den Transport kurzzeitige episodische, starke Niederschläge maßgeblich, die gelegentlich sogar große Tonsteinbrocken aus dem Untergrund mitreissen und regellos in die Sande einbetten konnten. Die Sande sind wesentlich schlechter sortiert als die des Schilfsandsteins, was sich sowohl auf dem Transportmechanismus, als auch auf den kürzeren Transportweg zurückführen lässt. Petrographisch sind es überwiegend Arkosen. Alle Indizien weisen auf eher aride bis semiaride Klimaverhältnisse hin. Die weiten flachen Ebenen wurden nur gelegentlich überflutet. Am Rande solcher Sandschwemmfächer austretendes Wasser ermöglichte dort eine reichere Vegetation mit nachfolgender Wirbeltierfauna.

Diese Prozesse hatten sich mehrfach wiederholt, so dass die Schichtfolgen dieser Zeit in Süddeutschland durch

Abb. 20: Bunte Keupermergel (Rote Wand), durch eine Störung versetzt.

episodische Sandsteinschüttungen gekennzeichnet sind, die jeweils durch Mergel-, Silt- oder Tonsteinlagen voneinander getrennt werden (Abb. 20).

In der über dem Schilfsandstein lagernden Schichtenfolge der Unteren Bunten Mergel zeigt sich eine Faziesentwicklung, die anfangs noch durch Playaverhältnisse mit feinkörnigen bunten, gipsführenden Sedimenten, die auch Steinsalzpseudomorphosen enthalten, geprägt ist. Dazu kommen immer wieder Paläoböden, in denen auch Calichehorizonte entwickelt sind.

Der darüber folgende Kieselsandstein ist, wie die noch höher in der Schichtenfolge anzutreffenden Stubensandsteine, fluviatil gebildet worden. Kieselsandstein heißt nach dem partienweise in den Gesteinen vorherrschenden kieseligen Bindemittel, das Bruchflächen gelegentlich glitzern lässt, und Stubensandstein geht auf die frühere Verwendung als Streu- und Scheuersand zurück.

Die Fazies des hangenden Knollenmergels ist durch karbonathaltige, violette Tone bestimmt; die darin vorkommenden Karbonatkonkretionen (Kalkknollen) haben dem Gestein seinen Namen gegeben. Die feinkörnigen, weitgehend ungeschichteten Sedimente sind früher einmal als äolische Bildungen aufgefasst und mit dem Löß der quartären Eiszeiten verglichen worden. Inzwischen werden sie aber als Fazies trockener Playaseen aufgefasst, wozu auch die gelegentlich darin eingeschalteten Karbonate, u.a. auch hier Calichebildungen, passen (Seegis u. Goerigk 1992). Hänge aus Knollenmergel sind in hohem Maße rutschgefährdet, weil das Material bei Durchfeuchtung quillt.

Die Fazies des Oberen Keupers ist durch marine Sandsteine geprägt, die auch durch entsprechende Fossilführung gekennzeichnet wird; damit war das Meer in einen für lange Zeit durch festländische Bedingungen geprägten Raum zurückgekehrt. Diese, überwiegend für den süddeutschen Raum gültige Faziesentwicklung zeigt in vielen Bereichen den Übergang vom Randbereich in das Becken, dessen Zentrum in Norddeutschland lag. Den meist nur wenige 100 m mächtigen Ablagerungen der oben besprochenen Gesteine stehen dort lokal bis zu 5000 m mächtige Keuperschichten gegenüber, die den Senkungsraum des Germanischen Beckens seit dem ausgehenden Paläozoikum deutlich machen.

Fazies der alpinen Trias

Mit Ausnahme des basalen Anteils der Schichtenfolge, der durch kontinentale Rotsedimente geprägt ist, ist die Fazies der alpinen Trias durch Meeresablagerungen bestimmt, die sehr wechselnde Wassertiefen bis hin zu Auftauchbereichen anzeigen. In der Mittleren Trias entstanden die mächtigen Riffkalke des Wettersteinkalks, in der Oberen die des Dachsteinkalks; beide Bildungen sind jeweils über 1000 m mächtig. Da sie durch eine Organismenwelt des flachen, durchlichteten Wassers aufgebaut wurden, muss man, wie schon mehrfach für die Erdgeschichte diskutiert, mit einer ständigen Absenkung des Untergrundes rechnen, die durch den Aufwuchs der Riffbildner kompensiert wurde. Neben den oft massig entwickelten Kalken entstanden etwa gleichzeitig Dolomite, die meist den Bereich der Lagunenfazies anzeigen.

Diese Karbonatgesteinskomplexe sind wesentlich für das Landschaftsbild der Kalkalpen und der Dolomiten, wie auch Dachsteinkalk und -dolomit, Marmolatakalk und Schlerndolomit oder der Hauptdolomit im Tessin und der Lombardei belegen. Die Fazies ist in den vergangenen 30 Jahren vor allem mikroskopisch studiert worden, und man hat dabei fast vollständige Analogien zur Bildung rezenter Karbonate, etwa in der Karibik, aufzeigen können. Eine der klassischen Studien ist die über den Hohen Göll im Berchtesgadener Gebiet (Zankl 1969).

In den tieferen Becken wurden pelagische, meist gut geschichtete Sedimente abgelagert, die wiederum mit Lokalnamen bezeichnet sind (Partnach-Schichten z.B.).

Während der Oberen Trias wurden infolge einer weitreichenden Regression des Meeres viele Gebiete der Alpen landfest und die Karbonatgesteinskomplexe verkarsteten. Kurz danach wurden Abtragungsprodukte aus Hochgebieten der Umgebung, etwa dem böhmisch-vindelizischen oder dem zentralalpinen Bereich eingetragen. Diese Konglomerate, Sandsteine und Schiefer werden als Raiblschichten bezeichnet. Gelegentlich sind sie durch rote

Farben (rote Raibler) von den hellen Karbonaten gut zu unterscheiden.

Während einer Regressionsphase entstanden im Bereich der nördlichen Alpen in einer festlandsnahen Fazies durch Einschwemmung von Pflanzen sogar Steinkohlenflöze (Lunz-Schichten). Darüber folgende Schichten mit Rauhwacken und Gips belegen mit dieser Fazies den Höhepunkt der Regression, dem erneut ein Meeresspiegelanstieg folgte, der in den nördlichen Kalkalpen durch den Hauptdolomit angezeigt wird. In der höchsten Trias folgen wieder pelagische, schichtige Karbonate und Mergel (z. B. die Kössen-Schichten).

Besondere Bedeutung, vor allem für die Erhaltung der Fossilien, hat eine Fazies, die durch höhere Bitumengehalte in den Gesteinen bestimmt ist. Dazu gehören vor allem die früher bei Seefeld in Tirol bergmännisch gewonnenen Obertriassischen Fischschiefer (benannt nach ihren prächtig erhaltenen Fischen) im Hauptdolomit, die eine feinschichtige Lagunenfazies darstellen, oder die durch ihre gut erhaltenen Reptilien bekannt gewordenen, älteren Bildungen vom Monte San Giorgio im Tessin, wo der *Ticinosuchus* beschrieben wurde. Die Seefelder Gesteine hatten früher Bedeutung für die Herstellung von Ichthyol, die heute noch bestehende Firma verwendet aber inzwischen importierte Rohstoffe.

Die hier für den Alpenraum skizzierten Faziesverhältnisse sind ähnlich auch in den weiter östlich gelegenen Gebirgen anzutreffen. In den Südalpen, die eine eigenständige Beckenentwicklung zeigen, kommt zu den Sedimenten noch eine durch Vulkanismus geprägte Fazies, die hauptsächlich in der Mittleren Trias entwickelt ist: Die Becken zwischen den Riffen enthalten neben dem Riffschutt auch basaltische Laven und Tuffe (Wengen- und Buchenstein-Schichten).

Stratigraphie

Stratigraphie der germanischen Trias

Aufgrund der diskutierten Faziesverhältnisse wird deutlich, dass eine klassische stratigraphische Gliederung der Schichten, etwa mit Leitfossilien kaum durchführbar scheint. Die durch überwiegend festländische oder salinare Verhältnisse geprägten Ablagerungen sind darum schon früh vorwiegend anhand ihrer lithologischen Kriterien in die Schichtfolgen eingestuft worden, und entsprechende Schichtnamen haben sich in den meisten Fällen bis heute erhalten.

Die zunächst sehr einfache Gliederung in einen Unteren, Mittleren und Oberen Buntsandstein wird sofort kompliziert, wenn man versucht, eine entsprechende Einteilung, etwa im Schwarzwald, auf Profile in Norddeutschland zu übertragen. Im Schwarzwald, in der Pfalz oder im Odenwald wurden z. B. Geröllhorizonte an oder nahe der Basis des Mittleren Buntsandsteins als Zeitmarken angesehen (Eck'sches Konglomerat oder Eck'scher Geröllhorizont), die in den gleichalten Schichten Norddeutschlands nicht vorkommen. Daher unterscheiden sich auch die stratigraphischen Gliederungen bisher noch so weit voneinander, dass die von Bayern bzw. Hessen im Spessart kartierten Schichten nicht recht parallelisiert werden können. Das Ziel sollte aber sein, die Schichten über möglichst weite Entfernungen miteinander durch Zeitmarken verbinden zu können.

Vollständige Profile sind eigentlich nur im Beckenbereich entwickelt. Die in Niedersachsen aufgestellte Gliederung lässt sich dennoch nicht ohne weiteres auf die beckenrandnahen Gebiete weiter südlich übertragen, da dort mit geringeren Schichtdicken, einer abweichenden Fazies oder sogar mit einem Auskeilen mancher Schichten gerechnet werden muss.

Die Schichtbezeichnungen variieren stark. In Hessen und Niedersachsen etwa hatte man mit Lokalnamen belegte Folgen aufgestellt (z. B. Gelnhausen-F. im Unteren, Volpriehausen-, Detfurth-, Hardegsen- und Solling-Folge im Mittleren Buntsandstein), in den Vogesen, der Pfalz oder dem Saarland dagegen Schichten (Trifels-, Rehberg-, Karlstal-Schichten z. B.).

Nach der neuen Gliederung (Lepper u. Röhling 1998) wird der Untere Buntsandstein in eine Calvörde- und Bernburg-Formation, der Mittlere in Volpriehausen-, Detfurth-, Hardegsen-, Solling-Formation und der Obere Buntsandstein in Salinar-Röt und Pelit-Röt gegliedert, bzw. als Röt-Formation bezeichnet.

Zusätzlich ist ansatzweise auch eine biostratigraphische Gliederung möglich (Backhaus 1996), die sich auf Sporen und Pollen, vor allem aber den zu den Arthropoden gehörenden Conchostracen (Krebsen) und Ostrakoden (Estherien), Mollusken sowie Tetrapoden und deren Fährten stützt; die Wirbeltiere scheinen aber im Wesentlichen auf den Oberen Buntsandstein beschränkt.

Wichtige Zeitmarken liefern auch die als Violette Horizonte bezeichneten Bodenbildungen, die, mit Nummern von 1 – 5 versehen, über weite Bereiche hinweg eine stratigraphische Gliederung des Buntsandsteins ermöglichen.

Die gegenüber der älteren Literatur bedeutendste Veränderung, die in Zukunft viele geologische Karten verändern wird, ist die Zuordnung tieferer Teile der bisher zum Buntsandstein gestellten Schichten zum Zechstein. Grundlage waren fazielle Kriterien: Die früher in Hessen, Thüringen und Niedersachsen als Bröckelschiefer bezeichneten Schichten, denen in der Pfalz der Annweiler Sandstein zeitlich entspricht, werden aufgrund ihrer noch teilweise salinaren Fazies als späte Ausläufer des Perms angesehen und nun zum Zechstein gezählt. Die Festlegung erfolgte durch eine stratigraphische Kommission (Lepper 1993).

Damit beginnt der Buntsandstein nun mit der Calvörde-Formation. Er umfasst insgesamt einen Zeitraum von etwa 9 Millionen Jahren (251–240 Ma).

Im Vergleich zum Buntsandstein ist die stratigraphische Gliederung des Muschelkalks wesentlich einfacher, da es sich um marine Ablagerungen handelt, die entsprechende Fossilien enthalten. Wie durch die Fazies schon angedeutet, sind es Ablagerungen in einem flachen Nebenmeer, das immer wieder einmal Verbindung zum Tethysmeer im Süden hatte, von dem aus auch die Faunen eingewandert sind. Sie haben dann allerdings eigene Formen entwickelt und sich in vielen Fällen massenhaft vermehrt, sodass einzelne Fossilbänke entstanden sind, die weitgehend durch nur wenige Arten aufgebaut werden (Spiriferina-Bank, Terebratel-Bänke). Die klassische Einteilung unterscheidet Unteren, Mittleren und Oberen Muschelkalk. Der Untere ist unter dem Begriff Wellenkalk bekannt, der Mittlere bildet eine Salinarfolge mit Karbonaten, Anhydrit und Steinsalz und der Obere Muschelkalk lässt sich vor allem aufgrund von Ceratiten in einzelne Stufen weiter unterteilen; hier gelingt auch die Anbindung an die wesentlich besser fassbare Stratigraphie der alpinen Trias. In den detaillierteren Tabellen werden Kürzel für die Gliederung verwendet (m_u = Unterer, m_m = Mittlerer, m_o = Oberer Muschelkalk), die weiter verfeinert werden ($m_{u1}-m_{u3}$, $m_{o1}-m_{o3}$). Die Gesamtdauer des Muschelkalks wird heute mit etwa 8 Millionen Jahren angegeben (~240–232 Ma).

Aufgrund der diskutierten Faziesverhältnisse wird deutlich, dass eine rein biostratigraphische Gliederung des Keupers praktisch nicht möglich ist.

Ähnlich wie beim Buntsandstein erfolgt die Gliederung des Keupers germanischer Fazies vorwiegend nach lithologischen Kriterien, die es gestatten, die Schichten im Sinne klassischer Formationen zu erfassen. Die entsprechenden, alten Begriffe Lettenkeuper, Gipskeuper, Schilfsandstein oder Bunte Mergel werden als Schichtbezeichnungen noch gelegentlich weiter verwendet.

Bei der Untergliederung der Gesteine hat man gelegentlich selbst maximal 20 cm dicke Bänke mit eigenen Bezeichnungen belegt (Bleiglanzbank, Anatinabank) und die Sandsteinbänke zwischen den Mergellagen ebenfalls, auch, weil sie infolge ihrer Verwitterungsresistenz Schichtstufen bilden können. Die neuere Gliederung dagegen benennt Formationen nach mehr oder weniger weitreichenden Typuslokalitäten, auf die hier nicht weiter eingegangen wird.

Die Grobeinteilung unterscheidet Unteren, Mittleren und Oberen Keuper, wobei vor allem der Mittlere sehr detailliert untergliedert wird. Entscheidend ist dabei, dass die überwiegend durch bunte pelitische Sedimente gekennzeichnete Schichtfolge immer wieder durch Sandsteine unterbrochen ist. Wie beim Buntsandstein gibt es auch für den Keuper, z.B. in Baden-Württemberg und Bayern, unterschiedliche Bezeichnungen für etwa zeitgleiche Bildungen (Kieselsandstein/Blasensandstein, Stubensandstein/Burgsandstein).

Die Trias-Tabelle im Anhang gibt eine Gegenüberstellung, die auch die neuerdings verwendete Gliederung in Formationen enthält; es wird deshalb darauf verzichtet, im Text weitere Details schichtenweise aufzuzählen. Wie beim Muschelkalk, sind auch für den Keuper stratigraphische Kürzel gebräuchlich (K_u = Unterer, K_m, und weiter K_{m1} oder K_o für Mittleren und Oberen Keuper).

Paläontologisch ist nur der Untere Keuper mit seiner verarmten Muschelkalkfauna einigermaßen zu erfassen, vor allem aber der als Rät (Rhät) bezeichnete Obere Keuper, der z.B. mit *Rhaetavicula contorta* marine Leitfossilien enthält. Die in den übrigen Schichten gefundenen Fossilien, die auch zu Schichtbezeichnungen geführt haben (Estherienschichten, Anatinabank) oder die lokal nicht seltenen Wirbeltierfunde (*Plateosaurus*, *Acrodus*, *Hybodus*, *Mastodonsaurus*, *Nothosaurus*, *Placodus*), die auch zu bonebeds angereichert sein können, liefern jedenfalls keine Leitfossilien für eine detaillierte Gliederung. Das erklärt letztlich auch die Schwierigkeit, die Stratigraphie der germanischen mit der der alpinen Trias genügend genau zu parallelisieren.

Der Keuper umfasst mit etwa 24 Millionen Jahren (232–208 Ma) die bei weitem längste Zeitspanne innerhalb der Trias.

Stratigraphie der alpinen Trias

Schon die Aufzählung der Stufennamen Skyth, Anis, Ladin, Karn, Nor und Rät zeigt, dass hier von Trias im Sinne der Dreigliederung der germanischen Abfolge nicht mehr die Rede sein kann. Die Schichtenfolge ist bis auf den basalen Anteil des Skythiums mit seinen kontinentalen Rotsedimenten, durch marine Ablagerungen geprägt, die sich anhand von Leitfossilien, vor allem Ammoniten, in einzelne Zonen gliedern lassen.

Die Stufennamen gehen teilweise auf Völkerstämme zurück, die im Alpenraum gelebt hatten (Skythen, Aniser, Ladiner), das Karn ist nach den Karnischen Alpen benannt und das Nor nach dem Noricum der Römer, was das Gebiet zwischen Inn, Drau und Donau bezeichnete.

Entsprechend den internationalen Spielregeln wird im deutschsprachigen jeweils das schon oft erwähnte -ium angehängt. Die Bezeichnungen für die weiter differenzierende Gliederung in Unterstufen sind ähnlich abgeleitet wie die der Stufen (Illyrium, Langobardium u.ä.).

Die Gesamtdauer der Trias umfasst nach den neueren Zeitbestimmungen mehr als 40 Millionen Jahre (251–208 Ma). Davon entfallen auf das Skythium ungefähr 10, Anisium 7, Ladinium 5, Karnium 7, Norium 10 und Rhätium 4 Millionen Jahre.

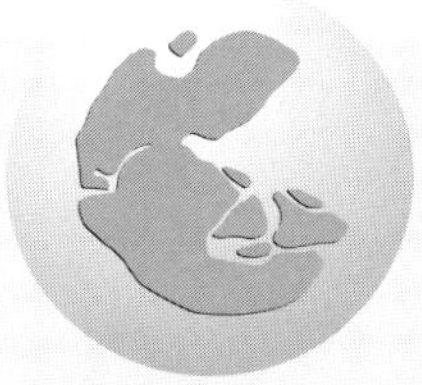

Zusammenfassung

Die Trias ist das einzige erdgeschichtliche System, das in Deutschland aufgestellt wurde. Mit ihr beginnt das Mesozoikum, das nach dem Massenaussterben am Ende des Perms durch modernere Baupläne bei der Tierwelt geprägt ist.

Die namengebende Dreiheit aus Buntsandstein, Muschelkalk und Keuper (germanische Trias) wurde im weitgehend festländischen Bereich begründet; ihr steht eine überwiegend marine Entwicklung im Alpenraum gegenüber (alpine oder pelagische Trias). Die Ablagerungen des Buntsandsteins sind durch Flüsse und Wind transportiert worden, die des Muschelkalks in einem flachen Meer mit zeitweiser Eindampfung entstanden, während im Keuper wieder Flusstransport und Playasedimentation überwogen, wobei die Sedimente meist feinkörniger sind als die des Buntsandsteins; hieran zeigt sich die zunehmende Einebnung der Liefergebiete.

Die alpine Trias beginnt mit kontinentalen Rotsedimenten, die aber bald durch marine Ablagerungen abgelöst wurden. Im Flachmeerbereich der Tethys wuchsen mächtige Riffkomplexe, zwischen denen im tieferen Wasser schichtige Ablagerungen von Kalken, Mergeln und Tonen abgelagert wurden. In der jüngeren Trias hat eine Regression zu großräumiger Verkarstung im Alpengebiet geführt, die nachfolgenden Sedimente enthalten neben klastischem Schutt aus den umgebenden Abtragungsbereichen auch Steinkohlen.

Bitumenreiche Ablagerungen mit besonders gut erhaltenen Fossilien (Fische in Seefeld, Reptilien im Tessin) bilden sauerstoffarme Lagunenbereiche ab.

Neue Formen der Cephalopoden (Ceratiten) und der Korallen (Hexakorallen) beherrschten die Meere und im Festlandsbereich hatten erstmals Kleinformen von Säugetieren gelebt. Die Trilobiten waren ausgestorben. Die Pflanzenwelt des Festlandes war an Trockenheit angepasst, es überwogen Schachtelhalme und Koniferen.

Das weltweit überwiegend aride Klima erklärt sich aus der Tatsache, dass zu Beginn der Trias die meisten der heutigen Kontinente noch zu einer Pangaea vereinigt waren, die wenig später allmählich durch plattentektonische Prozesse zu zerbrechen begann. Beide Pole lagen im Meeresbereich. Die gesamte Trias umfasst einen Zeitraum von über 40 Millionen Jahren.

Jura

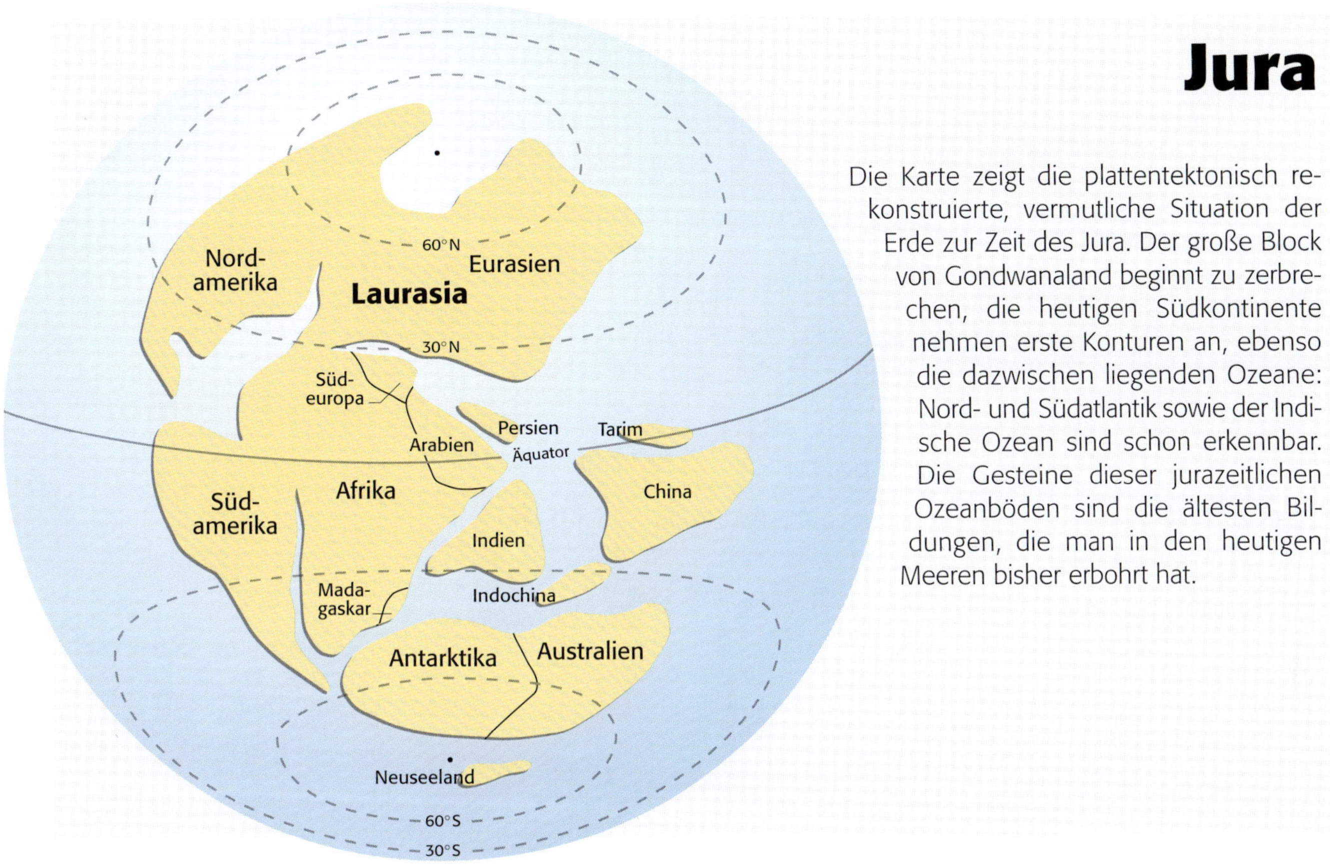

Die Karte zeigt die plattentektonisch rekonstruierte, vermutliche Situation der Erde zur Zeit des Jura. Der große Block von Gondwanaland beginnt zu zerbrechen, die heutigen Südkontinente nehmen erste Konturen an, ebenso die dazwischen liegenden Ozeane: Nord- und Südatlantik sowie der Indische Ozean sind schon erkennbar. Die Gesteine dieser jurazeitlichen Ozeanböden sind die ältesten Bildungen, die man in den heutigen Meeren bisher erbohrt hat.

Begriff und Abgrenzung

Das von der Frankenalb bis zum Schweizer Jura reichende Juragebirge hat dem System seinen Namen gegeben. Alexander von Humboldt rechnete 1795 nur die hellen Kalke des oberen Teils dazu (Jurakalk), während später A. Brongniart (1829) mit dem Begriff Jura-Formation sämtliche auch heute zum Jura gestellten Schichten zusammenfasste. Die für die Unterteilung verwendeten Begriffe Lias, Dogger und Malm sind aus Wörtern englischer Steinbrucharbeiter abgeleitet.

Die im Rhät beginnende Überflutung der Landgebiete leitete eine länger anhaltende Transgressionsphase in der Erdgeschichte ein, die auch für die Festlegung der Untergrenze des Jura von Bedeutung ist. Sie erfolgt biostratigraphisch anhand der Faunen, die zunächst von Norden, später auch aus der Tethys eingewandert waren. Die Hangendgrenze zur Kreide ist neben einer veränderten Fauna auch durch tektonische Bewegungen, die sog. Jung-Kimmerische Phase gekennzeichnet, die viele Gebiete verlanden ließ, so dass die Grenzziehung dort durch Schichtlücken, evaporitische Bildungen oder eine lokal überwiegend limnische Fazies erschwert wird. Die oberste Stufe wird als Berriasium bezeichnet, und es gibt ein Berrias-Problem, das diese Grenzziehung zum Thema hat. Die Juratransgression griff aber erst allmählich auf die Festlandsbereiche über; deshalb sind die älteren Schichten in vielen Gebieten nur unvollständig entwickelt.

Flora und Fauna

Jurafossilien sind für die meisten Sammler die Fossilien schlechthin. Die in Südwestdeutschland meist ungestörten Schichtfolgen mit ihrem geordneten Übereinander haben schon früh das systematische Sammeln befördert und Evolutionstendenzen rekonstruieren lassen. Geologie war in Württemberg früher ein Schulfach, was sicherlich mit dazu beigetragen hat, dass aus dieser Gegend so viele bedeutende Fachgelehrte gekommen sind; manche dieser Forscher sind in Gattungs- und Artnamen von Jurafossilien unsterblich geworden. Bis heute sind die Fundplätze so reichhaltig, dass noch ständig neue Funde und Erkenntnisse hinzukommen, wie – als spektakulärer Fall – kürzlich der achte *Archaeopteryx*. Aber sie sind auch bedroht, wie vor wenigen Jahren die als Fossillagerstätte anzusprechenden Gruben im Schwarzen Jura um Holzmaden, die man als Mülldeponie nutzen wollte; zum Glück hat das eine Unterschriftenaktion unter den Fachkollegen und ihren Anhängern, ähnlich wie im Fall der Grube Messel, noch verhindern können.

Wenn man an Jurafossilien denkt, stehen *Ammoniten, Belemniten* und die besonders aus Holzmaden und Bad Boll stammenden *Ichthyosaurier* im Vordergrund, was sicherlich auch mit ihrer Häufigkeit und dem ausgezeichneten Erhaltungszustand zusammenhängt. Sie werden deshalb hier auch etwas ausführlicher vorgestellt. Zuvor aber sollen die unscheinbaren Mikro- und Nannofossilien besprochen werden.

Zu den eher späten Entdeckungen gehört, dass es schon im Lias massenhaft kalkiges *Nannoplankton* gegeben hat; die zu den *Haptophyten* zählenden kalkigen *Coccolithophoridae* bilden lagenweise Massenvorkommen im Posidonienschiefer. Im Dogger kommen Rotalgen (*Solenopora*) und Braunalgen hinzu. Die Wirtelalgen der Trias dagegen waren stark zurückgegangen.

Bei den Landpflanzen gab es eine sehr differenzierte Welt von Farnen, vor allem aber waren die *Gymnospermen* mit *Cycadophyten* in vielen Formen von Bedeutung (*Nilssonia* mit mehreren Arten). Koniferen und Ginkgogewächse (*Ginkgoites, Baiera*) bildeten Wälder. Bisher galt, dass die *Angiospermen* (Blütenpflanzen) erstmals in der Kreidezeit nachweisbar sind. Inzwischen sind aber neben Formen mit Angiospermenmerkmalen (wie den zu den *Cycadophyten* gehörenden *Caytoniales* und *Bennettitales*) auch sensationelle Neufunde aus China beschrieben worden, die klar den Angiospermen zuzuordnen sind: *Archaefructus liaoningensis* enthält Samen, die in Fruchtblättern eingeschlossen sind (Sun u.a. 1998). Ihrem Alter nach (142–148 Millionen Jahre) gehören sie in den obersten Jura.

Festländische Jurapflanzen sind vor allem im ostasiatischen Raum in Form von Kohlen erhalten, die zu größeren bauwürdigen Flözen konzentriert sein können; dazu zählen auch die Vorkommen von Irkutsk sowie die geringmächtigen Flöze innerhalb der alpinen Gresten-Schichten, die den Südrand der Böhmischen Masse begleiten. Aus dem schwäbischen Posidonienschiefer sind meterlange Baumstämme bekannt, die meist Nadelbäume waren (Treibholz).

Die einzelligen *Foraminiferen* entwickelten im Jura überwiegend kalkige Schalen und lösten die bis dahin vorherrschenden Sandschaler ab. Zusammen mit vielen anderen Mikrofaunen sind sie wichtige Leitfossilien, die vor allem bei der stratigraphischen Einstufung von Erdölbohrungen große Bedeutung hatten. Ihre bis zu millimetergroßen Gehäuse bilden eine Fülle von Formen, deren einzelne Kammern in Serien lang gestreckt aneinander gereiht oder spiralig aufgewunden sind (*Dentalina, Nodosaria, Lenticularia, Fronticularia* u.a.). Im Lias kommen auch noch massenhaft Sandschaler vor, deren Gehäuse aussehen wie Miniammoniten (*Ammodiscus*).

Radiolarien sind vor allem mit den mützenförmigen *Nassellarien* vertreten; sie können gesteinsbildend werden, wie die Radiolarite im Alpenraum zeigen.

Würmer waren im Jura auch für die Gesteinsbildung von Bedeutung: Der *Serpulit* im Malm Nordwestdeutschlands besteht u.a. aus den kalkigen Röhren solcher Würmer, die als Serpeln (*Serpula*) auch heute noch in warmen Meeren leben und meist auf festem Untergrund, in Riffen oder auf Muschel- oder Schneckenschalen aufgewachsen sind.

Auch die Schwämme, vor allem Kieselschwämme, waren gesteinsbildend; sie sind am Aufbau von kleinen Riffstrukturen z.B. im süddeutschen Malm beteiligt (Schwammkalke, Schwammstotzen) und ihre aus Opal bestehenden Stützskelette (Schwammnadeln) sind gelegentlich der Ausgangsstoff für diagenetisch gebildete Kieselknollen. Kalkschwämme waren dagegen seltener.

Quallen (*Medusen*) gehören zu den Organismen, die wegen fehlender Hartteile nur unter besonderen Bedingungen erhalten bleiben konnten. Die feinstkörnigen Plattenkalke von Solnhofen und Eichstätt bilden ein Substrat, in dem Abdrücke des Weichkörpers mit bis zu einem halben Meter Durchmesser beobachtet wurden.

Korallen (*Hexakorallen, Skleractinia*) gehörten mit zu den Riffbildnern. In Süddeutschland ist ein solches Korallenriff bei Arnegg in der Nähe von Ulm besonders schön aufgeschlossen, einem Gebiet, das paläogeographisch zum Nordrand des Tethysmeeres gehörte; dementsprechend sind solche Riffe z.B. auch in den Ostalpen entwickelt. In NW-Deutschland gehört der sog. Korallenoolith dazu, wo die Korallen allerdings eher Kalkbänke bilden als die sonst höher über den Meeresboden aufragenden Riffstrukturen.

Bei den *Brachiopoden* überwiegen moderne Formen, vor allem aus den Familien der *Rhynchonellida* und der *Terebratulida.* Die Ersteren hatten berippte Schalen, die Gattung *Rhynchonella* ist die bekannteste. Die *Terebratulida* sind dagegen durch glatte Schalen gekennzeichnet, die am oberen Ende ein Loch für den Durchtritt des Stieles hatten, mit dem sie am Untergrund festgeheftet waren. Wie fast überall, haben sich auch hier die Gattungsnamen im Verlaufe neuerer Bearbeitungen geändert: Wir lernten noch *Zeilleria numismalis*, die heute *Cincta* heißt; der Artname steckt aber in der stratigraphischen Bezeichnung *numismalis*-Mergel, der einen Abschnitt innerhalb des Lias definiert. Andere Gattungen heißen *Antinomia* (früher *Pygope*, eine sehr charakteristische Form), *Waldheimia* oder einfach *Terebratula.*

Der Stamm der *Mollusken* ist im Jura von höchster Bedeutung. *Ammoniten* und *Belemniten* kennt jeder Fossiliensammler. Darüber darf aber nicht vergessen werden,

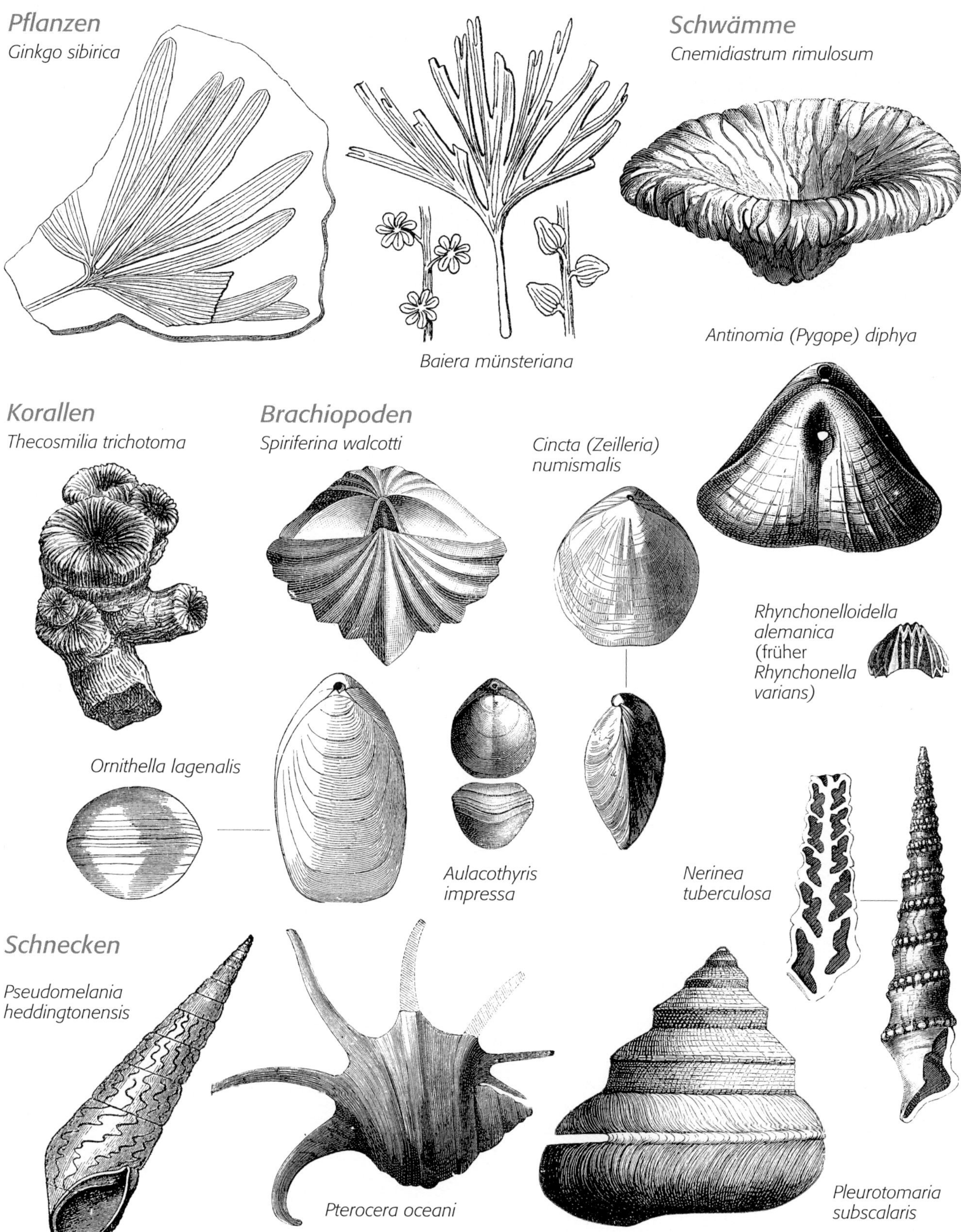
Pflanzen
Ginkgo sibirica
Baiera münsteriana
Schwämme
Cnemidiastrum rimulosum
Antinomia (Pygope) diphya
Korallen
Thecosmilia trichotoma
Brachiopoden
Spiriferina walcotti
Cincta (Zeilleria) numismalis
Rhynchonelloidella alemanica (früher Rhynchonella varians)
Ornithella lagenalis
Aulacothyris impressa
Nerinea tuberculosa
Schnecken
Pseudomelania heddingtonensis
Pterocera oceani
Pleurotomaria subscalaris

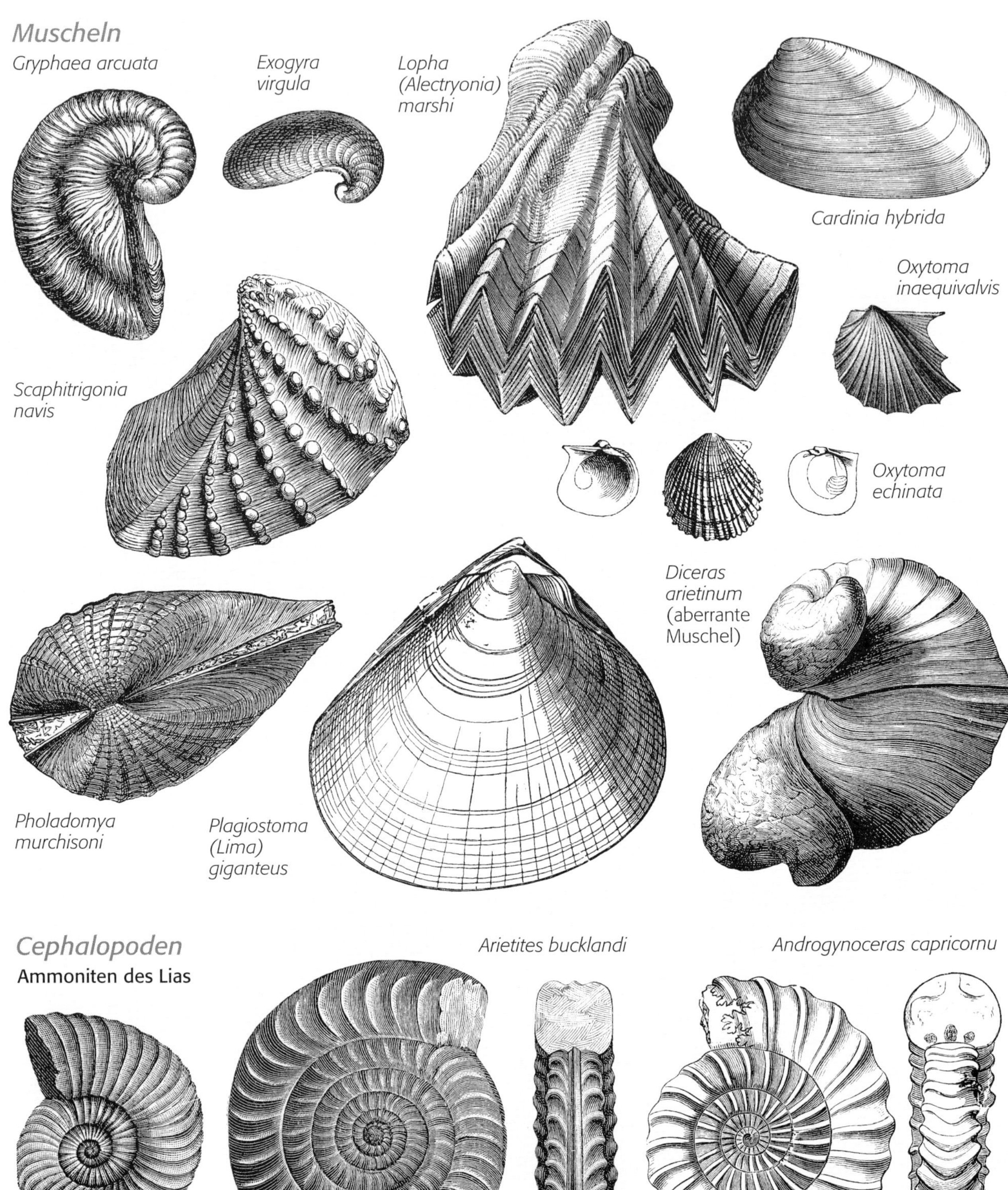

Cephalopoden

Ammoniten des Lias

Arietites bucklandi

Androgynoceras capricornu

Schlotheimia angulata

Cephalopoden

Ammoniten bzw. Belemniten des Lias

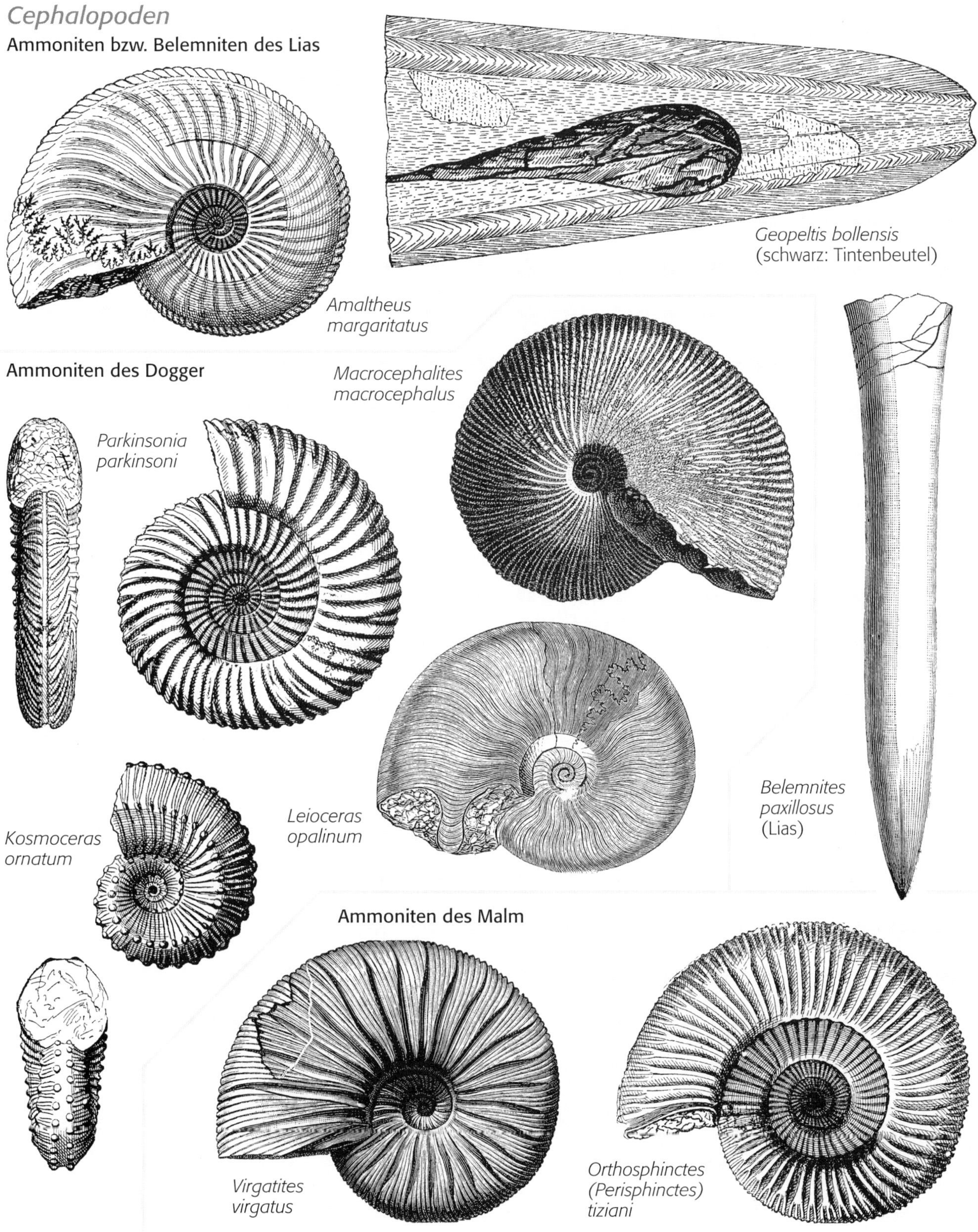

dass neben diesen *Cephalopoden* auch die Schnecken und die Muscheln wichtige Leitformen ausgebildet hatten. Bei den Schnecken sind turmförmige schlanke Formen wie *Nerinea* oder die mit ihren skurrilen Mündungsformen sehr charakteristischen *Aporrhaiden* wichtig.

Muscheln haben vielfach Bedeutung als Leitfossilien, allen voran, die für den Posidonienschiefer maßgebende *Posidonia bronni*; sie hat ihren ursprünglichen Namen verloren und wird heute in zwei neue Gattungen und Arten aufgegliedert: *Steinmannia bronni* und *Bositra buchi*. Dennoch käme niemand auf den Gedanken, deshalb den Lias epsilon Bositraschiefer zu nennen, ganz abgesehen davon, dass das entsprechende Gestein kein Schiefer ist.

Neben *Posidonia* sind auch andere Muscheln im Jura namengebend für Schichtbezeichnungen gewesen; dazu gehört *Pecten personatus*, die den Personatensandstein im Dogger ß begründet hat, dessen Eisenerze wirtschaftliche Bedeutung haben; heute heißt diese Muschel *Variomussium pumilum*, ihr Name ist aus Gründen der paläontologischen Zugehörigkeit verändert worden. Auch die mit den heutigen Austern verwandten dickschaligen Muscheln der Gattung *Gryphaea* (heute *Liogryphaea*) gehören mit sechs Arten zu den Leitfossilien, von denen *L. arcuata* besonders bekannt ist, weil sie im Lias α regelrechte Austernbänke bilden kann. Ebenfalls wichtig sind *Gryphaea cymbium*, die die Leitform im Lias γ bildet, und die Gattungen *Exogyra* sowie die sog. Hahnenkamm-Auster, die früher *Alectryonia* hieß (heute: *Lopha*); der Name stammt vom zickzackartigen Ineinandergreifen der Schalenränder. Schließlich sei noch *Trigonia navis* erwähnt, deren Bezeichnung sich aus der dreieckigen Form herleitet, die mit Rippen und Knoten verziert ist. Die Gattung heißt heute *Scaphitrigonia*. *Diceras* (das Zweihorn) ist eine aberrante Form.

Cephalopoden des Jura auch nur näherungsweise systematisch zu behandeln, verbietet hier nicht nur der angestrebte Umfang des Buches. Es gibt Monographien, die sich allein mit den Ammoniten des Süddeutschen Lias oder Doggers beschäftigen (Schlegelmilch 1976, 1995). Stattdessen ein paar Anmerkungen zu Tendenzen der Evolution und eine Darstellung wichtiger Leitformen.

Gegenüber den Trias-Cephalopoden, den *Ceratiten*, die zu den Meso-Ammonoidea gezählt werden, geschieht im Jura der entscheidende Entwicklungsschritt zu der Gruppe, die nun *Neoammonoidea* heißt. Während viele der hochdifferenzierten Triasformen ausstarben, bilden die sog. *Phylloceratida* die sich in den Jura hinein fortsetzende Stammlinie für die weiteren Entwicklungen, die allein drei Ordnungen, nämlich die *Phylloceratida* selbst, die *Lytoceratida* und schließlich die *Ammonitida* umfassen. Die einzelnen Gattungen und Arten haben aufgrund ihrer ausgezeichneten Erhaltung und der Tatsache, dass sie im wohl geordneten schwäbischen Übereinander der Schichten gefunden wurden, schon in der frühen Erforschungsgeschichte des Jura zur Gliederung in Zonen geführt. Die Namengebung für die Formen ist höchst unterschiedlich: viele enden auf *-ceras*, was das Horn des deutschen Begriffs Ammonshörner bedeutet, also *Leioceras*, *Stephanoceras* oder *Kosmoceras*. Daneben gibt es Beziehungen zu Personennamen wie im Falle der *Oppelia* oder die Kombination wie im *Quenstedtoceras*, um nur die berühmtesten Forschernamen (Oppel und Quenstedt) zu nennen; dahin gehören auch *Ludwigia murchisonae* oder *Sonninia sowerbyi*. Griechisch- und Lateinkenntnisse sind hilfreich, um schon aus dem Fossilnamen die Form erschließen zu können, wie im Falle von *Stephanoceras coronatum*, der einer Krone ähnlich sieht, oder beim *Macrocephalites macrocephalus*, den man, hier verdoppelt durch Gattungs- und Artnamen, als den an der Mündung entsprechend aufgeblähten Großkopfeten erkennen kann. Solche Verdoppelungen kommen gelegentlich auch bei den nach Personennamen benannten Ammoniten vor: *Parkinsonia parkinsoni*.

Neben der rein zoologischen Betrachtungsweise oder ihrer Bedeutung für die Gliederung von Schichten sind Ammoniten auch für Faziesinterpretationen geeignet. Ihre sehr unterschiedliche Erhaltungsweise lässt Rückschlüsse auf das Einbettungsmilieu oder die Wassertiefe zur Zeit der Ablagerung zu. Seltenere Glücksfälle sind Funde, bei denen die Schale erhalten ist, die dann oft einen Perlmuttglanz hat. Daher weiß man, dass die Gehäuse aus Aragonit gebaut waren wie beim rezenten *Nautilus*.

Ammoniten sind im Jura vielfach so häufig, dass sie gesteinsbildend werden. Bekannt sind vor allem die oft bunten, meist rötlichen Kalke im Alpenraum, die Steinindustrie und Kunstgeschichte als Marmor bezeichnen, obwohl sie keine Metamorphite sind. Dazu gehören der Adneter Marmor, der von Bad Reichenhall, der italienische Ammonitico Rosso, dessen Name für sich spricht, oder der Altdorfer Marmor in Franken, der praktisch eine aus Ammoniten zusammengesetzte Gesteinsbank darstellt.

Solche Bänke sind bei Fossiliensammlern außerordentlich begehrt. Man erzählt sich, dass ein Bauer einen Acker im Niveau eines solchen Ammonitenmassenvorkommens kaum bestellen konnte, weil die frisch aufgepflügten Fossilien Scharen von Sammlern anlockten, was schließlich zu Tätlichkeiten zwischen den Parteien geführt hatte.

Die zweite wichtige Cephalopodengruppe neben den Ammoniten bilden die *Belemniten*, die der Volksmund Donnerkeile nennt. Von den Hartteilen dieser Tiere sind meist nur diese spitzkonischen geschossähnlichen Teile, die Rostren (Einzahl: Rostrum) überliefert, während das vollständige Gehäuse außerdem aus dem durch Septen gegliederten Phragmokon besteht, in dessen vorderstem Teil der Weichkörper saß. Diese Tintenfische waren Rückstoßschwimmer und der spitze Geschossteil diente durch seine Stromlinienform der schnellen Fortbewegung, wird aber auch als Gleichgewichtsorgan gesehen, das den Belemniten in einer horizontalen Position hielt. Die durch Septen gegliederten Kammern standen durch einen Sipho miteinander in Verbindung, der dem Gasaustausch zwischen den Kammern diente wie bei einem U-Boot. Das Rostrum besteht aus Calcit, der eng mit organischen Substanzen verwachsen ist, was die schwarze bis dunkelgraue oder dunkelbraune Farbe bedingt. Im Anbruch zeigt sich meist eine radial-faserige Struktur. Möglicherweise ist dieser Calcit diagenetisch entstanden; man diskutiert, dass auch die Rostren ursprünglich aus Aragonit aufgebaut waren.

Belemniten sind mit der rezenten *Sepia* verwandt; diese Tintenfische verdunkeln mit dem Ausstoß ihrer Tinte das Wasser und entziehen sich so ihren Verfolgern. Einen entsprechend vollständigen Belemniten, mit erhaltenen Weichteilen, Tintenbeutel und Fangarmen samt Zähnchenreihen hatte man vor einiger Zeit gefälscht und als *Odontobelus tripartitus* beschrieben. Das Exemplar sollte aus dem Lias ε von Holzmaden stammen, wo ja schon andere fossile Berühmtheiten gefunden worden waren.

Dem angeblichen Fund war von Seiten namhafter Paläontologen eines namhaften Universitätsinstituts seinerzeit Echtheit attestiert worden. Der Schwindel flog erst auf, als man den Kunstleim an den Nahtstellen entdeckt hatte.

Belemniten-Rostren können gelegentlich so gehäuft in den Schichten vorkommen, dass man von Belemniten-Schlachtfeldern spricht. Das paßt zwar zum griechischen Wortstamm, wo belemnon Geschoss oder Wurfspieß bedeutet, die Erklärung ist aber friedlicher. Die Rostren sind oft eingeregelt, was sich mit Strömungen gut erklären lässt wie bei vielen Massenvorkommen von anderen Fossilien auch (vgl. die Orthoceren-Schlachtfelder im älteren Paläozoikum). Auch bei diesen Tieren gab es Riesenformen, wie den bis 1,5 m langen *Megateuthis giganteus*, dessen Name bezeichnend ist. Die geschossähnlich geformten Rostren zeigen erst im Anschliff ihre Internstruktur, die neben der äußeren Form, die zylindrisch-spitzkonisch, keulenförmig o. Ä. sein kann, maßgeblich ist für die Bestimmung. Solche Anschliffe sind vielfach an Fensterbänken oder auf Fußbodenplatten zu beobachten, die aus Weißjurakalken bestehen und als Marmor verkauft werden (Treuchtlinger Marmor z. B.); ihre polierten Flächen zeigen oft den feinlamellaren Bau.

Belemniten werden uns noch einmal im System der Kreide begegnen, wo sie, mehr noch als im Jura, systematische Veränderungen durch die Zeitfolge aufweisen, die sie dann in hohem Maße als Leitfossilien geeignet sein lässt.

Echinodermen haben im Jura gleichfalls hohe Bedeutung. Das betrifft einerseits die *Crinoiden* (Seelilien), die bis zu 20 m lange Stiele entwickelten (*Seirocrinus*), andererseits aber auch besonders kunstvoll gestaltete, wie *Pentacrinus*, deren Name sich aus der fünfstrahligen Symmetrie des Musters der Stielglieder erklärt. Dazu gehört auch die kleine *Saccocoma* im Solnhofener Plattenkalk, eine Seelilie mit fünf oft eingerollten Armen, die nicht wie ihre Verwandten auf dem Meeresboden oder an Treibholz verankert war, sondern sich ohne Stiel frei bewegen konnte.

Im Museum Hauff ist die größte Seelilienkolonie der Welt zu bewundern: An einem 12 m langen Treibholzstamm festgeheftete *Seirocrinus*-Exemplare. Die meisten derartigen Funde werden so montiert, dass die Kelche nach oben orientiert sind. Besser wäre, sie Kopf-unter zu hängen, weil sie ja kaum aus dem Wasser geragt haben können, es sei denn, man stellt sich die Baumstämme als U-Boot-ähnliche Halbtauchkörper vor, die mit Wasser vollgesogen waren.

Wichtig waren auch die Seeigel, bei denen man die fünfstrahlig-symmetrischen Formen (sog. reguläre Seeigel) von den bilateral-symmetrischen (irreguläre Seeigel) unterscheidet. Die regulären (*Cidaris*, *Plegiocidaris*) lebten auf hartem Untergrund und in Riffen. Die irregulären Seeigel dagegen waren auf Schlammsubstraten angesiedelt (*Echinobrissus*). Seeigelstacheln sind keine seltenen Fossilien; ihre Formen und Verzierungen gestatten eine systematische Zuordnung. An den Gehäusen lassen sich meist noch die Ansatzpunkte der Stacheln auf den Platten beobachten.

Unter den *Arthropoden* haben vor allem die nur millimetergroßen *Ostrakoden* große Bedeutung; sie liefern im Dogger und Malm Leitfossilien, besonders in brackischen und limnischen Ablagerungen.

Insektenfunde stammen meist aus den Plattenkalken von Solnhofen, Nusplingen und Eichstätt, weil hier die feinstkörnigen Sedimente ihre Erhaltung begünstigt haben; sie sind aber weltweit verbreitet gewesen, wobei schon moderne Formen ausgeprägt waren.

Die spektakulärsten Fossilfunde aber sind Wirbeltiere, und hier vor allem die *Ichthyosaurier* aus dem Schwarzen Jura von Holzmaden, die die Familie Hauff in ihrem berühmten Museum als Urweltfunde mustergültig präpariert und ausgestellt hat; und schließlich gehören dazu auch einige *Dinosaurier*.

Doch zuvor noch einige Worte zu den Fischen: In den Jurameeren schwammen die ersten echten Knochenfische, deren Schädel und Wirbelsäule tatsächlich auch verknöchert war. Wie bei den Insekten, stammen gut erhaltene (und vollständige) Skelette meist aus dem Posidonienschiefer oder den Solnhofener Plattenkalken, was wohl auf die dort besonders günstigen Erhaltungsbedingungen zurückzuführen ist. Anglern, die die Vitrinen im Jura-Museum auf der Willibaldsburg in Eichstätt durchsehen, werden begeistert sein und manche Parallelen zu ihren heutigen Fängen feststellen können. Dazu gehört u.a. der gelegentlich massenhaft auf Spaltflächen gefundene, auch seiner Größe nach sprottenähnliche *Leptolepis* (heute: *Anaethalion*) *sprattiformis*. Dazu kommen Haie mit entsprechend spitzen Zähnen, *Crossopterygier* und vor allem Ganoidfische (Schmelzschupper), deren dunkle stumpfe Pflasterzähne zum Knacken von Muschelschalen geeignet waren (*Gyrodus*, *Lepidotus*).

Wichtiger als die Fische aber waren im Jura die Reptilien, die damals Meere und Festland beherrschten und sogar den Luftraum zu erobern begannen. Terrestrische Formen sind eher aus Nordamerika, marine dagegen besonders aus Süddeutschland bekannt geworden; dass sie gerade dort scheinbar so häufig sind, hängt mit der schon sehr lange währenden Ausgrabungstätigkeit zusammen.

Maßgeblich für die Evolution ist die Bauweise des Schädels, wobei Geometrie und Anzahl der Schläfenfenster von Bedeutung sind, weil sie dem Ansatz der Kiefermuskulatur dienen (vergl. Abb. 4). Die Stammformen der Reptilien (*Cotylosaurier*) hatten noch keine Schläfenfenster (zu ihnen gehören die heutigen Schildkröten), die Vorläufer von Eidechsen und Vögeln dagegen hatten zwei Schläfenfenster; zu diesen sog. diapsiden Formen gehören Dinosaurier und Flugsaurier. Urformen mit nur einem (oberen) Schläfenfenster sind dagegen die Ahnen von *Ichthyosauriern* und *Sauropterygiern* (Flossensaurier).

Zu den marinen Formen zählen Krokodilskelette aus dem Posidonienschiefer von Holzmaden (das Hinweisschild an der Autobahn zeigt einen *Steneosaurus*), die sogar zusammen mit Magensteinen gefunden wurden. Am bekanntesten sind aber die Ichthyosaurier von den gleichen Fundplätzen. Deren Erhaltungszustand ist bemerkenswert, weil er auch Weichteile umfasst und wahrscheinlich nach dem Tode aus dem Muttertier herausgepresste Embryonen. Sie hatten Flossen und waren wohl ausgezeichnete Schwimmer (und Belemnitenjäger, wie ein Fund mit zahlreichen Rostren im Magen belegt).

Eine zweite, im Wasser lebende Gruppe, waren die *Plesiosaurier*, die durch vier paddelförmige Extremitäten und einen besonders langen Hals gekennzeichnet sind, was ihnen die deutsche Bezeichnung Schwanendrache oder Schwanenhalssaurier, auch Schlangenhalssaurier eingetragen hat. *Plesiosaurier* wurden etwa 3 m lang, von *Ichthyosauriern* werden bis zu 12 m berichtet.

Von den landlebenden Sauriern haben einige Gattungen schon im Oberen Jura riesige Ausmaße erreicht; diese Funde stammen zumeist aus Nordamerika und Afrika (Tendaguru). Die großen Tiere wie *Brachiosaurus* (nach seinem Beckenbau ein *Saurischier*) oder *Stegosaurus* (ein *Ornithischier*, mit den charakteristischen Knochenplatten auf dem Rücken, die wie Segel aussehen und vermutlich dem Wärmeausgleich dienten) waren harmlose Pflanzenfresser. Daneben gab es kleinere, schnellere und räuberisch lebende Saurier wie *Compsognathus*.

Systematisch muss man die Gruppe der *Sauropoden* (echsenfüßige *Saurischier*) von den *Stegosauriern* (*Ornithischier*, Vogelbeckensaurier) unterscheiden. Die großen naturhistorischen Museen vermitteln mit den Skeletten der gelegentlich Zehnertonnen schweren Tiere, die bis über 20 m Körperlänge erreichen konnten, eindrucksvolle Bilder vom jurassischen Landleben.

Kürzlich sind neue Ergebnisse über die Wachstumsraten dieser Kolosse bekannt geworden. Während man früher annahm, dass sie erst nach über 100 Jahren ausgewachsen waren, deutet sich nach den Befunden an Schulterknochen, die jahresringähnliche Muster aufweisen, an, dass sie innerhalb von 8–11 Jahren ihre volle Größe erreicht haben (K. Curry 1998, ref. in Stokstad 1998).

Man muss sich darüber im Klaren sein, dass die Rekonstruktionen zunächst nicht so selbstverständlich waren wie uns die Bilder heute suggerieren, da meistens nur einzelne Knochen gefunden wurden, die man Gruppen von längst ausgestorbenen Tieren zuordnen musste. Da war es hilfreich, wenn man gelegentlich – wie im Falle der schwäbischen Ichthyosaurier – zusammenhängende Skelette gefunden hatte. Die Knochen mussten mit besonderen Verfahren gehärtet werden, ehe man sie aus dem Gesteinsverband lösen und mit eisernen Hilfsgerüsten versehen aufstellen konnte.

In einzelnen Fällen wurde auch diskutiert, wie sich die Statik der lebenden Tiere erklären ließe. Manche müssen sehr schwerfällige Kolosse gewesen sein, die sich wahrscheinlich weitgehend im flachen Wasser bewegt hatten, um durch den Auftrieb ihr Gewicht wenigstens teilweise zu kompensieren.

Im Jura entwickelten sich dann auch fliegende Formen, die *Pterosaurier* (Flugechsen), die nach neuesten Erkenntnissen erste Vorläufer schon im Perm hatten und schließlich *Archaeopteryx*, den man meistens als Urvogel bezeichnet, obwohl dieser Begriff nicht ganz zutreffend ist.

Die Flugechsen hatte man lange Zeit als reine Segelflieger angesehen. Der Unterschied zu den Vögeln besteht zunächst darin, dass diese *Pterosaurier*, zu denen Gattungen wie *Rhamphorhynchus* und *Pterodactylus* zählen, keine Federn hatten, wie der spätere *Archaeopteryx*, sondern Flughäute, die wie bei den Fledermäusen zwischen den knochigen Fingern und dem Körper gespannt wurden.

Im Unterschied zur Fledermaus war aber bei den Flugsauriern die Haut nur an einem, nämlich dem stark verlängerten 4. Finger befestigt, während die Übrigen eine Art von Greifhand bildeten; der sinnige Name des *Pterodactylus* bedeutet Flugfinger.

Alle Flugsaurier hatten mit Hohlräumen versehene pneumatische Knochen, die leichter waren als die ihrer bodenlebenden Verwandten. Die Verwandtschaft wird auch dadurch belegt, dass sie bezahnte Kiefer besaßen. Der etwa 50 cm lange *Rhamphorhynchus* hatte einen lan-

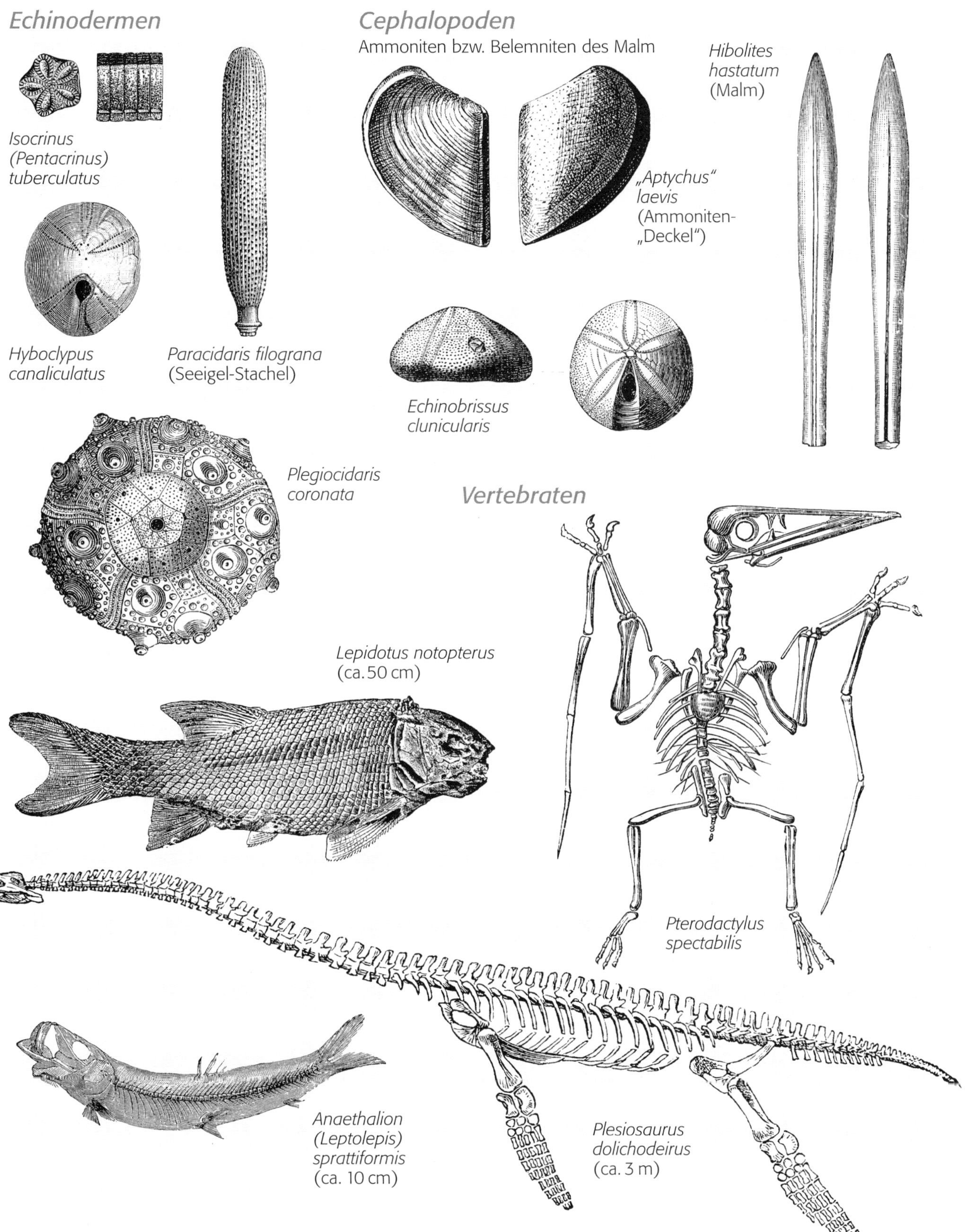
Echinodermen
Isocrinus
(Pentacrinus)
tuberculatus
Hyboclypus
canaliculatus
Paracidaris filograna
(Seeigel-Stachel)
Plegiocidaris
coronata
Cephalopoden
Ammoniten bzw. Belemniten des Malm
„Aptychus"
laevis
(Ammoniten-
„Deckel")
Hibolites
hastatum
(Malm)
Echinobrissus
clunicularis
Vertebraten
Lepidotus notopterus
(ca. 50 cm)
Pterodactylus
spectabilis
Anaethalion
(Leptolepis)
sprattiformis
(ca. 10 cm)
Plesiosaurus
dolichodeirus
(ca. 3 m)

gen Schwanz mit einer Art Seitenruder am Ende, *Pterodactylus* dagegen nur einen Stummelschwanz. Ersterer ähnelte einem heutigen Albatros, er hatte schmale Flügel und eine Spannweite von etwa 1,80 m, während *Pterodactylus* mit etwa 15 cm Länge erheblich kleiner war.

Dass *Rhamphorhynchus* aktiv fliegen konnte und nicht nur segeln, hat 1956 auf einer Paläontologentagung in Wilhelmshaven der bedeutende deutsche Verhaltensphysiologe Erich von Holst demonstriert, indem er eines der fossilen Exemplare, von dem Größe, Gelenkmechanik und annähernd auch Körperform und Gewicht bekannt waren, als Modell baute, das von einem Gummistrangmotor angetrieben wurde. Dieser Saurier flog zur Begeisterung der Konferenzteilnehmer tatsächlich, mit 2–3 Flügelschlägen pro Sekunde.

Als die Rede davon war, dass man diese Simulation in den USA entdeckt hätte, musste ein Senckenberger in der Presse darauf hinweisen, dass man dort wohl die deutschsprachigen Zeitschriften zu lesen versäumt habe, möglicherweise wissentlich (Klausewitz 1989). Nach Abdrücken von Schwimmhautresten ist es auch wahrscheinlich, dass *Rhamphorhynchus* schwimmen konnte, so dass sich von den Voraussetzungen her eine Lebensweise ähnlich der unserer heutigen Möven ergibt.

Der erste eigentliche Vogel ist bisher mit *Archaeopteryx* im höchsten Jura belegt. Das Tier wurde zuerst in den Lagunensedimenten des Solnhofener Plattenkalks gefunden und bekam daher den Namen *Archaeopteryx lithographica*. (Das Gestein diente zur Herstellung von Druckplatten für Lithographien, Lithographenkalk.) Das war 1861, nachdem man schon ein Jahr zuvor den Abdruck einer Feder gefunden hatte. Das Tier – ohne Kopf – ging an das Britische Museum und heißt seitdem das Londoner Exemplar. Ein nahezu vollständiger Vogel kam 1877 dazu, der im Humboldt-Museum in Berlin aufbewahrt wird und folglich als Berliner Exemplar geführt wird. Inzwischen sind weitere Exemplare gefunden worden, erst 1992 das siebente (Wellnhofer 1993), so dass die Tiere wahrscheinlich gar nicht so selten gewesen sind. Bemerkenswert ist allerdings, dass auch die Untersuchungen an den älteren Funden immer neue Erkenntnisse zutage fördern. 1984 hatte in Eichstätt eine Internationale Archaeopteryx-Konferenz stattgefunden, die sich mit der Thematik erneut auseinander setzte. Das dortige Jura-Museum nennt seine Jahreszeitschrift heute ‚Archaeopteryx'! Auf einige der Fragen bis hin zu der Behauptung, die Federn seien Fälschungen, soll wegen der Bedeutung dieser Fossilien – auch für die Evolution – kurz eingegangen werden; die jüngsten, mir zugänglichen Publikationen zum Thema stammen aus dem Jahr 1996.

Zunächst ist festzustellen, dass *Archaeopteryx* mit seinen Federn eindeutige Vogelmerkmale trägt, gleichzeitig zeigen aber der feinbezahnte Schnabel, ein durch Wirbel gegliedertes Schwanzskelett und freie, krallenbewehrte Finger an den vorderen Extremitäten noch die Verwandtschaft zu den Reptilien an. Die Federn sind zweifellos das auch für die Diskussion der Evolution bedeutendste Merkmal: Griffiths (1996) hat *Archaeopteryx* kürzlich als das möglicherweise bedeutendste Fossil bezeichnet, das jemals gefunden wurde, nicht zuletzt deshalb, weil es auch für die Evolutionstheorie Darwins eine Schlüsselstellung, nämlich die zwischen Reptilien und den modernen Vögeln einnimmt und sich dadurch als ‚Missinglink' interpretieren lässt.

Zweierlei ist von besonderem Interesse: Die Evolution der Vogelfedern und die des Fliegens. Letzteres ist in der Natur im Prinzip viermal ‚erfunden' worden: von den Insekten, den Flugsauriern, den Vögeln und den Fledermäusen.

Vögel könnten das Fliegen auf grundverschiedene Weise erlernt haben: Entweder sie sind von Bäumen (oder anderen Hochstellen) gesprungen und haben aus dem daraus resultierenden Gleitflug gelernt, auch die Schwingen zu bewegen, oder sie sind aus schnellen Bodenläufern hervorgegangen, wie dem kleinen *Compsognathus*, die so allmählich abgehoben haben. Die erste, als arboreale Theorie (nach dem Baum) bezeichnete Variante würde durch die Krallen von *Archaeopteryx* gestützt, der sich damit nach Art der Spechte, kletternd wieder auf die Bäume zurückbegeben haben könnte. Die zweite, nach dem Rennen als cursorial bezeichnete Theorie ist mit einem wesentlich höheren Energieverbrauch verknüpft. Sie wird in letzter Zeit favorisiert, weil sie auch besser zur Entwicklung der Federn zu passen scheint; dazu gibt es eine neue Hypothese, die auch eine neue Sicht auf die Evolution der Vögel eröffnet (Reichholf 1996).

Ihr Ansatz ist biochemisch. Vogelfedern enthalten schwefelhaltige Aminosäuren, wobei Disulfidbrücken für deren besondere Elastizität und Festigkeit verantwortlich sind. Beim Abbau solcher Substanzen über den inneren Stoffwechsel würden jedoch große Mengen des giftigen Schwefelwasserstoffs entstehen. Die Vögel entledigen sich deshalb dieser Substanz auf elegante Weise durch die Mauser, bei der die Natur ziemlich verschwenderisch mit dem aufgebauten Material umgeht, indem sie nicht etwa nur schadhafte Federn austauscht, sondern gleich den gesamten Bestand. Auslöser für diese Entwicklung wäre eine gleichzeitig fett- und eiweißreiche Ernährung, die infolge der schon vorangegangenen explosiven Evolution der Insekten zur Verfügung stand. Bei erhöhtem Fettbedarf (Rennen, s. o.) wird so gleichzeitig ein Überschuss an Eiweiß aufgenommen, der in den Federn gespeichert und durch den periodischen Vorgang der Mauser von Zeit zu Zeit entsorgt wird.

Die Federn waren ursprünglich Schuppen, und am Anfang ihrer Entwicklung stand eine Vergrößerung dieser Schuppen entsprechend dem oben erläuterten Prinzip.

Vertebraten

Archaeopteryx lithographica
(Berliner Exemplar)
(Flügelspannweite ca. 30 cm)

Spurenfossil, Fraßgänge, sog. „Seegrasschiefer"

„Chondrites bollensis"

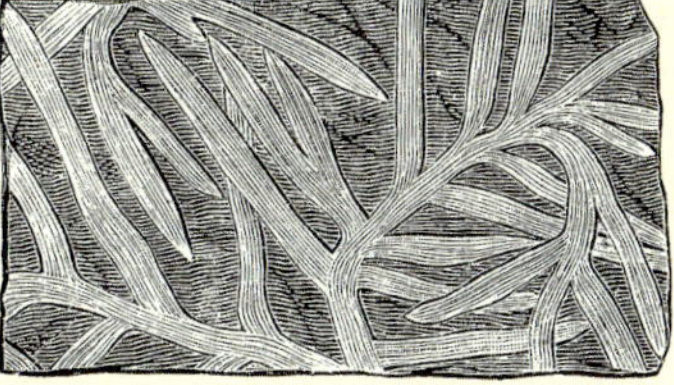

Dazu kommt, dass die warmblütigen Vögel im Vergleich zu ihren Reptilvorfahren einen erhöhten Stoffwechsel hatten, der durch Fett als Brennstoff in Gang gehalten wurde; die gleichzeitig mit aufgenommenen Eiweißverbindungen mussten also auf unschädliche Weise beseitigt werden. Dieses Prinzip existiert auch bei anderen Organismengruppen, ist aber bei den Vögeln in besonderem Maße ausgebildet worden.

Am Ruhm von *Archaeopteryx* haben in letzter Zeit Funde aus Texas zu kratzen versucht, die aus dem Oberen Perm stammen und als *Protoavis* beschrieben wurden (Chatterjee 1991, 1995). Es handelt sich dabei jedoch um äußerst fragmentarisches Knochenmaterial, das zudem nicht im Gesteinsverband dokumentiert ist und dessen anatomische Interpretation ebenfalls zweifelhaft ist. Bis besser erhaltene Reste vorgelegt werden können, sollte

Protoavis jedenfalls „nicht als relevant für die Vogelevolution angesehen werden" (Ostrom 1996).

Witzig ist mein Studienfreund Siegfried Rietschel einer Kampagne entgegengetreten, die die Federn von *Archaeopteryx* als Fälschung propagieren wollten, um damit die Evolutionstheorie Darwins zu diskreditieren. Die Veröffentlichungen dazu erschienen nur wenige Monate nach dem Symposium in Eichstätt (1984) und wurden von dem nicht unbekannten Physiker Fred Hoyle mit inszeniert. Rietschel ist den dürftigen Argumenten der Physiker mit der Ernsthaftigkeit des wissenden Paläontologen begegnet und hat deren Beweisführung wieder auf die Tatsachen zurückgeführt. Es wäre auch amüsant, ihn hier bis zur Schlusspointe zu zitieren, allein die Thematik des Buches aber gestattet nur den Hinweis auf die Literaturstelle (Rietschel 1985).

Die Säugetiere, bis dato die Krone der Schöpfung im Tierreich, waren im Jura noch vergleichsweise unbedeutend. Sie sind warmblütig wie die Vögel, was in diesem Falle durch das Haarkleid ermöglicht wurde. Ihre Herkunft von den theromorphen Sauriern (*Theromorpha*, mit nur einer Schläfenöffnung) geht schon auf Anfänge im Perm bzw. der Trias zurück. Entscheidend ist, dass die Säugetiere durch einen einzigen Unterkieferknochen gekennzeichnet sind, der die Zähne trägt und der deshalb Dentale heißt; dieses Dentale ist aus der Verkleinerung anderer Knochen schließlich übrig geblieben, und es hat eine Gelenkfunktion gegen den oberen Schädel. Die Zähne entwickelten Kronenformen mit mehreren Höckern, mit denen die Nahrung gekaut werden konnte, was auch eine bessere Energieausbeute bewirkte.

Zähne sind auch im Jura die wesentlichen Belegstücke für Wirbeltiere; die dazugehörigen Tiere werden folgerichtig *Multituberculata, Docodonta, Triconodonta* oder *Symmetrodonta* etc. genannt. Inzwischen ist das Fundmaterial aber so reichhaltig, dass es immer schwieriger wird, festzustellen, was man noch als Saurier und was man schon als Säugetier zu bezeichnen hätte (Hölder 1996); jedenfalls ist ein Übergang zwischen beiden Gruppen im Sinne der Evolution zweifelsfrei nachweisbar. Die Säugetiere des Jura waren meistens nur maus- bis rattengroß.

Fazies

Die für Deutschland klassische Einteilung in Schwarzen, Braunen und Weißen Jura beruht auf den wesentlichen Gesteinsfarben, die letztlich durch die Fazies geprägt sind: Schwarzer Jura wird nach seinen vorwiegend dunkelgrauen bis schwarzen Tongesteinen so genannt. Die dunklen Farben beruhen auf teilweise beträchtlichen Gehalten an organischem Kohlenstoff (bis 20 %); man hat sogar versucht, die Kohlenwasserstoffe darin durch Schwelverfahren herauszudestillieren. Der Braune Jura hat seine Farbe von Eisenhydroxiden, die lokal zu bauwürdigen Lagerstätten konzentriert sein können. Für den Weißen Jura mit seinen hellen Farben schließlich sind Karbonatgesteine (Kalke und Dolomite) neben Mergelsteinen prägend.

Fazies des Schwarzen Jura

Die bei der Tierwelt erwähnten Ichthyosaurier von Holzmaden und deren extrem gute Erhaltung geben auch Hinweise zur Fazies des Schwarzen Jura. Der Erhaltungszustand (im Einzelfall sogar Haut und Reste der Muskulatur) ist eigentlich erst vor wenigen Jahren durch einen englischen Paläontologen gut begründet worden (Martill 1993). Die Skelette sind erstaunlicherweise meist im Verband erhalten, was auch die sonst oft mühsame Rekonstruktion aus den einzelnen Knochen erspart. Die Funde stammen überwiegend aus dem Posidonienschiefer, einem feinkörnigen dunkel gefärbten, tonigen Shale. Ohne Zweifel haben die reduzierenden Bedingungen zur guten Erhaltung beigetragen, denn die Sedimente sind überwiegend unter Sapropelbedingungen gebildet worden, teilweise auch als Gyttjen. Dennoch blieb die Frage, wie der zu erwartende lange Zeitraum bis zur vollständigen Einbettung in so feinkörnige Sedimente, für deren Ablagerung man mit sehr geringen Sedimentationsraten rechnen muss, zu erklären war, ohne dass die großen Tierleichen durch Aasfresser und Bakterien zerstört wurden; man hat einige 1000 Jahre dafür berechnet, was sicherlich eine untere Grenze wäre. Martill nimmt nun an, dass die meisten dieser torpedoförmigen Tiere in ein Substrat eingesunken sind, das die Konsistenz einer dicken Suppe hatte; das betrifft die vollständig erhaltenen Exemplare. In anderen Fällen, wo die Knochen einzeln gefunden werden (sehr oft die charakteristischen Rückenwirbel), muss man dagegen davon ausgehen, dass die Skelette länger auf einem verfestigten Meeresboden gelegen haben, ehe sie eingebettet wurden.

Die Sedimente des Posidonienschiefers sind wesentlich aus feinkörnigen, klastischen Komponenten (Quarz und Ton), Karbonat, organischen Substanzen und Pyrit zusammengesetzt; Letztere sind für die dunkle Farbe der Gesteine maßgeblich. Gelegentlich ist eine Schwarz-weiß-Lamination im Millimeterbereich zu beobachten, die auf einen periodischen Wechsel von Kalk und Ton zurückgeht und für sehr ruhige Ablagerungsverhältnisse spricht. Vergleichbare Sedimente gibt es heute im Schwarzen Meer, wo die hellen Lagen überwiegend aus kalkigem Nannoplankton (*Coccolithen*) bestehen; vergleichende Untersuchungen haben gezeigt, dass das auch im Posidonienschiefer der Fall ist (Müller u. Blaschke 1969, 1971). Daraus lässt sich ableiten, dass das Meer wahrscheinlich über 200 m tief gewesen sein dürfte. Im Detail hat sich aber gezeigt, dass die kalkigen Lagen oft aus den Kotpillen tierischen Planktons bestehen, das sich vom kalkigen Nannoplankton ernährt hatte (Röhl 1998 in Oschmann u.a. 1999); damit sind sie nicht mehr unbedingt als Lagen aufzufassen, die etwa periodische Algenblüten abbilden. Holzmaden mit seinen Treibhölzern war etwa 100 km von einem östlichen Festland entfernt.

Das Karbonat im Posidonienschiefer kann auch durch diagenetische Vorgänge lagenweise angereichert sein; durch Lösung und Fällung von Kalk aufgrund wechselnder pH-Bedingungen sind so die Laibsteinbänke entstanden.

In NW-Deutschland war eine Fazies tieferen Wassers vorherrschend, die Schichten sind mit > 1000 m wesentlich mächtiger und in ihrer Abfolge auch kontinuierlicher. Sie enthalten relativ viel bituminöse Substanzen, aus denen infolge tieferer Versenkung später Kohlenwasserstoffe entstanden sind. Der Posidonienschiefer ist mit Gehalten an organischem Kohlenstoff von oft weit über 10 %, das wichtigste Erdölmuttergestein Mittel- und Westeuropas.

Deshalb hat man seine Gesteine auch noch in letzter Zeit mit modernen Methoden untersucht (zusammenfassend bei Littke 1993). Danach ist die Lamination auf den primären Eintrag seiner Komponenten zurückzuführen. Mit den Tonpartikeln aus den benachbarten Festlandsgebieten sind auch Nährstoffe eingetragen worden, die dann die Produktion von Algenkarbonat bewirkt haben. Der überwiegende Anteil der organischen Substanzen ist durch das Phytoplankton (Grünalgen) beigesteuert worden (Alginit), eingeschwemmte Landpflanzen spielen dabei nur eine sehr untergeordnete Rolle. Ihre Erhaltung verdankt sich weitgehend der Tatsache, dass das Bodenwasser meistens sauerstoffarm oder völlig anoxisch war. Dafür wird eine Salinitätsschichtung als Ursache diskutiert, bei der Brackwasser über solchem von normaler Salinität lagerte. Durch bakterielle Tätigkeit bildete sich Schwefelwasserstoff, der zusammen mit Eisen aus den eingetragenen Tonen über Fe-Monosulfid zu Pyrit reagierte. Pyrit ist im Posidonienschiefer häufig, ersetzt darin Karbonat (‚goldene' Ammoniten und Muscheln) oder bildet unregelmäßige Massen und Einzelkörner. Im Gegensatz zum heutigen Schwarzen Meer, wo eine mächtige H_2S-Zone im freien Wasser entwickelt ist, muss diese im Posidonienschiefermeer nur verhältnismäßig dünn gewesen sein. Das erklärt auch, warum immer wieder einmal bodenlebende Organismen darin angetroffen werden, wie einzelne, durch Bioturbation gestörte Schichten oder lagenweise vorkommende Muscheln beweisen.

Fazieshinweise auf Gyttjaverhältnisse geben auch die Seegrasschiefer, die einzelne Lagen innerhalb der Schichtenfolge bilden; sie enthalten keine pflanzlichen Fossilien, sondern bilden verästelte Grabgänge, die sich aufgrund ihrer etwas helleren Farbe vom dunklen Tongestein deutlich abheben. Dies ist ein Hinweis auf höheres Bodenleben, es muss also wenigstens episodisch genügend Sauerstoff am Meeresboden gegeben haben. Die Verursacher der Spuren haben den Anteil an organischer Substanz im dunklen Sediment gefressen, ihre nachfolgenden Ausscheidungen waren entsprechend heller.

In den festlandsnäheren Bereichen ist zur Zeit des ältesten Jura eine Fazies entwickelt, die durch Sandsteinbänke gekennzeichnet ist. Sie dokumentiert die beginnende Transgression des Jurameeres.

Bleibt die Frage, wie schnell der Posidonienschiefer abgelagert wurde. Er umfasst drei Ammonitenzonen, für die nach allgemeiner Auffassung je eine Million Jahre veranschlagt werden. Schon daraus wird deutlich, dass auch die Feinlamination nicht als jahreszeitlich bedingte Schichtung interpretiert werden kann. Neuere Überlegungen haben dazu geführt, dass eventuell nur weniger als 250 000 Jahre für die Ablagerung zur Verfügung gestanden haben könnten, wobei auch eher sehr geringe Sedimentationsraten diskutiert werden (Littke 1993).

Fazies des Braunen Jura

Ein schwäbischer Spruch, an ein Mädchen gerichtet, dem kein Mann recht ist, besagt, dass sie nach Aalen oder Wasseralfingen gehen solle, um sich dort einen gießen zu lassen. Auf der Ostalb waren Eisengießereien entstanden, deren Rohstoffbasis oolithische Erze, vor allem des Dogger ß bilden; man kann sie heute noch im Besucherbergwerk Tiefer Stollen östlich von Wasseralfingen studieren.

Diese Fazies ist auch in anderen Gegenden Europas verbreitet und kennzeichnet unter anderen die Eisenerze der Minette in Lothringen, die von Ringsheim bei Freiburg oder entsprechende Vorkommen an der Weser (bei Porta Westfalica). Im Untergrund des Norddeutschen Flachlandes sind sie vor allem aus Erdölbohrungen bekannt, wo ihr großer Porenraum, verbunden mit einer oft ausgezeichneten Durchlässigkeit, sie zu den wichtigsten Erdöl-Speichergesteinen macht. Ihr Eisengehalt und die Gesteinsstruktur sind letztlich dadurch bedingt, dass die Sedimente im Flachwasserbereich um kleinere Festlandspartien im Jurameer gebildet wurden (Abb. 21). Das Eisen stammt aus der Verwitterung festländischer Gesteine, wurde durch Flüsse ins angrenzende Meer transportiert und dort in stark bewegtem Wasser wieder ausgefällt. Die dabei entstandenen Brauneisen-Ooide wirken wie poliert und sind oft nur stecknadelkopfgroß; unter dem Mikroskop kann man den charakteristischen konzentrischschaligen Aufbau gut erkennen. Eine ähnliche Flachwasserfazies, aber mit höheren Kalkgehalten, ist auch im höheren Braunen Jura entwickelt.

Neben diesen auffälligen und seinerzeit wirtschaftlich wichtigen Oolithen ist der Braune Jura vielfach durch sandige und mergelige Fazies gekennzeichnet, die ebenfalls überwiegend gut durchlüftetes Wasser anzeigt. Eine Ausnahme bildet der faziell eher noch dem Lias ähnelnde

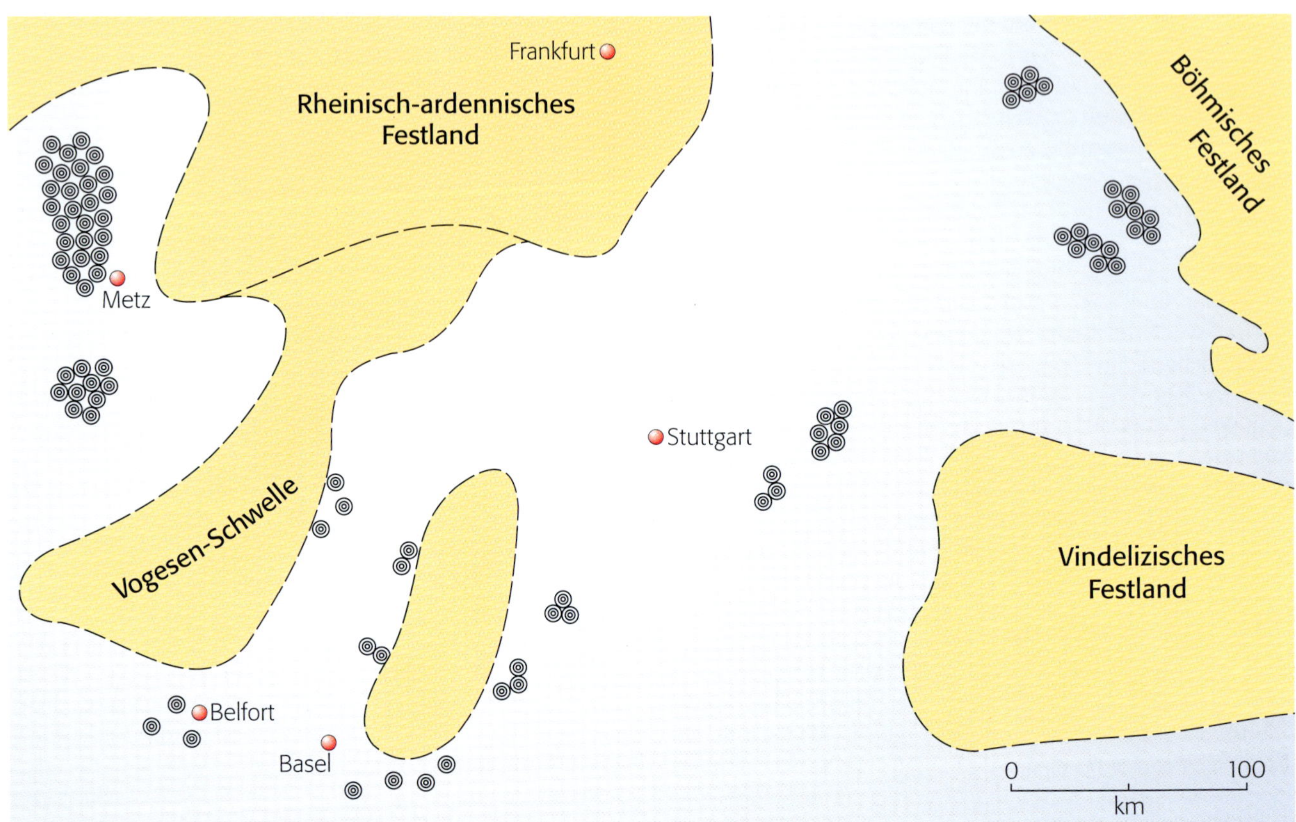

Abb. 21: Kartenskizze der Verbreitung von oolithischen Eisenerzen des Braunen Jura in Süddeutschland und Lothringen. Die früher auch wirtschaftlich wichtigen Erze sind in Flachwasserbereichen entstanden, die die damaligen Festländer und Inseln säumten. Das Eisen wurde auf den Festlandsbereichen durch Verwitterungsprozesse mobilisiert und durch Flüsse in den Bildungsraum verfrachtet. Die Ooide entstanden durch ständige Wasserbewegung wohl in weniger als 2m tiefem Wasser.

Opalinuston (benannt nach dem Leitfossil für den Dogger ß, *Leioceras opalinum*).

Fazies des Weißen Jura

Die kennzeichnenden Karbonatgesteine bilden die deutlich sichtbare Stufe des Albtraufs, eine Steilkante, die auch den Nichtgeologen in der Landschaft der Schwäbischen und Fränkischen Alb auffällt. Fazielle Unterschiede innerhalb der Karbonate haben mit zur Formgebung einzelner Landschaften beigetragen: Man spricht von Flächenalb und Kuppenalb und ordnet diese Begriffe gut geschichteten bzw. massigen Gesteinskomplexen zu, deren Ausbildung durch die Fazies gesteuert ist. Die Flächenlandschaft entsteht durch Schichtflächen oder flächenhafte Abtragung, die kuppigen Landschaftsformen sind durch kleinräumige, riffähnliche Strukturen vorgeprägt, die wenigstens teilweise aus Schwämmen zusammengesetzt sind, im höchsten Weißjura sogar aus Korallen. Zwischen den Erhebungen am Meeresboden lagerten sich feinschichtige und vielfach auch besonders feinkörnige Sedimente ab, die eine Lagunenfazies bilden, wie sie besonders schön in den Plattenkalken von Solnhofen, Eichstätt oder Nusplingen entwickelt ist. Dazu kommen Kalkoolithe (z.B. der sog. Brenztaloolith), die sich auf breiten Plattformen unter den gleichen Bedingungen gebildet hatten, wie man sie heute noch auf der großen Bahama-Bank kennt. Sehr oft sind damit – wie auch im rezenten Bereich – Seeigel vergesellschaftet, deren Bruchstücke in den oolithischen Kalken glitzern, wenn man diese zerschlägt.

Lokal sind die Karbonate dolomitisiert und später wieder in Calcit umgewandelt worden; sie zeigen dann vielfach eine löcherige Gesteinsbeschaffenheit (Lochfels). In günstigen Aufschlüssen lässt sich beobachten, wie die massige Fazies randlich in gut geschichtete Ablagerungen übergeht.

Da man die Schichten anhand ihrer Leitfossilien zeitlich sehr gut einstufen kann, hat man beobachtet, dass die mehr massig ausgebildete Fazies durch Raum und Zeit gewandert sein muss. Zu Beginn des Weißen Jura war sie im Norden der Alb entwickelt und wanderte dann ständig weiter nach Süden, so dass entsprechende Gesteine im höchsten Weißjura nur noch in der südlichen Alb gefunden werden. Bisher hatte man das ausschließlich auf die sich ändernden Lebensbedingungen für die entsprechenden Organismen zurückgeführt, weil die massigen Gesteinskomplexe immer als Riffe, Algen-Schwamm-Bioherme oder Schwammstotzen angesprochen wurden. Neuere Arbeiten der letzten Jahre haben aber gezeigt, dass Teilbereiche dieser Riffe eher lokale Anhäufungen von Karbonatsanden aus Peloiden, Lithoklasten und Ooiden darstellen, die schon kurz nach ihrer Ablagerung zementiert wurden (Koch u.a. 1994, Koch u. Senowbari-Daryan 2000). Die Verhältnisse sind also wesentlich komplexer.

Zu den oft hochreinen Kalken, die noch heute als wichtige Rohstoffe abgebaut werden, kommen auch Mergel, die die Kalkbankfolgen untergliedern. Diese Fazies ist vor allem in schüsselförmigen Vertiefungen zwischen massigen Kalkkomplexen entwickelt und kann durch die Erosion noch heute leicht ausgeräumt werden; dadurch kann man praktisch auf dem ehemaligen Meeresboden spazieren gehen wie in der Gegend um Münsingen, wo eine solche Zementmergelschüssel (Gwinner 1959) besonders schön entwickelt ist.

Zur Fazies der Gesteine des Weißen Jura gehören auch kieselige Knollen; es handelt sich dabei um diagenetische Bildungen, deren ursprüngliches Material die Skelette von Kieselschwämmen beigetragen haben.

Die hier an Beispielen aus Süddeutschland aufgezeigten Flachwasserfazies-Verhältnisse lassen sich auf eine Vielzahl anderer Gebiete übertragen. Sie wurden durch eine entsprechende Paläogeographie gesteuert, die z.B. in Norddeutschland eine eher den Verhältnissen in England entsprechende Entwicklung bewirkt hat: dazu gehören u.a. Korallenoolith, oder der Great Oolite, der schon früh die Gliederung und Begriffsbildung des Jura geprägt hat.

Die Flachwasserbildungen in NW-Deutschland sind auch durch Sandsteine (Portasandstein, Wiehengebirgsquarzit) und am Ende des Jura durch Evaporite gekennzeichnet (Münder Mergel mit Salz und Gips). Evaporitische Verhältnisse in einem sehr kleinräumigen Bereich, nämlich am Lochen bei Balingen, sind anhand von Steinsalzpseudomorphosen wahrscheinlich gemacht worden (Koch u. Schweizer 1986). Die Kalke und Mergel am Lochengründle enthalten nämlich eine Zwergfauna, für die schon immer eine ungewöhnliche Salinität vermutet wurde.

Wie in der Trias sind auch die Faziesverhältnisse im Alpenraum durch tieferes Wasser bestimmt gewesen. Es gibt dort mit den sog. Aptychen-Kalken Hinweise auf eine Fazies sehr viel tieferen Wassers. Die Interpretation beruht darauf, dass Ammonitenschalen aus Aragonit bestehen, die Deckel (Aptychen) aber aus Calcit. Beim Absinken durch die Wassersäule löst sich Aragonit früher auf und die calcitischen Deckel bleiben zurück; nach aktualistischen Beobachtungen muss man hierfür Wassertiefen von einigen tausend Metern annehmen, wesentlich mehr also, als selbst für das Schwäbische Posidonienschiefermeer diskutiert. Diese im Weißjura gebildeten Aptychenkalke sind ein Hinweis auf eine Fazies tieferen Wassers, die im Alpenraum allgemein vorherrschend war; entsprechende Ablagerungen in Form von gehobenem Meeresboden sind z.B. auch von der Kapverdeninsel Maio bekannt. Zur Tiefwasserfazies gehören auch die etwas älteren, darunterlagernden Radiolarite, die als rote und grüne, besonders harte Gesteinsbänke aus den Kalksteinen herauswittern.

Die älteren Jurabildungen in den Kalkalpen sind durch oft bunte Cephalopodenkalke gekennzeichnet, die sehr gerne als Bau- und Schmucksteine, vor allem für Sakralbauten verwendet wurden; dazu gehört der Adneter Kalk in den Nördlichen Kalkalpen und der Ammonitico rosso in den Südalpen. Bei näherem Hinsehen zeigt sich, dass in diesen Knollenkalken die Ammonitengehäuse vielfach nicht mehr vollständig erhalten, sondern angelöst sind und in einer meist roten tonigen Matrix schwimmen. Das wird damit erklärt, dass sie in größeren Wassertiefen, nahe der CCD, abgelagert wurden, wo die Kalklösung gerade beginnt. Im Sinne paläogeographischer Rekonstruktionen nimmt man deshalb für ihre Bildung Tiefschwellenbereiche an.

Eine Fazies noch tieferen Wassers ist in den Westalpen mit den Bündner Schiefern entwickelt, die man im alten Sinne als eugeosynklinale Bildungen interpretiert. Diese ursprünglich tonigen Ablagerungen, die heute leicht metamorph überprägt sind, enthalten auch Einlagerungen von Radiolariten und Ophiolithen, die aus Ozeanbodenbasalten hervorgegangen sind. Der Penninische Ozean, in dem sie gebildet wurden, war in zwei Teilbecken gegliedert, die dazwischenliegende Briançonnais-Schwelle ist wieder durch eine Flachwasserfazies gekennzeichnet. Flachwasserbildungen sind auch der oberjurassische Plassenkalk (mit Riffen) oder der ältere Hierlatzkalk (mit Crinoiden und Brachiopoden) im Jura der Nördlichen Kalkalpen.

Diese Beispiele ließen sich beliebig erweitern. Da zur Zeit des Jura die heutigen Weltmeere in ihren wesentlichen Konturen bereits angedeutet waren, liefern auch die Tiefseebohrungen Aufschlüsse. Die erbohrten Gesteine repräsentieren den ältesten Ozeanboden in den heutigen Meeren.

Eine völlig andere Fazies – nämlich fossile Dünen riesigen Ausmaßes, begegnet einem mit dem unter- bis mitteljurassischen Navajo Sandstein im amerikanischen Zion National Park; sie geben Hinweise auf kontinentales Trockenklima, das ein in seiner fossilen Meereswelt befangener Schwabe sich kaum vorzustellen vermag. Entsprechende Ablagerungen von Oberjura-Unterkreidealter sind auch im südamerikanischen Paraná-Becken erhalten, die Sandsteine dort dokumentieren die größte fossile Sandwüste.

Das magmatische Geschehen war vom Zerbrechen Gondwanalands bestimmt. Der entsprechende Spaltenvulkanismus begann im Paraná- und Amazonasbecken bereits im Oberjura, hatte seine größte Verbreitung aber in der Kreide. In Afrika gehören die Drakensberg-Laven oder die des Kaokovelds dazu, außerdem sind auch aus Antarktica und Australien Basalte aus dieser Zeit bekannt.

Im Gefolge von Gebirgsbildungen im circumpazifischen Raum (Jungkimmerische Orogenese) entstanden z.B. im nordamerikanischen Cordillerenbereich die riesigen Granodiorit-Plutone (Nevada).

Stratigraphie

Die Einteilung in Schwarzen, Braunen und Weißen Jura, der die in Lias, Dogger und Malm entspricht, geht auf den schwäbischen Geologen Quenstedt zurück. In England unterschied man zunächst Lias (von layers = Schichten) und Oolite. Quenstedt gliederte die einzelnen Stufen weiter mit griechischen Buchstaben von α bis ζ, so dass zunächst 18 Stufen resultierten. Sein Schüler Oppel ging noch weiter und stellte anhand der Ammonitenfaunen 30 paläontologisch begründete Zonen auf.

Besonders bekannt sind etwa die Zone der *Schlotheimia angulata*, im unteren Lias, oder die des *Leioceras opalium* im unteren Dogger, die zu entsprechenden Schichtbezeichnungen geführt haben (Angulatensandstein, Opalinuston bzw. *-opalinum*-Ton).

Heute sind international gültige Stufenbezeichnungen üblich, die ihre Typuslokalitäten in ganz Europa haben; sie gehen aber wesentlich schon auf die Juraforscher des 19. Jahrhunderts zurück. Davon sind nach deutschen Juravorkommen nur das Pliensbachium und das Aalenium benannt (vgl. Tab. Jura im Anhang), die übrigen Bezeichnungen entstammen englischen (Callovium, nach Kelloway, Oxfordium, Kimmeridgium, Bathonium, nach Bath) oder französischen Typuslokalitäten (Hettangium nach dem Ort in Lothringen, Sinemurium nach Sémur in Burgund, Toarcium nach Thouars, Bajocium nach Bayeux); das Tithonium ist der griechischen Mythologie entlehnt.

Nach neueren Datierungen (Gradstein u.a. in Berggren u.a. 1995) liegt die Untergrenze des Jura bei etwa 208, die Obergrenze bei 144 Millionen Jahren. Die daraus resultierende Gesamtdauer von über 60 Millionen Jahren verteilt sich auf 28 für den Lias, 21 für den Dogger und 15 für den Malm.

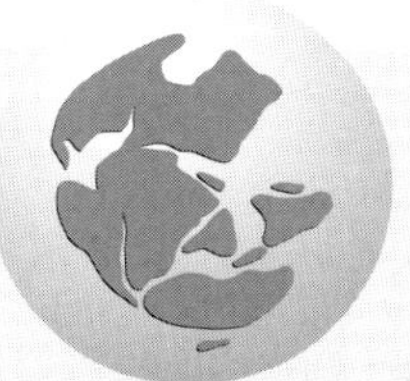

Zusammenfassung

Der nach den Juragebirge benannte Zeitabschnitt ist in Europa wesentlich durch marine Ablagerungen bestimmt, die eine weltweite Transgression auf die Festlandsbereiche dokumentieren. Dieser Epoche gehören die ältesten, in den Ozeanbecken erbohrten Sedimente an.

Die Schichten sind durch eine Fülle von Leitfossilien gliederbar, unter denen die Ammoniten eine vorrangige Stellung einnehmen, weil sie durch eine schnelle Evolution gekennzeichnet sind. Prominente Wirbeltiere der Zeit sind Ichthyosaurier und mit *Archaeopteryx* der erste Vogel. Neufunde belegen, dass die Blütenpflanzen ihren Ursprung schon im Jura hatten. Die europäische Entwicklung zeigt im Schwarzen Jura überwiegend dunkle tonige Sedimente mit hohen Anteilen an organischer Substanz, was sie zu potentiellen Erdölmuttergesteinen macht. Im Braunen Jura sind oolithische Eisenerze kennzeichnend, die als ufernahe Bildungen um Festländer und Inselbereiche entstanden sind. Der Weiße Jura wird meist aus Karbonaten aufgebaut, wobei sich Riffe und riffähnliche Bildungen und gebankte Fazies abwechseln, die insgesamt sehr flaches Wasser und gelegentliche Auftauchbereiche anzeigen.

Größere zusammenhängende Landmassen führten im Bereich der westlichen Hemisphäre zu Dünenbildungen von extremen Ausmaßen. In den Alpen und vergleichbaren Gebieten waren auch Tiefwasserbildungen entwickelt. Gegen Ende setzten wieder Verlandungstendenzen ein, deren limnische Ablagerungen oder Evaporite die Grenzziehung zur hangenden Kreide erschweren.

Im Zusammenhang mit gebirgsbildenden Vorgängen im circumpazifischen Raum entstanden durch Subduktion große Granodiorit-Plutone. Das weitergehende Zerbrechen von Gondwanaland war von basaltischen Spaltenergüssen begleitet, die sich in die Kreide hinein fortsetzten. Umrisse und plattentektonische Position der Kontinente nahmen allmählich die heutige Gestalt an. Mit einer Dauer von gut 60 Millionen Jahren umfasst der Jura über ein Zehntel des Phanerozoikums.

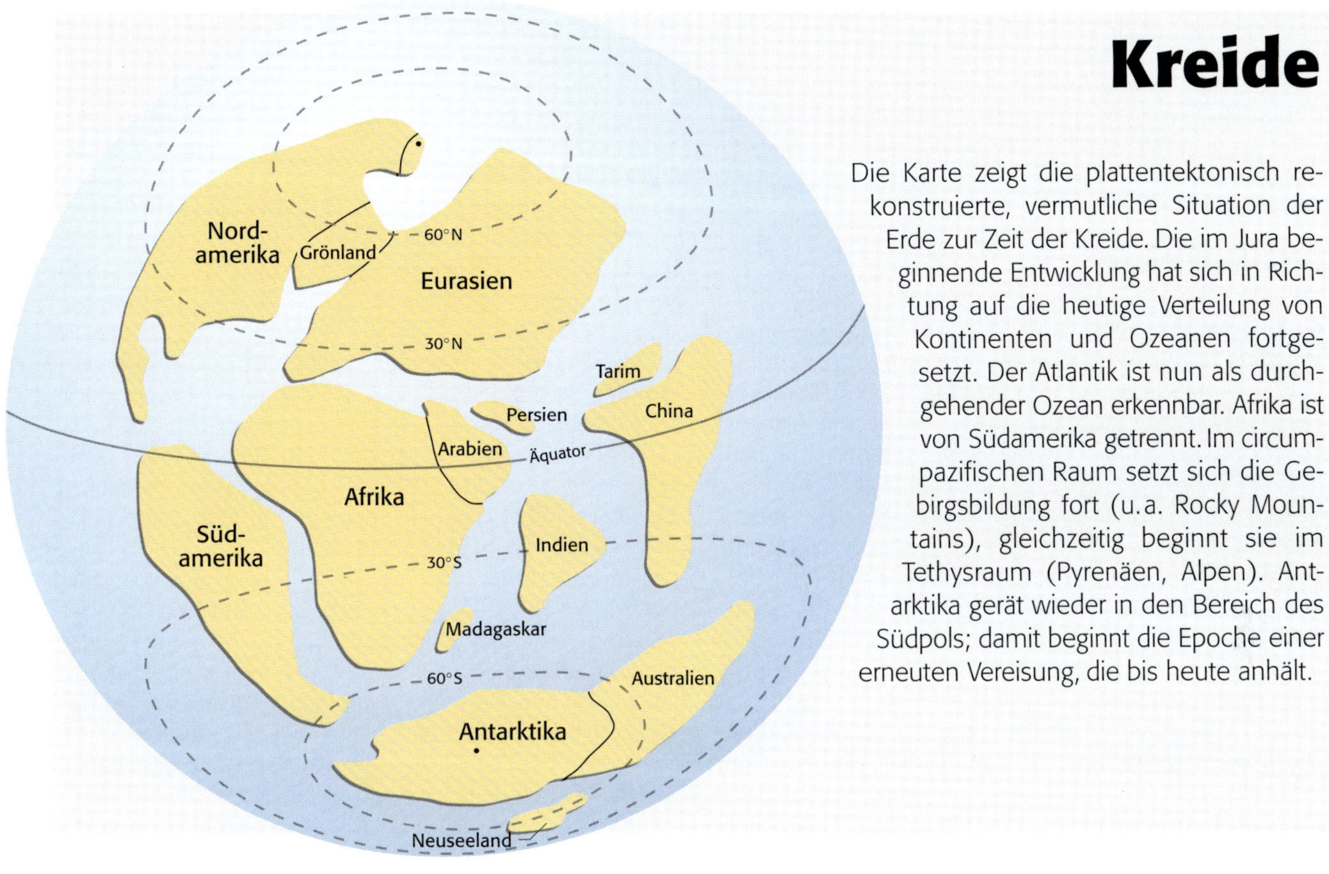

Kreide

Die Karte zeigt die plattentektonisch rekonstruierte, vermutliche Situation der Erde zur Zeit der Kreide. Die im Jura beginnende Entwicklung hat sich in Richtung auf die heutige Verteilung von Kontinenten und Ozeanen fortgesetzt. Der Atlantik ist nun als durchgehender Ozean erkennbar. Afrika ist von Südamerika getrennt. Im circumpazifischen Raum setzt sich die Gebirgsbildung fort (u.a. Rocky Mountains), gleichzeitig beginnt sie im Tethysraum (Pyrenäen, Alpen). Antarktika gerät wieder in den Bereich des Südpols; damit beginnt die Epoche einer erneuten Vereisung, die bis heute anhält.

Begriff und Abgrenzung

Man kann mit dem namengebenden Gestein an die Wandtafel schreiben oder – wie Scheffel in einem Gedicht über die aussterbenden Jurasaurier sagt – „zu tief in die Kreide" geraten. Das Schreiben mit Kreide beruht auf dem Abrieb winziger Körnchen von kalkigem Nannoplankton – den *Coccolithen* – die bedingen, dass Schreibkreide weich ist, weil sie aus Calcit bestehen, der sich auch bei der Diagenese nur mäßig verfestigt. Die heute benutzte Tafelkreide besteht dagegen meist aus Gips. Scheffel's Assoziation, aus dem studentischen Schuldenmachen in Wirtshäusern herrührend, wo man die Zeche auf Tafeln ‚ankreidete', bekommt durch das Erwähnen der Saurier einen zeitlichen Kontext. Beides, die besondere Petrographie und die vom Jura deutlich abgegrenzte Zeit, ist früher im Begriff Kreideformation vereint worden und findet sich so schon bei A. G. Werner, dem Neptunisten des 18. Jahrhunderts. Offiziell wurde der Begriff Kreide als Terrain Crétacé 1822 durch den belgischen Geologen J. B. Homalius D'Halloy eingeführt. In England hatten schon W. Smith und seine Nachfolger um die gleiche Zeit Greensand, Chalk, tonigen Gault und Wealden beschrieben. Frankreichs Kreideschichten wurden in der Mitte des 19. Jahrhunderts vor allem durch D'Orbigny und die in Deutschland besonders durch Geinitz, Römer und Reuß untersucht und gegliedert.

Die Abgrenzung der Kreide zu den liegenden Juraschichten bereitet gelegentlich Probleme. Wo sich gegen Ende des Jura das Meer zurückgezogen hatte, entwickelte sich eine Landschaft, die von Brackwassersümpfen und Flussdeltas geprägt war. In Europa betraf das Südengland, Belgien und Teile von Norddeutschland, wo die nach dem englischen Begriff Wealden benannten Wäldertone entstanden. Die in den entsprechenden Sedimenten gefundenen Fossilien, vor allem die Pflanzen, sind weitgehend unspezifisch für die altersmäßige Zuordnung, was in ähnlicher Weise auch für die Tierwelt des Wealden gilt, die u. a. durch Saurierfährten repräsentiert ist.

Im marinen Faziesbereich ist die Grenze Jura/Kreide dagegen klar an Leitfossilien fassbar. Das Gleiche gilt auch für die Hangendgrenze zum Tertiär. Die Kreide-Tertiär-Grenze, an der viele Tiergruppen ‚schlagartig' ausgestorben sein sollen, wird heute im Zusammenhang mit einer zeitgleichen kosmischen Katastrophe diskutiert. Seit einigen Jahren wird K-T-Boundary als Kürzel in vielen wissenschaftlichen Aufsätzen verwendet, die sich diesem

Grenzereignis widmen. Von besonderem Interesse ist dabei die sog. Iridium-Anomalie in der Grenzschicht. Auch ohne Iridium ist die Hangendgrenze der Kreide jedoch faunistisch überall da gut fassbar, wo marine Fazies vorliegt, weil sich die Lebewelt der Kreide von der des Tertiärs grundlegend unterscheidet.

Flora und Fauna

Die Entwicklung der Lebewelt hat neben den Gesteinen wesentlich dazu beigetragen, die Kreide als eigenständiges System zu etablieren. Jedem Schulkind sind heute die riesigen Dinosaurier geläufig, die damals die Erde bevölkerten. Es gab aber auch bei den Ammoniten Riesenformen wie den ca. 2 m Durchmesser erreichenden *Pachydiscus*. Die Fauna ist bis auf die Schnecken noch der des Jura vergleichbar, also mesozoisch, während bei der Flora der entscheidende Sprung zu den *Angiospermen*, d.h. den Blütenpflanzen erfolgte, so dass man die Grenze vom Mesozoikum zum Känozoikum an das Ende, die zwischen Mesophytikum und Känophytikum aber in die Kreide selbst legen musste.

Man hatte früher Probleme, die schnelle Entwicklung der Blütenpflanzen innerhalb der Kreide zu begreifen, weil man in älteren Schichten bisher keine Vorläuferformen gefunden hatte; das hat sich jetzt geändert. Dieses Angiospermen-Problem der älteren Literatur ist der früher diskutierten kambrischen Explosion vergleichbar.

Die Evolution der Blütenpflanzen erfolgte innerhalb von nur etwa 10 Millionen Jahren, wobei vor allem die Tatsache, dass die Samen in wesentlich kürzerer Zeit als bei den Gymnospermen zu neuen Pflanzen heranreifen (wie jeder Gärtner weiß), auch deren schnelle Ausbreitung über die Erde mit bestimmt hat. Von der Mittleren Kreide an überflügeln die *Angiospermen* die stammesgeschichtlich viel älteren *Gymnospermen*. Dabei spielten auch die Insekten eine wesentliche Rolle, und die Evolution von Pflanzen und Insekten steht sicherlich in einem engen Zusammenhang. Man hat die Entwicklung der Angiospermen in ihrer Bedeutung oft mit der Eroberung des Festlandes durch die Pflanzen im Silur bzw. Devon verglichen.

Von der äußeren Form her ähneln viele der in Kreideablagerungen gefundenen Blätter heutigen Laubbäumen. Zu den *Dicotyledonen* (Zweikeimblättrigen) zählen dabei Magnolien, Pappeln sowie Familien, die die rezenten Eichen, Birken, Erlen oder die Walnuss einschließen. Zu den *Monocotyledonen* (Einkeimblättrigen) gehören vor allem die Palmen.

Blätter und Pollen haben sich dabei von eher einfachen zu komplexeren Formen hin entwickelt, wobei zunächst einfache, ganzrandige Blätter allmählich in solche mit mehreren Randlappen aufspalten oder die Nervatur, von anfangs wenig geordneten Systemen ausgehend, immer komplexer wird. Eine neuere Untersuchung dazu führt diese Evolution auf eine Interaktion zwischen genetisch bestimmten Prozessen, Umwelteffekten und Zufall zurück, wobei das Adersystem als fraktal beschrieben werden kann (Kull u. Herbig 1995).

Die Wälder der Kreidezeit enthielten aber auch noch eine Reihe stammesgeschichtlich älterer Bäume, zu denen neben Farnen auch die ginkgo-ähnliche, gefingerte *Baiera* und die *Sequoia* gehören. Sie sind zumeist auch Bestandteile von Kohleflözen (z.B. die Wealden-Kohle am Deister in NW-Deutschland, wo auch die für die ‚Benimmregeln' früher bekannte Familie der Freiherrn von Knigge Bergwerke besaß).

Die Flora der Meere war vor allem durch die Kalkalgenfamilie der *Coccolithophoriden* geprägt; deren calcitische Einzelbestandteile bildeten den Coccolithenschlamm, aus dem später die Schreibkreide entstand. Dieses Nannoplankton gestattet eine enggestufte Zonengliederung der Kreide, vor allem der Oberkreide. Die Winzigkeit der Einzelbestandteile ermöglicht es auch, mit sehr wenig Probenmaterial Altersaussagen zu machen. Rotalgen bildeten Vorläuferformen der rezenten *Lithothamnien*, und die Grünalge *Halimeda* sah ebenfalls schon so aus wie ihre heutigen Verwandten in den warmen Flachmeergebieten der Erde.

Die Tierwelt dagegen hatte ein noch weitgehend mesozoisches Gepräge, wobei allerdings einzelne Gruppen, wie z. B. die Schnecken, sich offensichtlich schon zu modernen Formen gewandelt hatten, die den heutigen weitgehend gleichen. Daran zeigt sich, wie an den Blütenpflanzen, dass ein völlig neues Zeitalter begann.

Unter den Einzellern sind die kieseligen *Radiolarien*, die noch im Jura gesteinsbildend waren, eher unbedeutend. Wichtig werden dagegen nun die kalkschaligen, planktonischen *Foraminiferen*, mit modernen Bauplänen. Sie entwickelten zahlreiche große Familien und ermöglichen mit kurzlebigen Gattungen und Arten eine Zonengliederung der Schichtfolgen. Dazu zählen *Globigerinen*, *Globotruncanen*, *Textularien* und viele andere, deren stratigraphische Aussagekraft man vor allem bei der Zuordnung von Schichten bei Erdölbohrungen zu schätzen wusste. Diese Biostratigraphie mit Mikrofossilien war eine Methode, mit der man schon aus dem Bohrklein von Spülproben Altersaussagen gewinnen konnte. Außer diesen millimetergroßen Foraminiferen existierten mit den *Orbitolinen* auch Großformen (wie schon im Perm und später noch einmal im Alttertiär), die vor allem in warmen Flachwasserbereichen lebten und gelegentlich gesteinsbildend werden können.

Die kreidezeitlichen *Schwämme* waren überwiegend Kieselschwämme. Ihre aus Skelettopal bestehenden Stützgerüste haben die Kieselsäure geliefert, aus denen später durch Diagenese die Feuersteine entstanden sind. Im mit-

Pflanzen

Schwämme

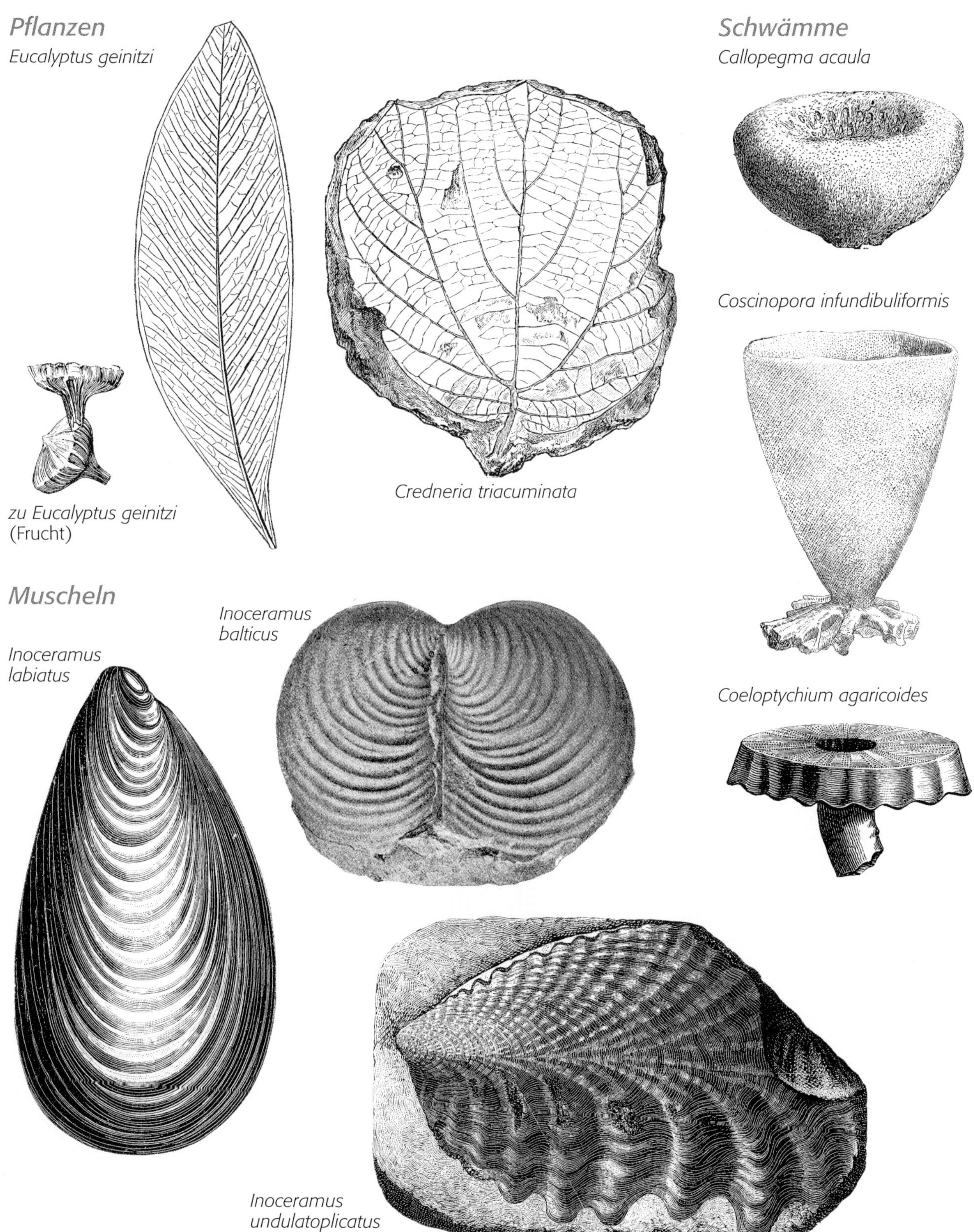

Muscheln

Muscheln
Aequipecten asper
Trigonia vaalsensis
Pycnodonte vesicularis
Filosina (Cyrena) elliptica
Exogyra couloni
Neithea quinquecostata
Radiolites angeoides
Vaccinites (Hippurites) gosaviensis
Unio planus
Spondylus spinosus
Schnecken
Voluta (Vexillum) latevittata
Glauconia kefersteini
Caprina adversa
Actaeonella gigantea
Requienia ammonia

Cephalopoden

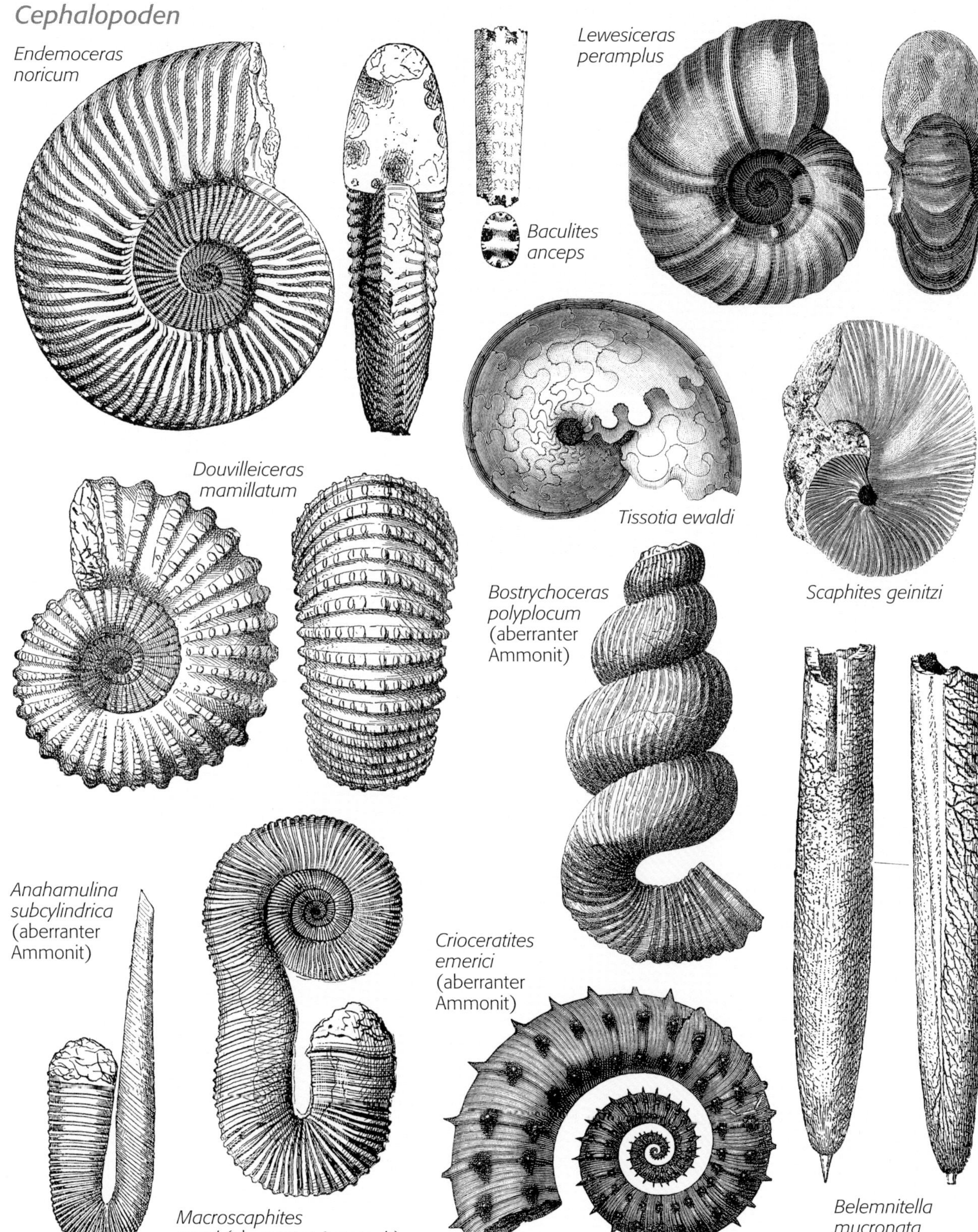
Endemoceras noricum
Baculites anceps
Lewesiceras peramplus
Tissotia ewaldi
Douvilleiceras mamillatum
Scaphites geinitzi
Bostrychoceras polyplocum (aberranter Ammonit)
Anahamulina subcylindrica (aberranter Ammonit)
Crioceratites emerici (aberranter Ammonit)
Macroscaphites yvani (aberranter Ammonit)
Belemnitella mucronata

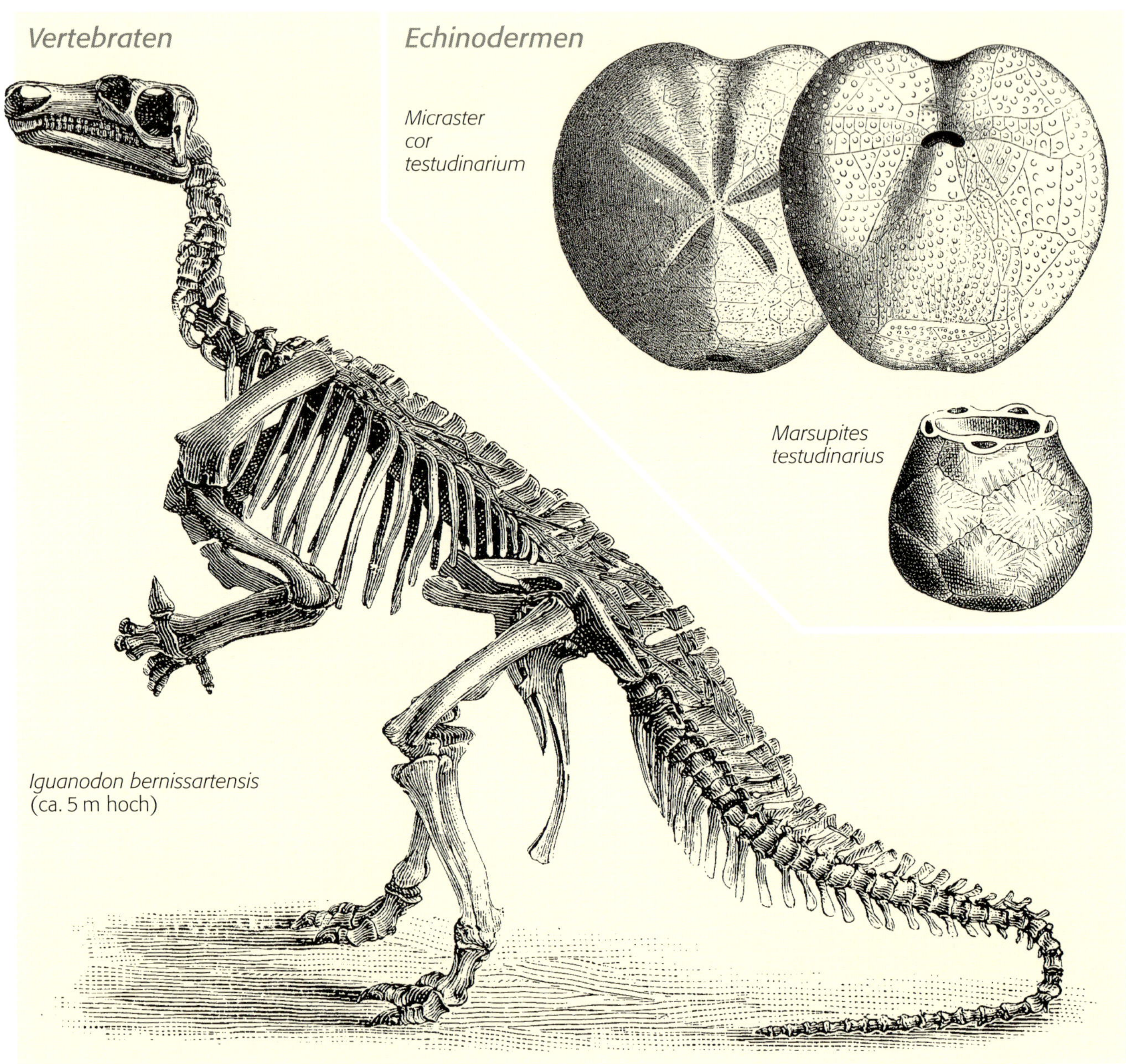

telkreidezeitlichen Flammenmergel Nordwestdeutschlands sind die Schwammnadeln sogar so häufig, dass das Gestein als Spiculit bezeichnet werden kann.

Brachiopoden waren eher unbedeutend.

Bryozoen findet man als feinverästelte Kolonien, die ebenfalls nicht selten in den Feuersteinen erhalten sind.

Korallen waren gelegentlich noch am Aufbau von Riffen beteiligt (z. B. in der alpinen Urgonfazies), sie sind aber sonst eher unbedeutend. Ihre ökologische Nische wird zunehmend von den korallenähnlich aussehenden *Rudisten* besetzt; das sind Muscheln mit aberranten Formen, deren eine Klappe turmförmig gewachsen ist, während die andere zu einem Deckel umgebildet wurde. Die Gattung *Hippurites* erinnert an einen Pferdeschwanz.

Bedeutend in ihrer Körpergröße und ihrer stratigraphischen Verwendbarkeit war die Muschelfamilie der *Inoceramen*; deren Schale ist aus großen Calcitprismen aufgebaut, die man oft auch vereinzelt in den Kalksteinen finden kann. Aus Kansas sind Exemplare von Inoceramen von fast einem Meter Größe bekannt (danach gehörten sie eigentlich nach Texas!). Inoceramen sind wichtige Leitformen, vor allem für die Gliederung der Oberkreide, weil sie dort eine schnelle Evolution erlebt hatten; am Ende der Kreide waren sie schon wieder ausgestorben.

Kreidezeitliche Schnecken (Gastropoden) sind vielen heutigen Formen zum Verwechseln ähnlich, so dass hier keine Gattungen und Arten benannt werden müssen.

Im pelagischen Bereich sind die *Cephalopoden* mit *Ammoniten* und *Belemniten* noch immer bedeutende Leitfossilien; ihre Evolution scheint aber gewissermaßen ‚rückwärts' zu verlaufen: Die Tendenz der Gehäuse am Beginn der Evolution im Paläozoikum, die von gestreckten zu eingerollten Formen verlief, kehrte sich hier halbwegs um, indem sekundär entrollte Formen entstanden oder indem sich die Lobenlinien wieder vereinfachten. Die Belemniten-Rostren zeigen innerhalb der Oberkreide eine schnelle Entwicklung, so dass sie für die Stufengliederung verwendet werden. Schichtbezeichnungen wie Granulaten-Senon, Quadraten-Senon oder Mucronaten-Senon beziehen sich auf Artnamen der Gattungen *Gonioteuthis* bzw. *Belemnitella*. Während die Ammoniten am Ende der Kreidezeit ausstarben, haben einzelne Belemnitengattungen noch bis in das untere Tertiär hinein überlebt.

Wer in Norddeutschland Feuersteine sammelt, findet nicht selten wunderschön erhaltene Seeigel. Sie haben selbst den Gletschertransport während der quartären Eiszeiten unbeschadet überstanden, weil ihre ursprünglichen Kalkschalen durch Kieselsäure ersetzt wurde. Man unterscheidet nach der Symmetrie der Gehäuse reguläre (z.B. die Gattung *Cidaris*) von irregulären, d.h. bilateralsymmetrischen Formen (z.B. *Micraster*). Wo sie im Gesteinsverbund gefunden werden, deutet sich an, dass die runden, regulären wohl eher auf festen Meeresböden gesiedelt hatten, während die irregulären Schlick bevorzugt zu haben scheinen. Harte Meeresböden (hardgrounds), sind in den Profilen mehrfach gefunden worden. Die anderen Gruppen der *Echinodermen* waren wenig bedeutend.

Neben der meist sehr gut erhaltenen Invertebraten-Fauna sind es aber vor allem die kreidezeitlichen Wirbeltiere, deren Ausmaße schon anlässlich der frühen Funde im 18. Jahrhundert Staunen erregt hatten. Dazu gehörte eine dem heutigen Komodo-Waran verwandte Raubeidechse, die während der obersten Oberkreide als *Mosasaurus* weltweit verbreitet war; deren Schädel allein war über einen Meter lang und mit spitzen Zähnen bestückt. Von Schildkröten sind 4 m große Exemplare bekannt. Es gab weiterhin *Ichthyosaurier*, außerdem pflanzenfressende tonnenschwere Riesen, die aufgrund ihres Beckenbaus als *Ornithischier* (Vogelbeckensaurier) bezeichnet werden (*Iguanodon*, *Trachodon* oder *Triceratops*, das Wappentier der Senckenberger). Sie unterscheiden sich von den *Saurischiern* (Echsenbeckensaurier), zu deren prominentesten Vertretern *Tyrannosaurus rex* gehört, den heute oft schon Kinder zu nennen wissen, wenn es um ‚Dinos' geht (Abb. 22).

Abb. 22: *Tyrannosaurus rex*, hier in Form einer lebensgroßen Nachbildung im Saurierpark von Münchehagen bei Hannover, der im Prinzip um die dort zunächst entdeckten Saurierfährten herum angelegt wurde (man kann dort u.a. auch dem *Triceratops* im Wald begegnen oder einem zwischen den Bäumen hängenden *Pteranodon*).

Kürzlich ist in fossilen Flussablagerungen der obersten Kreide in Saskatchewan/Kanada ein vergleichsweise riesiger *Koprolith* gefunden worden, den man *Tyrannosaurus rex* zuschreibt, auch, weil schon dessen fossile Knochen aus Schichten gleichen Alters in der Gegend geborgen wurden (Chin u.a. 1998). Der 44 x 16 x 13 cm messende Kotballen ist auch deshalb von Bedeutung, weil fast die Hälfte seines Materials aus phosphorhaltigen Knochenfragmenten besteht, die das Tier geknackt haben muss. Dass *Tyrannosaurus* beträchtliche Kräfte beim Kauen entwickeln konnte, ist inzwischen auch aus experimentellen Studien abgeleitet worden, mit denen man die entsprechenden Bissspuren in fossilen Knochen analysiert hat (Erickson u.a. 1996).

Aus Ablagerungen der Unterkreide stammt ein Massengrab mit über 20 Skeletten von *Iguanodon bernissartensis*, das in der Geologie eine gewisse Berühmtheit genießt. Das Tier hat seinen Artnamen von der Fundstelle: In Bernissart in Belgien hatte man in einer Steinkohlengrube eine Spaltenfüllung im Kohlenkalk entdeckt, die große Knochen enthielt. Sie wurde en bloc geborgen und später präpariert. Außer den Saurierskeletten fand man darin auch Krokodile, Schildkröten und Pflanzen. Wahrscheinlich ist diese Gemeinschaft durch einen Fluss in eine Karstspalte des karbonzeitlichen Kohlenkalks verschwemmt worden.

Rekordverdächtig sind auch die Flugsaurier mit den Gattungen *Pteranodon* und *Quetzelcoatlus*, deren Rekonstruktionen heute, z.T. grellfarbig bemalt, in manchen Museen an der Decke hängen. Die bisher gefundene, maximale Spannweite soll 15 m betragen, wogegen die Bildzeitung kürzlich 12 m als Rekord für ein in Jordanien gefundenes Exemplar nannte, von dem wahrscheinlich nur ein paar Knochen erhalten sind. Die Bildzeitung griff den Größenvergleich mit einem modernen Kampfbomber auf, den schon Stanley in einer Zeichnung für sein Buch skizziert hatte.

Von den kreidezeitlichen Dinosauriern sind auch Eigelege bekannt, in Europa z.B. aus der Provence. Aus der Liaoning-Provinz Nordostchinas sind schon viele wichtige Fossilien beschrieben worden (u.a. die Pflanze *Archaefructus*, vgl. Jura). Dazu gehören jetzt auch befiederte Dinosaurier, die mit den Gattungsnamen *Protarchaeopteryx* und *Caudipteryx* belegt wurden (Ji u.a. 1998). Sie stammen aus Seeablagerungen, die zeitlich erst vor kurzem der Unterkreide zugeordnet werden konnten (Swisher u.a. 1999).

Die Tiere hatten eine Körperlänge von etwa 70–90 cm. Bemerkenswert ist, dass sie sowohl daunenähnliche als auch gekielte Federn an Körper, Armen, Beinen und Schwanz trugen. Die anatomischen Merkmale deuten jedoch darauf hin, dass sie nicht fliegen konnten, unter anderem, weil die Arme kürzer waren als die Beine. Ob das Federkleid als Isolierung interpretiert werden kann, bleibt offen, ist aber eher unwahrscheinlich (Padian 1998). Mit diesen Neufunden ergibt sich auch, dass Federn für die Diagnose von Vögeln irrelevante Merkmale sind (Ji u.a. 1998).

Hinzu kommen fossile Vögel, die ähnlich dem *Archaeopteryx*, sowohl Reptilmerkmale als auch solche moderner Vögel aufweisen. Die als *Confuciusornis sanctus* bezeichneten Urvögel hatten diapside Schläfenöffnungen wie die Dinosaurier, aber Hornschnäbel wie die heutigen Vögel; in allerletzter Zeit ist noch eine zweite Art, *Confuciusornis dui*, hinzugekommen (Hou u.a. 1999), sicherlich nicht die Letzte.

Aus den Neufunden wird deutlich, daß der Übergang von Dinosauriern zu den modernen Vögeln möglicherweise nicht in direkter Linie verlief, sondern mit *Archaeopteryx* und dem späteren *Confuciusornis* in einer früheren Sackgasse stecken geblieben war.

Die evolutionsmäßig moderneren Säugetiere der Kreide sind zunächst noch wenig bedeutend.

Fazies

Weiße Kreidefelsen säumen die Kanalküsten Englands und Frankreichs; beim Bau des Tunnels hat man die hohe Standfestigkeit dieser Gesteine genutzt und die Röhren darin angelegt. Zu den auch durch die Malerei bekannt gewordenen Vorkommen zählt die Stubbenkammer auf Rügen (Caspar David Friedrich). Dass im Ostseeraum so viele Feuersteine gefunden werden, hängt mit deren Bildung innerhalb der kalkigen Kreidefazies zusammen (Abb. 23).

Die Kreide im petrographischen Sinn bildet aber nur einen kleinen Teil des gesamten Systems, das im Übrigen durch eine Vielzahl unterschiedlicher Gesteine geprägt ist. Kreidezeitliche Sandsteine bestimmen die Felsen im Elbsandsteingebirge, und grüne, durch Glaukonit gefärbte Sandsteine sind ein beliebtes Material für Sakralbauten, vom Münsterland bis nach Regensburg.

In Mitteleuropa ist die Unterkreide überwiegend sandig, die Oberkreide dagegen zumeist kalkig ausgebildet. Die Verteilung von Sand oder Kalk wird durch die Paläogeographie gesteuert: Sande werden nämlich auch während der Oberkreide eher im küstennahen Bereich abgelagert und Coccolithenkreide eher im offenen Meer. Die Paläogeographie wurde in der untersten Unterkreide durch einen Meeresrückzug bestimmt, der die Festlandsbereiche und bestehende Inseln vergrößerte, von wo aus dann Flüsse ihre Deltas ausbreiteten. An den Küsten, wo Brackwasserverhältnisse herrschten, wuchsen paralische Sümpfe, deren Pflanzen später zu kleinen Kohleflözen umgebildet wurden. In den stratigraphischen Tabellen für die deutschen Bereiche heißt das heute Bückeberg-Formation, womit gleich auch die Typuslokalität bezeichnet ist.

Wurzelböden zeigen an, dass die Kohlen autochthon entstanden sind. Sie sind in Sandsteine eingelagert, von denen der Obernkirchensandstein das klassische Baumaterial für die Weser-Renaissance geliefert hat; in den Steinbrüchen wird noch heute abgebaut. Fährten von Sauriern in diesen Sandsteinen (zwei- und dreizehige Abdrücke) haben entscheidend den Standort des Saurier-Parks bei Münchehagen in der Nähe von Hannover bestimmt.

Zu den klastischen Sedimenten gehören auch die vielen Grünsande, die die Küsten der mitteleuropäischen Kreidemeere begleiten. Sie sind durch das Schichtsilikatmineral Glaukonit gefärbt, das Eisen in zwei- und dreiwertigem Oxidationszustand enthält. Grünsande sind u. a. aus der Gegend von Essen und Bochum, im gesamten Münsterland und aus Nordostbayern bekannt. In jedem Falle belegen sie die Transgression des Kreidemeeres auf den älteren, abgetragenen Untergrund.

Die durch schöne Schichtungsphänomene auffallenden Sandsteine der Sächsischen Schweiz und der Heuscheuer in den Sudeten sind meist grobklastische, küstennahe Bildungen der unteren Oberkreide, die entstanden sind, als hier das transgredierende Meer weit nach Osten vorgriff; zum Becken hin, d.h. nach Westen, verzahnen sie sich mit Karbonaten, zu denen der sog. Pläner (so benannt nach Plauen in Sachsen) zählt, helle dünnplattige, harte mergelige Kalke. Die Blöcke der Quadersandsteine des Elbsandsteingebirges haben sich aber erst später herausgebildet, als diese Sandsteine durch senkrechte Klüfte zerteilt und verwittert wurden.

Wo die küstennahen Bereiche durch Sedimentgesteine des Jura aufgebaut waren, sind diese bei der Unterkreidetransgression aufgearbeitet worden. Dabei wurden auch Toneisensteingeoden und andere eisenreiche Gesteine, vor allem des Doggers ausgewaschen und im bewegten Flachwasser zertrümmert; deren Eisen bildet die sog. Trümmererze von Salzgitter. Der Vorgang hat sich während der Oberkreide wiederholt, wodurch die entsprechenden Lagerstätten von Peine, Ilsede und Lengede entstanden sind, die nun aus aufgearbeiteten Unterkreideablagerungen bestehen. Diese Fazies ist zunächst durch den Verlauf von Salzstöcken (Zechstein) im Untergrund mitbestimmt worden: die Eisenerze verlaufen etwa parallel dazu in entsprechenden Senken. Sie sind aber auch durch Tektonik kontrolliert worden. Die Heraushebung des Harzes während der Oberkreide hatte erst dazu geführt, dass seine jurassischen Deckschichten abgetragen werden konnten; das eisenreiche Material ist dann in das nördliche Vorland verfrachtet worden. Entsprechende Eisenerzlager sind u. a. auch in Ostbayern entwickelt (Amberger Revier), wo das Kreidemeer in einer Bucht auf den Sockel der Böhmischen Masse übergriff.

Die namengebenden Kreidegesteine sind während der Oberkreide als Coccolithenschlamm in einem offenen Meer gebildet worden, das von England bis nach Osteuropa reichte; nach Süden bestanden Verbindungen über Frankreich und das spanische Ebro-Becken zur Tethys. Da die Schreibkreide im Verband mit Kalkmergeln bis zu 800 m mächtig sein kann, ist mit einer beträchtlichen Absenkung des erweiterten Norddeutschen Beckens zu rechnen. Man nimmt heute an, dass das Meer der Schreibkreide bis zu 300 m tief war.

Abb. 23: Kreidefelsen auf Rügen. Das namengebende Gestein wird wesentlich durch die mikroskopisch-kleinen Kalkplättchen von Algen (Coccolithophoriden) aufgebaut; sie bestehen aus Calcit, der nur schwach verfestigt ist. Das Gestein wurde deshalb auch als Schreibkreide verwendet und wegen der Feinkörnigkeit zu Schlämmkreide verarbeitet (Foto W. Weinhold).

Zyklen mit Perioden von 20 000 Jahren in diesen Sedimenten bilden Milankovitch-Zyklen der Präzession ab. Eine entsprechende Periodizität deutet sich auch in den Feuersteinlagen an, die jeweils bei verminderter Kalkablagerung an oder nahe der Meeresbodenoberfläche unter anoxischen Bedingungen entstanden sind (Zijlstra 1995).

Im weltweiten Maßstab ist die Kreide aber durch eine Vielzahl weiterer Faziestypen gekennzeichnet: Im Atlantik hat man für die Mittlere Kreide außerordentlich mächtige schwarze Tonsteine erbohrt, die durch hohe Gehalte an organischem Kohlenstoff und Pyrit auffallen.

Die Entstehung dieser black shales wird unterschiedlich gedeutet. Die gängigste Annahme geht davon aus, dass seinerzeit keine kalten Wassermassen aus den polaren Bereichen zur Verfügung standen, die für eine Zufuhr von Sauerstoff zum Meeresboden sorgten; die Pole wären danach eisfrei gewesen. Im Zusammenhang damit wird auch an eine Unterbrechung der ozeanischen Zirkulation gedacht, so dass der kreidezeitliche Atlantik vorübergehend ein stagnierendes Becken gewesen sein könnte. Völlig anders sehen das Degens u. a. (1986), die eine Bildung solcher Sedimente eher im limnischen oder flachmarinen Bereich annehmen, von wo aus sie dann durch turbiditische Suspensionsströme in die Tiefsee transportiert worden wären.

Im Alpenraum gibt es viele Hinweise auf tiefes Wasser, allerdings muss man das Gebiet differenzierter betrachten. Die Aptychenschichten in den Nördlichen Kalkalpen dokumentieren während der Unterkreide Tiefsee, weil die namengebenden Deckel der Ammoniten, die aus Calcit bestehen, noch erhalten sind, während die aragonitischen Gehäuse selbst aufgelöst wurden. Die im Wesentlichen aus Sandsteinen und Kieselkalken aufgebauten Flyschserien sind turbiditische Tiefseeablagerungen, wie man aus ihrem Aufbau ableiten kann. Darin sind Fossilien selten, es kommen aber charakteristische Spurenfossilien vor. Die einzelnen Gesteinsbänke sind gradiert geschichtet, zeigen gelegentlich Wickelschichtung (convolute bedding) oder eine Störung der Schichtung durch die grabende Tätigkeit oder die Fluchtspuren der zur Sedimentoberfläche flüchtenden Meeresbodenbewohner (Bioturbation).

Die Oberkreide enthält in den Nördlichen Kalkalpen aber auch Rudistenkalke, also Flachwasserbildungen und innerhalb der Helvetischen Zone sind während der gesamten Kreide überwiegend Karbonate gebildet worden, von denen hier nur der Schrattenkalk erwähnt werden soll, der sich durch besonders schöne Karrenbildungen (Schratten = Karren) in der Landschaft zu erkennen gibt.

Die südfranzösischen Voralpen und der Bereich des Rhônetals mit den vielen Typuslokalitäten zur Unterkreidestratigraphie waren ein relativ stabiles Gebiet, in dem in Bereichen tieferen Wassers Cephalopodenmergel abgelagert wurden, während gleichzeitig auf den angrenzenden Schelfgebieten Rudistenriffe und Trümmerkalke in einer Fazies stark bewegten, gut durchlichteten Wassers entstanden, die als Urgonfazies bezeichnet wird. Was hier für den Alpenraum gesagt ist, gilt in ähnlicher Weise für die Pyrenäen, Karpaten, den Balkan, Anatolien oder den Kaukasus. In diesem nördlichen Bereich des Tethysmeeres sind faziell ähnliche Kreideablagerungen nach Osten bis in den heutigen Pazifikraum zu verfolgen.

Ganz allgemein wurde die Faziesentwicklung im alpinen Kreidemeer auch durch die beginnenden gebirgsbildenden Bewegungen gesteuert. Vereinfacht ausgedrückt, driftete damals Afrika weiter nach Norden und beeinflusste die Sedimentation der Kreide bis in den Raum von Niedersachsen (Harzhebung!); sie war aber ganz wesentlich auch durch die Transgression vom Atlantik her bestimmt, dessen entscheidende Öffnung sich während der Kreide vollzog.

Im Atlantik selbst sind neben der erwähnten black-shale-Fazies auch mächtige Karbonatsedimente erbohrt worden, außerdem eine vulkanische Fazies innerhalb der Oberkreide, die durch mächtige bunte, zeolithische Tuffe gekennzeichnet ist.

Große Gebiete der Erde waren zur Kreidezeit Festland. Dazu gehörten u. a. Angaraland im Norden, das Innere Südamerikas und das Innere der USA, wo sich während der Oberkreide die Meere in die Randtröge zurückgezogen hatten. Diese Gebiete sind durch ihre spektakulären Dinosaurierfunde bekannt geworden (u. a. Montana, Alberta, die Mongolei), außerdem ist dort auch die Entwicklung der Angiospermenfloren zu verfolgen. Diese limnisch-terrestrische Fazies, die in Wyoming, Utah und Colorado Süßwassermuscheln (*Unio*) und -schnecken (*Viviparus*) enthält, ist lokal auch durch Salzablagerungen geprägt, wobei die von den äquatorialen Gebieten weit nach Norden und Süden reichenden Evaporite ein generell warmes Klima anzeigen.

Allgemein sind die großräumigen Faziesdifferenzierungen durch den während der Kreide schnell fortschreitenden Zerfall von Gondwanaland erklärbar. Die anfangs noch schmalen Meeresstraßen erweiterten sich zunehmend und die riesige Landmasse war schon weitgehend in die heutigen Südkontinente zerbrochen. Im Osten Brasiliens und im Westen Afrikas gab es im Grenzbereich Jura/Kreide zunächst noch eine i. w. limnisch geprägte Fazies, die dem Wealden gleicht, mit gleichen Gattungen von Süß- und Brackwasser-Ostrakoden. Der zwingende Schluss daraus ist, dass zur Unterkreide die beiden Kontinente in diesem Bereich noch zusammengehangen haben müssen.

Die Verbreitung einer ähnlichen Pflanzenwelt über einen vergleichsweise sehr weiten geographischen Bereich hat dazu geführt, ein ausgeglichenes Klima für die kreidezeitliche Erde anzunehmen. Schon früh hatten auch geochemische Studien gezeigt, dass die Durchschnittstemperaturen wesentlich höher waren als heute. Paläotemperaturen mariner Organismen wurden unter anderem an Belemniten-Rostren ($\delta^{18}O$ im Karbonat) bestimmt (Spaeth u. a. 1971); ein *Belemnit* aus der zur Kreide gehörenden Pedee-Formation diente sogar lange Zeit als Isotopenstandard (PDB).

Die Verbreitung mariner Organismen in Form von Gürteln zeigt aber auch, dass es Bereiche warmen Wassers neben solchen von kühlerem Wasser gab; warmes Flachwasser bezeugen u. a. die gewaltigen Rudistenkolonien oder die *Orbitolinen*.

Die höheren Temperaturen könnten spekulativ in einen Zusammenhang mit dem ungewöhnlich heftigen Vulkanismus gebracht werden. Die aufdringenden Magmamassen könnten das Ozeanwasser über den sonnengesteuerten Wärmehaushalt hinaus aufgeheizt haben, so dass darauf schließlich auch die Organismen zu reagieren begannen.

Ungewöhnliche Verhältnisse, vielleicht höhere Temperaturen im Ozeanwasser, sind vor kurzem auch aus Karbonatgesteinen abgeleitet worden, die sich am Top pazifischer Guyots während der Kreide gebildet hatten (Wilson u. a. 1998). Normalerweise werden solche Guyots als Vulkanbauten angesehen, die durch Erosion gekappt werden, wodurch ihre flache Oberfläche entsteht. Die meisten der kreidezeitlichen Guyots, von denen es im Pazifik eine Vielzahl gibt, werden aber nach den Ergebnissen von Bohrungen jetzt anders interpretiert, nämlich als abgesunkene Karbonatplattformen ähnlich der rezenten Bahama-Bank. Sie sind aber im Gegensatz dazu über ozeanischer Kruste entstanden. Die Karbonate bestehen u. a. aus Rudisten, Korallen und Oolithen und ihre Zemente zeigen, dass sie nicht in den Auftauchbereich gekommen sind (womit man normalerweise das Absterben der marinen Faunengemeinschaft erklärt). Die Flachwasserkarbonate werden ihrerseits durch pelagische Sedimente überdeckt. Diese untermeerischen Plateaus sind durch plattentektonische Prozesse, die sich langsamer vollzogen als die Sedimentation, in ihre heutige Position gelangt. Alles spricht aber dafür, dass die karbonatbildenden Organismen bereits im tropischen Bereich, d. h. am Ort ihrer Bildung, abgestorben waren. Die Vermutung, dass die Plateaus auf ihrer Reise nach Norden und ihrer damit einhergehenden Absenkung in Bereiche tieferen Wassers durch Wasserzonen gedriftet sind, die irgendwie schädlich für Flachwasserorganismen waren, ist bisher unbewiesen, die Verhältnisse könnten aber mit ungewöhnlichen Wassertemperaturen im Zusammenhang stehen.

Hinweise auf sehr warmes Klima ergeben sich auch aus einem besonders intensiven Vulkanismus, in dessen Gefolge sich durch die Mengen an freigesetztem CO_2 ein entsprechender Treibhauseffekt einstellen musste.

Im Gegensatz dazu gibt es aber auch Anzeichen für kühlere Zeitabschnitte, in Extrempositionen werden sogar periodisch einsetzende Eiszeiten für die Kreide diskutiert (Kemper 1987).

Das wesentliche Kriterium dafür sind Glendonite, die Pseudomorphosen von Calcit nach Ikait darstellen. Ikait ist eine wasserhaltige Modifikation von $CaCO_3$ ($CaCO_3 \cdot 6H_2O$), die sich nur in kaltem Wasser bildet; rezente Vorkommen sind aus antarktischen Gewässern beschrieben worden (Suess u. a. 1982) und kürzlich auch in Form von meterhohen Säulenbauten aus einem Fjord SW-Grönlands (Buchard u. a. 1997). Die Ikaitkristalle bilden sich aber überwiegend innerhalb von tonig-siltigen Sedimenten und können nur erhalten bleiben, wenn sie durch stabilen Calcit ersetzt werden. Die als Glendonite im engeren Sinne bezeichneten Kristalle bilden kleinere Stachelkugeln und sternförmige Aggregate (ähnlich aussehend wie Wüstenrosen), deren Kristalle von 0,5 – 80 cm groß sein können. Glendonite haben ihre Bezeichnung vom Glendon-Tal in Süd-Australien, wo sie zusammen mit glaziomarinen Sedimenten schon anfangs unseres Jahrhunderts beschrieben und als Zeugen für die Permvereisung angesehen wurden.

Der Ansatz Kemper's, auch über diese Glendonite hinaus kalte Perioden innerhalb der Kreide zu postulieren, ist von allgemeinerer Bedeutung für die Diskussion geologischer Phänomene. Weil die Ablagerungen der Warmwasserzeiten die spektakulären Fossilien enthalten, hat man überwiegend in den entsprechenden hellen kalkreichen Gesteinen gesammelt. So musste sich notwendig ein Bild ergeben, das von Warmwasserformen geprägt war und diese bestimmten dann die Aussagen, die für Zehnermillionen von Jahren standen. Fossilarme und meist gleichzeitig kalkarme Sedimente, meist Tone, die Kaltzeiten repräsentieren könnten, sind dabei eher übersehen worden oder sie sind abgetragen.

Kaltzeiten sind außerdem infolge der damit verbundenen Regressionen im Flachwasserbereich meist nicht überliefert, die Zeiten entsprechen dort Schichtlücken. Eine dritte Ursache für das Nichterkennen von Kaltzeiten scheint in einer ungenügenden Probendichte begründet. Während man in den Eiszeiten des Quartärs, die sehr kalten Phasen von jeweils nur einigen 1000 Jahren zeitlich fassen kann, ist innerhalb der Kreide eine entsprechende zeitliche Auflösung der Schichtenfolge noch nicht möglich.

Die bisherigen Aussagen über kühle Phasen in der Kreide kommen vor allem aus dem Niedersächsischen Becken, wo sich Warmwasserfaunen aus der Tethys mit borealen Elementen des erweiterten Nordseebereiches abwechseln; in solchen Gebieten können entsprechende Signale verstärkt werden. Dabei ergibt sich ein von der Lehrbuchdarstellung abweichender Verlauf der Klimakurve für die Kreide, mit Zyklen, die möglicherweise mit der Änderung von Erdbahnparametern gedeutet werden können.

Ausser den Sedimenten sind während der Kreide ungewöhnlich große Massen basaltischer Gesteine, sowohl auf den Ozeanböden als auch auf dem Festland gebildet worden; man spricht in letzter Zeit von einem unregelmäßigen Herzschlag der Erde, der während der Kreide durch

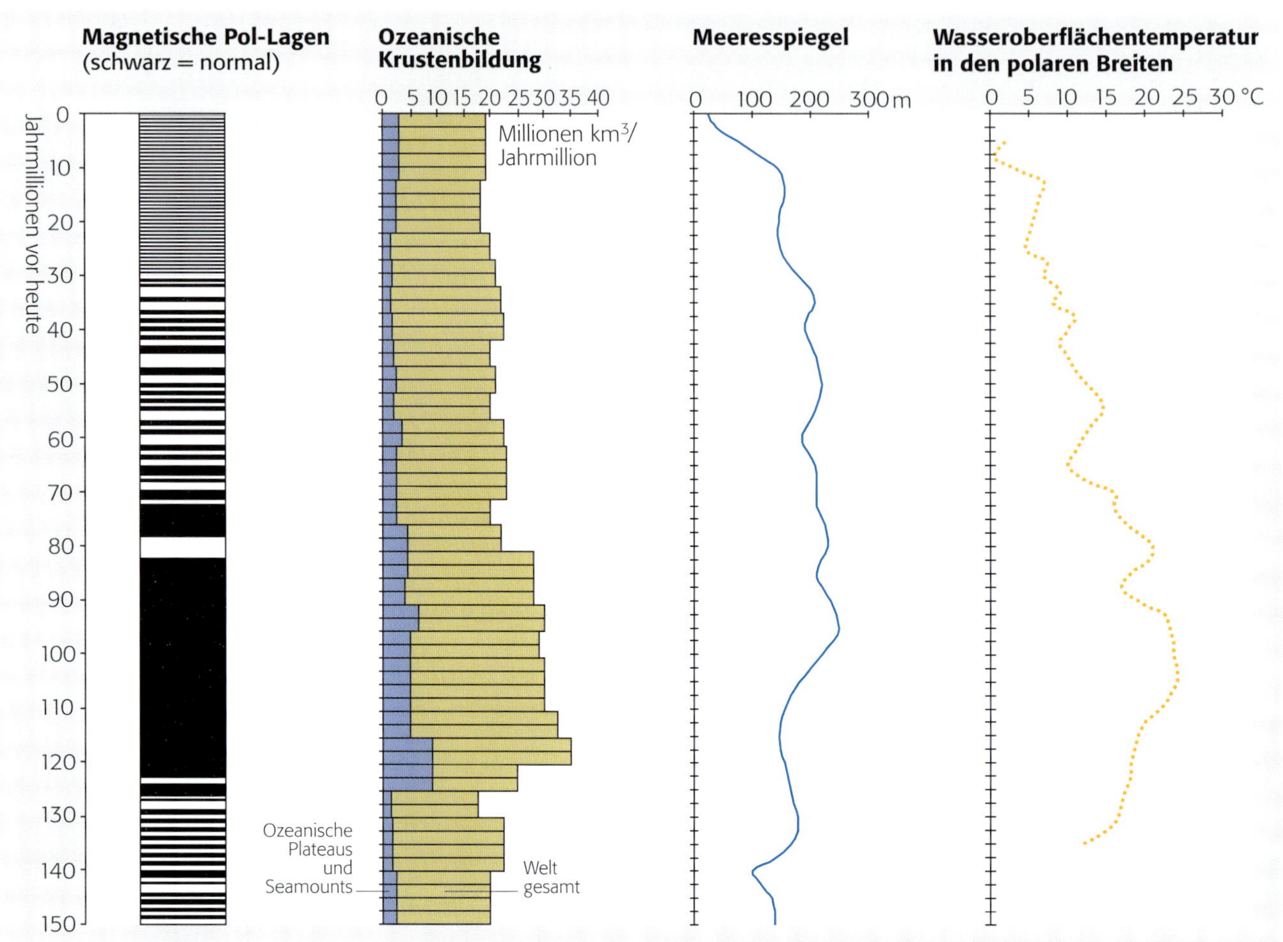

Abb. 24: Während der mittleren Kreide wurde zeitweise außergewöhnliche Mengen Basalte gefördert, die sich vor allem in der Bildung ozeanischer Plateaus niedergeschlagen haben. Die Folgen waren Meeresspiegelanstieg (mit den entsprechenden Transgressionen auf die Festländer) und allgemein höhere Wassertemperaturen, die sich auch auf einen verstärkten Treibhauseffekt durch das vulkanische CO_2 zurückführen lassen.

Gleichzeitig bleiben die sonst in schnellerem Wechsel beobachteten Änderungen des Magnetfeldes der Erde aus (Streifenmuster am Rand mit der Zeitskala).

Das als „Superplume" bezeichnete Ereignis ist ein erst vor kurzem erkanntes Phänomen, das seinen Ursprung wahrscheinlich im Bereich zwischen Erdmantel und -kern, d. h. in 2900 km Tiefe hat. Umgezeichnet nach Larson (1995).

eine Superplume-Episode gekennzeichnet war (Larson 1995). Diese Massen basaltischer Gesteine haben alle älteren Sedimente überlagert, so dass man in den Ozeanen sehr tief bohren musste, um den dort auch lange schon vermuteten Jura darunter nachzuweisen (Abb. 24).

Im Gefolge dieser Massenförderung ist nicht nur besonders viel ozeanische Kruste neu entstanden, mit einem extrem breiten Streifen normaler Magnetisierung (die etwa 40 Millionen Jahre umfasst, während der keine Umkehrung des Erdmagnetfeldes erfolgte), sondern es kam auch zu einem allgemeinen Meeresspiegelanstieg, der das Wasser extrem weit auf die Landgebiete überschwappen ließ. Man ist versucht, auch die zeitweise wohl besonders hohen Oberflächentemperaturen der Kreidezeit darauf zurückzuführen.

Große Massen basaltischer Vulkanite auf den Festländern sind vor allem aus Indien (der Dekkan-Trapp hat mit 300 000 km² und teilweise über 2 km Mächtigkeit ein ungewöhnliches Volumen), Südamerika (Paraná-Becken), Afrika (Kamerun) und Sibirien bekannt. Zu den geologischen Besonderheiten dieser Zeit gehört auch der Transport von Diamanten aus deren Bildungsbereich in der tiefen Kruste bzw. dem Erdmantel durch die Eruption der sog. Kimberlit-Pipes in Südafrika, Angolas und im Kongo. Die Transgressionen könnten phreatomagmatische Prozesse eingeleitet haben.

Die Hauptmasse der Basalte ist aber, von diesen lange bekannten Vorkommen abgesehen, erst in den letzten Jahren in das Bewusstsein der Forscher geraten. Neben einer ohnehin schon hohen Förderung submariner Laven, die zum Aufbau großer Areale von ozeanischer Kruste beigetragen haben, steht hier die Bildung riesiger ozeanischer Plateaus an erster Stelle. Wenn man eine Karte der Ozeanböden betrachtet (Heezen u. Tharp), so fällt die unruhige Topographie im westlichen Pazifik auf, die die amerikanischen Kollegen Muddy Road nennen. Statt des sonst so geordneten Streifenmusters gibt es dort eine große Anzahl untermeerischer Bergketten und Plateaus. Das größte dieser Plateaus ist das Ontong-Java-Plateau, dem in den letzten Jahren die besondere Aufmerksamkeit der Tiefseeforscher galt. Man schätzt, dass seine Ausdehnung die der indischen Dekkan-Trapp-Basalte um das 25-fache (!) übertrifft.

Möglich wäre, wie das der Geophysiker Larson vermutet, dass die kreidezeitliche Superplume-Episode vor 120 Millionen Jahren, das Zerbrechen von Gondwanaland bedingt und zu der schnellen Verbreiterung der meisten Ozeanbecken, den weltweiten Transgressionen und einer allgemeinen Erwärmung auch des Meerwassers beigetragen hat. Hier eröffnet sich ein weites Feld für ganz allgemeine Spekulationen über derartige Zusammenhänge; man muss sich aber darüber im Klaren sein, dass sich alle diese Prozesse nicht plötzlich ereignet haben, sondern über Millionen von Jahren verteilt waren.

Zu den endogenen Prozessen der Kreidezeit gehört auch die Bildung ausgedehnter Granitplutone, die an Gebirgsbildungsprozesse gekoppelt waren. Die wesentlichsten sind geographisch an die Randbereiche des Pazifik gebunden. Damals entstanden unter anderem die riesigen Nevada- und Idaho-Plutone, und im Randbereich des Kolyma-Massivs stiegen Granite und Diorite auf. Dieser circumpazifische Plutonismus ist auch wesentlich für viele bedeutende Erzlagerstätten der Erde.

Die Entstehung der Magmen wird heute weitgehend durch Subduktionsprozesse erklärt, und in diesem Zusammenhang sind dann auch die Gebirgsbildungen am Ende der Kreidezeit zu verstehen (Laramische Phase in Nordamerika).

In den Alpen erfolgten Faltung und Deckenschub teilweise schon in der Kreidezeit und auch in Norddeutschland gab es gegen deren Ende gebirgsbildende Vorgänge (Abb. 25). Sie haben zur Heraushebung des Harzes geführt und die Strukturen und die heutige Landschaft im Osnabrücker Bergland geprägt, wo neben Faltung sogar lokale Deckenüberschiebungen der älteren Schichtfolgen auf die Kreide erkennbar sind. In diesem Niedersächsi-

Abb. 25: Am nördlichen Harzrand sind Schichten von Trias bis Kreide während der Oberkreide steilgestellt und danach sogar überkippt worden. Das abgebildete Profil zeigt solche Kalksteine, Mergel und Tone bei Harlingerode.

schen Tektogen, zu dem u.a. Osning (Teutoburger Wald) und das Weser-Wiehengebirge gehören, wurden damals Blöcke des älteren Untergrundes, wie die steinkohleführenden Schichten des Karbons von Ibbenbüren horstartig herausgehoben. Bei den Bewegungen des Deckgebirges spielte das im Untergrund des Niedersächsischen Beckens lagernde Zechsteinsalz als Schmiermittel eine wesentliche Rolle. Die ursprünglichen Ablagerungsbereiche der Kreide-Becken wurden durch die Tektonik invertiert, die Senkungstendenz kehrte sich in eine Hebung um.

Stratigraphie

Die Schichtenfolge der Kreide wird heute international durch allgemeinverbindliche Stufenbezeichnungen benannt, die über die einfache Unterteilung in Unter- und Oberkreide weit hinausgehen; die Typuslokalitäten reichen von Südfrankreich bis nach Belgien. Mit der Bezeichnung Maastrichtium für die oberste Stufe der Oberkreide hatten meine US-amerikanischen Kollegen immer Schwierigkeiten. Sie schrieben ‚Maestrichtium', ohne dafür eine bessere Begründung zu haben als die Gewohnheit (irgendjemand muss das einmal so geschrieben haben und dann hat es einer vom anderen abgeschrieben – wie vieles in der Wissenschaft, und nicht nur da!).

Früher hatte man die Unterkreide in Neokom (nach Neuchâtel in der Schweiz) und Gault (einer englischen Gesteinsbezeichnung) gegliedert, was z.B. Bezeichnungen wie Gault-Flysch in den Alpen begründete. Dann folgte die Oberkreide mit Cenoman, Turon, Emscher, Senon und – damals noch zur Kreide, heute zum Tertiär gerechnet – Dan. Daraus bastelten Studenten den Merkvers: „Citronen-Torte essen seidene Damen". Diese Gliederung erklärt auch Begriffe wie Mucronaten-Senon in der älteren Literatur (nach *Belemnitella mucronata*, einem Belemniten mit Leitwert).

Während die Unterkreide-Typuslokalitäten, z.B. Barrême (f.d. Barremium; Abb. 26), Apt (f.d. Aptium) oder Alb (nach dem Fluss Aube) für Albium in der Provence liegen, Valanginium und Hauterivium nach Städten in der Schweiz benannt sind, heißt Cenoman nach dem lateinischen Namen für Le Mans. Turon kommt von Touraine, Coniac ist meist in anderer Beziehung zur entsprechenden Landschaft bekannt, ebenso wie Campan (Champagne), und das Santon heißt so nach einer Gegend in Westfrankreich. Korrekter Sprachgebrauch der Geologen verlangt jeweils die Endung -ium, aber das halten nicht einmal alle moderneren Lehrbücher ein. Die Kreidegliederung in Nordamerika stützt sich i.w. auf lokale Schichtfolgen, in denen Formationen i.e.S. ausgehalten werden; daraus resultiert eine Unmenge von Namen, die die Studenten dort lernen müssen.

Abb. 26: Ortsschild von Barrême/Provence, im Hintergrund Kalksteinfelsen. Barrême ist die Typuslokalität des Barremiums, einer Stufe der Unterkreide.

Mit den europäischen Typuslokalitäten ist bereits viel über die regionalen Vorkommen entsprechender Kreideablagerungen gesagt. Dass immer wieder lokale Formationen in diese Stufengliederung ‚eingehängt' werden, liegt in der Natur der lokalen Bildungsbedingungen, die zu Schichtbezeichnungen wie Osningsandstein, Bentheim Sandstein, Hilston, Essen Grünsand oder Baumberge Sandstein geführt haben. Sie sind deutlich von der Petrographie abgeleitet.

Während über die Stufengliederung heute weitgehend Einigkeit besteht, sind die entsprechenden Alterszahlen nach Jahrmillionen, je nach Literatur, noch sehr unterschiedlich. Die neuesten Zahlen für die Untergrenze der Kreide sind 144,2 ± 2,6 und für die Obergrenze 65 ± 0,1 Ma (Gradstein u.a. 1995).

Die Besonderheiten der Kreide-Tertiär-Grenze

Viele der Grenzen geologischer Systeme sind durch einschneidende Veränderungen in der Tier- und Pflanzenwelt markiert. Die Kreide/Tertiär-Grenze erscheint in dieser Hinsicht besonders auffallend, weil hier die allein schon wegen ihrer Körpergröße spektakulären Dinosaurier ‚plötzlich' ausgestorben sind. Dazu kommen im marinen Bereich u.a. Foraminiferen und kalkiges Nannoplankton sowie Ammoniten, Rudisten und Inoceramen, die noch innerhalb der Oberkreide wichtige Leitfossilien gewesen waren. Über die Gründe wird spekuliert. Seit man in der Grenzschicht bei Gubbio in Umbrien erhöhte Iridiumgehalte gefunden hat, steht die These im Raum, dass das Artensterben durch den Einschlag eines extraterrestrischen Körpers verursacht wurde, von dem auch das Iridium stammen soll (das Element ist in Meteoriten im Vergleich zur Erdkruste relativ häufig). Die These stammt von dem Physiker und Nobelpreisträger Louis W. Alvarez (Alvarez u.a. 1980). Sie hat eine Fülle neuer Untersuchungen angeregt, die bis heute noch nicht abgeschlossen sind; in einem Speziallabor werden nun weltweit Gesteine von unterschiedlichen Orten aus dieser Grenzschicht geochemisch auf Iridium, Osmium und andere seltene Metalle analysiert.

Gegner der These verweisen darauf, dass Iridium auch aus bestimmten Vulkanen in hohen Konzentrationen gefördert wird und dass gerade im Grenzbereich Kreide/Tertiär ungewöhnlich starker Vulkanismus die Erde beherrscht hat (vgl. auch Larson 1995). Schwieriger zu entkräften ist die Beobachtung, dass im Bereich der Grenzschicht geschockter Quarz gefunden wurde (Quarz hat normalerweise keine Spaltbarkeit, die geschockten Quarze zeigen aber planare Elemente, die ihnen ein parallel gestreiftes Aussehen verleihen. Solche Quarze sind von Meteoriteneinschlägen bekannt, z.B. aus dem Nördlinger Ries).

Seine weltweite Verbreitung legt die Folgerung nahe, dass bei dem vermuteten Impakt eines Asteroiden eine gewaltige Staubwolke aufgewirbelt wurde, die um den gesamten Erdball kreisen konnte. Die Konsequenz wäre, dass der kosmische Körper im kontinentalen Bereich eingeschlagen sein müsste. Weitere Folgerungen sind hochspekulativ, wie z.B. die Idee, dass die hohen Temperaturen den Luftstickstoff zu nitrosen Gasen umgebildet hätten, die dann einen Regen mit dem Grad von Batteriesäure nach sich zogen. Schwieriger war die Suche nach einem entsprechenden Krater. Man glaubt ihn heute im Chicxulub-Krater auf der Yucatán-Halbinsel gefunden zu haben, einer Impaktstruktur von 180 km Durchmesser, die allerdings mit jüngeren Tertiärsedimenten gefüllt und deren genaues Alter noch nicht bekannt ist. Neuere Untersuchungen legen die Möglichkeit nahe, dass Mehrfacheinschläge, evtl. kurz hintereinander, stattgefunden haben könnten, wobei man dann eher an einen Kometenschwarm als an einen Asteroiden denken müsste. Alvarez hatte urspünglich sogar an eine erdnahe Supernovaexplosion gedacht, um die Iridiumanomalie zu erklären, den Gedanken aber später verworfen, weil die Iridiumisotope eine Herkunft des Einschlagkörpers aus unserem Sonnensystem nahe legen.

In dieser Diskussion keimen Ideen des 18. Jahrhunderts wieder auf, der Katastrophismus des Barons Cuvier, der seine Wurzeln letztlich im Sintflutgedanken hatte. Es ist deshalb auch nur folgerichtig, dass der österreichische Geologe Alexander Tollmann in seinem Buch ›Und die Sintflut gab es doch‹ (1993) die Ereignisse an der Kreide/Tertiär-Grenze ausführlich erörtert, um sie später auf das jüngere Geschehen der biblischen Überlieferung zu übertragen.

Inzwischen gibt es aber genügend Daten, um die Argumentation für ein schlagartiges Aussterbeereignis zumindest zu modifizieren. Die Paläontologie kann nämlich nachweisen, dass viele der ausgestorbenen Tiergruppen zuvor schon einen allmählichen Niedergang erfahren hatten, der sich über Millionen von Jahren hinzog.

Die Argumentation zielt auch auf Klimaveränderungen als Ursache. Es waren nämlich vor allem tropische Lebensgemeinschaften vom Aussterben betroffen, wie z.B. die Rudistenriffe. Auch tropische Schnecken starben aus und ihre Lebensräume wurden von Arten eingenommen, die an kühleres Wasser angepasst waren. So scheinen die Wanderbewegungen bestimmter Tiergruppen vom Klima gesteuert, nur die der tropischen Zonen konnten nicht überleben, weil dort das Wasser zu weit abgekühlt war.

Tiefseesedimente aus dem Grenzbereich zeigen, dass auch planktonische Foraminiferen ziemlich plötzlich ausstarben; die ins Tertiär hinein überlebenden waren kleinwüchsig. Auch hier ist auffällig, dass zunächst Warmwasserformen verschwanden, die schon länger vor der eigentlichen Grenze auch im tropischen Bereich durch Formen gemäßigter Breiten ersetzt worden waren. Es liegt nahe, hier ebenfalls Abkühlung als Ursache anzunehmen, die damit aber bereits längere Zeit vor der eigentlichen Grenze begonnen hatte.

Landpflanzen reagieren besonders empfindlich auf Klimaveränderungen. Profile im westlichen Nordamerika enthalten die einzigen, kontinuierlich von der Oberkreide bis ins Alttertiär durchgehenden terrestrischen Sedimentfolgen. Dort gibt es außer der Iridiumanomalie auch eine, die die Pflanzenwelt betrifft: Genau im Grenzbereich besteht die Mikroflora fast zu 100 % aus Farnsporen, so dass man von einem Farn-Peak spricht. Die in den Schichten darunter und darüber überwiegenden Pollen der Angiospermen sind also abgelöst worden von einer Vegetation, die wesentlich geringere Ansprüche an ihre Umwelt stellt; das lässt sich ebenfalls am besten mit einer Klimaverschlechterung erklären.

Bei aller biologischen Argumentation bleibt dann aber die Frage nach der Ursache einer weltweiten Abkühlung, zumal die Kreidezeit wahrscheinlich durch die höchsten Mitteltemperaturen der Erdgeschichte gekennzeichnet ist. Die Impakt-Theoretiker sehen den Grund für die Abkühlung in einer Art Eishauseffekt, der seinen Ursprung in der erdumspannenden Staubwolke nach dem Einschlag haben soll, ähnlich dem vor einigen Jahren beschworenen ‚Nuklearen Winter', der nach einer Atombombenkatastrophe eintreten könnte.

Eine den vielen Argumenten gerecht werdende Erklärung für das große Sterben am Ende der Kreidezeit könnte eine Kombination aus den bisherigen Beobachtungen bilden, die davon ausgeht, dass der finale Impakt eine ohnehin im Niedergang befindliche Lebenswelt betroffen hat, die zuvor schon durch Temperaturveränderungen angeschlagen war; in diese Richtung zielt auch die derzeit letzte zusammenfassende Darstellung zum Thema von Glasby u. Kunzendorf (1996). Deren Autoren erörtern aber vor allem auch den Einfluss der gewaltigen Vulkanausbrüche des Dekkan-Trapps bei der Entstehung der Iridiumanomalie und beschränken den Einfluss des Chicxulub-Impakts auf einen regionalen Rahmen, der nicht notwendig von globaler Auswirkung gewesen sein muß.

Im Dezember 1996 ging eine Meldung durch die Presse, wonach eine Kollision zweier Neutronensterne eine tödliche Strahlung verursacht hätte, in deren Folge nach dem dadurch bedingten Massentod Mutationen der Organismenwelt zu neuen Formen geführt hätten.

Weitere Erklärungsversuche grenzen gelegentlich ans Groteske. Die Dinosaurier könnten sich an Angiospermen überfressen und durch die darin enthaltenen Alkaloide vergiftet haben. Tatsache ist, dass die Eischalen dünner geworden waren, eierfressende Konkurrenz (*Oviraptor*) könnte die Nester ausgeraubt haben usw. Oder sie kamen einfach, wie Scheffel schrieb, „zu tief in die Kreide"... Falls sie nicht, wie die während des ‚Sommerlochs' immer wieder auftauchende Seeschlange vom Loch Ness (Nessie), noch unter uns sind!

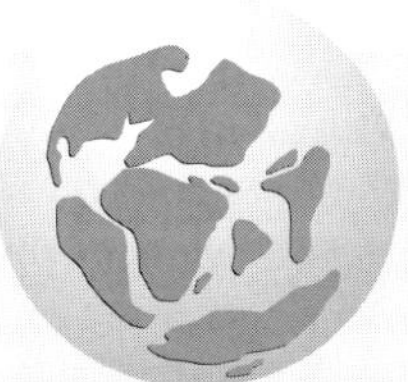

Zusammenfassung

Die Bezeichnung Kreide stammt von dem im Wesentlichen aus kalkigem Nannoplankton zusammengesetzten Gestein der Oberkreide. Während der Unterkreide wurden in Europa überwiegend klastische Sedimente gebildet, zu denen auch Trümmereisenerze gehören, die in der Oberkreide nochmals aufgearbeitet wurden. Die marine Tierwelt ist durch eigenständige Ammoniten, Belemniten, Rudisten und Seeigel vertreten, die auch für die Gliederung der Schichten von Bedeutung sind. Die Cephalopoden bildeten gelegentlich Riesenformen aus, entwickelten aber auch sekundärprimitive Merkmale. Marine Reptilien, vor allem aber die landlebenden Dinosaurier erreichten ihre höchste Entwicklung und starben am Ende der Kreide zusammen mit einem Großteil der mesozoischen Tierwelt aus. Während der Oberkreide erfolgte eine rasante Entwicklung der Blütenpflanzen, die bis in hohe geographische Breiten nachweisbar sind; das gilt als Zeichen für ein ausgeglichenes, sehr warmes Klima, obwohl es auch Hinweise auf Kaltzeiten gibt.

Die Landmasse von Gondwanaland zerbrach zunehmend, möglicherweise im Zusammenhang mit der Förderung ungewöhnlich umfangreicher Basaltmassen, die in den Ozeanen, aber auch auf den Kontinenten ausgeflossen sind. Sie könnten sowohl die hohen Meeresspiegelstände, als auch die vergleichsweise hohen Wassertemperaturen verursacht haben.

Die Festlandsbereiche des auseinander driftenden Gondwanalandes wurden randlich von Flachmeeren überflutet. Die Südkontinente und die Ozeane hatten schon weitgehend ihre heutigen Umrisse und Positionen. Die plattentektonischen Vorgänge, die unter anderem zur Öffnung des Atlantiks beitrugen, haben im Randbereich des Pazifik Gebirgsketten, wie die Anden und die Rocky Mountains, sowie große Granitplutone entstehen lassen. In den Ostalpen und den Dinariden wurde der Höhepunkt der Faltung erreicht. Der größte Teil Deutschlands war von Bruchfaltung (Intraplattentektonik) betroffen, der Harz und die übrigen Mittelgebirge in Niedersachsen stiegen auf, wobei auch Zechsteinsalze im Untergrund als Schmiermittel gewirkt haben.

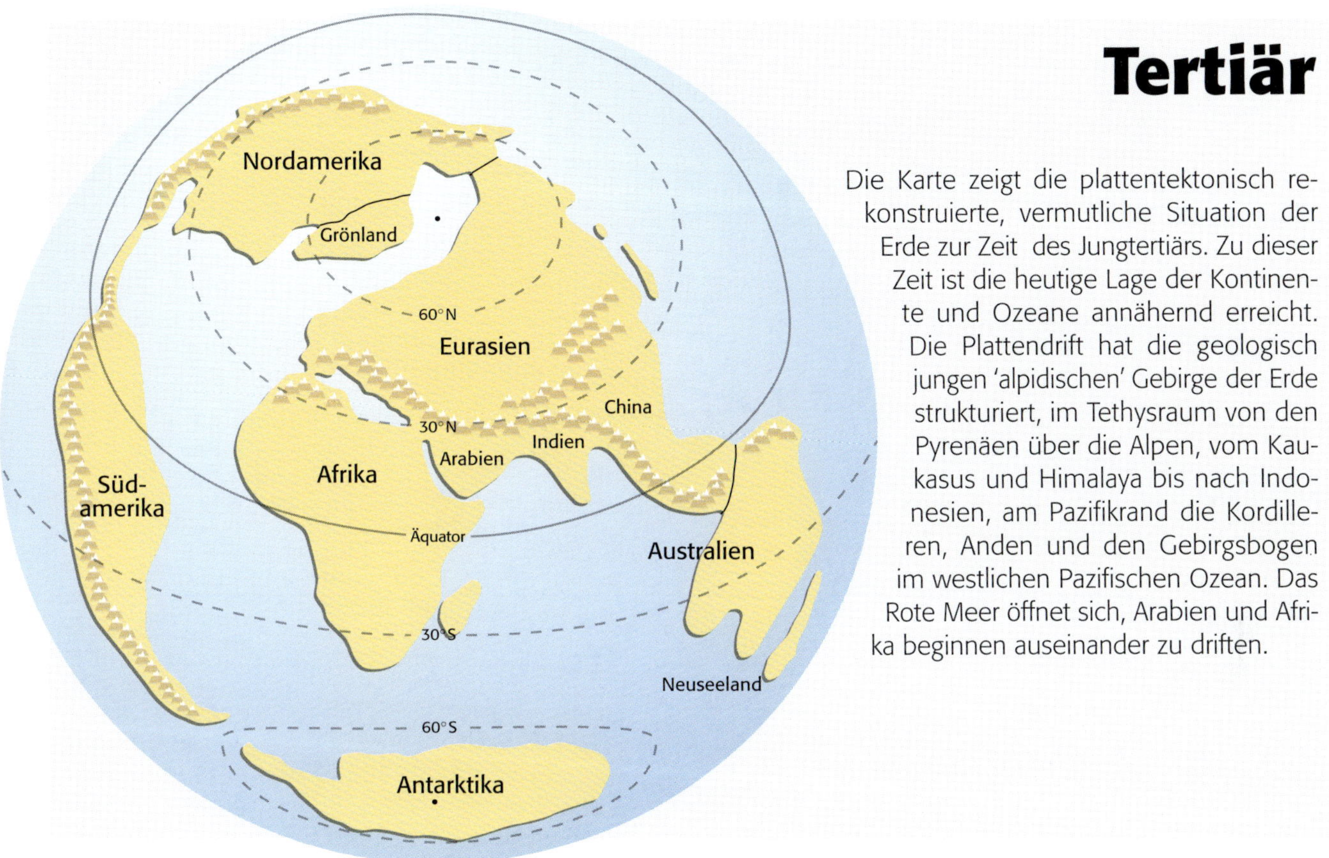

Tertiär

Die Karte zeigt die plattentektonisch rekonstruierte, vermutliche Situation der Erde zur Zeit des Jungtertiärs. Zu dieser Zeit ist die heutige Lage der Kontinente und Ozeane annähernd erreicht. Die Plattendrift hat die geologisch jungen 'alpidischen' Gebirge der Erde strukturiert, im Tethysraum von den Pyrenäen über die Alpen, vom Kaukasus und Himalaya bis nach Indonesien, am Pazifikrand die Kordilleren, Anden und den Gebirgsbogen im westlichen Pazifischen Ozean. Das Rote Meer öffnet sich, Arabien und Afrika beginnen auseinander zu driften.

Begriff und Abgrenzung

Die Bezeichnung Tertiär führt zu den Anfängen geologischer Forschung zurück, als Arduino (1713–95) Montes primarii (Kristallin), Montes secundarii (Kalk, Ton) und *Montes tertiarii* unterschied und mit Letzteren die weitgehend unverfestigten Ablagerungen am Fuße der norditalienischen Alpen umriss; Arduino war Professor der Mineralogie und Bergwerksdirektor in Padua. Das Tertiär entsprach A. G. Werner's (1786) 'Aufgeschwemmtem Gebirge'. Diese Schichten sind reich an Fossilien und waren in der Folge von Lyell und Deshayes näher untersucht und gegliedert worden. Dabei hatte sich früh gezeigt, dass die Fauna der rezenten Lebewelt schon sehr ähnlich sah.

Die zuvor schon näher umrissene Kreide/Tertiär-Grenze macht bereits anhand der massenhaft ausgestorbenen mesozoischen Faunen die Liegendgrenze sehr deutlich: neue Tiere erobern die Erde, bei den Vertebraten vor allem die Säugetiere, das Erdzeitalter der Reptilien war weitgehend vorbei. So spricht man nach dem Mesozoikum nun vom Känozoikum, der Epoche der neuzeitlichen Tiere. Die Pflanzen waren, mit der explosiven Evolution der Angiospermen in der Oberkreide, dieser Entwicklung bereits vorausgeeilt, das Känophytikum begann also früher. Auch die Invertebratenfauna kennzeichnet einen neuen Abschnitt, allerdings ist das weniger deutlich als bei den landlebenden Wirbeltieren. Die Ablagerungen des Tertiärs sind aber durch einen im Vergleich zur Kreide oft stark akzentuierten Fazieswechsel geprägt, der durch ein vielfaches Kommen und Gehen des Meeres verursacht ist, das auf die weitgehend eingeebneten Landgebiete übergriff; dort sind marine, brackische und limnische Ablagerungen in einem ständigen Wechsel übereinander zu finden. Hier liegt auch die Beobachtungsbasis für Cuvier's ›Revolutionen der Erde‹ In den Ozeanen dagegen sind vollständige marine Profile, vor allem durch die Tiefseebohrungen belegt worden, in denen die Fossilien eine klare, paläontologisch auch durch Zonen fassbare Abgrenzung und Gliederung gestatten.

Die Hangendgrenze ist im Festlandsbereich überall da deutlich, wo kaltzeitliche Ablagerungen des Quartärs vorliegen; das bedeutet, dass hier die Fazies als Kriterium für die Grenzziehung verwendet wird. Diese klassische Abgrenzung hat zu dem Trugschluss geführt, die Eiszeit sei ‚plötzlich' gekommen. Im marinen Bereich, aus dem man nun außerordentlich gute Profile aus Bohrkernen zur

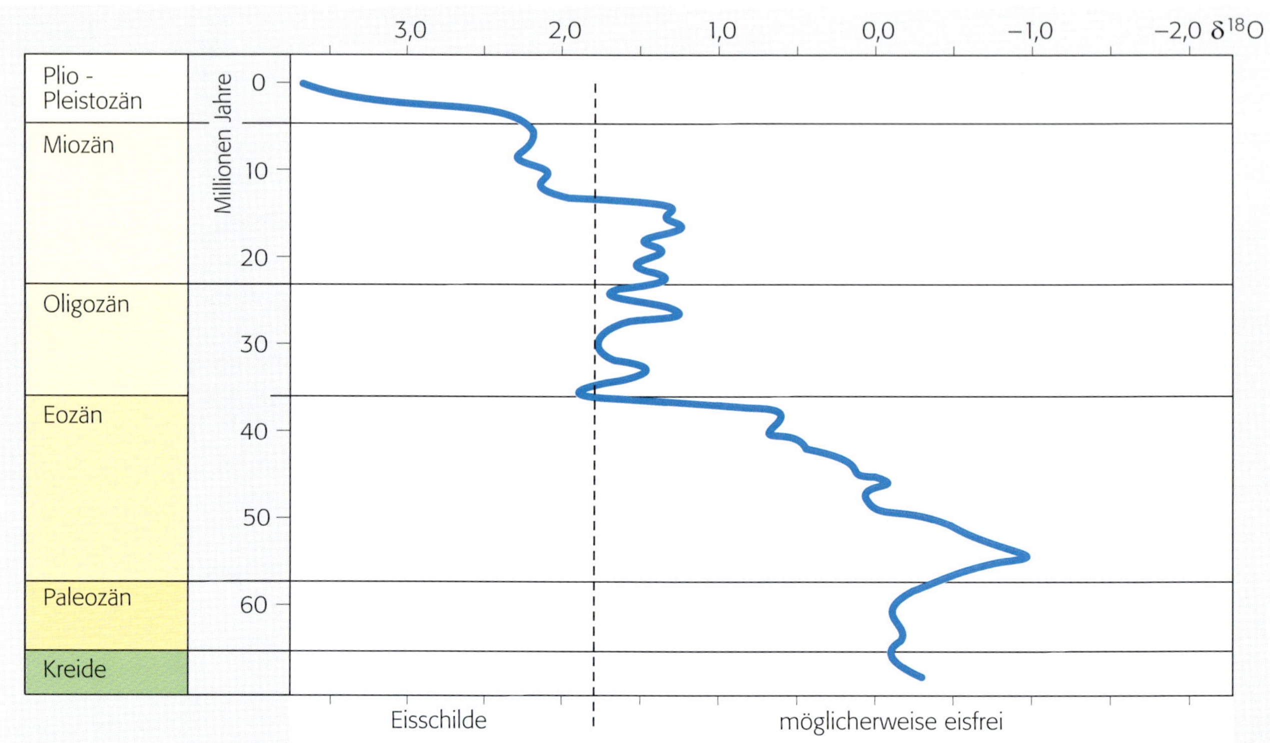

Abb. 27: Kurve der Sauerstoffisotopenverhältnisse ($\delta^{18}O$) in den Kalkschalen benthonisch lebender Foraminiferen aus Tiefseebohrungen im Atlantik. Der daraus ableitbare Temperaturverlauf des Ozeanwassers zeigt ein Maximum im unteren Eozän und den allgemeinen Abkühlungstrend, der wahrscheinlich schon im oberen Miozän zum Aufbau von Eisschilden geführt hat (umgezeichnet und vereinfacht aus ›Report of the Second Conference on Scientific Ocean Drilling‹ (Cosod II) 1987).

Verfügung hat, zeigt sich aber auch anhand von Isotopendaten ein langfristiger Abkühlungstrend, der bereits im Eozän, d.h. vor über 50 Millionen Jahren begonnen hatte (Abb. 27). Die Grenzziehung in den Meeressedimenten erfolgt vor allem durch Mikro- und Nannofossilien.

Flora und Fauna

Bei dem Wort Tertiärflora denken einschlägig Vorgebildete vor allem an Wälder warmer Klimazonen, die in unseren heute eher kühlen Breiten wuchsen, an Sumpfzypressen oder Zimtbäume. Zum natürlichen Inventar gehört auch die Weinrebe, deren Samen man kürzlich in den mitteleozänen Ablagerungen des Eckfelder Maars in der Eifel gefunden hat (Wilde & Frankenhäuser 1998); damit lässt sich widerlegen, dass erst die römischen Legionäre den Wein nach Germanien mitgebracht hatten. Unbestritten ist, dass Mitteleuropa bis in das jüngste Tertiär hinein von subtropischer Vegetation bewachsen war, zu der, neben Magnolien, Zimt- und Maulbeerbäumen, auch Palmen, Sassafras und Lorbeer gehörten. Die ergiebigsten Fundorte sind die Braunkohlenlagerstätten, wobei man alttertiäre von jungtertiären Vorkommen mit je eigenständigen Floren unterscheidet, die zu Zeiten besonders üppiger Vegetation entstanden waren. Aktualistisch wird ihr Bildungsbereich gelegentlich mit den rezenten Sumpfgebieten der Everglades verglichen. Die Flora belegt für das Alttertiär subtropisches Klima, was sich vor allem aus dem berühmten Fundbereich der eozänen Braunkohlen des Geiseltals bei Halle a.d. Saale ableiten lässt, die für ihre guterhaltenen Pflanzenreste, auch Früchte und Samen schon lange bekannt sind (Rüffle in Krumbiegel u.a. 1983); gelegentlich ist dort sogar noch Blattgrün erhalten. Daneben existierten aber auch Formen des gemäßigten Klimas, zu denen Weide, Pappel, Birke, Buche, Ulme, Ahorn und Nussbaum gehören. Innerhalb des Tertiärs ist zu beobachten, dass die subtropische Vegetation vom Miozän ab nach Süden wanderte, womit das allmählich kühler werdende Klima auch auf dem Festland belegt ist.

Eine entscheidende Entwicklung erfuhren die Gräser, die zunehmend den größeren Säugetieren als Nahrung dienten. Das Nachwachsen trotz des Abgefressenwerdens kennt jeder Rasenfreund. Umgekehrt bewirkte deren Härte, dass sich die Zähne der weidenden Tiere entsprechend schnell abschliffen; die Evolution führte so z.B. bei den Pferden zu entsprechend hochkronigen Zahnformen.

Für die zeitliche Gliederung der marinen Ablagerungen ist das kalkige Nannoplankton von erheblicher Bedeutung, was sich in einer Vielzahl von entsprechenden Zonen äußert. Von den sonstigen Algen gewinnen mit zunehmend besserer Erforschung auch die *Silicoflagellaten* (*Chrysophyta*) an Bedeutung, die im Alttertiär eine besondere Blüte erlebten. Die aufgrund ihrer Wachstumsformen corallin genannten Algen, meist Rotalgen, etwa der Gattung *Lithothamnium*, haben eher fazielle Bedeutung, weil sie ökologisch den Lebensraum von Korallen besiedeln, oder sogar mit diesen zusammen vorkommen. Lithothamnienkalk kennzeichnet warme Flachmeerbereiche, z.B. im Leitha-Gebirge des Wiener Beckens. *Characeen* (Armleuchteralgen) sind mit ihren charakteristischen *Oogonien* oft in Süßwasserkalken zu finden. *Diatomeen* bilden sowohl im marinen als auch im limnischen Bereich kieselige Sedimente; mit zunehmender Kenntnis gewinnen sie auch als Leitfossilien Bedeutung.

Die Fauna der Einzeller ist von *Radiolarien* und *Foraminiferen* geprägt. Wie schon früher in der Erdgeschichte, gab es bei letzteren neben einer Vielfalt von Kleinformen planktischer und benthischer Arten auch *Großforaminiferen*, die im Extrem 15 cm Durchmesser erreichten. Großforaminiferen bevölkerten das warme Tethysmeer. Manche sehen aus wie Münzen, was zu der Bezeichnung *Nummuliten* (Münzensteine) geführt hat; ihre Massenvorkommen im Alttertiär hatten französische Wissenschaftler zu der früheren stratigraphischen Bezeichnung Nummulitique animiert, was zeitweise gleichbedeutend mit Alttertiär war. Die ägyptische Sphinx besteht zum großen Teil aus Nummulitenkalk, der als Baustein z.T. auch für die Pyramiden verwendet wurde.

Neben den scheibenförmigen Nummuliten mit eigenen Gattungen (*Nummulites, Assilina*) gab es auch Spindelformen (*Alveolina*); alle sind Leitfossilien des Alttertiärs.

Radiolarien waren besonders im Tiefseebereich häufig, mit zunehmender Kenntnis werden sie allmählich auch als Leitfossilien brauchbar. Eine Radiolarienblüte im Eozän lieferte das Ausgangsmaterial für mächtige, diagenetisch entstandene Hornsteinlagen (cherts), die aufgrund ihrer Härte besonders gute seismische Reflektoren in den tertiären Schichtfolgen der Ozeane bilden. Sie sind als Leithorizonte weithin verfolgbar (Tucholke 1979). In kieseligen Gesteinen werden fast immer auch die Nadeln von Schwämmen gefunden, die damit den Bewohnern tieferen Wassers zugerechnet werden müssen.

Korallen hatten vor allem im Miozän wieder eine gewisse Bedeutung. Quantitativ sind aber vor allem *Mollusken* wichtig. Sie füllen die paläontologischen Sammlungen und man muss da oft schon genauer hinsehen, um sie nicht für rezente Formen zu halten. Das betrifft aber nur Muscheln und Schnecken, während die Cephalopoden nahezu ausgestorben waren. Muscheln und Schnecken sind in den Gesteinen der großen Tertiärbecken gelegentlich massenhaft anzutreffen und sie haben für viele der Schichten Pate bei der Namensgebung gestanden (Cerithien-, *Corbicula*- und Hydrobien-Schichten im Mainzer Becken, Landschneckenkalk u.a.).

Die Muscheln lassen eine Differenzierung in biogeographische Provinzen erkennen. Von den Gattungsnamen werden hier nur wenige erwähnt, wobei gelegentlich das Problem besteht, dass man innerhalb einer einzigen Forschergeneration drei verschiedene Namen lernen muss: so bei der Gattung *Glycymeris* (heutiger Gattungsname), die einmal *Axinea* hieß und noch früher *Pectunculus*, eine der Leitformen im Oligozän.

Dann *Arca* (am geraden Schlossrand gut erkennbar), *Mytilus* (die Miesmuschel), *Isognomon* (früher *Perna*, mit dicker Schale), *Chlamys, Pecten, Ostrea* (eine dieser besonders dickschaligen Austern heißt *Crassostrea crassissima*), *Cardium* (die Herzmuschel, die rezent heute *Cerastoderma* heißt), *Astarte, Mactra, Macoma, Corbicula, Cyrena, Polymesoda, Venus, Mya, Pholas.* Der Sammler rezenter Conchylien bemerkt sofort, dass fast alle diese Gattungen auch rezente Vertreter haben. Diese marinen Muscheln werden durch Brack- und Süßwasserbewohner ergänzt, zu denen *Unio* gehört, die in den Süßwasserschichten des Mainzer Beckens mit Algenkalk umhüllt die sog. Schwalbennester bildet; weiterhin sollen wenigstens noch *Congeria* und *Cyrena* erwähnt werden.

Die Schnecken stellen mit neuen Bauplänen (*Känogastropoden*) die bedeutendste Molluskenklasse im Tertiär. Dazu gehören Gattungen wie *Murex, Buccinum, Oliva, Turris, Conus, Turritella, Potamides, Tympanotonos (Mesohalina), Cerithium (Granulolabium), Aporrhais, Strombus, Cypraea, Natica,* um nur einige zu nennen, die im marinen Milieu vorkommen: Im Brack- bzw. Süßwasser kommen *Viviparus, Hydrobia, Lymnaea* und *Planorbis* hinzu, und zu den Landschnecken gehören u.a. *Cepaea* und *Plebecula.* Viele sind namengebend für Schichtbezeichnungen.

Tertiäre Süßwasserschnecken aus dem Impakt-Kratersee des Steinheimer Beckens in Württemberg waren einst wichtige Belege für die Evolutionstheorie. Die zur Familie der *Planorben* gehörende *Planorbis multiformis* (heute *Gyraulus trochiformis*) wurde von dort schon früh beschrieben (Hilgendorf 1866); dabei erkannte man, dass sich die Gehäusemerkmale der Exemplare aus den übereinander lagernden Schichten in charakteristischer Weise verändern; darauf verweist auch der ursprüngliche Artname. Inzwischen hat man herausgefunden, dass diese Entwicklung durch die zunehmende Salinität im Kratersee gesteuert wurde (Bajor 1965). Eine Sonderstellung nehmen die stammesgeschichtlich schon alten zahnför-

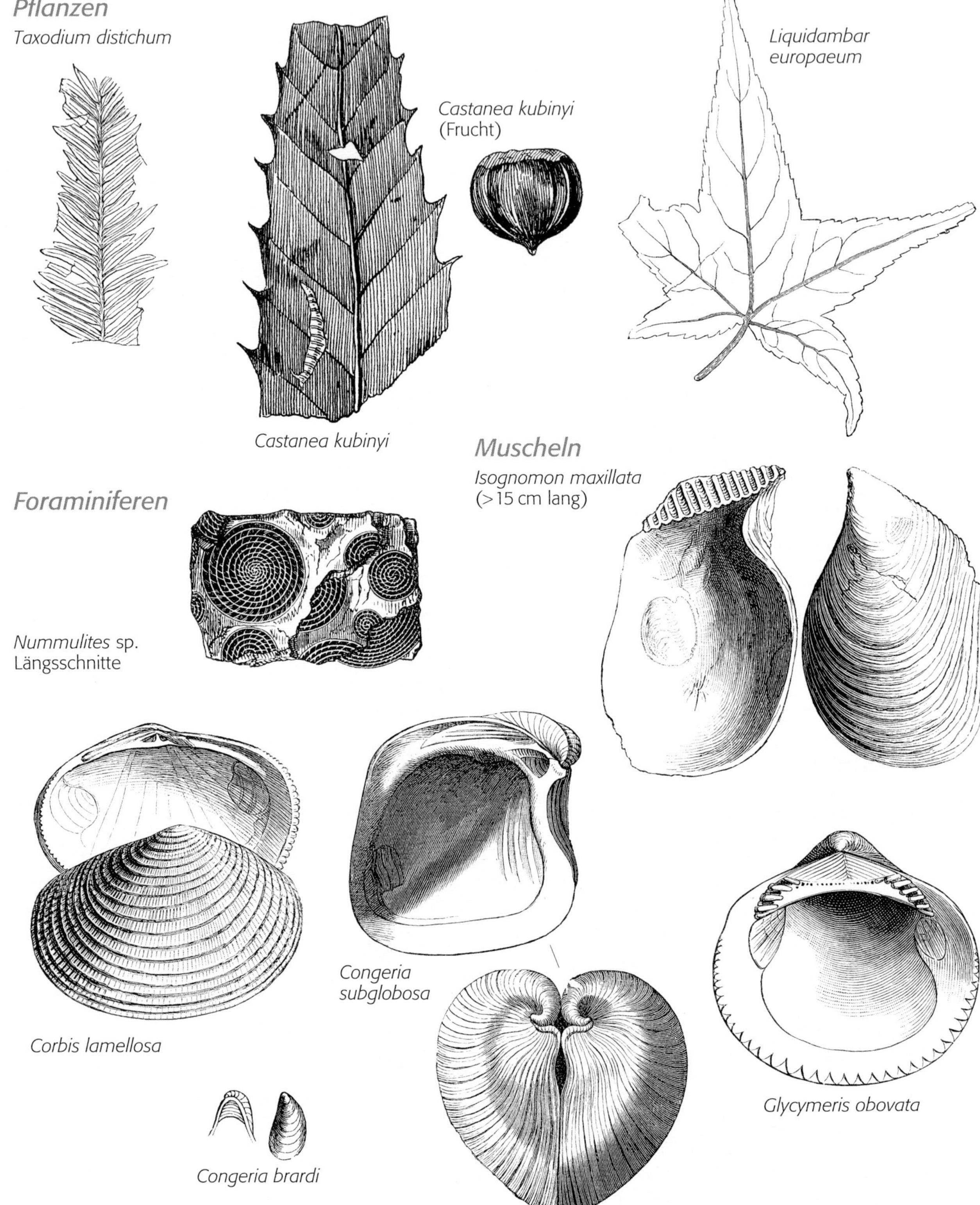
Pflanzen
Taxodium distichum
Castanea kubinyi
Castanea kubinyi
(Frucht)
Liquidambar
europaeum
Muscheln
Isognomon maxillata
(>15 cm lang)
Foraminiferen
Nummulites sp.
Längsschnitte
Corbis lamellosa
Congeria
subglobosa
Glycymeris obovata
Congeria brardi

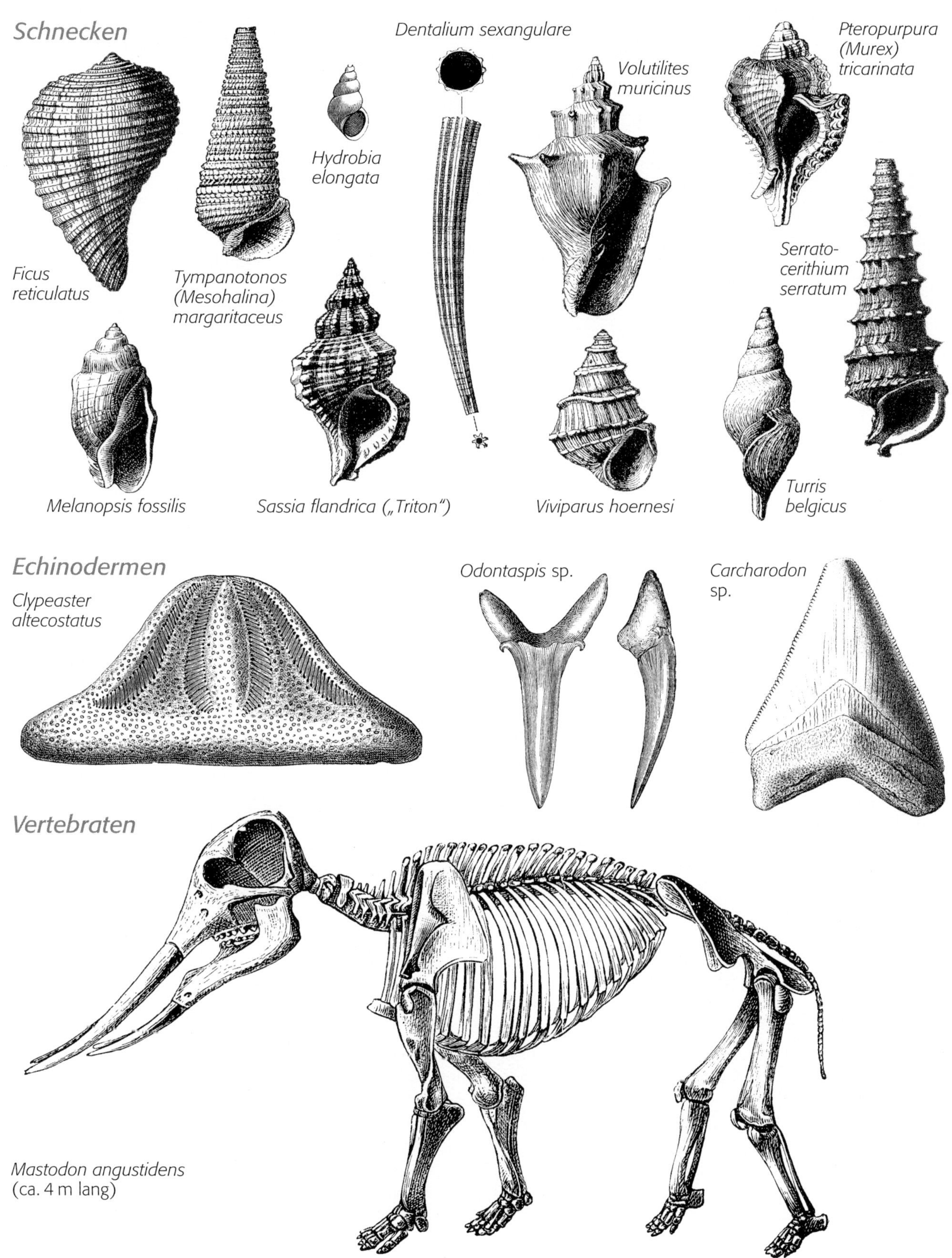
Schnecken
Ficus reticulatus
Tympanotonos (Mesohalina) margaritaceus
Hydrobia elongata
Dentalium sexangulare
Volutilites muricinus
Pteropurpura (Murex) tricarinata
Serrato-cerithium serratum
Melanopsis fossilis
Sassia flandrica („Triton")
Viviparus hoernesi
Turris belgicus
Echinodermen
Clypeaster altecostatus
Odontaspis sp.
Carcharodon sp.
Vertebraten
Mastodon angustidens
(ca. 4 m lang)

migen *Scaphopoden* ein, von denen *Dentalium* zu erwähnen ist.

Die Schneckengattung *Hydrobia* bildet mit zwei Arten, *Hydrobia inflata* und *Hydrobia elongata* auch wichtige Leitfossilien, z.B. im Tertiär des Oberrheingrabens und des Mainzer Beckens, wo man Hydrobien- bzw. *inflata*-Schichten unterscheiden kann. *Lymnaea* ist namengebend für die Lymnäenmergel.

Die *Cephalopoden* wurden im Tertiär ziemlich bedeutungslos. Die Ammoniten waren ausgestorben und von den Belemniten ist noch die alttertiäre Gattung *Bayanoteuthis* als Überbleibsel erwähnenswert. Die kalkigen Schalen wurden reduziert und nach innen verlagert, wie bei den auch heute noch lebenden Gattungen *Spirulirostra* und *Sepia* (der Schulp dieses Tintenfisches hängt in manchem Vogelkäfig).

Es scheint heute möglich, die Veränderung der Cephalopodengehäuse zu aberranten Formen hin mit einem ziemlich schnell absinkenden Meeresspiegel zu erklären, der auf die großen Transgressionen innerhalb der Kreide gefolgt war (Wiedmann 1970); diese Rückbildungen gingen dem endgültigen Aussterben vieler Formen voraus (McGee u.a. 1991).

Echinodermen sind besonders durch Seeigel vertreten, wobei vor allem die irregulären Formen von Bedeutung waren; auch sie stellen Leitfossilien. Die Gattung *Clypeaster* bildet eine Form aus, die durch eine besonders breite, flache Unterseite und eine hochgewölbte Oberseite gekennzeichnet ist, was sich mit einer Anpassung an stärker bewegtes Wasser interpretieren lässt. Die Crinoiden (Seelilien) waren in Tiefwasserbereiche abgewandert und sind – wohl weil man überwiegend Flachwasserablagerungen untersucht hat – auf den Fossillisten praktisch nicht mehr vorhanden.

Insekten auch nur näherungsweise zu spezifizieren verbietet dieser Rahmen. Erwähnt werden sollen aber wenigstens die Prachtkäfer (*Buprestiden*) der warmen Lebensräume, wie sie vom Geiseltal bei Halle, aus Messel, Sieblos oder dem Eckfelder Maar bekannt geworden sind, wo ihre bunt schillernden Flügeldecken oft auch noch farblich erhalten geblieben sind. Weitere, infolge der Einbettung in fossiles Harz bis in die kleinsten Details erhaltene Insekten hat der baltische Bernstein geliefert (nicht alles Material, was man heute kaufen kann, ist allerdings fossil!).

Die Bernsteinvorkommen des Ostseeraumes sind zwei unterschiedlichen Zeitepochen zuzuordnen, die sich auch bezüglich des Paläoklimas voneinander unterscheiden. Die Vorkommen im Samland unterscheiden sich von denen in Dänemark durch ein höheres Alter und eine durch wärmeres Klima geprägte Lebewelt.

Wirbeltiere sind sowohl aus marinen, als auch aus kontinentalen Ablagerungen mit einer Fülle neuer Formen bekannt. Dazu trug vor allem die sprunghafte Evolution der Säugetiere bei, die erst stattfinden konnte, nachdem die Dinosaurier die geeigneten Lebensräume frei gemacht hatten. Wirbeltiere des Tertiärs sind vor allem im terrestrischen Bereich von Bedeutung, wo sie auch wichtige Leitfossilien liefern, weil sie stammesgeschichtlich relativ kurzlebig und vielfach weit verbreitet waren. Neben den Knochen sind besonders die gut erhaltungsfähigen Zähne von Bedeutung, was z.B. für Haie ebenso wie für Pferde gilt.

Wirbeltiere des marinen Faziesbereiches waren vor allem die Haie, deren Zähne schon in den vorwissenschaftlichen Diskussionen um Fossilien eine Rolle spielten: Damals wurden sie als *Glossopetren* oder Otternzungen bezeichnet. Zu den Gattungen gehören *Lamna, Notidanus* und *Carcharodon*, dessen Zähne einer scharfen Säge gleichen. Die tertiären Haie waren z.T. erheblich größer als die heutigen. Auch Knochenfische waren schon häufig, Schichtnamen wie Meletta-Schichten (ein Heringsverwandter) wurden mit Massenvorkommen einzelner Gattungen begründet.

Zusätzlich zu den Knochenresten der Fische sind oft auch die *Otolithen* (Gehörsteine) erhalten geblieben. Neben den überwiegend marinen Fischfunden sind auch aus tertiären Süßwassersedimenten Fische beschrieben worden, die oftmals Massenvorkommen bilden wie z.B. *Dapaloides sieblosensis* aus dem Oligozän der Rhön (Martini 1988); das erlaubt, zusätzlich zur Stratigraphie gelegentlich Aussagen über die Lebensbedingungen in diesen Gewässern (Martini & Rothe 1998).

Amphibien sind durch Salamander (*Andrias scheuchzeri*) und Frösche vertreten, wie sie u.a. in Messel oder Sieblos gefunden wurden, oder im Geiseltal, um nur wenige der bekannten Fundpunkte zu nennen. Sie sind zwar meist gut erhalten, insgesamt aber eher selten. Für Reptilien gilt Ähnliches, wobei neben den auf tropische Verhältnisse hinweisenden Krokodilen auch Schildkröten, Schlangen und Eidechsen erwähnenswert sind.

Die Vögel hatten den modernen Entwicklungsstand erreicht, wobei den flugunfähigen *Ratiten* (wegen des flachen, nicht gekielten Brustbeins, ratis = Floß, das kein Anheften größerer Flugmuskulatur gestattete) eine gewisse Sonderrolle zukommt. Diese Laufvögel waren zumeist Pflanzenfresser, wobei der mit einem besonders kräftigem Schnabel ausgestattete *Diatryma* von fast 2,5 m Höhe allerdings eine Ausnahme bildet. Es gibt eine Reihe von bekannten Fundpunkten jungtertiärer *Ratiten* (Samos, Persien, China), zu denen auch die von der Kanareninsel Lanzarote beschriebenen Eier gehören (Rothe 1964, Sauer u. Rothe 1972); dieses letztere Vorkommen bereitet Deutungsschwierigkeiten, weil es eine Landverbindung erfordert, für die es derzeit noch keine befriedigende geologische Erklärung gibt.

Die auch für unsere eigene Entwicklung maßgebliche Evolution der Säugetiere erreichte nach einer langen Mor-

Vertebraten

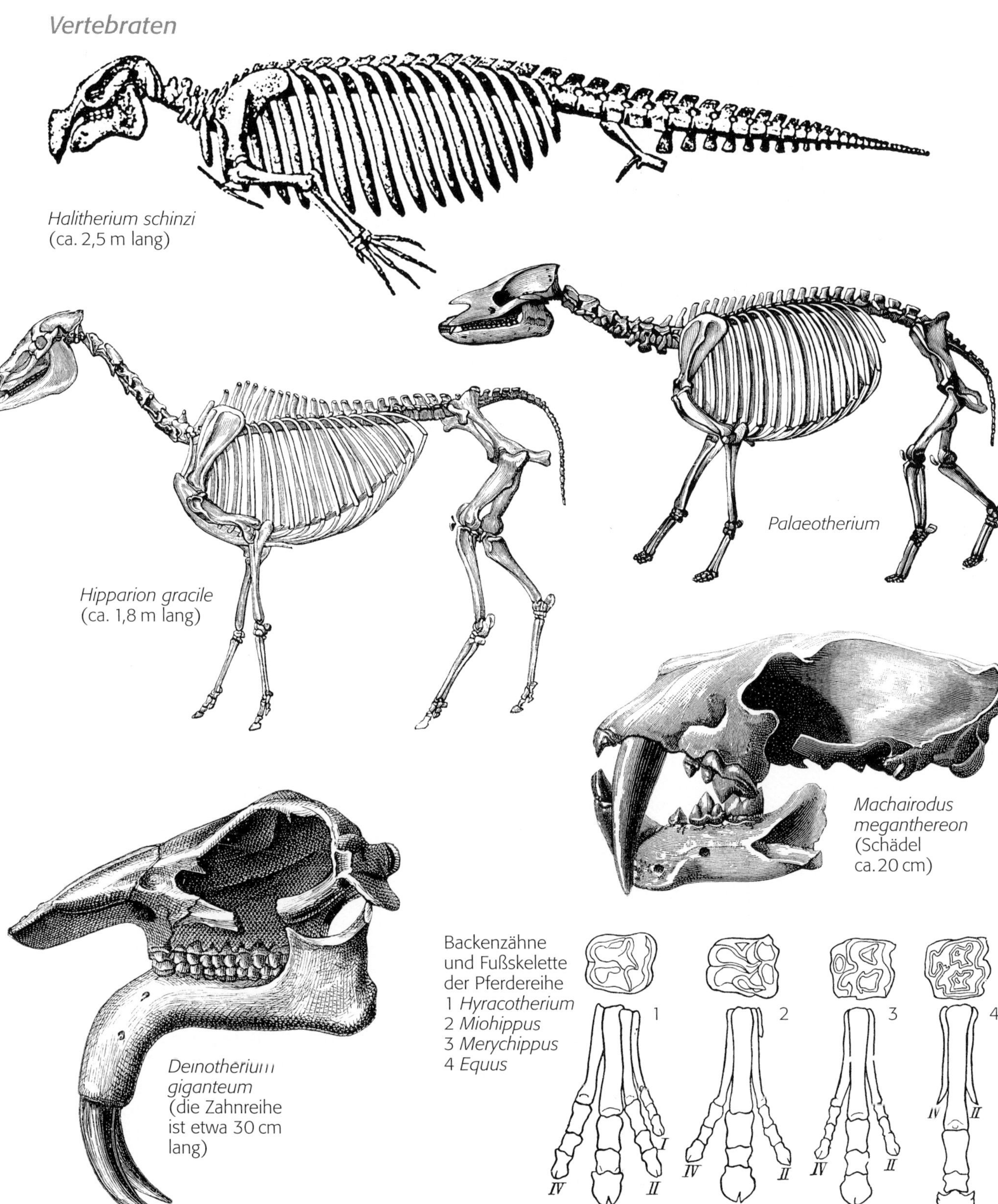

Halitherium schinzi (ca. 2,5 m lang)

Palaeotherium

Hipparion gracile (ca. 1,8 m lang)

Machairodus megantherecon (Schädel ca. 20 cm)

Deinotherium giganteum (die Zahnreihe ist etwa 30 cm lang)

Backenzähne und Fußskelette der Pferdereihe
1 *Hyracotherium*
2 *Miohippus*
3 *Merychippus*
4 *Equus*

Abb. 28: Urpferdchen aus der Messel-Formation des Eozäns (Briefmarke).

gendämmerung (seit der Trias, aus der nur rattengroße Kleinformen bekannt sind) im Tertiär eine nahezu rasante Beschleunigung.

Die Landbewohner – und damit deren erdrückende Mehrzahl – dienen auch der Rekonstruktion ehemaliger Landbrücken, wie sie z.B. die Beringstraße oder die Mittelamerikanische Landbrücke bilden. Auf der anderen Seite hat die Isolation von Australien mit seinen Beuteltieren (*Marsupialia*, nach dem Marsupium, der Hautfalte = Beutel, in der die Jungen getragen werden) zum Überleben einer Gruppe geführt, die zwischen eierlegenden und plazentalen Säugetieren steht; zu den Ersteren gehören auch Schnabeltier und Ameisenigel.

Wichtig sind aber vor allem die plazentalen Säugetiere. Eine Aufzählung muss schon aus Platzgründen unterbleiben, so dass ich mich auf wenige Entwicklungen beschränke. Dazu gehören einmal die sekundär zum Wasserleben zurückgekehrten Wale, Delphine und Seekühe, zum anderen die Huf- und Rüsseltiere. Seekuhrippen und sogar vollständige Skelette aus dem oligozänen Meeressand des Mainzer Beckens (*Halitherium schinzi*) befinden sich in vielen Museen. Bei den Huftieren (Unpaarhufer) bildet die sog. Pferdereihe eines der Paradepferde der Evolutionstheorie. Aus den Eozänablagerungen der Grube Messel bei Darmstadt hat man Urpferdchen geborgen, von denen eines sogar eine deutsche Briefmarke ziert (Abb. 28). Aus dem Eckfelder Maar ist der spektakuläre Fund einer trächtigen Stute bekannt geworden (*Propalaeotherium voigti*), von der man Haut, Haare, und die im Magen bewahrten Blätter identifizieren konnte (Lutz u. a. 1998).

Die Entwicklung der Pferde führte von kleinwüchsigen, laubfressenden Urformen hin zu grasfressenden Arten. Parallel dazu entwickelten sich, etwa vom Miozän an, hochkronige Backenzähne, die den harten opalhaltigen Steppengräsern standhalten konnten. Gleichzeitig verlief eine Entwicklung, die die Anzahl der Zehen reduzierte, wobei im Pliozän die dreizehigen durch die einzehigen abgelöst wurden. Diese etwas versimpelte Darstellung wird allerdings den Tatsachen nur teilweise gerecht, denn die frühen Formen wie *Propalaeotherium hassiacum* oder *P. messelense* (die Namen sprechen für sich) bildeten einen Seitenzweig, der schon frühzeitig wieder ausgestorben war. Die Aufstellung der Pferdereihe im 19. Jahrhundert durch Kowalewsky war in hohem Maße spekulativ erfolgt; vieles wäre durch das in Europa gefundene Fossilmaterial gar nicht zu belegen gewesen, denn die zusammenhängende Stammesgeschichte ist nur für Nordamerika belegt. Hieran lässt sich deutlich machen, wie eine Idee wie die Evolutionstheorie gelegentlich Ergebnisse vorwegnehmen kann.

Anhand der fossilen Pferde lassen sich auch die biogeographisch bedeutsamen Wanderungsbewegungen rekonstruieren, wobei die oben erwähnten Landbrücken eine Rolle spielten. Die aus den Urformen ableitbare Entwicklung vollzog sich in Nordamerika; von dort aus erfolgten Wanderungswellen über den vor 3,5 Millionen Jahren geschlossenen Isthmus von Panama nach Südamerika bzw. auch über die Beringstraße nach Asien, Europa und Afrika. Den Zeitpunkt kennt man, weil danach im Pazifik und in der Karibik unterschiedliche planktonische Foraminiferengesellschaften in den Tiefseebohrkernen nachweisbar sind.

Die Rüsseltiere oder *Proboscidier* mit Mastodon, Mammut und Elefant sind ähnliche Wege gewandert wie die Pferde; auch bei diesen wandelte sich die Art der Nahrung von Blättern hin zum Gras. Entwicklungsmerkmale dieser Tiere sind zunehmend länger werdende Stoßzähne und die charakteristischen Lamellenzähne. Mammuts und Elefanten sind vor allem im Quartär als Leitfossilien von Bedeutung und werden dort noch etwas eingehender besprochen. Für das Tertiär ist *Deinotherium giganteum*, ein Seitenzweig der Elefantenentwicklung, zu nennen, nach dem die obermiozänen Dinotheriensande benannt sind.

Und schließlich: ‚Affen an der Themse!' Affen bewohnen heute überwiegend heiße Regionen, was zu aktualistischen Interpretationen eines heißen Klimas führt, das im Londoner Becken auch durch eine entsprechende alttertiäre Flora gestützt wird.

Primaten sind seit dem Paläozän bekannt; im Oligozän spalten sich *Hominoidea* (menschenähnliche, zu denen Schimpansen, Gorillas und Gibbons gehören), im Miozän *Hominidae* und *Pongidae* ab. ‚Lucy' aus der Olduvai-Schlucht Ostafrikas gehört zu unseren frühen Vorfahren, die damit im Tertiär wurzeln; systematisch wird das Skelett als *Australopithecus afarensis* (nach der Afar-Senke) bezeichnet. Dieser Gattung oder ihren nahen Verwandten werden auch die über drei Millionen Jahre alten Fußspuren in vulkanischer Asche bei Laetoli in Tansania zugeschrieben, mit denen erstmals der aufrechte Gang belegt ist. Damit hatte für längere Zeit Ostafrika mit der Region des Rift-Valley als Wiege der Menschheit gegolten, bis im Dezember 1998 die Presse von einem sensationellen Neufund aus Südafrika berichtete; der Fundplatz liegt in der Nähe von Sterkfontein bei Johannesburg, wo man in einem höhlenreichen Gelände schon früher Reste von Vormenschen gefunden hatte. Da der Neufund, ein *Australopithecus*, dessen Alter vorläufig mit 3,6 Millionen Jahren angegeben wird, neben dem Schädel auch Zähne und Gliedmaßen umfasst, wird man der wissenschaftlichen Beschreibung mit Spannung entgegen sehen dürfen.

Fazies

Die klassischen Gebiete früher Tertiärforschung sind durch einen rasch aufeinander folgenden Wechsel von Meeresablagerungen und solchen des Brack- und Süßwassers gekennzeichnet (z. B. Pariser Becken); hier wird die Salinitätsfazies unmittelbar durch Transgressionen und Regressionen gesteuert, die sich, vom Atlantik ausgehend, bis weit nach Mitteleuropa hinein nachweisen lassen. Als Zeugen dieser Vorgänge sind in buntem Wechsel Sande, Tone, Mergel und Karbonate, gelegentlich sogar Gips und Salz abgelagert worden; in der evaporitischen Phase sind u. a. die berühmten Gipse von Montmartre (mit ihren zuerst durch Cuvier bekannt gewordenen Säugetierfaunen) entstanden, und Stuckgips heißt deswegen im Angelsächsischen ‚Plaster of Paris'. Im Laufe des Miozäns fiel das Gebiet dann trocken, was durch die zu Dünen aufgewehten, älteren Meeressande von Fontainebleau dokumentiert ist.

Die Karbonatfazies ist, wie fast in allen Flachwasssserbereichen zu allen Zeiten der Erdgeschichte, in schichtige und massige Gesteinsserien unterscheidbar, die überwiegend biogener Entstehung sind. Dabei sind vor allem Algen und/oder Cyanobakterien am Aufbau kleinerer Riffkörper beteiligt; Beispiele sind der weitgehend aus Lithothamnien (Rotalgen) aber auch Korallen bestehende Leithakalk im Wiener Becken, oder die vielfach mit eingeschwemmten Landschnecken assoziierten Riffchen im Tertiär am Rand des Oberrheingrabens (Mainzer Becken). In den schichtigen Kalk-Mergel-Serien gibt es auch frühdiagenetische Dolomite. Die Bildung solcher Karbonate lässt sich heute in den warmen Flachwassergebieten der Karibik, am Persischen Golf oder in Australien aktuogeologisch studieren. Sie sind damit sämtlich Bildungen sehr flachen Wassers, wobei lokal auch Auftauchbereiche dokumentiert sind, die die kontinuierliche Ablagerung unterbrochen hatten; zu den entsprechenden Zeugnissen gehören frühdiagenetische Dolomite, Kalkkrusten und Wurzelhorizonte, die eine Art von Mangrovenvegetation abbilden.

Das Spektrum der Flachwasserkarbonate ließe sich beliebig erweitern: Von groben Schillkalken als Ausdruck stark bewegten Wassers bis hin zu feinstkörnigen Mikriten mariner Stillwasserbereiche, oder von Seen – im Prinzip die gleichen Gesteine, die schon aus den früheren Abschnitten der Erdgeschichte beschrieben wurden; mit dem Unterschied, dass die Tertiärbildungen den rezenten oft noch so ähnlich sehen, dass man meint, sie seien gestern entstanden. So sind manchmal sogar noch die Farbzeichnungen auf Schnecken- oder Muschelschalen erhalten geblieben. Im Verband mit den Karbonaten sind Tone und Mergel häufig, die den klastischen Eintrag in die jeweiligen Bildungsbereiche belegen.

Bituminöse Ablagerungen im Tertiär des Oberrheingrabens (Eozän/Oligozän) sind für Erdöllagerstätten bestimmend, die in der Umgebung des elsässischen Pechelbronn vom 19. Jahrhundert bis lange nach dem zweiten Weltkrieg teilweise bergmännisch abgebaut wurden, ehe man zu Bohrungen überging. Die Fazies des Tertiärs umfasst dort neben sandigen Ablagerungen (die teilweise die Speichergesteine bilden) auch tonige Bildungen, von denen wenigstens ein Teil als Muttergesteine für das Erdöl diskutiert wird. Es ist das älteste ausgebeutete Ölfeld Europas (Sittler u. a. 1995).

Gelegentlich sind regelrechte Kalk-Mergel-Wechselfolgen entwickelt, deren moderne Analyse oft Milankovitch-Zyklizität erkennen lässt. Sie sind damit fallweise auch geeignet, die klimatische Entwicklung zu verfolgen; hier haben die Tiefseebohrungen der vergangenen Jahrzehnte einen enormen Erkenntnisgewinn gebracht. So konnte anhand des Eintrags von Wüstenstaub in die mit Fossilien datierbaren Sedimentfolgen vor der Küste Westafrikas die klimatische Entwicklung des Saharagebietes verfolgt werden (Sarnthein 1980). Ein weiteres Beispiel ist die Rekonstruktion des Benguela-Stroms, der von der Entwicklung des Auftriebssystems vor der Küste von Namibia gesteuert scheint (Diester-Haass u. a. 1992).

Damit ist die marine Faziesentwicklung tertiärer Sedimente angesprochen, die bis in die karbonatarmen bzw. -freien Tiefseeablagerungen reicht. Bekanntestes Beispiel ist der Flysch in den Alpen, der in ähnlicher Ausbildung in allen entsprechenden Faltengebirgen entwickelt ist; in den Zusammenhang gehören auch die klastischen Molassen.

Flyschsedimente sind im Allgemeinen durch große Mächtigkeiten gekennzeichnet. Sie sind gut gebankt, wobei die Bankung durch den ständigen Wechsel grober und feiner Korngrößen (meist Quarz) zustande kommt. Die einzelnen Bänke sind gradiert geschichtet, die Korngrößen nehmen innerhalb der Bänke zum Hangenden hin ab. Oft ist auch Wickelschichtung zu beobachten, die durch Rutschungen entsteht. Wenn Sande auf die noch weichen, tonigen Toplagen geschüttet werden, bilden sich Belastungsmarken.

Die Fauna ist spärlich, neben einzelnen Foraminiferen sind vor allem Weidespuren kennzeichnend, außerdem Fluchtspuren von Tieren, die die Schichtung bioturbat zerstört haben; die Organismen mussten sich der Überdeckung durch die nächste Schlammlawine entziehen.

Die Flyschphase kennzeichnet jeweils ein bestimmtes Stadium innerhalb der gebirgsbildenden Vorgänge; man spricht dabei von synorogenen Sedimenten, weil sie noch während der Gebirgsbildung selbst abgelagert werden.

Molassen sind dagegen Abtragungsschutt der orographisch sich heraushebenden Gebirgskörper. Die Korngrößen (oft sind die Komponenten Gesteinsbruchstücke) sind vielfach grob, vor allem im Falle von Flusstransport. Gelegentlich sind sie durch ein auch farblich außerordentlich buntes Geröllspektrum gekennzeichnet. Wenn diese Gerölle infolge Verwitterung der Matrix aus den entsprechenden Felsen herausstehen, wird der alpenländische Begriff Nagelfluh dafür verständlich. Begleitfaunen lassen die Unterscheidung von Süßwasser- und Meeresmolassen zu. Sedimentologische Untersuchungen haben eine Reihe lokaler Schüttungsfächer der Molasse im Alpenvorland begründen können, außer dem Transport aus dem Gebirge heraus sind auch Längsströmungen parallel zum Gebirge rekonstruiert worden.

Das Tertiär ist auch durch zahlreiche Vorkommen von Salzen und deren Begleitgesteinen gekennzeichnet. Dazu gehören neben den Lagerstätten im Oberrheingraben (Elsässisches Kalirevier) auch riesige Vorkommen im Untergrund des Mittelmeeres. Für die Salze in den Tertiärschichten des Oberrheingrabens wird eine Umlösung von ursprünglich im Zechstein abgelagerten Salzen diskutiert, was man anhand der Schwefelisotope wahrscheinlich machen kann. Letztlich ist das aber eine eher akademische Frage, denn Salze sind überwiegend durch Lösungs-/Fällungsmechanismen entstanden.

Manche Faziesbereiche des mitteleuropäischen Tertiärs sind auch durch tektonische Prozesse gesteuert worden, die ihre Ursachen in der plattentektonischen Nordbewegung Afrikas hatten. Teilbereiche, u. a. im Norddeutschen Tiefland bis in den Nord- und Ostseebereich senkten sich ab und nahmen Sedimente von z. T. beträchtlicher Mächtigkeit auf; sie können lokal bis zu 4000 m erreichen (Vinken 1988).

Lokal spielte auch des Zechsteinsalinar im Untergrund eine Rolle, das Subrosionsprozesse und ein Nachsacken des Deckgebirges begünstigte. Die dabei entstehenden Tertiärsenken nahmen dann vor allem klastische Sedimente auf bzw. gaben Anlass zur Bildung von Moorlandschaften, wobei die Absenkung durch Aufwuchs einer zeitweise außerordentlich üppigen Vegetation kompensiert wurde; so kam es in der Folge zur Bildung von Braunkohlen.

Dabei lassen sich zwei zeitliche Höhepunkte erkennen, die jeweils durch eigenständige Florenspektren charakterisiert sind. Im Alttertiär entstanden u.a. die Braunkohlen des Geiseltals bei Halle/Saale, die vor allem durch ihre Begleitfauna und die Arbeiten des Paläontologen Johannes Weigelt weltbekannt wurden; hier sind teilweise noch Zellgewebe von Weichteilen der Fauna erhalten geblieben. Die Floren sind durch immergrüne Laubbäume eines tropischen bis subtropischen Klimas gekennzeichnet. Zu den jungtertiären Vorkommen zählen die meisten anderen Braunkohlen Mitteleuropas, die z.T. bis heute abgebaut werden, wie die rheinische Braunkohle, deretwegen ganze Dörfer weichen mußten. Die Floren sind vor allem durch Nadelhölzer bestimmt, im jüngeren Abschnitt kommen auch wieder Laubhölzer hinzu, die anfangs noch Beziehungen zu nordamerikanischen und ostasiatischen Floren anzeigen.

Wie im Karbon, ist auch für die Kohlebildung im Tertiär neben der Vegetation eine schnelle Absenkung des Bildungsraumes in einen sauerstoffarmen Bereich notwendig sowie eine nachfolgende Bedeckung durch vorwiegend tonige Sedimente. Auch die tertiären Kohlen, die in Küstensümpfen ihren Ursprung haben, zeigen eine Entwicklung in Form von Zyklothemen, wie etwa die Profile in der Niederrheinischen Bucht zeigen.

Am Anfang stand die Ausbildung von Mooren in küstennahen Bereichen und in Seenlandschaften des Binnenlandes; Letztere bilden oft nur kleine, isolierte Vorkommen. In die Schichtfolge der Molasse im bayerischen Voralpengebiet eingeschaltete Kohleflöze, sog. Pechkohlen, können durch den Faltungsdruck und damit verbundene höhere Temperaturen bis zum Stadium von Steinkohlen inkohlt sein.

Viele der oftmals ebenfalls als Braunkohlen bezeichneten Lagerstätten in ehemaligen kleinen Seen sind jedoch meist keine Braunkohlen im engeren Sinne (also aus fossilem Holz etc. gebildet), sondern Algengyttjen; dazu gehören z. B. Anteile der nordamerikanischen Green-River-Formation, die Ölschiefer von Messel, ein Großteil der Post-Impakt-Sedimente im Nördlinger Ries und See-Ablagerungen in Sieblos in der Rhön, um nur einige zu nennen.

Braunkohlen sind oft von fluviatilen Sanden unterlagert. Dabei führen die Humussäuren der hangenden Kohlen zur Lösung und Abfuhr von Eisenverbindungen. Die dann weitgehend eisenfreien Quarzsande sind für die Glasherstellung geeignet (Glassande).

Eine Sonderfazies innerhalb des Miozäns bilden die beim Einschlag des Meteoriten im Nördlinger Ries entstandenen Gesteine. Zu ihnen gehören vor allem die aus einer Vielzahl mesozoischer Gesteine zusammengewürfelte Bunte Breccie sowie der durch Schmelzvorgänge oberflächennah gebildete, oft glasige Suevit, der große Ähnlichkeit mit vulkanischen Bildungen hat (den am leichtesten zugänglichen Aufschluss bildet die St. Georgskirche in Nördlingen, die aus Suevit gebaut ist). Eine Art

Bunter Breccie ist neben zertrümmerten Weißjuragesteinen (Gries) auch im Steinheimer Becken entwickelt.

Gegen Ende des Miozäns war der Mittelmeerraum von einer katastrophalen Entwicklung betroffen, deren Folgen bis nach Süddeutschland ausstrahlten. Beobachtungen, die von einander völlig unabhängigen Wissenschaftlern gemacht wurden, fügen sich heute zu einem weitgehend widerspruchsfreien Puzzle zusammen, dessen Kernstück die episodische Austrocknung des Mittelmeeres bildet. Zu den Beobachtungen zählen in erster Linie die Ansammlungen von Salz im Untergrund, die zunächst in geophysikalischen Profilen anhand von Diapirstrukturen wahrscheinlich wurden. Die Bohrungen der ‚Glomar Challenger' haben das später bestätigt und entsprechende Salze auch in Schichten zwischen den normalen Sedimentfolgen angetroffen. Die zunächst abenteuerliche Vorstellung, dass die Straße von Gibraltar der Schauplatz eines gigantischen Wasserfalls gewesen sei, ist durch Beobachtungen sowjetischer Ingenieure schon lange vor diesen Bohrungen wahrscheinlich geworden: Sie fanden bei Probebohrungen für die Gründung der Assuan-Staumauer heraus, dass die Nilschotter viel tiefer in einer canyonartigen Schlucht herunterreichten, als es mit der gegenwärtigen Erosionsbasis des Mittelmeeres erklärt werden konnte. Im nördlichen Bereich zählen dazu die oberitalienischen Seen, deren Sedimentfüllung auch ältere als eiszeitliche Anteile umfasst und die als steil eingeschnittene Rinnen ebenfalls nur mit einer damals tieferen Erosionsbasis erklärt werden können, außerdem z. B. auch das Rhônetal.

Am Anfang der Aussage vom eingedampften Mittelmeer standen aber Beobachtungen an obermiozänen Korallenriffen in seinen Randbereichen. In der Zeit des Messiniums (des obersten Miozäns) starben diese Riffe nämlich weitgehend ab, in der Folge nannte man das Messinian Salinity Crisis.

Die geophysikalisch erkundeten und erbohrten Salze im Mittelmeer sind etwa 1,5 km dick. Aus Annahmen über den mittleren Salzgehalt in dessen Wasser lässt sich berechnen, dass es mit einem einmaligen Austrocknungsereignis nicht getan war; der gesamte Wasserkörper musste etwa 19-mal eindampfen, um die angetroffene Salzmenge zu erklären. Das Schauspiel vom Wasserfall bei Gibraltar, durch den zweifellos der Haupteinstrom erfolgt sein musste, hatte sich also episodisch wiederholt. In der Zwischenzeit war der Boden des Mittelmeeres jeweils eine Salzwüste, die gewisse Ähnlichkeit mit der heutigen Afar-Senke gehabt haben dürfte.

Dieser Fazies eines warm-trockenen Klimas stehen mit den vor einigen Jahren im Nordatlantik erbohrten Lagen mit dropstones frühe Zeugen einer bereits im Tertiär einsetzenden Vereisung gegenüber; da hatten die kalbenden Gletscher der Polarregionen ihre Gesteinsfracht bereits im oberen Miozän abzusetzen begonnen. Die quartäre Eiszeit begann also eigentlich schon im Tertiär.

In den europäischen Festlandsbereichen dagegen war es noch warm und feucht. Die entsprechend intensive chemische Verwitterung führte in den Mittelgebirgen zu Zehner von Metern dicken Verwitterungsdecken, deren Tone als Rohstoffe abgebaut werden. Das Kannebäckerland auf dem Westerwald hat hier seinen Ursprung. Da solche Verwitterungsprodukte nur selten Fossilien enthalten, sind sie schwierig zu datieren; man nimmt heute an, dass die Verwitterungsprozesse bereits zur Kreidezeit begonnen hatten.

Neben dieser terrestrischen Tonfazies gehören auch Karstbildungen und Bohnerze zur festländischen Entwicklung im Tertiär. Bohnerz- bzw. rotlehmgefüllte Karstspalten, die innerhalb älterer Karbonatgesteine angelegt sind, enthalten oft Reste von Landsäugetieren, die auch zur stratigraphischen Einordnung der Ablagerungen beitragen.

Während des Tertiärs wurden auch die meisten unserer Flusssysteme in ihren Ur-Stadien angelegt; das hängt damit zusammen, dass viele der vormaligen Becken trockengefallen waren. In der Nordsee z. B. zog sich das Meer stufenweise zurück, bis im Pliozän sogar Sylt landfest wurde.

Die Geschichte des Rheins ist vergleichsweise jung und sie hängt mit Schollenbewegungen im Miozän, vor allem aber im Pliozän zusammen. Zunächst gab es nur einen aus dem Zusammenfluss von Ur-Mosel und Ur-Maas gebildeten Niederrhein, der Mittelrhein entstand entlang von Bruchsystemen erst im Pliozän, der südlich gelegene Flussbereich hatte seinen Quellbereich in den nördlichen Vogesen bzw. im Schwarzwald, bis sich das zunächst noch nach Süden gerichtete Entwässerungssystem durch den weiteren Einbruch des Oberrheingrabens umkehrte und der Rhein zu Beginn des Quartärs seine aus den Alpen kommenden Quellflüsse anzapfte.

Quer durch Mitteleuropa erstreckt sich ein Bereich, dessen auffallende Landschaftsformen durch tertiären Vulkanismus geprägt sind. Dazu gehören Eifel, Siebengebirge, Westerwald, Habichtswald, Vogelsberg, Rhön, Kaiserstuhl und Hegau, daneben aber auch viele kleinere Einzelvulkane wie etwa Katzenbuckel und Otzberg im Odenwald, der Pechsteinkopf bei Forst in der Pfalz oder der Steinsberg im Kraichgau. Weiter im Osten schließen sich die Vulkane der Oberpfalz an. Zum Tertiär zählen auch die berühmten und meist gut studierten Vulkangebiete von Großbritannien, vor allem in Schottland und Giants Causeway in Nordirland.

Dieser der Masse nach eher bescheidene und meist basaltische Vulkanismus wird weltweit durch großräumige Effusivprovinzen überboten, zu denen vor allem die tertiären Ozeanbodenbasalte gehören, die, von den Mittelozeanischen Rücken ausgehend, das Streifenmuster bilden, aus dem man dann sea-floor-spreading und Plattentektonik entwickelt hat. Von der Kreide bis in das Alttertiär datiert der Dekkan-Trapp Indiens. Auch die Plateaubasalte des Columbia-River bzw. Colorados zählen zu den ganz großen Eruptivprovinzen.

Schließlich sind weltweit viele vulkanische Inseln, oft in einer ozeanischen Intraplattenposition, im Tertiär angelegt worden: Kapverden, Kanaren, Madeira, Azoren und Island, um wenigstens atlantische Inseln zu nennen. Auch die Hawaiikette hat ihren Ursprung im Tertiär. Allgemein ist das Tertiär eine vulkanisch sehr aktive Zeit der Erdgeschichte gewesen. (Einen aktuellen Überblick über Vulkanismus gibt Schmincke [2000].)

Stratigraphie

Der an den klassischen Lokalitäten beobachtbare häufige Wechsel zwischen mariner und nichtmariner Fazies, liefert ein erstes Kriterium für die heute sehr differenzierende Gliederung von Tertiärschichten. Sinnvoller ist es, die Stratigraphie an Profilen im durchgehend marinen Bereich aufzustellen, die heute durch eine große Anzahl gekernter Tiefseebohrungen belegt ist. Begonnen hatte im 19. Jahrhundert Charles Lyell, von dem die heute noch gebräuchlichen Bezeichnungen Paleozän (gelegentlich Paläozän), Eozän (die Morgenröte des Rezenten), Oligozän, Miozän und Pliozän stammen.

Diese als Epochen oder Serien bezeichneten Einheiten werden durch eine Vielzahl von biostratigraphisch begründeten Stufen bzw. Zonen weiter untergliedert, neuerdings vor allem mit Mikrofossilien und Nannoplankton- sowie anhand von Magnetozonen.

Eine einfache Grobgliederung trennt eine ältere Periode des Paläogens von einer jüngeren des Neogens, was eine etwa gleichmäßige Zeitdauer beider Perioden zur Folge hat.

Die Stufennamen der tertiären Schichtenfolge stammen überwiegend aus den im 19. Jahrhundert untersuchten Gebieten, vor allem aus dem Pariser und Londoner Becken und deren Nachbargebieten bzw. aus Italien. Die unterste Stufe, das Danium (vormals Dänische Stufe) wurde früher zur Kreide gezählt. Zum danach folgenden Thanetium (nach den Thanet Sanden in Kent) wird neuerdings eine Zwischenstufe des Selandium eingeschoben (Berggren u.a.1995), die wohl auf die Insel Seeland zurückgeht. Das Eozän umfasst Ypresium (nach einer Lokalität in Belgien), Lutetium (röm. Bez. f. Paris), Bartonium (Barton, Südengland) und Priabonium (Priabona, Oberitalien), das Oligozän Rupelium (nach dem Fluss Rupel in Belgien) und Chattium (n. d. Stamm der Chatten). Das Miozän beginnt mit dem Aquitanium (das röm. Süd-Gallien, Aquitanisches Becken), das früher zum Oligozän gezählt wurde, dann folgen Burdigalium (röm. f. Bordeaux), Langhium (Norditalien), Serravallium (Scriviatal, Italien), Tortonium (Tortona, Italien) und Messinium (Sizilien). Das Pliozän umfasst das Zancleum, Piacenzium und neuerdings Gelasium.

Diese, seit 1995 gültige Gliederung (Berggren u. a. 1995) löst eine Reihe älterer Aufstellungen ab, in denen auch andere Stufennamen verwendet wurden; das muss man wissen, um die in der älteren Literatur verwendeten Namen zu verstehen. (Die stratigraphische Tabelle im Anhang gibt eine vereinfachte Zusammenstellung der neuen Gliederung). Die Stufenbezeichnungen haben aber in den nichteuropäischen Ländern wiederum eigene Namen, auf deren Aufzählung hier verzichtet wird. International werden beim Altersvergleich der Schichten vor allem die Fossil- bzw. Magnetozonen verwendet.

Die Gliederung in den Landgebieten, die sich auf Wirbeltierfaunen stützt, lässt sich noch nicht in allen Fällen problemlos auf die Profile des marinen Faziesbereiches übertragen; das führt gelegentlich sogar zu zeitlichen Diskrepanzen von einigen Millionen Jahren.

Die aus physikalischen Altersdatierungen ermittelten Jahreszahlen für die K/P (P = Paleozän)-Grenze (bzw. K/T-Grenze) liegen heute ziemlich einheitlich bei etwa 65 Millionen Jahren, die Grenze zum Quartär bei etwa 2,6 Millionen Jahren (Shackleton u. a. 1990). Während die Zeitdauer des gesamten Tertiärs sich auch nach den neueren Datierungen nicht wesentlich verändert hat, sind die internen Grenzen zwischen Paleozän und Eozän sowie die zwischen Eozän und Oligozän jeweils um etwa 2 Ma zum jüngeren hin verschoben worden (Details in Berggren u. a. 1995).

Die Alpidische Gebirgsbildung

Die Entstehung der Alpen und die Alpengeologie nimmt in den Fachbüchern immer eine gewisse Sonderstellung ein. Im weiteren Sinne gehören in diesen Bereich sämtliche jungen Gebirgssysteme von den Pyrenäen bis zum Himalaya. Die Faszination geht zunächst vom morphologischen Erscheinungsbild aus, es sind Hochgebirge mit meist schroffen Formen, die sich nur aus der Flugzeugperspektive etwas relativieren: dann erkennt man, was schon die alten Geographen bemerkt hatten, dass nämlich nur wenige Gipfel über eine ziemlich einheitliche Höhe – die Gipfelflur – aufragen. Im Grunde sind ja „die Berge nur die stehengebliebenen Reste zwischen den Tälern" (Lehmann 1964); das Hochgebirge präsentiert sich also als Erosionsform. Weil diese Erosion geologisch jung ist und noch heute aktiv, wie jede Mure und jeder Bergsturz beweisen, sind auch die Formen entsprechend, und die alpinotypen Gebirge unterscheiden sich damit deutlich von den Mittelgebirgen, die nicht nur niedriger sind, sondern wegen der langanhaltenden Abtragung auch weichere Geländeformen aufweisen.

Ihrer geologischen Internstruktur nach sind aber alle Gebirgssysteme ähnlich aufgebaut und bis auf ganz wenige und sehr alte, heute mit den Prozessen der Plattentektonik zu erklären. Die Alpen sind davon bereits zur Kreidezeit betroffen gewesen; im Tertiär aber erfolgte ihre wesentliche Ausgestaltung, die zu dem heutigen Erscheinungsbild geführt hat. Das geologisch junge Alter der Alpen hat den Vorteil, dass man die teilweise außerordentlich komplexen Internstrukturen noch gut sehen und die Prozesse, die zu ihrer Entstehung beigetragen haben, aus diesen Beobachtungen ableiten kann. Dabei wirken Sedimentologie und Tektonik zusammen, um das Bild des klassischen Deckengebirges zu erzeugen.

Ausgangsstadium für die Alpenentstehung war das Tethysmeer, ein anfangs vielleicht 1000 km breiter, Ost-West verlaufender Ozean, der sich in die westlich anschließende Karibik verlängerte. Dieser muss im weiteren Verlauf des Geschehens auf die heutige Nord-Süd-Erstreckung des Alpenkörpers von etwa 100 km eingeengt worden sein. Reste eines ehemaligen Mittel-Tethys-Rückens aus ozeanischen Basalten wurden in Form von Ophiolithdecken in die italienischen Alpen (Piemont, Ligurien) eingeschuppt. Die Flachwassersedimente der nördlichen und südlichen Schelfbereiche wurden zusammen mit den pelagischen Ablagerungen einzelner Teilbecken zusammengeschoben und in Form von Deckenstapeln vor allem auf dem nördlichen Vorland deponiert; die Decken sind teilweise 100 km weit bewegt worden, wobei vorzugsweise Salze der Trias als Schmiermittel bzw. Gleitbahn wirksam waren. Die Intensität der Bewegungen klang zum Außenrand des Gebirges hin aus, so dass im Faltenjura, dessen Strukturen erst im obersten Miozän geprägt scheinen (Becker 2000), nur noch ein sehr einfacher Faltenbau vorherrscht. An vielen markanten Strukturen wird deutlich, dass neben den oben implizit angesprochenen Kompressionsbewegungen auch horizontaler und vertikaler Versatz zum Bauprinzip gehören. Die Masse der Kruste eines so breiten Ozeans muss zum größten Teil durch Subduktionsprozesse verschluckt worden sein, wobei zwar überwiegend nach Süden subduziert wurde, zeitweise aber wohl auch nach Norden.

An der markanten, etwa Ost-West verlaufenden Insubrischen Linie, die dem Alpenbogen folgt und die Nord- und Westalpen von den Südalpen trennt, sind Brüche zu beobachten, die Deckenstrukturen einer älteren Gebirgsbildungsphase durchschneiden. In deren östlichem Teilstück sind in den letzten 20 Millionen Jahren die Nordalpen möglicherweise um 10–20 km gehoben worden.

Neben diesem beträchtlichen Vertikalversatz gibt es auch Hinweise auf weiträumige Horizontalverschiebungen. An die Linie selbst sind einige granitische Gesteinskörper gekoppelt, die lakkolithartige Intrusionen zwischen Decken aus Sedimentgesteinen belegen. Ohne dass auf die komplexen Abläufe hier näher eingegangen werden kann, ergibt sich aber, dass die Alpenentstehung neben einem Schließen des Tethys-Ozeans auch im Zusammenhang mit der in der Kreidezeit beginnenden Öffnung des Atlantiks gesehen werden muss.

Die Sedimentation innerhalb des Tethys-Ozeans erfolgte in vielen voneinander getrennten Teilbecken, die auch durch unterschiedliche Wassertiefen gekennzeichnet waren. Die seit der Kreide bestehenden Flyschtröge nahmen auch im Alttertiär überwiegend klastische Sedimentfolgen auf. Tektonisch stehen die Alpen und deren benachbarte Gebirge im plattentektonischen Spannungsfeld zwischen Afrika und Europa: die Einengung der Meeresträge mit ihren Ablagerungen erfolgte durch die Norddrift Afrikas. Die Faltung, mit der die Gesteinsserien auf die Einengung reagiert haben und das Übereinanderstapeln in Form von Decken interpretiert man heute mit Subduktion, die überwiegend nach Süden gerichtet war. Dabei waren neben dem Abtauchen großräumiger ozeanischer Kruste auch die Unter- und Überschiebungen von kleinerräumigen Teilschollen aus kontinentaler Kruste beteiligt, was dem Konzept des Anbaus von Krustensplittern (Terrane) gleichkommt.

In Zusammenhang mit dieser Tektonik gerieten Teile der Kruste in höher temperierte Bereiche, und so entstanden auch junge, d.h. tertiäre granitische Schmelzen, deren Gesteine als Metamorphite aufgefasst werden müssen. Die Granite des Bergell oder Adamello sind solche jungen Gesteine, für die radiometrische Alter von etwa 20 Millionen Jahren gemessen wurden. Die Wärmeentwicklung im Gebirgskörper ist auch an ihrem Einfluss auf die Sedimentgesteine abzulesen: man hat regelrechte Isothermen z.B. in den Schiefern der Westalpen nachzeichnen können, in dem man die thermischen Veränderungen an bestimmten Mineralen in den Sedimenten studiert hat, die auf entsprechende Wärmequellen im tieferen Untergrund zurückgeführt werden können.

Das Übereinanderstapeln von Krustenmaterial führte zu einer entsprechenden Verdickung und durch die Auflast auch zu einer Eindellung des Erdmantels unter den Alpen; die Kruste errreicht dort insgesamt etwa 100 km Dicke (Laubscher 1984). Die leichte Kruste hat die Tendenz, isostatisch aufzusteigen. Dieser Aufstieg begann schon im Tertiär, und er wurde von einer intensiven Erosion begleitet. Dabei entstanden die Gesteinsserien der Molasse, die im Wesentlichen in das Vorland des Gebirges geschüttet wurden.

Da sich der Prozess der Gebirgsbildung bzw. Subduktion währenddessen fortsetzte, wurden Teile dieser Molasse selbst noch gefaltet, so dass man heute gefaltete und ungefaltete Molassen voneinander unterscheiden muss.

Eine zweite Unterscheidung erfolgt nach deren Ablagerungsmilieus, die von den eustatischen Meeresspiegelschwankungen beeinflusst wurden. Danach werden Meeresmolassen und Süßwassermolassen unterschieden; letztere haben die schönen bunten Konglomerate geliefert, die Flussablagerungen darstellen und als Nagelfluh bekannt sind. Sie sind teilweise über 4000 m mächtig und vermitteln so auch eine Vorstellung vom Ausmaß der Abtragung.

Der Einfluss der gebirgsbildenden Vorgänge in den Alpen strahlt auch auf das weitere Vorland aus. Davon betroffen sind die Randbereiche kleinerer starrer Schollen, wie z. B. der Rahmen der Süddeutschen Großscholle, an deren Grenzen sich junge Tektonik abspielt, oder die Vorgänge im sog. Niedersächsischen Tektogen, wo am Südrand des Teutoburger Waldes Schichten des Mesozoikums bis zur Kreide steilgestellt und sogar überkippt wurden. Ähnliches lässt sich für die ebenfalls NW-verlaufende Elbtal-Linie oder den auch morphologisch bedeutsamen Donaurandbruch bzw. die Fränkische Linie diskutieren.

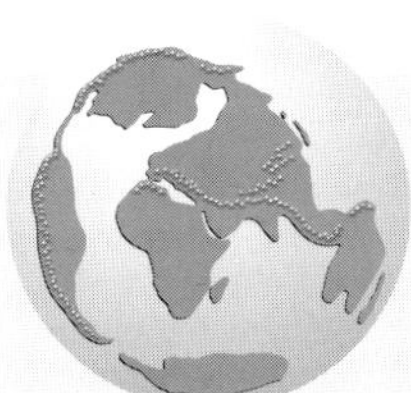

Zusammenfassung

Das Tertiär hat seinen Namen aus der im 18. Jahrhundert erfolgten Schichtengliederung, wo als Montes tertiarii meist nur schwach verfestigte Ablagerungen mit Fossilien beschrieben wurden, die der heutigen Fauna schon ziemlich ähnlich sahen. Nach dem Aussterben der Dinosaurier in der Oberen Kreide durchliefen die anfangs noch kleinwüchsigen Säugetiere eine rasante Entwicklung. Kontinente und Ozeane hatten in wesentlichen Zügen ihre heutige Position, wobei aber einzelne Landbrücken geöffnet und auch wieder geschlossen wurden, so dass weiträumige Wanderungsbewegungen der festländischen Tierwelt möglich wurden. Nachdem im älteren Tertiär noch weitgehend warmes Klima auf der Erde herrschte, zeigt sich danach ein relativ kontinuierlich verlaufender Abkühlungstrend, der bereits die im Quartär folgende Eiszeit einzuleiten begann. In den jungen Faltengebirgen setzten sich die tektonischen Prozesse fort, die bereits in der Kreide begonnen hatten. Weitere Faltung, Metamorphose, Granitbildung und schließlich die Heraushebung z. B. der Alpen führte zu mächtigen Abtragungsmassen, die als Molassen in die Vorlandtröge geschüttet wurden. Daneben sind die Bildung von Braunkohlen, Salzgesteinen und Karbonaten von lagerstättenkundlicher und wirtschaftlicher Bedeutung. Der intensive Vulkanismus fügte den Ozeanbodenbasalten neue Streifenmuster an, außerdem entstanden viele der ozeanischen Inseln und festländischen Vulkane.

Die tektonischen Bewegungen führten auch im Bereich kontinentaler Kruste zu Brüchen, die noch heute nachhaltig unser Landschaftsbild bestimmen. Das Einsenken des Oberrheingrabens, Hebung großer Bereiche der variskisch strukturieren Mittelgebirge an solchen Bruchlinien (Harz, Thüringerwald z. B.) machte diese Gebiete erst im Tertiär zu den Landschaften, die uns heute wieder als orographische Gebirge begegnen. Erdgeschichtliche Sonderereignisse waren die jungtertiären Meteoriteneinschläge von Nördlinger Ries und Steinheimer Becken.

Quartär

Die heutige Situation. Wir wissen aber, dass es keinen stationären Zustand gibt; heute driften die Platten im Pazifik schneller als in den anderen Ozeanen. In einigen Zehner Millionen Jahren wird eine neue Darstellung fällig.

Mit dem Quartär sind wir in der Gegenwart der Erdgeschichte angekommen, die uns im Sinne des anfangs erwähnten Aktualitätsprinzips den Schlüssel an die Hand gibt für die Interpretation der weit zurückreichenden Vergangenheit. Die neuerdings diskutierten 2,6 Ma (Millionen Jahre), die das Quartär umfasst, sind, gemessen an den behandelten Jahrmilliarden von geringer Zeitdauer und man könnte ein entsprechend knapp gefasstes Kapitel erwarten. Wenn es dennoch umfangreicher ausfällt, so liegt das z. T. jedenfalls daran, dass die Details der Zeitzeugen – Gesteine und Fossilien – meist noch so gut erhalten sind, dass sie, auch um ihrer Schlüsselrolle gerecht zu werden, genauer unter die Lupe genommen zu werden verdienen. Das Quartär gilt gemeinhin als das Eiszeitalter, obwohl schon in den früheren Kapiteln deutlich gemacht wurde, dass dieses nur eines von vielen Eiszeitaltern der Erdgeschichte gewesen ist. Seine Zeugen sind Moränen, Gletscherschrammen, Löss, Urstromtäler oder die Veränderungen der Pflanzengesellschaften, die unmittelbar Klimaverschiebungen, das Kommen und Gehen von Warm- und Kaltzeiten, anzeigen. Die Kenntnisse darüber wurden ursprünglich in den Hochgebirgen und deren Vorländern entwickelt, sie sind aber in den letzten 30 Jahren vor allem durch die Tiefseeforschung und in jüngster Zeit durch die Eisbohrungen in den polaren Regionen erheblich erweitert und verfeinert worden.

Gegenwärtig leben wir im Holozän, was etwa mit der Zeitspanne der vergangenen 10 000 Jahre definiert, allgemein als Nacheiszeit interpretiert wurde und möglicherweise als eine Zwischeneiszeit aufzufassen ist. Aus der Rekonstruktion des Ablaufs der quartären Eiszeit und der weit in das Tertiär zurück zu verfolgenden Abkühlungsgeschichte der Erde lässt sich die einigermaßen verlässliche Aussage ableiten, dass der gegenwärtigen Warmphase – trotz Treibhauseffekt – auch wieder eine Abkühlung folgen wird.

Begriff und Abgrenzung

Das Quartär ist in der Nachfolge zum Tertiär zu sehen, aber die ursprüngliche Namensgebung für diesen Abschnitt der Erdgeschichte war anders. Lyell, dem wir außer der Formulierung des Aktualitätsprinzips auch eine frühe Gliederung der Tertiärschichtenfolge verdanken, schloss an das noch zum Tertiär gehörende Pliozän das

Abb. 29: Eissturz am Lämmerten-Gletscher.

Pleistozän an, und auch der Begriff Holozän stammt von ihm (Lyell 1833). Dem Quartär entsprechende Schichten hatte schon 1829 Desnoyers vom Tertiär abgetrennt, der Begriff selbst wurde aber erst durch Morlot (1858) eingeführt.

Die bei uns früher übliche Bezeichnung Diluvium für das ältere Quartär (= Pleistozän) wurzelt im Sintflutgedanken, das dem Holozän entsprechende Alluvium bezeichnet die nacheiszeitlichen Bildungen.

Lyells ursprüngliche Abgrenzung pleistozäner von pliozänen Schichten geschah in Italien und Frankreich; in pleistozänen Meeresablagerungen waren näherungsweise noch 90 % der rezenten Mollusken zu finden, in pliozänen dagegen wesentlich weniger. Es war also ein biostratigraphischer Ansatz, mit dem hier versucht wurde, die Grenze zu definieren. In marinen Sedimentfolgen wird noch heute so verfahren, wobei planktonische Mikro- und Nannofossilien die wesentlichen Leitformen bilden.

Ganz anders wurde die Abgrenzung in den festländischen Ablagerungen vorgenommen. Während man im frühen 19. Jahrhundert noch viele der auf dem Festland gefundenen quartären Ablagerungen als Zeugen der Sintflut ansah, was sich unter anderem in der Bezeichnung Diluvium niedergeschlagen hat (Buckland 1823), hatte man schon 1844 bei Wurzen in Sachsen Strukturen entdeckt, die Morlot als Gletscherschliffe interpretierte. In der Literatur werden allerdings meistens die von Torell (1875) auf dem Rüdersdorfer Kalk, einer aus Muschelkalk bestehenden Aufwölbung des Untergrundes in der Nähe von Berlin beschriebenen Gletscherschliffe erwähnt, die der Inlandeistheorie zum Durchbruch verhalfen.

Zuvor hatte man die erratischen Blöcke skandinavischer Gesteine im nordeuropäischen Flachland mit einem Transport durch treibende Eisberge zu erklären versucht; zu den Protagonisten gehörten berühmte Geologen wie v. Buch, aber auch Lyell.

Entsprechend der Inlandeistheorie müssen Teilbereiche der Festländer also unter Eisbedeckung gelegen haben, und die Gletschervorstöße (Abb. 29), die man an den Moränenablagerungen messend verfolgen kann, waren wiederholt erfolgt, so dass man diese Befunde auch für eine grobe Quartärgliederung herangezogen hat. Die entscheidenden systematischen Arbeiten dazu hatten vor allem Penck u. Brückner im Alpenraum geleistet und in einem umfangreichen Werk unter dem Titel ›Die Alpen im Eiszeitalter‹ zwischen 1901 und 1909 publiziert.

Die aus den glazialen Formen und Ablagerungen herleitbare Abgrenzung des Quartärs gegen sein Liegendes erfolgte also aufgrund von Fazieskriterien, und man kam 1948 auf dem Internationalen Geologenkongress in London überein, das Quartär mit den glazial geprägten festländischen Bildungen, zu denen auch entsprechende Floren und Faunen gehörten, beginnen zu lassen. Heute stehen wir vor dem Dilemma, dass uns die Erkenntnisse aus den Tiefseebohrungen auf eine sehr viel differenziertere, und wesentlich weiter zurückreichende Abkühlungsgeschichte hinweisen, die in dieser Feinauflösung in dem Festlandsablagerungen nicht nachvollziehbar ist.

Wichtige stratigraphische Grenzen werden meist durch Absprachen festgelegt. So hat man die Neogen/Quartär-Grenze auf dem Internationalen Geologenkongress in Moskau 1984 neu definiert und an einem Profil in Kalabrien festgemacht, in dem durchgehend marine Ablagerungen vorliegen. Die Untergrenze des Quartärs wurde da gezogen, wo der erste Kaltwasser-Ostrakode im Profil erscheint; die entsprechende Schicht ist nach physikalischen Altersbestimmungen 1,65 Millionen Jahre alt.

In Sedimenten des Panama-Beckens zeigen die $\delta^{18}O$-Kurven zwar keine nennenswerte Änderung in diesem Altersbereich, es setzt aber eine sehr regelmäßige Folge von 41 000-Jahr-Zyklen ein. Heute wird alternativ mit einer Untergrenze von 2,6 Ma gerechnet, die der paläomagnetischen Grenze zwischen Gauß- und Matuyama-Epoche entspricht (Shackleton u. a. 1990).

Die Konsequenz der 1,65 Millionen-Jahre-Grenze wäre beträchtlich, weil danach viele der älteren, faziell klar als eiszeitlich aufzufassenden Bildungen in das Tertiär fallen (Benda 1995). Vielleicht sollte sogar die Zuordnung des außerordentlich kurzzeitigen Quartärs zur Kategorie eines erdgeschichtlichen Systems überdacht werden. Lyell hatte in Fortschreibung seiner Tertiärstufen Pleistozän und Holozän einfach angehängt. Eine sinnvolle Definition der Quartär-Untergrenze scheint mir bis auf weiteres noch offen, und die Faziesdiskussion beleuchtet, warum das so ist.

Flora und Fauna

Die Geschichte von Buffalo Bill ist nicht denkbar ohne die offenen Graslandschaften, die sich erst mit dem Rückzug der tertiären Waldvegetation herausbilden konnten; diese Entwicklung ist mit der allgemeinen Abkühlung und den zunehmenden Klimaschwankungen erklärbar, die bereits wesentlich früher im Tertiär begonnen hatten.

Gräser und krautige Vegetation bestimmen das Bild; dazu kommen aber auch Bäume, von denen in den einschlägigen Büchern meist nur die der relativ kalten Klimate erwähnt werden, weil man sie mit der rezenten, entsprechend angepassten Flora der polaren Regionen und der Hochgebirge vergleichen kann. Dazu gehören Zwergbirke (*Betula nana*), Polarweide (*Salix polaris*) und die krautige Silberwurz (*Dryas octopetala*), die man an ihren typischen Blättern gut erkennen kann. Die Laubwälder der gemäßigten Breiten sind durch Rot- und Hainbuchen (*Fagus silvatica* und *Carpinus betulus*) gekennzeichnet, während in den subarktischen Gebieten vor allem Kiefern (*Pinus silvestris*) wuchsen. Wärmere Bereiche sind durch Haselnuss (*Corylus*), Eichen (*Quercus*), Linden (*Tilia*), Ulmen (*Ulmus*) und Ahorn (*Acer*) gekennzeichnet, außerdem spielt *Rhododendron sordellii*, die pontische Alpenrose, eine Rolle als Klimazeiger, die heute nur noch südlich der Alpen vorkommt, im Quartär aber in interglazialen Ablagerungen des Inntals gefunden wurde.

Man erkennt an dieser Aufzählung, dass die Vegetation des Quartärs sich kaum von der unserer heutigen Zeit unterschieden hat, und deshalb sind die Pflanzen auch nicht als Leitfossilien geeignet. Ihre Bedeutung liegt vielmehr darin, dass man ihr Übereinandervorkommen in geeigneten Profilen dazu verwenden kann, in vielen Gebieten die Klimageschichte des Quartärs zu rekonstruieren, die in den höheren Breiten vor allem durch die Vorstöße bzw. den Rückzug der Gletscher gekennzeichnet ist. Das geschieht mit Hilfe sog. Pollendiagramme, mit denen man versucht, die Anteile wärme- bzw. kältebetonter Pflanzen annähernd quantitativ zu erfassen; eine mühselige Zählerei dieser winzigen Bestandteile unter dem Mikroskop. Gute Pollenprofile sind oft in Seeablagerungen bzw. Moorbildungen zu gewinnen (Abb. 30).

Der Wechsel zwischen Baumpollen und Gräserpollen zeigt damit den Klimawechsel zwischen Warm- und Kaltzeiten an, wobei sich vor allem anhand spezifischer Baumpollen noch weitere Differenzierungen herausarbeiten lassen, die die klimatisch bedingten Wanderungen der Vegetation belegen.

In den kühlen Bereichen der Meere, aber auch in Seen, liefern manchmal die *Diatomeen* (Kieselalgen) Leitfossilien; hier hat die Technik des Raster-Elektronen-Mikroskops bedeutende Fortschritte gebracht und die z.T. außerordentlich schönen Formen erschlossen, die als Hartteile aus Skelettopal in den Sedimenten erhalten sind.

Das kalkige *Nannoplankton* in den marinen Ablagerungen enthält spezifische Quartärformen, mit denen z.B. pleistozäne von holozänen Schichten unterschieden werden können; die jüngste trägt den Namen *Emiliania huxleyi*.

Die Quartärfauna ist der rezenten ebenfalls sehr ähnlich, man kann schon aufgrund der kurzen Dauer keine wesentlichen Evolutionssprünge erwarten. Dennoch lässt sich bei einigen Tiergruppen wie den *Elefantiden* und den Nagetieren eine relativ schnelle Evolution beobachten; diese Entwicklung gilt besonders auch für den Menschen, für den wir neben den vergleichsweise seltenen Knochen nun auch die Werkzeuge zur Verfügung haben, mit denen man ältere von jüngeren Kulturstufen unterscheiden kann.

Bei den Einzellern der Meere spielen *Foraminiferen* und *Radiolarien* zunehmend auch eine Rolle als Leitfossilien. Die Foraminiferen sind vor allem für die Rekon-

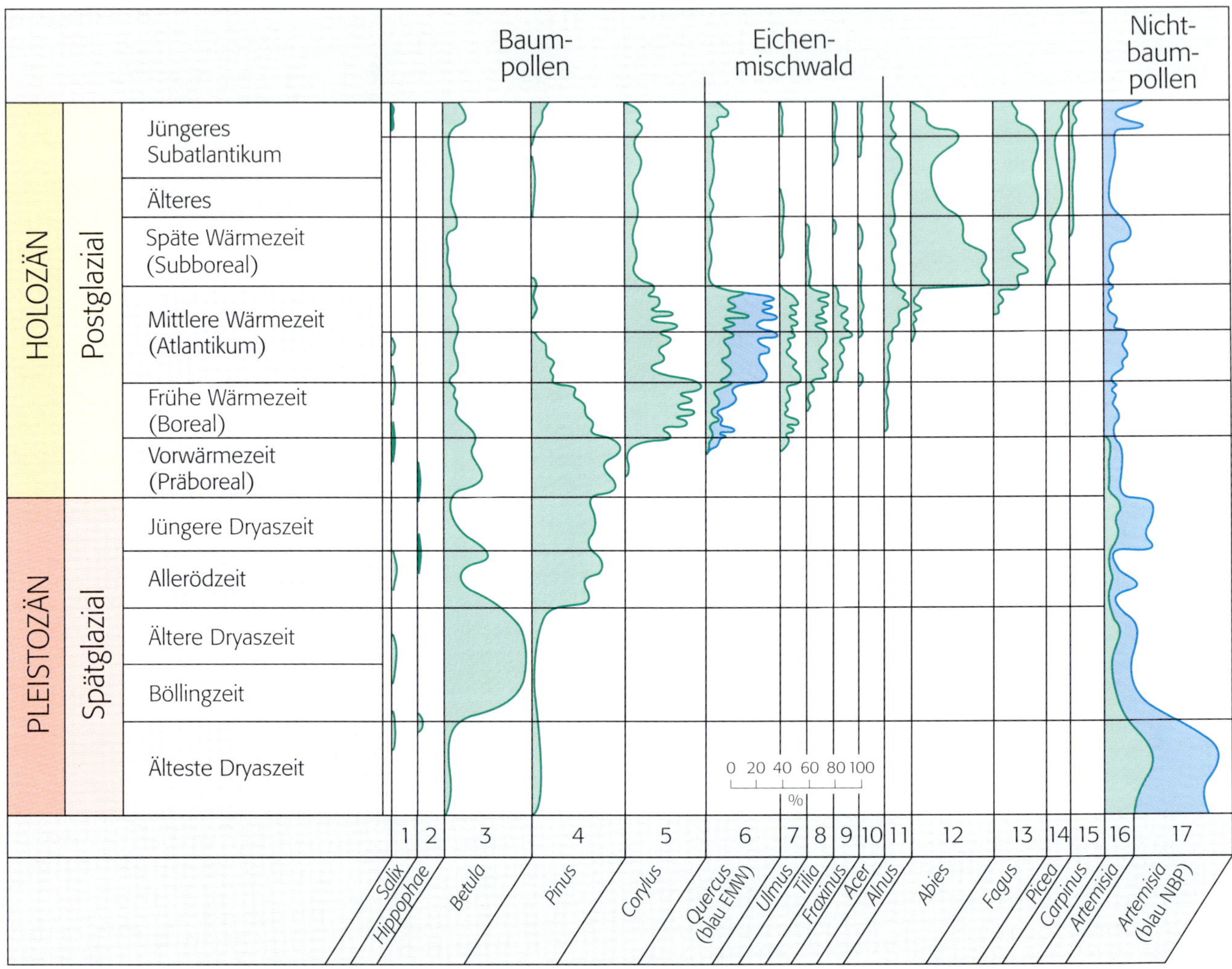

Abb. 30: Pollen-Diagramm, das die Vegetationsentwicklung im Spät- und Postglazial für die letzten 15000 Jahre an einem etwa 6m langen Moor-Profil aus dem Schwarzwald zeigt. Nichtbaumpollen und Birke zeigen kühles, Eiche u.a. wärmeres Klima an. (Umgezeichnet aus Schwarzbach 1974).

struktion der Klimageschichte in den Ozeanen von Bedeutung: Der kürzlich verstorbene Cesare Emiliani, ein in Bologna gebürtiger, aber in den USA arbeitender Meeresgeologe, hatte schon früh die stabilen Sauerstoffisotope (das $\delta^{18}O$-Verhältnis) in planktischen Foraminiferen dazu benutzt, um daraus Änderungen der Wassertemperaturen abzuleiten. Die entsprechenden Kurven zeigen ein ständiges Hin und Her von leichten und schweren Werten, die zunächst ausschließlich auf Temperaturschwankungen zurückgeführt wurden. Inzwischen weiß man, dass dieses Isotopenverhältnis im Wasser der Ozeane – aus dem die Organismen ihre Schalenelemente beziehen und einbauen – im Wesentlichen durch den Aufbau kontinentaler Eismassen gesteuert ist. Unter den planktonischen Foraminiferen sind vor allem die *Globigerinen* wichtig, die als bedeutende Sedimentbildner noch heute den kalkigen Globigerinenschlamm mit aufbauen; er bedeckt große Areale auch in den rezenten Ozeanen. *Globigerina bulloides* ist die jüngste, für das Holozän bezeichnende Form, die man schon im vergangenen Jahrhundert mit Planktonnetzen aus dem Atlantik gefischt hat. Aussagen über die Veränderungen der Wassertemperatur kommen aber auch aus der Isotopenbestimmung an benthonischen Foraminiferenschalen. Die Ergebnisse haben deutlich gemacht, dass die Wassertemperaturen (bzw. die Isotopenverhältnisse) sich zyklisch verhalten; die Signale der auch zeitlich eingeordneten Proben sind kompatibel mit Milankovitch-Zyklen, wobei sich 23, 41 und 100 Ka Peaks beobachten lassen.

Auch die *Radiolarien* bilden innerhalb des Quartärs unterschiedliche Formen aus, so dass sie für den Radiolarienschlamm der Tiefseebereiche zunehmend an Bedeutung als Leitfossilien gewinnen. Bei den *Mollusken* setzt sich die aus dem Jungtertiär bekannte Formenvielfalt mariner Muscheln und Schnecken weiter fort. Im Meeresbereich sind *Littorina littorea* sowie die beiden Muscheln *Ancylus fluviatilis* und *Portlandia* (früher *Yoldia*) *arctica* von Bedeutung für die nacheiszeitliche Entwicklung der Ostsee. Man hat anhand der Muscheln auch Faunenprovinzen mit unterschiedlich temperierten Klimabereichen zu rekonstruieren versucht, die mehrfach zwischen Nord und Süd hin- und hergependelt sind; das ließe sich allerdings auch mit entsprechend temperierten Meeresströmungen erklären.

Zu den erwähnenswerten Neuankömmlingen im Quartär gehören aber unter anderen bestimmte Landschnecken, die als Leitfossilien im Löss gefunden werden; diese überwiegend kleinen Formen haben im Laufe ihrer systematischen Zuordnung die Namen gewechselt: heute heißen sie *Trichia* (früher *Helix* oder *Fruticicola*) *hispida, Pupilla muscorum* und *Succinea oblonga*, dazu kommen *Pupilla loessica* und *Vallonia tenuilabris*. Die Kleinwüchsigkeit der nur millimetergroßen Gehäuse wird mit der Anpassung an das trockene Klima während der Lössbildung erklärt. *Vallonia tenuilabris* kommt rezent noch in den Kaltgebieten Nordasiens vor.

Da das Studium des Quartärs im Anfang vor allem die Ablagerungen auf den Festländern betraf, sind auch die Fossilien aus diesem Bereich zunächst eingehender untersucht worden. Dabei stellte sich bald heraus, dass bestimmte Wirbeltiergruppen eine relativ schnelle Evolution durchlaufen hatten, so dass ihre Reste, vor allem die auch gegen Verwitterung besonders beständigen Zähne, geeignete Leitfossilien darstellen. Dazu gehören nun vor allem die Säugetiere, deren Funde sich auch unterschiedlichen klimatischen Biotopen zuordnen lassen, so dass sie in einem weitergehenden Sinne gleichzeitig Faziesfossilien darstellen.

Nagetiere wie Lemminge, Murmeltiere oder Wühlmäuse lebten in den Lösssteppen bzw. der Tundra; ihre Ausbreitung ist vor allem an die Entwicklung von krautigen Pflanzen und Gräsern geknüpft.

Von den *Carnivoren* sollten wenigstens der Höhlenlöwe (*Panthera leo spelaea*), die Höhlenhyäne (*Hyaena spelaea*) und der Höhlenbär (*Ursus spelaeus*) erwähnt werden. Von letzterem sind u. a. aus den Karsthöhlen der Fränkischen Alb massenhaft sehr gut erhaltene Skelette geborgen worden. Diese ungewöhnlichen Anhäufungen lassen sich mit einem Erstickungstod der Bären während des Winterschlafs erklären, wobei das Kohlendioxid infolge der Sinterkalkbildung freigesetzt wurde. Die Tiere starben also nicht gleichzeitig, sondern während vieler aufeinander folgender Jahre. Alle eiszeitlichen Raubtiere starben am Ende des Würm aus. Die großwüchsigen Säugetiere, die die offenen Steppen und Savannen besiedelten, gehörten unterschiedlichen Temperaturbereichen an; auch hierzu nur Stichworte: Der Moschusochse (*Ovibos moschatus*) und das Ren (*Rangifer arcticus*) sind Tiere der Kaltzeiten, wie auch das echte Mammut (*Mammuthus primigenius*) und das wollhaarige Nashorn (*Coelodonta antiquitatis*), das sich stammesgeschichtlich vom Steppenelefanten (*Mammuthus trogontherii*) ableitet; mit seinem dicken Fell und den isolierenden Fettpolstern war es ideal an das kalte Klima angepasst. Solches Fett wird im Fall der Fossilisation in Erdwachs (Ozokerit) umgewandelt, und die Tiere sind dann außerordentlich gut erhalten geblieben. Neben dieser Erhaltungsweise ist für das Quartär vor allem die Tiefkühlung von Organismen belegt: In den Permafrostgebieten von Sibirien hatte man schon früh vollständige Mammuts gefunden, deren Haut zusammen mit den Haaren erhalten geblieben war (entsprechende Ausstellungen werden von Zeit zu Zeit in den Naturkundlichen Museen gezeigt). Eher den Rang eines Gerüchtes hingegen hat die Geschichte, dass man beim Internationalen Geologen-Kongress 1897 in Moskau solches Fleisch von pleistozänen Mammuts zum Festbankett serviert hätte (die als Abb. 31 abgedruckte Speisekarte korrigiert die gerne erzählte Geschichte). Neue Mammut-

MENTE ET MALLEO
VII
MOSCOU
LE 25 Août 1897

Zakouski.

Consommé
Diables.
Rissolles.
Grenki.
Esturgeon braisé au Vin blanc.
Filet de Boeuf Jardinière sauce Madère.
Macedoine de fruits à la Geleé.
Fromage.
Café.

Abb. 31: Speisekarte.

Foraminiferen

Globigerina
(die grosse Kugel im Zentrum misst ca. 2 mm, die Schwebestacheln, die die Oberfläche für die planktische Lebensweise enorm vergrößern, sind meist nicht erhalten)

Schnecken

Trichia hispida

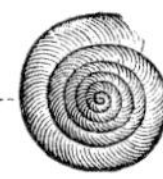

Pupilla muscorum

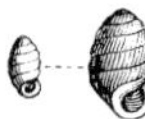

Succinea oblonga

Ancylus fluviatilis
(Napfschnecke)

Vertebraten

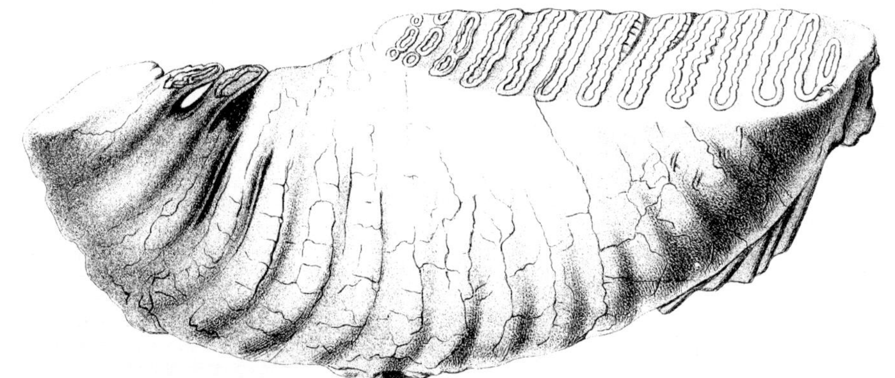

Mammuthus primigenius
Backenzahn (ca. 30 cm lang)

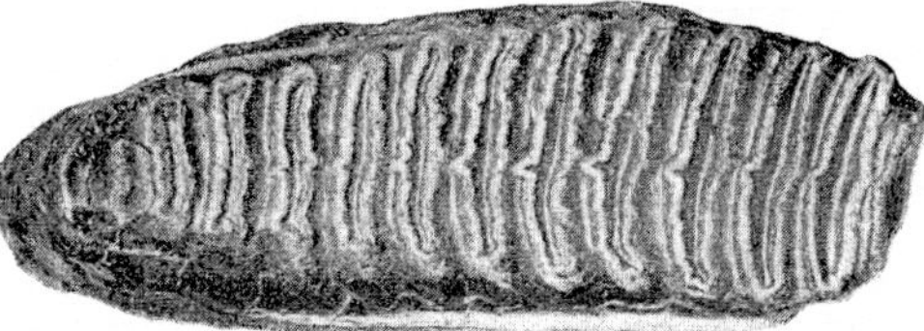

Palaeoloxodon antiquus
Backenzahn
(ca. 20 cm lang)

Vertebraten

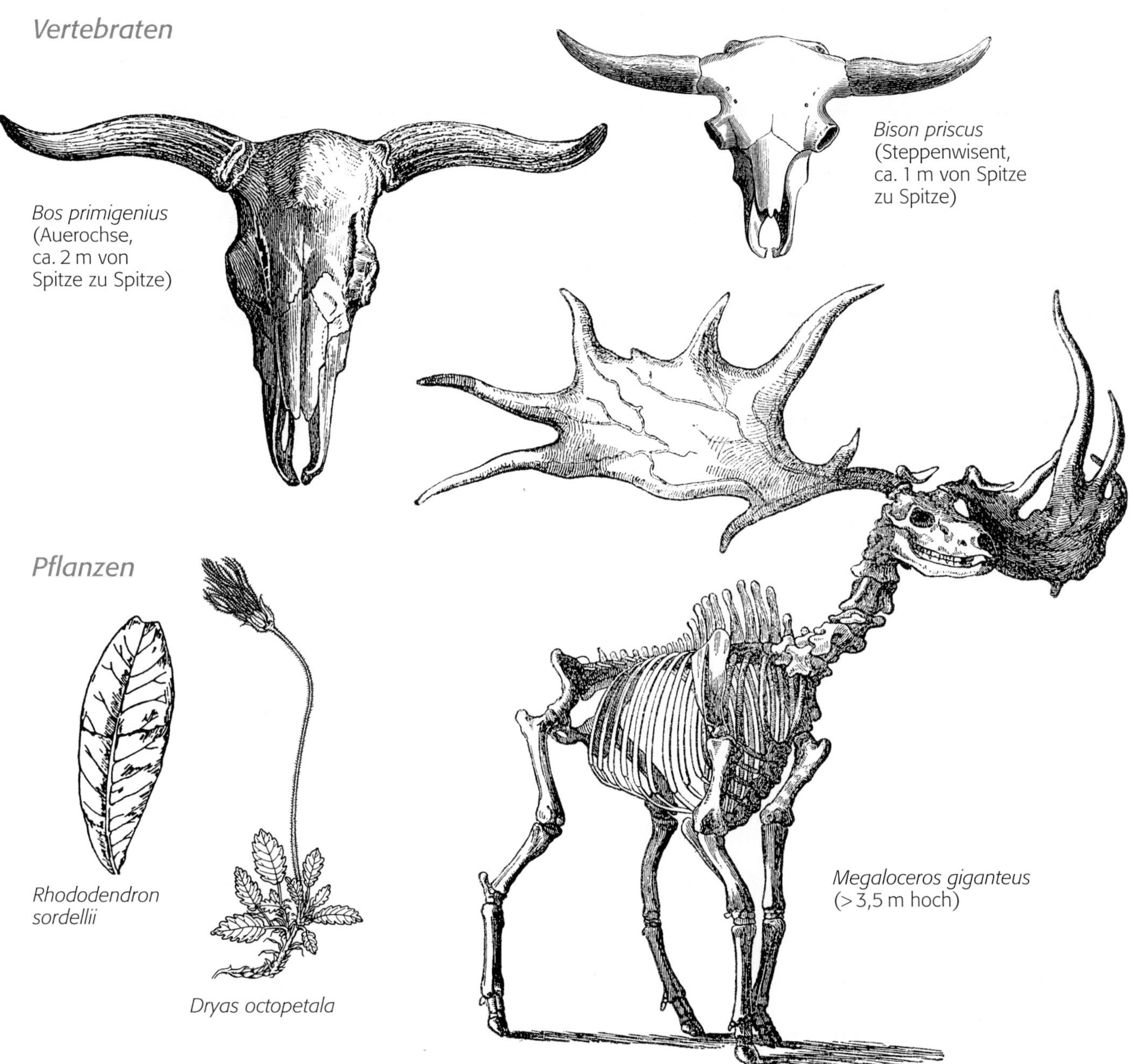

nahrung könnte aber gewonnen werden, wenn der jetzt angestrebte Versuch gelänge, ein Tier aus dem sibirischen Permafrost zu klonen.

Das Mammut gehörte zu den pleistozänen Steppenelefanten, denen man die warmzeitlichen Waldelefanten gegenüberstellen kann. Früher kannte man für die gesamte Reihe den Gattungsbegriff (-namen) *Elefas*, der mit einer Urform schon im Pliozän nachweisbar ist (heute: *Archidiscodon planifrons*), die sich über *Elefas* (*Archidiscodon*) *meridionalis* zu den amerikanischen Prairieelefanten *A. imperator* entwickelte. Elefanten sind wesentliche Leitfossilien für die Zwischeneiszeiten. Der erst im Holozän erscheinende afrikanische Elefant heißt heute *Loxodonta africana*. Der pleistozäne Waldelefant, ein wahrscheinlicher Vorfahre des heutigen indischen (*Elefas indicus*) war *Elefas* (heute: *Palaeoloxodon*) *antiquus*. Alle diese Tiere hatten die von den heutigen Elefanten bekannten großen Stoßzähne (z. T. über 5 m lang), die man auch fossil finden kann. Typischer sind deren Backenzähne, die ein kompliziertes, verfaltetes Lamellensystem haben; solche Zähne werden auch heute noch gelegentlich von gut beobachtenden Baggerführern in Kiesgruben zutage gefördert.

Das Übereinander von fossilen Wald- und Steppenelefantenfunden in bestimmten Profilen folgt unmittelbar den aus den Pollendiagrammen ermittelten Schwankungen zwischen Wald- und Steppenvegetation. Aus dem Mittelmeerraum sind u.a. von Malta, Zypern, Kreta und Sizilien Zwergelefanten bekannt, die sich auf den Inseln entwickelt haben müssen, nachdem die Landbrücken zum Festland abgebrochen waren.

Zu den warmzeitlichen Großsäugern gehören auch Waldnashorn (*Stephanorhinus kirchbergensis*), Wasserbüffel (*Bubalus murrensis*) und Auerochse (*Bos primigenius*), der die Stammform unserer Hausrinder ist und erst während des 30-jährigen Krieges ausgerottet worden zu sein scheint. Da ist es fast nachrangig, nun auch noch die Hirsche und Elche zu erwähnen. Riesenhirsche (*Megaloceros giganteus*) mit entsprechenden Geweihen kennt man aus dem Pleistozän, wobei sogar Unterarten eine Differenzierung gestatten, und es gab auch Riesenelche (*Alces latifrons*). Das waren jedenfalls keine Bewohner dichter Waldregionen, wo sie mit ihrem ausladenden Hauptschmuck überall angeeckt wären.

Steppentiere waren auch die Pferde, deren Entwicklung im Wesentlichen während des Tertiärs stattgefunden hatte. Mit dem Przewalski-Pferd (*Equus przewalskii*) ist auch eine pleistozäne Gattung bekannt, die in den eher wärmeren Steppengebieten lebte.

Die wichtigsten Fossilien des Quartärs überhaupt bilden die Überreste unserer eigenen Vorfahren. Der Stammbaum des Menschen, der letztlich im Tertiär wurzelt, musste vielfach neu gezeichnet werden, und die Diskussion um die Evolution bis hin zum heutigen *Homo sapiens sapiens* ist gelegentlich ziemlich spannend; nicht zuletzt deshalb, weil man mit Hilfe von Fälschungen versucht hat, der Entwicklung eine bestimmte Richtung aufzuzwingen. In einem Vortrag zum Thema hatte ich mir kürzlich den Titel ausgedacht „Adam und Eva – eine Geschichte, die in Afrika spielt“. Das sollte den neuen Erkenntnissen Rechnung tragen, dass die Ausbreitung der *Hominiden* offenbar von dort ausgegangen war. Die sichersten Hinweise für Abstammungslinien kommen inzwischen aus der Genforschung, und man hat erst kürzlich damit belegen können, dass der Neanderthaler nicht zu unseren unmittelbaren Vorfahren gehört.

Der Versuch, die Entwicklungsgeschichte des Menschen nachzuzeichnen, hat sich seit Darwins seinerzeit gefährlicher Hypothese zu einem eigenen Wissenschaftszweig entwickelt, der Paläoanthropologie. Das Verfahren, unseren eigenen Stammbaum zu rekonstruieren, ähnelt im Grunde dem der Biostratigraphie. Das Problem ist aber, dass das Fossilmaterial ausgesprochen begrenzt ist und dass dennoch immer wieder versucht wird, anhand selbst nur eines neu entdeckten Schädelfragments gleich den ganzen bisher aufgestellten Stammbaum zu revidieren. „One skull does not a species make“ titelte die Zeitschrift ›Nature‹ im Oktober 1997, um zu kommentieren, dass viele der zu eigenen Spezies erhobenen Funde lediglich intraspezifische Variationen sein können (Delson 1997). Früher gezeichnete Linien, die eine geradlinig verlaufende, gerichtete Entwicklung belegen sollten, sind in letzter Zeit zunehmend fraglich geworden. Das liegt nicht nur an neuem Fundmaterial, sondern an besseren Altersbestimmungen, die auch an längst bekannten Fundstücken gemacht werden. So weiß man heute unter anderem, dass der Neanderthaler und der moderne *Homo sapiens* eine Zeit lang gleichzeitig gelebt haben. Zufallsfunde wie der Neanderthaler (Fuhlrott 1857) oder der Unterkiefer des *Homo heidelbergensis* (Schoetensack 1908), wie er zunächst wissenschaftlich benannt wurde, obwohl er eigentlich aus Mauer stammt, sind längst durch systematische Suchkampagnen abgelöst worden, die seit den 1930er-Jahren einen Schwerpunkt in Ostafrika haben, der vor allem mit dem Namen der Familie Leakey verknüpft ist. An Ostafrika und die Geologie der Olduvai-Schlucht des dortigen Rift-Valley sind auch Hypothesen über die Evolution der *Hominiden* gebunden, die auf Klimaänderungen in diesem Gebiet basieren: Durch Hebung des östlichen Bereichs ist die Waldvegetation dort zunehmend durch Savanne abgelöst worden, was – etwas platt ausgedrückt – dazu geführt haben soll, dass ‚die Affen von den Bäumen stiegen‘.

Ein weiterer Schwerpunkt liegt in Südafrika, wo vor allem in den Höhlen von Sterkfontein oder am Klasies River schon früh bedeutende Funde gemacht wurden, zu denen auch der Schädel des Taung-Kindes gehört. In neuester Zeit kommen mit dem Fund des Little-Foot-Skelettes, das älter zu sein scheint als das der ostafrikanischen ‚Lucy‘ wieder Hinweise, dass die Wiege der Menschheit nicht in Ost- sondern in Südafrika gestanden haben könnte. Inzwischen gibt es auch ein Projekt zur Erforschung des Korridors zwischen beiden Fundgebieten, an dem der Darmstädter Paläoanthropologe Friedemann Schrenk maßgeblich beteiligt ist (Schrenk 1997). Vollständige Skelette gehören aber zu den großen Seltenheiten, meistens beschränkt sich das Fundgut auf einzelne Knochen und Zähne. Das wird verständlich, wenn man bedenkt, dass sich Begräbnissitten erst spät entwickelt hatten; die Leichen wurden wohl überwiegend durch Aasfresser zerlegt und die Teile dann weiter verstreut. Dennoch haben die Forscher aus einzelnen Knochen und Zähnen eine erstaunliche Fülle von Details ableiten können, die zusammen genommen sinnvolle Zusammenhänge erkennen lassen.

Die Rekonstruktion von Schädeln gestattet Aussagen über die Entwicklung des Hirnvolumens, das allerdings immer in Zusammenhang mit der Körpergröße gesehen werden muss; sonst wären uns die Neanderthaler, die wir eher als Primitivformen betrachten, in dieser Hinsicht überlegen, und es wäre zu fragen, warum trotzdem der paläontologisch moderne Mensch *Homo sapiens* heute die Erde beherrscht.

Das Studium der Innenfläche von Schädeln hat bei moderneren Formen Eindellungen erkennen lassen, die auf die Sprachzentren hinweisen, unter denen das so genannte Broca-Zentrum und der weitere Bereich des Wernicke-Zentrums, als eine Hirnregion mit ungewöhnlich komplexen Verknüpfungen gilt. Diese Abdrücke sind erstmals in den etwa zwei Millionen Jahre alten Schädeln des *Homo habilis* nachgewiesen worden, der seinen Namen (geschickter Mensch) möglicherweise deshalb bekommen hatte, weil er der erste Hersteller von Steinwerkzeugen gewesen ist. Es gibt allerdings auf 2,4–2,7 Millionen Jahre datierte Steinwerkzeuge, die diese Aussage noch in Frage stellen. Manche Forscher sehen die Entwicklung von Sprache und jagdlichen Fähigkeiten in einem engen Zusammenhang. Das überwiegend rechtshändige, gezielte Werfen hätte die linke Hirnhälfte mit dem Sprachzentrum evolutionär beeinflusst (der amerikanische Neurobiologe William Calvin hat darüber ein unterhaltsames Buch geschrieben, Calvin 1997). Die neuronale Verknüpfung zwischen eher einzelnen Zentren im Gehirn, die für Sensorik bzw. Motorik zuständig sind, brachte zunächst Vorteile beim Werfen und förderte gleichzeitig die Voraussetzung zur Entwicklung sprachlicher Fähigkeiten, wahrscheinlich lange vor den anatomischen Umbildungen des Stimmapparates.

Man spekuliert andererseits, dass mit der Entwicklung der Sprache eine weitergehende soziale Kommunikation zustande kam, die dann auch eine gezielte Jagd auf gefährliches Großwild ermöglichte. Zuvor dürfte ein Konkurrenzkampf um Aas zwischen Tieren und frühen Menschen bestanden haben. Es gibt Hinweise, dass unsere Vorfahren Aasfresser gewesen sind; dafür sprechen Einzelfunde von Knochen, die die Spuren von Schabern aufweisen, mit denen das Fleisch gelöst wurde.

Dass frühe Hominiden zunächst Aasfresser und erst in der Folge Jäger geworden sind, hat man durch Studien an rezenten Verhältnissen in der afrikanischen Savanne zu belegen versucht (Blumenschine u. Cavallo 1992). Dieser aktuo-paläontologische Ansatz belegt unter anderem, dass im Trockenklima der Serengeti die Kadaver erst nach 48 Stunden zu verwesen beginnen. In Konkurrenz mit Hyänen waren die Hominiden durch die Verwendung von Werkzeugen imstande, Knochen zu zertrümmern und an deren proteinreiches Mark zu gelangen. Die in der Folge durch die Abschlagtechnik entwickelten Steinklingen lassen sich als Äquivalente von Reißzähnen auffassen, über die die omnivoren Hominiden nicht verfügten; damit konnten sie dann auch größere Kadaver nutzen.

Auf eine Änderung der Ernährungsgewohnheiten im Verlauf der Evolution deutet auch die Entwicklung der Zähne hin; kleine Zähne sind für die moderneren Hominiden kennzeichnend. Im Zusammenhang mit den Klimaänderungen in Ostafrika scheinen unsere Ahnen von Laub- zu Grasfressern übergegangen zu sein, wobei zur pflanzlichen Nahrung auch harte Nüsse gehört haben müssen, wie man aus dem Gebiss von *Australopithecus boisei*, der als Nussknackermensch bezeichnet wird, ableiten kann; dieser Typ hatte die kräftigsten Backenzähne aller Hominiden. Die für die Entwicklung entscheidende Phase scheint aber mit dem Übergang zur energiereicheren Fleischnahrung begonnen zu haben, die wahrscheinlich mit dem Aasfresserstadium eingeleitet wurde.

Die immer wieder gestellte Frage, was denn den Menschen von seinen vormenschlichen Ahnen unterscheidet, ist bis heute noch nicht schlüssig geklärt worden. „Man, the tool-making animal" ist als Definition längst überholt, seitdem man beobachtet hat, dass viele Tiere Werkzeuge gebrauchen; die mit Stöckchen in Termitenhaufen stochernden Affen sind da nur eines von vielen Beispielen.

Die neuesten Ansätze zur Entwicklung des Menschen kommen aus der Genforschung, und sie haben zunächst einige verblüffende Ergebnisse gebracht. Dazu gehört erstens, dass sich der Genbestand zweier im Urwald nebeneinander bestehender Affenhorden stärker voneinander unterscheidet als der sämtlicher heute auf der Erde lebenden Menschenrassen. Zweitens hat man herausgefunden, dass das Erbgut von Mensch und Schimpanse zu 99 % identisch ist. Bisher sucht man selbst auf diesem Gebiet noch immer, was denn nun der entscheidende Unterschied ist.

Wichtige Beiträge hat die Genforschung aber zu Herkunft und Ausbreitung von *Homo sapiens* über die Erde geleistet. Allein die Tatsache, dass sich die heutige Weltbevölkerung genetisch kaum unterscheidet, belegt, dass *Homo sapiens* eine sehr junge Art ist. Sie ist nach allen Anzeichen in Afrika entstanden und hat sich von dort aus über die Erde ausgebreitet. Der entscheidende erste Aufsatz dazu stammt von 1987 und hat zu dem geführt, was heute allgemein als Out-of-Africa-Modell in der Diskussion steht (Wilson & Cann 1992). Der Gedanke geht letztlich auch auf Charles Darwin zurück, der 1881 in seiner stets sehr vorsichtigen Formulierungsweise geäußert hatte: „Es ist etwas wahrscheinlicher, dass unsere frühen Vorfahren auf dem afrikanischen Kontinent lebten, als anderswo."

Ziemlich erstaunlich ist auch, dass der Exodus erst vor etwa 100 000 Jahren stattgefunden haben muss, möglicherweise durch klimatische Veränderungen bedingt, die die Menschen zur Auswanderung nach Norden getrieben haben. Die Vermutungen gehen dahin, dass vielleicht nur 10 000 Erwachsene gegangen sind, was einem eher kleinen

Genpool entspräche, der die heutigen genetischen Gemeinsamkeiten erklären würde. Die moderne Menschheit bewegte sich damals durch einen ‚Flaschenhals', sie hätte also auch aussterben können, bevor sie Afrika in ausreichender Individuenzahl verlassen hatte.

Seit 100 000 Jahren breitete sich *Homo sapiens* zunächst nach Asien, von dort nach Europa und später vielleicht über die Beringstraße nach Nord-, dann Südamerika aus. Europa steht mit 40 000 Jahren in einer entsprechend modernen Verbreitungskarte (Stringer u. McKie 1996); das deutet darauf hin, dass der moderne Mensch dort noch neben dem Neanderthaler existiert hat, dessen Restgruppen erst vor etwa 30 000 Jahren in Spanien ausgestorben sind.

Früheste Felsmalerein in Australien sind auf 60 000 Jahre datiert worden; noch wesentlich ältere Gravuren, die kürzlich noch als Sensation gefeiert wurden, sind inzwischen allerdings wieder ‚jünger' geworden. Hier spielen verlässliche Altersbestimmungen eine ganz wesentliche Rolle. In letzter Zeit sind diese frühen Kulturzeugnisse Gegenstand kontroverser Diskussionen gewesen, die bis in die Aboriginesproblematik hinein reichen.

In Europa sind entsprechende Felsmalerein von vielen Orten bekannt geworden, zu denen die Höhlen von Altamira, Lascaux in der Dordogne u. a. gehören. Australien könnte im Hinblick auf deren Deutung eine Schlüsselposition bekommen, weil man dort die Künstler noch selbst nach der Sinngebung ihrer Bilder befragen kann. Jedenfalls scheint mehr dahinter zu stecken als bloßer Jagdzauber oder Dekoration. Die australischen Darstellungen sind in vielen Fällen Abbilder von Schöpfungsmythen, gelegentlich aber auch praktische Anweisungen, etwa wie die inneren Organe in einem Tier angeordnet sind, um es entsprechend ausweiden zu können.

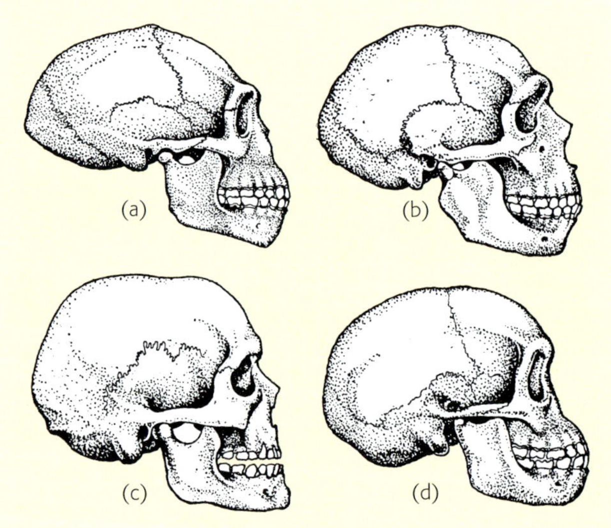

Abb. 32: Rekonstruktion des Schädels von (a) *Pithecanthropus*, (b) Neandertaler, (c) Cro-Magnon-Typus und (d) *Australopithecus* (aus Kuhn-Schnyder 1953).

In Europa hatte man die Felszeichnungen gelegentlich auch auf den Neanderthaler zurückgeführt. Heute wird aber allgemein *Homo sapiens* in Form des sog. Cro-Magnon-Menschen als Urheber betrachtet, der auch als unser unmittelbarer Vorfahr gelten muss.

Es wäre nun an der Zeit, eine Art menschlichen Stammbaums zu skizzieren, zumal einzelne Glieder wenigstens andeutungsweise erwähnt wurden. Das bereitet mir große Schwierigkeiten, die nicht nur in der Fülle der zum Thema angehäuften Literatur begründet sind, sondern auch darin, dass ständig Neufunde publiziert werden; und schließlich bin ich kein Fachmann auf diesem Gebiet. Ich bin nicht einmal mit dem Namensvetter verwandt, der 1994 eine umfangreiche deutschsprachige Paläoanthropologie mitveröffentlicht hat (Henke u. Rothe 1994). So muss ich die Leser bitten, die nachfolgend skizzierten wenigen Linien entsprechend zu bewerten und als Anreiz für das Studium der Fachliteratur zu betrachten.

Wahrscheinlich ist ein den menschlichen Vorfahren und den heutigen Affen gemeinsamer Vorläufer, der zeitlich im jüngeren Tertiär, vor etwa 5–7 Millionen Jahren, angesiedelt sein müsste. Die für die Hominidenentwicklung abgeleiteten *Australopithecinen* (Abb. 32; *Australopithecus* bedeutet ‚südlicher Affe', in der älteren Literatur ist von *Pithecanthropus* die Rede; *Pithecanthropus erectus* war dann der aufrechtgehende Affenmensch) werden in mehrere Arten (die vielleicht eher Artgruppen repräsentieren) aufgeteilt, die sich nach Alter und Entwicklungsstand gliedern lassen. Die Zuordnung eines Neufundes aus Äthiopien der Art *ramidus* zur Gattung *Australopithecus* (White u.a. 1994) ist bereits im darauf folgenden Jahr geändert worden. Für diesen Fund eines pliozänen, 4,4 Millionen Jahre alten Hominidenvorläufers wurde eine eigene Gattung, *Ardipithecus*, aufgestellt (White u.a. 1995), womit man andeuten wollte, dass diese Funde wahrscheinlich die langgesuchte Wurzel der *Hominidae* belegen.

Etwas jünger, nämlich 3–4 Millionen Jahre, sind Funde, die zu der Bezeichnung *Australopithecus afarensis* (nach der Afar-Senke) geführt haben; dazu gehört das inzwischen berühmte Skelett von ‚Lucy', das 1974 von dem Amerikaner Johanson entdeckt wurde, wobei man bis heute nicht weiß, ob es sich wirklich um ein weibliches Wesen gehandelt hat; es ist auf 3,18 Millionen Jahre datiert worden. Diesem *Australopithecus afarensis* werden die Fußspuren von Laetoli in Tansania zugewiesen, mit denen zum ersten Mal der aufrechte Gang (die Bipedie) belegt ist. Die Tatsache, dass die Fußabdrücke in vulkanischer Asche eingeprägt sind, hat auch ihre Datierung mit physikalischen Altersbestimmungsmethoden ermöglicht, die mit 3,6 Millionen Jahren gut in diesen Rahmen passt.

Ebenfalls noch in das Jungtertiär (Pliozän) gehört die als *Australopithecus africanus* bezeichnete Gruppe. Dazu zählt u.a. der 1924 in Südafrika gefundene Schädel des sog. Taung-Kindes, dessen Geheimnis man erst später lösen konnte. Der Schädel zeigt nämlich Verletzungen, die man jetzt auf Adlerklauen zurückführen kann, weil man rezent beobachtet hatte, wie ein Adler eine junge Meerkatze auf ähnliche Weise verschleppt hatte. Das Kind muss bei seinem Tode etwa 4 (6?) Jahre alt gewesen sein, weil die Milchzähne noch erhalten waren und der erste Backenzahn durchzubrechen begann. *Australopithecus africanus*, von dem Reste u.a. in der Umgebung von Sterkfontein gefunden wurden, hatte relativ grazile Knochen, die ihn vom *Australopithecus afarensis* unterscheiden.

Robustere Knochen hatten dagegen *Australopithecus robustus*, *Australopithecus boisei* (der vorher schon erwähnte Nussknackermensch) oder *Australopithecus aethiopicus*, die im Buch von Stringer u. McKie (1996) unter der Gattung *Paranthropus* (was etwa Beinahe-Mensch bedeutet und der auch in der Geschichte der Piltdownfälschung eine Rolle gespielt hatte) zusammengefasst sind.

Australopithecus africanus und *Australopithecus robustus* lebten aber zeitlich nur durch eine kurze Spanne voneinander getrennt, und es wird die Ansicht vertreten, dass *Australopithecus robustus* einen früh ausgestorbenen Seitenzweig repräsentiert. Hier wird deutlich, was im Grunde für den gesamten so genannten Stammbaum gilt: Er ähnelt im Vergleich viel mehr einem weit verzweigten Busch, in dem annähernd gleichzeitig unterschiedliche Entwicklungsformen nebeneinander existiert hatten.

Mit dem dann folgenden *Homo habilis* scheint die Entwicklungsstufe zum Menschen erreicht gewesen zu sein. Mit Altersangaben um zwei Millionen Jahre könnte man ihn im Pleistozän ansiedeln, obwohl es auch da noch beträchtliche Probleme gibt. *Homo habilis* war erstmals 1960 von Jonathan Leakey aus der Olduvai-Schlucht Ostafrikas beschrieben worden; von diesem Vormenschen stammen wohl auch die parallel dazu gefundenen Steinwerkzeuge, die seinen Namen bedingt haben. Die könnten von einem als *Homo rudolfensis* (nach dem Rudolf-See) bezeichneten Vorfahren stammen, den manche Wissenschaftler für den ersten Auswanderer aus Afrika halten.

Die nächstjüngeren *Hominiden* tragen heute die Bezeichnung *Homo erectus*. Der erste Fund dieser Art wurde 1891 durch den niederländischen Arzt Eugène Dubois auf Java gemacht; Dubois war durch den Evolutionsbiologen Ernst Haeckel, einem vehementen Darwinisten, angeregt worden, nach dem ‚Missing link' zwischen Affe und Mensch zu suchen. Dieser Fund kam also durch gezielte Suche nach einem hypothetischen menschlichen Vorfahren zustande. Dubois nannte ihn zunächst *Anthropopithecus* und ordnete ihn damit einem Schimpansen zu. Später änderte er den Gattungsnamen in *Pithecanthropus* und folgte damit dem Vorschlag Haeckels; der Javamensch wurde zu *Pithecanthropus erectus*, dem aufrecht gehenden Affenmenschen (Dubois 1894).

Von diesem Typus sind seitdem viele Funde bekannt geworden, zu denen u.a. China mit der durch mehrere Jahrhunderttausende besiedelten Höhle von Choukoutien einen besonderen zusätzlichen Aspekt eröffnet hat. Die dortigen Schädel weisen überwiegend eine künstliche Öffnung der Basis auf, die man mit Kannibalismus in Zusammenhang bringt. Die früher als *Sinanthropus pekinensis* bezeichneten Hominiden werden heute als eine Unterart des *Homo erectus* im weiteren Sinne betrachtet.

Neben Java und China gehören unter vielen anderen Örtlichkeiten auch Heidelberg (bzw. Mauer), Bilzingsleben und Reilingen, Tautavel in Südfrankreich, Ungarn, Griechenland und Fundpunkte in Nordwestafrika zu den bekannteren Lokalitäten, und nicht zuletzt die Karsthöhlen von Swartkrans in Südafrika, wo man solche Hominidenreste neben *Australopithecinen* gefunden hatte. Entscheidend ist die Zuordnung der Funde, die man als Unterarten von *Homo erectus* bezeichnen kann, also *Homo erectus heidelbergensis* oder *Homo erectus pekinensis* oder als einen archaischen Typ von *Homo sapiens*. Die Experten sagen, dass der Unterkiefer von Mauer nicht die Aufstellung einer eigenen Unterart gestattet (Henke u. Rothe 1994, S. 383). Die Menschen von Tautavel ließen sich als *Homo erectus tautavelensis* bezeichnen, sobald man aber ihre progressiven Merkmale hervorhebt, als *Homo sapiens neanderthalensis* (Stringer u.a. 1984). Der erst in den letzten Jahren ausgegrabene Fundplatz von Schöningen bei Helmstedt belegt mit seinen etwa 400 000 Jahre alten Wurfspeeren ein Jagdlager des *Homo erectus*, der bereits zu organisierter Großwildjagd fähig war (Thieme 1997).

Je nachdem also, welche Zuordnung man vornimmt, ergeben sich auch unterschiedliche Verbreitungskarten. Es gibt Forscher, die der Auffassung sind, dass *Homo erectus* Afrika niemals verlassen hat; das würde jedenfalls gut in das Out-of-Africa-Modell passen. Dazu paßt auch, dass die afrikanischen, zu *Homo erectus* gezählten Funde, mit 1,8 – 1,6 Millionen Jahren wesentlich älter sind als die von Java oder China.

Sensationell ist in diesem Zusammenhang der Fundort von Dmanisi in Georgien, wo zunächst ein dem Heidelberger ähnlicher Unterkiefer gefunden wurde, der mit etwa 1,7 Millionen Jahren den ältesten Hominidenfund in ganz Europa bildet (Gabunia u.a. 1989, Majsjuradze u.a. 1989). Neuerdings sind dort sogar Schädelfragmente und Werkzeuge gefunden worden, die eine Zuordnung zu *Homo ergaster* gestatten, wie er aus Kenia bekannt war. Wahrscheinlich ist dies die erste Spezies, die aus Afrika ausgewandert war (Gabunia u.a. 2000). Im Gegensatz dazu ist *Homo erectus heidelbergensis* nur etwa 600 000 Jahre alt (Beinhauer u.a. 1995).

Nach *Homo erectus* folgt mit *Homo sapiens* die ranghöhere Entwicklungsstufe. In älteren Darstellungen verläuft die Linie über *Homo sapiens neanderthalensis* zu *Homo sapiens sapiens*, wobei noch Ante-Neanderthaler, frühe Neanderthaler und späte oder klassische Neanderthaler unterschieden werden (Henke u. Rothe 1994). Heute weiß man jedoch, dass der Neanderthaler eher eine Nebenlinie bezeichnet, die vor etwa 30 000 Jahren ausgestorben ist.

Der moderne Mensch ist seiner genetischen Konfiguration nach erst etwa 200 000 Jahre alt und hat Afrika wahrscheinlich vor etwa 100 000 Jahren verlassen. Diese These geht von einer monozentralen Entwicklung aus, sie ist aber nicht unwidersprochen; es gibt nach wie vor Forscher, die eine polyzentrische Artbildung mindestens schon für *Homo erectus* fordern.

Die skizzierten Abstammungslinien beruhen überwiegend auf klassischen Fossilfunden, zunehmend kommen aber nun die Ergebnisse der Genforschung auch auf diesen Gebiet zum tragen, so dass man neuerdings auch vom Genbaum spricht. Das Material vom Erstfund des Neanderthalers, das inzwischen molekulargenetisch untersucht wurde, zeigt den Weg, der für die nächste Zukunft der Paläoanthropologie ganz wesentlich neue Erkenntnisse verspricht.

Die Entstehung der quartären Eiszeiten

Wer dieses Buch von Anfang an durchgelesen hat, wird bemerkt haben, dass die Erdgeschichte mehrfach Eiszeiten erlebt hat; ihre Zeugnisse sind aus dem Präkambrium (dort mindestens vier solcher Ereignisse), dem Ordovizium und dem Permokarbon bekannt. Wenn Nichtgeologen an Eiszeiten denken, meinen sie im Allgemeinen die des Quartärs und wiederholen die in der Schule – manchmal noch – gelernten Stadien Günz, Mindel, Riss und Würm, oder, in Norddeutschland, Elster, Saale, Weichsel. Eiszeiten sind also nach Flüssen benannt. Je jünger eine Eiszeit, desto besser sind ihre Hinterlassenschaften erhalten.

Die Rekonstruktion von Eiszeiten bleibt ein mühsames Puzzle, aber es gibt eindeutige Kriterien: Neben den unsortierten Ablagerungen von Moränen, die in der älteren Erdgeschichte als Tillite (verfestigter Blocklehm) bezeichnet werden, z. B. gekritzte Geschiebe und in vielen Fällen die Assoziationen mit den Schottern und Sanden fluvioglazialer Ablagerungen. Hinzu kommen die von den kalbenden Gletschern ins Meer transportierten Geschiebe, die als dropstones dann in den weiter entfernt liegenden marinen Sedimenten gefunden werden. Auch Seesedimente können solche dropstones enthalten.

Welche Faktoren letztlich die Entstehung von Eiszeiten auf der Erde steuern, ist noch immer Gegenstand von Diskussionen unter den Gelehrten. Es steht aber fest, dass Kälte allein nicht ausreicht. Die älteren Eiszeiten der Erdgeschichte, etwa die neuerdings wieder sehr intensiv diskutierte jungpräkambrische Vereisung, werden mit einer insgesamt niedrigeren Oberflächentemperatur unseres Planeten in Verbindung gebracht. Sie könnte durch Änderungen der Erdbahnparameter gesteuert gewesen sein.

Mit dem Quartär sind wir aber zeitlich so nahe an die gegenwärtigen Verhältnisse herangerückt, dass eine grundsätzlich andere Situation der Erdbahnparameter weitgehend ausgeschlossen werden kann. Wir erleben also Eis an den Polkappen, die im Gegensatz zu den äquatorialen Breiten, weniger Sonneneinstrahlung erfahren. Um Eis entstehen zu lassen genügen aber tiefere Temperaturen allein nicht. Man braucht auch Niederschläge und eine Möglichkeit, diese in Form von Eis auf einer festen Unterlage zu speichern.

Um es plattentektonisch zu sagen: Voraussetzung für die Initiation einer Eiszeit scheint zu sein, dass sich größere Landmassen in hohen geographischen Breiten befinden; nur dort können entsprechend niedrige Temperaturen zur Eisbildung führen, das sich dann auch akkumulieren kann. Auf dem Festland gespeichertes Eis verstärkt die Albedo und erhöht die Effekte in der Folge.

Das zur Eisbildung nötige Wasser muss aber erst herangeführt werden, und es stammt letztlich aus der Verdunstung von Meerwasser: Eiszeiten brauchen zu Beginn einen offenen Meeresbereich, über dem Wasser verdunsten kann.

Diesem Zusammenhang folgte eine Hypothese, die als eine der Autozyklen-Hypothesen (Ewing u. Donn 1958) bekannt geworden ist. Danach beginnen Eiszeiten zunächst mit einem offenen Polarmeer, das die notwendigen Niederschläge für die umliegenden Festlandsgebiete liefert. Erst nachdem sich dort große Inlandeismassen aufgebaut haben, kommt es auch zum Zufrieren des Meeres in diesem Bereich. Infolge dessen bleiben aber die Niederschläge aus und die Gletscher bilden sich wegen ‚Unterernährung' wieder zurück, bis das Stadium des offenen Polarmeeres wieder erreicht ist. Dann kann ein neuer Zyklus beginnen. Diese Selbststeuerung ließe sich theoretisch endlos wiederholen und könnte die uns aus den Schulbüchern geläufigen Günz-, Mindel-, Riss- und Würm-Phasen erklären. Allerdings wird kritisiert, dass ein eisfreies Polarmeer nach den aktuellen Beobachtungen eher unwahrscheinlich ist.

Wenn wir von Eiszeiten sprechen, ist der Begriff zeitlich, d.h. stratigraphisch gemeint; er ist aber vom Vorgang der Vereisung abgeleitet, die nur Teilbereiche der Erde in dem bestimmten Zeitabschnitt der Erdgeschichte erfasst hat. Wir wissen heute, dass während des Quartärs z.B. in Nordafrika zeitweise wesentlich höhere Niederschläge herrschten – die entsprechenden Zeiträume werden als Pluviale bezeichnet – es wäre aber von dort aus betrachtet niemand auf den Gedanken gekommen, von Eiszeiten zu sprechen. Quartäre Eiszeiten hat man zuerst um 1800 in den Alpen entdeckt; ihre systematische Erforschung ist dort aber erst wesentlich später erfolgt (Penck u. Brückner 1901/1909). Dabei ergab sich, dass mindestens die Täler, teilweise sogar die Pässe, von einem zusammenhängenden Eisstromnetz überflutet waren, dessen Dicke mit 3000 m angegeben wird; ähnliche Eismächtigkeiten wurden auch für Skandinavien diskutiert, wobei die Inlandeismassen weit nach Süden über die Ostsee hinweg nach Mittel- und Osteuropa vordrangen, wie u.a. die Gletscherschrammen auf dem Muschelkalk von Rüdersdorf bei Berlin beweisen (Torell 1875).

Die Diskussion um die Eisdicken ist durch neuere Untersuchungen an Gletschern auf Island wieder belebt worden; man hatte dort beobachtet, dass sich außer dem Eis auch die Sedimente an der Gletschersohle selbst mitbewegen. Sie stehen unter hohem Wasserdruck, der sich über der stauenden Grundmoräne aufbauen kann. Die Konsequenzen, die sich daraus ergeben sind so beträchtlich, dass in einem entsprechenden Aufsatztitel von einem ‚Paradigmenwechsel in der Glaziologie' die Rede war (Boulton 1986). Die Folge ist nämlich, dass sich die bisher diskutieren Eisdicken erheblich reduzieren würden, in manchen Fällen sogar um die Hälfte (Boulton u.a. 1985). Das böte gleichzeitig eine Erklärung für schnellen Eisabbau, wie er für bestimmte Zeitabschnitte des Quartärs diskutiert wird (siehe auch Ehlers 1994). Wenn man die älteren Daten über die Eisdicken der Inlandeisschilde liest, muss man sich ohnehin deutlich machen, dass mit Ziffern bis zu 3500 m, die als Maximum, für die vorletzte Eiszeit (d.h. Mindel- bzw. Saale) angegeben werden, die Position der damaligen Eisoberfläche in Bezug zum heutigen Meeresspiegel gemeint ist (siehe z.B. Aseev 1968).

Der zwischen den nördlichen und südlichen Vereisungsgebieten Europas gelegene Raum wird allgemein als periglazial (d.h. um das Eis herum) bezeichnet und als generell eisfrei angesehen. Die Kriterien kommen aus aktualistischen Beobachtungen in heutigen Tundragebieten, wo sich Eiskeile und Brodelböden bilden, und Solifluktion, d.h. Bodenfließen schon auf flachgeneigten Hängen zustande kommt, was durch periodisches Auftauen und Gefrieren gesteuert wird. Neuerdings hat aber Ortlam (1994) aus höhergelegenen Bereichen vieler Gebirge des außeralpinen Mitteleuropa Hohlformen beschrieben und als Gletschertöpfe interpretiert, die es wahrscheinlich machen, dass die Vereisung auch dort größere Ausmaße erreicht hatte; vom Schwarzwald, wo die meisten der hochgelegenen Karseen Eiszeitrelikte darstellen, war das ohnehin bekannt.

Doch zurück zu den Hypothesen, wie Eiszeiten entstehen könnten. Eine dominierende Rolle dabei spielen die durch den kroatischen Astronomen Milankovitch seit 1920 berechneten Strahlungskurven, die auf periodischen Änderungen der Erdbahnparameter beruhen. Die ersten Annahmen, dass Eiszeiten auf diese Weise entstehen könnten, gehen aber schon auf den französischen Mathematiker Adhémar im Jahre 1842 zurück, dessen Ansätze in der Folge weiter verfeinert wurden, so dass schließlich nicht nur der Umlauf des Perihels, sondern auch die Exzentrizität der Erdbahn und schließlich die Schiefe der Ekliptik mit berücksichtigt wurden. Diese Parameter sind entscheidend dafür, wie hoch die Sonneneinstrahlung an einem Punkt der Erde ist. Inzwischen ist diese Thematik Gegenstand eines ganzen Sonderheftes des Journal of Sedimentary Petrology geworden (Fischer u. Bottjer 1971), wobei die aus sedimentären Zyklen, also aus der Geologie von Gesteinsfolgen, resultierende Zyklizität untersucht und mit der Änderung der Erdbahnparameter in Beziehung gebracht wird (s. auch Imbrie u.a. 1984). Die Zyklen weisen Periodizitäten von etwa 100 000, 41 000 und ~ 20 000 Jahren auf. Das hat neben der Erklärung mehrmaliger Vereisungen auch die zeitlichen Ansätze zu einer Gliederung quartärer Schichtenfolgen geliefert, die heute wesentlich mehr als die aus der terrestrischen Vereisungsgeschichte allgemein bekannten vier Eiszeiten des Quartärs umfassen. Der periodische Wechsel zwischen Kalt- und Warmphasen umfasst ein Vielfaches, und er reicht wesentlich weiter zurück als die aufgrund klimatisch bedingter Vereisungsphänomene auf dem Festland erkennbaren Phasen des Quartärs.

Im Zusammenhang mit der Forderung, dass sich, durch plattentektonische Konfiguration vorgegeben, kontinentale Bereiche in Polnähe befinden müssen, ergibt sich erst die Wirkung verminderter Sonneneinstrahlung, die zu Abkühlung und Eisaufbau führen. Weitere Eiszeit-Hypothesen gehen u.a. davon aus, dass sich die klimatischen Voraussetzungen infolge von Gebirgsbildungen verändern. Dazu würde die permo-karbone Vereisung nach der variskischen Orogenese passen, und die quartäre Eiszeit im Gefolge der alpidischen Gebirgsbildung.

Fazies

Innerhalb der eiszeitlichen Ablagerungen unterscheidet man in einer ersten Annäherung glaziale, d.h. unmittelbar mit dem Eis und seiner Tätigkeit verbundene, von glazifluvialen und glazilakustrinen Bildungen, die im Zusammenhang mit Schmelzwasser entstehen. Ihre Deutung erfolgt anhand aktuo-geologischer Studien in Gebieten, in denen arktisches Klima herrscht, d.h. neben Island, der Arktis und Antarktis spielen auch die Prozesse in den vergletscherten Teilen der Hochgebirge eine wesentliche Rolle für die Interpretation quartärer Fazies. Dieser Arbeitsweise trägt auch der Titel der Fachzeitschrift der Deutschen Quartärvereinigung ›Eiszeitalter und Gegenwart‹ Rechnung; Lyell's Aktualitätsprinzip wird hier unmittelbar verständlich.

Die Ablagerungen des Quartärs lassen sich grundsätzlich in kaltzeitliche und warmzeitliche Bildungen unterteilen; sie bilden gleichzeitig Kriterien für die stratigraphische Gliederung.

Kaltzeiten sind zunächst durch den glazialen Formenschatz dokumentiert. Viele Geländeformen, die unter eiszeitlichen Bedingungen entstanden sind, prägen noch heute unsere Landschaft. Dazu gehören u.a. die girlandenförmig verlaufenden Endmoränenwälle, die in jedem Schulatlas eingezeichnet sind oder die von den Gletschern verlassenen großen Täler mit U-förmigem Querschnitt, Toteiskessel oder Rundhöcker, die vom Eis überfahrenen festen Fels darstellen, sowie Nunatakker, die die über das Eis hinausragenden Felsen bilden. Drumlins dagegen bestehen aus Moränenablagerungen, die nachträglich zu walfischförmigen Rücken überformt wurden. Das morphologische Inventar ist allerdings noch wesentlich vielfältiger, soll aber hier nicht näher behandelt werden, da es in einschlägigen Lehrbüchern zur Geomorphologie beschrieben ist. Die bekanntesten Kaltzeitsedimente sind die Moränen.

Man sollte aber versuchen, Formen und Ablagerungen auch begrifflich zu trennen. Der Begriff Moräne z.B. umschreibt sowohl die Oberflächenform (Grundmoräne, Endmoräne) als auch die Sedimente, die diese aufbauen. Es wurde deshalb vorgeschlagen, Moränensedimente zu sagen, wenn das Gestein gemeint ist und Moränen für die Oberflächenformen zu verwenden (Ehlers 1994).

Moränensedimente bestehen aus weitgehend schichtungslosem Schutt, dessen Korngrößen vom Tonbereich bis zu großen Gesteinsblöcken reichen und der zudem meist völlig unsortiert ist. Aus der spezifischen Gesteinszusammensetzung lassen sich meist die Transportwege bzw. die Herkunft des Materials rekonstruieren. Moränensedimente sind festen Gesteinen sehr ähnlich, weil sie unter der Eislast kompaktiert wurden. So sind auch die steilen Flanken der Erdpyramiden verständlich, die durch die Erosion von Moränen entstehen. Das wichtigste Kriterium für eistransportiertes Material sind die gekritzten Geschiebe, mit parallelen Ritzspuren von meist einigen Zentimetern Länge. Die größeren Gesteinsblöcke bleiben später als Erratiker in der Landschaft liegen. Wie oftmals bei der Begründung geologischer Sachverhalte, hat man auch hier für den Transport der ortsfremden Gesteine die biblische Sintflut verantwortlich zu machen versucht; das hat sich auch in der älteren stratigraphischen Bezeichnung Diluvium niedergeschlagen.

Zu dem vom Eis transportierten Moränenmaterial kommen Sedimente, die durch Schmelzwässer verfrachtet wurden. Diese Fazies ist überwiegend vor dem Eisrand entwickelt, wo ausgedehnte glazifluviale Schotter- bzw. Sanderflächen entstanden. Etwa parallel zu den Stirnen der Moränen entwickelten sich die Urstromtäler, die man als Schmelzwassersammelrinnen in einer gewissen Entfernung vom Gletscher auffassen kann. Ihr Verlauf bestimmt bis heute z.B. die Täler von Elbe oder Oder.

Kiese und Sande können auch im Spaltennetz oder in Tunneln innerhalb des Gletschers selbst transportiert werden, bis sie dieses schließlich durch Tiefenerosion in den Untergrund übertragen; nach Abschmelzen des Eises bleiben sie in Form lang gestreckter, dammartiger Wallberge (Oser) in der Landschaft zurück.

Für erdgeschichtliche Betrachtungen sind aber die Sedimente von Eisrandseen von besonderer Bedeutung, da sie in Form der sog. Bändertone jahreszeitlich gesteuerte Zeitmarken liefern; in den wechselnden Mächtigkeiten der einzelnen Lagen steckt zudem Information über klimatische Abläufe.

Zu den bekanntesten Faziesindikatoren für Kaltzeiten im Festlandsbereich gehört der Löss, der im Inneren großer Kontinentalbereiche, vor allem in China, mehrere 100 m mächtig werden kann (v. Richthofen 1877, 1882). Löss ist ein äolisches Sediment, sofern er nicht nachträglich umgelagert wurde (Schwemmlöss); das im Siltkornbereich liegende Material (Quarz, Feldspat, Karbonat, Tonminerale bzw. Glimmer) ist vor allem während der Kältemaxima aus anderen Sedimenten, oft Flussablagerungen, selektiv ausgeblasen worden, als diese wegen der fehlenden bzw. stark reduzierten Vegetation der Winderosion praktisch ungeschützt ausgesetzt waren.

Eine für Kaltzeiten typische Fazies ist nicht zuletzt auch in Meeresablagerungen erkennbar, die Erkenntnisse dazu sind aber noch vergleichsweise jung. Es ist einleuchtend, dass die immensen Eismassen, die Nordamerika und Kanada bzw. Eurasien bedeckt hatten, nicht ohne Einfluss auf die angrenzenden Meeresräume geblieben sind. Aus den entsprechenden Sedimentfolgen sind einzelne Lagen mit grobklastischen Ablagerungen bekannt geworden, die einen weiten Transport solcher dropstones belegen, die von Eisbergen stammen, die die Moränenfracht der kalbenden Gletscher beim Abschmelzen verloren hatten.

Da die Lagen mit dropstones durch solche normalmariner Fazies unterbrochen werden, war anzunehmen, dass hier klimatische Zyklen abgebildet werden. Die nach ihrem Entdecker heute Heinrich-Zyklen genannten Abfolgen liefern zugleich Daten für Ursachen und Feingliederung der Vereisungsgeschichte, zumindest für den nördlichen Atlantik (Heinrich 1988), sind aber offenbar nicht auf den Bereich der Nordischen Meere allgemein übertragbar (Dowdeswell u.a. 1999). Das bis vor die Küsten Europas gelangte Nordatlantikmaterial stammt vor allem aus Kanada. Heinrich hatte zudem herausgefunden, dass die dropstone-Lagen jeweils etwa 11 000 Jahre auseinander liegen. Daraus folgt eine Halbierung der Präzessionszyklen, die er auf Sommer- und Winter-Minima der Sonneneinstrahlung zurückführt, wo dann jeweils maximaler Eisbergtransport stattfand.

Im Bereich niederer Breiten hatte man schon früh Beziehungen zwischen Kaltzeiten und höheren Niederschlägen zu belegen versucht. Die früher einmal diskutierte Regel, dass den Kaltzeiten auf der Nordhalbkugel Pluviale, etwa in Nordafrika entsprächen, ist heute wieder in Zweifel gezogen worden. Die Windgürtel, die für den Transport von Saharasand zur Küste entscheidend sind, scheinen sich beim Wechsel zwischen Kalt- und Warmzeiten nicht erkennbar nach Norden oder Süden verschoben zu haben (Sarnthein 1980). Unbestritten ist hingegen, dass in Nordafrika während des Pleistozäns feuchte Klimaperioden herrschten. Aus der Sahara ist vor allem für das Holozän eine Fazies mit limnischen Karbonatsedimenten bekannt, die auf große Süßwasserseen hindeutet (z.B. Pachur & Kröpelin 1987). Im Zusammenhang mit diesem Klima sind auch die neolithischen Kulturzeugnisse dort zu sehen.

Warmzeitliche Ablagerungen im festländischen Bereich sind Bodenbildungen und limnische Sedimente wie Kieselgur, die bis vor kurzem in Norddeutschland noch wirtschaftliche Bedeutung hatte (Benda u. Brandes 1974), oder Seekreide. Ebenfalls von Bedeutung sind Flussterrassen, die überwiegend in Kaltzeiten aufgeschottert und danach bei starker Wasserführung durch Tiefenerosion wieder zerschnitten wurden. In jedem Falle sind aber diese Terrassenfolgen durch tektonische Hebungsprozesse gesteuert, die ihrerseits weitgehend mit dem schrittweisen Abschmelzen des dicken Eispanzers zusammenhängen, der auf dem betreffenden Teil der Erdkruste lastete. So wird verständlich, dass die Terrassen überwiegend im Holozän entstanden sind. Das ist besonders schön für die nacheiszeitliche Entwicklung des Ostseeraumes herausgearbeitet worden, ist aber u.a. auch bestimmend für den Bereich des Rheinischen Schildes. Die allmähliche Krustenentlastung wird heute sogar im Zusammenhang mit der Entwicklung des quartären Vulkanismus in der Eifel diskutiert.

Vulkanismus ist weltweit durch guterhaltene Vulkanbauten belegt; ihre Aufzählung muss hier unterbleiben. Jedenfalls gehört die Yellowstone-Caldera dazu und für Europa mögen die italienischen Vulkanprovinzen, vor allem der weiterhin tätige Ätna und der Stromboli genannt sein, die Chaîne des Puys in der Auvergne, die Eifel mit ihren Maaren und die vulkanischen Erscheinungen im Egergraben. Im Laacher See, der vor etwa 12 900 Jahren ausgebrochen war, steigt noch immer vulkanische Kohlensäure auf und in Böhmen gibt es neben dem durch Goethe im Rahmen des Streits zwischen Neptunisten und Plutonisten bekannten Kammerbühl bei Eger auch rezente Mofetten in der Nähe von Franzensbad, die man mit dem jungen Vulkanismus in Zusammenhang bringen kann (Peterek u.a. 1998, Schmincke 2000).

Zur festländischen Fazies gehören letztlich auch Bergsturzablagerungen, die man neuerdings sogar anhand von Flechtenbewuchs relativ datieren kann.

Stratigraphie

Die Einteilung des Quartärs in Pleistozän und Holozän legt eine sehr einfache Gliederung nahe. Mit dem Nacheinander von Eiszeiten, die aus dem Über- und Nebeneinander ihrer Produkte im Festlandsbereich gefolgert werden konnten, hatten sich die zunächst nach Flüssen im Alpenvorland (Günz, Mindel, Riss, Würm) bzw. im Nordosten Deutschlands benannten (Elster, Saale, Weichsel) Kaltzeiten (Eiszeiten) als Gliederungsprinzip etabliert; so sprach – und spricht – man auch von entsprechenden Zwischeneiszeiten. Mit zunehmender Kenntnis der Profile wurden schon früh einzelne Eiszeiten weiter in Stadien bzw. Phasen unterteilt, und um ältere Kalt- und Warmzeiten erweitert, die auch als Präglaziale Komplexe bezeichnet wurden, d.h. nicht direkt mit Vereisungen einhergehen; sie sind im Alpenraum in ähnlicher Abfolge anzutreffen wie im Norden.

Die vier klassischen Eiszeiten im Alpenraum haben Entsprechungen in Nordamerika, wo man von Nebraskan, Kansan, Illinoian und Wisconsinan spricht, die mit der alpinen Gliederung parallelisiert wurden. Die Gebiete, in denen diese Gliederung aufgestellt wurde, liegen überwiegend südlich der Großen Seen, die ihrerseits sämtlich glazialen Ursprungs sind. Inzwischen ist auch für Nordamerika die Vereisungsgeschichte weiter zurückdatiert worden: Danach gab es dort vor der Saale-Eiszeit unserer Rechnung möglicherweise über zehn weitere Vereisungen bzw. Kaltzeiten.

Warmzeiten sind im kontinentalen Bereich durch entsprechende Fossilien, aber auch durch Seeablagerungen wie Torfe, Seekreiden und Kieselgur dokumentiert. In den Lössprofilen kennzeichnet die Aufwehung Kaltzeiten, die Umbildung zu Böden, also Lösslehm dagegen Warmzeiten mit intensiver chemischer Verwitterung. Die Böden liefern damit auch ausgeprägte Zeitmarken.

Ein weiteres Prinzip der Quartärgliederung beruht auf der Tatsache, dass die Bindung von Wasser in Form von Eis zu einer Absenkung des Meeresspiegels führt; daraus resultierende Regressionen und an Warmzeiten gebundene Transgressionen haben zu einer Terrassengliederung geführt, die zunächst vor allem im Mittelmeerraum untersucht wurde. Bezeichnungen für derartige Stadien wie Calabrium, Emilianium, Sizilium oder Tyrrhenium sprechen für sich. In tektonisch aktiven Gebieten besteht allerdings das Problem, dass die eustatischen Meeresspiegelschwankungen mit lokalen Hebungen und Senkungen der Erdkruste interferieren; die Höhenlage von Terrassenschottern allein genügt für die Alterszuordnung noch nicht, sondern es muss eine paläontologische Begründung oder eine andere Zeitbestimmung hinzukommen (Abb. 33).

Flussterrassen, deren Erforschung vor allem in der deutschen Geographie eine lange Tradition hat, werden

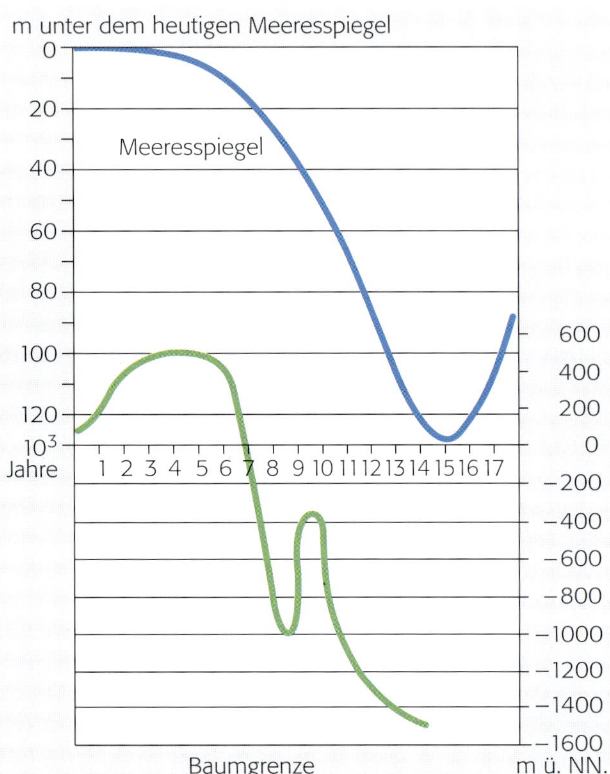

Abb. 33: Gegenübergestellt sind der Verlauf des Meeresspiegels und der der Baumgrenze für die letzten 17 000 Jahre. Der angenähert parallele Verlauf beider Kurven zeigt, wie Meeresspiegel und Vegetation gleichermaßen auf Temperaturänderungen reagieren. Die maximale Meeresspiegelabsenkung um über 120 m gegenüber heute führte dazu, daß die Schelfbereiche weitgehend trocken fielen. Die Baumgrenze lag damals etwa 1500 m tiefer als heute (der Anstieg dieser Kurve zeigt die Wärmeperiode des Alleröd an, die sich schon aufgrund der Trägheit der Reaktion im Meeresbereich nicht bemerkbar macht). Zusammengestellt und stark vereinfacht nach Zeichnungen in Seibold (1974) (Meeresspiegelkurve) und Firbas (1935) (Baumgrenze).

für die Rekonstruktion zeitlicher Entwicklung quartärer Landschaftsformen herangezogen. Paläontologische Funde gehören hier aber zu den großen Seltenheiten und die Alterszuordnung erfolgt überwiegend anhand der Höhenlage, was sich in den Begriffen Hochterrasse, Mittelterrasse und Niederterrasse ausgeprägt findet, die ihrerseits weiter untergliedert werden können. Die ältesten Terrassen sind die heute am höchsten gelegenen, worin sich die Eintiefung des Flusses entsprechend der Hebung des Gebirges dokumentiert, denn die Terrassen sind ja die ‚hängen gebliebenen' Überreste früherer Talböden; sie verursachen die auch morphologisch erkennbaren treppenförmig gestuften Talquerschnitte.

Die Gliederung des Quartärs in den Sedimenten des offenen Ozeans hat in letzter Zeit eine beträchtliche Verfeinerung erfahren. Kolbenlot- und Bohrkerne liefern nicht nur kontinuierliche Abfolgen mit Leitfossilien, sondern auch entsprechende paläomagnetische Daten, und die kalkigen Organismenschalen haben eine Feinstratigraphie anhand von Sauerstoffisotopen möglich gemacht, die man heute den paläontologisch begründeten Zonen als ^{18}O-Stadien an die Seite stellen kann; danach lassen sich im marinen Ablagerungsbereich allein für das Pleistozän 18 Kaltstadien erkennen, die eine entsprechende Anzahl von Gletschervorstößen wahrscheinlich machen. Wenn man die Abkühlungsgeschichte in das Jungtertiär zurückverfolgt, so ergibt sich eine wesentlich differenziertere Vereisungsgeschichte, als es die klassische Eiszeitengliederung erkennen ließ.

Die neueste Entwicklung stratigraphischer Auflösung geht indessen in den Sub-Milankovitch-Bereich. Sie gründet auf einer spektralen Auflösung des Kalkgehaltes, die in Bereichen hoher Sedimentationsraten im Nordatlantik Zeitspannen von 1000–2000 Jahren innerhalb von mehreren Millionen Jahre andauernden Ablagerungen zu unterscheiden gestattet (Raymo 1999 gibt eine knappe Zusammenfassung). Konsequenzen daraus ergeben sich vor allem für die Rekonstruktionen der Klimaentwicklung.

Eine biostratigraphische Gliederung anhand der Meeressedimente umfasst heute drei Nannoplankton-Zonen und parallel dazu zwei Foraminiferen-Zonen bzw. drei Radiolarien-Zonen in den jeweils herrschenden Faziesbereichen. Auch Diatomeen zeigen Unterschiede, die sich zunehmend für eine stratigraphische Gliederung verwenden lassen.

Paläomagnetisch existieren innerhalb des Quartärs zwei Epochen (chrons): die ältere, als Matuyama bezeichnete inverse Magnetisierung, endete vor 780 000 Jahren; alle jüngeren Ablagerungen zeigen also die heutige Magnetisierung der Brunhes-Epoche. Von nachgeordneter Bedeutung sind dabei die als magnetische Subchrons bezeichneten Abschnitte des Olduvai und des jüngeren Jaramillo, die kurzzeitige, schwächere Änderungen des Magnetfeldes belegen.

Inzwischen sind auch auf diesem Gebiet sensationelle neue Erkenntnisse hinzugekommen, deren Folgerungen sich bisher noch kaum absehen lassen. So scheint sich die Intensität des Magnetfeldes mit einer 41 000 Jahresperiodizität zu ändern und zwar in Phase mit der Neigung der Erdachse (Channell u. a. 1997). Abgesehen von den Folgerungen für die stratigraphische Auflösung werden die weiteren Arbeiten auch zur Lösung der weithin offenen Frage, wie die Umkehr der Polarisierung des Magnetfeldes zustande kommt, beitragen können.

Eine einfache Quartärstratigraphie unterscheidet Alt-, Mittel- und Jungpleistozän mit ihren jeweiligen Kalt- und

Warmphasen und setzt das Holozän als Postglazial als jüngsten Abschnitt hinzu.

Aus dem zuvor Gesagten folgt, dass diese stratigraphische Gliederung, die zunächst aus den festländischen Bildungen abgeleitet ist, im marinen Bereich wesentlich detaillierter ist. Abgesehen von den wenigen Fossilzonen sind es hier einmal die durch Meeresspiegelschwankungen gesteuerten Terrassen, nach denen z. B. das Quartär im Mittelmeerbereich gegliedert wird, zum anderen aber der Wechsel in den Sauerstoffisotopen, die eine Feingliederung und die Parallelisierung von Schichtfolgen ermöglichen; das geschieht auch anhand der in Sedimentfolgen erkennbaren Periodizitäten, die sich auf die Änderungen der Erdbahnparameter zurückführen lassen (Milankovitch-Zyklen).

Hinzu kommt gelegentlich auch eine Stratigraphie, die auf steinzeitlichen Artefakten, d. h. menschlichen Kulturstufen basiert, sodass man etwa Geröll-, Faustkeil- und Klingenkulturen voneinander unterscheiden kann; die Literatur zum Thema ist nahezu unüberschaubar. Für den Geologen liegt aber die Analogie zu den Leitfossilien, die ja auch unterschiedliche Evolutionsstadien abbilden, auf der Hand.

Auch der jüngste Abschnitt der Erdgeschichte, das Holozän, lässt sich weiter untergliedern. Das Holozän wird gelegentlich als Postglazial bezeichnet; dieser Begriff signalisiert ein Ende der quartären Eiszeiten, was schon allein angesichts der Dimension von nur etwa 10 000 Jahren Zweifel aufkommen lässt. Die postglaziale Klimageschichte, die wenigstens teilweise sogar anhand direkt beobachtbarer Zeugen für wärmere und kältere Zeiträume verfolgbar ist, deutet aber an, dass wir uns gegenwärtig eher in einer Zwischeneiszeit befinden. In diesem Zusammenhang wird auch in einem kulturwissenschaftlichen Kontext, immer gern auf die sog. Kleine Eiszeit verwiesen, die mit dem 16. Jahrhundert begann und bis in das 19. Jahrhundert hinein datiert wurde; in dem Zusammenhang wird gelegentlich auf Pieter Bruegels Gemälde von Winterlandschaften in den Niederlanden hingewiesen, die er anders kaum so gemalt hätte.

Die naturwissenschaftlichen Beobachtungen stammten dagegen vor allem aus den Alpenländern, wo zunächst die Schweizer begonnen hatten, die Fluktuationen von Gletschern messend zu verfolgen. Vergleichende Arbeiten z. B. aus den Ostalpen (u. a. Patzelt 1980) haben gezeigt, dass diese Veränderungen weitgehend synchron verliefen. Grove (1988) hat in seinem Buch solche Arbeiten kritisch gebündelt und weltweite Klimaschwankungen auch für das Holozän wahrscheinlich gemacht. Danach hat es allein in dieser Zeitspanne etwa zehn Eisvorstöße gegeben, die ziemlich plötzlich kamen und jeweils etwa 600 – 900 Jahre angehalten hatten. Zur Datierung von Moränen konnte dabei auch auf eine Vielzahl von Hölzern zurückgegriffen werden, die sich mit dendrochronologischen Methoden und/oder ^{14}C altersmäßig erfassen lassen.

Diese jüngsten Klimaänderungen der Erdgeschichte reichen bedrohlich nahe an unsere Gegenwart heran; schon deshalb gilt ihnen die Aufmerksamkeit der Forscher in besonderem Maße. Die Problematik wird von sehr unterschiedlichen Disziplinen her angegangen, zu denen Eisbohrungen in Grönland und in der Antarktis, die Rekonstruktion der thermohalinen Zirkulation in den Ozeanen und deren Bezug zu den großen Eisschilden und deren Dynamik ebenso gehören wie Vegetationskartierungen und historische Aufzeichnungen aus den Festlandsgebieten.

In den Text einer Erdgeschichte, die sich ganz wesentlich auf eine aktualistische Argumentation stützt, gehören auch Anmerkungen zum Thema der vom Menschen befürchteten klimatischen Veränderungen in der nahen Zukunft. Es soll hier nicht die Frage erörtert werden, inwieweit Autofahren uns in eine globale Erwärmung mit unabsehbaren Folgen treiben könnte, weil wir die in Zeiträumen von Jahrmillionen akkumulierten fossilen Brennstoffe in relativ kurzer Zeit verfeuern. Vielmehr möchte ich aus der Sicht des Geologen noch einmal zu beleuchten versuchen, dass klimatische Bedingungen niemals stabil waren und auch niemals stabil werden sein können. Langzeitlich, d.h. im Bereich plattentektonischer Veränderungen, werden immer wieder einmal kontinentale Bereiche in Polpositionen geraten und damit eine der nach den neueren Erkenntnissen wichtigen Ausgangssituationen für Eiszeiten schaffen.

Die in kürzeren Zeitabständen möglichen Veränderungen scheinen mit ihren immer deutlicher erkennbaren Periodizitäten auf entsprechende Änderungen der Erdbahnparameter zurückführbar. Von daher könnten in naher Zukunft näherungsweise sogar Prognosen über die kommenden Verhältnisse möglich werden. Schon die Erforschung der bisher erkennbaren holozänen Klimaschwankungen hat aber gezeigt, dass hier weitere Faktoren berücksichtigt werden müssen, weil die Erdbahnparameter sich erst längerfristig (d. h. mindestens etwa in einem 20 000-Jahre-Zyklus) auszuprägen scheinen. Wenn also z. B. Gletschervorstöße in Zeiträumen von Hunderten von Jahren vorkommen, muss man andere Ursachen hinzuziehen. Dazu gehören in erster Linie Änderungen in Verlauf, Temperatur und Salinität von Meeresströmungen, die sich nicht so einfach vorhersagen lassen. So scheint plötzlicher Abfluss glazialer Süßwasserseen Kanadas eine abrupte Abkühlung vor 8200 Jahren bewirkt zu haben, weil durch die immensen Massen an Süßwasser der Wärmetransfer vom Ozean in die Atmosphäre reduziert wurde (Barber u. a. 1999).

Hier haben auch die erwähnten Heinrich-Zyklen ihre Bedeutung, weil sie relativ abrupte, kurzfristige Veränderungen im klimatischen Geschehen begründen. Beobachtungen an Eisbohrkernen in Grönland und in der Antarktis sowie auf dem Tibetanischen Hochplateau, haben ebenfalls kurzfristige Klimaschwankungen aufgezeigt. Mancher Kälteeinbruch, der auch historisch belegbar ist, hängt danach unmittelbar mit explosiven Vulkanausbrüchen zusammen. Die diskutierten Begründungen betreffen u.a. eine Erhöhung der Reflektion von Sonnenlicht an vulkanischen Staubpartikeln oder Aerosolen aus Schwefelverbindungen.

Solche kalten Jahre sind in Form von Frostringen in Kiefern gespeichert. So folgten etwa dem Ausbruch des Krakatau 1883 das kalte Jahr 1884 und dem des Tambora 1815 das ‚Jahr ohne Sommer' (1816) mit den entsprechenden ökonomischen Konsequenzen. In den Zusammenhang kurzfristiger Klimaänderungen passen u.a. auch Daten zum Goldbergbau in den Hohen Tauern, wo schon prähistorischer Abbau belegt ist, der im letzten Jahrhundert v. Chr. aufgegeben, im hohen Mittelalter wieder eröffnet und nach 1300 wieder aufgelassen wurde. Der Grund war die Neubildung von Gletschereis, das die Stollen verschlossen hatte, die heute wieder zugänglich sind.

In diese Argumentationskette paßt auch der ‚Ötzi', der seine Pfeile vor 5000 Jahren auf aperem Fels deponiert hatte; die Temperaturen lagen damals über dem gegenwärtigen Wärmemaximum.

Zusammenfassung

Das Quartär umfasst mit den jetzt diskutierten 2,6 Millionen Jahren den bei weitem kürzesten Abschnitt der Erdgeschichte. Obwohl die Definition wesentlich an den kaltzeitlichen Festlandsablagerungen festgemacht wird, lässt sich an den Meeressedimenten mit geochemischen Methoden eine wesentlich weiter zurückreichende Abkühlungsgeschichte belegen, die auch zeigt, dass die Klimaschwankungen zwischen Warm- und Kaltzeiten viel häufiger waren als es die „klassischen" 4 Eiszeiten angedeutet hatten. Die Klimaentwicklung auf den Festländern wurde vor allem durch den Aufbau von Inlandseismassen gesteuert; sie ist an einem Wandern von Floren- und Faunenelementen abzulesen, das in den Pollenspektren durch Wald- und Steppenvegetation belegt ist, der auch die jeweiligen Tiere gefolgt sind. Die Gliederung in Pleistozän und Holozän orientiert sich am Wandel zur gegenwärtigen Warmzeit, die vor etwa 11 500 Jahren begann; sie ist aber durch kürzerfristige Schwankungen zwischen wärmeren und kälteren Abschnitten gekennzeichnet, unter denen die „Kleine Eiszeit" vom 16.–19. Jahrhundert von besonderer Bedeutung ist. Die nacheiszeitliche Erwärmung führte einerseits zu einem Anstieg des Meeresspiegels, was Transgressionen auf die Festländer zur Folge hatte, andererseits haben sich die vormals durch mächtige Eisschilde überdeckten Gebiete infolge Entlastung der Kruste gehoben; entsprechende Prozesse gehen noch heute weiter. Während der Eiszeit erfolgte auch die Entwicklung zum modernen Menschen, der wahrscheinlich erst vor 100 000 Jahren sein afrikanisches Ursprungsgebiet verlassen und sich dann über die gesamte Erde ausgebreitet hat.

Eine Rückkehr in die Eiszeit hat Hans Cloos, einer der wenigen wirklich bedeutenden deutschen Geologen, in seinem Buch ›Gespräch mit der Erde‹ in den Rahmen einer Schwarzwaldexkursion gestellt:

„Gneis, Urgebirge, das ist kristallisierter Bauschutt der ältesten irdischen Architekten, sind verbrannte Reste ihrer Urkunden. Es wird noch Generationen dauern, ehe die Geologie aus diesen Trümmern Geschichte lesen wird. Begnügen wir uns mit ihrem jüngsten, gut erhaltenen Kapitel, der Eiszeit:

An den Talflanken kleben die Reste höherer, wasserreicherer Täler, auf dem Gebirge liegen Moränen und geschliffene Felskuppen und stauen zu Seen noch heute das Schmelzwasser des Winterschnees, wie sie voreinst das Schmelzwasser der Gletscher und diese selbst gestaut haben. Diese Landschaft der Eiszeit wiederherzustellen, ist ein Leichtes. Laßt ein paar Jahre hintereinander den Schnee am Feldsee nicht im Juni oder Juli abtauen, sondern bis zum nächsten Neuschnee liegen bleiben; schon wird wieder Eis, wird wieder ein kleiner Gletscher daraus, wird der Feldsee wieder Kar. Eis kühlt und macht neues Eis. Laßt die Kräfte, die das Klima machen, jene launischen, unheimlichen, immer noch nicht genau bekannten, auf irgend eine unbedeutende Abwechslung verfallen, und schon kriecht das Eis über die Feldseeschwelle wie ein weißer Lurch, legt sich ins Bärental und ruht nicht eher, als es den Titisee aus seinem Bett gedrückt und die Schnauze bis gegen Neustadt vorgestreckt hat. Dann muß man von Freiburg nach Konstanz wieder über Basel fahren, wie es die Steinzeitmenschen getan haben."

Anhang

Stratigraphische Tabellen
Literatur
Register

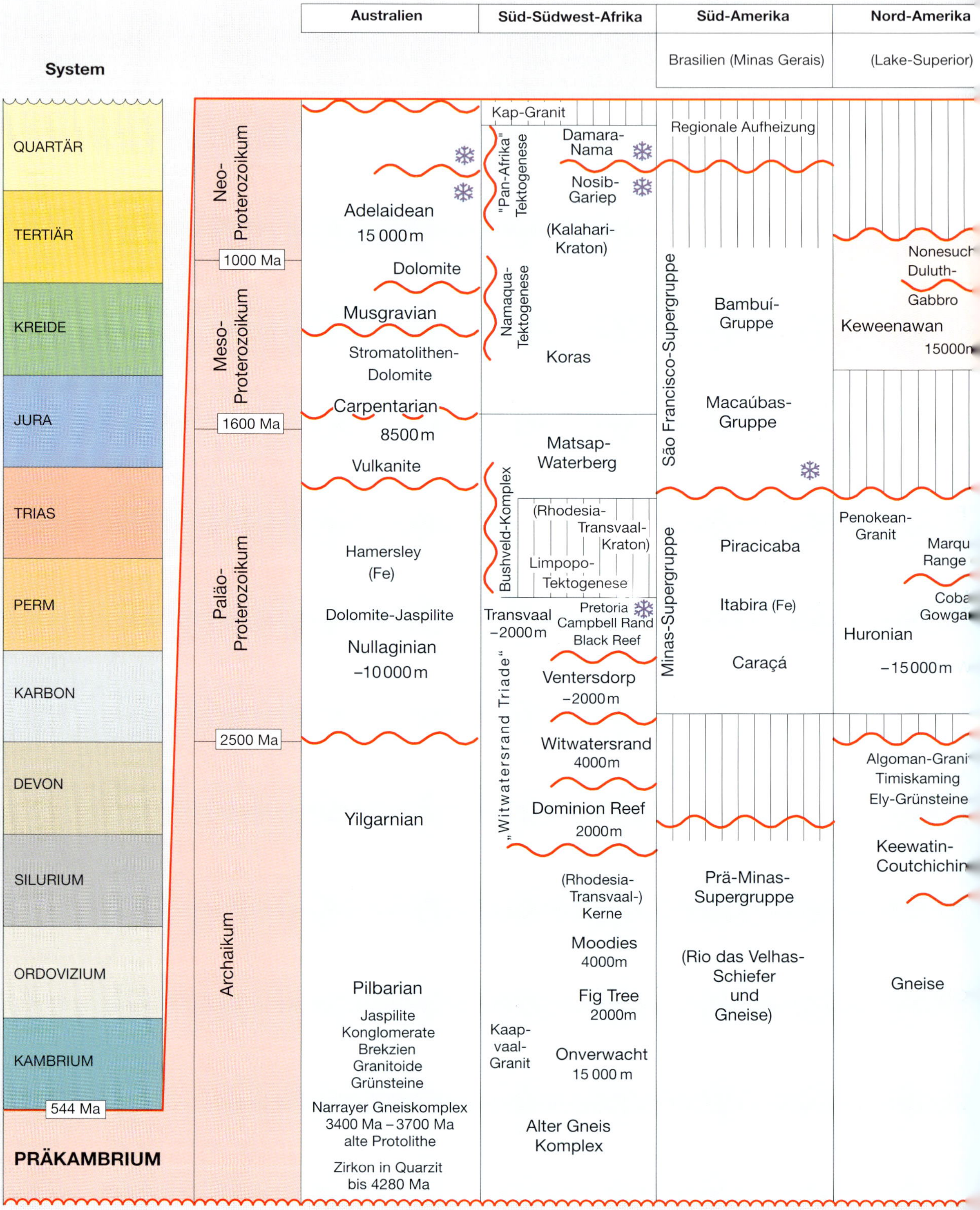

Australien
Süd-Südwest-Afrika
Süd-Amerika
Nord-Amerika
Brasilien (Minas Gerais)
(Lake-Superior)
System
QUARTÄR
TERTIÄR
KREIDE
JURA
TRIAS
PERM
KARBON
DEVON
SILURIUM
ORDOVIZIUM
KAMBRIUM
544 Ma
PRÄKAMBRIUM
Neo-Proterozoikum
1000 Ma
Meso-Proterozoikum
1600 Ma
Paläo-Proterozoikum
2500 Ma
Archaikum
Adelaidean
15 000 m
Dolomite
Musgravian
Stromatolithen-Dolomite
Carpentarian
8500 m
Vulkanite
Hamersley (Fe)
Dolomite-Jaspilite
Nullaginian
–10 000 m
Yilgarnian
Pilbarian
Jaspilite
Konglomerate
Brekzien
Granitoide
Grünsteine
Narrayer Gneiskomplex
3400 Ma – 3700 Ma
alte Protolithe
Zirkon in Quarzit
bis 4280 Ma
Kap-Granit
"Pan-Afrika" Tektogenese
Damara-Nama
Nosib-Gariep
(Kalahari-Kraton)
Namaqua-Tektogenese
Koras
Matsap-Waterberg
Bushveld-Komplex
(Rhodesia-Transvaal-Kraton)
Limpopo-Tektogenese
Transvaal –2000 m
Pretoria
Campbell Rand
Black Reef
„Witwatersrand Triade"
Ventersdorp
–2000 m
Witwatersrand
4000 m
Dominion Reef
2000 m
(Rhodesia-Transvaal-) Kerne
Moodies
4000 m
Fig Tree
2000 m
Kaap-vaal-Granit
Onverwacht
15 000 m
Alter Gneis Komplex
Regionale Aufheizung
São Francisco-Supergruppe
Bambuí-Gruppe
Macaúbas-Gruppe
Minas-Supergruppe
Piracicaba
Itabira (Fe)
Caraçá
Prä-Minas-Supergruppe
(Rio das Velhas-Schiefer und Gneise)
Nonesuch
Duluth-Gabbro
Keweenawan
15000m
Penokean-Granit
Marqu
Range
Coba
Gowga
Huronian
–15 000 m
Algoman-Grani
Timiskaming
Ely-Grünsteine
Keewatin-Coutchichin
Gneise

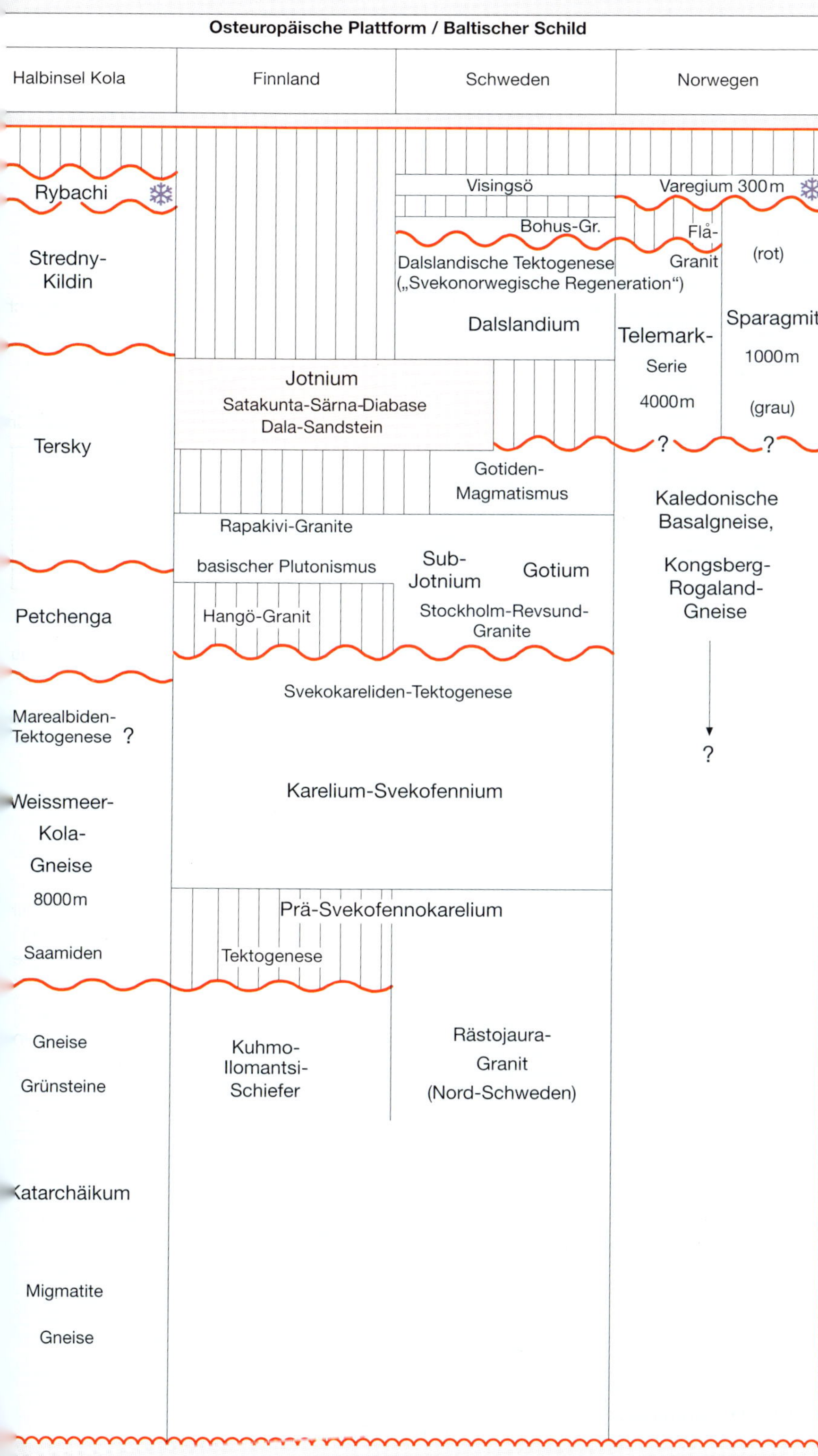

Präkambrium

Die zeitliche Untergliederung des Präkambriums ist vor allem wegen des Mangels an Fossilien noch außerordentlich unsicher. Die Tabelle bildet etwa 80 % der Gesamtzeit der Erdgeschichte ab, während für die darauf folgenden, knapp 600 Millionen Jahre eigene Darstellungen anhand von 11 weiteren Tabellen folgen. Hier wird eine Auswahl von den heutigen Südkontinenten gegeben, denen wichtige Profile der Nordkontinente gegenübergestellt sind. Die ältesten Anteile sind überwiegend durch Gneise, Grünsteine (d. h. umgewandelte Basalte) und Granite gekennzeichnet. Die präkambrischen Sedimentfolgen erreichen enorme Mächtigkeiten. Auf allen Kontinenten wurden über längere Zeit hinweg die Gebänderten Kieseleisenerze (BIF's) gebildet, die nach der brasilianischen Provinz Itabira auch Itabirite heißen. Während des Präkambriums entstanden bedeutende Erzlagerstätten wie Gold (Witwatersrand), Chrom und Platin (Bushveld-Komplex) oder Nickel (Petchenga). Erst nach Bildung der Itabirite folgen kontinentale Rotsandsteine, die den zunehmenden Sauerstoffgehalt der Atmosphäre anzeigen und umfangreiche Karbonatablagerungen in Form von Stromatolithen.

Die präkambrischen Gesteinsfolgen sind vielfach durch Gebirgsbildungen unterbrochen (Schlangenlinien), sodass man sie grob durch Diskordanzen gliedern kann; deren Gleichzeitigkeit ist aber wegen der mehrfachen Aufheizung durch die nachfolgenden Metamorphosen (die die physikalischen Altersbestimmungen beeinflusst und die ursprüngliche Fazies verwischt haben) noch ziemlich unsicher.

Die Erde hat im Präkambrium auch mehrere Eiszeiten erlebt (Sterne); besonders die jungpräkambrische Vereisung hatte möglicherweise sogar den gesamten Erdball erfasst .

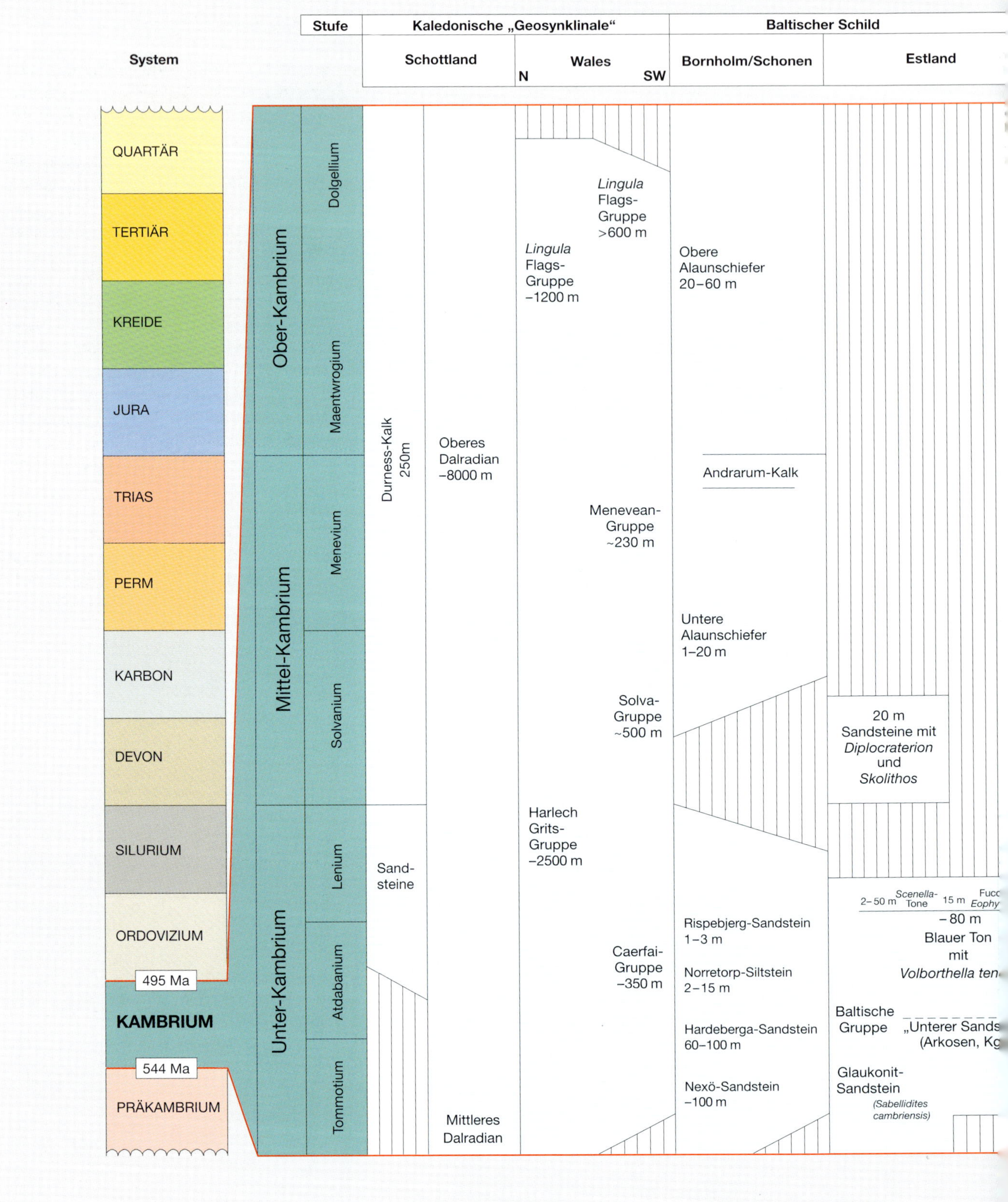
System
QUARTÄR
TERTIÄR
KREIDE
JURA
TRIAS
PERM
KARBON
DEVON
SILURIUM
ORDOVIZIUM
495 Ma
KAMBRIUM
544 Ma
PRÄKAMBRIUM
Stufe
Ober-Kambrium
Mittel-Kambrium
Unter-Kambrium
Dolgellium
Maentwrogium
Menevium
Solvanium
Lenium
Atdabanium
Tommotium
Kaledonische „Geosynklinale“
Schottland
Wales
N
SW
Baltischer Schild
Bornholm/Schonen
Estland
Durness-Kalk 250m
Sand-steine
Oberes Dalradian -8000 m
Mittleres Dalradian
Lingula Flags-Gruppe >600 m
Lingula Flags-Gruppe -1200 m
Menevean-Gruppe ~230 m
Solva-Gruppe ~500 m
Harlech Grits-Gruppe -2500 m
Caerfai-Gruppe -350 m
Obere Alaunschiefer 20–60 m
Andrarum-Kalk
Untere Alaunschiefer 1–20 m
Rispebjerg-Sandstein 1–3 m
Norretorp-Siltstein 2–15 m
Hardeberga-Sandstein 60–100 m
Nexö-Sandstein -100 m
20 m Sandsteine mit *Diplocraterion* und *Skolithos*
2–50 m
Scenella-Tone
15 m
Fuc
Eophy
-80 m
Blauer Ton mit *Volborthella ten*
Baltische Gruppe
„Unterer Sands
(Arkosen, Kg
Glaukonit-Sandstein
(*Sabellidites cambriensis*)

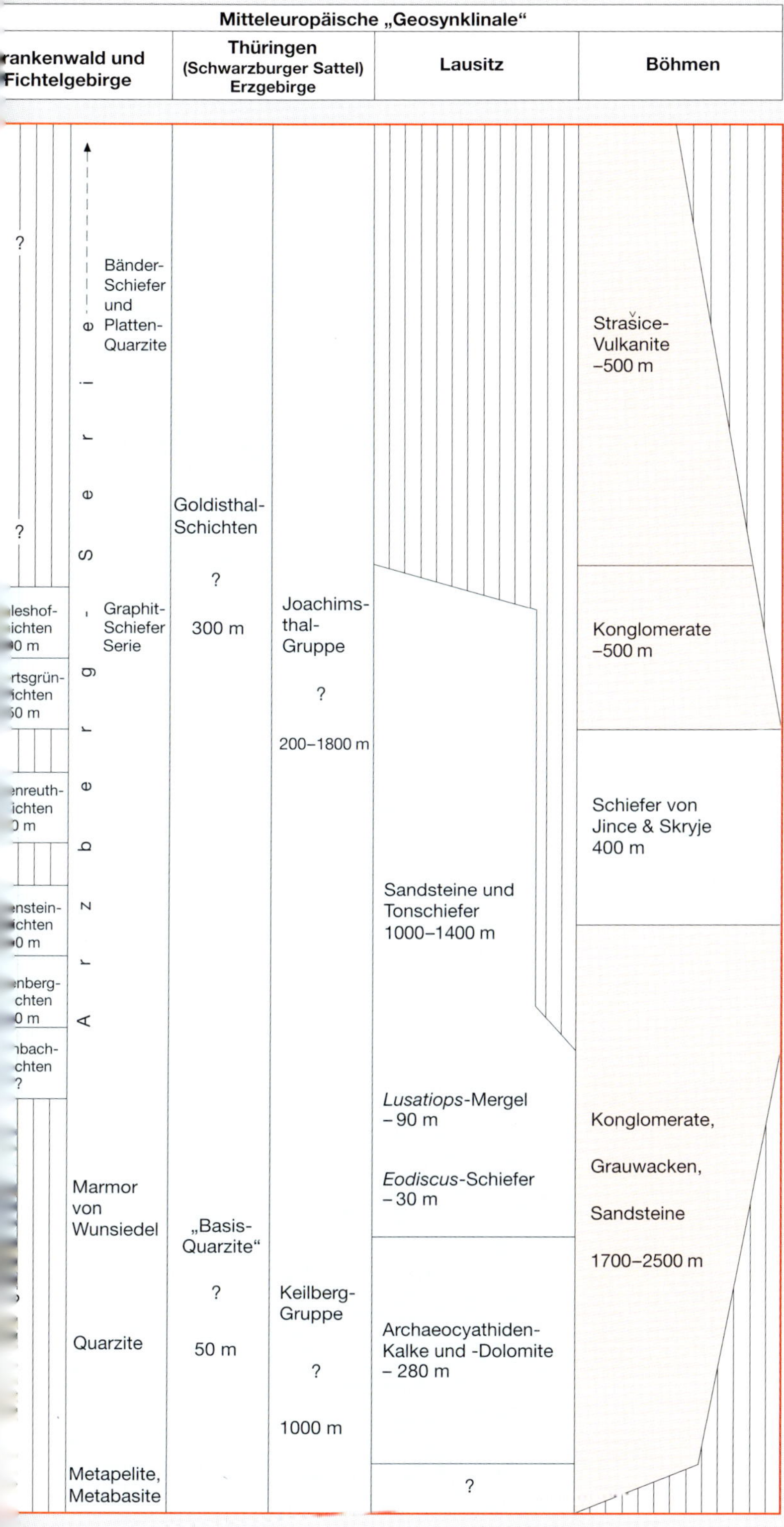

Mitteleuropäische „Geosynklinale“
Fichtelgebirge
Thüringen (Schwarzburger Sattel) Erzgebirge
Lausitz
Böhmen
Bänder-Schiefer und Platten-Quarzite
Graphit-Schiefer Serie
Arzberg-Serie
Marmor von Wunsiedel
Quarzite
Metapelite, Metabasite
Goldisthal-Schichten
?
300 m
„Basis-Quarzite“
?
50 m
Joachimsthal-Gruppe
?
200–1800 m
Keilberg-Gruppe
?
1000 m
Sandsteine und Tonschiefer 1000–1400 m
Lusatiops-Mergel – 90 m
Eodiscus-Schiefer – 30 m
Archaeocyathiden-Kalke und -Dolomite – 280 m
?
Strašice-Vulkanite –500 m
Konglomerate –500 m
Schiefer von Jince & Skryje 400 m
Konglomerate,
Grauwacken,
Sandsteine
1700–2500 m

Kambrium

Stratigraphische Abfolge von Schichten des Kambriums in ausgewählten Gebieten Europas. Die größten Mächtigkeiten werden in der Kaledonischen ‘Geosynklinale’ erreicht, wo infolge der starken Absenkung der Erdkruste kilometerdicke Schichten beobachtet werden; vieles davon ist später durch die Kaledonische Gebirgsbildung metamorph überprägt worden und daher schwierig zu gliedern.

Das andere Extrem sind die Schichten, die auf dem schon im Präkambrium konsolidierten Baltischen Schild (Schonen, Estland) nur wenige Meter mächtig sind. Die Transgression des unterkambrischen Meeres erreichte nur die Randgebiete, die Regression im Verlaufe des höheren Kambriums bewirkt Schichtlücken in den Profilen. Die Profile in Böhmen sind durch Mächtigkeiten gekennzeichnet, die stärkere Absenkung anzeigen; nur die mittelkambrischen Sedimente sind dort aber marin. Die stratigraphische Zuordnung der Schichten im Fichtelgebirge ist noch nicht gesichert; die Arzberg-Serie umfasst dort auch das Ordovizium (Mielke 1998).

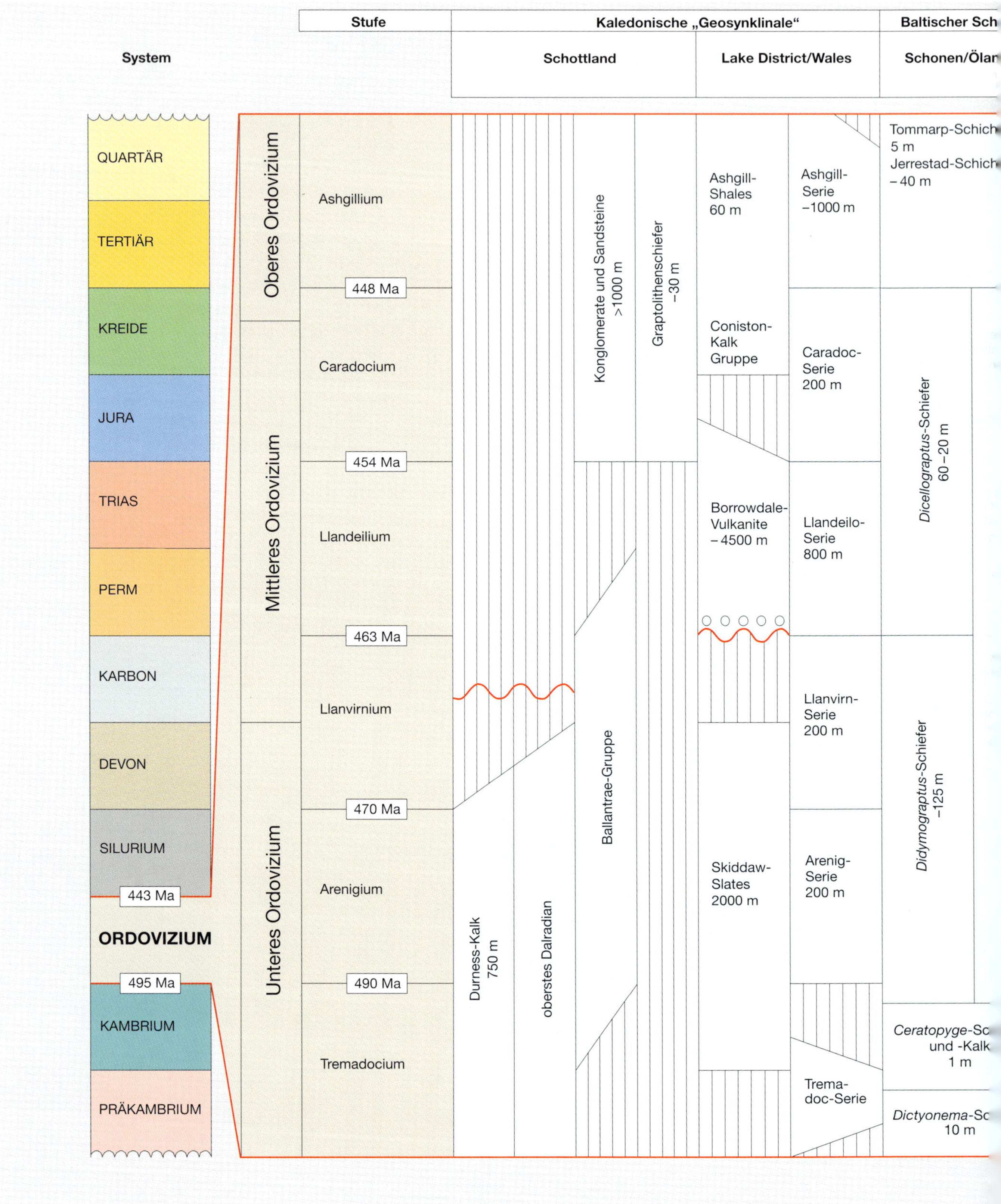
System
Stufe
Kaledonische „Geosynklinale“
Baltischer Sch
Schottland
Lake District/Wales
Schonen/Ölan
QUARTÄR
TERTIÄR
KREIDE
JURA
TRIAS
PERM
KARBON
DEVON
SILURIUM
443 Ma
ORDOVIZIUM
495 Ma
KAMBRIUM
PRÄKAMBRIUM
Oberes Ordovizium
Mittleres Ordovizium
Unteres Ordovizium
Ashgillium
448 Ma
Caradocium
454 Ma
Llandeilium
463 Ma
Llanvirnium
470 Ma
Arenigium
490 Ma
Tremadocium
Konglomerate und Sandsteine >1000 m
Graptolithenschiefer –30 m
Ballantrae-Gruppe
Durness-Kalk 750 m
oberstes Dalradian
Ashgill-Shales 60 m
Coniston-Kalk Gruppe
Borrowdale-Vulkanite –4500 m
Skiddaw-Slates 2000 m
Ashgill-Serie –1000 m
Caradoc-Serie 200 m
Llandeilo-Serie 800 m
Llanvirn-Serie 200 m
Arenig-Serie 200 m
Trema-doc-Serie
Tommarp-Schich
5 m
Jerrestad-Schich
–40 m
Dicellograptus-Schiefer 60 – 20 m
Didymograptus-Schiefer –125 m
Ceratopyge-Sc
und -Kalk
1 m
Dictyonema-Sc
10 m

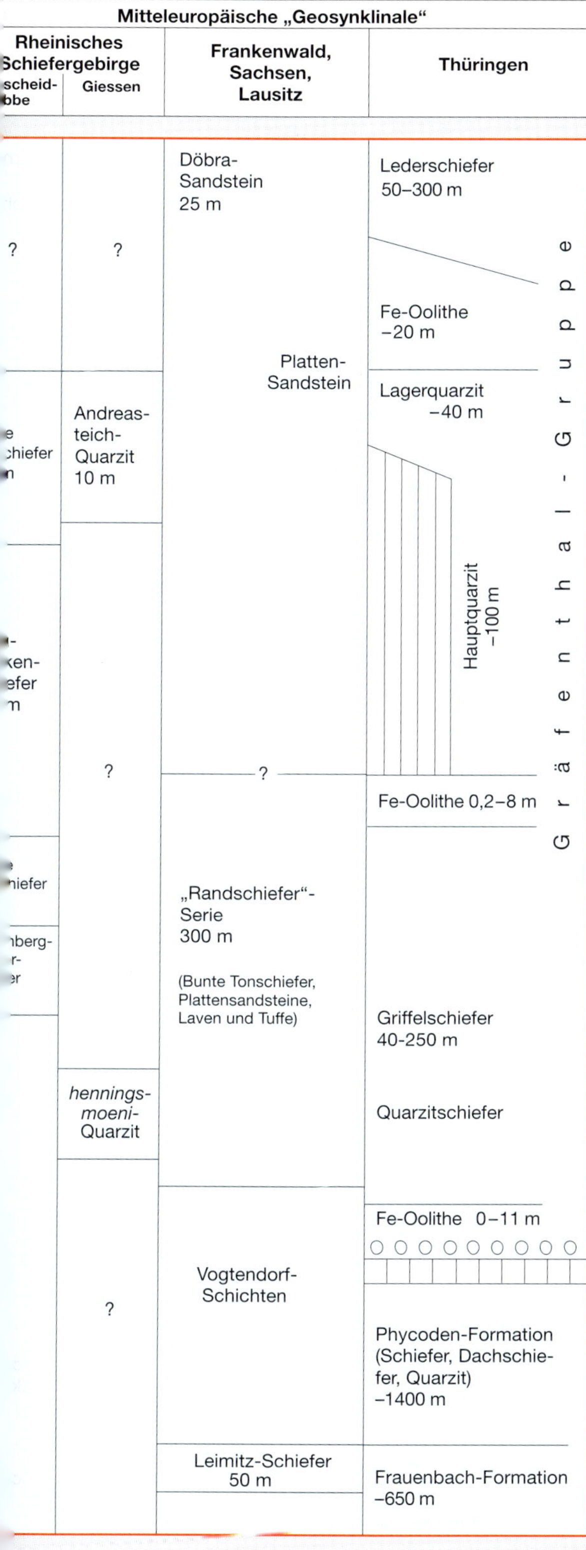

Ordovizium

Internationale Stufenbezeichnungen nach walisischen Ortsnamen. Gegenübergestellt sind Bereiche starker Krustenabsenkung (Kaledonische 'Geosynklinale') und Ablagerungen auf der stabilen Plattform des Baltischen Schildes, die sich durch entsprechende Mächtigkeitsunterschiede ihrer Ablagerungen unterscheiden. Nicht gezeigt sind die Profile für Norwegen, die neben großen Mächtigkeiten von einigen 1000 m vielfach metamorphe Serien enthalten. Schichtlücken innerhalb der 'Geosynklinale' deuten ebenso wie die mächtigen Borrowdale-Vulkanite auf die beginnende Kaledonische Gebirgsbildung hin. In Mitteleuropa sind die Mächtigkeiten reduziert, in Thüringen deutet sich mit der Gräfenthal-Gruppe eine randliche Flachwasserfazies an.

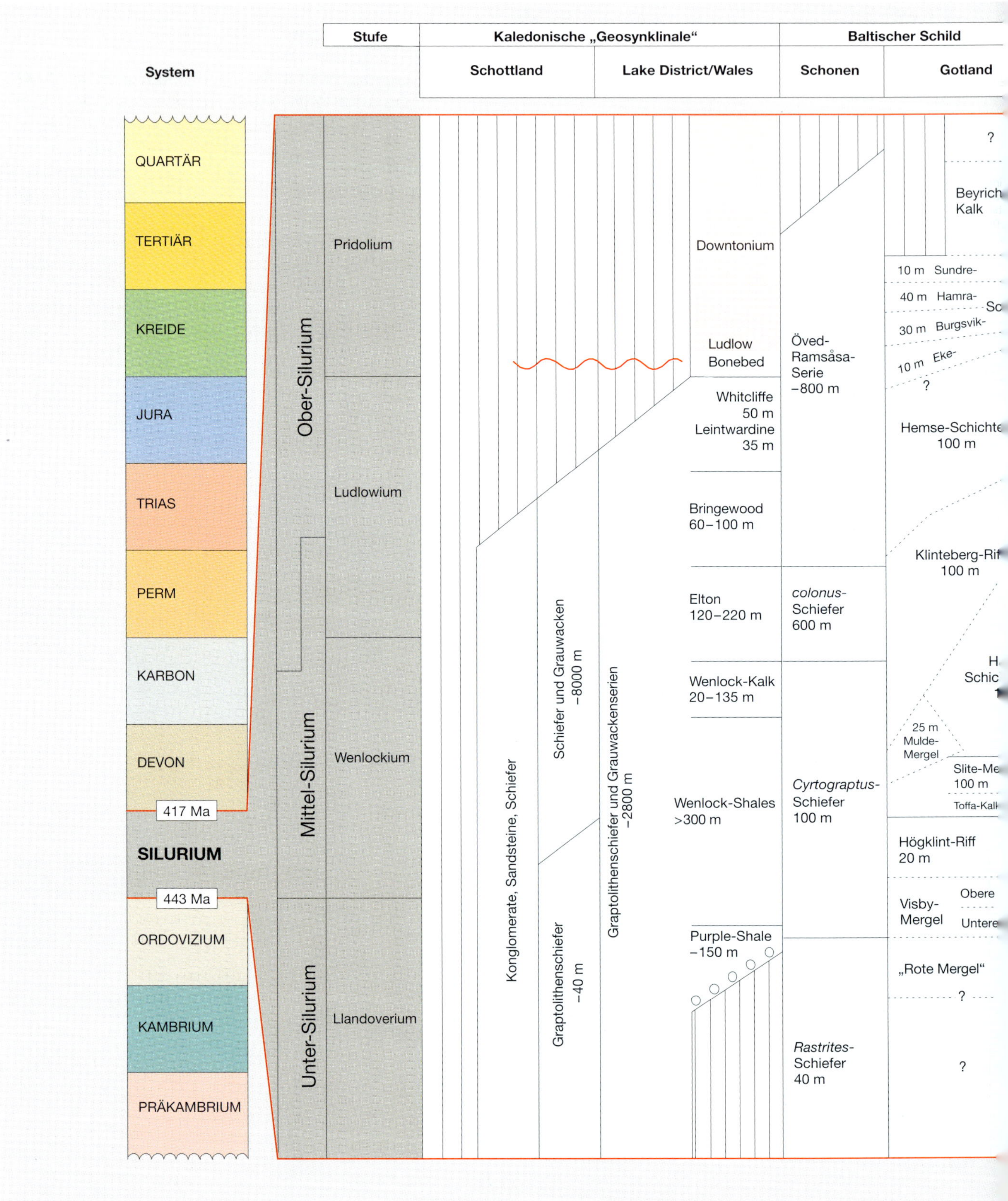

Stufe
Kaledonische „Geosynklinale“
Baltischer Schild
System
Schottland
Lake District/Wales
Schonen
Gotland
QUARTÄR
TERTIÄR
KREIDE
JURA
TRIAS
PERM
KARBON
DEVON
417 Ma
SILURIUM
443 Ma
ORDOVIZIUM
KAMBRIUM
PRÄKAMBRIUM
Ober-Silurium
Mittel-Silurium
Unter-Silurium
Pridolium
Ludlowium
Wenlockium
Llandoverium
Konglomerate, Sandsteine, Schiefer
Schiefer und Grauwacken
-8000 m
Graptolithenschiefer
-40 m
Graptolithenschiefer und Grauwackenserien
-2800 m
Downtonium
Ludlow Bonebed
Whitcliffe 50 m
Leintwardine 35 m
Bringewood 60–100 m
Elton 120–220 m
Wenlock-Kalk 20–135 m
Wenlock-Shales >300 m
Purple-Shale -150 m
Öved-Ramsåsa-Serie -800 m
colonus-Schiefer 600 m
Cyrtograptus-Schiefer 100 m
Rastrites-Schiefer 40 m
?
Beyrich Kalk
10 m Sundre-
40 m Hamra-
30 m Burgsvik-
10 m Eke-
?
Hemse-Schichte 100 m
Klinteberg-Rif 100 m
25 m Mulde-Mergel
Slite-Me 100 m
Toffa-Kal
Högklint-Riff 20 m
Visby-Mergel
Obere
Untere
„Rote Mergel“
?
?

Mitteleuropäische „Geosynklinale“					
Rheinisches Schiefergebirge und Harz				Thüringen	Böhmen
Ebbe	Giessen	Kellerwald	Unter-Harz		
? inghausen Dayia)-hichten ·00 m		Untere Steinhorn-Schichten 20 m	Conodonten-Kalke; Schiefertone u. Mergel mit *Scyphocrinites* & Graptolithen	Obere Graptolithen-schiefer 15 m	Přidoli-Kalke –80 m
				Alaun-schiefer	
	Orthoceren-Kalk 5 m			Ockerkalk 10–20 m	Kopanina-Kalke –250 m
			Geringmächtige (lückenhafte?) Graptolithen-schiefer	Liegende Alaun-schiefer	
		Graptolithen-Schiefer 5 m			
	?		(Metamorphe Zone im Südharz Phyllitische Schiefer mit Kalkbänkchen)	Untere Graptolithen-schiefer 30–40 m	
	Ostracoden-Kalk 10 m				Liteň-Schichten (Graptolithen-schiefer und Kieselschiefer) –200 m
		?		Alaun- und Kiesel-schiefer	
	?				
			?		Radiolarite

Silurium

Ähnlich wie für das Ordovizium sind Profile aus der Kaledonischen ‘Geosynklinale’ solchen auf dem Baltischen Schild und aus Mitteleuropa gegenübergestellt. Bis zum Ende des Mittel-Silurums sind noch immer Kilometer mächtige Sedimente die Regel, die als Tiefwasserbildungen gedeutet werden; entscheidendes Kriterium für die stratigraphische Zuordnung sind Graptolithen, die auch in den Schichtbezeichnungen genannt werden. Die Schichtfolge in Wales, deren Gliederung an Lokalnamen kenntlich ist, ist insgesamt nur ein paar hundert Meter mächtig; sie enthält Flachwassersedimente mit Brachiopoden.

Mit Annäherung an das hangende Devon, d. h. im höheren Silurium, überwiegen Schichtlücken als Anzeiger für die Kaledonische Gebirgsbildung bzw. limnisch-terrestrische Fazies (Downtonium) mit Rotsedimenten, die die Bildung des späteren Old-Red-Kontinents einleiten.

Für die Insel Gotland ist die Verzahnung der silurischen Riff-Fazies mit den ostrakodenführenden, schichtigen Mergelfolgen angedeutet. Im Rheinischen Schiefergebirge und in Thüringen sind silurische Schichten nur sehr geringmächtig.

Devon

Die Devon-Profile zeigen im Vergleich zu denen des älteren Paläozoikums (Kambrium, Ordovizium, Silurium), dass sich der Meeresraum aus der Kaledonischen in die südlich anschließende Variskische 'Geosynklinale' verlagert hat. In Schottland und Wales herrschen jetzt Schichtlücken und festländische Ablagerungen (Old Red) vor, weiter im Süden dagegen überwiegen marine Sedimente.

Die Auswahl der Profile hat ihren Schwerpunkt im Rheinischen Schiefergebirge; dessen detaillierte Untersuchungen haben zu einer außerordentlichen Differenzierung der Schichtenfolge geführt (die im Falle des Oberdevons bis zu Bezeichnungen wie do Iα führt).

Das Unterdevon ist durch kilometermächtige klastische Sedimente gekennzeichnet. Während des Mitteldevons differenziert sich der Meeresraum in viele Becken und Schwellen mit je eigener Entwicklung, die sich während des Oberdevons verstärkt fortsetzt.

Vielen Gebieten gemeinsam ist die enorme Entwicklung von Riffkalken, die während des Givetiums beginnt und sich oft bis in das Adorfium hinein fortsetzt. Die Darstellung macht auch deutlich, dass sich zu gleicher Zeit zwischen den Riffen Sedimente bilden konnten, die im Gegensatz zu den Massenkalken der Riff-Fazies geschichtet sind, wobei sich tonige Anteile mit gelegentlichen Kalkschüttungen aus dem Riffbereich abwechseln (Flinzschiefer).

Dem ausgedehnten Riffwachstum vorangegangen war ein lokal bedeutender Vulkanismus (Basalte und Rhyolithe, hier als Grünstein bzw. Keratophyr ausgewiesen); in dessen Folge sind auch die Roteisensteinlager im Grenzbereich Givetium/Adorfium ('Grenzlager') bzw. im tieferen Oberdevon entstanden.

Ältere Vulkanite sind hier nur in Form des Hauptkeratophyrs im Emsium aufgeführt. Es gibt aber einen weiter verbreiteten Vulkanismus, der sich anhand pyroklastischer Komponenten vor allem im Emsium von Taunus und Mittelrhein zeigt, außerdem innerhalb der Eifeler Muldenzone.

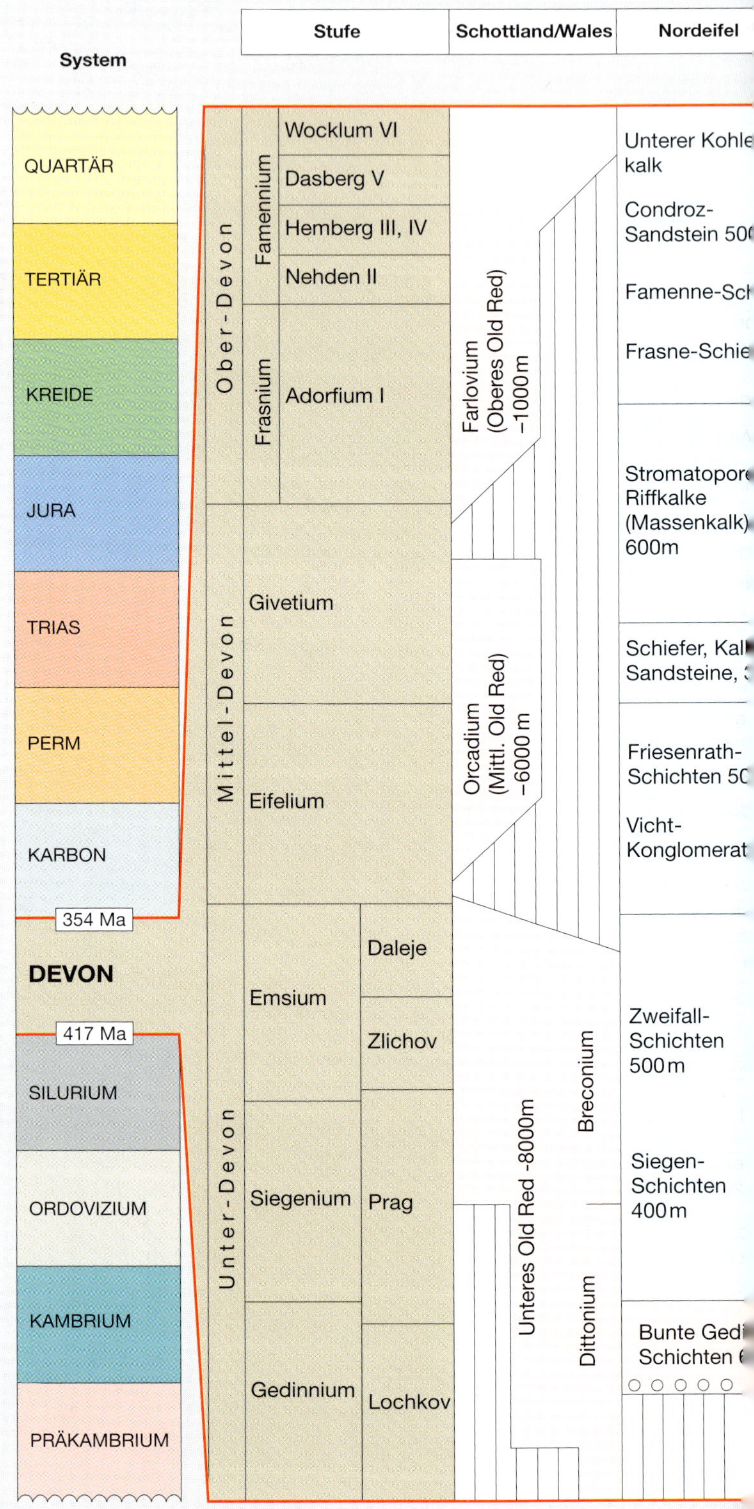

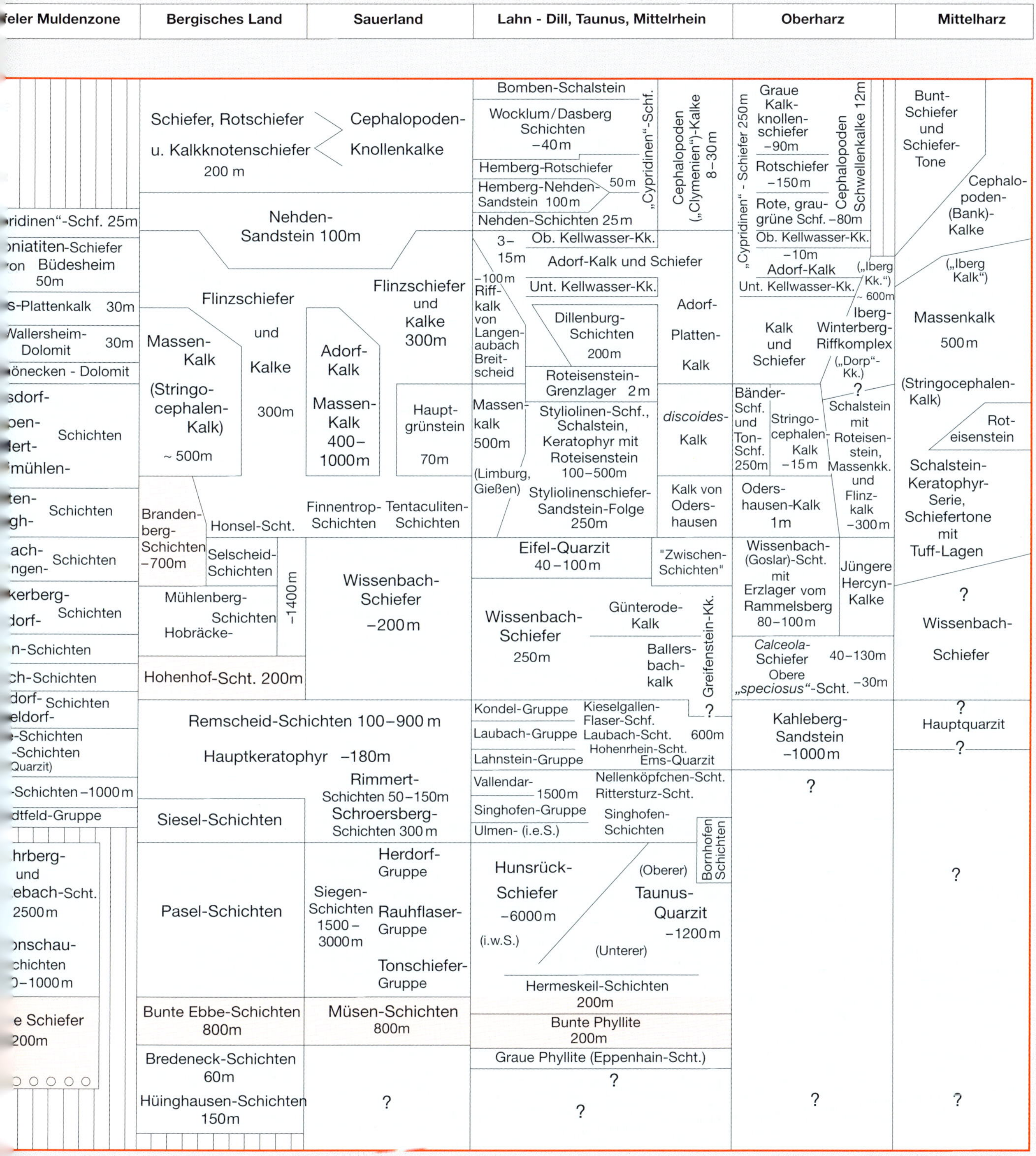

…feler Muldenzone	Bergisches Land	Sauerland	Lahn - Dill, Taunus, Mittelrhein	Oberharz	Mittelharz
	Schiefer, Rotschiefer u. Kalkknotenschiefer 200 m	Cephalopoden-Knollenkalke	Bomben-Schalstein Wocklum/Dasberg Schichten –40m Hemberg-Rotschiefer Hemberg-Nehden-Sandstein 100m 50m Nehden-Schichten 25m „Cypridinen"-Schf. Cephalopoden („Clymenien")-Kalke 8–30m	Graue Kalkknollenschiefer –90m Rotschiefer –150m Rote, graugrüne Schf. –80m „Cypridinen" - Schiefer 250m Cephalopoden Schwellenkalke 12m	Bunt-Schiefer und Schiefer-Tone Cephalopoden-(Bank)-Kalke
…ridinen"-Schf. 25m	Nehden-Sandstein 100m				
…niatiten-Schiefer von Büdesheim 50m …s-Plattenkalk 30m Wallersheim-Dolomit 30m …önecken - Dolomit	Flinzschiefer und Kalke 300m	Flinzschiefer und Kalke 300m Adorf-Kalk	3–15m Ob. Kellwasser-Kk. Adorf-Kalk und Schiefer Unt. Kellwasser-Kk. –100m Riff-kalk von Langen-aubach Breit-scheid Dillenburg-Schichten 200m Adorf-Platten-Kalk	Ob. Kellwasser-Kk. –10m Adorf-Kalk („Iberg Kk.") Unt. Kellwasser-Kk. ~ 600m Iberg-Winterberg-Riffkomplex („Dorp"-Kk.) Kalk und Schiefer	(„Iberg Kalk") Massenkalk 500m
…sdorf- …pen- …lert- …mühlen- Schichten	Massen-Kalk (Stringo-cephalen-Kalk) ~ 500m	Massen-Kalk 400–1000m Haupt-grünstein 70m	Roteisenstein-Grenzlager 2m Massen-kalk 500m (Limburg, Gießen) Styliolinen-Schf., Schalstein, Keratophyr mit Roteisenstein 100–500m *discoides*-Kalk	? Bänder-Schf. und Ton-Schf. 250m Stringo-cephalen-Kalk –15m Schalstein mit Roteisen-stein, Massenkk. und Flinz-kalk –300m	(Stringocephalen-Kalk) Rot-eisenstein Schalstein-Keratophyr-Serie, Schiefertone mit Tuff-Lagen
…ten- …gh- Schichten	Branden-berg-Schichten –700m Honsel-Scht.	Finnentrop-Schichten Tentaculiten-Schichten	Styliolinenschiefer-Sandstein-Folge 250m Kalk von Oders-hausen	Oders-hausen-Kalk 1m	
…ach- …ngen- Schichten	Selscheid-Schichten –1400m	Wissenbach-Schiefer –200m	Eifel-Quarzit 40–100m "Zwischen-Schichten"	Wissenbach-(Goslar)-Scht. mit Erzlager vom Rammelsberg 80–100m Jüngere Hercyn-Kalke	
…kerberg- …dorf- Schichten …n-Schichten …ch-Schichten	Mühlenberg-Schichten Hobräcke-		Wissenbach-Schiefer 250m Günterode-Kalk Ballers-bach-kalk Greifenstein-Kk. ?	*Calceola*-Schiefer 40–130m Obere *„speciosus"*-Scht. –30m	? Wissenbach-Schiefer
	Hohenhof-Scht. 200m				
…dorf- …eldorf- Schichten …-Schichten …-Schichten (Quarzit)	Remscheid-Schichten 100–900 m Hauptkeratophyr –180m		Kondel-Gruppe Kieselgallen-Flaser-Schf. Laubach-Gruppe Laubach-Scht. 600m Hohenrhein-Scht. Lahnstein-Gruppe Ems-Quarzit	Kahleberg-Sandstein –1000m	? Hauptquarzit ?
…-Schichten –1000m …dtfeld-Gruppe	Siesel-Schichten	Rimmert-Schichten 50–150m Schroersberg-Schichten 300m	Vallendar- 1500m Nellenköpfchen-Scht. Rittersturz-Scht. Singhofen-Gruppe Singhofen-Schichten Ulmen- (i.e.S.) Bornhofen Schichten	?	
…hrberg- und …ebach-Scht. 2500m …nschau-…chichten …0–1000m	Pasel-Schichten	Siegen-Schichten 1500–3000m Herdorf-Gruppe Rauhflaser-Gruppe Tonschiefer-Gruppe	Hunsrück-Schiefer –6000m (i.w.S.) (Oberer) Taunus-Quarzit –1200m (Unterer) Hermeskeil-Schichten 200m		?
…e Schiefer 200m	Bunte Ebbe-Schichten 800m	Müsen-Schichten 800m	Bunte Phyllite 200m		
	Bredeneck-Schichten 60m Hüinghausen-Schichten 150m	?	Graue Phyllite (Eppenhain-Scht.) ? ?	?	?

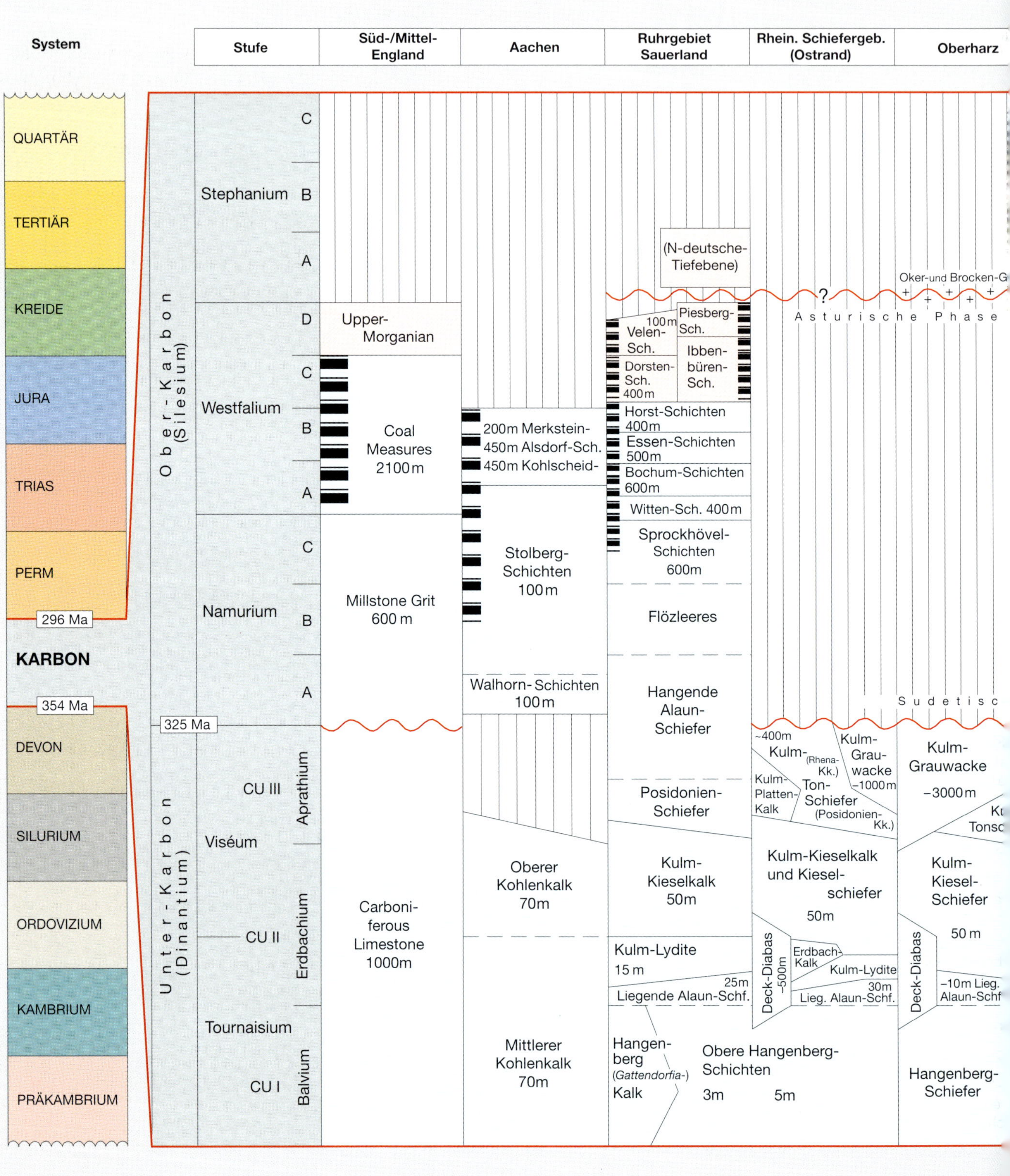

System
Stufe
Süd-/Mittel-England
Aachen
Ruhrgebiet Sauerland
Rhein. Schiefergeb. (Ostrand)
Oberharz
QUARTÄR
TERTIÄR
KREIDE
JURA
TRIAS
PERM
296 Ma
KARBON
354 Ma
DEVON
SILURIUM
ORDOVIZIUM
KAMBRIUM
PRÄKAMBRIUM
325 Ma
Ober-Karbon (Silesium)
Unter-Karbon (Dinantium)
Stephanium
C
B
A
Westfalium
D
C
B
A
Namurium
C
B
A
Viséum
CU III
Aprathium
CU II
Erdbachium
Tournaisium
CU I
Balvium
Upper-Morganian
Coal Measures 2100 m
Millstone Grit 600 m
Carboniferous Limestone 1000m
200m Merkstein-
450m Alsdorf-Sch.
450m Kohlscheid-
Stolberg-Schichten 100 m
Walhorn-Schichten 100 m
Oberer Kohlenkalk 70m
Mittlerer Kohlenkalk 70m
(N-deutsche-Tiefebene)
100 m Velen-Sch.
Piesberg-Sch.
Dorsten-Sch. 400 m
Ibbenbüren-Sch.
Horst-Schichten 400 m
Essen-Schichten 500 m
Bochum-Schichten 600 m
Witten-Sch. 400 m
Sprockhövel-Schichten 600 m
Flözleeres
Hangende Alaun-Schiefer
Posidonien-Schiefer
Kulm-Kieselkalk 50m
Kulm-Lydite 15 m
25m Liegende Alaun-Schf.
Hangenberg (Gattendorfia-) Kalk
Obere Hangenberg-Schichten
3m
5m
?
Asturische Phase
Oker-und Brocken-G
~400m Kulm-(Rhena-Kk.)
Kulm-Grauwacke ~1000 m
Kulm-Platten-Kalk
Ton-Schiefer (Posidonien-Kk.)
Kulm-Kieselkalk und Kieselschiefer 50m
Deck-Diabas ~500m
Erdbach-Kalk
Kulm-Lydite
30m Lieg. Alaun-Schf.
Sudetisc
Kulm-Grauwacke ~3000 m
Ku Tonsc
Kulm-Kiesel-Schiefer 50 m
Deck-Diabas
~10m Lieg. Alaun-Schf
Hangenberg-Schiefer

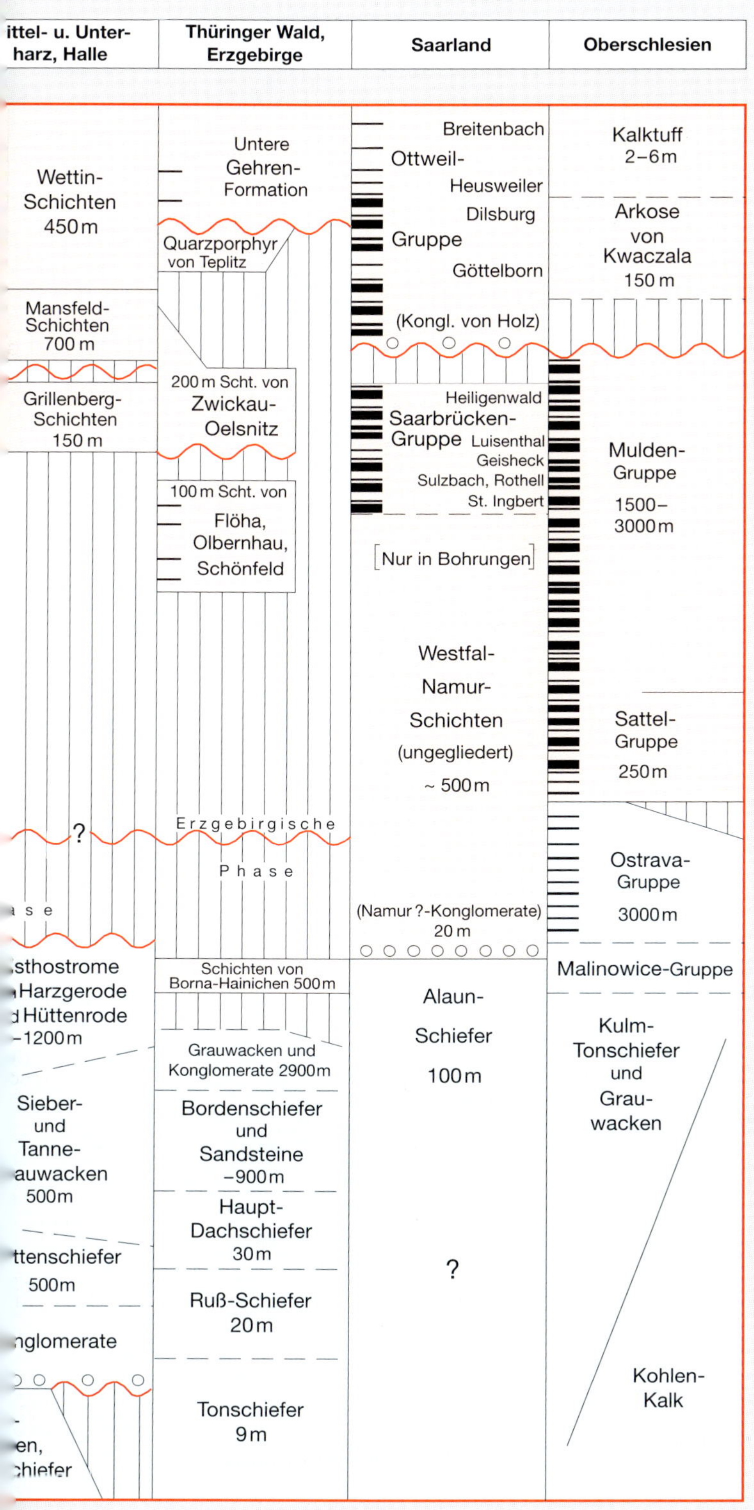

Karbon

Die Karbon-Profile zeigen an dieser Auswahl quer durch Europa für das Unterkarbon noch durchgehend marine Ablagerungen. Die einzelnen Bereiche hatten aber sehr unterschiedliche Wassertiefen: England, auch Belgien (hier nicht gezeigt) und der Aachener Raum sind durch Flachwassersedimente einer Karbonatplattform gekennzeichnet (Kohlenkalk) die infolge von deren schneller Evolution mit Korallen gegliedert werden können. Der Bereich von Rheinischem Schiefergebirge und Harz ist dagegen durch Kieselschiefer und Grauwacken geprägt, die insgesamt tiefes Wasser anzeigen. Lokal wurden auch mächtige Basalte gefördert (Deck-Diabas).

Mit der im Oberkarbon einsetzenden Variskischen Gebirgsbildung ergeben sich die langandauernden Schichtlücken: Das Rheinische Schiefergebirge wurde zum Liefergebiet für die vorgelagerte ‚Subvariszische Saumsenke', in der sich nun die paralischen Kohlen des Ruhrgebiets bildeten. Zum Hangenden hin verliert sich zunehmend der marine Einfluss, während des Stephaniums werden nur noch im Bereich von Norddeutschland Kohlen gebildet.

Die Kohlen im Bereich Halle, Zwickau, im Saarland und in Oberschlesien entstanden in Binnensenken des Variskischen Gebirges. Die auch dort z.T. beträchtlichen Schichtmächtigkeiten zeigen an, dass sich die Absenkung infolge der noch immer anhaltenden Gebirgsbildung fortgesetzt hatte.

In England folgen mit dem über den Karbonaten lagernden ‚Millstone Grit' (man hat Mühlsteine daraus gemacht) zunächst klastische Schüttungen, die folgenden Kohle führenden Schichten sind auf das Westfalium beschränkt, aber außerordentlich mächtig (dicke Striche = Kohleflöze).

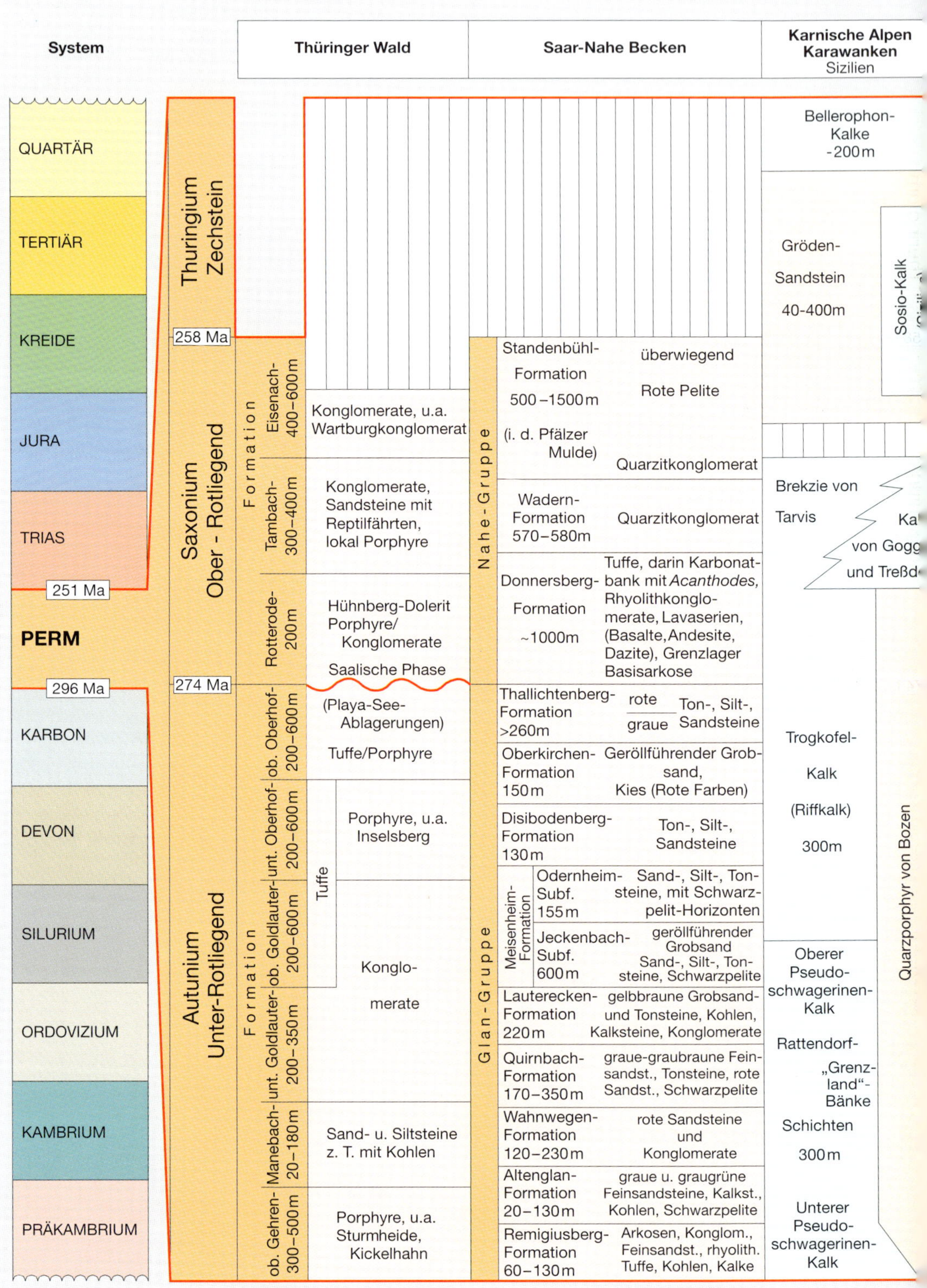
System
Thüringer Wald
Saar-Nahe Becken
Karnische Alpen
Karawanken
Sizilien
QUARTÄR
TERTIÄR
KREIDE
JURA
TRIAS
251 Ma
PERM
296 Ma
KARBON
DEVON
SILURIUM
ORDOVIZIUM
KAMBRIUM
PRÄKAMBRIUM
Thuringium
Zechstein
258 Ma
Saxonium
Ober - Rotliegend
274 Ma
Autunium
Unter-Rotliegend
Formation
Eisenach-
400–600 m
Konglomerate, u.a.
Wartburgkonglomerat
Tambach-
300–400 m
Konglomerate,
Sandsteine mit
Reptilfährten,
lokal Porphyre
Rotterode-
200 m
Hühnberg-Dolerit
Porphyre/
Konglomerate
Saalische Phase
ob. Oberhof-
200–600 m
(Playa-See-
Ablagerungen)
Tuffe/Porphyre
unt. Oberhof-
200–600 m
Porphyre, u.a.
Inselsberg
Tuffe
ob. Goldlauter-
200–600 m
Konglo-
merate
unt. Goldlauter-
200–350 m
Manebach-
20–180 m
Sand- u. Siltsteine
z. T. mit Kohlen
ob. Gehren-
300–500 m
Porphyre, u.a.
Sturmheide,
Kickelhahn
Nahe-Gruppe
Standenbühl-
Formation
500–1500 m
(i. d. Pfälzer
Mulde)
überwiegend
Rote Pelite
Quarzitkonglomerat
Wadern-
Formation
570–580 m
Quarzitkonglomerat
Donnersberg-
Formation
~1000 m
Tuffe, darin Karbonat-
bank mit *Acanthodes*,
Rhyolithkonglo-
merate, Lavaserien,
(Basalte, Andesite,
Dazite), Grenzlager
Basisarkose
Glan-Gruppe
Thallichtenberg-
Formation
>260 m
rote
graue
Ton-, Silt-,
Sandsteine
Oberkirchen-
Formation
150 m
Geröllführender Grob-
sand,
Kies (Rote Farben)
Disibodenberg-
Formation
130 m
Ton-, Silt-,
Sandsteine
Meisenheim-
Formation
Odernheim-
Subf.
155 m
Sand-, Silt-, Ton-
steine, mit Schwarz-
pelit-Horizonten
Jeckenbach-
Subf.
600 m
geröllführender
Grobsand
Sand-, Silt-, Ton-
steine, Schwarzpelite
Lauterecken-
Formation
220 m
gelbbraune Grobsand-
und Tonsteine, Kohlen,
Kalksteine, Konglomerate
Quirnbach-
Formation
170–350 m
graue-graubraune Fein-
sandst., Tonsteine, rote
Sandst., Schwarzpelite
Wahnwegen-
Formation
120–230 m
rote Sandsteine
und
Konglomerate
Altenglan-
Formation
20–130 m
graue u. graugrüne
Feinsandsteine, Kalkst.,
Kohlen, Schwarzpelite
Remigiusberg-
Formation
60–130 m
Arkosen, Konglom.,
Feinsandst., rhyolith.
Tuffe, Kohlen, Kalke
Bellerophon-
Kalke
-200 m
Gröden-
Sandstein
40-400 m
Sosio-Kalk
Brekzie von
Tarvis
von Gogg
und Treßd
Trogkofel-
Kalk
(Riffkalk)
300 m
Quarzporphyr von Bozen
Oberer
Pseudo-
schwagerinen-
Kalk
Rattendorf-
„Grenz-
land"-
Bänke
Schichten
300 m
Unterer
Pseudo-
schwagerinen-
Kalk

Folge	Werra-Gebiet (Randbecken)	Thüringen (Rand / Becken)	Hannover (Zentrales Becken)
Z 8 Bröckelschiefer-Folge			
Z 7 Mölln-Folge			
Z 6 Friesland-Folge			
Z 5 Ohre-Folge	Ohre-Ton	Ohre-Ton	Ohre-Folge mit <5m Steinsalz
Z 4 Aller-Folge	Obere Bunte Letten (örtlich mit Aller-Anhydrit) 25m	Obere Bunte Letten 30m	Oberer Aller-Anhydrit Aller-Steinsalz; Pegmatit-Anhydrit 1m; Roter Salzton 20m
Z 3 Leine-Folge		Leine-Steinsalz 50m	„Riedel“-Gruppe 200m Leine-Salze mit Kaliflözen „Ronnenberg“-Gruppe
	Platten-Dolomit 25m		Haupt-Anhydrit 30–60m
	Sandflaserton 2m	Grauer Salzton 8m	
Z 2 Staßfurt-Folge	Untere Bunte Letten 30m mit Gips	Deckanhydrit / Decksteinsalz 2m; Kaliflöz „Staßfurt“ 10m; 200m Staßfurt-	Steinsalz 600m
		Basal-Anhydrit 20m	
	„Zwischen-Salinar“	Haupt-Dolomit 50m	
	Anhydrit 15m	Anhydrit 10m	Basal-Anhydrit 2m
	Braunroter Salzton 12m	Grauer Ton	Stinkschiefer 5m
Z 1 Werra-Folge	Oberer Werra -Anhydrit	Riff-Kalke und Dolomite –40m	
	Werra-Salze 250m: Kaliflöz „Hessen“, Kaliflöz „Thüringen“	Werra-Steinsalz; Werra-Anhydrit 100-300m	Werra-Anhydrit 50m
	Unterer Werra-Anhydrit	Anhydrit-Knotenschiefer	
	Zechstein-Kalk 8m		
	Kupferschiefer -60cm		Kupferschiefer 0,3–1m
	Mutterflöz 2m	Zechstein-Konglomerat	Zechstein-Konglomerat (Sdst.) 1m
	Cornberg-Sandstein; Rotliegend	Rotliegend (Tambach-Scht.); Ältcres Paläozoikum	Rotliegend (Walkenried-Sand)

Thuringium Zechstein; Saxonium Ober - Rotliegend; Autunium Unter-Rotliegend; 58 Ma; 74 Ma

Perm

Für das Rotliegend (Autunium und Saxonium) sind Thüringer Wald und Saar-Nahe-Becken als Beispiele für die binnenländische Entwicklung dargestellt. Sie zeigen in beiden Gebieten eine von fluviatilen Ablagerungen, episodischen Seen und im Wesentlichen saurem Vulkanismus (Porphyre) geprägte Gesteinsfolge, die sich aber nicht direkt miteinander parallelisieren lässt .

Das Perm im Tethys-Gebiet zeigt eine marine Entwicklung, die überwiegend kalkigen Sedimente (Pseudoschwagerinen-Kalk) zudem Warmwasserbedingungen an. Der mächtige Quarzporphyr von Bozen kennzeichnet sauren Vulkanismus, wie er auch in den nördlichen Gebieten vorherrschte. Der Gröden-Sandstein setzt sich mit Unterbrechung durch die Bellerophon-Kalke als ufernahe – festländische Bildung auch in die Trias hinein fort.

Für den Zechstein (Thuringium) wird die um die neuen Folgen (Zechstein = Z 6,7 und 8) erweiterte Darstellung in den Salinaren Becken bzw. ihren engeren Randbereichen gegeben Die Riffkalke wuchsen auf Schwellen, die während der Variskischen Gebirgsbildung entstanden waren.

System	
QUARTÄR	
TERTIÄR	
KREIDE	
JURA	
	208 Ma
TRIAS	
	251 Ma
PERM	
KARBON	
DEVON	
SILURIUM	
ORDOVIZIUM	
KAMBRIUM	
PRÄKAMBRIUM	

Abteilung	Gruppe		Schwarzwald-Odenwald	Niedersachsen, Hessen, Thüringen	Stufe	Nördliche Kalkalpen: Bayerisch-Nordtiroler Fazies	Nördliche Kalkalpen: Berchtesgad[…] Dachstein-Fazies
Obertrias	Keuper	o.	Rhätkeuper-Formation koR –25 m	Tonsteine Sandsteine 25 m	Rhätium	Kössen-Schichten 200 m; Rhät-Riffkalk ▲100 m	(Ri[…] Fa[…]
					212 Ma		
		m.	Knollenmergel-Formation km5 10–50 m	Steinmergelkeuper –120 m	Norium	Platten-Kalk –200 m; Hauptdolomit 200-1500 m	Dachstein-kalk -1200 m; (Gesch[…] Fazies Megalo[…]
			Stubensandstein-Formation km4 10–140 m	Obere Bunte Mergel Rote Wand –140 m	222 Ma		
			Bunte Mergel-Formation km3 20–80 m		Karnium	Opponitz-Schichten	Raibl-Schichten (Dolomit) 250 m
			Schilfsandstein-Formation km2 5–40 m	Schilfsandstein 25 m		Lunz-Schichten Sandstein & Schiefer m. Kohlen	Cardita-Sc[…]
			Gipskeuper-Formation km1 <50–165 m	Untere Bunte Mergel 150 m		Reifling-Kalk	
229 Ma					229 Ma		
Mitteltrias		u.	Lettenkeuper-Formation kmL >35 m	Lettenkeuper 50 m	Ladinium	Arlberg-Kalk; Partnach-Schichten 200 m; Reifling-Kalk	Wetterstein-Kalk und Dolomit –1200 m
	232 Ma						
	Muschelkalk	o.	Obere Hauptmuschelkalk-Formation mo2 20–55 m	Ceratiten-Schichten (Tonplatten) Trochitenkalk –60 m			
			Untere Hauptmuschelkalk-Formation mo1 25–40 m				
		m.	Obere Dolomit-Formation mmDo <10–25 m	Dolomit, Anhydrit & Steinsalz			
			Salinar-Formation mmS 20–90 m				
			Untere Dolomit-Formation mmDu <10 m		234Ma		
		u.	Geislingen-Formation muG –10 m	Schaumkalk-Bänke Terebratel-Bänke Wellenkalk Oolith-Bänke 90–130 m	Anisium	Alpiner Muschelkalk –300 m; Gutenstein Kalk und Dolomit Basis (Saalfelden)-Rauhwacke –300 m	Ramsau-Dolomit -800 m; Diplo[…] (Stei[…] Kalk; Gute[…] Ka[…] Do[…] Saalf[…] Rauh[…]
			Wellenkalk-Formation muW –70 m				
			Mosbach-Formation muM 10–20 m				
	240 Ma						
	Buntsandstein	o.	Rötton-Formation sot –25 m	Röt-Tone 150–300m			
241 Ma					241 Ma		
Untertrias			Plattensandstein-Formation sos –25 m VH 3-5	Röt-Salinar	Skythium	„Alpiner Buntsandstein“	Werfen-Schic[…] 200–400 m
		m.	Solling-Formation	Solling-Folge 40–120m			
			Kristallsandstein-Formation sms –25 m VH 2	Hardegsen-Folge 120–220m			
			Geröllsandstein-Formation smg –130 m VH 1	Detfurth-Folge 50–100m; Volpriehausen-Folge 100–270m			
		u.	Bausandstein-Formation sus –160 m	Bernburg-Folge 80–210m			
			ECKscher Horizont suE –70 m	Calvörde-Folge 135–200m			

ırdliche Kalkalpen	Süd-Alpen	
Zentral-Alpen adstädter Tauern)	Dolomiten	
errhät-Kalk m	Dachstein (Verena)-Kalk	
ssen-Schichten m	Hauptdolomit 600 m	
uptdolomit & ttenkalk) m		
ibl- (Dolomite) nichten m (Schiefer & Sandsteine)	Raibl-Schichten 50–90 m	*Megalodus*-Dolomit 250 m
berg-Schichten	Cassian-Schichten Mergelkalke 200–500 m	Dürrenstein-Dolomit 70 – 300 m
rtnach"- ichten m	Wengen-Schichten Riffkalk, Vulkanite 300 m	Schlerndolomit und -kalk 1000 m
tterstein- omit m	Buchenstein-Schichten Knollenkalke, vulka- nische Aschen 50 m	Marmolata-Kalk
s-Dolomit n	Oberer Muschelkalk 10 m Mendel (Sarl)-Dolomit 50 m	Dolomit
derkalk n		
is-Rauhwacke Schiefer n	Unterer Muschelkalk -30 m 10 m Muschelkalk Konglomerat	
	Gutenstein-Schichten und Rauhwacken	
tschfeld nmering, stadt) rzit) m	Werfen-Schichten -400 m	Campil-Schichten Mergel, Kalke Seis-Schichten Mergel, Kalke

Trias

Die klassische germanische Trias mit ihren Schichtgliedern Buntsandstein, Muschelkalk und Keuper wird stratigraphisch heute in Formationen gegliedert. Davon gibt die Schichtfolge für den Bereich im Schwarzwald und Odenwald ein Beispiel; die Fazies ist im Buntsandstein terrestrisch und durch meist fluviatil transportierte Komponenten (Gerölle und Sande) gekennzeichnet.

Der Muschelkalk ist im unteren und oberen Teil hauptsächlich karbonatisch entwickelt, während im mittleren eine Salinare Fazies die Abschnürung des Beckens zu einem Binnenmeer belegt. Der Keuper ist wiederum im Wesentlichen terrestrisch, und durch fluviatile Ablagerungen, Binnenseen und nur gelegentlich marine Einflüsse geprägt. Im obersten Keuper zeigt sich schon die marine Transgression, die sich dann verstärkt während des Jura weiter entwickelt (Rhätkeuper).

Die Profile für Niedersachsen sind zur Buntsandstein-Zeit durch wesentlich größere Mächtigkeiten gekennzeichnet, die die Entwicklung im Becken charakterisieren.

Gänzlich anders sieht die Entwicklung im Alpenraum aus, der zum Bereich des Tethysmeeres zählte. Die Stratigraphie umfasst hier 6 Stufen. Mit Ausnahme des Skythiums, das näherungsweise mit dem Buntsandstein gleichgesetzt wird, ist die alpine Trias durch marine Schichten und deren große Mächtigkeiten bestimmt. Es überwiegen Karbonatgesteine, wobei sich faziell Riffe und Beckenbereiche tieferen Wassers unterscheiden lassen. Zur Zeit des Karniums hatte eine weitreichende Regression kurzfristig Karstbildung zur Folge. Damals entstanden auch die Kohlenflöze der Lunz-Schichten. Die Raibl-Schichten bilden z.T. klastische, gelegentlich sogar rote Sedimente.

In den Südalpen ist vor allem das Ladinium durch vulkanische Einschaltungen mitgeprägt.

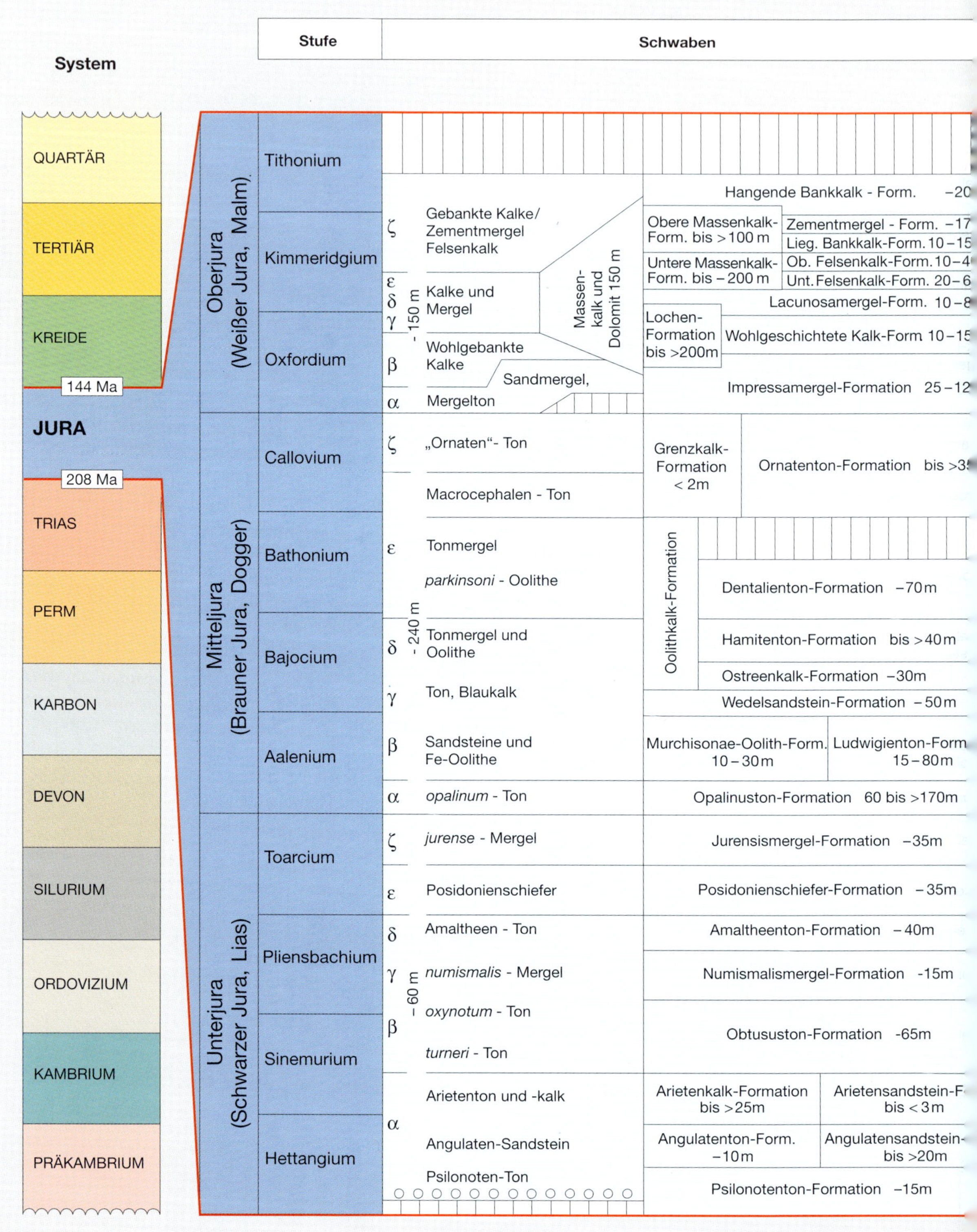
System
Stufe
Schwaben
QUARTÄR
TERTIÄR
KREIDE
144 Ma
JURA
208 Ma
TRIAS
PERM
KARBON
DEVON
SILURIUM
ORDOVIZIUM
KAMBRIUM
PRÄKAMBRIUM
Oberjura (Weißer Jura, Malm)
Mitteljura (Brauner Jura, Dogger)
Unterjura (Schwarzer Jura, Lias)
Tithonium
Kimmeridgium
Oxfordium
Callovium
Bathonium
Bajocium
Aalenium
Toarcium
Pliensbachium
Sinemurium
Hettangium
ζ Gebankte Kalke/ Zementmergel Felsenkalk
ε δ γ Kalke und Mergel
- 150 m
Massen-kalk und Dolomit 150 m
β Wohlgebankte Kalke
Sandmergel,
α Mergelton
Hangende Bankkalk - Form. –20
Obere Massenkalk-Form. bis >100 m
Zementmergel - Form. –17
Lieg. Bankkalk-Form. 10–15
Untere Massenkalk-Form. bis – 200 m
Ob. Felsenkalk-Form. 10–4
Unt. Felsenkalk-Form. 20–6
Lacunosamergel-Form. 10–8
Lochen-Formation bis >200m
Wohlgeschichtete Kalk-Form 10–15
Impressamergel-Formation 25–12
ζ „Ornaten“- Ton
Macrocephalen - Ton
Grenzkalk-Formation < 2m
Ornatenton-Formation bis >3
ε Tonmergel
parkinsoni - Oolithe
- 240 m
δ Tonmergel und Oolithe
γ Ton, Blaukalk
β Sandsteine und Fe-Oolithe
α *opalinum* - Ton
Oolithkalk-Formation
Dentalienton-Formation –70m
Hamitenton-Formation bis >40m
Ostreenkalk-Formation –30m
Wedelsandstein-Formation – 50m
Murchisonae-Oolith-Form. 10–30m
Ludwigienton-Form. 15–80m
Opalinuston-Formation 60 bis >170m
ζ *jurense* - Mergel
ε Posidonienschiefer
δ Amaltheen - Ton
γ *numismalis* - Mergel
- 60 m
oxynotum - Ton
β *turneri* - Ton
α Arietenton und -kalk
Angulaten-Sandstein
Psilonoten-Ton
Jurensismergel-Formation –35m
Posidonienschiefer-Formation – 35m
Amaltheenton-Formation – 40m
Numismalismergel-Formation -15m
Obtususton-Formation -65m
Arietenkalk-Formation bis >25m
Arietensandstein-F. bis < 3m
Angulatenton-Form. –10m
Angulatensandstein- bis >20m
Psilonotenton-Formation –15m

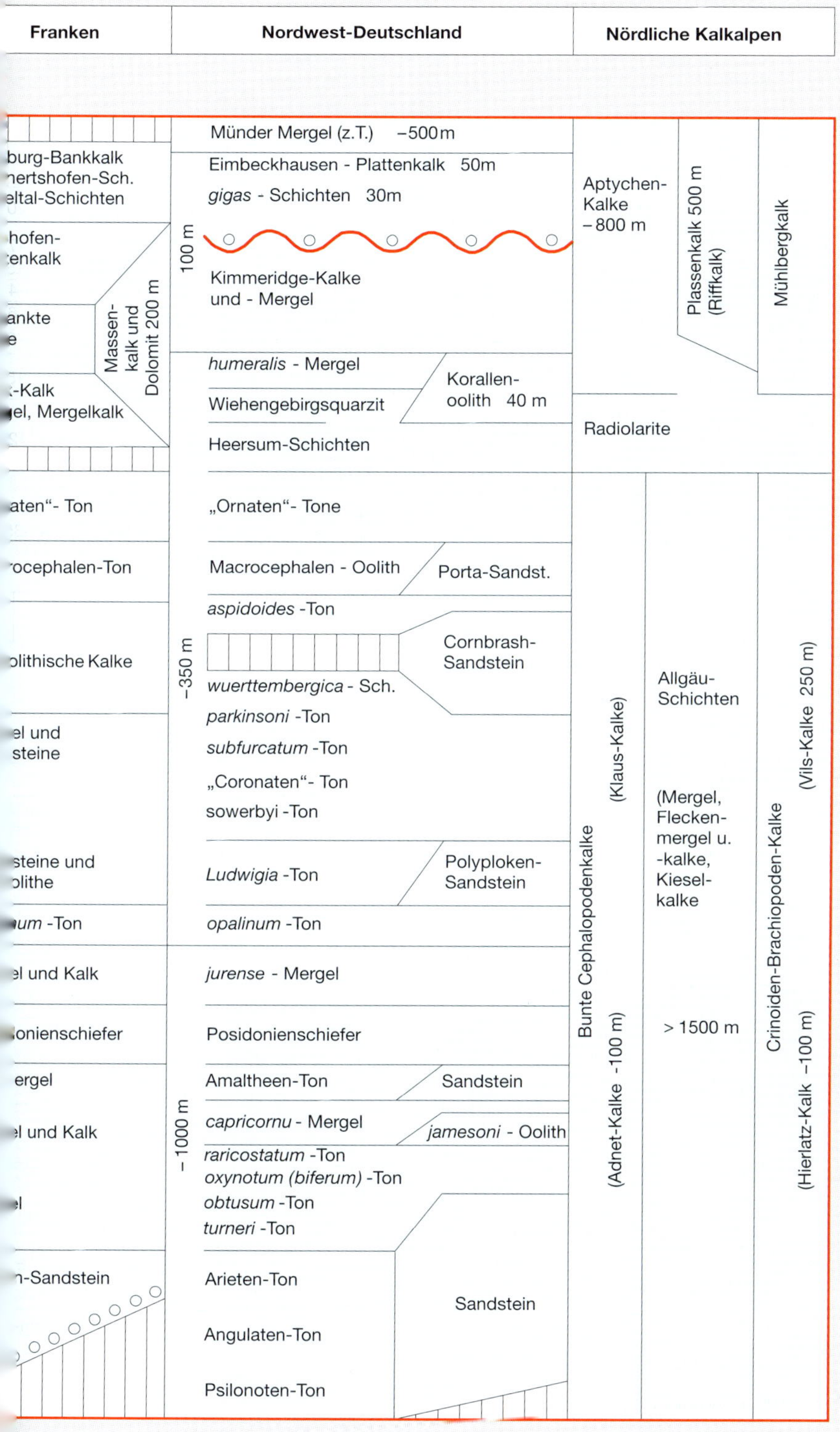

Franken
Nordwest-Deutschland
Nördliche Kalkalpen
burg-Bankkalk
nertshofen-Sch.
eltal-Schichten
hofen-
enkalk
ankte
e
-Kalk
el, Mergelkalk
Massen-
kalk und
Dolomit 200 m
Münder Mergel (z.T.) –500m
Eimbeckhausen - Plattenkalk 50m
gigas - Schichten 30m
100 m
Kimmeridge-Kalke
und - Mergel
humeralis - Mergel
Wiehengebirgsquarzit
Heersum-Schichten
Korallen-
oolith 40 m
Aptychen-
Kalke
–800 m
Plassenkalk 500 m
(Riffkalk)
Mühlbergkalk
Radiolarite
aten"- Ton
„Ornaten"- Tone
ocephalen-Ton
Macrocephalen - Oolith
Porta-Sandst.
aspidoides -Ton
olithische Kalke
–350 m
Cornbrash-
Sandstein
wuerttembergica - Sch.
parkinsoni -Ton
el und
steine
subfurcatum -Ton
„Coronaten"- Ton
sowerbyi -Ton
steine und
olithe
Ludwigia -Ton
Polyploken-
Sandstein
um -Ton
opalinum -Ton
el und Kalk
jurense - Mergel
onienschiefer
Posidonienschiefer
ergel
Amaltheen-Ton
Sandstein
el und Kalk
– 1000 m
capricornu - Mergel
jamesoni - Oolith
raricostatum -Ton
oxynotum (biferum) -Ton
el
obtusum -Ton
turneri -Ton
n-Sandstein
Arieten-Ton
Sandstein
Angulaten-Ton
Psilonoten-Ton
Bunte Cephalopodenkalke
(Klaus-Kalke)
(Adnet-Kalke -100 m)
Allgäu-
Schichten
(Mergel,
Flecken-
mergel u.
-kalke,
Kiesel-
kalke
> 1500 m
Crinoiden-Brachiopoden-Kalke
(Vils-Kalke 250 m)
(Hierlatz-Kalk –100 m)

Jura

Gegenübergestellt sind die internationale Stufengliederung und die älteren Bezeichnungen (Schwarzer Jura etc.), die einschließlich der Gliederung in die griechischen Buchstaben $\alpha - \zeta$ in Deutschland noch immer verwendet werden. Parallel dazu wird auch die neuere Gliederung in Formationen gegeben (Villinger 2000). Die Schichtbezeichnungen, vor allem in Schwaben, gründen sich vielfach auf Artnamen von Fossilien (die deshalb kursiv und klein geschrieben werden).

Schichtlücken an Basis und Top (senkrechte Linien) in den Profilen für Schwaben und Franken belegen die allmähliche Transgression (am Beginn) und Regression (im höchsten Weißjura) des Jurameeres auf die damals vorhandenen Festlandsgebiete.

Der nordwestdeutsche Jura ist wesentlich mächtiger und ähnelt der Entwicklung in England, am Top sind zur Zeit des Münder Mergel im Verlaufe der Regression Salze gebildet worden. Die vielen Sandstein-Einlagerungen belegen einen küstennahen Ablagerungsraum. Die Profile in den Kalkalpen zeigen dagegen mit ihren größeren Mächtigkeiten die schnellere Absenkung und tieferes Wasser an. Die Bunten Cephalopodenkalke sind im Bereich von Tiefschwellen nahe der CCD gebildet worden, Radiolarite in eher noch tieferem Wasser.

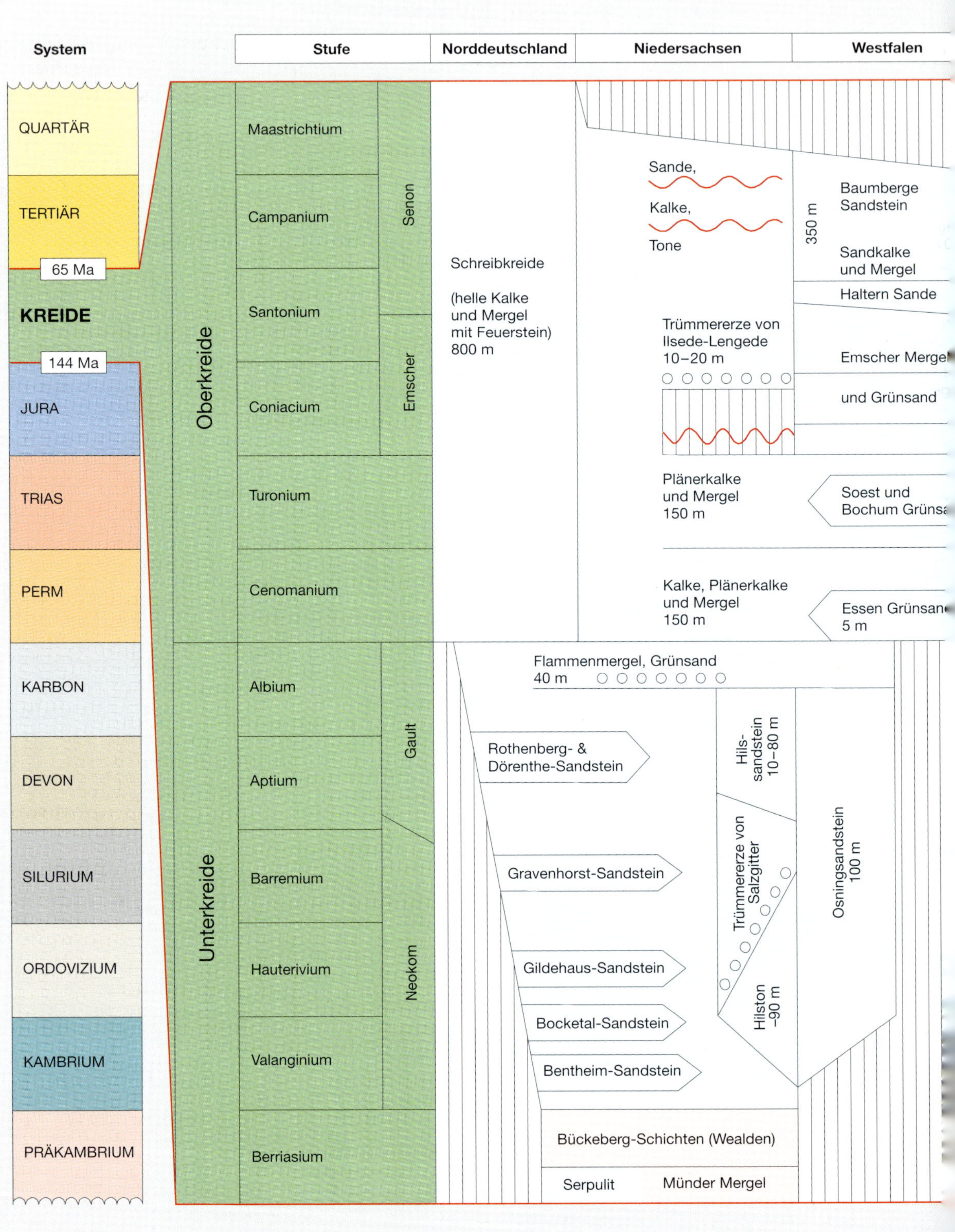
System
Stufe
Norddeutschland
Niedersachsen
Westfalen
QUARTÄR
TERTIÄR
65 Ma
KREIDE
144 Ma
JURA
TRIAS
PERM
KARBON
DEVON
SILURIUM
ORDOVIZIUM
KAMBRIUM
PRÄKAMBRIUM
Oberkreide
Unterkreide
Maastrichtium
Campanium
Santonium
Coniacium
Turonium
Cenomanium
Albium
Aptium
Barremium
Hauterivium
Valanginium
Berriasium
Senon
Emscher
Gault
Neokom
Schreibkreide
(helle Kalke
und Mergel
mit Feuerstein)
800 m
Sande,
Kalke,
Tone
350 m
Baumberge
Sandstein
Sandkalke
und Mergel
Haltern Sande
Trümmererze von
Ilsede-Lengede
10–20 m
Emscher Mergel
und Grünsand
Plänerkalke
und Mergel
150 m
Soest und
Bochum Grüns
Kalke, Plänerkalke
und Mergel
150 m
Essen Grünsan
5 m
Flammenmergel, Grünsand
40 m
Rothenberg- &
Dörenthe-Sandstein
Hils-
sandstein
10–80 m
Trümmererze von
Salzgitter
Osningsandstein
100 m
Gravenhorst-Sandstein
Gildehaus-Sandstein
Hilston
–90 m
Bocketal-Sandstein
Bentheim-Sandstein
Bückeberg-Schichten (Wealden)
Serpulit
Münder Mergel

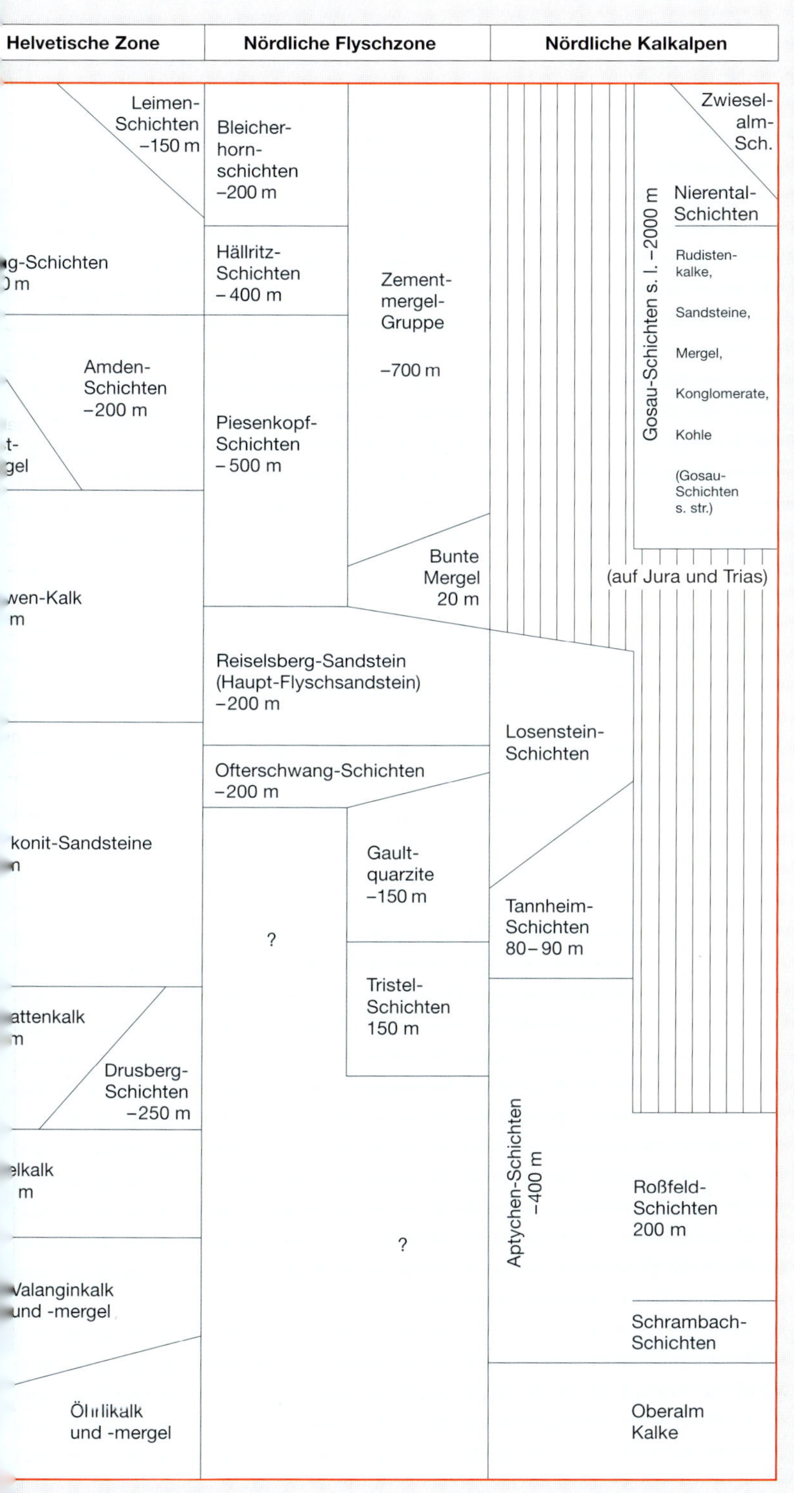

Kreide

Die Schichten der Unterkreide in Norddeutschland sind durch klastische Ablagerungen geprägt, Sandsteine und Schichtlücken sowie die Trümmererze von Salzgitter kennzeichnen Küstennähe. Die Schreibkreide der Oberkreidezeit dokumentiert tieferes Wasser, im flachen Bereich wurden im Verlaufe von Transgressionsschüben immer wieder Grünsande (mit Glaukonit) gebildet, außerdem auch die Trümmererze von Ilsede-Lengede. Die durch Schichtlücken im Hangenden gekennzeichnete Schichtfolge wurde mehrfach durch gebirgsbildende Vorgänge gestört.

Im Alpenraum ist die gesamte Kreide durchweg mächtiger. Die einsetzende Flyschphase führte zur Ablagerung klastischer Sedimente. Im Gebiet der Nördlichen Kalkalpen wurden in der Unterkreide in tieferem Wasser Aptychenkalke gebildet, in der Oberkreide dagegen Flachwasserkarbonate. Die ausgeprägten Schichtlücken zeigen die durch die Gebirgsbildung verursachten lokalen Hebungen an.

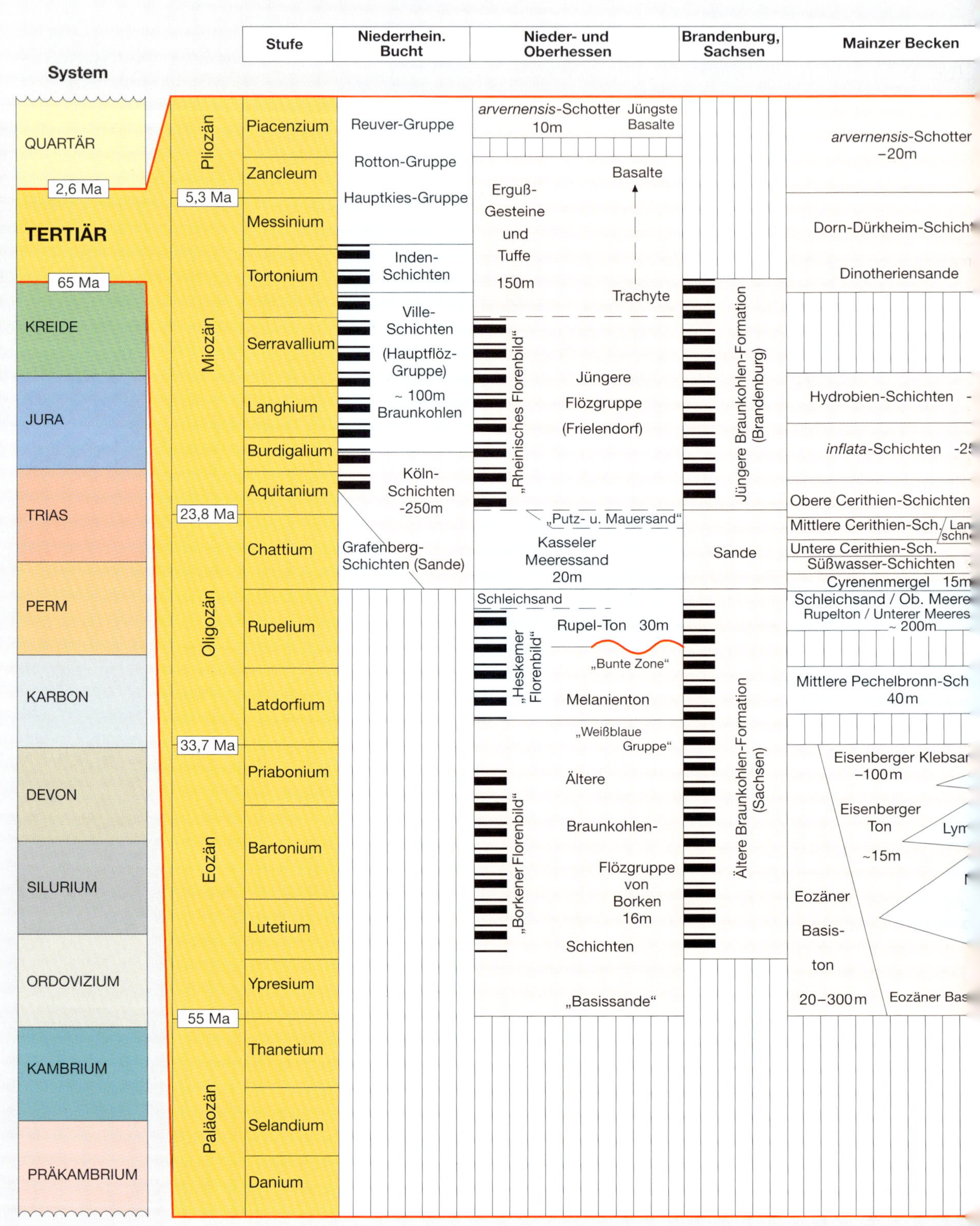

System
Stufe
Niederrhein. Bucht
Nieder- und Oberhessen
Brandenburg, Sachsen
Mainzer Becken
QUARTÄR
2,6 Ma
TERTIÄR
65 Ma
KREIDE
JURA
TRIAS
PERM
KARBON
DEVON
SILURIUM
ORDOVIZIUM
KAMBRIUM
PRÄKAMBRIUM
Pliozän
Miozän
Oligozän
Eozän
Paläozän
5,3 Ma
23,8 Ma
33,7 Ma
55 Ma
Piacenzium
Zancleum
Messinium
Tortonium
Serravallium
Langhium
Burdigalium
Aquitanium
Chattium
Rupelium
Latdorfium
Priabonium
Bartonium
Lutetium
Ypresium
Thanetium
Selandium
Danium
Reuver-Gruppe
Rotton-Gruppe
Hauptkies-Gruppe
Inden-Schichten
Ville-Schichten (Hauptflöz-Gruppe) ~ 100m Braunkohlen
Köln-Schichten -250m
Grafenberg-Schichten (Sande)
arvernensis-Schotter 10m
Jüngste Basalte
Basalte
Erguß-Gesteine und Tuffe 150m
Trachyte
„Rheinisches Florenbild"
Jüngere Flözgruppe (Frielendorf)
„Putz- u. Mauersand"
Kasseler Meeressand 20m
Schleichsand
Rupel-Ton 30m
„Bunte Zone"
„Heskemer Florenbild"
Melanienton
„Weißblaue Gruppe"
„Borkener Florenbild"
Ältere Braunkohlen-Flözgruppe von Borken 16m Schichten
„Basissande"
Jüngere Braunkohlen-Formation (Brandenburg)
Sande
Ältere Braunkohlen-Formation (Sachsen)
arvernensis-Schotter -20m
Dorn-Dürkheim-Schicht
Dinotheriensande
Hydrobien-Schichten
inflata-Schichten -2
Obere Cerithien-Schichten
Mittlere Cerithien-Sch.
Untere Cerithien-Sch.
Süßwasser-Schichten
Cyrenenmergel 15m
Schleichsand / Ob. Meere
Rupelton / Unterer Meeres
~ 200m
Mittlere Pechelbronn-Sch 40m
Eisenberger Klebsar -100m
Eisenberger Ton ~15m
Eozäner Basis-ton 20–300m
Eozäner Bas

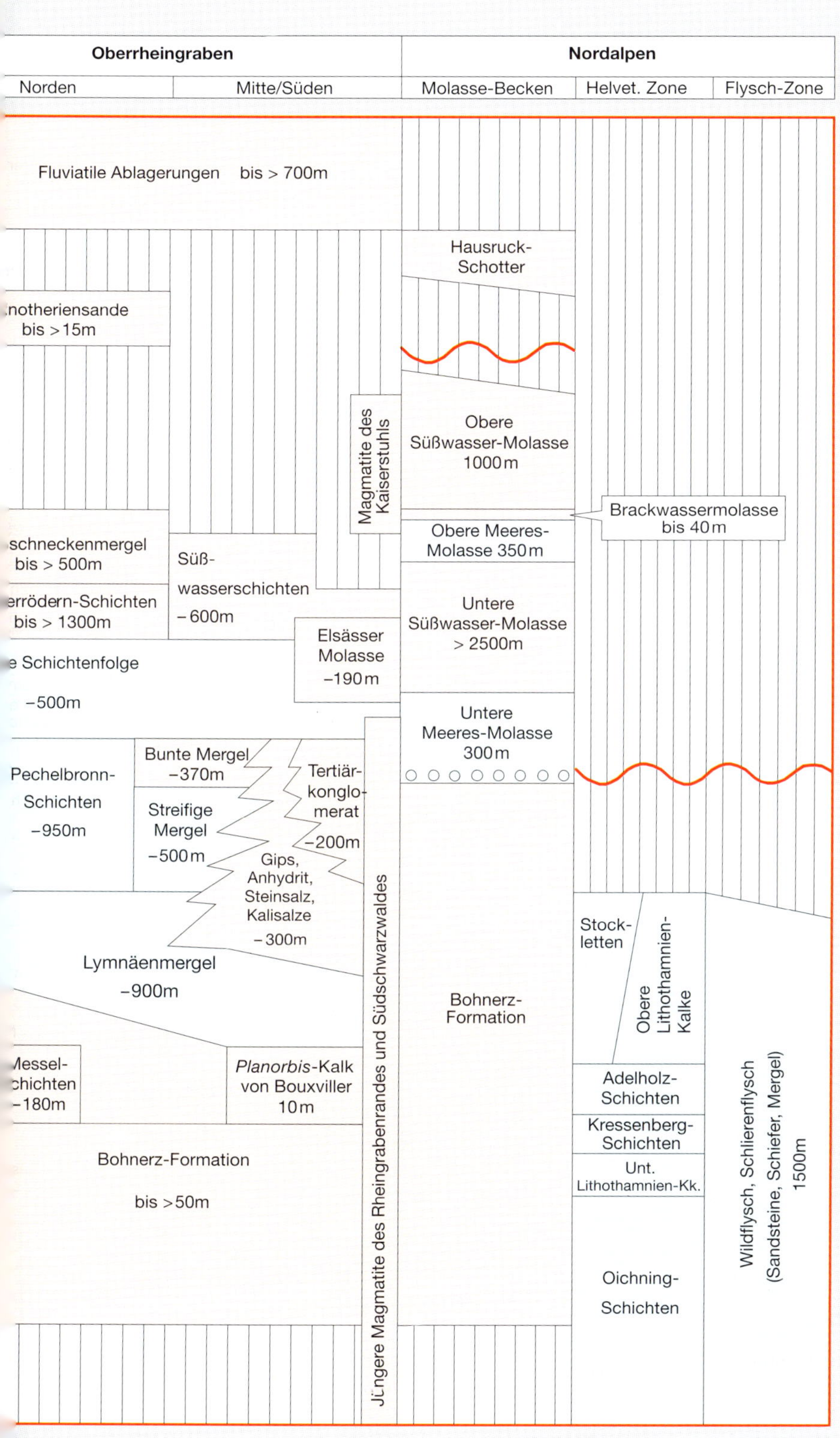

Tertiär

Die Gliederung des Tertiärs ist wesentlich durch den Wechsel zwischen Transgressionen und Regressionen bestimmt; das wird auch an den vielen Schichtlücken deutlich. In den binnenländischen Gebieten sind Brack- und Süßwasserablagerungen häufig, deren Fossilien meist nur eingeschränkte stratigraphische Bedeutung haben; deshalb ist es schwierig, z.B. die Schichtenfolge im Oberrheingraben mit der des Mainzer Beckens zu korrelieren. Infolge starker Absenkung sind im Oberrheingraben Kilometer mächtige Sedimente gebildet worden, im Mainzer Becken dagegen nur etwa ein Zehntel davon. Die festländischen Bildungen umfassen Verwitterungsprodukte im Alttertiär und Braunkohlen, die sich durch Pflanzen unterschiedlicher Klimate voneinander abgrenzen lassen ('Florenbilder'), am Niederrhein sind Braunkohlen erst vom jüngeren Tertiär an entstanden. Der während des Tertiärs weltweit intensive Vulkanismus ist hier durch die alttertiären Magmatite der Randbereiche des Oberrheingrabens belegt, zu dem auch so prominente Vulkanbauten wie der Katzenbuckel im Odenwald, oder der Steinsberg im Kraichgau zählen. Zum jungtertiären Anteil gehören u.a. Kaiserstuhl und Vogelsberg. Im Alpenraum werden während des Alttertiärs nur noch im Bereich von Flysch-Zone und Helvetischer Zone marine Sedimente gebildet, die nachfolgende Schichtlücke zeigt die jungtertiäre Gebirgsbildung an. Im jüngeren Tertiär bilden sich im nördlich anschließenden Molasse-Becken Kilometer mächtige Schichten aus dem Abtragungsschutt des aufsteigenden Gebirges, die später teilweise in die Faltung einbezogen werden. Sie werden in Meeresmolassen und Süßwassermolassen untergliedert.

Quartär

Der jüngste Zeitabschnitt der Erdgeschichte sollte schon wegen der geringen umprägenden Ereignisse, die alle älteren Ablagerungen mehr oder weniger stark betroffen haben, am besten zu gliedern sein; das ist jedoch nicht der Fall. Je nach Lage der Profile bestehen unterschiedliche Gliederungen, die mit je eigenen Schicht- bzw. Altersbezeichnungen versehen sind. Die Korrelationen dieser Profile miteinander gelingen bisher auch nur ansatzweise. Feste Zeitmarken sind die 780 000 Jahre, die die letzte inverse Magnetisierung von der heutigen (normalen) abgrenzen und die 12 900 Jahre für den Laacher See Vulkanismus. Die klassische Gliederung mit Moränen und Schottern im Alpenraum wird zunehmend erweitert und damit komplexer, sie wird in Zukunft wahrscheinlich durch ein Gliederungsprinzip nach unterschiedlich hohen Eisständen der Gletscher ersetzt werden.

Hauptsächliche Warmzeiten waren die Holstein- und die Eem-Zeit mit entsprechenden Ablagerungen. Die Gliederung in NW-Europa unterscheidet bereits wesentlich mehr Wechsel zwischen wärmeren und kälteren Perioden, ohne dass 'kalt' immer gleich auch 'Eis' bedeutet. Die neuerdings diskutierte Haslach-Kaltzeit ist umstritten.
Der Cromer-Komplex (nach dem Cromer Forest Bed, ursprünglich als Warmzeit gedeutet) ist ebenfalls in mehrere Unterabschnitte mit wechselnden Klimaverhältnissen aufgeteilt worden.

Die Gliederung des Holozäns im Ostseebereich spiegelt die Entwicklung der Salinität anhand der Faunen. Der Baltische Eisstausee brach zur Nordsee durch, sodass die marine Muschel *Yoldia* (*Portlandia*) *arctica* einwandern konnte. Spätere Landhebungen infolge des Abschmelzens der Eismassen führten erneut zu einem Binnensee (*Ancylus*-See), der Meeresspiegelanstieg dann wieder zu Salzwasser (Litorina-Meer, benannt nach der Strandschnecke *Littorina*). Im Verlaufe einer weiteren Aussüssung wanderte *Lymnaea*, eine Süsswasserschnecke ein (die Schreibweise 'Limnea'-Meer ist ebenso wie 'Litorina'-Meer nicht konsequent, wird aber so verwendet). Mit *Mya arenaria* waren schließlich die heutigen Verhältnisse erreicht.

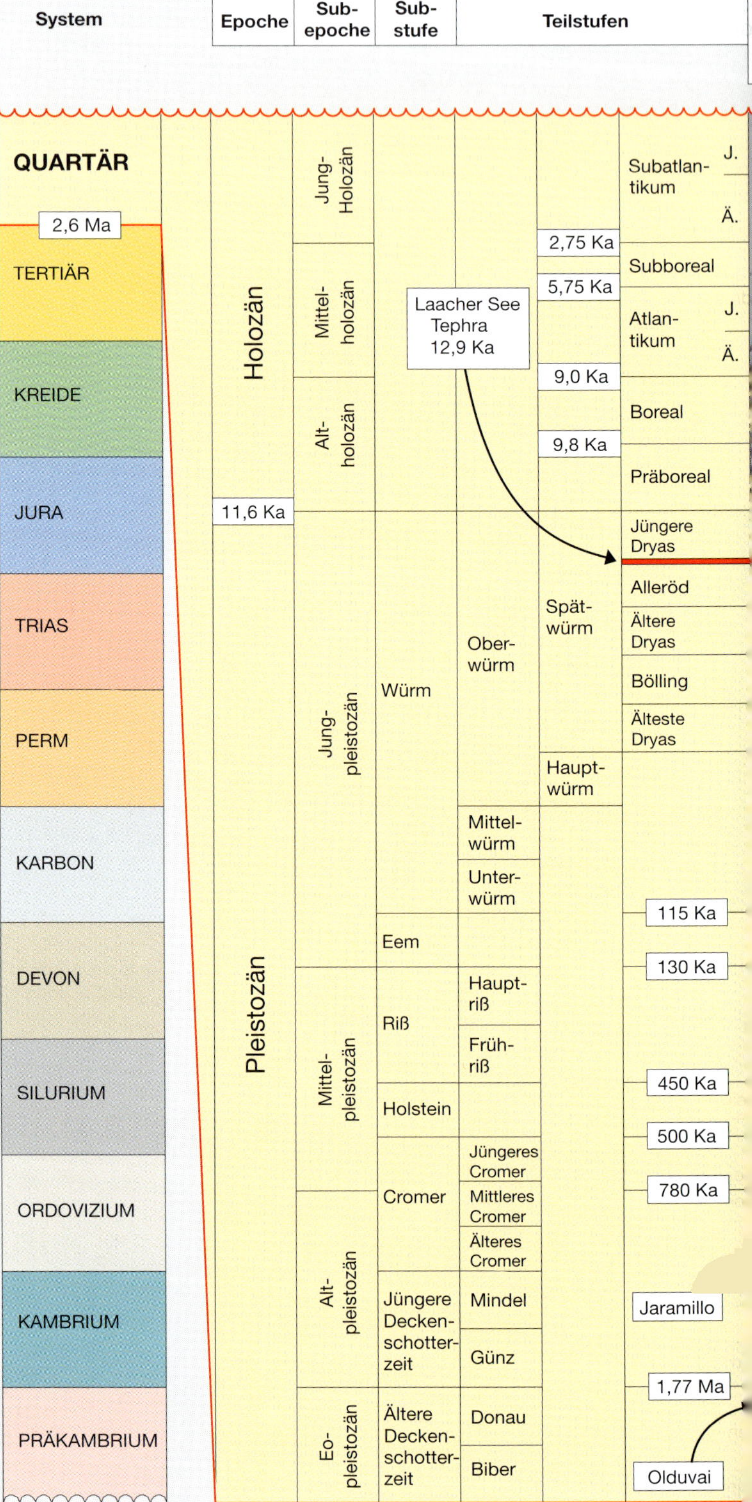

NW-Europa (Gliederung)	Norddeutschland (Ablagerungen): Nordsee	Norddeutschland (Ablagerungen): Ostsee	Süddeutschland, Alpenraum	Kulturstufen
drium	Dünkirchen-Transgression	*Mya*-Meer Limnea-Meer (brackisch, ab 4000 v. h.)		Eisenzeit Bronzezeit
	Flandrische Transgression	Litorina-Meer (bis heute)		Neolithikum
		Ancylus-See (-8000 v. h.) *Yoldia*-Meer (-9300 v. h.)		Mesolithikum
hsel	Pommersche Frankfurter Brandenburger Moränen	Baltischer Eisstausee (- 10200 v. h.) Schmelz-wasser-sedimente Nieder-terrassen-schotter Jüngerer Löss	Würmmoränen Löss 20 m Niederterrassen-schotter	Paläolithikum: Magdalénium Aurignacium Mousterium Acheulium
	Marine Sande, Tone	Kieselgur, Torf, Seekreide Fluviatile Sande, Tone	Schieferkohlen, Seekreide	
	Warthe Drenthe Moränen	Schmelz-wasser-sedimente Mittel- und Hauptterrassen Oberer Älterer Löss	Rißmoränen Löss 30 m Hochterrassen-schotter	Clactonium
ein	Marine Sande, Tone	Limnische Mergel, Kieselgur Fluviatile Sande, Tone	Brekzie von Höttingen (? jünger)	Abbévillium
	Moränen	Rinnenfüllungen mit Schmelzwasser-sedimenten, Lauenburger Ton Hauptterrassen Unterer Älterer Löss	Mindel-Moränen / Jüngere Deckenschotter	
er II-IV er I			Haslach/Mindel-Warmzeit	
	Kaolinführende Sande, Kies, Torf, Ton		Haslach-Kaltzeit	
p			Günz/Haslach-Warmzeit	
n			Günz-Komplex / Ältere Deckenschotter	
en			Donau-Komplex (Älteste Deckenschotter)	
gelen			Biber-Komplex	

Literaturverzeichnis

Agosti, D., Grimaldi, D., Carpenter, J. M. (1997): Oldest known ant fossils discovered. Nature 391: 447.

Aigner, T. (1979): Schill-Tempestite im Oberen Muschelkalk (Trias, SW-Deutschland). N. Jb. Geol. Paläont. Abh. 157/3: 326–343.

Aigner, T. (1985): Storm Depositional Systems. Dynamic Stratigraphy in Modern and Ancient Shallow-Marine Sequences. Lecture Notes in Earth Science, 3. Springer Verlag Berlin, Heidelberg, New York, 174 pp.

Aigner, T. (1997): Excursion B2. Sequence stratigraphy and facies models of Triassic carbonates, evaporites and clastics in North-Württemberg (South German Basin). Gaea heidelbergensis 4: 101–111.

Aigner, T, Bachmann, G. H., Hagdorn, H. (1990): Zyklische Stratigraphie und Ablagerungsbedingungen von Hauptmuschelkalk, Lettenkeuper und Gipskeuper in Nordost-Württemberg (Exkursion E am 19. April 1990). Jber. Mitt. oberrhein. geol. Ver. N. F. 72: 125–143.

Aigner, T., Etzold, A. (1999): Stratigraphie und Fazies der Trias in der Umgebung von Tübingen anhand von Tagesaufschlüssen und Bohrungen (Exkursion D am 8. April 1999). Jber. Mitt. oberrhein. geol. Ver. N. F. 81: 47–67.

Alberti, F. v. (1834): Beitrag zu einer Monographie des Bunten Sandsteins, Muschelkalks und Keupers, und die Verbindung dieser Gebilde zu einer Formation. J. G. Cotta, Stuttgart, Tübingen, 366 pp.

Allaby, A., Allaby, M. (1991): The Concise Oxford Dictionary of Earth Sciences. Oxford, New York, 410 pp.

Alt, K. W., Jeunesse, C., Buitrago-Téllez, C. H., Wächter, R., Boës, E., Pichler, S. L. (1997): Evidence for stone age cranial surgery. Nature 387: 360.

Alvarez, L. W., Alvarez, W., Asaro, F., Michel, H. V. (1980): Extraterrestrial Cause for the Cretaceous-Tertiary Extinction. Science 208: 1095–1108.

Alvarez, L. W., Asaro, F. (1990): An Extraterrestrial Impact – Accumulating evidence suggests an asteroid or comet caused the Cretaceous extinction. Scientific American October 1990: 44–52.

Andrews, J. T., Erlenkeuser, H., Tedesco, K., Aksu, A. E., Jull, A. J. T. (1994): Late Quaternary (Stage 2 and 3) Meltwater and Heinrich Events, Northwest Labrador Sea. Quatern. Res. 41: 26–34.

Arkell, W. J. (1956): Jurassic Geology of the World. Oliver &Boyd, Edinburgh, London, 806 pp.

Aseev, A. A. (1968): Dynamik und geomorphologische Wirkung der europäischen Eisschilde. Petermanns Geogr. Mitt. 112: 112–115.

Bachmann, G. H. (1979): Bioherme der Muschel *Placunopsis ostracina* v. SCHLOTHEIM und ihre Diagenese. N. Jb. Geol. Paläont. Abh. 158/3: 381–407.

Bachmann, G. H., Brunner, H. (1998): Nordwürttemberg. Sammlung geologischer Führer 90. Gebr. Borntraeger-Verlag Berlin, Stuttgart, 403 pp.

Backhaus, E. (1996): Eine biostragraphische Bewertung der Faunen im Buntsandstein des germanischen Beckens. Jber. Mitt. oberrhein. geol.Ver., N. F. 78: 257–279.

Bahn, P. G. (1996): Further back down under. Nature 383: 577–578.

Bahners, P. (1997): 6000 Jahre sind wie ein Tag. James Ussher kannte Tag und Stunde der Schöpfung. FAZ 25. Oktober 1997.

Bajor, M. (1965): Zur Geochemie der tertiären Süßwasserablagerungen des Steinheimer Beckens, Steinheim am Albuch (Württemberg). Jh. geol. Landesamt Baden-Württ. 7: 355–386.

Barber, D. C., Dyke, A., Hillaire-Marcel, C., Jennings, A. E., Andrews, J. T., Kerwin, M. W., Bilodeau, G., McNeely, R., Southon, J., Morehead, M. D., Gagnon, J.-M. (1999): Forcing of the cold event of 8,200 years ago by catastrophic drainage of Laurentide lakes. Nature 400: 344–348.

Barnicoat, A. C., Henderson, I. H. C, Knipe, R. J., Yardley, B. W. D., Napier, R. W., Fox, N. P. C., Kenyon, A. K., Muntingh, D. J., Strydom, D., Winkler, K. S., Lawrence, S. R., Cornford, C. (1997): Hydrothermal gold mineralization in the Witwatersrand basin. Nature 386: 820–824.

Barnola, J. M, Raynaud, D., Korotkevich, Y. S., Lorius, C. (1987): Vostok ice core provides 160000–year record of atmospheric CO_2. Nature 329: 408–414.

Battersby, S. (1997): Prehistoric monsters. Nature 387: 451.

Bechstädt, T. (1973): Zyklotheme im Hangenden Wettersteinkalk von Bleiberg-Kreuth (Kärnten, Österreich). Veröff. Univ. Innsbruck 86: 25–55.

Becker, A. (2000): Der Faltenjura: geologischer Rahmen, Bau und Entwicklung seit dem Miozän. Jber. Mitt. oberrhein. geol. Ver. N. F. 82: 317–336.

Behnke, C., Eikamp, H., Zollweg, M. (1986): Die Grube Messel. Goldschneck-Verlag Werner K. Weiderl, Korb, 168 pp.

Beinhauer, K. W., Wagner, G. A. (1992) (Hrsg.): Schichten von Mauer – 85 Jahre *Homo erectus heidelbergensis*. Mannheim (Reiss Mus.), 195 pp.

Beinhauer, K. W., Kraatz, R., Wagner, G. A. (1995): *Homo erectus heidelbergensis* von Mauer. Kolloqium I. Neue

Funde und Forschungen zur frühen Menschheitsgeschichte Eurasiens mit einem Ausblick auf Afrika. Vom 20. bis 22 Januar 1995 im geologisch-paläontologischen Institut der Universität Heidelberg.

Benda, L. (1995): Das Quartär Deutschlands. Gebr. Borntraeger Verlag, Berlin, Stuttgart, 408 pp.

Benda, L., Brandes, H. (1974): Die Kieselgur-Lagerstätten Niedersachsens I. Verbreitung, Alter und Genese. Geol. Jb. A 21: 3–85.

Benefit, B. R., McCrossin, M. L. (1997): Earliest known Old World monkey skull. Nature 388: 368–371.

Bengtson, S. (1998): Animal embryos in deep time. Nature 391: 529–530.

Benison, K., Goldstein, R., Wopenka, B., Burruss, R., Pasteris, J. (1998): Extremely acid Permian lakes and ground waters in North America. Nature 392: 911–914.

Berggren, W. A., Kent, D. V., Aubry, M.-P., Hardenbol, J. (1995): Geochronology, Time Scales and Global Stratigraphic Correlation. SEPM Spec. Publ. 54, Tulsa, Oklahoma, 386 pp.

Blind, W. (1975): Über die Entstehung und Funktion der Lobenlinie bei Ammonoideen. Paläont. Z. 49: 254–267.

Blumenschine, R. J., Cavallo, J. A. (1992): Frühe Hominiden–Aasfresser. Spektrum der Wissenschaft, Dezember 1992: 88–95.

Boltwood, B. B. (1907): On the ultimate disintegration products of the radioactive elements. Part II. The disintegration of uranium. Am. J. Sci. 23 (4): 77–78.

Bottke, H. (1981): Lagerstättenkunde des Eisens. Verlag Glückauf, Essen, 202 pp.

Bottomley, R., Grieve, R., York, D., Masaitis, V. (1997): The age of the Popigai impact event and its relation to events at the Eocene/Oligocene boundary. Nature 388: 365–368.

Boulton, G. S. (1986): A paradigm shift in glaciology? Nature 322: 18.

Boulton, G. S., Smith, G. D., Jones, A. S., Newsome, J. (1985): Glacial geology and glaciology of the last mid-latitude ice-sheets. J. Geol. Soc. London 142: 447–474.

Boulton, G. S., Jones, A. S. (1979): Stability of temperate ice caps and ice sheets resting on beds of deformable sediment. J. Glaciol. 24: 29–43.

Boutilier, R. G., West, T. G., Pogson, G. H., Mesa, K. A., Wells, J., Wells, M. J. (1996): *Nautilus* and the art of metabolic maintenance. Nature 382: 534–536.

Bowring, S. A., Grotzinger, J. P., Isachsen, C. E., Knoll, A. H., Pelechaty, S. M., Kolosov, P. (1993): Calibrating Rates of Early Cambrian Evolution. Science 261: 1293–1298.

Bowring, S. A., Erwin, D. H., Jin, Y. G., Martin, M. W., Davidek, K., Wang, W. (1998): U/Pb Zircon Geochronology and Tempo of the End-Permian Mass Extinction. Science 280: 1039–1045.

Bräuer, G., Yokoyama, Y., Falguères, C., Mbua, E. (1997): Modern human origins backdated. Nature 386: 337–338.

Briggs, D. E. G., Collins, D. (1988): A Middle Cambrian chelicerate from Mount Stephen, British Columbia. Paleontology 31: 729–798.

Briggs, D. E. G. (1994). Giant Predators from the Cambrian of China. Science 264: 1283–1284.

Briggs, D. E. G., Fortey, R. A., Wills, M. A. (1992): Morphological Disparity in the Cambrian. Science 256: 1670–1673.

Brinkmann, R. (1991): Abriß der Geologie Bd.II: Historische Geologie (14.Aufl.). Ferdinand Enke Verlag, Stuttgart, 404 pp.

Brinkmann, R. (1948): Die Mitteldeutsche Schwelle. Geol. Rundsch. 36: 56–66.

Broecker, W. S. (1994): Massive iceberg discharges as triggers for global climate change. Nature 372: 421–424.

Bromley, R. G. (1999): Spurenfossilien. Springer-Verlag Heidelberg, Berlin, New York, 347 pp.

Brown, G. C., Hawkesworth, C. J., Wilson, R. C. L. (Hrsg.) (1992): Understanding the earth, a new synthesis, Cambridge University Press, Cambridge, 551 pp.

Bruun-Petersen, J., Christensen, W. K., Gravesen, P., Gry, H., Jørgart, T., Poulsen, V., Rolle, F., Sjørring, S. (1977): Geologie auf Bornholm. Varv Exkursionsführer Nr. 1. Kopenhagen, 96 pp.

Bubnoff, S. von (1928): Grundprobleme der Geologie. Halle (Saale), Mitteldeutsche Druckerei und Verlagsanstalt, 246 pp.

Bubnoff, S. von (1956): Einführung in die Erdgeschichte. Akademie-Verlag Berlin, 808 pp.

Buchardt, B., Seaman, P., Stockmann, G., Vous, M. (1997): Submarine columns of ikaite tufa. Nature 390: 129–130.

Buckland, J. (1823): Reliquiae Diluvianae; or, Observations on the Organic Remains Contained in Caves, Fissures and Diluvial Gravel, and on the geological Phenomena, Attesting the universal Deluge. John Murray, London.

Buff, C. B., Trinkhaus, E., Holliday, T. W. (1997): Body mass and encephalization in Pleistocene *Homo*. Nature 387: 173–176.

Cairns-Smith, A. G. (1995): Seven clues to the origin of life: A scientific detective story. Cambridge University Press, Cambridge, 131 pp.

Calvin, W. H. (1997): Der Strom, der bergauf fließt. Eine Reise durch die Evolution. dtv, München, 707 pp.

Canfield, D.E. (1998): A new model for Proterozoic ocean chemistry. Nature 396: 450–453.

Cerling, T. E., Harris, J. M., MacFadden, B. J., Leakey, M. G., Quade, J., Eisenmann, V., Ehleringer, J. R. (1997): Global vegetation change through the Miocene/Pliocene boundary. Nature 389: 153–158.

Chalmanee, Y., Suteethorn, V., Jaeger, J.-J., Ducrocq, S. (1997): A new Late Eocene anthropoid primate from Thailand. Nature 385: 429–431.

Channell, J. E. T., Lehmann, B. (1997): The last two geomagnetic polarity reversals recorded in high-deposition-rate sediment drifts. Nature 389: 712–715.

Chapman, C. R. (1997): When the sky fell in on the dinosaurs. Nature 387: 33.

Chatterjee, S. (1991): Cranial anatomy and relationships of a new Triassic bird from Texas. Phil. Trans. Roy. Soc. London B 332: 277–342.

Chatterjee, S. (1995): The triassic bird *Protoavis*. Archaeopteryx 13: 15–31.

Chatterjee, S. (1998): The avian status of *Protoavis*. Archaeopteryx 16: 99–122.

Chen, J.-Y., Ramsköld, L., Zhou, G.-Q. (1994): Evidence for Monophyly and Arthropod Affinity of Cambrian Giant Predators. Science 264: 1304–1308.

Chen, J.-Y., Huang, D.-Y., Li, C.-W. (1999): An early Cambrian craniate-like chordate. Nature 402: 518–522.

Chen, P., Dong, Z., Zhen, S. (1998): An exceptionally well-preserved theropod dinosaur from the Yixian Formation of China. Nature 391: 147–152.

Chin, K., Tokaryk, T., Erickson, G. M., Calk, L. C. (1998): A king-sized theropod coprolite. Nature: 680 – 682.

Chyba, C., Sagan, C. (1992): Endogenous production, exogenous delivery and impact-shock synthesis of organic molecules: an inventory for the origins of life. Nature 355: 125–131.

Claoué-Long, J. C., Zhang Zichao, Ma Guogan, Du Shaohua (1991): The age of the Permian-Triassic boundary. Earth Planet. Sci. Lett. 105: 182–190.

Claoué-Long, J. C., Jones, P. J., Roberts, J., and Maxwell, S. (1992): The numerical age of the Devonian–Carboniferous boundary. Geol. Mag. 129: 281–291.

Claypool, G. E., Holser, W., Kaplan, I., Sakai, H., Zak, I. (1980): The age curves of sulfur and oxygen isotopes in marine sulfate and their mutual interpretation. Chem. Geol. 28: 199-260.

Cloos, H. (1947): Gespräch mit der Erde. R. Piper&Co Verlag, München, 410 pp.

Cloud, P. (1989): Die Biosphäre. In: Fossilien: Bilder frühen Lebens. Mit einer Einführung von Hans D. Pflug. Spektrum der Wissenschaft: Verständliche Forschung: 32–43.

Conway Morris, S. (1985): The Middle Cambrian metazoan *Wiwaxia corrugata* (Matthew) from the Burgess Shale and Ogygopsis Shale, British Columbia, Canada. Phil. Trans. Roy. Soc. London, B 307: 507–582.

Cotillon, P. (1988): Stratigraphy. Springer-Verlag, Heidelberg, Berlin, New York, 187 pp.

Courtillot, V. (1990): A Volcanic Eruption–What dramatic event 65 million years ago killed most species of life on the earth? The author argues it was a massive volcanic eruption. Scientific American October 1990: 53–60.

Cowie, J. W., Brasier, M. D. (Hrsg.) (1989): The Precambrian-Cambrian Boundary. Oxford Monographs on Geology and Geophysics 12, Oxford Science Publications, Oxford, 213 pp.

Crick, F. H. C., Orgel, L. E.(1973): Directed Panspermia. Icarus 19: 341-346.

Cuvier, G. (1879): Discours sur les Révolutions du globe. Avec des notes et un appendice. D'après les travaux récents de MM. De Humboldt, Flourens, Lyell, Lindley, etc. rédigés par le Dr. Hoefer. Librairie de Firmin-Didot, Paris, 356 pp.

Darwin, C. (1899): Über den Bau und die Verbreitung der Corallen-Riffe. Nach der zweiten durchgesehenen Ausgabe aus dem Englischen übersetzt von J. Victor Carus. E. Schweizerbart'sche Verlagshandlung (E. Nägele), Stuttgart, 231 pp.

Darwin, C. R. (1859): On the Origin of Species by Means of Natural Selection. London: John Murray.

DeDuve, C. (1991): Blueprint for a cell–the nature and origin of life. Neil Patterson Publishers, Burlington NC.

Degens, E. T. (1964): Genetic Relationship Between The Organic Matter In Meteorites And Sediments. Nature 202: 1092–1093.

Degens, E. T., Stoffers, P., Golubic, S., Dickman, M. D. (1978): Varve chronology: Estimated rates of sedimentation in the Black Sea deep basin. Init. Repts. DSDP XLII, 2: 499–508.

Degens, E. T., Michaelis, W., Garrasi, C., Mopper, K., Kempe, St., Ittekot, V. A. (1980): Warven-Chronologie und frühdiagenetische Umsetzungen organischer Substanzen holozäner Sedimente des Schwarzen Meeres. – N. Jb. Geol. Pläont. Mh. 1980/1: 65–86.

Degens, E. T., Emeis, K.-C., Mycke, B., Wiesner, M. G. (1986): Turbidites, the principal mechanism yielding black shales in the early deep Atlantic Ocean. In: Summerhayes, C. P., Shackleton, N. J. (Hrsg.): North Atlantic Palaeoceanography. Geol. Soc. Spec. Publ. 21: 361–376.

Delson, E. (1997): One Skull does not a species make. Nature 389: 445–446.

Dennell, R. (1997): The world's oldest spears. Nature 385: 767–768.

Denton, G. H., Hughes, T.J . (1981) (Hrsg.): The Last Great Ice Sheets. John Wiley and Sons, New York, 484 pp.

Diester-Haass, L., Meyers, P., Rothe, P. (1992): The Benguela Current and associated upwelling on the southwest African Margin: a synthesis of the Neogene-Quaternary sedimentary record at DSDP sites 362 and 532. In: Summerhayes, C. P., Prell, W. L., Emeis, K. C.

(Hrsg.): Upwelling Systems: Evolution Since the Early Miocene. Geol. Soc. London Spec. Publ. 64: 331–342.

Dittrich, D. (1989): Der Schilfsandstein als synsedimentär-tektonisch geprägtes Sediment – eine Umdeutung bisheriger Befunde. Z. deutsch. geol. Ges. 140: 295–310.

Dittrich, D. (1996): Unterer Buntsandstein und die Randfazies des Zechsteins in der nördlichen Pfälzer Mulde (Exkursionen C1 am 11. und C2 am 12. April 1996). Jber. Mitt. oberrhein. geol. Ver. N. F. 78: 71–94.

Doolittle, R., Feng, D.-F., Tsang, S., Cho, G., Little, E. (1996): Determining Divergence Times of the Major Kingdoms of Living Organisms with a Protein Clock. Science 271: 471–476.

Douglass, A. E. (1919): Climatic cycles and tree-growth I, Carnegie Institution of Washington, Washington, 289 pp.

Dowdeswell, J. A., Elverhoit, A., Andrews, J. T., Hebbeln, D. (1999): Asynchronous deposition of ice-rafted layers in the Nordic seas and North Atlantic Ocean. Nature 400: 348–351.

Dubois, E. (1894):*Pithecanthropus erectus*, eine menschenähnliche Übergangsform aus Java. Batavia.

Duff, D. (1993): Holmes' Principles of Physical Geology, 4. Aufl., Chapman&Hall, London etc., 791 pp.

Edgecombe, G. D. (1998): Devonian terrestrial arthropods from Gondwana. Nature 394:172–175.

Ehlers, J. (1994): Allgemeine und historische Quartärgeologie. Ferdinand Enke Verlag, Stuttgart, 358 pp.

Eiler, J. M., Mojzsis, S. J., Arrhenius, G. (1997): Carbon isotope evidence for early life. Nature 386: 665.

Emiliani, C. (1966): Isotopic paleotemperatures. Science 154: 851–857.

Emmert, U. (1994): Die volkstümlichen Bezeichnungen: Kipper bzw. Keuper, Letten, Steinmergel und Stubensand, im fränkischen Keuperland. Jber. Mitt. oberrhein. geol. Ver. N. F. 76: 245–252.

Engel, A. E. J. (1963): Geologic evolution of North America. Science 140: 143–152.

Erdmann, M. V., Caldwell, R. L., Moosa, M. K. (1998): Indonesian ›King of the sea‹ discovered. Nature 395: 335.

Erickson, G. M., Van Kirk, S. D., Su, J., Levenston, M. E., Caler, W. E., Carter, D. R. (1996): Bite-force estimation for *Tyrannosaurus rex* from tooth-marked bones. Nature 382: 706–708.

Erwin, D. H. (1996): Das größte Massensterben der Erdgeschichte. Spektrum der Wissenschaft, September 1996: 72–79.

Etter, W. (1994): Palökologie: eine methodische Einführung. Birkhäuser Verlag, Basel, Boston, Berlin, 294 pp.

Eugster, H. P. (1967): Hydrous sodium silicates from Lake Magadi, Kenya: Precursors of bedded chert. Science 157: 1177–1180.

Evans, D. A., Beukes, N.J., Kirschvink, J. L. (1997): Low-latitude glaciation in the Palaeoproterozoic era. Nature 386: 262–266.

Ewing, M., Donn, W. L. (1956+1958): A theory of Ice Ages. Science 123: 1061–1066; 127: 1159–1162.

Fabricius, F. H., Friedrichsen, H. & Jacobshagen, V. (1970): Zur Methodik der Paläotemperatur-Ermittlung in Obertrias und Lias der Alpen und benachbarter Mediterraner Gebiete. Verh. Geol. B.-A., Wien: 583–593.

Fagan, B. M. (1991): Aufbruch aus dem Paradies–Ursprung und frühe Geschichte der Menschen. Beck-Verlag, München, 274 pp.

Fedonkin, M. A., Waggoner, B. M. (1997): The Late Precambrian fossil *Kimberella* is a mollusc-like bilaterian organism. Nature 388: 868–871.

Firbas, F. (1935): Die Vegetationsentwicklung des mitteleuropäischen Spätglazials. Bibl. Bot. 112.

Fischer, A. G., (1964): The Lofer cyclothems of the alpine Triassic. Bull. Geol. Surv. Kansas, 169: 107–149.

Fischer, A. G., Bottjer, D. J. (1991) (Hrsg.): Orbital Forcing and Sedimentary Sequences. Journal of Sedimentary Petrology 61: 1063–1252.

Flick, H., Nesbor, H. D., Behnisch, R. (1990): Iron ore of the Lahn-Dill type formed by diagenetic seeping of pyroclastic sequences – a case study on the Schalstein section at Gänsberg (Weilburg). Geol. Rundsch. 79/2: 401–415.

Foote, M., Sepkoski, J. (1999). Absolute measures of the completeness of the fossil record. Nature 398: 415– 417.

Forey, P. (1998): A home from home for Coelacanths. Nature 395: 319–320.

Fraas,.E. (1910): Der Petrefaktensammler. K.G. Lutz' Verlag, Stuttgart, 249 pp. + 72 Taf.

Franke, W. (Hrsg.) (1990): Mid-German Crystalline Rise & Rheinisches Schiefergebirge. Field Guide to pre-conference excursion. Conf. Paleozoic Orogens in Central Europe – Geology and Geophysics, Göttingen, Gießen, 169 pp.

Frey, E., Sues, H.-D., Munk, W. (1997): Gliding Mechanism in the Late Permian Reptile *Coelurosauravus*. Science 275: 1450–1452.

Frisch, W, Loeschke, J. (1986): Plattentektonik. Wiss. Buchges., Darmstadt, 190 pp.

Fuhlrott, C., Schaffhausen, H. (1857): Correspondenzblatt des naturhistorischen Vereins der preußischen Rheinlande und Westphalens. Verh. Naturhist. Ver. Preuss. Rheinl. 14: 50–52.

Gabunia, L., Justus, A., Vekua, A. (1989): Der menschliche Unterkiefer. In: Dzaparidze V., Bosinski, G., Bugianisvili, T., Gabunia, L., u.a.(Hrsg.): Der altpaläolithische Fundplatz Dmanisi in Georgien (Kaukasus). Jb. Römisch-Germanisches Zentralmuseum 36. Mainz.

Gabunia, L., Vekua, A., Lordkipanidze, D., Swisher III, C. C., Ferring, R., Justus, A., Nioradze, M., Tvalcheridze, M., Antón, S. C., Bosinski, G., Jöris, O., de Lumley, M.-A., Majsuradze, G., Mouskhelishvili, A. (2000): Earliest Pleistocene Hominid Cranial Remains from Dmanisi, Republic of Georgia: Taxonomy, Geological Setting, and Age. Science 288: 1019–1025.

Garrels, R. M., Mackenzie, F. T. (1971): Evolution of Sedimentary Rocks. W.W. Norton&Company Inc. New York, 397 pp.

Gee, H. (1995): New hominid remains found in Ethiopia. Nature 373: 272.

Geer De, G. (1912): Geochronologie der letzten 12 000 Jahre. Geol. Rundsch. 3: 457–471.

Geyer, O. F. (1973): Grundzüge der Stratigraphie und Fazieskunde 1. Paläontologische Grundlagen I Das geologische Profil Stratigraphie und Geochronologie. E. Schweizerbart'sche Verlagsbuchhandlung, Stuttgart, 279 pp.

Geyer, O. F. (1977): Grundzüge der Stratigraphie und Fazieskunde 2. Paläontologische Grundlagen II Paläogeographie Fazieskunde. Schweizerbart'sche Verlagsbuchhandlung, Stuttgart, 341 pp.

Geyer, O. F., Gwinner, M. P. (1991): Einführung in die Geologie von Baden-Württemberg. 4. Aufl. Schweizerbart'sche Verlagsbuchhandlung Stuttgart, 472 pp.

Geyh, M. A., Schleicher, H. (1990): Absolute age dating. Springer-Verlag, Berlin, Heidelberg New York, 503 pp.

Gieskes, J. M., Kastner, M., Einsele, G., Kelts, K., Niemetz, J. (1982): Hydrothermal activity in the Guaymas Basin, Gulf of California: A synthesis. In: Curray, J. R., Moore, D. G., u.a. (Hrsg.), Init. Repts. DSDP 64: 1159–1167.

Gilbert, G. K. (1895): Sedimentary measurement of geological time. J. Geol. 3: 121–125.

Gilbert, G. K. (1900): Rhythms and geologic time: American Association for the Advancement of Science, Proc. XLIX: 1–19.

Glasby, G. P., Kunzendorf, H. (1996): Multiple factors in the origin of the Cretaceous/Tertiary boundary: the role of environmental stress and Deccan Trap volcanism. Geol. Rundsch. 85: 191–210.

Goodwin, A. M.(1991): Precambrian Geology. Academic Press Harcourt Brace Jovanovich Publishers London etc., 666 pp.

Gould, S. J. (1991): Zufall Mensch. Karl Hanser Verlag, München, Wien, 391 pp.

Gradstein, F., Agterberg, F. P., Ogg, J., Hardenbol, J., Van Veen, P., Thierry, J., Huang, Z. (1995): A triassic, jurassic and cretaceous time scale. In: Berggren, W. A., Kent, D. V., Aubry, M.-P., Hardenbol, J. (Hrsg.): Geochronology, time scales and global stratigraphic correlation. SEPM Spec. Publ. 54, Tulsa, Oklahoma: 95–126.

Gradstein, F. M., Ogg, J. (1996): A Phanerozoic time scale. – Episodes, 19: 3–5.

Grady, M., Wright, I., Pillinger, C. (1996): Opening a martian can of worms? Nature 382: 575–576.

Gray, M. W. (1996): The third form of life. Nature 383: 299–300.

Gregoery, J. M., Oerlemans, J. (1998): Simulated future sea-level rise due to glacier melt based on regionally and seasonally resolved temperature changes. Nature 391: 474–476.

Gressly, A. (1836): Geognostische Bemerkungen über den Jura der nordwestlichen Schweitz, besonders des Kantons Solothurn und der Grenz-Partie'n der Kantone Bern, Aargau und Basel. N. Jb. Miner. usw., 1836: 659–675.

Gressly, A. (1838): Observations géologiques sur le Jura Soleurois. Nouv. Mém. Soc. helvet. Sci. natur., 2, Genève: 1–112.

Gribbin, J. (Hrsg.) (1978): Climatic change. Cambridge University Press, Cambridge, London, New York, Melbourne, 280 pp.

Griffiths, P. J. (1996): The Isolated *Archaeopteryx* Feather. Archaeopteryx 14: 1–26.

Grove, J. M. (1988): The Little Ice Age. Methuen, London, New York, 498 pp.

Guérin, C., Patou-Mathis, M. (1996): Les Grands Mammifères Plio-Pléistocènes D'Europe. Masson, Paris, Milan, Barcelone, 291 pp.

Guichard, F., Carey, S., Arthur, M. A., Sigurdsson, H., Arnold, M. (1993): Tephra from the Minoan eruption of Santorini in sediments of the Black Sea. Nature 363: 610–612.

Gwinner, M. P. (1959): Die Geologie des Blattes Urach (7522) 1 : 25 000 (Schwäbische Alb). Arb. Geol. Paläontol. Inst. TH Stuttgart, N. F. 24: 1–126.

Haeckel, E. (1868): Natürliche Schöpfungsgeschichte. 2. Aufl. 1875, Reimer, Berlin, 688 pp.

Hagdorn, H, Simon, T. (1985): Geologie und Landschaft des Hohenloher Landes. Forsch. Württ. Franken 28, Jan Thorbecke Verlag, Sigmaringen, 186 pp.

Hagdorn, H., Seilacher (1993) (Hrsg.): Muschelkalk. Schöntaler Symposium 1991. Ges. Naturkde. Württemberg, Sonderbd. 2, Stuttgart, Korb, 272 pp.

Hallam, A. (1975): Jurassic environments. Cambridge University Press, London, 269 pp.

Hallam, A. (1978): Eustatic cycles in the Jurassic. Palaeogeogr. Palaeoclimatol. Palaeoecol. 23: 1–32.

Hallam, A. (1992): Phanerozoic sea-level changes. Columbia University Press, Irvington, New York, 224 pp.

Hantke, R. (1978/1980/1983): Eiszeitalter. Die jüngste Erdgeschichte der Schweiz und ihrer Nachbargebiete, Ott Verlag Thun, Bd. 1, 468 pp. / Bd. 2, 703 pp. / Bd. 3, 730 pp.

Haq, B. U., Hardenbol, J., Vail, P. R. (1987): Chronology of Fluctuating Sea Levels Since the Triassic. Science 235: 1156–1167.

Haq, B. U., Eysinga, F. W. B. (1987): Geological time table. Elsevier, Amsterdam.

Harris, A. L. (1991): The growth and structure of Scotland. In: Craig, G.Y. (Hrsg.): Geology of Scotland, 3. Ed., Geol. Soc. London, 612 pp.

Hauschke, N., Wilde, V. (Hrsg.) (1999): Trias – Eine ganz andere Welt – Mitteleuropa im frühen Erdmittelalter. Verlag Dr. Friedrich Pfeil, München, 647 pp.

Hayes, J. M. (1996): The earliest memories of life on earth. Nature 384: 21–22.

Hedges, S. B., Kumar, S., Tamura, K., Stoneking, M. (1991): Human Origins and Analysis of Mitochondrial DNA Sequences. Science 255: 737–739.

Heinrich, H. (1988): Origin and Consequences of Cyclic Ice Rafting in the Northeast Atlantic during the past 130 000 Years. Quartern. Res. 29: 142–152.

Heling, D., Beyer, M. (1992): Glaukonit im Schilfsandstein: Schlüssel zur kontroversen Faziesanalyse? Jber. Mitt. oberrhein. geol. Ver. N. F. 74: 191–213.

Henke, W., Rothe, H. (1994): Paläoanthropologie. Springer-Verlag, Heidelberg, Berlin, New York, 699 pp.

Hentschel, H. (1960): Zur Frage der Bildung der Eisenerze vom Lahn-Dill-Typ. Freib. Forschungsh. C 79: 82–105.

Hentschel, H. (1961): Der Schalstein, ein durch Plättung geformter Tektonit. N. Jb. Miner. Abh. 96: 305–317.

Hentschel, H. (1966): Exkursionen in das Dillgebiet. Fortschr. Miner. 42: 334–353.

Heyckendorf, K. (1985): Die unterdevonischen Lenne-Vulkanite im nordöstlichen Rheinischen Schiefergebirge. Beiträge zu Stratigraphie, Paläogeographie, Petrographie und Geochemie. Diss. Univ. Hamburg, 363 pp.

Hilgendorf, L. (1866): *Planorbis multiformis* im Steinheimer Süßwasserkalk. M.-Ber. Königl. Preuß. Akad. Wiss. Berlin: 474–504.

Hölder, H. (1989): Kurze Geschichte der Geologie und Paläontologie. Springer-Verlag, Heidelberg, Berlin, New York, 244 pp.

Hölder, H. (1996): Naturgeschichte des Lebens. Springer-Verlag, Heidelberg, Berlin, New York, 241 pp.

Hölder, H. (1964): Jura. Handbuch der stratigraphischen Geologie, 4. Bd. Ferdinand Enke Verlag, Stuttgart, 603 pp.

Hoffman, P. F., Kaufman, A.J ., Halverson, G. P., Schrag, D. P. (1998): A Neoproterozoic Snowball Earth. Science 281: 1342–1346.

Hofmeister, W., Haneke, J. (1996): Mineralisationen im Saar-Nahe-Becken (Exkursion D1 am 11. und D2 am 12. April 1996). Jber. Mitt. oberrhein. geol. Ver. N. F. 78: 95–120.

Hohl, R. (Hrsg.) (1985): Die Entwicklungsgeschichte der Erde. 6. Aufl. Verlag Werner Dausien, Hanau, 703 pp.

Holmes, A. (1911): The association of lead with uranium in rock-minerals, and its application to the measurement of geological time. Proc. Roy. Soc. London, Ser. A 85: 248–256.

Holst, E. v. (1970): Zur Verhaltensphysiologie bei Tieren und Menschen.Gesamm. Abh. Bd. II, R. Piper&Co. Verlag München, 299 pp.

Holser, W. T., Kaplan, I. R. (1966): Isotope Geochemistry of Sedimentary Sulfates. Chem. Geol. 1: 93–135.

Hou, L., Martin, L. D., Zhou, Z., Feduccia, A., Zhang, F. (1999): A diapsid skull in a new species of the primitive bird *Confuciusornis*. Nature 399: 679–682.

Hu, Y., Wang, Y., Zhexi, L, Chuankui, L. (1997): A new symmetrodont mammal from China and its implications for mammalian evolution. Nature 390: 137–142.

Huber, B. (1960): Dendrochronologie. Geol. Rundsch. 49: 120–131.

Huber, C., Wächtershäuser, G. (1997): Activated Acetic Acid by Carbon Fixation on (Fe, Ni)S Under Primordial Conditions. Science 276: 245–247.

Huber, C., Wächtershäuser, G. (1998): Peptides by Activation of Amino Acids with CO on (Ni, Fe)S Surfaces: Implications for the Origin of Life. Science 281: 671–672.

Hublin, J.-J. (1996): Beyond the Garden of Eden. Nature 381: 658–659.

Hutton, J. (1788): Theory of the earth; or an investigation of the laws observable in the composition, dissolution, and restoration of land upon the globe. Trans. Roy. Soc. Edinburgh, 1: 209–304.

Ida, S., Canup, R. M., Stewart, G. R. (1997): Lunar accretion from an impact-generated disk. Nature 389: 353–357.

Imbrie, J., Hays, J. D., Martinson, D. G., McIntyre, A., Morley, J. J., Pisias, N. G., Prell, W. L., Shackleton, N. J. (1984): The orbital theory of Pleistocene climate: support from a revised chronology of the marine $\delta^{18}O$ record. In: Berger, A., Imbrie, J., Hays, J. D., Kukla, G., Saltzman, B. (Hrsg.): Milankovitch and climate, Part 1: NATO ASI Series C, Dordrecht, The Netherlands, Reidel 126: 269–305.

Irvine, W. u.a. (1996): Spectroscopic evidence for interstellar ices in comet Hyakutake. Nature 383: 418–420.

Jablonski, D.(1996): The rudists re-examined. Nature 383: 669–670.

Jablonski, D. (1997): Progress at the K-T boundary. Nature 387: 354–355.

Jacobsen, B. (1994): Der Schilfsandstein bei Wendelsheim. Diplomarb. Univ. Tübingen, 85 pp.

Jensen, S., Gehling, J. G., Droser, M. L. (1998): Ediacara-type fossils in Cambrian sediments. Nature 393: 567–569.

Ji, Q., Currie, P. J., Norell, M. A., Ji, S.-A. (1998): Two feathered dinosaurs from northeastern China. Nature 393: 753–761.

Johanson, D. C., Edey, M. A. (1981): Lucy: The Beginnings of Humankind. Simon & Schuster, New York, 409 pp.

Jones, D. L., Cox, A., Coney, P., Beck, M. (1984): Nordamerika: ein Kontinent setzt Kruste an. Ozeane und Kontinente, Spektrum der Wissenschaft: 182–198.

Käding, K.-Ch. (1978): Stratigraphische Gliederung des Zechsteins im Werra-Fulda-Becken. Geol. Jb. Hessen 106: 123–130.

Kaplan, I. R., Degens, E. T., Reuter, J. H. (1963): Organic compounds in stony meteorites. Geochim. Cosmochim. Acta 27: 805–834.

Kappelman, J. (1997): They might be giants. Nature 387: 126–127.

Kaufman, A. J. (1997): An ice age in the tropics. Nature 386: 227–228.

Kayser, E. (1923): Lehrbuch der Geologie. Bd. III, Geologische Formationskunde I., Ferdinand Enke Verlag, Stuttgart, 532 pp.

Kayser, E. (1924): Lehrbuch der Geologie. Bd. IV, Geologische Formationskunde II., Ferdinand Enke Verlag, Stuttgart, 657 pp.

Kelber, K.-P., Hansch, W. (1995): Keuperpflanzen. Die Enträtselung einer über 200 Millionen Jahre alten Flora. museo 11: 1–157, Heilbronn.

Keller, M., Blöchl, E., Wächtershäuser, G., Stetter, K. O. (1994): Formation of amide bonds without a condensation agent and implications for the origin of life. Nature 368: 836–838.

Kempe, S., Degens, E. T. (1985): An Early Soda ocean? Chem. Geol. 53: 95–108.

Kempe, S., Kazmierczak, J., Degens, E. T. (1989): The Soda Ocean Concept and its Bearing on Biotic Evolution. In: Crick, R. E. (Hrsg.): Origin, Evolution, and Modern Aspects of Biomineralisation in Plants and Animals: 229–243, Plenum Press, New York.

Kempe, S., Kazmierczak, J., Konuk, T., Landmann, G., Lipp, A., Reimer, A. (1992): Mikrobialithe in alkalischen Seen – lebende Zeugen des Urozeans? Spektrum der Wissenschaft, Januar 1992: 14–15.

Kemper, E. (1987): Das Klima der Kreide-Zeit. Geol. Jb. A 96, 399 pp.

Kenrick, P., Crane, P.R. (1997): The origin and early evolution of plants on land. Nature 389: 33–39.

Kerr, R. A.(1991): Did a Burst of Volcanism overheat ancient earth? Science 251: 746–747.

Kerr, R. A. (1993): Evolution's Big Bang Gets Even More Explosive. Science 261: 1274–1275.

Kirk, N. H. (1978): Mode of life of graptolites. – Acta Palaeontologica Polonica 23: 533–555.

Kirnbauer, T. (1991): Geologie, Petrographie und Geochemie der Pyroklastika des Unteren Ems/Unterdevon (Porphyroide) im südlichen Rheinischen Schiefergebirge. Geol. Abh. Hessen 92, 228 pp.

Klausewitz, W. (1989): Flugsaurier – behende Tiere der Lüfte. FAZ, 20. Februar 1989.

Koch, R., Schweizer, V. (1986): Erster Nachweis von Evaporiten im Weißen Jura der Schwäbischen Alb. Naturwiss. 73: 325.

Koch, R., Senowbari-Daryan, B., Strauss, H. (1994): The late Jurassic „Massenkalk“ of Southern Germany: Calcareous Sand Piles rather than Organic Reefs. Facies 31: 179–208.

Koch, R., Senowbari-Daryan, B. (2000): Die fazielle Entwicklung im Steinbruch Blaubeuren/Altental („Michelreibershalde“; Mittlere Schwäbische Alb, Blautal) Karbonatsandfazies des Malm epsilon und Riff-Rutschblöcke des Malm zeta 2. Jber. Mitt. oberrhein. geol. Ver. N. F. 82: 439– 467.

Köhler, M, Moyà-Solà, S. (1997): Fossil muzzles and other puzzles. Nature 388: 327–328.

Koenigswald, W. v., Storch, G. (Hrsg.) (1998): Messel. Ein Pompeji der Paläontologie. Jan Thorbecke Verlag, Sigmaringen, 151 pp,

Kossmat, F. (1927): Gliederung des varistischen Gebirgsbaues. Abh. sächs. Geol. L.Amt 1.

Kowalski, K. (1986): Die Tierwelt des Eiszeitalters. Wiss. Buchges. Darmstadt: 239, 147 pp.

Kräusel, R. (1950): Versunkene Floren. Verlag Waldemar Kramer, Frankfurt am Main, 152 pp.

Krebs, W. (1966): Der Bau des Langenaubach-Breitscheider Riffes und seine weitere Entwicklung im Unterkarbon (Rheinisches Schiefergebirge). Abh. senkenb. naturforsch. Ges. 511: 1 – 105.

Krebs, W. (1971): Devonian Reef Limestones in the Eastern Rheinisch Schiefergebirge. In: Müller, G. (Hrsg.): Sedimentology of parts of Central Europe, Guidebook VIII. Internat. Sedimentol. Congr., 45 – 81, Verlag Waldemar Kramer, Frankfurt am Main.

Krumbiegel, G., Krumbiegel, B. (1981): Fossilien der Erdgeschichte. Ferdinand Enke Verlag, Stuttgart, 406 pp.

Krumbiegel, G., Rüffle, L., Haubold, H. (1983): Das eozäne Geiseltal. Die Neue Brehm-Bücherei A. Ziemsen Verlag, Wittenberg Lutherstadt, 227 pp.

Kühn, R., Mötzing, R. (1997): Zur Erklärung der Palisadenstruktur im Mittleren Muschelkalk-Salz und der Entstehung der Näpfe. Kali- u. Steinsalz 12/4: 141 – 147.

Kuhn, G., Sierro, F. J., Völker, D., Abelmann, A., Bostwick, J. A. (1997): Geological record and reconstruction of the late Pliocene impact of the Eltanin asteroid in the Southern Ocean. Nature 390: 357 – 363.

Kuhn-Schnyder, E. (1953): Geschichte der Wirbeltiere. Benno Schwabe & Co Verlag Basel, 156 pp.

Kulick, J. (1991): Die Randfazies des Zechsteins in der Korbacher und in der Frankenberger Bucht (Exkursion E am 4. April 1991). Jber. Mitt. oberrhein. geol. Ver. N. F. 73: 85 – 113.

Kull, U., Herbig, A. (1995): Das Blattadersystem der Angiospermen: Form und Evolution. Naturwiss. 82: 441 – 451.

Kutscher, M. (1997): Bemerkungen zu den Plattenkalk-Ophiuren, insbesondere *Geocoma carinata* (v. Münster, 1826). Archaeopteryx 15: 1 – 10.

Kuypers, M., Pancost, R., Damsté, J. (1999): A large and abrupt fall in atmospheric CO_2 concentration during Cretaceous times. Nature 399: 342 – 345.

Laporte, L. F. (1978): Evolution and the fossil record. Freeman Verlag, San Francisco, 222 pp.

Larson, R. (1995): The Mid-Cretaceous Superplume Episode. Scientific American Feb. 1995: 66-70.

Laubscher, H. P. (1984): Der Bau der Alpen. In: Ozeane und Kontinente: Ihre Herkunft, ihre Geschichte u. Struktur, mit e. Einf. von Peter Giese. Spektrum-der-Wissenschaft Verlagsgesellschaft: 144 – 157.

Lebedev, O. A. (1997): Fins made for walking. Nature 390: 21 – 22.

Lehmann, H. (1964): Glanz und Elend der morphologischen Terminologie. Würzb. Geogr. Arb. 12.

Lehmann, U. (1996): Paläontologisches Wörterbuch. Ferdinand Enke Verlag, Stuttgart, 440 pp.

Lehmann, U., Hillmer, G. (1997): Wirbellose Tiere der Vorzeit. 4.Aufl, Ferdinand Enke Verlag, Stuttgart, 304 pp.

Lepper, J. (1993): Beschlüsse zur Festlegung der lithostratigraphischen Grenzen Zechstein/Buntsandstein/Muschelkalk und zu Neubenennungen im Unteren Buntsandstein in der Bundesrepublik Deutschland. N. Jb. Geol. Paläont. Mh. 1993, 11: 687 – 692.

Lepper, J., Röhling, H.-G. (1998): Buntsandstein. In: Hallesches Jahrb. Geowiss., Reihe B, Beih. 6: 27 – 34.

Levy, M., Miller, S. L. (1998): The stability of RNA bases: Implications for the origin of life. – Proceed. Nation. Acad. Sci USA, 95/14: 7933 – 7938.

Lewin, R. (1984): Man the Scavenger. Science 224: 861 – 862.

Linck, O. (1970): Eine neue Deutung der Schilfsandstein-Stufe (Trias, Karn, Mittlerer Keuper 2). Jh. geol. Landesamt Baden-Württ. 12: 63 – 99.

Lissauer, J. J. (1997): It's not easy to make the Moon. Nature 389: 327 – 328.

Littke, R. (1993): Deposition, Diagenesis and Weathering of Organic Matter-Rich Sediments. Lecture Notes in Earth Science 47, Springer-Verlag Berlin, Heidelberg, New York, 216 pp.

Lövei, G. L. (1997): Global change through invasion. Nature 388: 627.

Lovelock, J. E. (1979): Gaia: a new look at Life on Earth. Oxford Univ. Press. Oxford, New York, 157 pp.

Lützner, H., Mädler, J. (1994): Rotliegendes im Thüringer Wald. (Exkursion F am 7. und 8. April 1994). Jber. Mitt. oberrhein. geol. Ver. N. F. 76: 171 – 190.

Lutz, H., Frankenhäuser, H., Neuffer, F.-O. (1998): Fossilfundstätte Eckfelder Maar. Archiv eines mitteleozänen Lebensraumes in der Eifel. Landessammlg. Naturkde. Rheinland-Pfalz/Naturhistor. Mus. Mainz, Mainz, 51 pp.

Lyell, C. (1830–3): Principles of Geology, being an Attempt to Explain the Former Changes of the Earth's Surface, by Reference to Causes Now in Operation. 3 vols, London: John Murray.

Mader, D. (1990): Palaeoecology of the Flora in Buntsandstein and Keuper in the Triassic of Middle Europe 1. Gustav Fischer Verlag, Stuttgart, New York: 936 pp.

Mader, D. (1992): Beiträge zu Paläoökologie und Paläoenvironment des Buntsandstein sowie ausgewählte Bibliographie zum Buntsandstein und Keuper in Thüringen, Franken und Umgebung. Gustav Fischer Verlag, Stuttgart, Jena, New York, 628 pp.

Mai, H. D. (1995): Tertiäre Vegetationsgeschichte Europas. Methoden und Ergebnisse. Jena, Stuttgart, New York, 691 pp.

Majsuradze, G., Pavlenisvili, E. S., Schmincke, H.-U., Sologasvili, D. (1989): Paläomagnetik und Datierung der Basaltlava. In: Dzaparidse, V., Bosinski, G., Bugianisvili, T., Gabunia, L. u. a. (Hrsg.): Der altpaläolithische Fundplatz Dmanisi in Georgien (Kaukasus). Jb. Römisch-Germanisches Zentralmuseum, Mainz 36: 74 – 76.

Manten, A. A. (1971): Silurian Reefs of Gotland. Developments in Sedimentology 13, Elsevier, Amsterdam, 539 pp.

Martill, D. M. (1993): Soupy Substrates: A Medium for the Exceptional Preservation of Ichthyosaurs of the Posidonia Shale (Lower Jurassic) of Germany. Kaupia 2: 77 – 97.

Martini, E. (1988): Fische aus dem Unter-Oligozän in Sieblos an der Wasserkuppe/Rhön. Beitr. Naturkde. Osthessen 24: 149 – 160.

Martini, E., Rothe, P. (1998): Die alttertiäre Fossillagerstätte Sieblos an der Wasserkuppe/Rhön. Geol. Abh. Hessen 104, 274 pp.

Martinsson, A. (Hrsg.) (1977): The Silurian-Devonian

boundary. E. Schweizerbart'sche Verlagsbuchhandlung (Nägele & Obermiller), Stuttgart, 349 pp.

Mayr, E. (1986): Evolution. Die Entwicklung v. d. ersten Lebensspuren bis zum Menschen/mit e. Einf. von Ernst Mayr. Spektrum der Wissenschaft: Verständl. Forschung, 6. Aufl., Heidelberg: 208 pp.

McCoy, T. J. (1997): A lively debate. Nature 386: 557– 558.

McGee, G. R. Jr., Bayer, U., Seilacher, A. (1991): Biological and Evolutionary Responses to Transgressive-Regressive Cycles. In: Einsele, G., Ricken, W., Seilacher, A. (Hrsg.): Cycles and Events in Stratigraphy. Springer-Verlag, Berlin, Heidelberg, New York, 955 pp.

Meischner, D. (1964): Allodapische Kalke, Turbidite in Riff-nahen Sedimentationsbecken. Developments in Sedimentology 3: 156–191.

Meisl, S. (1970): Petrographische Studien im Grenzbereich Diagenese-Metamorphose. Abh. hess. L.-Amt Bodenforsch. 57: 1–93.

Menning, M. (1995): A numerical time scale for the Permian and Triassic periods: An integrated time analysis. In: Scholle, P. A., Peryt, T. M., Ulmer-Scholle, D. S. (Hrsg.): The Permian of Northern Pangaea, 1: Palaeogeography, Palaeoclimates, Stratigraphy. Springer-Verlag, Heidelberg, Berlin, New York.

Merrill, R. T. (1997): A magnetic reversal record. Nature 389: 678–679.

Meyer-Berthaud, B., Scheckler, S.-E., Wendt, J. (1999): *Archaeopteris* is the earliest known modern tree. Nature 398: 700– 701.

Miall, A. D. (1997): The Geology of Stratigraphic Sequences. Springer-Verlag, Heidelberg, Berlin, New York, 433 pp.

Mielke, H. (1998): Zur regionalen Geologie des zentralen Fichtelgebirges (Exkursion A am 14. April 1998). Jber. Mitt. oberrhein. geol. Ver. N.F. 80: 49–61.

Milankovich, M. (1941): Kanon der Erdbestrahlung und seine Anwendung auf das Eiszeitproblem: Belgrade Serbian Academy of Science 133, 633 pp.

Miller, S. L., Orgel, L. E. (1974): The origins of life on Earth. Prentice Hall.

Miller, H. (1992): Abriß der Plattentektonik. Ferdinand Enke Verlag, Stuttgart, 149 pp.

Mintz, L. W. (1981): Historical Geology. The science of a Dynamic Earth. Charles E. Merril Publishing Comp. Columbus, Ohio, 611 pp.

Mojzsis, S. J., Arrhenius, G., McKeegan, K. D., Harrison, T. M., Nutman, A. P., Friend, C. R. L. (1996): Evidence for life on Earth before 3 800 million years ago. Nature 384: 55–58.

Mortensen, T. (1950): Monograph of the Echinoidea. 1. London.

Mostler, H. (1973): Holothuriensklerite der alpinen Trias und ihre stratigraphische Bedeutung. Mitt. Ges. Geol. Bergbaustud. 21: 729–744.

Motani, R., McGowan, C. & Y. H. (1996): Eel-like swimming in the earliest ichthyosaurs. Nature 382: 347–348.

Müller, G., Blaschke, R. (1969): Zur Entstehung des Posidonienschiefers (Lias ε). Naturwiss. 56: 635.

Müller, G., Blaschke, R. (1971): Coccoliths: Important rock-forming elements in bituminous shales of Central Europe. Sedimentology 17: 119–124.

Murawski, H., Meyer, W. (1998): Geologisches Wörterbuch.10. Aufl., Ferdinand Enke Verlag, Stuttgart, 78 pp.

Negendank, J. F. W., Zolitschka, B. (Hrsg.) (1993): Paleolimnology of European Maar Lakes. Lecture Notes in Earth Science 49, Springer-Verlag, Heidelberg, Berlin, New York, 513 pp.

Nesje, A., Sejrup, H. P. (1988): Late Weichselian/Devensian ice sheets in the North Sea and adjacent land areas. Boreas 17: 371–384.

Nisbet, E. G., Fowler, C. M. R. (1996): Some liked it hot. Nature 382: 404–405.

Norell, M. A., Makovicky, P., Clark, J. M. (1997): A *Velociraptor* wishbone. Nature 389: 447.

Novacek, M. J., Rougier, G. W., Wible, J. R., McKenna, M. C., Dashzeveg, D., Horovitz, I. (1997): Epipubic bones in eutherian mammals from the Late Cretaceous of Mongolia. Nature 389: 483–486.

Novas, F. E., Puerta, P. F. (1997): New evidence concerning avian origins from the Late Cretaceous of Patagonia. Nature 387: 390–392.

Ohmoto, H. (1992): Biogeochemistry of Sulfur and the Mechanisms of Sulfide-Sulfate Mineralization in Archean Oceans. In: Schidlowski, M., Golubic, S., Kimberley, M.M., McKirdy, D. M., Trudinger, P. A. (Hrsg.) (1992): Early Organic Evolution: Implications for Mineral and Energy Resources. Springer-Verlag, Berlin, New York, 556 pp.

Oldroyd, D. R. (1996): Thinking about the earth: A history of ideas in geology. Athlone, London, 410 pp.

Oparin, A.J . (1947): Die Entstehung des Lebens auf der Erde. Übs. n. d. 2. vermehrten Aufl., Volk und Wissen Verlags GmbH, Berlin, Leipzig, 256 pp.

Orgel, L. E. (1973): The Origins of Life: Molecules and Natural Selection. John Wiley & Sons.

Ortlam, D. (1967): Fossile Böden als Leithorizonte für die Gliederung des höheren Buntsandsteins im nördlichen Schwarzwald und südlichen Odenwald. Geol. Jb. 84: 485–590.

Ortlam, D. (1974): Inhalt und Bedeutung fossiler Bodenkomplexe in Perm und Trias von Mitteleuropa. Geol. Rundsch. 63: 850–884.

Ortlam, D. (1994): Subglaziale Hohlformen im außeralpinen Mitteleuropa. Jber. Mitt. oberrhein. geol. Ver. N. F. 76: 351–394.

Oschmann, W., Röhl, J., Schmid-Röhl, A., Seilacher, A. (1999): Der Posidonienschiefer (Toarcium, Unterer Jura) von Dotternhausen (Exkursion M am 10. April 1999). Jber. Mitt. oberrhein. geol. Ver. N. F. 81: 231–255.

Ostrom, J. H. (1996): The Questionable Validity of *Protoavis*. Archaeopteryx 14: 39–42.

Ott, E. (1972): Die Kalkalgen-Chronologie der alpinen Mitteltrias in Angleichung an die Ammoniten-Chronologie. N. Jb. Geol. Paläont. Abh. 141: 81–115.

Pachur, H.-J., Kröpelin, S. (1987): Wadi Howar: Paleoclimatic Evidence from an Extinct River System in the Southeastern Sahara. Science 237: 297–300.

Padian, K. (1998): When is a bird not a bird? Nature 393: 729–730.

Parnell, J. (1999): Petrographic evidence for emplacement of carbon into Witwatersrand conglomerates under high fluid pressure. J. Sedimentary Research 69/1: 164–170.

Patzelt, G. (1980): Neue Ergebnisse der Spät- und Postglazialforschung in Tirol. Jber. österr. Geogr. Ges., Zweig Innsbruck, 1976–77: 11–18.

Paul, J. (1980): Upper Permian algal stromatolite reefs. Contr. Sedimentol. 9: 253–268.

Penck, A., Brückner, E. (1901–1909): Die Alpen im Eiszeitalter 1–3, Tauchnitz, Leipzig. 1199 pp.

Peterek, A., Schröder, B., Gottsmann, J. (1998): Reliefentwicklung, Tektonik und Vulkanismus während des Tertiärs und Quartärs im Fichtelgebirge und im westlichen Egerer Becken (Exkursion E am 16.4.1998). Jber. Mitt. oberrhein. geol. Ver. N. F. 80: 111–132.

Pflug, H. D. (1989): Evolution im Spiegel der Erdgeschichte. In: Fossilien: Bilder frühen Lebens. Spektrum der Wissenschaft. Verständl. Forschung: 7–18.

Pflug, H. D., Reitz, E.: Palynology in metamorphic rocks; Indication of early land plants. Naturwiss. 74: 386–387.

Press, F., Siever, R. (1986): Earth. W. H. Freeman and Company, New York, 656 pp.

Pryor, W. A. (1971): Petrology of the Weissliegendes sandstones in the Harz and Werra-Fulda areas, Germany. Geol. Rundsch. 60/2: 524–552.

Qiang, J., Zhexi, L., Shu-an, J. (1999): A Chinese triconodont mammal and mosaic evolution of the mammalian skeleton. Nature 398: 326–330.

Ramstein, G., Fluteau, F., Besse, J., Joussaume, S. (1997): Effect of orogeny, plate motion and land-sea distribution on Eurasian climate change over the past 30 million years. Nature 386: 788–795.

Rast, U., Schäfer, A. (1978): Deltaschüttungen in Seen des höheren Unterrotliegenden im Saar-Nahe-Becken. Mainzer geowiss. Mitt. 6: 121–159.

Raup, D. M. (1990): Der schwarze Stern. Wie die Saurier starben. Der Streit um die Nemesis-Hypothese. Rowohlt Verlag GmbH Reinbek bei Hamburg, 284 pp.

Raymo, M. E. (1999): New insights into earth's history: An introduction to leg 162 postcruise research published in journals. In: Raymo, M. E., Jansen, E., Blum, P., Herbert, T. D. (Hrsg.): Proceedings of the Ocean Drilling Program, Scientific Results 162: 273–275.

Reichholf, J. H. (1996): Die Feder, die Mauser und der Ursprung der Vögel. Archaeopteryx 14: 27–38.

Reineck, H.-E., Singh, I. B. (1973): Depositional Sedimentary Environments. With Reference to Terrigenous Clastics. Springer-Verlag, Heidelberg, Berlin, New York, 437 pp.

Reitz, E. (1987): Silurische Sporen aus einem granatführenden Glimmerschiefer des Vorspessart, NW-Bayern. N. Jb. Geol. Paläont. Mh. 1987: 699–704.

Reitz, E. (1989): Devonische Sporen aus Phylliten vom Südrand des Rheinischen Schiefergebirges. Geol. Jb. Hessen 117: 23–35.

Renevier, E. (1884): Les facies géologiques. Arch. Sci. phys. natur. (3) 12: 297–333, Genève.

Report of the Second Conference on Scientific Ocean Drilling ›Cosod II‹. European Science Foundation. Strasbourg 6–8 July 1987, 142 pp.

Retallack, G. J. (1990): Soils of the past; an introduction to paleopedology. Unwin Hyman Ltd Boston etc., 520 pp.

Retallack, G. J. (1997): Early Forest Soils and Their Role in Devonian Global Change. Science 276: 583–585.

Rey, J. (1991): Geologische Altersbestimmung. Ferdinand Enke Verlag, Stuttgart, 195 pp.

Richards, M. (1999): Prospecting for Jurassic slabs. Nature 397: 203–204.

Richter-Bernburg, G. (1959): Zeitmessung geologischer Vorgänge nach Warven-Korrelation im Zechstein. Geol. Rundsch. 49: 132–148.

Richthofen, F. von (1877): China: Ergebnisse eigener Reisen und darauf gegründeter Studien. Reimer, Berlin, 758 pp.

Richthofen, F. von (1882): On the mode of origin of the Loess. Geol. Mag. N. S. 9: 293–305.

Rietschel, S. (1985): False Forgery. In: Hecht, M. K., Ostrom, J. H., Viohl, G., Wellnhofer (Hrsg.): The Beginning of Birds. Proc. Internat. Archaeopteryx Conf., Eichstätt 1984: 371–376.

Rietschel, S. (1985): Feathers and Wings of *Archaeopteryx* and the Question of the Flight ability. In: Hecht, M. K., Ostrom, J. H., Viohl, G., Wellnhofer, P. (Hrsg.): The beginning of birds. Proc. Internat. Archaeopteryx Conf., Eichstätt 1984: 251–260.

Rightmire, G. P. (1997): Deep roots for the Neanderthals. Nature 389: 917–918.

Rippel, G. (1953): Räumliche und zeitliche Gliederung des Keratophyrvulkanismus im Sauerland. Geol. Jb. 68: 401–456.

Roche, H. Delagnes, A. Brugal J.-P., Freibel, C., Kibunjia, M., Mourre, V., Texier, P.-J. (1999): Early hominid stone tool production and technical skill 2.34 Myr ago in West Turkana, Kenya. Nature 399: 57–60.

Röper, H.-P. (1980): Zur Petrographie und Genese des Karneoldolomithorizontes (Grenze Rotliegendes/Buntsandstein) im Gebiet des mittleren Schwarzwaldes. Diss. Univ. Heidelberg (unveröff.), Heidelberg, 289 pp. + Anhang.

Ronov, A. B. (1964): Common tendencies in the chemical evolution of the earth's crust, ocean and atmosphere. Geochemistry 8: 715–743.

Rothe, P. (1964): Fossile Straußeneier auf Lanzarote. Natur u. Museum 94: 175–187.

Rothe, P. (1994): Gesteine Entstehung-Zerstörung-Umbildung. Wiss. Buchges. Darmstadt, 162 pp.

Rothe, P. (1996): Kanarische Inseln. Sammlung geologischer Führer 81, 2. Aufl. Gebr. Borntraeger-Verlag Berlin, Stuttgart, 307 pp.

Rothe, P., Hoefs, J., Sonne, V. (1974): The isotopic composition of Tertiary carbonates from the Mainz Basin: an example of isotopic fractionations in „closed basins". Sedimentology 21: 373–395.

Rothschild, B. M., Tanke, D., Carpenter, K. (1997): Tyrannosaurs suffered from gout. Nature 387: 357.

Ruff, C. B., Trinkaus, E., Holliday, T. W. (1997): Body mass and encephalization in Pleistocene Homo. Nature 387: 173–175.

Runcorn, S. K. (1962): Paleomagnetic evidence for continental drift and its geophysical cause. In: Runcorn, S. K. (Hrsg.): Continental Drift, 1–40. Academic Press, New York, London.

Rutherford, E., Barnes, H. T. (1903): Heating effect of the radium emanation. Nature 68: 622; 69: 126.

Rutherford, E. (1906): Radioactive Transformations. Scribner, New York.

Sansom, I. J., Smith, M. P. (1994): Dentine in conodonts. Nature 368: 591.

Sansom, I. J., Smith, M. P., Armstrong, H. A., Smith, M. M. (1992): Presence of the Earliest Vertebrate Hard Tissues in Conodonts. Science 256: 1308–1311.

Sarnthein, M. (1980): Das Paläoklima Nordafrikas der letzten 25 Millionen Jahre – dokumentiert in Tiefsee-Sedimenten., Veröff. Joachim Jungius-Ges. Wiss. Hamburg 44: 47–76.

Sauer, E. G. F., Rothe, P. (1972): Ratite Eggshells from Lanzarote, Canary Islands. Science 176: 43–45.

Schäfer, W. (1962): Aktuo-Paläontologie nach Studien in der Nordsee. Verlag Waldemar Kramer, Frankfurt am Main, 667 pp.

Schauer, M., Aigner, T. (1997): Cycle stacking pattern, diagenesis and reservoir geology of peritidal dolomite, Trigonodus-Dolomite, Upper Muschelkalk (Middle Triassic, SW-Germany). Facies 37: 99–114.

Schidlowski, M., Golubic, S., Kimberley, M. M., McKirdy, D. M., Trudinger, P. A. (1993): Early Organic Evolution. Implications for Mineral and Energy Resources. Springer-Verlag, Berlin, New York, 556 pp.

Schidlowski, M., Wiggering, H. (1988): Die Erdatmosphäre im Präkambrium. Die Geowiss. 7/88: 212–217.

Schidlowski, M, Aharon, P. (1992): Carbon Cycle and Isotope Record: Geochemical Impact of Life over 3.8 Ga of Earth History. In: Schidlowski, M., Golubic, S., Kimberley, M. M. , McKirdy, D. M., Trudinger, P. A. (Hrsg.): Early Organic Evolution. Springer-Verlag, Berlin, Heidelberg, etc.: 147–175.

Schindewolf, O. H. (1948): Wesen und Geschichte der Paläontologie. Probl. Wiss. Vergangenh. u. Gegenwart 9, Berlin, 108 pp.

Schlager, W. (1969): Das Zusammenwirken von Sedimentation und Bruchtektonik in den triadischen Hallstätterkalken der Ostalpen. Geol. Rundsch. 59: 289–308.

Schlegelmilch, R. (1985): Die Ammoniten des süddeutschen Doggers. Gustav Fischer Verlag, Stuttg., New York, 284 pp.

Schlegelmilch, R. (1992): Die Ammoniten des süddeutschen Lias (2. Aufl.), Gustav Fischer Verlag, Stuttgart, New York, 241 pp.

Schlegelmilch, R. (1994): Die Ammoniten des süddeutschen Malms. Gustav Fischer Verlag, Stuttgart, New York, 297 pp.

Schmidt, M. (1928): Die Lebewelt unserer Trias. Hohenlohe'sche Buchhandlung Ferdinand Rau, Öhringen, 461 pp.

Schmidt, K., Walter, R. (1990): Erdgeschichte. Walter de Gruyter, Berlin, New York, 307 pp.

Schmincke, H.-U. (2000): Vulkanismus. Wiss. Buchges. Darmstadt, 264 pp.

Schoetensack, O. (1908): Der Unterkiefer des *Homo heidelbergensis* aus den Sanden von Mauer bei Heidelberg. Ein Beitrag zur Paläontologie des Menschen. W. Engelmann, Leipzig, 67 pp.

Schrenk, F. (1997): Die Frühzeit des Menschen. Verlag C. H. Beck, München, 127 pp.

Schumann, D. (1995): Upper Cretaceous Rudist and Stromatoporid Associations of Central Oman (Arabian Peninsula). Facies 32: 189–202.

Schwarz, H.-U. (1975): Sedimentary structures and facies analysis of shallow marine carbonates (Lower Muschelkalk, Middle Triassic, Southwestern Germany). Contr. Sedimentol. 3: 1–100.

Schwarzbach, M. (1974): Das Klima der Vorzeit. Eine Einführung in die Paläoklimatologie. Ferdinand Enke Verlag, Stuttgart, 3. Aufl., 380 pp.

Schweingruber, F. H. (1993): Trees and wood in dendrochronology. Morphological, anatomical, and tree-ring analytical characteristics of trees frequently used in dendrochronology. Berlin, 402 pp.

Seegis, D. B., Goerigk, M. (1992): Lakustrine und pedogene Sedimente im Knollenmergel (Mittlerer Keuper, Obertrias) des Mainhardter Waldes (Nordwürttemberg). Jber. Mitt. oberrhein. geol. Ver. N. F. 74: 251–302.

Seibold, E. (1974): Der Meeresboden. Springer-Verlag, Heidelberg, Berlin, New York, 183 pp.

Seilacher, A. (1984): Late Precambrian Metazoa: Preservational or real extinction? In: Holland, H. D., Trendall, A. F. (Hrsg.), Patterns of change in earth evolution, Berlin: 168–169.

Seilacher, A. (1995): Selbstorganisation in der frühen Evolution des Lebens. Jh. Ges. Naturkde. Württemberg. 151: 73–82.

Seilacher, A. (1997): The Meaning of the Cambrian Explosion. Bull. Nation. Mus. Natur. Sci. 10: 1–9.

Seilacher, A. (1997): Warum fossile Fährten oft nur bergauf gehen. Fossilien 6: 372–374.

Seilacher, A. (1997): Fossil Art. An exhibition of the Geologisches Institut Tuebingen University Germany. The Royal Tyrell Museum of Paleontology, Drumheller, Alberta, Canada, 64 pp..

Sepkoski, J. J. (1990): Evolutionary faunas. In: Briggs, D. E. G., Crowther, P. R. (Hrsg.): Paleobiology. A Synthesis. Blackwell Scientific Publications, Oxford: 37– 41.

Shackleton, N. J., Berger, A., Peltier, W. A. (1990): An alternative astronomical calibration of the lower Pleistocene timescale based on ODP Site 677. Trans. Roy. Soc. Edinburgh: Earth Sci. 81: 251–261.

Shu, D.-G., Conway-Morris, S., Zhang, X.-L. (1996): A *Pikaia*-like chordate from the Lower Cambrian of China. Nature 384: 157–158.

Shu, D.-G., Luo, H.-L., Conway Morris, S., Zhang, X.-L., Hu, S.-X., Chen, L., Han, J., Zhu, M., Li, Y., Chen, L.-Z. (1999): Lower Cambrian vertebrates from south China. Nature 402: 42–46.

Shukolyukov, A., Lugmair, G. W. (1998): Isotopic Evidence for the Cretaceous-Tertiary Impactor and its Type. Science 282: 927–929.

Simon, R., Igeno, I., Coupland, G. (1996): Activation of floral meristem identity genes in *Arabidopsis*. Nature 384: 59.

Simon, T. (1995): Salz und Salzgewinnung im nördlichen Baden-Württemberg. Geologie-Technik-Geschichte. Forsch. Württ. Franken, 42, Sigmaringen, 441 pp.

Sittler, C., Baumgärtner, J., Gérard, A., Baria, R. (1995): Natürliche Energiegewinnung im Unter-Elsaß (Frankreich): Erdöl, Erdwärme und Wasserkraftwerke am Rhein. (Exkursion A am 18. April 1995) Jber. Mitt. oberrhein. geol. Ver. N. F. 77: 47–102.

Smith, J. E., Risk, M. J., Schwarcz, H. P., McConnaughey, T. A. (1997): Rapid climate change in the North Atlantic during the Younger Dryas recorded by deep-sea corals. Nature 386: 818–820.

Spaeth, C., Hoefs, J. M, Vetter, U. (1971): The isotopic composition of belemnites and related paleotemperatures. Bull. Geol. Soc. Amer. 82: 3139.

Spencer, F. (1990): Piltdown – A scientific forgery. Natural History Publications, Oxford University Press, London, Oxford, New York, 272 pp.

Springer, M. S., Cleven, G. C., Madsen, O., Jong, W. W. de, Waddell, V. G., Amrine, H. M., Stanhope, M. J. (1997): Endemic african mammals shake the phylogenetic tree. Nature 388: 61–64.

Stanley, St. M. (1989): Earth and life through time. W.H. Freeman and Company, New York, 689 pp.

Stanley, St. M. (1989): Krisen der Evolution: Artensterben in der Erdgeschichte. Spektrum der Wissenschaft-Verlag, Spektrum-Bibliothek, Bd. 18, 2. Aufl., Heidelberg, 246 pp.

Stanley, St. M. (1994): Historische Geologie. Eine Einführung in die Geschichte der Erde und des Lebens. Spektrum Akademischer Verlag Heidelberg, 632 pp.

Stapf, K. R. G. (1973): Limnische Stromatolithen aus dem pfälzischen Rotliegenden. Mitt. Pollichia 20: 103– 112.

Stapf, K. R. G. (1990): Einführung lithostratigraphischer Formationsnamen im Rotliegend des Saar-Nahe-Beckens (SW-Deutschland). Mitt. Pollichia 77: 111– 124.

Staudacher, T., Sarde, P. (1993): Die Entwicklung der Atmosphäre aus dem Erdmantel. Spektrum der Wissenschaft Februar 1993: 36–43.

Stetter, K. O. (1992): Life at the upper temperature border. In: Frontiers of life. Colloque Interdisciplinaire du Comité National de la Recherche Scientifique. Tran Than Van, J. K., Mounalou, J. C., Schneider, J., McKay, C. (Hrsg.), Editions Frontières, Gif-sur-Yvette: 195–219.

Stetter, K. O. (1993): Manche mögens heiß. Chemie heute Ausg. 1993/94.

Stetter, K. O. (1993): Mikrobielles Leben bei 100° C. Nova Acta Leopoldina 69: 183–198.

Stetter, K. O. (1994): The lesson of Archaebacteria. In: Bengtson, S., (Hrsg.): Early life on Earth. Nobel Symp. 84, Columbia Univ. Press, New York: 143–151.

Steuber, Th., Löser, H. (1996): Jurassic-cretaceous rudists (mollusca, hippuritacea): bibliography 1758–1994. C. Press, Dresden, 123 pp.

Stille, H. (1924): Grundfragen der vergleichenden Tektonik. Gebr. Borntraeger Verlag, Berlin, 443 pp.

Stöffler, D., Claeys, P. (1997): Earth rocked by combination punch. Nature 388: 331–332.

Stokstad, E. (1998): Young Dinos Grew Up Fast. Science 282: 603–604.

Stringer, C., McKie, R. (1996): Afrika –Wiege der Menschheit. Limes-Verlag, München, 383 pp.

Stringer, C. B., Hublin, J. J., Vandermeersch, B. (1984): The origin of the anatomically modern humans in Western Europe. In: Smith, F. H., Spencer, F. (Hrsg.) The origin of modern humans: A World Survey of the Fossil Evidence, Alan R. Liss, New York: 51–135.

Suess, E., Balzer, W. u. a. (1982): Calcium Carbonate Hexahydrate from Organic-Rich Sediments of the Antarctic Shelf: Precursors of Glendonites. Science 216: 1128–1131.

Sun, G., Dilcher, D. L., Zheng, S., Zhou, Z. (1998): In Search of the First Flower: A Jurassic Angiosperm, *Archaefructus*, from Northeast China. Science 282: 1692–1695.

Suwa, G., Asfaw, B., Beyene, Y., White, T. D., Katoh, S., Nagaoka, S., Nakaya, H., Uzawa, K., Renne, P., WoldeGabriel, G. (1997): The first skull of *Australopithecus boisei.* Nature 389: 489–492.

Swisher, C., Wang, Y., Wang, X., Xu, X., Wang, Y. (1999): Cretaceous age for the feathered dinosaurus of Liaoning, China. Nature 400: 58–61.

Szathmáry, E. (1997): The first two billion years. Nature 387: 662–663.

Tarling, D. H. (1978): The geological-geophysical framework of ice ages. In: Gribbin, J. (Hrsg.): Climatic Change, Cambridge University Press: 3–24.

Thieme, H. (1997): Lower Palaeolithic hunting spears from Germany. Nature 385: 807–810.

Thürach, H. (1888/89): Übersicht über die Gliederung des Keupers im nördlichen Franken im Vergleich zu den benachbarten Gegenden. Geogn. Jh. 1: 75–162, 2: 1–90.

Tishkoff, S. A., Dietzsch, E., Speed, W., Pakstis, A. J., Kidd, J. R., Cheung, K., Bonné-Tamir, B., Santechiara-Benercetti, A. S., Moral, P., Krings, M., Pääbo, S., Watson, E., Risch, N., Jenkins, T., Kidd, K. K. (1996): Global Patterns of Linkage Disequilibrium at the CD4 Locus and Modern Human Origins. Science 271: 1380–1387.

Tollmann, A. (1976): Analyse des klassischen Nordalpinen Mesozoikums. Franz Deuticke, Wien, 580 pp.

Tollmann, A. & E. (1993): Und die Sintflut gab es doch. Vom Mythos zur historischen Wahrheit. Droemer Knaur Verlag, 560 pp.

Torell, O. (1875): Vortrag über Inlandeis in Norddeutschland. Z. deutsch. geol. Ges. 27: 961–962.

Tröger, K.-A. (1984): Abriß der historischen Geologie. Akademie Verlag, Berlin, 718 pp.

Tucholke, B. E. (1979): Relationships between acoustic stratigraphy and lithostratigraphy in the Western North Atlantic Basin. In: Tucholke, B. E., Vogt, P. R. (Hrsg.) Init. Repts. DSDP 43: 827–846.

Unwin, D. M. (1998): Feathers, filaments and theropod dinosaurs. Nature 391: 119–120.

Vail, P. R., Mitchum, R. M. Jr., Todd, R. G., Widmier, J. M., Thompson, S. III, Sangree, J. B., Bubb, J. N., Hatlelid, W. G. (1977): Seismic stratigraphy and global changes of sea-level. In: Payton, C. E. (Hrsg.) Seismic stratigraphy – applications to hydrocarbon exploration. Amer. Assoc. Petrol. Geol. Mem. 26: 49–212.

Van Wagoner, J. C. (1995): Overview of sequence stratigraphy of foreland basin deposits: terminology, summary of papers and glossary of sequence stratigraphy. In: Van Wagoner, J. C., Bertram, G. T. (Hrsg.) Sequence stratigraphy of foreland basins. Amer. Assoc. Petrol. Geol. Mem. 64: 9–21.

Vigilant, L., Stoneking, M., Harpending, H., Hawkes, K., Wilson, A. C. (1991): African Population and the Evolution of Human Mitochondrial DNA. Science 253: 1503–1507.

Villinger, E. (2000): Geologische Übersicht der Schichtenfolge in Baden-Württemberg. Landesamt für Geologie, Rohstoffe und Bergbau Baden-Württ., Freiburg i. Br.

Vine, F. J., Matthews, D. H. (1963): Magnetic anomalies over oceanic ridges. Nature 199: 947–949.

Vinken, R. (1988): The Northwest European Tertiary Basin. Results of the International Geological Correlation Programme. Geol. Jb. 100, 508 pp., Karten, Tabellen.

Viohl, G. (1998): Die Solnhofener Plattenkalke – Entstehung und Lebensräume. Archaeopteryx 16: 37–68.

Wagner, G. (1960): Erd- und Landschaftsgeschichte, Verlag der Hohenlohen'schen Buchhandlung F. Rau, Öhringen, 622 pp.

Wagner, G., Beinhauer, K. W. (1997) (Hrsg.): *Homo heidelbergensis* von Mauer. Heidelberg (Winter), 316 pp.

Ward, P. D. (1993): Der lange Atem des Nautilus oder Warum lebende Fossilien noch leben. Spektrum Akademischer Verlag, Heidelberg, Berlin, Oxford, 200 pp.

Ward, R., Stringer, C. (1997): A molecular handle on the Neanderthals. Nature 388: 225–226.

Weigelt, J. (1927): Rezente Wirbeltierleichen und ihre paläobiologische Bedeutung. Max Weg, Leipzig. (3. Aufl., Nachdruck, Dieter W. Berger Verlag, Bad Vilbel 1999.)

Wellnhofer, P. (1990): *Archaeopteryx* – Although sometimes misclassified or even derided as a fraud, the prehistoric flier *Archaeopteryx* remains a rich source of information about the evolution of flight in birds. Scientific American 262: 42–49.

Wellnhofer, P. (1993): Das Siebte Exemplar von *Archaeopteryx* aus Solnhofener Schichten. Archaeopteryx 11: 1–47.

Wendt, J. (1970): Stratigraphische Kondensation in triadischen und jurassischen Cephalopodenkalken der Tethys. N. Jb. Geol. Paläont. Mh. 1970/13: 433–448.

White, T. D., Suwa, S., Asfaw, B. (1995): *Australopithecus ramidus*, a new species of early hominid from Aramis, Ethiopia. Nature 371: 306–312.

White, T. D., Suwa, S., Asfaw, B. (1995): *Australopithecus ramidus*, a new species of early hominid from Aramis, Ethiopia. Corrigendum. Nature 375: 88.

Whittington, H. B. (1971): Redescription of *Marrella splendens* (Trilobitoidea) from the Burgess Shale, Middle Cambrian, British Columbia. Geol. Surv. Canada Bull. 209: 1–24.

Whittington, H. B., Briggs, D. E. G. (1985): The largest Cambrian animal, *Anomalocaris*, Burgess Shale, British Columbia. Phil. Trans. Roy. Soc. London, B 309: 569–609.

Wiedmann, J. (1970): Über den Ursprung der Neoammonoideen – Das Problem einer Typogenese. Eclogae geol. Helv. 63: 923–1020.

Wild, H. (1977): Salzlagerstätten des Mittleren Muschelkalks. Jber. Mitt. oberrhein. geol. Ver. N. F. 59: 27–31.

Wilde, V., Frankenhäuser, H. (1998): The Middle Eocene plant taphocoenosis from Eckfeld (Eifel, Germany). Rev. Palaeobot. Palynol. 101: 7–28.

Wilgus, Ch. K., Hastings, B. S., Kendall, Ch. G. St. C., Posamentier, H. L., Ross, Ch. A., van Wagoner, J. (Hrsg.) (1988). Sea level changes: an integrated approach. SEPM Spec. Publ. 42, 407 pp.

Williams, D. M., Kasting, J. F., Frakes, L. A. (1998): Low-latitude glaciation and rapid changes in the Earth's obliquity explained by obliquity-oblateness feedback. Nature 396: 453–455.

Wilson, A. C., Cann, R. L. (1992): Afrikanischer Ursprung des modernen Menschen. Spektrum der Wissenschaft 6: 72–79.

Wilson, J. T. (1966): Did the atlantic close and then re-open? Nature 211: 676–681.

Wilson, J. T. (Hrsg.) (1976): Continents Adrift and Continents Aground. Readings from Scientific American, Freeman & Co, San Francisco, 230 pp.

Wilson, P. A., Jenkyns, H. C., Elderfield, H., Larson, R. L. (1998): The paradox of drowned carbonate platforms and the origin of Cretaceous Pacific guyots. Nature 392: 889–894.

Winter, J. (1965): Umgewandelte vulkanische Aschenlagen im Devon der Eifel. Naturwiss. 52: 590.

Winter, J. (1997): Bentonit-Horizonte im Devon der Ardennen und des Rheinischen Schiefergebirges: Identifizierung und Korrelation vulkanischer Aschenlagen der Hydra–Gruppe (Ober-Emsium) durch kristallmorphologische Spektren ihrer magmatogenen Zirkone. Jber. Mitt.oberrhein. geol.Ver. N.F. 79: 203–266.

Wood, B. (1997): Ecce Homo – behold mankind. Nature 390: 120–121.

Wood, B. (1997): The oldest whodunnit in the world. Nature 385: 33–336.

Wood, B. (1997): Mary Leakey 1913–96. Nature 385: 28.

Wright, I. P., Gilmour, I. (1990): Origin of organic materials. Nature 345: 110–111.

Wunderlich, F. (1966): Genese und Umwelt der Nellenköpfchenschichten (oberes Unterems, rhein. Devon) am locus typicus im Vergleich mit der Küstenfacies der Deutschen Bucht. Diss. Geol.-Pal. Inst. Univ. Frankfurt, Frankfurt am Main.

Wurster, P. (1964): Geologie des Schilfsandsteins. Mitt. Geol. Staatsinst. Hamburg, 33, 140 pp.

Xiao, S., Zhang, Y., Knoll, A. (1998): Three-dimensional preservation of algae and animal embryos in a Neoproterozoic phosphorite. Nature 391: 553–558.

Yalden, D. W. (1997): Climbing *Archaeopteryx*. Archaeopteryx 15: 107–108.

York, D. (1993): Die Frühzeit der Erde. Spektrum der Wissenschaft März 1993: 76–83.

Young, G. C., Karatajute-Talimaa, V., Smith, M.M. (1996): A possible Late Cambrian vertebrate from Australia. Nature 383: 810–812.

Zachos, J. C., Flower, B. P., Paul, H. (1997). Orbitally paced climate oscillations across the Oligocene/Miocene boundary. Nature 388: 567–573.

Zankl, H. (1969): Der Hohe Göll. Aufbau und Lebensbild eines Dachsteinkalk-Riffes in der Obertrias der nördlichen Kalkalpen. Abh. Senckenberg. naturf. Ges. 519, Frankfurt am Main: 1–123.

Zankl, H. (1971): Upper Triassic Carbonate Facies in the Northern Limestone Alps. In: Müller, G. (Hrsg.): Sedimentology of parts of Central Europe. Verlag Waldemar Kramer, Frankfurt am Main: 147–185.

Ziegler, P. A. (1990): Geological Atlas of Western and Central Europe. 2. Aufl. (The Hague), Shell Internationale Petroleum Maatschappij B. V. Elsevier Scientific Publishing Company, Amsterdam, New York.

Zijlstra, H. (1995): The sedimentology of Chalk. Lecture Notes in Earth Science 54, Springer-Verlag, Heidelberg, Berlin, New York, 194 pp.

Register